KRÖNERS TASCHENAUSGABE BAND 492

Hadumod Bußmann / Renate Hof (Hg.)

GENUS
ZUR GESCHLECHTERDIFFERENZ IN DEN KULTURWISSENSCHAFTEN

Mit Beiträgen von

Elisabeth Bronfen · Hadumod Bußmann · Sabine Fröhlich · Renate von Heydebrand · Renate Hof · Cornelia Klinger · Elisabeth Kuppler · Sigrid Nieberle · Ina Schabert · Sigrid Schade · Leonore Siegele-Wenschkewitz Silke Wenk · Simone Winko

ALFRED KRÖNER VERLAG STUTTGART

Hadumod Bußmann / Renate Hof (Hg.)
Genus – zur Geschlechterdifferenz
in den Kulturwissenschaften
Stuttgart: Kröner 1995
(Kröners Taschenausgabe; Band 492)
ISBN 3-520-49201-6
Für die Bildauswahl tragen
die Autorinnen die Verantwortung

© 1995 by Alfred Kröner Verlag
Printed in Germany · Alle Rechte vorbehalten
Druck: Druckhaus Beltz, Hemsbach
Einband: Heinrich Koch, Tübingen

Inhalt

Vorwort VII

RENATE HOF
Die Entwicklung der *Gender Studies* 2

CORNELIA KLINGER
Beredtes Schweigen und verschwiegenes Sprechen: Genus
im Diskurs der Philosophie 34

LEONORE SIEGELE-WENSCHKEWITZ
Die Rezeption und Diskussion der Genus-Kategorie in der
theologischen Wissenschaft 60

HADUMOD BUSSMANN
Das Genus, *die* Grammatik und – *der* Mensch:
Geschlechterdifferenz in der Sprachwissenschaft 114

INA SCHABERT
Gender als Kategorie einer neuen Literaturgeschichts-
schreibung 162

RENATE VON HEYDEBRAND und SIMONE WINKO
Arbeit am Kanon: Geschlechterdifferenz in Rezeption und
Wertung von Literatur 206

ELISABETH KUPPLER
Weiblichkeitsmythen zwischen *gender, race* und *class:*
True Womanhood im Spiegel der Geschichtsschreibung 262

SIGRID NIEBERLE und SABINE FRÖHLICH
Auf der Suche nach den un-gehorsamen Töchtern: Genus
in der Musikwissenschaft 292

SIGRID SCHADE und SILKE WENK
  Inszenierungen des Sehens: Kunst, Geschichte und
  Geschlechterdifferenz 340

ELISABETH BRONFEN
  Weiblichkeit und Repräsentation – aus der Perspektive
  von Ästhetik, Semiotik und Psychoanalyse 408

Verzeichnis der Autorinnen 446

Verzeichnis feministischer Zeitschriften 448

Personenregister 450

Sachregister 465

Vorwort

> *Nicht Biologie, sondern die Zeichen*
> *sind der Stoff, aus dem die Körper sind.*
> (Barbara VINKEN)

Mit dem Neubeginn der Frauenbewegung Ende der 60er Jahre unseres Jahrhunderts wurde die Natürlichkeit der Geschlechterrollen grundlegend in Frage gestellt. Kulturanthropologische Studien im Rahmen der Frauenforschung vermittelten wichtige Einsichten in die kulturelle Vielfalt der als weiblich und männlich gedeuteten Zuschreibungen. Damit waren die bislang so plausibel anmutenden biologistischen Erklärungen für die Unterscheidung von Männlichkeit und Weiblichkeit ebensowenig aufrecht zu erhalten wie die mit dieser Naturalisierung des Geschlechterverhältnisses scheinbar vorgegebene Hierarchie der Geschlechter. Konsequenterweise wurde von feministischer Forschungskritik darüber hinaus der traditionelle Anspruch angezweifelt, wissenschaftliche Objektivität könne von der Differenz der Geschlechter als einer grundlegenden Analysekategorie absehen. Besonders deutlich hatten sich die Konsequenzen eines solchen androzentrischen Wissenschaftskonzepts in den Sozial- und Kulturwissenschaften gezeigt, die zwar die universellen Werte der Aufklärung, die prinzipielle Gleichheit aller Menschen, als Forschungsprämisse voraussetzen, die geschlechtsspezifischen Machtverhältnisse innerhalb von Kultur und Gesellschaft jedoch weitgehend vernachlässigten und damit nicht zuletzt zu einer Reproduktion hierarchischer Geschlechterverhältnisse beitrugen.

Die Einsicht der – bislang fast ausschließlich von Frauen vorangetriebenen – *Gender Studies*, daß Weiblichkeit und Männlichkeit nicht aus biologischen Konstanten abgeleitet werden können, sondern daß es sich bei der Kategorie Genus/*gender* um eine historisch-zeitgebundene, soziokulturelle Konstruktion von sexueller Identität handelt, hat weitreichende theoretische Implikationen, die den etablierten Themenkatalog einzelner Wissenschaftsbereiche ebenso betreffen wie ihre methodischen Ansätze. Vor allem hat die Genusforschung die besondere Präsenz und Kreativität von Frauen in den Kulturwissenschaften als eine aufregende neue Welt erschlossen und darüber hinaus durch ihre Theoriebildung positive Beiträge zum Selbstverständnis und zur Methodik der jeweiligen Disziplinen geleistet. Insofern genügt es heute nicht mehr, nur die kulturellen und gesellschaftspolitischen Leistungen von Frauen stärker zu berücksichtigen. Auf solcher Basis allein lassen sich die geschlechtsspezifischen Zuschreibungen ebenso wenig erklären wie durch einseitig sozio-ökonomische Faktoren. Notwendig ist vielmehr eine Geschichte der Symbolisierung der Geschlechter, die sowohl die Bedeutung der Sprache für die Konstitution der Geschlechterbeziehungen analysiert als auch die zentrale Rolle aufdeckt, die Bereiche wie Philosophie und Theologie bei der gesellschaftlichen Konstruktion der Geschlechterhierarchie gespielt haben. Dabei betrifft die grundsätzliche Frage nach den Auswahlkriterien, mit denen die Relevanz von Ideen, Theorien und sachlichen Befunden beurteilt werden, nicht nur die Frauenforschung, sie bezieht sich vielmehr auf den gesamten Bereich unserer Wissensproduktion und damit auch auf die Geschichtsschreibung sowie die Literatur-, Kunst- und Musikwissenschaft. Hier wird besonders deutlich, daß auch ästhetische Wertmaßstäbe nicht unabhängig von der sich wandelnden Auffassung über die Geschlechterbeziehungen diskutiert werden können. Die »Abwesenheit« von Frauen in der Geschichte, ihre Unsichtbarkeit und das (Ver-)Schweigen von Künstlerinnen ist ein Symptom, das eine Analyse der Wertkriterien fordert, die diesen Ausschlußmechanismen zugrundeliegen.

Aus zwei Gründen haben wir für den Haupttitel des vorliegenden Bandes den aus der lateinischen Grammatik stammenden Terminus Genus (»Geschlecht«) gewählt: zum einen deshalb, weil es für den englischen Begriff *gender* im Sinne von »soziokulturellem Geschlecht« im Deutschen bislang keine allgemein eingeführte Entsprechung gibt; zum andern, weil auch die englische Bezeichnung *gender* sich ursprünglich nur auf das grammatische Geschlecht der Substantive bezog, bevor durch feministische Forschungsimpulse eine begriffliche und terminologische Unterscheidung zwischen biologischem Geschlecht (Sexus) und soziokulturell hergestellter Geschlechterdifferenz (Genus/*gender*) als unverzichtbare Basis der *Women's* bzw. *Gender Studies* etabliert wurde. Allerdings mußten wir bereits während unserer Arbeit an diesem Band feststellen, daß gegenwärtig offensichtlich noch kein Konsens über einen einheitlichen Sprachgebrauch hergestellt werden kann. Insofern versteht sich unsere Titelwahl zugleich als Aufforderung an alle Disziplinen, die notwendige Auseinandersetzung mit diesem vielschichtigen Begriff in interdisziplinärer Zusammenarbeit voranzutreiben.

Mit seinen zehn Originalbeiträgen versucht der vorliegende Band eine Art Bestandsaufnahme zu leisten, die sowohl die bisherigen Ergebnisse der Auseinandersetzung mit der Kategorie Genus/*gender* resümiert als auch offene Fragestellungen in zentralen Forschungsbereichen deutlich macht. In einzelnen Fächerportraits spiegelt sich der wissenschaftsgeschichtliche Wandel von der Frauenforschung zur Geschlechterforschung, d.h. vom Aufspüren und dem wissenschaftlichen Erschließen unbekannter Quellen, die Aufschluß geben über Leben, Geschichte und Leistungen von Frauen, bis zur Diskussion geschlechtspezifischer Denkmuster, Zeichen- und Symbolsysteme. – Der fächerübergreifende Einleitungsbeitrag von Renate HOF diskutiert die verschiedenen Ansätze feministischer Wissenschaftskritik anhand der US-amerikanischen Entwicklung von den *Women's Studies* zu den *Gender Studies*. Das kulturwissenschaftliche Fächerspektrum umfaßt die Bereiche der Philosophie (Cornelia KLINGER) und Theologie (Leonore SIEGELE-WENSCHKEWITZ), die Literatur- und Sprachwissenschaften (Ina SCHABERT; Renate VON HEYDEBRAND und Simone WINKO; Hadumod BUSSMANN), die Geschichte (Elisabeth KUPPLER) sowie die Musik- und Kunstwissenschaft (Sigrid NIEBERLE und Sabine FRÖHLICH; Sigrid SCHADE und Silke WENK). Der abschließende Beitrag von Elisabeth BRONFEN beleuchtet den Aspekt der Geschlechterdifferenz im Rahmen von Ästhetik, Semiotik und Psychoanalyse – als Beispiel für den notwendigen interdisziplinären Diskurs, den das Konzept *gender* herausfordert.

Wir haben nach besten Kräften versucht, dem Wunsch des Verlags nach einer handbuchartigen Darstellung des bisher Erreichten und der offenen Fragen zu entsprechen. In formaler Hinsicht wurde dieser Anspruch durch inhaltlich gegliederte Einzelbibliographien, ein detailliertes Gesamtregister und ein Verzeichnis feministischer Zeitschriften eingelöst. Allerdings waren wir uns von Anfang an der Schwierigkeiten bewußt, die Ergebnisse einer noch relativ jungen, sich entwickelnden Forschungsrichtung – mit unterschiedlich ausgeprägter Akzeptanz in den einzelnen Fächern – bereits als gesichertes Wissen vorzutragen. Dennoch schien uns der Versuch einer solchen Bestandsaufnahme um so dringlicher, als bislang in Deutschland die in den USA seit zwei Jahrzehnten wissenschaftlich angesehenen *Women's Studies/Gender Studies* noch längst nicht die ihnen unter internationaler Perspektive zustehende Aufmerksamkeit erfahren.

Unser Dank gilt unseren Mitautorinnen für ihre geduldige Kooperation, ihre zahlreichen Anregungen, ihre engagierte Teilnahme an der Genese des Buches. Daß wir diesen Band in der vorliegenden Form präsentieren können, ist vor allem das Verdienst von Sigrid Nieberle, die die Gesamtredaktion und technische Herstellung übernommen und das Sachregister konzipiert hat. Ihre mitdenkende Umsicht, redaktionelle Sorgfalt und ausgleichende Arbeitsmentalität haben uns eine überaus anregende und fruchtbare Zusammenarbeit ermöglicht. Wir danken darüber hinaus Frau Dr. Imma Klemm vom Alfred Kröner Verlag für ihre Neugier und ihr mutiges Interesse an unserem Projekt sowie für dessen geduldige und kritisch-konstruktive Begleitung.

München und Berlin im März 1995   Hadumod Bußmann
Renate Hof

RENATE HOF

Die Entwicklung der *Gender Studies*

1. Der Zusammenhang zwischen Frauenbewegung und feministischer Wissenschaftskritik 5

2. Die Unterscheidung zwischen *sex* und *gender* 11

3. *Gender* als historisch-soziale Kategorie 17

4. Die Kritik an *gender* als Analysekategorie 22

5. Literatur 26

RENATE HOF

Die Entwicklung der *Gender Studies*

> *Laß dich gelüsten nach der Männer Bildung,*
> *Kunst, Weisheit und Ehre!*
> 10. Gebot im »Katechismus der Vernunft für edle Frauen«
> (Friedrich SCHLEIERMACHER, 1798)

Als politische Bewegung hat der Feminismus eine lange und variantenreiche Geschichte. Dabei bestand die Gemeinsamkeit der Frauenbewegungen in der *Kritik* an den sozialen, politischen und kulturellen Bedingungen, die die Anerkennung der Gleichwertigkeit von Frauen und Männern verhinderten. Stand die Frauenbewegung im 19. Jahrhundert – etwa in ihrem Kampf um das Wahlrecht – vor allem im Zeichen des politischen Anspruchs auf gesellschaftliche Gleichberechtigung, so wurde mit dem Neubeginn der feministischen Bewegung Ende der 60er Jahre unseres Jahrhunderts sowie mit der bald darauf erfolgten Institutionalisierung der *Women's Studies*[1] an amerikanischen Universitäten erstmals die Möglichkeit geschaffen, die ›Frauenfrage‹ aus der Sicht von Frauen wissenschaftlich zu entfalten. Die bis dahin maßgeblich männlich dominierte Forschung *über* Frauen wurde abgelöst durch die Frauenforschung.

In diesem Zusammenhang sind während der letzten zwei Jahrzehnte eine Reihe von Forschungsergebnissen erzielt worden, die eine grundlegende Revision des Wissenschaftsverständnisses einzelner Disziplinen notwendig machen. Zunehmend wurde jedoch auch erkennbar, daß die *Women's Studies* mit ihren Fragestellungen und Antworten an ihre eigenen Grenzen gestoßen sind. So trat etwa die Überlegung in den Vordergrund, ob die Probleme von Frauen in der Abgrenzung gegenüber Männern und damit isoliert

---

[1] Während in Deutschland die Frauenforschung noch keineswegs zum Alltag des akademischen Lebens gehört, beläuft sich mittlerweile an amerikanischen Universitäten die Zahl der *Women's Studies*-Programme auf mehr als 500, die der abgehaltenen Kurse mit frauenspezifischen Themen auf ca. 20.000, ferner existieren 40 Forschungszentren. Einen guten Überblick zur Frauenforschung in den USA bietet KERKHOFF (1987).

gelöst werden könnten, oder ob nicht vielmehr die Beziehungen der Geschlechter zueinander zu klären seien. Diese Frage steht im Zentrum der *Gender Studies*,[2] deren Genese jedoch nicht ohne die von den *Women's Studies* aufgeworfenen Problemstellungen zu verstehen ist.

Gerade angesichts des seit einigen Jahren auch in Deutschland wachsenden Interesses an diesem Forschungsgebiet ist es daher notwendig, sich zunächst die Entwicklungsschritte und Fragestellungen zu vergegenwärtigen, die zur Herausbildung der *Gender Studies* geführt haben. Bei einer solchen historischen Perspektive geht es zum einen darum zu zeigen, daß die *Gender Studies* sich als eine *Konsequenz* der Frauenforschung entwickelt haben. Insofern kann die Forderung, das ›Geschlechterverhältnis‹ als eine fundamentale Analysekategorie zu etablieren, nicht unabhängig von gesellschaftspolitischen, sozialen und institutionellen Bedingungen diskutiert werden. Zum anderen gilt es, sowohl die Unterschiede zwischen *Women's Studies* und *Gender Studies* deutlich zu machen als auch das anders gelagerte Erkenntnisinteresse zu erfassen, durch das sich die *Gender Studies* von einer jahrhundertealten, maßgeblich von Männern getragenen ›Philosophie der Geschlechter‹ sowie von dem in unserem Jahrhundert entwickelten Konzept der ›Geschlechterrolle‹ abgrenzen.

So wird dieser einleitende Überblick zunächst anhand des (1) »Zusammenhangs zwischen Frauenbewegung und feministischer Wissenschaftskritik« die von der Frauenforschung aufgeworfenen Fragestellungen skizzieren, um sodann zu klären, warum die für die *Women's Studies* anfangs zentrale *biologisch* determinierte Unterscheidung zwischen Frauen und Männern nicht länger aufrechtzuhalten war, warum vielmehr *sex* im Kontext unterschiedlicher kultureller und sozialer Erfahrungen und Bedingungen betrachtet werden mußte. In den Vordergrund tritt damit die (2) »Unterscheidung zwischen *sex* und *gender*« sowie die Frage, was mit dem Begriff *gender* im Sinne von ›soziokultureller Konstruktion von Sexualität‹ gemeint ist. Der dritte Abschnitt soll zeigen, in welcher Form (3) »*gender* als historisch-soziale Kategorie« sich

---

[2] Ich gebrauche den englischen Begriff *gender*, weil es im Deutschen kein Äquivalent gibt, das die Konnotationen dieses Begriffs exakt wiedergibt. Wir können im Deutschen nur zwischen *sex* und *sex-roles* (Geschlecht und Geschlechterrollen) unterscheiden. Der Begriff ›Geschlechterverhältnis‹ kommt der englischen Bedeutung am nächsten.

von traditionellen Betrachtungen der Geschlechterrollen unterscheidet, die vorwiegend aus einer monokausalen, biologistischen Perspektive erfolgten. Im weiteren werde ich auf die mittlerweile durchaus vorhandene (4) »Kritik am *sex-gender system*« eingehen, durch die der gegenwärtige Stand der Diskussion weitgehend bestimmt wird. Diese Kritik, die sich im Verlauf der interdisziplinären Auseinandersetzung mit dem Konzept *gender* ergeben hat, erfordert – wie schon in den *Women's Studies* – eine (selbst)kritische Reflexion der eigenen Prämissen.

1. Der Zusammenhang zwischen Frauenbewegung und feministischer Wissenschaftskritik

Frauenforschung ist keine ›Erfindung‹ der Neuen Frauenbewegung, sondern hat als Forschung *über* Frauen eine lange Tradition.

> Haben Sie eine Ahnung, wieviele Bücher im Laufe eines Jahres über Frauen geschrieben werden? Haben Sie eine Vorstellung davon, wieviele darunter von Männern geschrieben wurden? Sind Sie sich dessen bewußt, daß Sie vielleicht das am meisten diskutierte Lebewesen des Universums sind?

Diese von Virginia WOOLF (1978, S. 25) gestellten Fragen zeigen, daß es offensichtlich für Männer schon immer mit einer besonderen Faszination verbunden war, *über* Frauen zu reden, zu schreiben und zu forschen. »Leidend ist seinem Wesen nach das Weib«, erklärt einer der Denker des 19. Jahrhunderts, »was ihr von aussen her geboten wird, das nur empfängt es hingegeben [...]; nur wenn sie ihre Persönlichkeit ganz an den Mann verliert, dann liebt sie voll und gültig.« (GÖRRES, 1932, S. 108) Eine ähnliche Verherrlichung ›weiblicher Würde‹ finden wir bei Jean-Jacques ROUSSEAU, der über die Frauen bemerkt, daß es »ihre Würde ist [...], nicht gekannt zu sein; ihre Ehre ist die Achtung ihres Mannes; ihre Freuden liegen im Glück ihrer Familie [...]«. Und selbst Sigmund FREUD gab in einer seiner Vorlesungen seinen männlichen Zuhörern noch folgenden Ratschlag:

> Wollen Sie mehr über die Weiblichkeit wissen, so befragen Sie Ihre eigenen Lebenserfahrungen, oder Sie wenden sich an die Dichter, oder Sie warten, bis die Wissenschaft Ihnen tiefere und besser zusammenhängende Auskünfte geben kann. (1982, S. 565)

Diese Art der Forschung *über* Frauen – im Sinn einer Suche nach tieferen und besser zusammenhängenden Auskünften über das ›Rätsel der Weiblichkeit‹ – wurde offenbar mit großer Intensität betrieben, wenn die *Diskrepanz* zwischen dem Gleichheitsideal für alle Menschen und der realen gesellschaftlichen Situation von Frauen und ›anderen‹ Minoritäten besonders augenfällig war. So entstanden vor allem in den Jahren nach der Aufklärung zahlreiche Theorien, die bemüht waren, diese Diskrepanz zu erklären bzw. zu begründen.[3]

Feministische Wissenschaftlerinnen, die unter dem Einfluß der Neuen Frauenbewegung damit begonnen haben, sich mit dem marginalen gesellschaftlichen Status von Frauen auseinanderzusetzen, konnten somit durchaus an eine altehrwürdige Tradition des Nachdenkens über die ›Natur des Weiblichen‹ anknüpfen. Zwar ist zu Recht darauf verwiesen worden, daß die Annahme einer spezifischen ›Natur des Weiblichen‹, die aus heutiger Perspektive betrachtet zumindest fragwürdig erscheint, »vor einigen Jahrhunderten eine überaus frauenfreundliche Absetzung von entsprechenden Gegentheorien sein konnte« (GÖSSMANN, 1984, S. 10). Um jedoch die Frauenfrage in ihrer gesellschaftspolitischen Bedeutung zu verstehen, war der Rückgriff auf das ›Wesen‹ der Frau als Begründung für ihre untergeordnete Rolle nicht länger haltbar. Denn die Beobachtung, »wie der Frau die Natur (Erfüllung ihrer Reproduktionsfunktion) erneut genau in dem Augenblick zugeschrieben wird, als der Mann die Natur durch die Industrie beherrscht und so aus ihr heraustritt«, mußte, wie Genevieve FRAISSE betont, »jeden allgemeinen Diskurs über das Verhältnis von Natur und Menschheit unmöglich [machen]« (1993, S. 54).

Was jedoch die Frauenforschung von der Forschung *über* Frauen unterscheidet, ist die eingebrachte weibliche Lebenserfahrung sozialer und kultureller Realität als Grundlage wissenschaftlichen Arbeitens, die nicht nur die Art der Argumentation veränderte, sondern auch ein anderes Erkenntnisinteresse mit sich

---

[3] Vor allem im Bereich der feministischen Philosophie sind mittlerweile zahlreiche Studien erschienen, die die von Dichtern und Philosophen erdachten unterschiedlichen ›Eigenschaften‹ von Frauen und Männern im Hinblick auf ihre Auswirkungen auf die gesellschaftliche Stellung der Frau in unserer Kultur analysiert und dokumentiert haben: MAHOWALD (1978), MOLLER OKIN (1979), LLOYD (1985), BENNENT (1985), GRIMSHAW (1986), KENNEDY/ MENDUS (1987).

brachte. Die traditionellen Forschungen *über* Frauen wurden nicht länger als wissenschaftlich fundierte Aussagen angesehen, die die ungleichen gesellschaftlichen Positionen von Frauen und Männern erklären konnten. Die ›Theorien‹, die Frauen etwa eine besondere Irrationalität, Sanftmut und Häuslichkeit zuschrieben, galten nunmehr als männliche Legitimationsstrategien, die weniger eine Deutung als eine Rechtfertigung des jeweiligen *status quo* zum Ziel hatten. Mit anderen Worten: In Frage gestellt wurde das ›neutrale‹, ›ungeschlechtliche‹ Forscher-Individuum der theoretischen und kritischen Arbeit, das zwar lange Zeit darauf bedacht war, die *universellen* menschlichen Werte der Aufklärung hervorzuheben, jedoch die *geschlechtsspezifischen* Machtverhältnisse innerhalb unserer Kultur nahezu vollständig vergessen hatte.[4] Es wurde erstmals deutlich, daß viele der vorhandenen Gesellschaftstheorien mit ihrer universellen Perspektive im Widerspruch zu den Erfahrungen von Frauen standen. Die Verallgemeinerung der Lebenserfahrungen von Männern hatte Theorien hervorgebracht, die für sich beanspruchten, auch die spezifischen Lebensbedingungen von Frauen und ihre unterschiedlichen Wahrnehmungen der Realität zu repräsentieren. Gegenüber diesen Theorien hat die Historikerin Joan KELLY-GADOL (1977) in einem ihrer Essays ironisch die Frage gestellt, ob auch Frauen eine ›Renaissance‹ erlebt hätten. Mit ihrer Antwort – »zumindest nicht während der Renaissance« – verlor nicht nur die Allgemeingültigkeit der traditionellen Epocheneinteilung einiges von ihrer Überzeugungskraft. Viele der Phänomene, die aus der Sicht von Frauen erklärungsbedürftig erschienen, waren offensichtlich von der Forschung bisher gar nicht erst aufgegriffen worden. Das, was als erkenntnistheoretisch gesichertes Wissen, als ›Tatsache‹, galt, mußte »aus der Perspektive des umfassenderen Bildes als beschränktes Produkt von Privilegien erscheinen« (SCHEMAN, 1991, S. 652). Warum etwa, so fragte die Philosophin Sandra HARDING (1986), verschlechtern sich die Lebensbedingungen von Frauen jeweils gerade in den Zeiten, die von der traditionellen Geschichtsschreibung als besonderer gesellschaftlicher Fortschritt bezeichnet wurden? (vgl. dazu auch KERBER, 1980; NORTON, 1980; SCOTT, 1983)

---

[4] Der Beitrag von Cornelia KLINGER in diesem Band geht ausführlicher darauf ein, wie sich »hinter den vorgeblich auf das geschlechtsneutral Menschliche bezogenen Positionen des philosophischen Diskurses männliche Perspektiven und Interessen verbergen«.

Verbarg sich hinter der *Diskrepanz* zwischen Gleichheitsideal und sozialer Wirklichkeit eine bestimmte gesellschaftliche ›Logik‹ und Kontinuität? Um diese Frage zu beantworten und die Situation von Frauen in Geschichte und Gegenwart zu verstehen, traten zunächst empirische Untersuchungen zur geschlechtsspezifischen Sozialisation in den Mittelpunkt des Forschungsinteresses. Damit sollte dem diffusen und spekulativen Gestus der Forschung *über* Frauen die Realität der Erfahrung entgegengesetzt werden. Wichtig wurden außerdem Analysen von ›Weiblichkeitsbildern‹ – etwa die ›Heilige‹ und die ›Hure‹, die ›weiße Frau‹ und die *femme fatale*‹. Hierbei kam der literaturwissenschaftlichen Frauenforschung ein entscheidender Stellenwert zu. Die Fragen nach der Funktion dieser Frauenbilder, nach dem Verhältnis zwischen diesen Männer*phantasien* und den Frauen*erfahrungen*, nach dem Zusammenhang zwischen bestimmten Repräsentationsformen des ›Weiblichen‹ und spezifischen Machtstrukturen des ›Männlichen‹ stellten notwendigerweise die Autorität der weiblichen Erfahrung als zentrale Kategorie in den Mittelpunkt des Interesses.[5]

Warum gerade die Literatur für den Neubeginn der Frauenbewegung Ende der 60er Jahre so zentral gewesen ist, wird rückblickend erklärbar, wenn wir bedenken, daß zu jener Zeit noch sehr wenige historische Dokumente und Quellen erschlossen waren, die Einsicht in die Lebensrealität von Frauen geben konnten. So schien, wie Silvia BOVENSCHEN zu Recht bemerkt, »der literarische Diskurs einer der wenigen zu sein, in denen das Weibliche stets eine auffällige und offensichtliche Rolle gespielt hat« (1979, S. 11) und durch den die soziale Realität von Frauen über die Jahrhunderte hinweg rekonstruierbar wurde. Dabei verdeutlichte vor allem Kate MILLETTS Schlüsseltext *Sexual Politics* (1969), in dem sie die negativen Frauenbilder in den Werken von Henry MILLER, Norman MAILER und D. H. LAWRENCE bloßstellte, den *politischen* Anspruch solcher Literaturanalysen. Denn die von Wissenschaftlerinnen formulierte Kritik an diesen Repräsentationen von Frauen war mit einer expliziten Anklage gegenüber dem Sexismus unserer Gesellschaft verbunden. Bei allen Vorbehalten, die – vor allem von männlichen Kritikern – MILLETTS ›Politisierung‹ literarisch-ästheti-

---

[5] Wie eindringlich anfangs versucht wurde, auf die Autorität der Erfahrung zurückzugreifen, zeigt eine Reihe von Büchern und Anthologien, die in der zweiten Hälfte der 70er Jahre erschienen sind. Wichtig sind vor allem RICH (1976), DIAMOND/EDWARDS (1977) und LERNER (1977).

scher Wertmaßstäbe gegenüber geäußert worden sind, wurde hier erstmals einer breiteren Öffentlichkeit ein Problem ins Bewußtsein gebracht, das insofern über den Angriff auf den Sexismus einzelner Autoren weit hinausging, als die aufgeworfenen Fragen nach dem Zusammenhang von Weiblichkeit und Repräsentation für die weitere Frauenforschung entscheidende Bedeutung gewannen.[6]

Um eine besondere weibliche Erfahrung zu begründen, boten sich zunächst vor allem zwei Erklärungsmuster an: (1) psychoanalytisch orientierte Ansätze, die die verschiedenartigen Entstehungskontexte von Erfahrung entwicklungspsychologisch zu erfassen versuchten;[7] (2) marxistisch orientierte Ansätze, die die Erfahrungen von Frauen auf oppressive kapitalistische Produktionsbedingungen und die damit einhergehende geschlechtsspezifische Arbeitsteilung zurückführten (vgl. u.a. HARTSOCK, 1983). Gleichwohl zeigte sich sehr bald, daß diese Theorien die Differenzen *innerhalb* der Gruppe der Frauen nicht hinreichend erfassen konnten. Kritisiert wurde das Postulat einer gemeinsamen Erfahrung vor allem von Frauen der verschiedenen Minoritätengruppen in Amerika, für die die zunächst so plausibel erscheinende Vorstellung einer allgemeinen geschlechtsspezifischen Unterdrückung – aufgrund von anderen Marginalisierungskriterien wie etwa ethnische Zugehörigkeit, Religion, sexuelle Orientierung, Alter oder Sozialstatus – nicht die gleiche Überzeugungskraft besaß. Waren etwa die Erfahrungen afro-amerikanischer Frauen der *upper-class* oder die Lebensbedingungen mexikanischer Immigrantinnen mit denen weißer Arbeiterinnen gleichzusetzen? Auf diese ungelösten Probleme hat auch die afro-amerikanische Dichterin Audrey LORDE wiederholt hingewiesen:

> By and large within the women's movement today, white women focus upon their oppression as women and ignore differences of race, sexual preference, class and age. There is a pretense to a homogeneity of experience covered by the word sisterhood that does not in fact exist. (1984, S. 116)

---

[6] Die für die heutige Theoriediskussion so wichtig gewordene Frage nach dem Zusammenhang von Weiblichkeit und Repräsentation erläutert der Beitrag von Elisabeth BRONFEN in diesem Band.

[7] Vor allem die Arbeit von Nancy CHODOROW wurde in den USA für eine feministische Theoriebildung herangezogen. Eine überzeugende Kritik daran bietet das Kapitel »Gender in the Context of Race and Class: Notes on Chodorow's *Reproduction of Mothering*« in SPELMAN (1988).

Mit der Kritik an der Homogenität der Erfahrung schien der wichtigste gemeinsame Nenner, von dem aus feministische Theorien ihre Legitimation erhielten, erschüttert zu sein. Konnte nicht mehr auf ein Konzept ›der‹ Frau zurückgegriffen werden, so verschwand die Möglichkeit, von einer homogenen weiblichen Erfahrung auszugehen und diese Autorität der Erfahrung als politische und wissenschaftliche Handlungsgrundlage anzusehen. In wessen Namen sollten feministische Wissenschaftlerinnen sprechen und handeln, wenn die Voraussetzung einer spezifisch weiblichen Perspektive nicht allgemein anerkannt werden konnte, wenn das Ziel, bestimmte Problemstellungen im Namen von Frauen diskutieren und lösen zu wollen, von einigen Frauen selbst als essentialistisch zurückgewiesen wurde? Die Kontroversen bezogen sich somit vor allem auf die Tendenz, die Erfahrung einer doch relativ kleinen Gruppe von Frauen zu generalisieren. Mit dieser Art der Vereinnahmung durch einen ›white, middle-class feminism‹ konnten und wollten sich viele Frauen nicht identifizieren.

Problematisch wurde die bis dahin gültige Abgrenzung zwischen Frauen und Männern, wenn Kategorien wie *race* und *class* über geschlechtsspezifische Zuschreibungen hinweg zu anderen Konstellationen führten.[8] Selbst wenn schwarze Frauen sich aufgrund von *geschlechtsspezifischen* Gemeinsamkeiten noch mit weißen Frauen teilweise solidarisch fühlen konnten, so mußte diese Solidarität aufgrund von *rassenspezifischen* Diskriminierungen zusammenbrechen und zu neuen Gruppierungen führen. Es zeigte sich, daß die Komplexität der sozialen Realität nicht länger mit traditionell binären Oppositionen wie etwa Mann *versus* Frau oder Natur *versus* Kultur erfaßbar war und von einem Denken in Differenzen ersetzt werden mußte. Für dieses neue Denken sozialer Realitäten wurde die Auseinandersetzung zwischen Feminismus und Poststrukturalismus von besonderer Bedeutung.[9]

Mit der Problematisierung des Begriffs der ›Differenz‹ waren die *Women's Studies* in ihren Fragestellungen und Antworten selbstkritisch an ihre Grenzen gestoßen. Das Anliegen, die Situation von

---

[8] Der Beitrag von Elisabeth KUPPLER in diesem Band erläutert an einem ›Fallbeispiel‹ exemplarisch die Kontroversen, die die problematische Beziehung von *race and gender* mit sich bringt.

[9] Zu Arbeiten, die sich mit dem Zusammenhang von Feminismus und Poststrukturalismus auseinandersetzen, vgl. die Sigle [C] im Literaturverzeichnis dieses Beitrags.

Frauen im Rahmen der Oppositionsbildungen (von ›männlicher‹ Macht und ›weiblicher‹ Ohnmacht) zu kritisieren, erwies sich nicht zuletzt deshalb als wenig fruchtbar, weil durch die Umkehr dieser Opposition – eine Aufwertung des ›Weiblichen‹ – die Oppositionsstrukturen als solche unangetastet blieben. Die Schwierigkeiten begannen spätestens bei dem Versuch, alternative Weiblichkeitsbilder zu entwickeln, um sie den als unzutreffend kritisierten Männerphantasien gegenüberzustellen. Diese Alternativen nämlich wurden durchaus nicht von allen Frauen als Ansatz zu einer Lösung ihrer Probleme anerkannt. Für die meisten schwarzen Frauen zielten weder die Proteste von weißen Amerikanerinnen – etwa der Wunsch nach einer Befreiung aus dem ›goldenen Käfig‹ ihres eigenen Mittelklasseheims – noch die Kritik am ›Sexismus‹ unserer Gesellschaft als einer Hauptursache der Marginalisierung von Frauen auf ein relevantes Thema. Mit anderen Worten: Der Zusammenhang von männlicher Herrschaft und weiblicher Unterdrückung in seiner Monokausalität war wenig überzeugend.

Analog zu den beiden Strömungen innerhalb der Geschichte des Feminismus, die sich als Forderung nach Gleichberechtigung für Frauen auf der einen Seite und nach Anerkennung der Besonderheit einer weiblichen Sphäre auf der anderen von Anfang an gegenüberstanden, hatte auch die feministische Kritik an dem Ausschluß von Frauen aus Politik, Gesellschaft und Kultur zwei gegensätzliche Strategien entwickelt – einmal das Bestreben, die *Gleichheit* von Frauen und Männern hervorzuheben, zum anderen den Versuch, auf der *Differenz* zu beharren, d.h. eine spezifisch weibliche Kultur zu postulieren.[10] Unberücksichtigt blieben dabei jedoch sowohl die Differenzen von Frauen untereinander als auch die Logik, auf dem der Ausschluß von Frauen basiert. *Gender* als Analysekategorie, die die Beziehungen der Geschlechter untersucht, sollte dazu dienen, diese ›Logik‹ zu erklären.

2. Die Unterscheidung zwischen *sex* und *gender*

Noch in den 60er Jahren unseres Jahrhunderts war der Begriff *gender*, wie er heute im Sinn von ›Geschlechterverhältnis‹ oder ›soziokultureller Konstruktion von Sexualität‹ gebraucht wird, auch im anglo-amerikanischen Sprachgebrauch nahezu unbekannt.

---

[10] Einen guten Überblick über die Geschichte des Feminismus bietet OFFEN (1988).

Der Begriff sollte – wie etwa ein Blick in *Fowler's Dictionary of Modern English Usage* zeigt – ausschließlich zur Beschreibung innerhalb der Grammatik dienen.[11] Ein von dieser grammatikalischen Bezeichnung abweichender Gebrauch wurde entweder als Scherz oder als grober Schnitzer angesehen. Seit einigen Jahren dagegen ist es kaum noch möglich, eine englischsprachige wissenschaftliche Zeitschrift im Bereich der Kulturwissenschaften aufzuschlagen, ohne darin nicht zumindest einen Aufsatz zum Konzept *gender* zu finden. Das gilt keineswegs nur für feministische Zeitschriften wie *Signs* oder *Feminist Studies,* sondern inzwischen auch für eine Reihe von etablierten und allgemein angesehenen wissenschaftlichen Publikationen, die sich mit kulturtheoretischen Fragestellungen auseinandersetzen.[12] Ebenfalls bemerkenswert ist die Tatsache, daß z.B. der Index der *Sociological Abstracts* zwischen 1966 und 1970 keinen einzigen Eintrag zu diesem Begriff aufweist, während für die Jahre 1981–1985 724 Einträge aufgelistet sind. In den *Psychological Abstracts* führt die Entwicklung von 50 Schlüsselworteinträgen zwischen 1966 und 1970 zu 1326 Einträgen für den Zeitraum von 1981 bis 1985 (vgl. HARAWAY, 1987, S. 38).

In Deutschland zeigt sich eine ähnliche Situation. So hat Gisela BOCK (1989) darauf hingewiesen, daß weder in dem mehrbändigen, von BRUNNER, CONZE und KOSELLECK (1982) herausgegebenen Werk *Geschichtliche Grundbegriffe*, noch in dem von Joachim RITTER (1972) herausgegebenen *Historischen Wörterbuch zur Philosophie* ein Eintrag zum Begriff Geschlecht zu finden ist. Auch diese Tatsache steht in einem seltsamen Widerspruch zu der langen Tradition innerhalb unserer Kultur, in der das Nachdenken über das Verhältnis der Geschlechter durchaus einen besonderen Stellenwert besaß.

---

[11] »To talk of persons or creatures of the masculine or feminine gender, meaning of the male or female sex, is either a jocularity (permissible or not according to context), or a blunder.«

[12] Zu nennen sind hier vor allem *Critical Inquiry, Cultural Critique, Diacritics, New Literary History, Poetics Today, Representations, Substance.* Darüber hinaus existiert bei der Columbia University Press eine eigene Buchreihe unter dem Titel *Gender and Culture,* bei Basil Blackwell erscheint seit 1989 eine Zeitschrift mit dem Titel *Gender & History,* bei der Indiana University Press zwei ebenfalls neue Zeitschriften *Differences* und *Gender & Society*. Eine Auswahl von einschlägigen Zeitschriften im Bereich der Frauenforschung enthält das Verzeichnis am Ende des Bandes).

Das große Interesse, das dem erweiterten Begriff *gender* als einer neuen erkenntnisleitenden, theoretischen Perspektive heute entgegengebracht wird, weist darauf hin, daß in den letzten zwei Jahrzehnten ein Umdenken hinsichtlich der sozialen Organisation der Geschlechterverhältnisse eingesetzt hat bzw. daß das Geschlechterverhältnis als eine solche soziale Organisationsform überhaupt erst genauer wahrgenommen wird. Hier zeigt sich eine Parallele zu der Geschichte anderer Begriffe, die zur Beschreibung gesellschaftspolitischer Prozesse seit langem unerläßlich sind. So erfuhren z.B. auch Begriffe wie ›Demokratie‹, ›Klasse‹, ›Kunst‹ und ›Kultur‹ Ende des 18. Jahrhunderts eine Bedeutungsänderung oder -erweiterung, weil damit neu aufgetretene gesellschaftliche Problemstellungen *benannt* werden konnten.[13]

Eine Bedeutungserweiterung hat auch der *gender*-Begriff erfahren: Während er ursprünglich eine lexikalisch-grammatische Kategorie bezeichnete, nach der in vielen Sprachen Substantive verschiedenen Klassen – *Femininum, Maskulinum* und *Neutrum* – zugeordnet werden, sollte die von Wissenschaftlerinnen bewußt eingeführte Differenzierung zwischen *sex* und *gender* dazu beitragen, die gesellschaftliche Klassifikation der Geschlechter (*gender*) von der mit ihnen nicht notwendigerweise übereinstimmenden biologischen Klassifikation (*sex*) zu unterscheiden.[14]

Die Mehrzahl der Arbeiten, die in den vergangenen zwei Jahrzehnten die *Ordnung der Geschlechter* (HONEGGER, 1991) thematisiert haben, illustrieren die von der feministischen Wissenschaftskritik getroffene Unterscheidung zwischen *sex* und *gender*. Auf die Existenz eines *sex-gender system* hatte als eine der ersten die Anthropologin Gayle RUBIN (1975) aufmerksam gemacht. Sie versuchte damit, ein neues Erklärungsmuster für die geschlechtsspezifische Differenzierung, die eine für die Entstehung von Ge-

---

[13] »In the last decades of the eighteenth century, and in the first half of the nineteenth century, a number of words, which are now of capital importance, came for the first time into common English use, or, where they had already been generally used in the language, acquired new and important meanings. There is in fact a general pattern of change in these words, and this can be used as a special kind of map by which it is possible to look again at those wider changes in life and thought to which the changes in language evidently refer.« (WILLIAMS, 1987, S. XI)

[14] Daß Sprache eine fundamentale Bedeutung für die Konstitution der Geschlechterbeziehungen hat, zeigt der Beitrag von Hadumod BUSSMANN in diesem Band.

sellschaft und Kultur offenbar konstitutive Organisationsform bildet, bereitzustellen. So wurde dem biologischen Geschlecht (*sex*) das Geschlecht im Sinn von Gattung (*gender*) gegenübergestellt. Durch diese Trennung sollte die Aufmerksamkeit auf die *sozio-kulturelle* Konstruktion von Sexualität gelenkt werden.

Kulturanthropologische Studien lieferten wichtige Einsichten in die kulturelle Vielfalt der als männlich und weiblich gedeuteten Zuschreibungen. Zum einen wurden durch diese Arbeiten die bislang so einleuchtend anmutenden biologischen Erklärungen in Frage gestellt, d.h. unterschiedliche gesellschaftliche Positionen von Frauen und Männern konnten nicht länger auf geschlechtliche Unterscheidungsmerkmale zurückgeführt werden. Zum anderen jedoch wurde deutlich, daß – trotz der kulturell unterschiedlichen Weiblichkeitskonzepte – offenbar in jeder Kultur den Frauen eine weniger angesehene ›Rolle‹ zugeteilt wurde.

Zwei Mitte der 70er Jahre erschienene Sammelbände aus dem Bereich der Anthropologie (REITER, 1975; ROSALDO/LAMPHERE, 1974) haben das neue Interesse an den Gründen für die angebliche ›Minderwertigkeit‹ von Frauen dokumentiert. Der Titel von Sherry ORTNERS sehr bekannt gewordenem Essay *Is Female to Male as Nature is to Culture?* läßt die Richtung erkennen, in die die Fragestellungen zunächst zielten. Da der Natur in *Opposition* zur Kultur ein geringerer Status zugesprochen wird, besteht – aufgrund der immer wieder postulierten Nähe von Frauen und Natur – eine implizite, oft gar nicht bewußte Abwertung von Frauen. Die (re)produktive Tätigkeit von Frauen wurde einer weniger angesehenen, privaten Sphäre zugeteilt, während die produktive, kulturschaffende Arbeit dem öffentlichen Bereich vorbehalten blieb, den zu vertreten Sache des Mannes war. Nur so sei es zu verstehen, daß trotz der kulturell unterschiedlichen Tätigkeiten von Männern und Frauen der Status von Frauen als der jeweils minderwertige gelten konnte.

Die Unterscheidung zwischen *sex* und *gender*, die in Analogie zu dem Verhältnis von Natur und Kultur vorgenommen wurde, richtete sich *gegen* die mit der *Polarisierung der Geschlechtscharaktere*[15] einhergehenden Schlußfolgerungen, wonach die unterschied-

---

[15] Dies ist der Titel einer einflußreichen Arbeit von Karin HAUSEN, die die These aufstellt, die in wenigen Jahren des 19. Jahrhunderts entworfene polaristische Geschlechtsphilosophie leiste »die theoretische Fundierung [eines hierarchischen Geschlechterverhältnisses] durch die Aufspaltung und zugleich

lichen Geschlechterrollen als Ausdruck der ›natürlichen‹ Eigenschaften von Frauen und Männern angesehen und damit gleichzeitig legitimiert wurden. Sie wandte sich *gegen* die Überzeugung, daß zwischen dem als ›natürlich‹ vorausgesetzten Geschlecht (*sex*) und den Frauen und Männern zugeschriebenen gesellschaftlichen Geschlechterrollen ein linearer, kausaler Zusammenhang besteht:

> Natürliche Gleichheit aller Menschen und natürliche Ungleichheit zwischen den Geschlechtern sind der paradoxe Kanon des 19. Jahrhunderts, der bis weit in die Mitte des 20. Jahrhunderts noch selbstverständlich bleibt. (PASERO, 1994, S. 275)

Um das Geschlechter*verhältnis* in seiner gesellschaftlichen Bedeutung zu erfassen, wurde eine Definition von Geschlechter*differenz*, die auf der Behauptung von biologischen Gegebenheiten basierte, vor allem deshalb zurückgewiesen, weil ein solcher Rekurs auf die Natur zugleich die Unveränderbarkeit dieser weiblichen und männlichen Geschlechterrollen impliziert und damit nicht nur der Legitimation von patriarchalen Machtverhältnissen Vorschub leistet, sondern diese auch als quasi naturgegeben betrachtet. Stattdessen sollte die Unterscheidung zwischen einem biologisch fundierten Geschlecht (*sex*) und den jeweils kulturell konstruierten, variablen Geschlechts*zuschreibungen* (*gender*) dazu beitragen, diesen vermeintlich naturgegebenen Kausalzusammenhang aufzuheben. Sie sollte das Bewußtsein dafür wecken, daß die Begriffe ›Weiblichkeit‹ und ›Männlichkeit‹ eine kulturell bedingte Vielfalt von Bedeutungsmöglichkeiten aufweisen, die durch die allzu ausschließliche Fokussierung auf biologisch bestimmte Differenzen nicht zu erfassen ist, sondern im Gegenteil eher verdeckt wird. Kritisiert wurden bestimmte Vorstellungen vom ›Wesen‹ der Geschlechter, die als »Ideale von Männlichkeit und Weiblichkeit« (GOFFMAN, 1977) Männer und Frauen je unterschiedlich tangierten, somit auch in unterschiedlicher Form erlebt und als wünschenswert oder bedrückend empfunden wurden. Zugrunde lag die Überzeugung, daß die »Reduzierung der Geschlechtskategorien auf ihre biologische Bestimmtheit [...] verhindert, daß über die Existenz und die gesellschaftlichen Funktionen dieser Kategorien nachgedacht wurde« (CORBIN u.a., 1989, S. 244).

Harmonisierung der von der Aufklärung als Ideal entworfenen vernünftigen Persönlichkeit in die unterschiedlich qualifizierte männliche und weibliche Persönlichkeit« (1978, S. 166).

Wenn die Bedeutung, die der geschlechtlichen Differenzierung beigemessen wird, nicht auf anthropologische, biologische oder psychologische Gegebenheiten zurückgeführt werden konnte, sondern von kulturellen Klassifikationen abhängig war, so konnte auch die Beziehung der Geschlechter zueinander nicht länger als Ausdruck oder Repräsentation einer statischen, naturgegebenen Ordnung verstanden werden. Geschlechterbeziehungen sind *Repräsentationen von kulturellen Regelsystemen*:

> Der Begriff *gender* ist eine Repräsentation; nicht nur in dem Sinn, in dem jedes Wort, jedes Zeichen auf ein Referenzobjekt verweist (es repräsentiert) [...]. [...] *gender* ist nicht gleichzusetzen mit ›natürlichem‹ Geschlecht. Vielmehr handelt es sich um die Repräsentation einer Beziehung, die das Verhältnis von Individuum und Gesellschaft fundiert und auf einer konzeptionellen und festgefügten Opposition von zwei biologischen Geschlechtern aufbaut. Es ist diese konzeptionelle Struktur, die feministische Sozialwissenschaftlerinnen als *sex-gender system* bezeichnet haben.[16]

Die mit dem Hinweis auf das *sex-gender system* verbundene Kritik an den als ›natürlich‹ vorausgesetzten, biologisch determinierten Konzepten von Weiblichkeit und Männlichkeit bezieht sich nicht darauf, *daß* differenziert wird und werden muß, d.h. nicht auf den Begriff der Differenz als solchen.[17] Insofern ist *gender* auch nicht mit sexueller Differenz gleichzusetzen. Die Kritik betrifft ebenfalls nicht die Tatsache, daß es *gender-arrangements* gibt oder daß in allen Gesellschaften zwischen Frauen und Männern unterschieden wird. Anstatt jedoch von *vorgegebenen* Unterschieden zwischen ›weiblich‹ und ›männlich‹ auszugehen, zwingt uns der Begriff dazu, den *Wert*, der diesen Unterschieden beigemessen wird, zu

---

[16] Im Original: »[...] the term *gender is a representation*; and not only a representation in the sense in which every word, every sign, refers to (represents) its referent [...]. [...] gender is not sex, a state of nature, but the representation of each individual in terms of a particular social relation which pre-exists the individual and is predicated on the *conceptual* and rigid (structural) opposition of two biological sexes. This conceptual structure is what feminist social scientists have designated ›the sex-gender system‹.« (DE LAURETIS, 1987, S. 4f.)

[17] Zu den Paradoxieproblemen des Unterscheidens im Zusammenhang mit dem Konzept *gender* vgl. HOF (1992).

reflektieren.[18] In diesem Zusammenhang stellt sich vor allem auch die Frage, wer das Recht hat, Unterschiede zu definieren und zu bewerten.[19]

3. *Gender* als historisch-soziale Kategorie

Zum Verständnis des *gender*-Begriffs ist es wichtig, dieses neue Konzept nicht nur gegenüber einer jahrhundertealten ›Philosophie der Geschlechter‹. gegenüber der Forschung *über* Frauen abzugrenzen, sondern auch gegenüber dem in unserem Jahrhundert von der soziologischen Rollentheorie entwickelten Begriff der ›Geschlechterrolle‹. Zwar besteht auf den ersten Blick durchaus eine Gemeinsamkeit zwischen *gender* und Geschlechterrolle. Sie ergibt sich aufgrund der intendierten Abkehr von biologisch bestimmten Geschlechtszuschreibungen sowie durch das Bestreben der soziologischen Rollentheorie, die traditionellen Betrachtungen über die unterschiedlichen gesellschaftlichen Positionen und Aufgaben von Frauen und Männern explizit in einen neuen theoretischen Rahmen einzubetten. So war zunächst vor allem Talcott PARSONS darum bemüht, das den ungleichen sozialen Rollen von Frauen und Männern zugrundeliegende *Muster* zu erfassen, das mit dem Hinweis auf biologische Gegebenheiten nicht zu erklären sei (vgl. PARSONS, 1942; PARSONS/BALES, 1955). Das von der Psychoanalyse entwickelte ›ödipale Dreieck‹ innerhalb der Familie diente ihm dazu, die Internalisierung der unterschiedlichen Rollen plausibel zu machen, die zugleich die Ausbildung einer männlichen bzw. weiblichen Geschlechtsidentität gewährleistete. Die Differenzierung, die er vorschlug, stellte die instrumentellen (männlichen) und expressiven (weiblichen) Funktionen innerhalb der Familie in

---

[18] Damit wird u.a. deutlich, in welcher Form historisch spezifische Konstruktionen von ›Weiblichkeit‹ und ›Männlichkeit‹ die jeweiligen Vorstellungen der Geschlechter*differenz* – etwa auch die eigene Wahrnehmung als Frau oder als Mann – bestimmen und in welcher Form diese Vorstellungen von gesellschaftlichen Veränderungen, wie sie beispielsweise in den Extremsituationen von Krieg und Nachkriegszeit besonders deutlich wurden, beeinflußt werden. Frauen etwa nahmen während dieser Zeiten Positionen ein und verrichteten Arbeiten, die mit der Bestimmung der ›wahren‹ weiblichen Natur keineswegs zu vereinbaren waren.

[19] Diese Frage betrifft z.B. auch den gesamten Bereich unserer literarischen Wertungstheorien. Vgl. dazu den Beitrag von VON HEYDEBRAND/WINKO in diesem Band.

den Vordergrund. Er versuchte damit zugleich, anhand des Geschlechterrollenkonzepts eine Verbindung zwischen Persönlichkeits- und Gesellschaftsstrukturen herzustellen.

Ungeklärt blieb bei ihm jedoch die Frage, auf welche Weise Frauen und Männer sich zu diesen Konstruktionen in Beziehung setzen. So mußte etwa der in den 60er Jahren immer deutlicher werdende Widerstand gegen die weiblichen Rollenerwartungen, die Betty FRIEDAN als *The Feminine Mystique* (1963) charakterisiert hatte, unverständlich bleiben, solange die Rebellion gegen diese ›Mystifizierung des Weiblichen‹ nicht als Kritik an den Machtpositionen der jeweiligen Rollen begriffen wurde. Von daher bot, wie Robert CONNELL überzeugend bemerkt, die Theorie der Geschlechterrollen »keine Möglichkeit, Wandel als Dialektik zu begreifen, die innerhalb der Geschlechterverhältnisse entsteht« (1986, S. 324). Neue Fragestellungen ergaben sich erst, als die von der Rollentheorie vorausgesetzte Trennung zwischen Person und Rolle sowie die *Natürlichkeit* von weiblichen und männlichen Eigenschaften angezweifelt wurden. Das war zugleich der eigentliche Beginn der *gender*-Theorien.

Der Unterschied zwischen den Begriffen *gender* und Geschlechterrolle liegt somit im wesentlichen in der Forderung der feministischen Wissenschaftskritik, die mit den jeweiligen Geschlechtszuschreibungen verbundenen Mechanismen von Herrschaft und Unterdrückung zu erfassen bzw. die bisher zur Beschreibung gesellschaftspolitischer Prozesse gültigen Kategorien zu überdenken. In deutlicher Abgrenzung z.B. auch gegenüber Ivan ILLICHs Vorstellung von einer Gesellschaft, in der die Einteilung in männliche und weibliche Lebensbereiche noch erhalten war,[20] richtet sich die Kritik der *gender*-Theorien gerade *gegen* diese Art der Oppositionsbildung. In den Worten der Historikerin Annette KUHN:

> Die Anerkennung des Geschlechts als einer zentralen historisch-sozialen Kategorie bedeutet nicht nur eine Erweiterung unseres historischen Horizonts, sondern auch eine Infragestel-

---

[20] In seinem 1982 erschienenen Buch mit dem Titel *Gender* wird die geschlechtsspezifische Trennung zwischen Frauen und Männern pauschal und ohne jede theoretische Begründung als eine naturgegebene, universelle weibliche und männliche Daseinsform definiert. Es handle sich hierbei angeblich um eine ›asymmetrische Komplementarität‹, die erst durch das illusionäre Gleichheitsideal zerstört worden sei.

lung der Parameter gegenwärtiger fachwissenschaftlicher Forschung. (1983, S. 30)
Aufgrund dieser Überlegungen erklärt sich auch das anders gelagerte Erkenntnisinteresse, durch das sich die *Gender Studies* von den *Women's Studies* unterscheiden. Denn mit ihrer Kritik an den verschiedenen Positionen, die Frauen und Männern infolge ihrer jeweiligen ›Rollen‹ zugesprochen wurden, arbeitete die Frauenforschung anfangs noch weitgehend innerhalb einer traditionellen Theoriebildung. Ihr ging es zunächst vorwiegend darum, Unterschiede zwischen Frauen und Männern aufzuzeigen und zu benennen. Die wichtigste Aufgabe lag darin, Informationen von und über Frauen zur Verfügung zu stellen, um auf diese Weise die Grundlage für neue theoretische Fragestellungen zu ermöglichen. An diesem Punkt beginnt die Aufgabe der *Gender Studies*, denen es weniger um eine Fortsetzung der Kritik an dem (mittlerweile ohnehin bekannten) Ausschluß von Frauen und die bis dahin *eindeutig* zugeschriebenen Machtmechanismen geht als um eine kritische Einsicht in die Mechanismen, die mit dieser Hierarchisierung verbunden sind.
Im Gegensatz zu der anfänglichen Kritik an stereotypen Weiblichkeitsbildern, die gleichzeitig versuchte, diese Bilder zu *korrigieren*, d.h. sie durch ›angemessenere‹ Frauenbilder zu ersetzen, konnte mit dem Konzept *gender* erklärt werden, warum z.B. bestimmte Weiblichkeitskonzepte für manche Frauen in einer bestimmten Zeit negativ und einengend wirkten, während alternative Konzepte befreiend erschienen – auch wenn es sich nicht um ›richtigere‹, objektiv bessere Bilder handelte. Vor allem die Proteste von Frauen einzelner Minoritätengruppen haben ein neues Bewußtsein für die vielfältigen *Differenzen* geweckt, durch die auch Frauen sich voneinander unterscheiden. Es war nicht länger möglich, pauschal von (männlicher) Herrschaft und (weiblicher) Unterdrückung zu sprechen, ohne die eigene Beteiligung an den *gender*-Konstruktionen zu reflektieren. Denn auch der Begriff der ›Männlichkeit‹, der zwar häufig kritisiert, aber offenbar als feststehende ›Tatsache‹ betrachtet wurde, ist eine Konstruktion.
Bei der Unterscheidung zwischen *Women's Studies* und *Gender Studies* handelt es sich selbstverständlich nicht um eine strikte Abgrenzung, sondern eher um eine Akzentverschiebung, durch die viele der zunächst vorwiegend auf die Lebensbedingungen und die Arbeit von Frauen konzentrierten Studien in einen umfassenderen

Kontext gestellt wurden. Mit der Kategorie *gender* ließ sich deutlich machen, daß die theoretischen Implikationen der Frauenforschung sich nicht darin erschöpfen können, bisher vernachlässigtes Wissen von und über Frauen in schon vorhandene Wissenschaftsbereiche zu integrieren, sondern daß sich – aufgrund dieser neuen Erkenntnisse – die Argumentations- und Begründungszusammenhänge der gesamten Forschung der jeweiligen Disziplinen ändern müssen. Mit anderen Worten: Während es anfangs vor allem darauf ankam, Informationen über Frauen nachzuliefern sowie Differenzen zwischen Frauen und Männern aufzuzeigen, fragen die *Gender Studies* vor allem nach dem *Wert*, der diesen diversen Differenzierungen beigemessen wurde und wird. Damit stellte sich in der Folgezeit die sehr viel schwierigere Frage, anhand welcher Auswahlkriterien die Relevanz von Fakten und Ereignissen überhaupt beurteilt wird. Als ein allgemeines theoretisches Problem betrifft diese Frage nicht nur die Frauenforschung, sie bezieht sich vielmehr auf den gesamten Bereich unserer Wissensproduktion.[21]

Der Versuch, *gender* als eine grundlegende wissenschaftliche Analysekategorie zu etablieren, erfolgte somit im wesentlichen aus vier Gründen: (1) zur Abgrenzung gegenüber einer als natürlich vorausgesetzten Kausalverbindung zwischen (weiblichen) und (männlichen) Körpern und bestimmten gesellschaftlichen Rollen; (2) mit dem Ziel, die Struktur der Beziehungen der Geschlechter mit anderen kulturellen Kontexten und gesellschaftlichen Organisationsformen in Verbindung zu bringen; (3) aus der Einsicht heraus, daß die gesellschaftliche Organisation, in der Männer und Frauen eine bestimmte Rolle spielen, nicht ohne eine Analyse der jeweiligen Machtverhältnisse begriffen werden kann; (4) im Rahmen der Überzeugung, daß der *Prozeß* des Unterscheidens, der zu den jeweils unterschiedlichen Rollen führt, mitbedacht werden muß.

Die Tatsache, daß die Frauenforschung bzw. die feministische Wissenschaftskritik ihr Entstehen einer sozialen Bewegung verdanken und sich nicht aufgrund von vorwiegend theoretischen Überlegungen innerhalb des Wissenschaftsbetriebs entwickelt ha-

---

[21] Sie betrifft damit – wie die Beiträge von Ina SCHABERT, Sigrid SCHADE/Silke WENK und Sigrid NIEBERLE/Sabine FRÖHLICH deutlich machen – im besonderen auch den gesamten Bereich der Literatur-, Kunst- und Musikgeschichtsschreibung.

ben, erklärt die spezifische Dynamik ihrer Theoriebildung, die zu der Verschiebung von *Women's Studies* zu *Gender Studies* geführt hat.[22] Der Einsatz von *gender* als Analysekategorie versprach die Möglichkeit, die fragwürdig gewordene Opposition zwischen Frauen und Männern zu dekonstruieren, sie gleichzeitig jedoch in ihrer sozialen, kulturellen und politischen Realität als Mechanismus der Hierarchisierung ernstzunehmen. Mit Hilfe dieser Analysekategorie wurde versucht, das Phänomen der Machtverhältnisse zwischen den Geschlechtern zu erfassen, *ohne* an dem problematisch gewordenen Postulat einer gemeinsamen ›weiblichen‹ Erfahrung oder einer universellen Unterdrückung von Frauen festzuhalten. Die Relevanz dieser Überlegungen scheint mittlerweile auch bei uns von einigen Vertretern der ›etablierten‹ Wissenschaft anerkannt zu werden. Das bezeugen die Worte eines deutschen Historikers, der im Jahr 1988 bemerkt, daß

> die Einsichten in die Bedeutung des Geschlechterverhältnisses in der Geschichte – und natürlich nicht weniger in unserer heutigen Gesellschaft – für die allermeisten von uns sehr jungen Datums sind und daß wir diese Einsichten in erster Linie dem oft unbequemen Drängen der Frauen und der Frauenbewegung verdanken. Bis vor wenigen Jahren hat die männlich geprägte Wissenschaft hier überhaupt kein Problem gesehen. Unser Erkenntnisfortschritt ist dadurch durchaus nicht innerwissenschaftlichen Ursprungs, sondern er ist uns – den Männern, aber auch vielen Frauen – durch die feministische Bewegung aufgenötigt worden (RÜRUP, 1988, S. 157).

Der hier angesprochene Erkenntnisfortschritt – so läßt sich hinzufügen – liegt nicht nur darin, daß die Frage nach dem Verhältnis der Geschlechter durch den Wiederbeginn der Frauenbewegung und aufgrund der Ergebnisse der Frauenforschung zu einem gesellschaftlichen und wissenschaftlichen Thema gemacht worden ist. Wichtiger ist die Forderung, die Interpretations*geschichte* der sexuellen Differenzierung, die das Geschlechterverhältnis allererst konstituiert, selbst als Teil der »gesellschaftlichen Konstruktion der Wirklichkeit« (BERGER/LUCKMANN, 1984) zu begreifen, um auf diese Weise die Interaktion zwischen dieser Geschichte und ande-

---

[22] So bietet z.B. das Jahrbuch *American Scholarship* seit 1986 erstmals ein Überblickskapitel zu *Gender Studies*.

ren gesellschaftlichen Organisationsstrukturen analysieren zu können.[23]

4. Die Kritik an *gender* als Analysekategorie

Wenn – im Unterschied zu unserer gegenwärtigen Situation – zu Beginn der 70er Jahre noch ein sehr viel größerer Konsens in bezug auf die Ziele der feministischen Wissenschaftskritik existierte, so hat das vor allem zwei Gründe: (1) Es bestand Einigkeit darüber, daß es möglich sei, eine Ursache für die Unterdrückung von Frauen zu finden – sei es das ›Patriarchat‹, sei es ein ausbeuterisches soziales System oder auch die strukturelle Beziehung zwischen privaten und öffentlichen Räumen und die gleichzeitige geschlechtsspezifische Zuordnung zu diesen Räumen. Die einzelnen Richtungen innerhalb der feministischen Bewegung und Theoriebildung konnten in ›methodische Ansätze‹ eingeteilt werden – ›liberaler Feminismus‹, ›materialistischer Feminismus‹, ›kultureller Feminismus‹ – je nachdem, von welchen spezifischen Erklärungen für den marginalen Status von Frauen in unserer Gesellschaft sie ausgingen. (2) Es bestand Einigkeit darüber, daß es möglich sei, bestimmte Problemstellungen im Namen von Frauen zu diskutieren und zu lösen.

Diese beiden Hypothesen jedoch sind heute fragwürdig geworden. Denn hier wurde ein Konsens suggeriert, der in dieser Form letztlich nicht aufrechtzuhalten ist. Vor diesem Hintergrund bot das Konzept *gender* die Aussicht, die Aporien der Frauenforschung zu vermeiden. *Gender Studies*, so wurde argumentiert, könnten dieser Forschung zu einer ›soliden‹ wissenschaftlichen Grundlage verhelfen, indem sie – statt von der *Opposition* von Frauen und Männern auszugehen – nach den Gründen für diese Oppositionsbildung fragten. Auf welche Weise und mit welcher Berechtigung wurde immer wieder versucht, gerade die geschlechtliche Differenzierung von Frauen und Männern als ein natürliches, von der gesellschaftlichen Sinnproduktion unabhängiges Phänomen darzustellen? Mit dieser Frage wurde gleichzeitig eine neue wissenschaftstheoreti-

---

[23] Wenn der Frage nach den Geschlechterbeziehungen für die »gesellschaftliche Konstruktion der Wirklichkeit« eine wesentliche Bedeutung zukommt, so muß vor allem auch gefragt werden, welche Antworten z.B. die Theologie in diesem Zusammenhang bietet. Vgl. dazu den Beitrag von Leonore SIEGELE-WENSCHKEWITZ in diesem Band.

sche Reflexion über das Verhältnis zwischen der Polarisierung der Geschlechter und spezifischen Machtstrukturen herausgefordert.

Sich diesen historisch-theoretischen Entstehungskontext, in dessen Rahmen sich der Begriff *gender* entwickelt hat, immer wieder in Erinnerung zu rufen, scheint mir aus zwei Gründen wichtig zu sein: (1) Jede Definition von *gender* muß das zugrundeliegende Interesse an diesem Konzept thematisieren. Dieses Interesse ergab sich in den Anfängen der Neuen Frauenbewegung im besonderen aus der Abgrenzung gegenüber einer zu dieser Zeit noch vorherrschenden Konzeption von Geschlechterdifferenz, die weitgehend auf biologistischen Prämissen basierte. (2) Die auch in Deutschland zur Zeit mit zunehmender Vehemenz geführte Diskussion im Bereich der *Gender Studies* tendiert dazu, entweder diese Entstehungsbedingungen zugunsten einer vorwiegend erkenntnistheoretisch ausgerichteten, metakritischen Argumentation zu vernachlässigen oder die theoretische Reflexion mit dem Hinweis auf die politischen Ziele der feministischen Bewegung als ›unpolitisch‹ zurückzuweisen. Auf diese Weise wird eine fruchtbare Auseinandersetzung mit der mittlerweile laut gewordenen und sicher berechtigten Kritik am *sex-gender system* unnötig erschwert.

Diese Kritik aber steht gegenwärtig im Mittelpunkt der Diskussion. In Frage gestellt wird nunmehr die Trennung zwischen *sex* und *gender*, weil mit ihr eine Reihe von Vorannahmen verknüpft sind, die sich erst allmählich als widersprüchlich herauskristallisiert haben. Während mit dieser Trennung ursprünglich der unmittelbare, kausale Zusammenhang zwischen ›biologischem‹ und ›sozialem‹ Geschlecht außer Kraft gesetzt werden sollte, scheint gerade die auf den ersten Blick so einleuchtende Vorstellung von *gender* als ›soziokultureller Konstruktion von Sexualität‹ davon auszugehen, daß es so etwas gibt wie ›den‹ Körper oder ›die‹ Sexualität, d.h. etwas, das vor der Konstruktion existiert – der Körper sozusagen als *tabula rasa*, auf dem dann kulturelle Einschreibungen vorgenommen werden.

Auf diesen Widerspruch hat Judith BUTLER (1991) überzeugend hingewiesen. Sie stützt sich in ihrer Argumentation vor allem auf Michel FOUCAULT, der mit seinem Buch *Sexualität und Wahrheit* (1976) gezeigt hatte, in welcher Form auch der bisher als ›natürlich‹ angesehene Körper eine ›Geschichte‹ hat, d.h. in welcher Form unser Verständnis des geschlechtlichen Körpers immer schon gesellschaftlich-kulturell vermittelt ist. Können wir noch an der Trennung zwischen *sex* und *gender* festhalten, wenn der Körper selbst als soziale Konstruktion bzw. als gesellschaftlich konstituiert begriffen wird?

BUTLER scheint die mit der Unterscheidung von *sex* und *gender* – von Natur und Kultur – aufgetretene Problematik dadurch lösen zu wollen, daß sie diese Trennung negiert. Wenn es keine ›natürliche‹ Grenze zwischen den Geschlechtern gibt, so müssen auch körperliche Merkmale als kulturspezifische Unterscheidungsmerkmale angesehen werden. Wenn die Einteilung in ›männlich‹ und ›weiblich‹ als eine kulturelle Konstruktion verstanden werden kann, so ist diese Einteilung nicht notwendig, sondern allenfalls eine Konstruktion, die die *Fiktion* des Natürlichen bewirkt. Es gehört, wie Barbara VINKEN erklärt, »zur diskursiven Konstruktion des Geschlechts, daß es völlig natürlich *erscheint*« (1994, S. 65). Das Konzept einer abgrenzbaren Geschlechtsidentität müßte demnach irrelevant werden.

Das Unbehagen der Geschlechter – so der bezeichnende Titel von BUTLERs Buch – ist auf zum Teil heftigen Widerstand gestoßen.[24] Zwar wird der ›Konstruktivismus‹, der hier offensichtlich vertreten wird, nicht etwa mit einem erneuten Verweis auf die Biologie zurückgewiesen. Unakzeptabel erscheint vielmehr die Auflösung der Grenze zwischen Natur und Kultur, die angeblich nicht einmal die ›Materialität des Körpers‹ anerkennt. Gerade die kontroversen Reaktionen, die dieses Buch in Deutschland hervorgerufen hat, zeigen, daß die Auseinandersetzung mit dem Konzept *gender* offenbar nach wie vor von einer Position des »entweder/oder« bestimmt wird. Sexualität ist *entweder* kulturell konstruiert und veränderbar *oder* biologisch determiniert und festgelegt. Auf das hiermit verbundene Mißverständnis hinsichtlich der Beziehung zwischen »biologischem Determinismus« und »sozialem Konstruktivismus« hat u.a. Linda NICHOLSON (1994) hingewiesen.

Diese gegensätzlichen Positionen lassen sich nicht gegeneinander ausspielen, indem wir uns für die eine oder die andere Seite *entscheiden*. Vor allem ändern die berechtigten Einwände gegenüber der Unterscheidung zwischen *sex* und *gender* nichts an der mit die-

---

[24] Eine gute Dokumentation dieser Auseinandersetzung, die sich in Deutschland vor allem an der kontroversen Rezeption von BUTLERs Buch entwickelt hat, bieten WOBBE/LINDEMANN (1994) sowie ein vom Institut für Sozialforschung Frankfurt herausgegebener Band zum Thema *Geschlechterverhältnisse und Politik* (1994).

ser Unterscheidung verbundenen Kritik an dem asymmetrischen Geschlechterverhältnis. Wichtiger erscheint es mir, diese Debatte als Teil einer sich wandelnden Auffassung von Kultur und Kulturkritik zu betrachten. So existieren bereits eine Reihe von Studien, die dadurch, daß sie eine ›Geschichte der Sexualität‹ schreiben, zugleich das Verhältnis von Natur und Kultur überdenken bzw. dieses Verhältnis in einer neuen Weise zu verstehen versuchen.[25] Insofern ist es nicht verwunderlich, wenn jetzt vor allem die mit der Unterscheidung zwischen *sex* und *gender* einhergehende Trennung zwischen Natur und Kultur fragwürdig wird. Eine solche Kritik ist demnach auch nicht isoliert zu betrachten, d.h. sie bezieht sich nicht auf ein spezifisches Problem der *Gender Studies*, sondern verweist auf eine generelle Problematik, mit der sich nicht nur die feministische Wissenschaftskritik auseinandersetzen muß: Wie ist politisches Handeln denkbar *ohne* den Rückgriff auf ›universelle‹ Wahrheiten – etwa auf die ›Materialität‹ des Körpers oder die ›Ordnung‹ der Natur?[26]

Gerade vor den Hintergrund dieser ›Autoritätskrise‹ bieten die *Gender Studies* eine *historische* Perspektive, die es erlaubt, dem ›Schreckgespenst des Relativismus‹ zu entkommen. Denn aufgrund dieser Studien wurde ein – durchaus nicht kontingentes – *Muster an Hierarchiebildungen* sichtbar, das einer Erklärung bedarf.

---

[25] Vgl. dazu – außer den Arbeiten von Michel FOUCAULT – GALLAGHER/LAQUEUR (1987), LAQUEUR (1990), SHORTER (1987), SULEIMAN (1986).

[26] Wenn wir diesen Kontext berücksichtigen, scheint es mir z.B. auch nicht gerechtfertigt zu sein, Judith BUTLER eine »gänzlich unhistorische Perspektive« vorzuwerfen – so Käthe TRETTIN (1994, S. 216) in ihrem ansonsten sehr überzeugenden Beitrag zur Frage *Braucht die feministische Wissenschaft eine ›Kategorie‹?*. Das gleiche gilt für den Vorwurf, BUTLER habe »anscheinend keinen Begriff von gesellschaftlicher Objektivität« (KNAPP, 1994, S. 268).

5. Literatur

[A] Frauenforschung und feministische Theorie
[B] *Gender*-Theorien
[C] Feminismus und Poststrukturalismus
[D] Sammelbände

ABEL, Elizabeth / Emily K. ABEL (Hg.): Women, Gender and Scholarship, Chicago/London 1983. [A]
AIKEN, Susan / Karen ANDERSON / Myra DINNERSTEIN / Judy NOLTE LENSINK / Patricia MACCORQUODALE (Hg.): Changing Our Minds: Feminist Transformations of Knowledge, Albany, N.Y. 1988. [A]
ALCOFF, Linda: Cultural Feminism versus Poststructuralism: The Identity Crisis in Feminist Theory, in: Signs 13, 1988, S. 405–436. [C]
ALLEN, Jeffner / Iris Marion YOUNG (Hg.): The Thinking Muse: Feminism and Modern French Philosophy, Bloomington 1989. [C]
ARCHER, John / Barbara LLOYD: Sex and Gender, Cambridge 1985. [B]
BANTA, Martha: Imaging American Women: Ideas and Ideals in Cultural History, New York 1987.
BARRETT, Michèle: Women's Oppression Today: Problems in Marxist Feminist Analysis, London 1980. [A]
BEAUVOIR, Simone DE: Das andere Geschlecht, Hamburg 1968 (orig. Le deuxième sexe, Paris 1949). [A]
BECHER, Ursula A. J. / Jörn RÜSEN (Hg.): Weiblichkeit in geschichtlicher Perspektive: Fallstudien und Reflexionen zu Grundproblemen der historischen Frauenforschung, Frankfurt a.M. 1988. [A, B]
BEER, Ursula (Hg.): Klasse. Geschlecht. Feministische Gesellschaftsanalyse und Wissenschaftskritik, Bielefeld 1987. [A, B]
BENHABIB, Seyla / Drucilla CORNELL (Hg.): Feminism as Critique: On the Politics of Gender, Minneapolis 1987. [A]
BENHABIB, Seyla / Judith BUTLER / Drucilla CORNELL / Nancy FRASER (Hg.): Der Streit um die Differenz: Feminismus und Postmoderne in der Gegenwart, Frankfurt a.M. 1993. [C]
BENNENT, Heidemarie: Galanterie und Verachtung: Eine philosophiegeschichtliche Untersuchung zur Stellung der Frau in Gesellschaft und Kultur, Frankfurt a.M./New York 1985. [A]
BENSTOCK, Shari (Hg.): Feminist Issues in Literary Scholarship, Bloomington 1987. [A, D]
BERGER, Peter L. / Thomas LUCKMANN: Die gesellschaftliche Konstruktion der Wirklichkeit: Eine Theorie der Wissenssoziologie, Frankfurt a.M. 1984.
BLEIER, Ruth: Science and Gender: A Critique of Biology and Its Theories on Women, New York 1984. [B]
BOCK, Gisela: Women's History and Gender History: Aspects of an International Debate, in: Gender & History 1, 1989, S. 7–30. [B]
BOVENSCHEN, Silvia: Die imaginierte Weiblichkeit: Exemplarische Untersuchungen zu kulturgeschichtlichen und literarischen Präsentationsformen des Weiblichen, Frankfurt a.M. 1979. [A]

BRAUN, Christina VON: Die schamlose Schönheit der Verhangenheit: Zum Verhältnis von Geschlecht und Geschichte, Frankfurt a.M. 1989. [A, B]

BRENNAN, Teresa (Hg.): Between Feminism & Psychoanalysis, London/New York 1989. [A, C]

BRONFEN, Elisabeth: Over Her Dead Body: Death, Femininity, and the Aesthetic, Manchester 1992 (dt. Nur über ihre Leiche. Tod, Weiblichkeit und Ästhetik, München 1994). [C]

BRUNNER, Otto / Werner CONZE / Reinhart KOSELLECK: Geschichtliche Grundbegriffe. Historisches Lexikon zur politisch-sozialen Sprache in Deutschland, Stuttgart 1982.

BUTLER, Judith: Gender Trouble: Feminism and the Subversion of Identity, New York 1990 (dt. Das Unbehagen der Geschlechter, Frankfurt a.M. 1991). [B, C]

CHODOROW, Nancy J.: Gender, Relation, and Difference in Psychoanalytic Perspektive, in: Hester EISENSTEIN / Alice JARDINE (Hg.): The Future of Difference, New Brunswick, N.J. 1985, S. 3–19. [A, B]

CHODOROW, Nancy J.: The Reproduction of Mothering: Psychoanalysis and the Sociology of Gender, Berkeley 1978. [A, B]

CHRISTIAN, Barbara: Black Feminist Criticism: Perspectives on Black Women Writers, New York 1985. [A]

COCKS, Joan: The Oppositional Imagination: Feminism, Critique, and Political Theory, New York 1989. [A]

CODE, Lorraine: What Can She Know? Feminist Theory and the Construction of Knowledge, Ithaca, N.Y. 1991. [A]

CONNELL, Robert W.: Gender and Power, Stanford 1987. [B]

CONNELL, Robert W.: Zur Theorie der Geschlechtsverhältnisse, in: Das Argument 157, 1986, S. 330–344. [B]

CONWAY, Jill K.: The Female Experience in Eighteenth- and Nineteenth Century America: A Guide to the History of American Women, Princeton 1985. [A]

CORBIN, Alain u.a. (Hg.): Geschlecht und Geschichte: Ist eine weibliche Geschichtsschreibung möglich?, Frankfurt a.M. 1989. [A, B]

CORNILLON KOPPELMANN, Susan (Hg.): Images of Women in Fiction: Feminist Perspectives, Bowling Green, Ohio 1972. [A]

DAVIS, Angela: Women, Race, and Class, New York 1981. [A]

DEAUX, Kay: Sex and Gender, in: American Review of Psychology 36, 1985, S. 49–81. [B]

DERRIDA, Jacques: Chorégraphies. Interview with Christie V. MACDONALD, in: Diacritics 12, 1982, S. 66–76. [C]

DEVEREUX, Georges: Frau und Mythos, München 1986.

Deutsche Forschungsgemeinschaft, Senatskommission für Frauenforschung (Hg.): Sozialwissenschaftliche Frauenforschung in der Bundesrepublik Deutschland, Berlin 1994. [A]

DIAMOND, Arlyn / Lee R. EDWARDS (Hg.): The Authority of Experience: Essays in Feminist Criticism, Amherst, Mass. 1977. [A, D]

DIAMOND, Irene / Lee QUINBY (Hg.): Feminism and Foucault, Boston 1988. [C]

DINNERSTEIN, Dorothy: The Mermaid and the Minotaur: Sexual Arrangements and Human Malaise, New York 1976. [A, B]

DOANE, Janice / Devon HODGES: Nostalgia and Sexual Difference: The Resistance to Contemporary Feminism, New York 1987. [A, C]

DONOVAN, Josephine: Feminist Theory: The Intellectual Traditions of American Feminism, New York 1985. [A]

DOUGLAS, Mary: Purity and Danger, London/Boston 1969.

DUCHEN, Claire: Feminism in France: From May '68 to Mitterand, London 1986. [A]

DUYFHUIZEN, Bernard: Deconstruction and Feminist Literary Theory II, in: KAUFFMAN, 1989, S. 174–193. [C, D]

EAGLETON, Mary (Hg.): Feminist Literary Theory: A Reader, Oxford 1986. [A, D]

EISENSTEIN, Hester: Contemporary Feminist Thought, Boston 1983.

EISENSTEIN, Hester / Alice JARDINE (Hg.): The Future of Difference, New Brunswick, N.J. 1985. [A, D]

EISENSTEIN, Zillah R.: Feminism and Sexual Equality: Crisis in Liberal America, New York 1984. [A]

ELAM, Diane: Feminismus und Deconstruction. Ms. en abyme, New York 1994. [C]

ELLMAN, Mary: Thinking about Women, New York 1968. [A]

ELSHTAIN, Jean Bethke: Public Man, Private Woman: Women in Social and Political Thought, Princeton, N.J. 1981. [A]

EVANS, Mary (Hg.): The Woman Question, London 1982/1994. [A]

FAUSTO-STERLING, Anne: Myths of Gender: Biological Theories about Women and Men, New York 1985. [B]

FOUCAULT, Michel: Sexualität und Wahrheit, Bd. I: Der Wille zum Wissen, Frankfurt a.M. 1979. [C]

FOX-GENOVESE, Elizabeth: Gender, Class, and Power: Some Theoretical Considerations, in: The History Teacher 15, 1982, S. 255–276. [B]

FRAISSE, Geneviève: Über Geschichte, Geschlecht und einige damit zusammenhängende Denkverbote. Ein Gespräch mit Geneviève Fraisse, geführt von Eva Horn, in: Neue Rundschau 104, Heft 4, 1993, S. 46–56.

FRASER, Nancy: What's Critical about Critical Theory? The Case of Habermas and Gender, in: New German Critique 35, 1985, S. 97–131. [B]

FREUD, Sigmund: Die Weiblichkeit [1932]. Studienausgabe, Bd. 1, hg. von Alexander MITSCHERLICH, Frankfurt a.M. 1982.

FRIEDAN, Betty: The Feminine Mystique, New York 1963. [A]

GALLAGHER, Catherine / Thomas LAQUEUR (Hg.): The Making of the Modern Body, Berkeley 1987. [B, C]

GALLOP, Jane: The Daughter's Seduction: Feminism and Psychoanalysis, Ithaca 1982. [A, C]

GELFAND, Elissa D. / Virginia T. HULES: French Feminist Criticism: Women, Language, and Literature: An Annotated Bibliography, New York 1985. [A]

GILLIGAN, Carol: In a Different Voice: Psychological Theory and Women's Development, Cambridge, Mass. 1982 (dt. Die andere Stimme. Lebenskonflikte und Moral der Frau, München/Zürich 1984). [A, B]

GÖRRES, Joseph: Gesammelte Schriften, Bd. 2, hg. von Robert STEIN, Köln 1932.
GÖSSMANN, Elisabeth (Hg.): Eva, Gottes Meisterwerk. Archiv für philosophie- und theologiegeschichtliche Frauenforschung, Bd. 1. München 1984. [A, B]
GOFFMAN, Erving: The Arrangements between the Sexes, in: Theory and Society 4, 1977, S. 301–333. [B]
GOULD, Carol C. (Hg.): Beyond Domination: New Perspectives on Women and Philosophy, Totowa, N.J. 1984. [A, D]
GUNEW, Sneja (Hg.): Feminist Knowledge: Critique and Construct. New York/London 1990. [A, B]
HAHN, Barbara (Hg.): Frauen in den Kulturwissenschaften. Von Lou Andreas-Salomé bis Hannah Arendt, München 1994. [A, B]
HARAWAY, Donna: Geschlecht, Gender, Genre, in: Kornelia HAUSER (Hg.): Viele Orte: Überall? Feminismus in Bewegung, Berlin 1987, S. 22–41. [B]
HARAWAY, Donna: Situated Knowledges: The Science Question in Feminism and the Privilege of Partial Knowledge, in: Feminist Studies 14, 1988, S. 575–600. [B, C]
HARDING, Sandra (Hg.): Feminism and Methodology, Bloomington 1987. [A, B]
HARDING, Sandra: The Science Question in Feminism, Ithaca, N.Y. 1986. [A, B]
HARDING, Sandra: Why Has the Sex/Gender System Become Visible Only Now?, in: Sandra HARDING / Merrill B. HINTIKKA (Hg.): Discovering Reality: Feminist Perspectives on Epistemology, Metaphysics, Methodology, and Philosophy of Science, Dordrecht 1983. [B]
HARTSOCK, Nancy: Money, Sex, and Power: Toward a Feminist Historical Materialism, Boston 1983. [A]
HAUSEN, Karin: Die Polarisierung der »Geschlechtscharaktere« – Eine Spiegelung der Dissoziation von Erwerbs- und Familienleben, in: Werner CONZE (Hg.): Sozialgeschichte der Familie in der Neuzeit Europas, Stuttgart 1976, S. 363–393. [A, B]
HAUSEN, Karin / Helga NOWOTNY (Hg.): Wie männlich ist die Wissenschaft?, Frankfurt a.M. 1986. [A, B]
HAWKESWORTH, Mary E.: Knowers, Knowing, Known: Feminist Theory and Claims of Truth, in: Signs 14, 1989, S. 533–557. [A, B]
HEATH, Stephen: The Sexual Fix, London 1982. [A, B, C]
HEATH, Stephen: Difference, in: Screen 19, 1978, S. 51–112. [B, C]
HENRIQUES, Julian u.a. (Hg.): Changing the Subject: Psychology, Social Regulation and Subjectivity, London 1984. [A, B]
HIRSCHAUER, Stefan: Die interaktive Konstruktion von Geschlechtszugehörigkeit, in: Zeitschrift für Soziologie 18, 1989, S. 100–118. [B]
HOF, Renate: Gender and Difference: Paradoxieprobleme des Unterscheidens, in: Amerikastudien 37, 1992, S. 437–450 (Sonderheft zum Thema: Die Konstruktion des Natürlichen als Text der Kultur, Gastherausgeber: Renate HOF/Klaus POENICKE). [B]
HOF, Renate: Die Grammatik der Geschlechter: Gender als Analysekategorie der Literaturwissenschaft, Frankfurt a.M. 1995. [B]

HONEGGER, Claudia: Die Ordnung der Geschlechter. Die Wissenschaften vom Menschen und das Weib, Frankfurt a.M. 1991. [B]

HOOKS, Bell: Ain't I a Woman?, New York 1981. [A]

HOOKS, Bell: Feminist Theory: From Margin to Center, Boston 1983. [A]

HULL, Gloria u.a. (Hg.): All the Women Are White, All the Men Are Black, But Some of Us Are Brave: Black Women's Studies, Old Westbury 1982. [A]

ILLICH, Ivan: Genus. Zu einer historischen Kritik der Gleichheit, Hamburg 1983 (orig. Gender, New York 1982). [B]

Institut für Sozialforschung Frankfurt (Hg.): Geschlechterverhältnisse und Politik, Frankfurt a.M. 1994. [B, C, D]

IRIGARAY, Luce: Genealogie der Geschlechter, Freiburg 1989. [B, C]

IRIGARAY, Luce: Is the Subject of Science Sexed?, in: Cultural Critique 1, 1985, S. 73–88. [B, C]

IRIGARAY, Luce: Speculum: Spiegel des anderen Geschlechts, Frankfurt a.M. 1980. [A, C]

JAGGAR, Alison M.: Feminist Politics and Human Nature, Totowa, N.J. 1983. [A]

JANSSEN-JURREIT, Marielouise: Sexismus. Über die Abtreibung der Frauenfrage, Frankfurt a.M. 1979/1980. [A]

JARDINE, Alice: Gynesis: Configurations of Woman and Modernity, Ithaca, N.Y. 1985. [C]

JARDINE, Alice/Paul SMITH (Hg.): Men in Feminism, New York 1987. [B, C]

JAUCH, Ursula Pia: Immanuel Kant zur Geschlechterdifferenz: Aufklärerische Vorurteilskritik und bürgerliche Geschlechtsvormundschaft, Wien 1988. [B]

JORDANOVA, Ludmilla: Natural Facts: A Historical Perspective on Science and Sexuality, in: MACCORMACK/STRATHERN, 1980, S. 42–69. [B, D]

KAUFFMAN, Linda S. (Hg.): Feminism and Institutions: Dialogues on Feminist Theory, Oxford 1989. [B, D]

KAUFFMAN, Linda S. (Hg.): Gender and Theory, Oxford 1989. [B]

KELLER, Evelyn F.: Reflections on Gender and Science, New Haven 1985. [B]

KELLY-GADOL, Joan: Did Women have a Renaissance?, in: Renate BRIDENTHAL u.a. (Hg.): Becoming Visible. Women in European History, Boston 1977, S. 137–164. [A, B]

KERBER, Linda: Women of the Republic, Chapel Hill 1980. [A, B]

KERKHOFF, Ingrid: Zwischen Lew Left und New Right: Zur amerikanischen Frauenbewegung, 1967–1986, Argument-Sonderband 156, 1987, S. 38–61. [A]

KESSLER, Suzanne J. / Wendy MCKENNA: Gender: An Ethnomethodological Approach, Chicago 1985. [B]

KNAPP, Gudrun-Axeli: Politik der Unterscheidung, in: Institut für Sozialforschung Frankfurt (Hg.): Geschlechterverhältnisse und Politik, Frankfurt a.M. 1994. [B, C]

KUHN, Annette: Frauengeschichte – Geschlechtergeschichte: Der Preis der Professionalisierung, in: Arbeitsgemeinschaft Interdisziplinäre Frauenforschung und -studien (Hg.): Feministische Erneuerung von Wissenschaft und Kunst, Pfaffenweiler 1990, S. 81–99. [A, B]

LANDWEER, Hilge: Jenseits des Geschlechts? Zum Phänomen der theoretischen und politischen Fehleinschätzung von Travestie und Transsexualität, in: Institut für Sozialforschung Frankfurt (Hg.): Geschlechterverhältnisse und Politik, Frankfurt a.M. 1994. [B, C]

LAURETIS, Teresa DE: Alice Doesn't: Feminism, Semiotics, Cinema, Bloomington 1984. [A, B, C]

LAURETIS, Teresa DE: (Hg.): Feminist Studies/Critical Studies, Bloomington 1986. [A, C, D]

LAURETIS, Teresa DE: Technologies of Gender: Essays on Theory, Film, and Fiction, Bloomington 1987. [B, C]

LIST, Elisabeth: Theorieproduktion und Geschlechterpolitik: Prolegomena zu einer feministischen Theorie der Wissenschaften, in: Herta NAGL-DOCEKAL (Hg.): Feministische Philosophie, München 1990, S. 158–183. [B, C]

LLOYD, Geneviève: The Man of Reason: ›Male‹ and ›Female‹ in Western Philosophy, London 1984. [A, B]

LORDE, Audrey: Sister Outsider. Essays and Speeches, New York 1984. [A]

LOWE, Marian / Ruth HUBBARD (Hg.): Woman's Nature: Rationalizations of Inequality, New York 1983. [A, B]

MACCORMACK, Carol P. / Marilyn STRATHERN (Hg.): Nature, Culture, and Gender, New York 1980. [B, C]

MAHOWALD, Mary B. (Hg.): Philosophy of Woman: An Anthology of Classic and Current Concepts, Indianapolis 1978. [A, D]

MARKS, Elaine / Isabelle de COURTIVRON (Hg.): New French Feminism: An Anthology, Amherst, Mass. 1980. [A, D]

MEESE, Elizabeth A.: Crossing the Double-Cross: The Practice of Feminist Criticism, Chapel Hill 1986. [A, C]

MILLER, Nancy K. (Hg.): The Poetics of Gender, New York 1986. [A, D]

MILLETT, Kate: Sexual Politics, Garden City, N.Y. 1969. [A]

MOI, Toril: Sexual/Textual Politics, London 1985 (dt. Sexus – Text – Herrschaft. Feministische Literaturtheorie, Bremen 1989). [A, C]

MOLLER OKIN, Susan: Women in Western Political Thought, Princeton, N.J. 1979. [A]

MORAGA, Cherrie / Gloria ANZALDUA (Hg.): This Bridge Called My Back, New York 1981. [A, D]

NAGL-DOCEKAL, Herta / Herlinde PAUER-STUDER (Hg.): Denken der Geschlechterdifferenz. Neue Fragen und Perspektiven der feministischen Philosophie, Wien 1990. [B, C]

NEWTON, Judith L. / Deborah ROSENFELT (Hg.): Feminist Criticism and Social Change: Sex, Class, and Race in Literature and Culture, New York/London 1985. [A, D]

NICHOLSON, Linda (Hg.): Feminism/Postmodernism, New York 1980. [B, C]

NICHOLSON, Linda: Was heißt ›gender‹?, in: Institut für Sozialforschung Frankfurt (Hg.): Geschlechterverhältnisse und Politik, Frankfurt a.M. 1994. [B]

Niedersächsisches Ministerium für Wissenschaft und Kultur (Hg.): Frauenförderung ist Hochschulreform – Frauenforschung ist Wissenschaftskritik. Bericht der niedersächsischen Kommission zur Förderung von Frauenforschung und zur Förderung von Frauen in Lehre und Forschung, 2. Aufl., Hannover 1994. [A]

NORTON, Mary Beth: Liberty's Daughters: The Revolutionary Experience of American Women, 1750–1800, Boston 1980. [A]

OAKLEY, Ann: Sex, Gender and Society, London 1972. [A, B]

OFFEN, Karen: Defining Feminism: A Comparative Historical Approach, in: Signs 14, 1988, S. 119–157. [A]

ORTNER, Sherry B. / Harriet WHITEHEAD (Hg.): The Cultural Construction of Gender and Sexuality, New York 1981. [B]

OWENS, Craig: The Discourse of Others: Feminists and Postmodernism, in: Hal FOSTER (Hg.): The Anti-Aesthetics: Essays on Postmodern Culture, Port Townsend 1983, S. 65–90. [A, C]

PARSONS, Talcott: Age and Sex in the Social Structure of the United States, in: American Sociological Review 7, 1942, S. 167–181.

PARSONS, Talcott / Robert F. BALES: Family Socialization and Interaction Process, Glencoe, Ill. 1955.

PASERO, Ursula: Geschlechterforschung revisited: konstruktivistische und systemtheoretische Perspektiven, in: Theresa WOBBE/Gesa LINDEMANN (Hg.): Denkachsen. Zur theoretischen und institutionellen Rede vom Geschlecht, Frankfurt a.M. 1994, S. 264–296. [B, C]

PATEMAN, Carol / Elizabeth GROSZ (Hg.): Feminist Challenges: Social and Political Theory, Sidney/London/Boston 1986. [A, B, D]

POOVEY, Mary: Feminism and Deconstruction, in: Feminist Studies 14, 1988, S. 51–65. [C]

REITER, Rayna R. (Hg.): Toward an Anthropology of Women, New York 1975. [A, B]

RICH, Adrienne: Of Woman Born: Motherhood as Experience and Institution, New York 1976. [A, B]

RITTER, Joachim: Historisches Wörterbuch zur Philosophie, Darmstadt 1972.

ROSALDO, Michelle / Louise LAMPHERE (Hg.): Woman, Culture, and Society, Stanford 1974, S. 1–23. [A, B]

RUBIN, Gayle: The Traffic in Women: Notes on the Political Economy of Sex, in: REITER, 1975, S. 157–210. [A, B]

RÜRUP, Reinhard: Geschlecht und Geschichte: Ein Kommentar, in: Jörn RÜSEN u.a. (Hg.): Die Zukunft der Aufklärung, Frankfurt a.M. 1988, S. 157–164. [B]

SANDAY, Peggy R.: Female Power and Male Dominance: On the Origins of Sexual Inequality, Cambridge 1981. [B]

SAYERS, Janet: Biological Politics: Feminist and Anti-Feminist Perspectives, London 1982. [A, B]

SCHAEFFER-HEGEL, Barbara / Barbara WATSON-FRANKE (Hg.): Männer Mythos Wissenschaft: Grundlagentexte zur feministischen Wissenschaftskritik, Pfaffenweiler 1989. [A]

SCHEMAN, Naomi: ›Your Ground is my Body‹: Strategien des Anti-Fundamentalismus, in: Hans Ulrich GUMBRECHT / K. Ludwig PFEIFFER (Hg.): Paradoxien, Dissonanzen, Zusammenbrüche: Situationen offener Epistemologie, Frankfurt a.M. 1991, S. 639–654. [A, C]

SCHLESIER, Renate: Mythos und Weiblichkeit bei Sigmund Freud, Frankfurt a.M. 1989. [A]
SCOTT, Joan Wallach: Gender: A Useful Category of Historical Analysis, in: dies.: Gender and the Politics of History, New York 1988, S. 28–50 (1988a). [B]
SCOTT, Joan Wallach: Deconstructing Equality-Versus-Difference: Or, The Uses of Poststructuralist Theory for Feminism, in: Feminist Studies 14, 1988, S. 33–50. [B]
SHORTER, Edward: Der weibliche Körper als Schicksal: Zur Sozialgeschichte der Frau, München 1987. [A]
SHOWALTER, Elaine (Hg.): The New Feminist Criticism, New York 1985. [A, D]
SHOWALTER, Elaine (Hg.): Speaking of Gender, New York 1989. [A, B, D]
SPELMAN, Elizabeth V.: Inessential Woman. Problems of Exclusion in Feminist Thought, Boston 1988. [A, B]
SPIVAK, Gayatri C.: Displacement and the Discourse of Woman, in: Mark KRUPNICK (Hg.): Displacement: Derrida and After, Bloomington 1983, S. 169–195. [C]
SPIVAK, Gayatri C.: In Other Worlds: Essays in Cultural Politics, New York/London 1987. [C]
STEINBRÜGGE, Lieselotte: Das moralische Geschlecht: Theorien und literarische Entwürfe über die Natur der Frau in der französischen Aufklärung, Weinheim/Basel 1987. [A, B]
SULEIMAN, Susan (Hg.): The Female Body in Western Culture: Contemporary Perspectives, Cambridge, Mass. 1986. [A, B]
THEWELEIT, Klaus: Männerphantasien, 2 Bde., Frankfurt a.M. 1977. [A]
TYRELL, Hartmann: Geschlechtliche Differenzierung und Geschlechterklassifikation, in: Kölner Zeitschrift für Soziologie und Sozialpsychologie 38, 1986, S. 450–489. [B]
TYRELL, Hartmann: Überlegungen zur Universalität geschlechtlicher Differenzierung, in: Jochen MARTIN / Renate ZOEPFFEL (Hg.): Aufgaben, Rollen und Räume von Frau und Mann, Freiburg/München 1989, S. 37–78. [B]
VINKEN, Barbara: Dekonstruktiver Feminismus. Literaturwissenschaft in Amerika, Frankfurt a.M. 1992. [C]
WARTMANN, Brigitte (Hg.): Weiblich – Männlich: Kulturgeschichtliche Spuren einer verdrängten Weiblichkeit, Berlin 1980. [B]
WILLIAMS, Raymond: Culture and Society: 1780–1959, London 1987.
WOBBE, Theresa / Gesa LINDEMANN (Hg.): Denkachsen. Zur theoretischen und institutionellen Rede vom Geschlecht, Frankfurt a.M. 1994. [B, C, D]
WOOLF, Virginia: Ein Zimmer für sich allein, Berlin 1978 (orig. A Room of One's Own, London 1929). [A]

CORNELIA KLINGER

Beredtes Schweigen und verschwiegenes Sprechen: Genus im Diskurs der Philosophie

1. Wie die Philosophie die Geschlechterdifferenz verschweigt 35

2. Wie die Philosophie die Geschlechterdifferenz zur Sprache bringt 38
   2.1. Der Geschlechtersymbolismus 38
   2.2. Frau als Metapher 51

3. Literatur 56

CORNELIA KLINGER

Beredtes Schweigen und verschwiegenes Sprechen: Genus im Diskurs der Philosophie

Auf den ersten Blick stehen sich Feminismus und Philosophie nicht besonders nahe. Diese Feststellung gilt in beiden Richtungen. Auf der einen Seite sieht es nicht so aus, als ob die Anliegen von Frauen(bewegung) und Feminismus etwas mit Philosophie zu tun hätten. Es scheint sich um eine Rechts- (Bürger- bzw. Menschenrechts-) und Sozialbewegung zu handeln. Im Zentrum des Interesses stehen Fragen der Veränderung gesellschaftlicher Wirklichkeit. Auf der anderen Seite sieht es nicht so aus, als ob die Themen der Philosophie viel mit Frauenbewegung und Feminismus zu tun hätten. Nach ihrem traditionellen Selbstverständnis ist die Philosophie wohl diejenige Disziplin, die sich am nachhaltigsten der Frage nach der Geschlechterdifferenz entzieht. Zum Thema der Geschlechtlichkeit ›des Menschen‹, zum Geschlechterverhältnis hat sie wenig zu sagen; ihr Gegenstand ist ›der Mensch‹ schlechthin, in universaler Perspektive, das Allgemein-Menschliche, das Ewige, die sogenannten ›letzten Dinge‹ – weit jenseits des Biologischen, des Rechtlichen, des Sozialen und des Historischen.

Entsprechend schwer hat sich eine feministische Kritik an der Philosophie zunächst getan. Später und zaghafter als es in anderen Lebens- und Wissensbereichen der Fall gewesen ist, ist die Dominanz des männlichen Geschlechts in derjenigen Disziplin vor den Blick gebracht worden, die Anspruch darauf erhebt, die Grundlagen ›unseres‹ Denkens zu bedenken und zu verwalten. Möglich wird ein kritischer Zugriff erst dann, wenn es gelingt, erstens das beharrliche Schweigen beredt werden zu lassen, das für die Philosophie in so besonderem Maße charakteristisch ist, und zweitens die spezifische Ebene und die Weise zu bestimmen, auf der und in der die Philosophie von der Geschlechterdifferenz spricht.

1. Wie die Philosophie die Geschlechterdifferenz verschweigt

Der erste Schritt wohl einer jeden feministischen Auseinandersetzung mit der traditionellen Philosophie beginnt mit einer Kritik des

Humanen als neutralem und universalem Konzept. In den verschiedensten Kontexten formulierbar und an zahllosen Beispielen demonstrierbar, läuft diese Kritik im Kern immer wieder auf die Feststellung hinaus, daß sich hinter den vorgeblich auf das geschlechtsneutral Menschliche beziehenden Positionen des philosophischen Diskurses männliche Perspektiven und Interessen verbergen bzw. umgekehrt formuliert, daß im Konzept ›des Menschen‹ der weibliche Mensch nicht oder nur in höchst prekärer und sekundärer Weise enthalten ist. Das unsere Kultur und Gesellschaft zutiefst prägende Ungleichgewicht zwischen den beiden Geschlechtern entsteht nicht in erster Linie deswegen, weil der Mann sich als das bessere Geschlecht und die Frau als das schlechtere, nachrangige deklariert, sondern weil der Mann für sich zwei Positionen beansprucht, die des (überlegenen) Geschlechts und die des geschlechtsneutralen Menschen zugleich. Diese doppelte Position ist es, die die Asymmetrie zwischen den Geschlechtern auf einer theoretischen Ebene extrem stabil und zugleich unsichtbar gemacht hat.

Da sich über das Schweigen eigentlich nicht sprechen läßt, kann das, was hier gemeint ist, nur an einem konkreten Kontext verdeutlicht werden, gleichsam an einem Feld von Tönen oder Geräuschen, in dessen Mitte ein Schweigen steht, das in der Relation zum Umfeld Kontur annimmt. Es handelt sich im folgenden um ein ganz beliebiges Beispiel, das sich, wenn es so unvermittelt aus dem weiten Meer des Schweigens auftaucht, fast zu konkret ausnehmen mag. An seiner Stelle ließen sich viele andere finden, und es sagt nichts Spezifisches über den Autor aus, von dem es eher zufällig stammt – nichts, was sich nicht auch bei anderen Denkern an anderen Beispielen zeigen ließe.

Immanuel KANT ist der Verfasser einer kleinen Schrift, die den Titel trägt *Beobachtungen über das Gefühl des Schönen und Erhabenen*. Der Inhalt interessiert hier nicht weiter, es geht lediglich um die Art und Weise, wie KANT sein Thema auffaßt und strukturiert, also darum, wie, unter welchem Titel über was gesprochen oder nicht gesprochen wird. Der Text gliedert sich in vier Teile. Die beiden ersten Abschnitte behandeln das Thema unter den Überschriften »Von den unterschiedenen Gegenständen des Gefühls vom Erhabenen und Schönen« und »Von den Eigenschaften des Erhabenen und Schönen am Menschen überhaupt«. Der dritte Teil trägt den Titel »Von dem Unterschiede des Erhabenen und Schönen in dem Gegenverhältnis beider Geschlechter«. Nun fällt aber auf, daß der Inhalt der Kapitel den Überschriften gar nicht wirklich entspricht. Denn in den beiden ersten Abschnitten, in denen es um den allgemeinen Umriß des Themas geht, zumal um den Menschen im allgemeinen, spricht KANT ausschließlich vom Mann. Jedes einzelne von den zahlreichen (ziemlich alltäglichen) Beispielen, anhand deren KANT sein Thema abhandelt, bezieht sich auf männliche Eigenschaften, Handlungsweisen, Haltungen, Überzeugungen usw. Hingegen ist im dritten Teil, der laut Überschrift vom »Gegenverhältnis beider Geschlechter« handeln soll, so gut wie ausschließlich von der Frau die Rede.

Die Frau kommt im Abschnitt der allgemeinen Bestimmung des »Menschen überhaupt« nicht vor, weil sie keinen Anteil am allgemeinen Menschsein hat. Der Mann steht für sich als alleiniger Repräsentant der Gattung; alles, was vom Menschen schlechthin gesagt ist, ist von ihm gesagt. Die Frau dagegen kommt nur in bezug auf den Mann vor, sie geht im Verhältnis zu ihm auf. So ist es zu erklären, daß dieser dritte Abschnitt, der dem »Gegenverhältnis beider Geschlechter« gewidmet sein soll, über weite Strecken zu einer Abhandlung über Erziehung und Bildung der Frau gerät. Daß umgekehrt vom Mann nicht gesprochen werden muß, wenn es um das Verhältnis der Geschlechter geht, zeigt ebenfalls, wie wenig sich der Mann als Teil einer zweigeschlechtlichen Gattung begreift, d.h. wie wenig reziprok und auf Gegenseitigkeit angelegt das Geschlechterverhältnis gedacht wird. Der Mann versteht sich in erster Linie als Mensch; die Organisation des Geschlechterverhältnisses ist Aufgabe und Funktion der Frau, in deren Leben die Relation zum Mann das Zentrum bildet, während es für den Mann von höchst marginaler Bedeutung zu sein scheint.

Auf der einen Seite kommt nur der Mensch vor, mit dem sich der Mann und er allein identifiziert; in den Bestimmungen des Menschen hat der Unterschied der Geschlechter keinen Ort. Auf der anderen Seite kommt zwar das Geschlecht und die Geschlechterrelation vor, aber der Mann läßt sich auf diese Relation gar nicht ein, er begibt sich in kein Verhältnis zur Frau, während diese umgekehrt vollständig und ausschließlich mit dem Geschlechterverhältnis identifiziert wird. Der Mann ist also Mensch ohne Relation zum Menschen, die Frau ist Relation ohne Anteil am Menschsein. Auf diese Weise ist es keine Übertreibung zu behaupten, daß die Geschlechterdifferenz nicht gedacht wird – und vielleicht bleibt sogar noch einiges mehr auf der Strecke als nur sie.

Das Schweigen läßt sich nur an ›den Sachen selbst‹ – für die Philosophie bedeutet das: an den Texten selbst – zum Sprechen bzw. zur Sprache bringen, durch eine ihnen einerseits gemäße (treue) und andererseits von einem feministischen Interesse informierte (kritische) Lektüre. Das Schweigen gibt daher mehr die Art und Weise vor, wie zu lesen sei, als daß von hier aus die Themen einer feministischen Philosophiekritik bestimmt werden könnten. Themen lassen sich erst dann gewinnen, wenn die Arten und Weisen vor den Blick gebracht werden, in denen die Philosophie dennoch und gegen den ersten Anschein von der Geschlechtlichkeit der Gattung und ihrer Differenz spricht.

2. Wie die Philosophie die Geschlechterdifferenz zur Sprache bringt

So selten die männlich dominierte abendländische Philosophie direkt von der Geschlechterdifferenz spricht, so oft, ja fast unablässig spricht sie auf eine indirekte Weise von ihr. Dabei lassen sich (mindestens) zwei Arten von ›indirekter Rede‹ erkennen. Um sie terminologisch voneinander zu unterscheiden, schlage ich vor, von Geschlechtersymbolik oder Geschlechtersymbolismus zu sprechen, wenn die Vorstellung des Geschlechterdualismus in einem übertragenden Sinne benutzt wird, d.h. wenn die beiden Geschlechter einander gegenübergestellt werden, um einen anderen Dualismus zu symbolisieren oder repräsentieren (vgl. Kap. 2.1.). Bei der zweiten Art von Präsenz des Geschlechts im philosophischen Diskurs tritt nur eines der beiden Geschlechter, nämlich das weibliche in Erscheinung. Dieser Phänomenkomplex soll daher unter den Titel »Frau als Metapher« gestellt werden (vgl. Kap. 2.2.).

2.1. Der Geschlechtersymbolismus

Die Thematisierung des Zusammenhangs zwischen den verschiedenen Grunddualismen der westlichen Philosophie und der Geschlechterdifferenz bezeichnet Moira GATENS wohl zu Recht als einen entscheidenden Schritt in der feministischen Theoriebildung der letzten Jahre:

> The dichotomies which dominate philosophical thinking are not sexually neutral but are deeply implicated in the politics of sexual difference. It is this realization that constitutes the ›quantum leap‹ in feminist theorizing. It allows a quite differ-

ent, and more productive, relation to be posited between feminist theories and philosophical theories. (GATENS, 1991, S. 92)
Diese These stellt einen Hinweis dar, dem im folgenden nachgegangen werden soll.

In allen Grunddualismen, an denen das philosophische Denken des Abendlandes bekanntlich seit seinen Anfängen reich ist und im weiteren Fortgang seiner Geschichte nur immer noch reicher geworden zu sein scheint, ist die Geschlechterdifferenz latent mitgedacht. In den Dualismen von Kultur und Natur, Geist (Seele) und Körper (Leib), Vernunft (Rationalität) und Gefühl (Emotionalität), Öffentlichkeit und Privatheit, Haben und Sein, Erhabenheit und Schönheit usw. ist der Geschlechterdualismus implizit immer anwesend. Umgekehrt ausgedrückt heißt das, daß in den Konzeptionen von Weiblichkeit und Männlichkeit die großen Grunddualismen des abendländischen Denkens eingeschrieben sind. Auf Befragen würde jede in unserer Kultur sozialisierte Person ohne Zögern und Zweifeln die ›richtige‹ Zuordnung der jeweiligen Kategorien zu den beiden Geschlechtern vornehmen. Daß Frauen der Natur näher stehen, während der Mann das Werk der Kultur vollbringt, daß Frauen mehr Gefühl und Männer mehr Rationalität besitzen, daß Frauen ins Haus (die Privatsphäre) gehören, während dem Mann die Öffentlichkeit vorbehalten ist, daß dem Weiblichen Schönheit oder Anmut, dem Männlichen dagegen Erhabenheit oder Würde zukommt, usw. – das alles sind alteingesessene, ja nahezu unausrottbar erscheinende Geschlechterklischees. Selbstverständlich bildet jedes dieser Gegensatzpaare ein bücherfüllendes Thema für sich. Ich will hier nur auf einige wenige Aspekte hinweisen, die ihnen allen gemeinsam sind und die mir für ihren Bezug auf die Geschlechterthematik bedeutsam erscheinen.

2.1.1. In allen Oppositionspaaren geht es um das Verhältnis zwischen Mensch respektive Mann und Natur. Offen zutage tritt das beim Gegensatzpaar Kultur/Natur und auch bei der Relation Geist/Körper. Während es beim erstgenannten Dualismus um das Verhältnis zur äußeren Natur geht, steht beim letzteren die innere Natur in Rede. Aber auch das Verhältnis Öffentlichkeit/Privatheit folgt dem Schema der Opposition zwischen Kultur bzw. Gesellschaft und Natur. Und sogar bei Erhabenheit und Schönheit handelt es sich um Kategorien, von denen die eine über die Natur hinausweist, während die andere auf der Harmonie zwischen der Natur und der menschlichen Einbildungskraft beruht.

2.1.2. Alle Polarisierungen meinen einen kontradiktorischen Gegensatz; jedenfalls im abendländischen Denken gilt: *tertium non datur*. Außer in den Träumen einer utopischen Phantasie gibt es keinen ›sinnlichen Verstand‹ und keine ›verständige Natur‹. Primär ist das Verhältnis der beiden Seiten der Polarität feindlich, sie schließen einander wechselseitig aus. Da aber der Mensch nun einmal ein sinnliches Vernunftwesen ist und in der Spannung zwischen Natur und Kultur lebt, ist es notwendig, ein Verhältnis zwischen beiden Seiten herzustellen. Wenn ein solches Verhältnis als positives gedacht werden soll, dann wird es als Komplementaritätsverhältnis konzipiert. Das bedeutet, daß beide Seiten einander ergänzen sollen, und zwar nicht trotz, sondern vielmehr wegen der vollständigen Disjunktion zwischen ihnen. Die Zusammengehörigkeit gründet nicht auf Ähnlichkeit oder Verbindung, sondern auf dem *les extrêmes se touchent* der absoluten Ergänzungsbedürftigkeit.

Auf einen ersten, naiven Blick scheint das eine gewisse Ausgewogenheit und Wechselseitigkeit zwischen den beiden Polen mit sich zu bringen. Beide müssen sich jeweils als in sich begrenzt und unvollständig und daher als voneinander abhängig einbekennen. Bei aller Unterschiedlichkeit bzw. Entgegensetzung im Charakter scheint im Verhältnis beider zueinander doch eine Art Gleichgewicht im Sinne von Gleichwertigkeit und Harmonie aufgrund wechselseitiger Ergänzung und Vollendung zu herrschen. Keines ist ohne das andere, und gemeinsam bilden sie ein sinnvolles Ganzes.

Tatsächlich aber trügt dieser Schein. Komplementarität bedeutet nicht Wechselseitigkeit, sie impliziert kein Gleichgewicht zwischen den Polen. Komplementarität beruht nicht nur auf Ungleichartigkeit, sondern bedeutet auch Ungleichwertigkeit und Hierarchie. Niklas LUHMANN hat die Vermutung geäußert, daß jede Art von Unterscheidung mit einer Asymmetrierung einhergeht (1988, S. 50):

Anscheinend gibt es Gründe, Unterscheidungen nicht völlig seitenneutral zu handhaben, sondern durch eine leichte Präferenz für die eine Seite zu markieren. Man denke an berühmte Fälle wie: Subjekt/Objekt, Figur/Grund, Zeichen/Bezeichnetes, Text/Kontext, System/Umwelt, Herr/Knecht.

LUHMANN läßt keinen Zweifel daran, daß Männlichkeit und Weiblichkeit demselben, von ihm als unausweichlich bezeichneten Prinzip der Logik folgen. Er betont, daß »bereits darin [...] die Entscheidung dieser Logik für den Mann [steckt]«.

Nancy JAY hat einen interessanten Versuch unternommen, um das Rätsel zu lösen, wie aus der Dualität und Komplementarität zweier Pole im Endeffekt der Vorrang des einen und die Unterordnung des anderen resultieren kann. Wie LUHMANN vermutet auch sie die Ursache dafür in den Konzepten der klassischen Logik, konkret in der Auffassung des Geschlechterverhältnisses als einem kontradiktorischen Gegensatz. Während sich im Fall eines konträren Gegensatzes A und B gegenüberstehen, und zwar so, daß auch C, D, E usw. mögliche Positionen sind, ist der kontradiktorische Gegensatz als Verhältnis A zu Nicht-A definiert, und zwar im Sinne von Entweder-Oder, so daß ein Drittes ausgeschlossen ist: *tertium non datur*. Im Verhältnis A zu Nicht-A hat nur der erste Term eine positive Bestimmung, einen wie auch immer definierten Inhalt, während der zweite Term, wie die Bezeichnung Nicht-A es schon sagt, nur als Nicht-Sein, als Mangel, als Beraubung von A gesetzt ist. Auch LUHMANN führt die Bevorzugung des einen Term vor dem anderen innerhalb einer Unterscheidung auf die Tatsache zurück, daß der Unterscheidungsvorgang mit einer Benennung verbunden ist, daß aber nur eine der beiden Seiten bezeichnet wird:

[...] anschlußfähige Unterscheidungen [erfordern] eine (wie immer minimale, wie immer reversible) Asymmetrierung. *Die eine (und nicht die andere) Seite wird bezeichnet.* (LUHMANN, 1988, S. 49; Hervorheb. d. V.)

Damit sind wir übrigens an dem Punkt angelangt, an dem sich das Schweigen über die Geschlechterdifferenz aus der spezifischen Art des Sprechens unmittelbar ableiten läßt. Wenn es zutrifft, daß die Auffassung des Geschlechterverhältnisses als kontradiktorischem Gegensatz nicht nur eine Asymmetrie und Hierarchie zwischen den beiden Seiten impliziert, sondern darüber hinaus die Tendenz, die ›andere‹ Seite durch Nicht-Benennen auszublenden, dann liegt hier der Schlüssel für das Schweigen des philosophischen Diskurses über das Geschlechterverhältnis. Denn (Ver-)Schweigen heißt nichts anderes als durch Nicht-(Be-)Nennen unsichtbar, unhörbar zu machen und somit tendenziell zum Verschwinden zu bringen. Der Widerspruch, der sich zunächst zwischen den beiden Aussagen auftut, daß die Geschlechterdifferenz einerseits im philosophischen

Diskurs nicht vorkommt und daß diese doch andererseits in alle wesentlichen Kategorien der Philosophie eingeschrieben ist, löst sich somit auf.

Es kann kein Zweifel daran bestehen, daß tatsächlich der Mann-Frau-Gegensatz weitgehend dieser abschüssigen, um nicht zu sagen abgründigen Logik des kontradiktorischen Widerspruchs folgt. Von den Anfängen des abendländischen Denkens bis in die Gegenwart hinein, von ARISTOTELES' Zeugungstheorie, die die Entstehung eines weiblichen Kindes auf ungünstige Umstände zurückführt und die Frau als mißglückten Mann auffaßt, bis zu LACAN, der das Weibliche als »pas-tout«, als »nicht-alle(s)« dem männlichen »alle(s)« gegenüberstellt, ließen sich zahllose Beispiele dafür anführen, daß die Frau nicht dem Mann als Frau konfrontiert wird wie B zu A, und daß nicht beide zusammen unter einen gemeinsamen, sie beide umfassenden Gattungsbegriff Mensch gestellt werden.

Als Nicht-Mann befindet sich die Frau in einer ebenso prekären wie paradoxen Situation: Einerseits ist und bleibt sie vom Mann scharf unterschieden, unwiderruflich und unüberbrückbar Nicht-A; bekanntlich bestimmt kaum eine andere Zuordnung die Rolle und Stellung eines Subjekts in der Gesellschaft so definitiv wie die Geschlechtszugehörigkeit. Andererseits wird ihr dennoch keine positiv bestimmte, eigenständige Andersartigkeit (»B«) zugestanden, sie ist somit vom Mann auch wiederum nicht wirklich unterschieden: Viel weniger als die Differenzen zwischen Klassen, Nationen, Ethnien usw. bildet die Geschlechterdifferenz eine Grundlage stabiler kollektiver Identitätsbildung – dies ist es, was die Geschlechterproblematik so schwer greifbar macht. So gesehen haben die Autorinnen der Veroneser Gruppe DIOTIMA recht, wenn sie konstatieren:

> Uns ist keine Lehre über die Geschlechterdifferenz überliefert worden; unsere abendländische Kultur, deren Grundlagen oder Anfänge auf die Alten Griechen zurückgehen, hat die Tatsache der Geschlechtlichkeit der menschlichen Gattung zu keinem Wissen verarbeitet. (1989, S. 32)

Insofern als die Frau nicht in einem autonomen, positiv gesetzten Sinne Anderes ist, wie B zu A, läuft ihr Nicht-A-Sein auf eine negative, mindere, schwächere, kleinere Version von A hinaus. Das ist es, was ihren ontologischen ebenso wie ihren gesellschaftlichen Status sekundär macht: Der Zutritt zu den symbolischen und materiellen Ordnungen der ›Welt‹ ist ihr verwehrt, aber doch ist sie nicht frei und unabhängig, sondern ihnen unterworfen, d.h. sie ist gezwungen, Gesetzen zu gehorchen, an deren Setzung sie keinen Anteil hat.

2.1.3. In alle Dualismen, die dem Kultur/Natur-, Geist/Körper-, Mann/Frau-Schema folgen, sind auch die Polarisierungen Transzendenz/Immanenz und Aktivität (Handeln)/Passivität (Leiden) eingeschrieben. Sie gehören eng zusammen und beziehen sich beide auf die Möglichkeit oder Unmöglichkeit, eine jeweils vorgegebene Ordnung überschreiten, transzendieren und die Regeln der Ordnung bestimmen, also handeln zu können. Im abendländischen Denken besteht ein Junktim zwischen Aktivität und Transzendenz, welches besagt, daß der Mann/Mensch nur als transzendentes Wesen handeln kann und vice versa: Nur als aktives, handelndes Wesen erlangt er Transzendenz. In dieser Formulierung des Dualismus tritt der Zusammenhang mit Vorstellungen von Macht und Ohnmacht besonders deutlich hervor, und zwar sowohl von Macht und Ohnmacht im gesellschaftlichen, politischen Kontext als auch im Sinne von Macht und Ohnmacht im Verhältnis zur Natur. Die Dichotomisierung zwischen Aktivität und Passivität, Handeln und Leiden beruht auf der Vorstellung starrer Hierarchien, in denen Befehlen und Gehorchen scharf unterschieden sind. Auf der Grundlage eines weniger herrschaftlichen, sprich demokratischen Denkens herrschen (handeln) wir als zugleich Gehorchende (Leidende), während wir auch als Gehorchende (Leidende) unsere Handlungsfähigkeit nicht verlieren. Hier bilden Aktivität und Passivität ein Kontinuum statt einer Disjunktion.

Durch die gesamte Geschichte des abendländischen Denkens hindurch werden die Pole Transzendenz/Immanenz und Handeln/Leiden auf den Geschlechtergegensatz bezogen bzw. aus der unterschiedlichen ›Natur‹ der beiden Geschlechter, ja sogar konkret aus ihrer unterschiedlichen Position und Funktion in Geschlechtsakt und Reproduktion abgeleitet.

> Die besondere Bestimmung [der] Natureinrichtung ist die, dass bei der Befriedigung des Triebes oder Beförderung des Naturzweckes, was den eigentlichen Act der Zeugung anbelangt, das eine Geschlecht sich nur thätig, das andere sich nur leidend verhalte. (FICHTE, 1971, S. 306)

Die Auffassung, für die hier Johann Gottlieb FICHTE – ebenso nur stellvertretend für viele andere wie oben KANT – zitiert wird, hat in der Tradition des abendländischen Denkens tiefe Wurzeln und weitreichende Folgen. Auf ihrer Grundlage wird der Frau ein aktiver, bestimmender Anteil am Reproduktionsprozeß abgesprochen – die Frau ist lediglich passives Gefäß, Nährboden, Matrix für den allein aktiven, kreativen bzw. pro-kreativen Samen des Mannes. Die Aktivität-Passivität-Dichotomie impliziert zugleich die Transzendenz-Immanenz-Polarisierung: Während der Mann sich in seinen Nachkommen verewigt und damit seine Endlichkeit in gewissem Sinne transzendiert, gilt das für die Frau nicht, eben weil sie keinen aktiven Anteil daran hat.

> The substance women contribute pertains only to this world – it is temporal and perishable and does not carry the eternal identity of a person. The child originates with the father, from his seed. This is the basis for what I call a ›monogenetic‹ theory of procreation. (DELANEY, 1986, S. 497)

Aufgrund der Tatsache, daß theologische und kosmologische Schöpfungs- und Weltordnungsvorstellungen in aller Regel analog zu den Konzeptionen von Zeugung und Geburt gedacht werden, kommt der monogenetischen Zeugungstheorie weit über den unmittelbaren Zusammenhang hinaus Bedeutung zu:

> Procreation cannot be confined only to the physiological process of reproduction or to the relation between the sexes, for in symbolic form it is felt to be an expression of a fundamental aspect of the universe. (DELANEY, 1986, S. 503)

Zumal zwischen monogenetischer Fortpflanzungstheorie und Monotheismus besteht nach DELANEY eine enge Verbindung. In unmittelbarem Zusammenhang mit der sexuellen, biologischen Passivität = Ohnmacht der Frau steht ihre Nachrangigkeit in der religiösen und kosmologischen Ordnung, ebenso wie ihre Ohnmacht und ihre Unterordnung unter den Mann in der Ordnung der Gesellschaft (dazu genauer FICHTE, a.a.O., passim). Nicht von ungefähr gelangt Luisa MURARO zu dem Schluß:

> Und ich sehe, daß auch die Kosmologien der Philosophen politische Abhandlungen sind, vielleicht sogar noch eher als diejenigen, die sich ausdrücklich mit Politik befassen. (1993, S. 18)

Ziehen wir eine Zwischenbilanz: Klar ersichtlich ist die Tatsache, daß sich der Kultur-Natur-Gegensatz in all seinen verschiedenen Ausprägungen im Verhältnis der beiden Geschlechter abbildet. Offen zutage liegt auch, daß dies das männliche Geschlecht privilegiert und ihm zum Vorteil, zur (Vor-)Herrschaft gereicht, während die auf die Seite der Natur gestellte Frau zum Symbol für die Kontingenz der Natur, zur Zielscheibe der der (abendländischen) Kulturbildung inhärenten Naturfeindlichkeit und zum Opfer der auf die Natur gerichteten Versuche der Kontingenzbewältigung wird. Nicht in der Lage, die Natur zu beherrschen und die ihm auferlegte Beschränkung in die Grenzen von Geburt und Tod real zu überwinden, scheint der Mensch/Mann im Zuge der Kulturentwicklung den Versuch zu machen, diesen Gegebenheiten seiner Endlichkeit durch Grenzziehungen, durch eine Strategie von Ein- bzw. Ausgrenzung zu entrinnen. Auf diese Weise sollen wenigstens einige Bezirke der Existenz von der Einbindung in den Naturzusammenhang ausgespart werden. Die Gegebenheiten der Endlichkeit, die Bearbeitung der Natur und die Abhängigkeit von ihr werden so weit als möglich ins Dunkel verwiesen, aus dem Begriff und dem Bewußtsein des Menschseins verdrängt.

Der möglicherweise tatsächlich allgemein menschliche Wunsch nach Kontingenzbewältigung und das aus ihm resultierende Grenzziehungsverfahren verliert indes seine ›Unschuld‹, insofern als die Trennung von Bereichen mit einer ›Klassenbildung‹ zwischen den Subjekten einhergeht. An diesem Punkt resultiert aus dem Streben nach Überwindung von Endlichkeit und Abhängigkeit von der Natur die Errichtung gesellschaftlicher Herrschaftverhältnisse. Die Last der Endlichkeit, die Bürde des ›Stoffwechsels mit der Natur‹ wird delegiert: vom Mann an die Frau, was die reproduktive Arbeit anbelangt, vom Herrn an den Knecht in bezug auf die produktive Arbeit. Herrschaftsverhältnisse verschiedener Art gründen sich auf den Versuch, die allgemeine und unentrinnbare Endlichkeit und Bedingtheit und die damit verbundenen Leiden und Mühen an bestimmte Menschen bzw. Gruppen zu delegieren, um andere davon zu verschonen, die sich gleichwohl die Früchte dieser Arbeit als die ausschließlich ihren aneignen. Der Mann delegiert übrigens nicht allein die reproduktive Arbeit an die Frau, sondern darüber hinaus trennt er imaginär auch seine eigene Naturhaftigkeit in Gestalt der Sexualität von sich ab und lastet seine eigenen Triebe, Wünsche, Begierden der ewigen Verführerin ›Eva‹ als Schuld an.

2.1.4. Ein anderer Aspekt desselben männlich-abendländischen Kontingenzbewältigungsversuchs kommt zum Vorschein, wenn wir uns noch einmal Nancy JAYs Überlegungen zuwenden. Sie führt ein weiteres Charakteristikum des kontradiktorischen Widerspruchs an, das sich beim Geschlechtergegensatz wiederfindet.

Im Anschluß an John DEWEY spricht sie von der negativen Modifikation (»the infinitation of the negative«) von Nicht-A. Damit wollte DEWEY darauf hinweisen, daß die Position Nicht-A ja nicht nur das genaue Gegenteil von A beinhaltet, also z.B. Laster in Gegenüberstellung zur Tugend. Da Nicht-A – wie bereits gesehen – ohne eigene Benennung, ohne bestimmten Inhalt bleibt, umfaßt es eigentlich den ganzen Rest der Welt, eben alles außer A; die Position »Nicht-Tugend« umfaßt neben dem Laster auch noch Dreiecke, Pferderennen, Symphonien usw., – um DEWEYs bewußt absurd gewählte Formulierung zu zitieren. Nicht allein aufgrund des ungünstigen Quantitätsverhältnisses, das zwischen A und Nicht-A entsteht, wenn einem sich enge Grenzen setzenden A die riesige Menge dessen gegenübertritt, was alles unter Nicht-A fällt, kommt hier ein Moment der Gefahr, der Gefährdung von A ins Spiel. Als bedrohlich wird vor allem die Formlosigkeit erfahren, die Nicht-A aufgrund des Fehlens interner Begrenzungen (»lack of internal boundaries in Not-A«, JAY, 1981, S. 45) zueigen ist.

> [...] the female form is not really a form at all, but only a deformation of the male. Deformities, privations of form, are unlimited, as is formlessness itself. (JAY, 1981, S. 46)

Ironischerweise entspringt aber gerade aus dieser Depotenzierung eine ungeheure Ermächtigung von Non-A. Denn je radikaler diesem der Status eines (selbst-)bestimmten, aber dadurch zugleich begrenzten Andersseins vorenthalten wird, desto bedrohlicher wird die form- und grenzenlose Übermacht des Anderen. Die Opposition von A und Nicht-A wird zur riskanten Alternative von Alles oder Nichts dramatisiert.

Was uns bislang als Nachteil, Mangel und Schwäche auf der weiblichen Seite (auf der Seite von Nicht-A) begegnet ist, zeigt sich nun zugleich – ohne diese erste Perspektive deswegen aufzuheben – noch in einem anderen Licht, nämlich als latente Bedrohung der männlichen Seite (A), die ebenfalls aus der Negativierung und Herabsetzung resultiert. Mit dem Aspekt der Formlosigkeit und Grenzenlosigkeit hängen die Ängste zusammen, die in der patriarchalen Kultur mit der Vorstellung von Weiblichkeit besetzt sind – die Angst vor Verunreinigung, Ansteckung, Verunklärung der Grenzen:

> In dualist religion, the female side is regularly phrased as Not-A, and therefore tends toward infinitation: impurity, irration-

ality, disorder, chaos, change, chance (the goddess Fortuna), error, and evil. That which is defined, separated out, isolated from all else, is A and pure. Not-A is necessarily impure, a random catchall [...]. (JAY, 1981, S. 46)

Auch hier reicht das Repertoire der Beispiele, die angeführt werden können, wieder von den Anfängen bis ins 20. Jahrhundert, von der pythagoreischen Kategorientafel, auf die JAY hinweist, bis zu Otto WEININGERs als Verdikt über die Frau gemeinter Feststellung: »der Mann hat Grenzen – das Weib hat keine Ich-Grenze« (1980, S. 385).

Dieser Sachverhalt betrifft nicht allein die Konzeption des kontradiktorischen Widerspruchs oder allgemeiner die Regeln der Logik, sondern vielmehr noch allgemeiner die abendländische Erkenntnistheorie, so weit für diese das Prinzip gilt: *omnis determinatio est negatio* – mit FICHTE übersetzt: »nichts wird erkannt, was es sei, ohne uns das mit zu denken, was es nicht ist«, oder anders gesagt: Erkennen heißt Unterscheiden, und Unterscheiden heißt Entgegensetzen.

»Was tut denn genauer, wer etwas durch Bestimmung unterscheidet?«, fragt Manfred FRANK und beantwortet diese Frage mit Blick auf SCHELLING so: »Er begrenzt den Umfang seines Gegenstandes, er legt ihm Schranken auf, er hemmt seine Tendenz-ins-Unendliche« (FRANK, 1989, S. 150). In SCHELLINGs *Briefen über Dogmatismus und Kritizismus* von 1795, auf die FRANK sich hier bezieht, kommt darüber hinaus zum Ausdruck, daß die Beschränkung des Gegenstandes, des Objekts, zugleich auch eine Selbstbeschränkung, eine Begrenzung des Subjekts bedeutet. Die »Tendenz-ins-Unendliche« wird also nach zwei Seiten hin gehemmt. SCHELLINGs Ausdrucksweise ist so aufschlußreich, daß sie wörtlich zitiert zu werden verdient:

Wo absolute Freiheit ist, ist absolute Seligkeit, und umgekehrt. Aber mit absoluter Freiheit ist auch kein Subjektbewußtseyn mehr denkbar. Eine Thätigkeit, für die es kein Objekt, keinen Widerstand mehr gibt, kehrt niemals in sich selbst zurück. Nur durch Rückkehr zu sich selbst entsteht Bewußtseyn. Nur beschränkte Realität ist Wirklichkeit für uns. (zit. nach FRANK, 1989, S. 150)

Sowohl das Selbst (Subjekt) als auch die Welt (Objekt) brauchen Grenzen; die Anerkennung ihrer Endlichkeit bildet die Bedingung ihrer Möglichkeit, ihrer Stabilität.

SCHELLINGs Auffassung des wechselseitigen Ausschlusses von Seligkeit und Freiheit auf der einen Seite und Selbstbewußtsein und Objektwissen auf der anderen laden zu einer psychoanalytischen Deutung geradezu ein. Seine resignative Einsicht in die Notwendigkeit des Verzichts auf absolute Seligkeit läßt sich mühelos auf dem Hintergrund der FREUDschen Kulturtheorie lesen. Es geht in diesem Zusammenhang aber weniger um die Spuren des Begehrens im philosophischen Diskurs, um die Entgrenzungs- und Verschmelzungswünsche und ihre Opferung auf dem Altar von Kulturbildung und Ich-Identitätssicherung. Es geht vielmehr um die Frage, auf welchem Wege die Selbstbeschränkung, die hier vollzogen wurde, zwar nicht wieder aufgehoben, aber in ihren negativen Effekten verdrängt, wie der Verzicht, der hier geleistet wurde, wenn schon nicht rückgängig gemacht, so doch kompensiert wird.

Daß dies der Fall ist, kann keinem Zweifel unterliegen, denn seiner bewußten Selbstbeschränkung zum Trotz behauptet sich die hier zur Diskussion stehende Art des Wissens und des Selbstbewußtseins als universal und absolut; d.h. ein nach eigenem Eingeständnis notwendigerweise Partikulares will dessen ungeachtet als Alles und Ganzes auftreten. Das ist nur denkbar, wenn die sich definierende Position gegenüber dem, wovon sie sich abgrenzt, zugleich einen Vorrang beansprucht. Damit läßt der Satz *omnis determinatio est negatio* noch eine etwas andere Übersetzung zu als die, die uns FICHTE gegeben hat: Im selben Vorgang der Bestimmung, in dem das, was das zu Bestimmende nicht ist, mit gedacht wird, wird es diesem gegenüber herabgesetzt. Das Moment der Negation betrifft das, was als Beraubung seiner eigenen Bestimmtheit ausgegrenzt wird. Nur indem das Ausgegrenzte herabgesetzt, negiert und tendenziell annihiliert wird, kann das Eingegrenzte seine Begrenzung neutralisieren. Es verliert den Status der Partikularität und Endlichkeit, da das, was ihm als ein anderes, gleichermaßen partikulares und endliches Etwas entgegenstehen müßte, auf nichts reduziert wird. Einmal mehr setzt sich der Versuch der Kontingenzbewältigung (oder auch nur der Kontingenzverdrängung) in einen Machtanspruch und ein Herrschaftsverhältnis um, so daß letztlich der Wunsch- und Triebverzicht, das Unbehagen in der Kultur, zwar nicht gänzlich überwunden, aber doch in einen Vorrang- und Herrschaftsanspruch kanalisiert wird.

Gleichwohl gibt es auch in diesem Kontext kein Entrinnen vor der paradoxen ›Dialektik‹ der Negation. Insofern als der Vorgang der Bestimmung auf die Errichtung eines Spannungsverhältnisses, einer Opposition zu einem als nichtig betrachteten anderen angewiesen ist, entsteht trotz oder vielmehr gerade wegen der Herabsetzung und Negierung dieses in die Disjunktion gerückten anderen dessen quasi sekundäre Reifizierung. Das nichtige, nichtswürdige, form- und gestaltlose andere verdinglicht sich gerade aufgrund seiner absoluten Mangelhaftigkeit oder Beraubung zum (groß geschriebenen) Nichts. Das eine wird so zwar nicht relativiert durch ein anderes, sondern das All-Eine wird bedroht durch das gähnende Nichts. Von dieser Struktur sind zahllose *clair-obscur-Dichotomien* ›unseres‹ theoretischen, aber auch ›unseres‹ moralischen und politischen Denkens (›Sozialismus oder Barbarei‹). Am Ende wird so aus dem Traum des seligmachenden Einsseins mit Allem der Alptraum der Bedrohung durch das Nichts, angesichts derer das Erfordernis der Grenzziehung zwanghafte und panische Züge annimmt. »Immer wieder die Grenzen abstecken und überwachen, das ist wohl eines der Mysterien der Macht.« (BENN, 1968, S. 847)

Zusammenfassend will ich versuchen, das Gesagte anhand eines Beispiels anschaulicher werden zu lassen. Wiederum handelt es sich um ein Beispiel unter vielen anderen; die damit verbundene Kritik betrifft den Autor, von dem es stammt, in diesem Fall Jürgen HABERMAS, ebenso wenig in einer nur für ihn geltenden Weise, wie es oben bei den anderen Beispielen und ihren Autoren der Fall war. Überdies habe ich nicht ohne Absicht ein Beispiel gewählt, bei dem es prima facie gar nicht um das Thema ›Geschlecht, Geschlechterverhältnis, Geschlechtersymbolismus‹ geht. Gleichwohl haben wir es mit derselben Denkfigur des A vs. Nicht-A bzw. mit dem Prinzip *omnis determinatio est negatio* zu tun, mittels dessen ein definiertes, in enge Grenzen eingeschlossenes Eines, dieser Beschränkung ungeachtet als Universales, als Alles und Ganzes konstruiert wird. Es geht mir darum zu zeigen, daß diese Denkstruktur in ›unserer‹ abendländischen Tradition nicht allein die Konstituierung des Geschlechterverhältnisses betrifft, sondern daß es auch andere symbolische Oppositionen von einem und anderem gibt, die demselben Muster folgen.

Gleich im zweiten Kapitel des ersten Teils seinen großen Werkes, der *Theorie des kommunikativen Handelns*, sieht sich HABERMAS genötigt, das moderne, rationale Weltverständnis, um dessen Konzeption es ihm geht, von dem abzugrenzen, was es nicht ist. Alles, was nicht dem modernen westlichen Rationalismus zuzurechnen ist, wird diesem als mythisches Weltverständnis konfrontiert.

> Mythische Weltbilder bilden [...] einen Gegensatz zum modernen Weltverständnis. Im Spiegel des mythischen Denkens müßten deshalb die bisher nicht thematisierten Voraussetzungen des modernen Denkens sichtbar werden. (HABERMAS, 1981, S. 73f.)

Kein Zweifel: Ein Versuch zu bestimmen, zu definieren, was die moderne Rationalität ausmacht, wie HABERMAS ihn unternimmt, ist auf eine Entgegensetzung nach der Regel *omnis determinatio est negatio* angewiesen. Ohne den Spiegel des ›Anderen‹ entsteht kein Bild, kein Begriff.

Erwartungsgemäß ist das Bild des mythischen Denkens, das HABERMAS entwirft, sehr arm an positiven Bestimmungen, d.h. es wird hauptsächlich durch das bestimmt, was ihm im Gegensatz zum rationalen Denken fehlt (u.a. die fehlende Differenzierung der Ebenen des Denkens, Handelns und des subjektiven Erlebens im mythischen Weltbild, vor allem aber und bezeichnenderweise die mangelnde Differenzierung zwischen Kultur und Natur). In umgekehrter Relation zu seiner geringen oder gänzlich fehlenden internen Bestimmtheit ist der äußere Umfang des mythischen Denkens beträchtlich; außerhalb der modernen westlichen Rationalität gilt jede Denkform als mythisch, ganz gleich, ob es sich um indische Kosmologie, den Hexenglauben der Zande oder spätmittelalterliche Mystik in Europa handelt. Der japanische Philosoph Naoki SAKAI hat gerade an HABERMAS' Indifferenzierung zwischen europäischer Vormoderne und außereuropäischen Kulturen der Gegenwart Anstoß genommen:

> [...] modernity has primarily been opposed to its historical precedent; geopolitically it has been contrasted to the nonmodern, or, more specifically, to the non-West. Thus, the pairing has served as a discursive scheme according to which the historical predicate is translated into a geopolitical one and vice versa. (SAKAI, 1988, S. 476)

Auf der geopolitischen Achse heißt Nicht-A »non-West« bzw. Orient. Dabei ist von diesem historisch-geographisch winzigen Fleckchen Abendland abgesehen alles Orient, und zugleich ist dieser Orient nichts. Nicht aufgrund einer ihnen inhärenten Affinität zueinander, wohl aber aufgrund der Übereinstimmungen, die ihnen in der Funktion des Nicht-A erwachsen, konvergieren die Bilder des Orients und des Weiblichen. Auf je verschiedene und doch wieder auf recht ähnliche Weise dienen sie als Spiegel dessen, was sich als A setzt.

Der eigentliche Zweck, den HABERMAS mit seiner Gegenüberstellung von moderner, westlicher Rationalität und nicht-modernen, nicht-westlichen, mythischen Weltbildern verfolgt, beschränkt sich nicht auf die Spiegelung im Interesse der besseren Sichtbarkeit. Es geht längst nicht nur darum, im Spiegel des anderen, des mythologischen Weltverständnisses zu erkennen, was das eigene, das rationale Weltverständnis ist, sondern es geht um die Behauptung eines Vorrangs des modernen westlichen Rationalismus. »Mit unserem okzidentalen Weltverständnis verbinden wir implizit den Anspruch auf Universalität.« (HABERMAS, 1981, S. 73) Zwar ist das rationale Weltverständnis der Historizität nach ein Weltverständnis unteren anderen, d.h. es läßt sich nicht leugnen, daß es in der Geschichte der Menschheit mehr und andere Arten des Denkens gegeben hat und noch gibt, aber ihrem Geltungsanspruch nach behauptet sich die moderne Rationalität als universal, als ganz und alles und daher von allen, jeweils bloß partikularen Konkurrenten prinzipiell unterschieden und ihnen überlegen. Die moderne Rationalität ist nicht nur eine unter mehreren möglichen Wegen, die Welt zu verstehen, der Westen ist nicht nur eine Zivilisation unter vielen in Geschichte und Gegenwart, der ihrem eigenen universellen Anspruch nach gegenüber alle anderen nur als partikular erscheinen. In ihrer nichtigen Vielfalt schrumpfen diese Partikularitäten auf die Einheit des Nichts zusammen: Die anderen Weisen des Denkens werden zum Irrationalen, das dem Universalen Entgegengesetzte wird zum Partikularen schlechthin, zum quasi reifizierten Nichts, das unter verschiedenen Titeln wie der Orient, das Weibliche usw. auftreten kann.

2.2. Frau als Metapher

Fast von selbst, aus der eigenen Entwicklungslogik des Geschlechtersymbolismus heraus sind wir damit bei der zweiten Art und Weise angelangt, in der der philosophische Diskurs die Kategorie Geschlecht zur Sprache bringt, nämlich bei der metaphorischen Funktion von Weiblichkeit für das von Männern als ihre exklusive Domäne betrachtete Geschäft des philosophischen Denkens.

Vom in diesem Text hauptsächlich ins Blickfeld gerückten Geschlechtersymbolismus möchte ich Frau bzw. Weiblichkeit als Metapher aus folgenden Gründen unterscheiden. Während der Geschlechtersymbolismus bipolar angelegt ist und seinen Ausdruck in all jenen Dualismen bzw. Dichotomien findet, in denen jeweils eine männlich konnotierte Seite Vorrang vor und Herrschaft über eine jeweils weiblich konnotierte Seite beansprucht, ist die Geschlechterdifferenz, der Geschlechtergegensatz im Fall von Weiblichkeit als Metapher anders gelagert. Hier ist überhaupt nur ein Geschlecht auf der symbolischen Ebene angesiedelt, nämlich das weibliche, in dem als Spiegel und Gegenbild sich der Mann mit seinem Denken und Tun reflektiert und kontrastiert. Sehr vereinfachend ausgedrückt stehen sich somit der wirkliche Mann bzw. die Wirklichkeiten des Mannes und die symbolische Frau als seine Repräsentationsfigur gegenüber. Aus dem Vorangehenden ist ersichtlich geworden, daß das Konzept ›Frau‹ die Grenze der männlichen Ordnung symbolisiert. Als weder Mann noch in eigener Bestimmtheit und Begrenztheit Frau ist sie aus den Ordnungen und Spielen des Mannes ausgeschlossen, und ihre Position schwankt zwischen ohnmächtiger Subsumption und vollständiger Exklusion. In dieser Grenzstellung ist nicht die Frau, die es – wie LACAN durchaus zu Recht behauptet – als Bestimmte und Bestimmende gar nicht gibt, um so mehr aber die Funktion oder die Metapher ›Frau‹ von zentraler Bedeutung für den Bestand dieser Ordnungen und Spiele:

> [...] feminist analyses demonstrate ever more convincingly that women's silence and exclusion from struggle over representation have been the condition of possibility for humanist thought: the position of woman has indeed been that of an internal exclusion within Western culture, a particularly well-suited point from which to expose the workings of power in the will to truth and identity. (MARTIN, 1988, S. 13)

Nicht obwohl, sondern weil die Frauen an den männlich-patriarchal geprägten materiellen und intellektuellen, gesellschaftlichen und symbolischen Ordnungen keinen Anteil haben, kommen ihnen wesentliche Funktionen für die Konstituierung dieser Ordnungen und deren Fortbestand zu. Sie haben also daran teil, weil und indem sie ausgeschlossen sind, d.h. nicht teilhaben. Zweifellos eine paradoxe, keinem Lebewesen, geschweige denn einem rationalen Subjekt zumutbare, sondern nur für eine Metapher mögliche Position:

> Woman: the paradox of a being that is at once captive and absent in discourse, constantly spoken of but of itself inaudible or inexpressible, displayed as spectacle and still unrepresented or unrepresentable, invisible yet constituted as the object and

the guarantee of vision, a being whose existence and specifity are simultaneously asserted and denied, negated and controlled. (DE LAURETIS, 1990, S. 115)

Das Spektrum der Erscheinungen, die dieser Dimension der Funktion von Weiblichkeit als ›Metapher‹, d.h. als Projektionsfläche männlicher Ideen, Begriffe, Vorstellungen, Handlungen, Wünsche usw. zugerechnet werden können, ist sehr weit, vielfältig und komplex. Die Metapher Frau unterliegt mannigfaltigen historischen und kulturellen Veränderungen; sie ist bis hin zur eklatanten Widersprüchlichkeit flexibel und variabel: Anders als in den Dualismen des Geschlechtersymbolismus, in denen die weibliche Seite durchgängig als die negative und mindere fixiert war, kann Weiblichkeit als Metapher sowohl negativ als auch positiv besetzte Vorstellungen repräsentieren, und zwar durchaus beides zugleich. Nur von einem ist sie immer gleich weit entfernt: von den wirklichen Frauen in ihrer realen und personalen Gegebenheit und Identität. Aus einer weiblichen bzw. feministischen Perspektive ist die zunächst mit den realen Frauen nicht identische (und ihnen daher auch zurecht äußerliche und gleichgültige) Funktion von Weiblichkeit als Metapher vor allem deswegen problematisch, weil ein notwendiger Zusammenhang besteht zwischen der Repräsentationsfunktion von Weiblichkeit und dem Ausschluß der wirklichen Frauen aus eben den Bereichen, die durch die Frau als Metapher, die Metapher-Frau, repräsentiert werden. Die Stummheit, das Schweigen der wirklichen Frauen, ihre Abwesenheit resp. ihr Ausschluß aus all den Bereichen, die der Mann jahrhundertelang sich als seine Domänen vorbehalten hat, beruht auf keiner zufälligen Koinzidenz, sondern bildet die unabdingbare Voraussetzung dieser Ordnungen und des Funktionierens ihres zentralen Garanten, der Metapher Frau.

Daraus ergibt sich umgekehrt die Frage, was geschieht, wenn diese unabdingbare Voraussetzung des Ausschlusses und der Stummheit aufhört, selbstverständlich zu sein. Welche Folgen hat es, wenn Frauen ihren Ausschluß aus den Ordnungen des Denkens und Handelns erfolgreich bekämpfen, wenn sie das ihnen auferlegte Schweigen brechen, das die Grundlage dieser Ordnungen war?

Nun erst, wo die Frau nicht nur in der äußeren Sphäre: im Politischen und Sozialen, sondern als ganzer Mensch, als eigenes Sein ihren Platz neben dem Manne beansprucht und vertritt, erhebt sich [...] die Frage: mit welchem Recht? *Nun erst entbrennt der Kampf um [...] Sprache und Bild.* Alle Fragen nach der Frau und um die Frau sind mit dieser einen Frage aufgerollt: Ist die Frau endgültig an das Bild des Mannes gebunden oder ist es möglich, daß sie von sich aus zu einem wahreren Bild ihrer selbst, zu ihrer eigenen Wirklichkeit gelangen kann? (SUSMAN, 1992, S. 144f.; Hervorhebg. d. V.)

Eine weitsichtige Außenseiterin, wie Margarete SUSMAN es gewesen ist, hat diese Fragen bereits 1926 stellen können.[1] Daß sie sich nun etwa siebzig Jahre später, am Ende dieses Jahrhunderts, immer noch oder jetzt erst recht und erst wirklich stellen, hat Ursachen, die zum Teil in der komplexen und widerspruchsvollen Entwicklung der Frauenbewegung im 20. Jahrhundert und zum Teil in dem – im Vergleich zu wissenschaftlich-technischen, sozialen, rechtlichen und politischen Veränderungen – ungleich langsameren Tempo in der Umwälzung symbolischer Strukturen zu suchen sind.

Für Margarete SUSMAN war klar, woran zu erinnern wir immer noch Anlaß haben, da der Prozeß, den sie skizziert, noch längst nicht abgeschlossen, ja sogar nicht einmal in der vollen Tragweite seiner Konsequenzen absehbar ist:

Mit dem Bild der bisherigen Frau versinkt die bisherige Welt. Denn wenn der Mann diese Welt erbaut hat: die Frau war es, die sie trug. Sie ist die tragende Säule, die er dem großen Haus eingebaut hat und mit deren Sturz es zusammensinken muß. (SUSMAN, 1992, S. 146)

SUSMAN hat keine überzeugenden Antworten auf die von ihr gestellten Fragen gefunden, aber sie hat deren Bedeutung geahnt:

Mit dem Augenblick, wo aus dem Kampf um äußere Interessen und Rechte der erbitterte Kampf der beiden Prinzipien des Männlichen und des Weiblichen selbst sich erhebt, wird der dunkle Flutstreifen am Horizont sichtbar. Er führt den Sturm mit sich. Die Welt scheint auseinanderzubrechen in zwei Hälften. (SUSMAN, 1992, S. 145)

Inzwischen mag uns das Pathos ihrer Sprache fremd geworden sein, und noch viel unklarer mag uns erscheinen, ob es nur zwei Hälften oder nicht vielmehr unzählige Bruchstücke, Scherben sind, in die die alte Welt, ihre männlich-patriarchal dominierte Denk- und Gesellschaftsordnung zerbricht. Aber nur um so mehr Gültigkeit kommt SUSMANs folgender Feststellung aus gegenwärtiger Perspektive zu:

---

[1] Auf Margarete SUSMAN aufmerksam gemacht worden zu sein, verdanke ich Elisabeth CONRADI.

Wir stehen heute inmitten eines Versuches weiblicher Selbsterkenntnis, wie ihn Europa so noch nicht gesehen hat. Denn wohl hat es schon mehrmals in der Geschichte der extrem männlichen europäischen Kultur Frauenbewegungen gegeben; aber sie sind immer wieder versunken und versandet, ohne deutliche Spuren zurückzulassen. Wenn die Frauenbewegung in unserer Zeit zu einer weit ausgebreiteten Wirkung und Macht gelangt ist, so liegt das daran, daß diesmal die Revolution der Frauen [...] ein Teil einer größeren, umfassenderen war, die die ganze Welt erschütterte: jener Krisis des gesamten Wahrheits- und Wirklichkeitsbewußtseins, die um die Mitte des vergangenen Jahrhunderts alle Gebiete gewaltsam in sich hineinriß, in der sich alle Wertungen verschoben, alle Lebens- und Geistesformen [...] aufgelöst haben. (SUSMAN, 1992, S. 143)

Diese Krise, von der SUSMAN in der Vergangenheitsform spricht, ist für uns heute gegenwärtiger und umfassender geworden als je zuvor. Die Einschätzung ihrer Folgen und Auswirkungen scheint mir indes nicht näher gerückt zu sein. Ich sehe mich zu einer Beantwortung der von SUSMAN richtig gestellten Fragen kaum mehr in der Lage als sie, deren Antworten ich als unzulänglich erkennen kann. Immerhin soviel ist klar: Eine exakte und umfassende begriffliche Erfassung der symbolischen Dimension der Geschlechterproblematik, ein differenziertes Verständnis von Symbol, Metapher und Allegorie des Geschlechts scheint mir eine der vielen Voraussetzungen für die Beantwortung der anstehenden Fragen zu sein. Sie steht im wesentlichen noch aus bzw. ist noch längst nicht vollendet. Mehr als jedes andere Herrschaftsverhältnis von Menschen über Menschen besitzt das geschlechtsspezifische Herrschaftsverhältnis eine ›symbolische Dimension‹, d.h. es beschränkt sich nicht auf rechtliche, soziale oder politische Gegebenheiten und Probleme, sondern es ist einerseits im Körper verankert – ›eingefleischt‹ im umfassendsten Sinne des Wortes – und andererseits reicht es bis in die ›luftigen‹ Gefilde von Sprache und Logik, Theologie und Metaphysik, Theorie und Philosophie hinauf. Zwischen diesem ›einerseits‹ und ›andererseits‹ besteht übrigens kein Gegensatz, sondern der denkbar engste Zusammenhang, der von der hier unterschwellig präsenten Dichotomie von unten und oben (einerseits: hinab in die Tiefen von Natur, Körper, Materie, andererseits: hinauf in die Höhen von Sprache, Denken und Geist) fälschlicherweise verdeckt und auseinandergerissen wird.

3. Literatur

[A] Literaturhinweise zur feministischen Kritik an der männlich dominierten Philosophie und zur feministischen Philosophie
[B] Im Text zitierte Literatur

ADDELSON, Kathryn Pyne: Impure Thoughts. Essays on Philosophy, Feminism, and Ethics, Philadelphia 1991. [A]

AL-HIBRI, Azizah Y. / Margaret A. SIMONS (Hg.): Hypatia Reborn: Essays in Feminist Philosophy, Bloomington 1990. [A]

ALLEN, Jeffner / Iris Marion YOUNG (Hg.): The Thinking Muse: Feminism and Modern French Philosophy, Bloomington 1989. [A]

ANTONY, Louise M. / Charlotte WITT (Hg.): A Mind of One's Own. Feminist Essays on Reason and Objectivity, Boulder/San Francisco 1993. [A]

BARRETT, Michèle / Anne PHILLIPS (Hg.): Destabilizing Theory: Contemporary Feminist Debates, Cambridge/Oxford 1992. [A]

BENHABIB, Seyla: Situating the Self: Gender, Community and Postmodernism in Contemporary Ethics, New York 1992. [A]

BENHABIB, Seyla / Judith BUTLER / Drucilla CORNELL / Nancy FRASER: Der Streit um Differenz. Feminismus und Postmoderne in der Gegenwart, Frankfurt a.M. 1993 (Fischer Zeitschriften). [A]

BENN, Gottfried: Dorische Welt. Eine Untersuchung über die Beziehung von Kunst und Macht, hg. von Dieter Wellershoff, Wiesbaden 1968 (Gesammelte Werke in acht Bänden, Bd. 3). [B]

BENNENT, Heidemarie: Galanterie und Verachtung. Eine philosophiegeschichtliche Untersuchung zur Stellung der Frau in Gesellschaft und Kultur, Frankfurt a.M./New York 1985. [A]

BORDO, Susan: Feminist Skepticism and the ›Maleness‹ of Philosophy, in: Elizabeth D. HARVEY / Kathleen OKRULIK (Hg.): Women and Reason, Ann Arbor 1992, S. 143–162. [A]

BRAIDOTTI, Rosi: Patterns of Dissonance. A Study of Women in Contemporary Philosophy, Cambridge 1991. [A]

BROWNING COLE, Eve: Philosophy and Feminist Criticism. An Introduction, New York 1993. [A]

BUTLER, Judith: Bodies That Matter. On the Discoursive Limits of Sex, New York/London 1993. [A]

BUTLER, Judith: Gender Trouble. Feminism and the Subversion of Identity, New York/London 1990. [A]

CODE, Lorraine / Sheila MULLETT / Christine OVERALL (Hg.): Feminist Perspectives. Philosophical Essays on Method and Morals, Toronto 1988. [A]

DELANEY, Carol: The Meaning of Paternity and the Virgin Birth Debate, in: Man. The Journal of the Royal Anthropological Institute, New Series 21, 1986, S. 494–513. [B]

DIOTIMA: Der Mensch ist zwei. Das Denken der Geschlechterdifferenz, Wien 1989. [B]

FICHTE, Johann Gottlieb: Grundlage des Naturrechts nach Principien der Wissenschaftslehre (1796). Anhang des Naturrechts: Grundriss des Familien-

rechts. 1. Abschnitt, § 2. Zitiert nach J. G. FICHTE: Werke III, hg. von Immanuel Hermann FICHTE, Berlin 1971 (Fotomechan. Nachdruck). [B]
FINN, Geraldine: On the Oppression of Women in Philosophy – Or Whatever Happened to Objectivity, in: Angela MILES / Geraldine FINN (Hg.): Feminism: From Pressure to Politics, Montreal 1989, S. 203–231. [A]
FRANK, Manfred: Einführung in die frühromantische Ästhetik. Vorlesungen, Frankfurt a.M. 1989. [B]
GATENS, Moira: Feminism and Philosophy. Perspectives on Difference and Equality, Cambridge 1991. [B]
GOULD, Carol C. (Hg.): Beyond Domination. New Perspectives on Women and Philosophy, Totowa 1983. [A]
GRIFFITHS, Morwenna / Margaret WHITFORD (Hg.): Feminist Perspectives in Philosophy, Bloomington 1988. [A]
GROSZ, Elizabeth: Philosophy, in: Sneja GUNEW (Hg.): Feminist Knowledge: Critique and Construct, London/New York 1990, S. 147–174. [A]
HABERMAS, Jürgen: Theorie des kommunikativen Handelns, Frankfurt a.M. 1981. [B]
HANEN, Marsha: Feminism, Reason, and Philosophical Method, in: Winnie TOMM (Hg.): The Effects of Feminist Approaches on Research Methodologies, Waterloo, Ont. 1989, S. 31–50. [A]
HARDING, Sandra / Merrill HINTIKKA (Hg.): Discovering Reality. Feminist Perspectives on Epistemology, Metaphysics, Methodology, and Philosophy of Science, Dordrecht 1983. [A]
HARVEY, Elizabeth D. / Kathleen OKRULIK (Hg.): Women and Reason, Ann Arbor 1992. [A]
HELD, Virginia: Changing Perspectives in Philosophy, in: Sue ROSENBERG ZALK / Janice GORDON-KELTER (Hg.): Revolutions in Knowledge. Feminism in the Social Sciences, Boulder/San Francisco 1992. [A]
HELD, Virginia: Feminist Morality. Transforming Culture, Society, and Politics, Chicago 1993. [A]
HODGE, Joanna: Subject, Body and the Exclusion of Women from Philosophy, in: Morwenna GRIFFITHS / Margaret WHITFORD (Hg.): Feminist Perspectives in Philosophy, Bloomington, Ind. 1988, S. 152–168. [A]
JAY, Nancy: Gender and Dichotomy, in: Feminist Studies 7, 1981, S. 38–56. [B]
KLINGER, Cornelia: Das Bild der Frau in der Philosophie und die Reflexion von Frauen auf die Philosophie, in: Karin HAUSEN / Helga NOWOTNY (Hg.): Wie männlich ist die Wissenschaft?, Frankfurt a.M 1986, S. 62–84. [A]
LAURETIS, Teresa DE: Eccentric Subjects. Feminist Theory and Historical Consciousness, in: Feminist Studies 16, 1990, S. 115–150. [B]
LE DOEUFF, Michèle: L'étude et le rouet. Des femmes, de la philosophie, etc., Paris 1989 (engl. Hipparchia's Choice. An Essay Concerning Women, Philosophy etc., Oxford 1991). [A]
LIST, Elisabeth: Die Präsenz des Anderen. Theorie und Geschlechterpolitik, Frankfurt a.M. 1993. [A]
LIST, Elisabeth / Herlinde STUDER (Hg.): Denkverhältnisse. Feminismus und Kritik, Frankfurt a.M. 1989. [A]

LLOYD, Geneviève: The Man of Reason. ›Male‹ and ›Female‹ in Western Philosophy, London 1984 (dt. Das Patriarchat der Vernunft. ›Männlich‹ und ›Weiblich‹ in der westlichen Philosophie, Bielefeld 1985). [A]

LUHMANN, Niklas: Frauen, Männer und George Spencer Brown, in: Zeitschrift für Soziologie 17, 1988, S. 47–71. [B]

MARTIN, Biddy: Feminism, Criticism, and Foucault, in: Irene DIAMOND / Lee QUINBY (Hg.): Feminism and Foucault. Reflections on Resistance, Boston 1988. [B]

MEYER, Ursula: Einführung in die feministische Philosophie, Aachen 1992. [A]

MORSTEIN, Petra von: Epistemology and Women in Philosophy. Feminism Is a Humanism, in: Marlene MACKIE / Winnie TOMM / Gordon HAMILTON (Hg.): Gender Bias in Scholarship, Waterloo, Ont. 1988, S. 147–165. [A]

MURARO, Luisa: Die symbolische Ordnung der Mutter, Frankfurt a.M. 1993. [B]

NAGL-DOCEKAL, Herta (Hg.): Feministische Philosophie. Mit einer Bibliographie zusammengestellt von Cornelia KLINGER, Wien/München 1990. [A]

NAGL-DOCEKAL, Herta / Herlinde PAUER-STUDER (Hg.): Denken der Geschlechterdifferenz. Neue Fragen und Perspektiven der feministischen Philosophie, Wien 1990. [A]

NAGL-DOCEKAL, Herta / Herlinde PAUER-STUDER (Hg.): Jenseits der Geschlechtermoral. Beiträge zur feministischen Ethik, Frankfurt a.M. 1993 (Fischer Zeitschriften). [A]

NELSON, Lynn Hankinson: Who knows. From Quine to Feminist Empiricism, Philadelphia 1990. [A]

NYE, Andrea: Feminist Theory and the Philosophies of Man, London/New York/Sydney 1988. [A]

NYE, Andrea: Words of Power. A Feminist Reading of the History of Logic, London/New York 1990. [A]

OSTNER, Elena / Klaus LICHTBLAU (Hg.): Feministische Vernunftkritik. Ansätze und Traditionen, Frankfurt a.M. 1992. [A]

PEARSALL, Marilyn / Ann GARRY (Hg.): Women, Knowledge and Reality: Explorations in Feminist Philosophy, London 1989. [A]

PELLIKAAN-ENGEL, Maja (Hg.): Against Patriarchal Thinking. A Future Without Discrimination. Proceedings of the VIth Symposium of the International Association of Women Philosophers IAPh 1992, Amsterdam 1992. [A]

SAKAI, Naoki: Modernity and Its Critique. The Problem of Universalism and Particularism, in: The South Atlantic Quarterly 87, 1988, S. 475–504. [B]

SPELMAN, Elizabeth V.: Inessential Women. Problems of Exclusion in Feminist Thought, London 1990. [A]

SUSMAN, Margarete: Das Frauenproblem in der gegenwärtigen Welt (1926), in: dies.: Das Nah- und Fernsein des Fremden. Essays und Briefe, hg. von Ingeborg NORDMANN, Frankfurt a.M. 1992, S. 143–167. [B]

TIERNEY, Helen: Women's Studies Encyclopedia. Bd. 3: History, Philosophy and Religion, New York/Westport/London 1991. [A]

TUANA, Nancy: The Less Noble Sex. Scientific, Religious, and Philosophical Conceptions of Woman's Nature, Bloomington 1993. [A]

TUANA, Nancy: Woman and the History of Philosophy, New York 1992. [A]
VASEY, Craig R.: Logic and Patriarchy, in: Hugh J. SILVERMAN / Donn WELTON (Hg.): Postmodernism and Continental Philosophy, Albany 1988, S. 153–164. [A]
WEININGER, Otto: Geschlecht und Charakter, München 1980 (Fotomechan. Nachdr.). [B]
YOUNG, Iris Marion: Throwing Like a Girl and Other Essays in Feminist Philosophy, Bloomington 1990. [A]

LEONORE SIEGELE-WENSCHKEWITZ

Die Rezeption und Diskussion der Genus-Kategorie in der theologischen Wissenschaft

1. Genus als Analyse-Kategorie? 61
   1.1. Ein Fallbeispiel 61
   1.2. Genus als soziales Konstrukt 66
   1.3. Zum Verhältnis von Frauenforschung und
        feministischer Wissenschaft 67
2. Wege zur feministischen Theologie 69
   2.1. Feministische Theologie und feministische
        Theologien 69
   2.2. Zur Geschichte feministischer Theologie 71
        2.2.1. Feministische Theologie und katholische
               Kirche 71
        2.2.2. Feministische Theologie innerhalb des Protestantismus und der ökumenischen Bewegung 76
        2.2.3. Neubeginn der Ökumene nach 1945 79
        2.2.4. Die sogenannte Theologinnenfrage 85
3. Wissenschaftskontext und Forschungsstand 86
   3.1. Feministische Theologie und theologische
        Frauenforschung 86
   3.2. Die Aufnahme der Genus-Kategorie in den
        verschiedenen theologischen Disziplinen 88
        3.2.1. Zugänge zur Bibel: Hermeneutik und
               Exegese 89
        3.2.2. Theologische Anthropologie 95
        3.2.3. Gotteslehre 97
        3.2.4. Christologie 99
        3.2.5. Kirchengeschichte 101
        3.2.6. Praxis der Kirche 103
4. Literatur 105

LEONORE SIEGELE-WENSCHKEWITZ

Die Rezeption und Diskussion der Genus-Kategorie in der theologischen Wissenschaft

1. Genus als Analyse-Kategorie?

1.1. Ein Fallbeispiel

Im zweiten Jahr der Diktatur des Nationalsozialismus ist innerhalb des deutschen Protestantismus von einer Synode ein berühmtes Grundsatzpapier erarbeitet worden, die *Barmer Theologische Erklärung*. Mit ihr hatte eine sich als ›Bekennende Kirche‹ verstehende Gruppierung versucht, in Opposition zu den vorhandenen Kirchenleitungen, die zur Gleichschaltung der Kirche mit dem NS-Staat bereit waren, Grenzen zwischen christlichen Glaubensüberzeugungen und der sich immer mehr ausbreitenden nationalsozialistischen Weltanschauung zu ziehen (KRUMWIEDE, 1980, S. 130ff.).[1] Als Basisdokument fungierte dieser Bekenntnistext für die Bekennende Kirche zur Orientierung nicht allein während der NS-Zeit. Nach 1945 wurde er in die neu erarbeiteten Kirchenverfassungen beinahe aller evangelischen Landeskirchen in den sich konstituierenden beiden deutschen Staaten aufgenommen.

Eine kritische Historiographie über das Verhalten der christlichen Kirchen hat an der nach dem Ende des ›Dritten Reichs‹ zunächst weithin akzeptierten Einschätzung, sie seien Orte und Träger von Widerstand gewesen, Korrekturen vorgenommen. Sie erfolgten aufgrund einer differenzierteren Sicht von Anpassung, Kollaboration und Widerstand. Wenngleich das Ausmaß von Verstrickung der Geistlichen, einzelnen Christenmenschen, Theologieprofessoren wie kirchlich-christlichen Institutionen in den Nationalsozialismus nicht gering zu veranschlagen ist, wird das Aufkommen sowie die theoretisch-theologische wie praktisch-kirchenpolitische und seelsorgerliche Arbeit der Bekennenden Kirche zu recht als ein Phänomen von Modernisierung interpretiert. In Bar-

---

[1] Christian Graf von KROCKOW leitet seine »Überlegungen zum Widerstand« damit ein, daß er auf die ideologiekritische Funktion gerade der »Verwerfung der sechs Barmer Thesen« hinweist (KROCKOW, 1990, S. 224ff.).

men sei – so das Postulat von ›aktualisierenden Aneignungen‹ – der Ansatzpunkt gewonnen für die Orientierung des protestantischen Christentums in der modernen Welt. Hier seien, neben der grundlegenden Einsicht, daß christliche Kirchen nicht ihren Frieden mit faschistischen Ideologien machen dürfen, Ansätze zu einer Befreiung oder doch zumindest einem Traditionsabbruch des deutschen Protestantismus hinsichtlich seiner Staatshörigkeit, zu einer theologischen Ablehnung des Rassismus, zu einer Neubesinnung auf die jüdischen Wurzeln des Christentums und zu der Einsicht, daß Kirche ›Kirche für andere‹ ist, verankert.

Ein Träger solch aktualisierender Aneignung des Barmer Bekenntnisses ist der Theologische Ausschuß der größten evangelischen Landeskirche, der ›Evangelischen Kirche der Union‹. In der inzwischen abgeschlossenen Arbeitsphase bestand er aus 26 regulären Mitgliedern und zehn ständigen Gästen. Sie übten entweder eine kirchenleitende Funktion aus oder lehrten als Theologieprofessoren an Universitäten und Kirchlichen Hochschulen. Unter den 36 an dieser über fünf Jahre (1987–1992) währenden Arbeit beteiligten Mitgliedern des Theologischen Ausschusses befand sich eine Frau. 1989 hatte dieses Gremium als ein Problem aktualisierender Aneignung die Frage erkannt: Bietet die *Barmer Theologische Erklärung* die Grundlage dafür, einen Dialog mit der feministischen Theologie zu führen? Diese Frage wurde zunächst an einen ›feministisch-theologischen *Unter*ausschuß‹ (sic!, nicht an eine Arbeitsgruppe) delegiert, dem vier Theologinnen angehörten und der nach zwei Jahren dem ›Haupt‹-Ausschuß ein vierzigseitiges Arbeitspapier vorgelegt hat (ERHART/SIEGELE-WENSCHKEWITZ/ENGELMANN, 1993). Der Dialog, in den feministische Theologinnen mit diesem kirchenamtlichen Dokument eintraten, vollzog eine zweifache Denkbewegung: Einmal wurde aufgewiesen, daß und wie die *Barmer Theologische Erklärung* in Sprache und Inhalt als ein androzentrisches Dokument anzusehen ist, als ein Text, der von Männern verfaßt ist und der vorrangig Männer als Adressaten und Gesprächspartner im Blick hat, um deren Zustimmung er wirbt. Zugleich wurde der Versuch gemacht, solche Aussagen, die Herrschaftskritik an Staat und Kirche üben, die Partizipation gegenüber dem Führerprinzip zur Geltung bringen wollen, die Rassendiskriminierung in einer christlichen Kirche für unmöglich halten, die die befreiende Botschaft des Evangeliums proklamieren, entgegen ihrer historischen Intention gleichwohl als Ansatzpunkte für Frauenbefreiung zu verstehen. Deshalb hat die Arbeitsgruppe feministischer Theologinnen Forschungen darüber vorgenommen, ob die Geschichte von Frauen in der Bekennenden Kirche nur als Geschichte der Ausgrenzung, Marginalisierung, Unsichtbarmachung bzw. Indienstnahme bis hin zur Ausbeutung durch Männer anzusehen ist oder ob sie auch Beispiele selbstbestimmten Handelns von Frauen gegen solche Männerübermacht aufweist. Dabei kam es zu überraschenden Entdeckungen.

Nicht erst mit dem Aufkommen der feministischen Theologie in der Bundesrepublik in den 70er Jahren, sondern schon im Jahr 1934 – zeitgleich mit dem Entstehen des Barmer Bekenntnisses – haben Frauen in der Kirche das theologische Problem aufgerührt, ob das Patriarchat gottgewollt ist; ob die damals gängigen theologischen Anthropologien ›der Frau‹ nicht der biblischen Botschaft der Gottebenbildlichkeit und des befreienden Erlösungswerks JESU CHRISTI an allen Menschen zuwiderlaufen; ob nicht solche theologischen Modelle der Ordnung der Geschlechter in bedenkliche Nähe zu faschistischen Männerbundideologien rücken. Materialisiert wurden solche Anfragen mit den ›klassischen‹ Belegstellen in der Bibel, die für die Nach- und Unterordnung von Frauen gegenüber Männern herangezogen werden. Es sind dies vor allem der zweite Schöpfungsbericht Gn 2, der von der Erschaffung EVAS aus der Rippe des ADAM erzählt, sowie die Geschichte vom Sündenfall Gn 3, die zusammen mit der Deutung in 1 Tim 2, 8–15 EVA als Verursacherin der Sünde in der Welt erscheinen läßt. Und es ist ferner die paulinische Linie 1 Kor 11,5–11, auch Eph 5,21ff.: Gott, Christus, Mann, Weib, in der der erste immer als Herr des Folgenden erscheint. Und schließlich ist es der *locus classicus* 1 Kor 14,34 (»Das Weib schweige in der Gemeinde«), mit dem der Ausschluß von Frauen von der öffentlichen Rede sowohl im Predigtamt wie bei der politischen Betätigung begründet wurde. Eine besondere Bedeutung haben diese Texte dadurch erhalten, daß sie als in der göttlichen Offenbarung gegebene und deshalb unveränderliche Ordnung angesehen worden sind. Dies wurde thematisiert in einem Briefwechsel zwischen der theologisch profund gebildeten, im Christlichen Studentenweltbund während der 20er Jahre aktiven Holländerin Henriette VISSER'T HOOFT und dem in Bonn lehrenden Schweizer Theologieprofessor Karl BARTH, der einer der Hauptinitiatoren und Verfasser des Barmer Bekenntnisses war. Er erwiderte den kritischen Anfragen seiner Briefpartnerin, daß »die ganze

Bibel faktisch nicht den (sic!) Matriarchat, sondern den Patriarchat […] voraussetzt«, was »nicht einfach ignoriert oder aufgrund eigenmächtiger Erwägungen […] angefochten werden darf« (vgl. dazu auch ERHART/SIEGELE-WENSCHKEWITZ, 1993, S. 142–158).

Mit der hier kurz pointierten theologischen Interessenskollision zwischen einem theologischen Wortführer der Bekennenden Kirche und einer sich der Theologie der Bekennenden Kirche in vielen Punkten durchaus anschließenden Laientheologin, die aber die Theologie der Bekennenden Kirche zugleich hinsichtlich ihres ›blinden Flecks‹ Frauen gegenüber kritisiert, können eine Reihe historischer Gegebenheiten erklärt werden. In den vier *Reichsbekenntnissynoden* von Barmen, Berlin-Dahlem, Augsburg und Oeynhausen war unter den beinahe 150 Männern *eine* Frau Synodalin. Angesichts der nationalsozialistischen Verdrängung von Frauen aus der parlamentarischen Tätigkeit, der sich die deutsch-christlichen Kirchenparteien anschlossen, kann diese einzige Synodalin der Bekennenden Kirche, Stefanie von MACKENSEN,[2] wohl kaum als ein Beispiel für die Verteidigung von Frauenrechten in der Kirche angesehen werden. Obwohl die nach 1918 neu erarbeiteten Kirchenverfassungen Frauen das aktive und passive Wahlrecht garantierten und Frauen bis 1933 in den Kirchenparlamenten aktiv gewesen waren, sind sie bei den im Sommer 1933 hektisch ausgerichteten Kirchenwahlen nicht mehr aufgestellt worden. Seitdem gab es für die gesamte Dauer der NS-Zeit keine Frauen mehr in den Kirchensynoden, weder in den deutsch-christlich orientierten noch in denen der Bekennenden Kirche.[3]

---

[2] Das Votum des Theologischen Ausschusses der Evangelischen Kirche der Union »Das eine Wort Gottes – Botschaft für alle« (Barmen I und VI, Bd. 2, Gütersloh 1993, S. 142) nennt diese einzige Synodalin der Bekennenden Kirche irrtümlich Auguste von MACKENSEN. Sie war die (angeheiratete) Nichte des Generalfeldmarschalls August von MACKENSEN.

[3] Dieser Umstand hat in der kirchlichen Zeitgeschichtsforschung bisher keinerlei Beachtung gefunden. Mir selbst ist er auch erst beim Schreiben dieses Artikels bewußt geworden. Die 1933 sich vollziehende (und natürlich auch zur Kenntnis genommene) Entrechtung von Frauen in der Kirche, die am Beispiel ihrer Verdrängung aus den kirchlichen Körperschaften genauer aufzuarbeiten wäre, ist ein Forschungsdesiderat. Ich danke Frau Ruth PAPST vom Evangelischen Zentralarchiv in Berlin, daß sie mir die Namenslisten des Deutschen Evangelischen Kirchentags von 1922 bis 1933 sowie der beiden Deutschen Evangelischen Nationalsynoden vom September 1933 und August 1934, der Generalsynoden der Evangelischen Kirche der altpreußischen Union von 1925 bis zu den Kirchenwahlen 1933 und der um die acht bisherigen Syn-

Der Ausschluß von Frauen wiederholte sich im Bekenntnistext der *Barmer Theologischen Erklärung* in der Sprache. Wiewohl sie sich geschlechtsneutral gibt, definierte sie die Kirche der Nachfolge als »Gemeinde von Brüdern«. Daß die Bekennende Kirche von Frauen ebenso getragen worden ist wie von Männern, wurde nicht benannt. Und schließlich sind Frauen wohl zu dienender Mitarbeit herangezogen worden, wurden aber nicht gleichzeitig mit gleichrangiger Mitverantwortung betraut. Von den Leitungsgremien der Bekennenden Kirche, die ja in dezidiertem Gegenüber zum nationalsozialistischen Führerprinzip kollegiale Leitung, Leitung im Team ausüben wollten, wurden Frauen ausgeschlossen.

Dieser Ausschluß hat sich während des Prozesses der aktualisierenden Aneignung der Theologie der Bekennenden Kirche nach 1945 konsequent fortgesetzt. Obwohl eine intensive Erforschung des Kirchenkampfs sogleich begann und sich zu Beginn der 70er Jahre eine Wissenschaftsdisziplin *Kirchliche Zeitgeschichte* etabliert hat, gehören Frauen in das Geschichtsbild nicht hinein. Die erste Publikation über Frauen im Kirchenkampf erschien 1984.[4] Der vom Theologischen Ausschuß der Evangelischen Kirche der Union erwünschte Dialog mit feministischen Theologinnen erst hat verschiedene Facetten und Vorgänge des Ausschlusses von Frauen auch aus dieser ›widerständigen‹ Bekennenden Kirche ins Bewußtsein heben wollen.

Wie nun hat der Ausschuß das Dialogangebot feministischer Theologinnen aufgenommen? Er hat, die Väter exkulpierend, erklärt, die feministischen Theologinnen trügen eine Fragestellung an Barmen heran, »die für die Synode nicht bestand [...]. Auch aus heutiger Sicht ist eine bewußte Ausgrenzung von Frauen für die BTE [*Barmer Theologische Erklärung*] nicht festzustellen«.[5] So hat der Ausschuß den historischen Beweisgang, der Ergebnisse zutage brachte, die eine Bewußtheit des Problems auch für die damalige Zeit belegen, gänzlich ignoriert: Bereits 1934 war zwischen

---

odalinnen reduzierten Generalsynode vom 5.9.1933 sowie der Synoden der thüringischen und der württembergischen Landeskirche während der Weimarer Rupublik und nach den Kirchenwahlen im Juli 1933 für den Vergleich zugänglich gemacht hat. Der Befund ist, daß es nach den Kirchenwahlen 1933 keine Frauen mehr in den kirchlichen Körperschaften gab.

[4] Zwei Berliner Pfarrer haben die Initiative ergriffen, das Thema anzugehen (SEE/WECKERLING, 1984).

[5] Votum des Theologischen Ausschusses der EKU (Bd. 2, S. 145).

einem der Verfasser der *Barmer Erklärung* und einer engagierten Frau in der Kirche die theologische Legitimation des Patriarchats ein strittiges Thema. Henriette VISSER'T HOOFT richtete ganz explizit die Frage an Karl BARTH, ob er nicht in bezug auf das Geschlechterverhältnis einer Theologie der Ordnungen verhaftet bliebe, ohne seinen Ansatz der Theologie des Wortes Gottes konsequent zur Geltung zu bringen. Frauen wollten schon damals – wie das Beipiel Henriette VISSER'T HOOFTs zeigt – Einfluß darauf nehmen, wie das Frauenbild und das Geschlechterverhältnis in Theologie und Kirche bestimmt wird. Sie wollten Männern zeigen, daß ihre Theologie patriarchal und androzentrisch ist, daß Frauen Theologie und Kirche mitentwickeln und mitgestalten wollen. Im Zuge der nationalsozialistischen Umgestaltung von Staat und Gesellschaft haben hingegen auch die evangelischen Kirchen – sich in dieser Frage dem Staat gleichschaltend – Frauen von der synodalen Tätigkeit und der Beteiligung an Kirchenleitung ausgeschlossen. Sollte all dies ohne jede Diskussion mit den betroffenen Frauen, die ihrer während der Weimarer Republik eröffneten Rechte und wahrgenommenen Funktionen verlustig gingen, geschehen sein? Oder ist die Wahrnehmung dieser Ereignisse durch Frauen damals und heute eine zu vernachlässigende Größe?

Der Ausschluß von Frauen zu Beginn der NS-Zeit hat seine Entsprechung in der Reaktion des Theologischen Ausschusses vom Frühjahr 1992 – aus der Frühzeit des (wieder)vereinigten Deutschlands, der (wieder)vereinigten evangelischen Kirchen – auf die Ergebnisse der feministisch-theologischen Arbeitsgruppe gefunden: Er argumentierte in seiner Replik, daß Frauenerfahrungen und Traueninteressen aufgrund anderer Prioritäten kein eigenes Thema gewesen sind, daß das Geltendmachen anderer dringlicherer Themen geschlechtsneutral ist, denn Frauen sind immer ›mit‹ gemeint. Der bewußte Ausschluß von Frauen vom ordinierten Amt (der in den deutschen evangelischen Kirchen erst in den 70er Jahren beendet worden ist), die Nachordnung von Frauen bei der Bestimmung des Verhältnisses der Geschlechter wurde nicht historisch-sozial analysiert, sondern als gleichsam natürlich angesehen.

1.2. Genus als soziales Konstrukt

Hier hat die Aufnahme der Genus-Kategorie durch feministische Wissenschaftlerinnen und Frauenforscherinnen, denen sich feministische Theologinnen anschlossen, neue Möglichkeiten der Wahrnehmung von Wirklichkeit eröffnet. Genus wird verstanden als sozial erzeugtes Geschlecht; Genus ist ein Konstrukt, das nicht notwendig aus der sexuellen Differenz hervorgeht. Die feministische Wissenschaftstheoretikerin Sandra HARDING unterscheidet drei Prozesse unterschiedlicher Prägung, die »das vergeschlechtlichte Leben« hervorgebracht haben (HARDING, 1991, S. 14). Es ist erstens das Ergebnis der Zuschreibung dualistischer Geschlechtsmetaphern zu verschiedenen wahrgenommenen Dichotomien. Diesen Vorgang nennt sie den Symbolismus des sozialen Geschlechts. In der Organisation gesellschaftlichen Handelns nun wird auf diesen Dualismus Bezug genommen. Daraus folgt die Verteilung gesellschaftlich notwendiger Handlungsprozesse auf verschiedene Menschengruppen. So meint das zweite Moment des vergeschlechtlichten Lebens die Struktur des sozialen Geschlechts als geschlechtsspezifische Arbeitsteilung. Und schließlich ist der dritte Aspekt solch gesellschaftlicher Konstruktion die individuelle Geschlechtsidentität. Die Aufnahme der Genus-Kategorie dient also als zusätzlicher Parameter für die Analyse gesellschaftlicher Gegebenheiten neben Klassenzugehörigkeit und ethnisch-kultureller Identität (dies die von mir bevorzugte Beschreibung gegenüber dem sozialen Parameter ›Rasse‹).

Der Feminismus nun identifiziert das soziale Konstrukt Genus in bezug auf patriarchale Ungleichheitsverhältnisse. Das heißt: Die Beziehung der Geschlechter vollzieht sich innerhalb einer Herrschaftsstruktur. Deshalb erkennt der Feminismus Androzentrismus als eine Vorurteilsstruktur, die geschlechtsspezifische Arbeitsteilung als Ausbeutungsstruktur gegenüber Frauen und die gesellschaftlich weithin akzeptierte individuelle Geschlechtsidentität als Fremdbestimmung, als Enteignung sexueller Identität. Deshalb ist – ungeachtet der notwendigen innerfeministischen Differenzierungen – allen feministischen Positionen der Kampf gegen das Patriarchat als Herrschaft der Männer über Frauen gemeinsam.

1.3. Zum Verhältnis von Frauenforschung und feministischer Wissenschaft

Feministische Wissenschaft und Frauenforschung untersucht mit den Methoden unterschiedlicher Disziplinen die Situation von Frauen in Gesellschaften der Gegenwart und Vergangenheit. Schon die zu Beginn des 20. Jahrhunderts durchgeführte Frauenforschung war geleitet von dem Erkenntnisinteresse, die Defizite an Rechtsgleichheit und faktischer Gleichberechtigung bzw. die spezifischen Belastungen, Benachteiligungen und Lebensrisiken von Frauen zu verdeutlichen und zu kritisieren, Empfehlungen zur Behebung dieser Defizite an die Politik zu formulieren und mit ihren Ergebnissen herrschende Wissenschaftstheorien sowie Ideologien vom männlichen und weiblichen Wesen zu korrigieren (SCHÖPP-SCHILLING, 1988).

Im Diskurs unter feministischen und nichtfeministischen Wissenschaftlerinnen und mehr noch in der Auseinandersetzung von männlichen Wissenschaftlern mit feministischer Forschung und Frauenforschung besteht das Bedürfnis, die beiden Größen, feministische Forschung und Frauenforschung, als unterschiedliche Konzepte voneinander zu unterscheiden, ja einander gegenüberzustellen. Es kann aber keinen Zweifel daran geben, daß Frauenforschung wie feministische Forschung historisch aus der Frauenbewegung hervorgegangen sind. Eine Definition von Frauenforschung, die nicht in Abgrenzung zur feministischen Forschung erfolgt, bietet der Bericht der Bundesregierung über Stand und Perspektiven der Frauenforschung vom Herbst 1990. Sie ist sehr weit gefaßt und macht zugleich ihre Genese aus der Frauenbewegung deutlich:

Frauenforschung ist [...] Forschung, die geschlechtsspezifische Fragestellungen aufgreift, sich mit Tatbeständen der gesellschaftlichen Benachteiligung von Frauen befaßt und umsetzungsfähige Konzeptionen zu ihrer Beseitigung entwickelt. Fragestellungen und Methoden der Frauenforschung sind vielfältig [...]. Frauenforschung bezieht sich heute nicht mehr allein auf Frauen, sondern analysiert die Bedeutung des Geschlechts als soziale Kategorie in den einzelnen Wissenschaftsbereichen und -disziplinen. Damit werden auch Fragen nach Rollen und Aufgaben von Männern sowie nach möglichen Veränderungen angeschnitten.

Die Bundesregierung kommt zu dem Urteil, »daß Frauenforschung einen unverzichtbaren Beitrag zur Umsetzung der Gleichberechtigung in die soziale Wirklichkeit leistet. Frauenforschung schafft die wissenschaftliche Grundlage für eine Politik für bessere Arbeits- und Lebensbedingungen von Frauen« (Deutscher Bundestag, 1990, S. 3).

Wird demgegenüber dem Begriff Frauenforschung die Bedeutung unterlegt, daß hier Herrschaftsverhältnisse zwischen Männern und Frauen im Sinne von Sexismus und Androzentrismus weder thematisiert noch kritisiert werden, wird Frauenforschung von ihrer historischen Verankerung in der Frauenbewegung abgeschnitten. Die faktisch vorgenommene Unterscheidung dient zwei Ortsbestimmungen. Frauenforschung wird neuerlich als für den Wissenschaftsbetrieb akzeptable Forschungsrichtung reklamiert (vgl. Anm. 19). Ihr Ort soll allein die Universität sein, nicht die Frauenbewegung. Frauenforschung fungiert als Vehikel, einen neuen ›Gegenstand‹, Frauen, in den jeweiligen Fach- und Forschungsbereich zu integrieren. Dabei spielt es keine Rolle, ob das forschende Subjekt männlich oder weiblich ist. Frauenforschung ergänzt und erweitert den Kanon von Forschungsfeldern. Sie soll denselben Wissenschaftsstandards verpflichtet sein wie traditionelle Wissenschaft. In dieser Sicht gibt es einen weiten Abstand zwischen Frauenforschung und feministischer Wissenschaft. Die Abgrenzung bzw. Gegenüberstellung wird mit folgenden Qualifizierungen versehen: universalistisch vs. partikularistisch, objektiv vs. parteilich, wissenschaftlich vs. politisch etc. Bei einem solchen Gebrauch rückt Frauenforschung in die Nähe eines polemischen Kampfbegriffs gegen den Feminismus. Dennoch bleibt festzuhalten, daß es ohne die Frauenbewegung, ohne den Feminismus, Frauenforschung nicht gäbe.

2. Wege zur feministischen Theologie

2.1. Feministische Theologie und feministische Theologien

Die in der zweiten Hälfte des 20. Jahrhunderts entstandene feministische Theologie nimmt teil an der Entwicklung von der politisch-gesellschaftlichen Frauenbewegung hin zu Frauenforschung und feministischer Forschung. Ihre Wurzeln lassen sich – wie Hedwig MEYER-WILMES gezeigt hat – in verschiedenen Kontexten verfolgen: (1) in der Neuen Frauenbewegung, (2) in einer kritischen Laien- und Laiinnenbewegung nach dem Zweiten Vatikanischen Konzil in der römisch-katholischen Kirche und (3) im überwiegend protestantischen Milieu des Ökumenischen Rats der Kirchen ÖRK (MEYER-WILMES, 1990, S. 19–41). Der Verweis auf diese Kontexte als Wurzeln der feministischen Theologie legt als früheste Datierung ihrer Anfänge die Zeit nach dem Zweiten

Weltkrieg nahe, ganz konkret das Ereignis der ersten Vollversammlung des Ökumenischen Rats der Kirchen in Amsterdam 1948.

Es kann aber gezeigt werden, daß gerade im Kontext der ökumenischen Bewegung und des *Christlichen StudentInnenweltbunds* die Datierung noch weiter zurückreicht bis in die Zeit des im Aufbau befindlichen ÖRK Mitte der 20er Jahre (HAMMAR, 1991; HERZEL, 1981). Und über die bisher genannten Ursprungskontexte hinaus sind zwei weitere Traditionslinien, Diskurse und Milieus von Bedeutung: (4) die sogenannte Theologinnenfrage in den deutschen evangelischen Kirchen, die seit den 20er Jahren erörtert wird, als Frauen in zunehmender Zahl ein Theologiestudium absolvierten und in den kirchlichen Dienst eintreten wollten (DRAPE-MÜLLER, 1994), sowie schließlich (5) die um die Jahrhundertwende gegründeten konfessionellen Frauenverbände, der *Deutsch-Evangelische Frauenbund* (1899) und der *Katholische Frauenbund* (1903) (BAUMANN, 1992; SCHERZBERG, 1991).

Feministische Theologie bedient sich der Genus-Kategorie zur Analyse sowohl von Wissenschaftskonzepten als auch der gesellschaftlichen Wirklichkeit in Geschichte und Gegenwart. Sie stellt so eine Vermittlung her von Feminismus und Theologie. In den unterschiedlichen Ansätzen und Entwürfen feministischer Theologien spiegeln sich die unterschiedlichen regionalen und historischen Traditionen des Feminismus wider, wie etwa humanistisch-aufklärerisch-liberale, sozialistische und gynozentrische Feminismustraditionen auf der einen und unterschiedliche Theologietraditionen auf der anderen Seite. Wenn auch feministische Theologie sich in einem ökumenischen, d.h. die Grenzen von Konfessionen und Religionen überschreitenden Horizont begreift, ist die nach wie vor bei vielen feministischen Theologinnen bestehende konfessionelle und religiöse Bindung in ihren Theologieentwürfen unübersehbar. Dazu kommen die jeweiligen epistemologischen Bezugsrahmen, wie z.B. (Befreiungs-)Theologie, Ontologie, Strukturalismus/Semiotik oder die psychoanalytische Archetypenlehre, und die unterschiedlichen methodischen Zugangsweisen, die in der Theologie üblich sind, wie z.B. die historisch-kritische, die sozialgeschichtliche, die literar-, kultur- oder sprachkritische Methode.[6] Insofern

---

[6] Ich greife damit die sehr sinnvollen Vorschläge auf, die Hedwig MEYER-WILMES für die Differenzierung feministisch-theologischer Entwürfe unterbreitet (1990, S. 111).

erscheint es derzeit eher als angemessen, die Unterschiedlichkeit, die Breite und Vielfalt feministischer Theologien wahrzunehmen und ihre Differenzierungen zuzulassen als die vorhandenen Ansätze in wenige handliche Typen und Richtungen zu pressen, um schließlich *die* feministische Theologie herauszudestillieren. Doch zunächst soll die Geschichte feministischer Theologie skizziert werden, die das derzeitige Erscheinungsbild feministischer Theologien zu verstehen hilft.

2.2. Zur Geschichte feministischer Theologie[7]

2.2.1. Feministische Theologie und katholische Kirche

Die begriffliche Zusammenführung von Feminismus und Theologie zur feministischen Theologie ist in den USA vorgenommen worden. Das englische Adjektiv *feminist* schließt nach diesem Sprachgebrauch all die Aktivitäten von Frauen zu allen Zeiten ein, die das Patriarchat als Herrschaft der Männer über Frauen und damit soziale Ungleichheit, Ausbeutung und Entmündigung der Frauen überwinden wollen. Dieser weite Sprachgebrauch, der auch für den französischen Feminismus zutrifft, ist in Deutschland nach wie vor umstritten. Seit dem 19. Jahrhundert wird Feminismus von den Gegnern der Frauenemanzipation diffamierend, im abschätzigen Sinn verwendet, lediglich die sogenannten Radikalen in der bürgerlichen Frauenbewegung hatten – ihrer internationalen Orientierung wegen – keine Probleme damit, sich als feministisch zu verstehen. Für die nationalsozialistische Frauenpolitik galt Feminismus als anstößig und zu bekämpfen. Erst die neue Frauenbewegung hat sich ausdrücklich als feministisch verstanden. Geblieben ist dennoch bis jetzt ein einengender Begriff von Feminismus als nur *einer* Richtung der Frauenbewegung (vgl. dazu GERHARD, 1988; KING, 1986).

Der Import feministischer Theologie nach Deutschland hat beträchtliche Akzeptanzprobleme mit sich gebracht. Zunächst bei den Frauen selbst: Die Neue Frauenbewegung knüpfte dezidiert an laizistische, marxistische und psychoanalytische Traditionen der Reli-

---

[7] Vgl. auch den Artikel *Feministische Theologie* von SIEGELE-WENSCHKEWITZ/SCHOTTROFF (1986, S. 1284–1291).

ligionskritik an und betrachtete Theologie und Kirche global als reformresistente Manifestationen und Stabilisatoren des Patriarchats. Frauen in der Kirche, vor allem in den konfessionellen Frauenverbänden, gehörten (seit ihrer Gründung um die Jahrhundertwende) ihrerseits traditionell ins rechte Spektrum der bürgerlichen Frauenbewegung; Berührungs- und Anknüpfungspunkte zu den sogenannten Radikalen hatten nur ganz wenige Christinnen gefunden (KAUFMANN, 1988; SIEGELE-WENSCHKEWITZ, 1988; BAUMANN, 1992; SCHERZBERG, 1991). Diese konservative Grundeinstellung der konfessionellen Frauenverbände auf der einen Seite, die deutliche Abgrenzung der Neuen Frauenbewegung von der jüdisch-christlichen Tradition und den Kirchen auf der anderen Seite nährte die auch unter Frauen verbreitete Sorge, feministische Theologie sei zu radikal. Diese Sicht war vor allem gültig für die mehrheitlich von Männern repräsentierten Institutionen wie Kirchen und theologische Fakultäten, sofern feministische Theologie überhaupt in ihren Gesichtskreis trat. Es ist bemerkenswert, daß grundsätzliche Stellungnahmen zur feministischen Theologie von dort erst ab Mitte der 80er Jahre abgegeben worden sind.[8]

Ungeachtet dieser Problemkonstellation ist seit Ende der 60er Jahre der Funke des feministisch-theologischen Impulses übergesprungen auf die in den Kirchen und in theologischen Fakultäten aktiven Frauen. Ich markiere für die genannten Kontexte, aus denen Anstöße für die Entwicklung feministischer Theologien gekommen sind, einige Daten und Ereignisse.

Eine Initialzündung gab die am Boston College lehrende amerikanische katholische Theologin Mary DALY, als sie 1968 ihr Buch *The Church and the Second Sex* veröffentlichte.[9] Sie nahm, wie sie rückblickend erzählt, im Herbst 1965 an einer der Hauptsitzungen des Zweiten Vatikanischen Konzils in St. Peter in Rom mit einem geborgten Presseausweis teil. Das Mißverhältnis zwischen den purpurtragenden geistlichen Würdenträgern, überwiegend älteren

---

[8] 1985 haben die drei nordelbischen Bischöfe eine Erklärung zur feministischen Theologie abgegeben, im selben Jahr veröffentlichte Bischof Ulrich WILCKENS zwölf Thesen zur feministischen Theologie. Im Oktober 1990 wurde eine *Stellungnahme zu Fragen der Feministischen Theologie*, erarbeitet vom Prüfungsausschuß der Evangelisch-theologischen Fakultät der Universität Tübingen, der Öffentlichkeit übergeben.

[9] DALY (1968). Ich zitiere im folgenden aus der 2. Auflage von 1975, die »with a new feminist postchristian introduction by the author« versehen ist.

Männern, und den in schwarz-weißen Habit gekleideten Nonnen, den wenigen Frauen, die sich glücklich schätzten, als Zuhörerinnen dem großen Ereignis beizuwohnen, gaben ihr den Eindruck, an einer unfreiwilligen satirischen Selbstinszenierung der katholischen Kirche teilzunehmen. Dieses Erlebnis, dessen Symbolgehalt ihr die Augen öffnete, war die Triebfeder dazu, ein Buch »des Ärgers und der Hoffnung« zu schreiben, in dem sie Feminismus und Katholizismus in der Atmosphäre einer ihr für Reformen zugänglich erscheinenden Kirche zusammenführen wollte. DALY hat ihr Buch in Fribourg in der Schweiz geschrieben, nachdem sie dort zwei Doktorgrade in Theologie und Philosophie erworben hatte. Ihre feministische Fundierung hat sie im Anschluß an Simone de BEAUVOIR erarbeitet, was sich im Titel ihres Buchs, das Simone de BEAUVOIRs Werk *Le deuxième Sexe* zitiert, deutlich wird.

DALYs patriarchatskritische Analyse von Theologie und Kirche zielte damals auf »einige gemäßigte Vorschläge« (DALY, 1975, S. 192ff.), unter denen die Forderung nach Frauenordination Priorität hatte. Denn nach DALYs Ansicht ist die gewährte bzw. verweigerte Frauenordination »der Prüfstein für Einstellungen Frauen gegenüber und die Mann-Frau-Beziehung überhaupt« (DALY, 1975, S. 196). DALY begann ihre Karriere als feministische Theologin also im Zusammenhang der seit Beginn der 60er Jahre sich in der Schweiz (HEINZELMANN, 1986), in Deutschland (RAMING, 1989) und auf breiterer Basis in den USA seit 1968 artikulierenden Frauenordinationsbewegung in der katholischen Kirche (MEYER-WILMES, 1990, S. 25–38). Ihr Zugriff auf das Problem hat sich jedoch binnen weniger Jahre dramatisch und radikal verändert. Gerade darin, so scheint mir, liegt die außergewöhnliche Wirkung, die sie auf die gesamte Entwicklung der feministischen Theologie in Nordamerika und in Europa ausgeübt hat. Schon 1975, acht Jahre nach dem Erscheinen ihres feministisch-theologischen Erstlingswerks hat sie die Forderung von Frauen nach Gleichheit in der Kirche als ähnlich absurd verspottet »wie wenn eine schwarze Person Gleichheit im Ku Klux Klan verlangen« würde. Denn sie war inzwischen zu der Auffassung gelangt, daß

Sexismus ein unveräußerlicher Teil des Symbolsystems des Christentums ist, und daß eine der Hauptfunktionen des Christentums darin besteht, Sexismus innerhalb der westlichen Kultur zu legitimieren (DALY, 1975, S. 6).

Von derselben Hoffnung getragen, im Zuge des Vaticanum II Anliegen der sich gleichzeitig formierenden Neuen Frauenbewegung und Reformen der katholischen Kirche aufeinanderzubeziehen, haben auch andere feministische Theologinnen wie Elisabeth GÖSSMANN (1964), Catharina HALKES (1967) und Elisabeth SCHÜSSLER FIORENZA (1974) ihre ersten Publikationen über Frauen in der Kirche vorgelegt. Wie ist es diesen Reformvorschlägen ergangen? Am 15. Oktober 1976 hat die Kongregation für die Glaubenslehre eine *Erklärung zur Frage der Zulassung der Frau zum Priesteramt* (Inter insigniores) vorgelegt, die den Ausschluß von Frauen vom Priesteramt bekräftigte. Frauenordination ist inzwischen kaum mehr ein Thema. Mary DALY hat reagiert, indem sie in einem öffentlich inszenierten Exodus die römisch-katholische Kirche verließ und sich dem Entwurf einer ›nachchristlichen‹ feministischen Theologie widmete. Angesichts der offenkundigen Reformunwilligkeit der römisch-katholischen Kirche haben feministische Theologinnen ihre Kritik profiliert und ihre Aktivitäten verlagert. Es ist auffallend, daß der Anstoß zu feministischer Theologie mehrheitlich von katholischen Theologinnen gegeben worden ist, wenngleich sich ihnen Frauen aus allen Denominationen und Religionen inzwischen zugesellt haben.

Die meisten der in den USA seit Ende der 60er Jahre mit Veröffentlichungen hervortretenden feministischen Theologinnen sind Universitätslehrerinnen, Dozentinnen und Professorinnen wie: Bernadette J. BROOTEN, Carol CHRIST, Mary DALY, Naomi GOLDENBERG, Beverley HARRISON, Susannah HERZEL, Carter HEYWARD, Nelle MORTON, Elaine PAGELS, Judith PLASKOW, Rosemary R. RUETHER, Letty RUSSELL, Elisabeth SCHÜSSLER FIORENZA, Phyllis TRIBLE, Sharon WELCH u.a.m.

Von ihnen wird feministische Theologie betrieben im Rahmen von Forschung und Lehre, also von ihren regulären Dienststellungen aus. Darüber hinaus schufen sie – dies von der Frauenbewegung übernehmend – Formen und Arbeitszusammenhänge nur für Frauen. Sie gründeten Bibelstudiengruppen, entwickelten neue Liturgien und Gottesdienstformen von Frauenspiritualität in (Basis-)Gemeinden und initiierten Aktionsgruppen für bestimmte Projekte. Dies alles konnte in den USA interkonfessionell und interreligiös entsprechend der Struktur an amerikanischen Universitäten entwickelt werden. Die *Departments of Religious Studies* und die zentrale Vereinigung für Theologie- und Religionswissenschaftler und Religionswissenschaftlerinnen, die *American Academy of Religion*, arbeiten nach diesen Prinzipien. Ich erwähne dies ausdrücklich, um damit auf die Unterschiede der Situation feministischer Theologie in den USA und in Deutschland aufmerksam zu machen.

Während Mary DALY auch nach ihrem Kirchenaustritt weiterhin am Boston College, das von Jesuiten betrieben wird, als Professorin lehren konnte (und sogar mit Hilfe studentischer Protestaktionen auf den *Tenure-track*, d.h. auf eine unbefristete Stelle angehoben wurde), bekommen feministische Theologinnen in Deutschland, wie die Beispiele von Elisabeth GÖSSMANN oder neuerlich von Silvia SCHROER zeigen, von den Bischöfen die für das Lehramt an katholisch-theologischen Fakultäten notwendige Lehrerlaubnis nicht – nun nicht mehr ihres Laienstatus, sondern vielmehr ihres Feminismus wegen.

In den USA sind der interdisziplinäre Diskurs der Frauenbewegung und die feministische Theologie explizit und implizit miteinander verbunden. Mary DALYs Werk spiegelt die Rezeption und den Dialog mit dem französischen Feminismus wider; Rosemary R. RUETHERs Engagement führte sie von der Bürgerrechtsbewegung zur Frauenbewegung, von der kritischen Aufarbeitung des Antijudaismus in Theologie und Kirche über die Rezeption und die Neukonzeptionalisierung von Befreiungstheologie zu einer feministischen Befreiungstheologie. Die kulturkritischen Gesellschaftsanalysen von Betty FRIEDAN, Kate MILLETT und Shulamith FIRESTONE sind grundlegend für die US-amerikanische feministische Theologie geworden. Ob die Fundierung im gesellschaftskritischen Feminismus in demselben Maß auch für die in Deutschland entwickelte feministische Theologie zutrifft, wäre ein lohnendes Forschungsthema.[10]

Wie am Beispiel Mary DALYs gezeigt werden konnte, fließen in ihrer Person und ihrer wissenschaftlich-theologischen Arbeit verschiedene ›Ursprungskontexte‹ der feministischen Theologie inein-

---

[10] Jedenfalls erscheint es mir bemerkenswert, daß der Artikel *Feministische Theologie/Feminismus/Frauenbewegung* in GÖSSMANN (1991, S. 102-105) nichttheologische Autorinnen nicht erwähnt. Insofern löst er die beigeordneten Schlagworte *Feminismus* und *Frauenbewegung* nicht ein. Er beschränkt sich darauf, die Fundierung feministischer Theologien in Feminismuspositionen sowie in der Frauenbewegung festzustellen, ohne diese jedoch im einzelnen zu beschreiben.

ander: die kritische Laien- und Laiinnenbewegung im Gefolge des Zweiten Vatikanischen Konzils in Europa und in den USA, die Kultur- und Gesellschaftskritik der Neuen Frauenbewegung, die sie durch europäische, besonders französische und amerikanische Autorinnen rezipiert und die ihre anfänglich reformistischen Zielvorstellungen tiefgreifend verändern. Fünf Jahre später befindet sie sich *Jenseits von Gottvater Sohn & Co.* und lebt »in nachchristlicher Raum/Zeit« (DALY, 1980).

2.2.2. Feministische Theologie innerhalb des Protestantismus und der ökumenischen Bewegung

Für die Geschichte feministischer Theologie innerhalb des Protestantismus sind die Anstöße entscheidend, die aus der ökumenischen Bewegung des Weltrats der Kirchen gekommen sind. Deshalb sind der weltweite Bezug, die Internationalität und die konfessionsüberschreitende Perspektive des Diskurses auch hier gegeben. Und zudem sind katholische und protestantische Kontexte nicht völlig getrennt zu betrachten. Ebenso wie bei der Theologie der Befreiung ist auch die Entwicklung feministischer Theologie in gegenseitiger interkonfessioneller Kenntnis wie Anregung verlaufen. Den Auftakt für die Entwicklung feministischer Theologie in den evangelischen Kirchen der Bundesrepublik Deutschland gab die 1974 von der Abteilung *Die Frau in Kirche, Familie und Gesellschaft* des ÖRK in Berlin durchgeführte Konsultation über *Sexismus in den 70er Jahren*.[11] Sie wurde geleitet von zwei dem Stab des ÖRK angehörenden Frauen, Brigalia BAM aus Südafrika und Pauline WEBB aus Großbritannien sowie der deutschen Theologin Gudrun DIESTEL. An ihr nahmen 141 Frauen aus 50 Ländern aller sechs Kontinente teil. Die UNO hatte für 1975 ein *Internationales Jahr der Frau* ausgerufen. Diese Konsultation griff damit ein Thema der Frauengleichstellungsarbeit der UNO auf und wollte zugleich die 1975 nach Nairobi anberaumte Fünfte Vollversammlung des ÖRK vorbereiten, die das Thema hatte: *Jesus Christus befreit und eint*. Das theologische Hauptreferat hielt die emeritierte

---

[11] Eine relativ vollständige Dokumentation dieser Konsultation gibt es nur in Englisch: Sexism in the 1970s. Discrimination against Women, A Report of a World Council of Churches Consultation (1974); eine gekürzte Version in Deutsch bietet die epd-Dokumentation 34/74 vom 22. Juli 1974: Berliner Sexismus-Konsultation fordert volle Partnerschaft von Mann und Frau (1974).

Theologieprofessorin vom methodistischen Drew Seminary in Madison/New Jersey, Nelle MORTON. Programmatisch forderte sie die Erneuerung der Theologie hin zu einer »ganzen Theologie«. Die bestehende Theologie könne nicht als vollständig und ganzheitlich angesehen werden, da sie ausschließlich von Männern formuliert und auf der Grundlage ausschließlich von Männererfahrungen gewonnen sei und beinahe ausschließlich von Männern gelehrt werde. »Eine ganze Theologie ist nur möglich, wenn das gesamte Gottesvolk zu ihrem Werden beiträgt. Und das schließt auch die Frauen mit ein!« (epd-Dokumentation, 1974, S. 66). Es ist ihr bewußt, daß sie mit diesem Ansatz und Anspruch Neuland betritt, daß sie damit eine über Jahrtausende gewachsene Kultur und Lebensordnung infrage stellt. Sie tut dies vor allem aus theologischen Gründen: »Das Brandmal des Sexismus entstellt Männer und Frauen. Es beraubt die Kirche ihrer Lebenskraft.« Das Patriarchat bezeichnet sie als »Hauptsünde«, indem es die vom Schöpfer gewollte Befreiung, die Harmonie mit der Schöpfung unmöglich macht. Nelle MORTON besteht darauf, daß das Evangelium selbst nicht sexistisch ist, sondern Sexismus einen Abfall vom Evangelium bedeutet. Die von ihr intendierte Befreiung der Frauen sieht sie im Zusammenhang von Befreiung aus unterdrückerischen Herrschaftverhältnissen überhaupt. Sie hebt die Beziehung zwischen Sexismus und Rassismus hervor, denn »das für die Unterwerfung der Frau angewandte Muster konnte auf die Rasse übertragen werden«. Für sie führt der christliche Glaube notwendig zu der Verantwortung, eine Theologie zu entwickeln und Glaubensgemeinschaften zu bilden, die die Ungleichheit zwischen Männern und Frauen, zwischen Menschen unterschiedlicher Hautfarbe nicht stabilisieren, sondern zur Befreiung jeder Frau und jedes Mannes beizutragen, die ihr und ihm ihr volles Personsein ermöglichen. Dies ist für MORTON die Vision einer »ganzen Theologie«. Ebenso wie sie damit an Ziele der amerikanischen Bürgerrechtsbewegung einerseits, an die in den Ländern der sogenannten Dritten Welt entstehende Theologie der Befreiung anderseits anknüpft, bezieht sie sich explizit auch auf Mary DALY. Sie übernimmt ihre Kritik am sexistischen Symbolsystem des Christentums, das sie an der traditionellen Rede von Gott erläutert. Und ihr ist Mary DALYs Bewertung von Frauengemeinschaft wichtig. Die in Berlin versammelten Frauen vergewissert sie der »Macht ihrer Präsenz«. Von überall her sind Frauen aus der ganzen Welt zusammengekommen, »um den Anteil an einem Erbe einzuklagen, das uns lange versprochen« (epd-Dokumentation, 1974, S. 67). Dies Zusammentreffen, das Zusammensein hat eine spirituelle Dimension: »Wir geben uns einander als Gottes Gnade.« *Sisterhood* – Schwesterlichkeit –, die Gemeinschaft von Frauen, wird ›Subjekt‹ im Handeln der Kirchen, im Entwickeln einer neuen Theologie.

Indem Frauen der Theologie eine Schlüsselrolle dabei zumessen, wie die Situation von Frauen in der Kirche ist, bewirken sie, (1) daß die am Ende der Konsultation verabschiedeten Empfehlungen als Punkt 1 nennen: Der ÖRK möge eine Arbeitsgruppe einsetzen, um theologische Anthropologie zu studieren, und (2) daß eine Anzahl weiterer Empfehlungen die Förderung theologischer Schulung sowie Frauenbeteiligung an der theologischen Studienarbeit einfordern.

In diesem Ereignis wird das gesellschaftliche und kirchliche Beziehungsgeflecht deutlich, in welchem die Aufnahme der Genus-Kategorie in der theologischen Wissenschaft stattfindet. Der feministische Diskurs als Theorie der Frauenbewegung hat die Genus-Kategorie als Parameter für die Analyse gesellschaftlicher Wirklichkeit bereitgestellt. Die Theologie der Befreiung hat die theologische Kritik an unterdrückerischen Herrschaftsverhältnissen sowie die Reflexion auf die Kontextualität derer, die Theologie entwickeln, zu zentralen Themen gemacht. Der Impuls zur Neuschaffung einer feministischen Befreiungstheologie kommt aus der Praxis von Frauen in der Kirche, die ihre Arbeit, ihr Engagement, ihre Kreativität, ja ihre vielfältigen Entfaltungsmöglichkeiten eingeschränkt oder aber ignoriert, behindert und verächtlich gemacht sehen. Sie lokalisieren eine tragende Wurzel des Sexismus in der traditionellen theologischen ›Anthropologie der Frau‹.

Die theologische Tradition hat nämlich seit jeher mit einem geschlechtsspezifischen Ansatz gearbeitet, indem sie unter Berufung auf Gn 2 in Verbindung mit Gn 3 eine spezielle ›Anthropologie der Frau‹ entwickelte. Geschlecht wird darin als eine in der Schöpfung gegebene unveränderliche Größe verstanden. So wie Mann und Frau nun einmal durch Gottes Schöpferwillen als Repräsentanten ihres jeweiligen Geschlechts und in der Beziehung zueinander ›von Natur aus‹ sind, ergibt sich eine Rangfolge der Geschlechter, die das Weibliche dem (zuerst erschaffenen) Männlichen nachordnet oder Weibliches und Männliches so polarisiert (wobei der Daseinssinn der Frau gänzlich auf den Mann bezogen wird), daß

Frauen erst durch Männer zu ihrer eigentlichen Bestimmung gebracht werden können. Solche Anthropologien sind, indem sie das Weibliche als defizientes Menschsein ansehen, sexistisch.

Die gesellschaftliche und kirchliche Wirklichkeit jedoch hat diese theologische Lehre überholt. Als historische Erfahrung, die den Status von Frauen entscheidend verändert hat, ist besonders der Zweite Weltkrieg zu nennen. Gerade die Frauen, die nach 1945 die Frauenarbeit des ÖRK gestaltet und geleitet haben, wie z.B. Madeleine BAROT zwischen 1954 und 1966, haben im zunehmend vom Nationalsozialismus beherrschten Europa Signale gegen internationalen Chauvinismus und Rassismus gesetzt.[12] Als Generalsekretärin der CIMADE, des *Comité Inter Mouvements Auprés Des Evacués*, hat die französische Protestantin mit einer Gruppe von jungen Christinnen und Christen vom Herbst 1940 an in den Lagern gelebt und gearbeitet, in denen Tausende von auf der Flucht befindlichen ausländischen Menschen und insbesondere jüdische Frauen und Männer unter menschenunwürdigsten Verhältnissen lebten (vgl. FREUDENBERG, 1985). Sie hat gemeinsam mit anderen Frauen und Männern mit großer Risikobereitschaft und planvoller Strategie zunächst Flüchtlingsarbeit in Interniertenlagern aufgebaut (wie z.B. in Gurs bei Pau in den südfranzösischen Pyrenäen), dann auch gezielt subversive, illegale Rettungsaktionen durchgeführt, um Menschen vor der Deportation zu bewahren. Unter solchen politischen Bedingungen haben Frauen und Männer sich herausgefordert gesehen zu handeln, und dabei sind gesellschaftliche Rollenzuweisungen in den Hintergrund getreten und obsolet geworden. Ihnen ging es darum, den Verfolgten und vom Tod Bedrohten nahe zu sein, ihre Lebenssituation zu teilen, sie in der Öffentlichkeit bekanntzumachen, um die Menschen nicht ihrem Schicksal zu überlassen. All dies war für die Mitarbeiterinnen und Mitarbeiter der CIMADE Ausdruck der Glaubwürdigkeit und Tragfähigkeit ihres Glaubens – eines Glaubens, den sie selbstverständlich als konfessions- und religionsübergreifend verstanden.

2.2.3. Neubeginn der Ökumene nach 1945

Mit solchen eigenen Erfahrungen und der Kenntnis der vielfältigen Bewährung, die Frauen auf allen Feldern kirchlicher Arbeit als

---

[12] Zu Madeleine BAROT vgl. SIMPFENDÖRFER (1989, S. 37–57) und JACQUES (1991); über die CIMADE vgl. FREUDENBERG (1985).

hauptamtlich und ehrenamtlich Tätige erbracht hatten, mutete es Madeleine BAROT mehr als befremdlich an, daß sie bei der ersten Sitzung des vorläufigen Ausschusses des im Aufbau befindlichen Weltrats der Kirchen im Frühjahr 1946 in Genf unter den 60 Delegierten aus 16 Ländern neben der englischen anglikanischen Theologin Kathleen BLISS die einzige Frau war.[13] Zugleich erbrachte eine Enquête des ÖRK unter den Kirchen, welche Hauptanliegen, Interessen und Probleme sie bei der 1948 in Amsterdam stattfindenden Weltkirchenkonferenz behandelt sehen wollten, das Ergebnis, daß an erster Stelle Rolle und Platz der Frau in der Kirche auf die Tagesordnung gehörten.

Zweifellos sind im Zusammenhang mit der ersten Weltkirchenkonferenz neue Fragen zur Situation von Frauen in den Kirchen sowie in der theologischen Arbeit gestellt, sind neue Schritte eingeleitet worden. Es hat eine Frauenvorkonferenz in Baarn in den Niederlanden gegeben; die Vollversammlung hat eine selbstkritische Erklärung abgegeben, mit der sie ihren Willen zur Reform bekundete. Ausgehend vom paulinischen Bild der Kirche als Leib Christi, in dem Frauen und Männer gemeinsam miteinander leben und arbeiten, stellte diese Erklärung fest, daß mit sechs Prozent Frauen unter den Teilnehmern der Vollversammlung eine volle Zusammenarbeit von Männern und Frauen offensichtlich noch nicht erreicht sei. Die Wirklichkeit sei defizitär gegenüber der biblischen Verheißung. Die Erklärung forderte daher, daß Frauen in verstärktem Maß in die Synoden und in die Ausschüsse berufen werden sollten, in denen Richtlinien für die Arbeit festgelegt und Beschlüsse von gesamtkirchlicher Bedeutung gefaßt werden. Es ging also darum, vom paulinischen Bild der Kirche als Leib Christi her gerade die konzeptionelle Arbeit und die Leitungsaufgaben in der Kirche zwischen Frauen und Männern zu teilen.

Im Stab des ÖRK wurde ein Komitee *Leben und Arbeit der Frauen in der Kirche* gegründet, das zunächst die Inderin Sarah CHAKKO, dann Madeleine BAROT leitete. Kathleen BLISS legte 1952 eine Dokumentation *The Service and Status of Women in the Churches* vor, der Berichte aus 50 Ländern zugrunde lagen (BLISS,

---

[13] Über Kathleen BLISS vgl. SIMPFENDÖRFER, 1991, S. 9–52. Im Porträt über Madeleine BAROT schreibt SIMPFENDÖRFER, daß sie die einzige Frau bei dieser Sitzung war, im Portrait über Kathleen BLISS ist diese wiederum »die erste und einzige Frau«, die an dieser Sitzung teilnahm und die damals auf die Entwicklungen des Ökumenischen Rates Einluß nehmen konnte (1991, S. 13).

1954). Immer mehr unter den im ÖRK zusammengeschlossenen Kirchen (mit Ausnahme der Orthodoxen) öffneten sich für die Frauenordination: 1974 waren es von 267 Kirchen 75. Doch ungeachtet der wiederholten Bekundungen des guten Willens vollzog sich die Öffnung der Strukturen für Frauen, eine Neubewertung des Menschseins von Frauen sowie ihre Beteiligung am Leben der Kirche durch theologische Neukonzeptionen nur schleppend und zögernd. Die in der ökumenischen Bewegung aktiven Frauen selbst waren über die angemessene Vorgehensweise uneins, wie gegen das ›Bollwerk des Patriarchats‹ vorzugehen sei. Gehörten Fraueninteressen allein in die kirchlichen Frauenverbände oder in Zusammenschlüsse aus Frauen und Männern? Wie ist es zu vermeiden, daß Frauenverbände eine Ghettoexistenz führen, Frauen anderseits in gemischten Zusammenschlüssen nicht als eine einflußlose Minderheit in der Männerkirche fungieren? Was folgt daraus, daß von Männern entwickelte Theologien oftmals von Frauen in vielerlei Hinsicht akzeptiert und geschätzt werden können bis zu dem Punkt, wo Theologen auf Frauen zu sprechen kommen? An diesen Problemen und Fragen hat 1974 die Sexismuskonsultation angesetzt. Ihr gelang es zu verdeutlichen, daß die entstellte Beziehung zwischen Männern und Frauen die Gemeinschaft in der Kirche infragestellt. Sie ist nicht ein Gruppenproblem der Frauen, sie ist eine Anfrage an die gesamte Kirche nach ihrem Selbstverständnis: sie ist eine Frage der Ekklesiologie.

So war es konsequent, daß das 1975 von der Vollversammlung in Nairobi beschlossene Studienprogramm über die Gemeinschaft von Frauen und Männern in der Kirche zwei Träger im ÖRK gefunden hat, zum einen die Untereinheit *Die Frau in Kirche und Gesellschaft* und zum anderen die *Kommission für Glauben und Kirchenverfassung*. Ihnen wurde der Auftrag erteilt, eine ekklesiologische Studie zu erarbeiten. Dies ist mit dem *Sheffield-Report*, der 1981 vorgelegt wurde, geschehen (PARVEY, 1981/1985).[14] Für sein Zustandekommen waren entscheidend verantwortlich: Brigalia BAM, Bärbel von WARTENBERG und Constance F. PARVEY.

Als Folge dieser Studie hat sich der ÖRK bei der Sitzung seines Zentralausschusses in Dresden auf das Ziel einer gleichen Beteiligung von Frauen und Männern an allen seinen Kommissionen, Konsultationen, Ausschüssen und Untereinheiten verpflichtet: Bei

---

[14] Über die Gemeinschaftsstudie und die Prozesse, die sie auslöste, vgl. HALKES (1988).

der Vollversammlung des ÖRK 1983 in Vancouver lag der Frauenanteil bei 29,58%, in Canberra 1991 sollten 40% erreicht werden. Ostern 1988 hat der ÖRK eine *Ökumenische Dekade ›Kirche in Solidarität mit den Frauen‹* proklamiert und initiiert, die fünf Ziele verfolgt: (1) den Kirchen zu helfen, sich von Rassismus, Sexismus und Klassenideologie, von Theorien und Praktiken zu befreien, die Frauen diskriminieren; (2) Frauen zu befähigen, unterdrückerische Strukturen in der weltweiten Gemeinschaft, in ihrem Land und in ihrer Kirche in Frage zu stellen; (3) den Perspektiven und Bemühungen der Frauen im Kampf um Gerechtigkeit, Frieden und Bewahrung der Schöpfung sichtbaren Ausdruck zu verleihen; (4) durch geteilte Verantwortung in der Leitung und in den Entscheidungsprozessen in Theologie und Spiritualität den entscheidenden Beitrag der Frauen in Kirche und Gesellschaft zu bestätigen; (5) die Kirchen dazu zu ermutigen, solidarisch mit den Frauen zu handeln (HAMMAR, 1991, S. 189).

Es kann kein Zweifel daran bestehen, daß dem Weltrat der Kirchen hier die Rolle eines Promotors zukommt. Dies liegt an der partizipatorischen Struktur der ökumenischen Bewegung. Aufgrund seiner Arbeitsweise, mit Umfragen unter den Mitgliedskirchen zu arbeiten, hat nicht ein Zentralorgan Themen und Ergebnisse von oben verordnet. Vielmehr hat die Anfrage zur Situation von Frauen in der Kirche, zu den Beziehungen von Männern und Frauen als eine Art *Consciousness-raising* gewirkt. Sie hat gezeigt, daß dem Thema Bedeutung zukommt.

Daß dieses Thema gerade im ÖRK seinen Ort gefunden hat, hängt mit der Geschichte der ökumenischen Bewegung selbst zusammen. Der ÖRK war während der Zeit der Faschismen in Europa, während des Zweiten Weltkriegs selbst erst im Aufbau. In dem Holländer Willem VISSER'T HOOFT, dem Generalsekretär des ÖRK und Ehemann von Henriette VISSERT'T HOOFT, fand sich eine einflußreiche und prägende Gestalt des Protestantismus, der seit seiner Arbeit im Studentenweltbund in den 20er Jahren die Zusammenarbeit mit Frauen zu schätzen wußte und der durch seine sehr selbständige Ehefrau miterlebte, daß es eine Frauenbewegung in den Kirchen gab, der Beachtung und Dignität zukam.

Der emanzipatorische Impuls des ÖRK resultierte daraus, daß er *per definitionem* ein Christentum zur Geltung bringen wollte, das nationalen Chauvinismus überwindet und die jeweilige Konfession nicht als Grenze begreift, in weltweiter Verantwortung auf die brennenden Probleme der Welt vom christlichen Glauben aus zu antworten.

Ebenso wie die ökumenische Einigungsbewegung sich unzweideutig aus theologischen, humanistischen und politischen Gründen gegen Apartheid und Rassismus ausgesprochen hat (»Rassismus ist Sünde«), so wurde in ihr zunehmend von Frauen deutlich gemacht, daß eine Verwerfung des Sexismus und eine Selbstreinigung in Theologie und Kirche vom Sexismus ebenso dringlich ist. Wo immer innerhalb des deutschen Protestantismus seit Anfang der 80er Jahre das Thema ›Frauen in der Kirche‹ auf der Tagesordnung von Kommissionen, Kirchen- und KatholikInnentagen, Anhörungen, Konsultationen, Tagungen und Synoden stand, war der Prozeß im ÖRK präsent, und es ist explizit auf den im ÖRK geführten Diskurs Bezug genommen worden.[15] Deshalb ist die ökumenische Bewegung mitsamt den beschriebenen Studienprogrammen ein wichtiger Nährboden für die Entwicklung feministischer Theologie im protestantischen Kontext. Hier sind Basisbewegungen zu Wort gekommen, die eine Erneuerung der Theologie im Hinblick auf ihre Aussagen über Frauen und damit eine für Frauen angemessene Theologie fordern. Insofern traf die aus den USA und den Niederlanden ›importierte‹ Theologie auch in den deutschen Kirchen auf Resonanz. Die von deutschsprachigen Autorinnen in Deutschland und in der Schweiz entwickelte feministische Theologie zeigt ihre Provenienz aus solchen Basisbewegungen noch sehr deutlich. Die ersten ›Klassiker‹ der feministischen Theologie stammen nicht von Universitätsprofessorinnen, sondern wurden gewissermaßen in Heimarbeit – und das meint: ohne jeden Dienstauftrag – geschrieben. Ich nenne als Autorinnen Elisabeth MOLTMANN-WENDEL, Hanna WOLFF, Ursa KRATTIGER, Christa MULACK, Gerda WEILER, Elga SORGE und Hildegunde WÖLLER.[16]

---

[15] Die Rezeption der Anstöße des ÖRK in der EKD sowie im Bund der evangelischen Kirchen in der DDR beschreibt SIEGELE-WENSCHKEWITZ (1991a).

[16] Elisabeth MOLTMANN-WENDEL bezeichnet sich als Publizistin (1974/78, 1977, 1980, 1983, 1985). Die Analytikerin Hanna WOLFF (1975) versteht sich selbst nicht als feministische Theologin, hat aber auf die Entwicklung feministischer Theologie in Deutschland tiefgreifenden Einfluß gehabt, z.B. auf Elisabeth MOLTMANN-WENDEL, Christa MULACK und Elga SORGE. Ursa KRATTIGER schrieb ihr Buch (1983) als Redakteurin im Bereich Frauenfragen beim Schweizer Rundfunk in Basel, hat diese Stellung aber inzwischen aufgegeben. Christa MULACK (1983, 1985 und 1987) wurde freie Schriftstellerin, um ihre

Die wenigen Universitätsprofessorinnen wie Hannelore ERHART, Luise SCHOTTROFF, Helen SCHÜNGEL-STRAUMANN, Elisabeth GÖSSMANN und Dorothee SÖLLE, die zu Protagonistinnen der feministischen Theologie wurden, verändern dieses Bild nicht. Denn von den fünf genannten Frauen haben weder Elisabeth GÖSSMANN noch Dorothee SÖLLE eine ordentliche Professur an einer deutschen Universität erhalten.

Zunächst hat sich feministische Theologie im deutschen Kontext als ›Barfußtheologie‹ bei Kirchentagen, Frauenwerkstätten, in Netzwerken und Arbeitsgemeinschaften, an Evangelischen und Katholischen Akademien, in selbstorganisierten Frauengruppen, in regelmäßig von Studentinnen erkämpften Lehraufträgen an den Hochschulen entwickelt – ohne ›Absicherung‹ in der ›wissenschaftlichen‹ Theologie. Eine feministische Theologie, die ausdrücklich mit den Methoden und in bezug auf die wissenschaftliche Theologie arbeitet, boten die in den USA, in den Niederlanden, in Österreich und in Großbritannien arbeitenden Theologinnen, mit denen die deutschen Theologinnen, die im universitären Kontext arbeiteten, kooperierten, auf die sie sich bezogen und an die sie zunehmend anknüpften.[17] Außer den auf Professuren arbeitenden Theologinnen trieben junge Frauen (die in der Regel ihr theologisches Examen abgelegt hatten) die Entwicklung feministischer Theologie voran, indem sie sich zu gemeinsamen Projekten zusammenfanden, Arbeitsgemeinschaften innerhalb und außerhalb der Universitäten initiierten, an den Fakultäten Lehraufträge für feministische Theologie organisierten und an diesen Seminaren

---

feministisch-theologischen Bücher zu schreiben. Gerda WEILER (1984) hat als freie Autorin publiziert. Elga SORGE schrieb ihr Buch (1985) als wissenschaftliche und pädagogische Mitarbeiterin am Religionspädagogischen Institut in Kassel, als sie zugleich einen Lehrauftrag für feministische Theologie an der Gesamthochschule Kassel hatte. Diese Funktionen sind ihr inzwischen entzogen worden, und sie hat die evangelische Kirche verlassen. Hildegunde WÖLLER (1987) ist Lektorin im Kreuzverlag in Stuttgart.

[17] Zu den US-amerikanischen Theologinnen vgl. Kap. 2.2.1. – Für die Niederlande ist Catharina HALKES wichtig als Herausgeberin (1979, Neudr. 1987) und als Autorin grundlegender Entwürfe (1980, 1985). In Österreich hat die feministische Theologin Herlinde PISSAREK-HUDELIST seit 1981 am Diskurs über feministische Theologie teilgenommen sowie die Entwicklung feministischer Theologie befördert. Sie hat diese neue Art, Theologie zu treiben, umfassend vorgestellt (1981; 1989). Feministische Theologie in England bieten die bisher in Englisch vorliegenden Bücher von Ursula KING (1989/1993) und Daphne HAMPSON (1990).

teilnahmen, sich mit feministisch-theologischen Untersuchungen für eine Promotion oder Habilitation qualifizierten. Das von Christine SCHAUMBERGER und Monika MAASSEN veröffentlichte *Handbuch Feministische Theologie* nennt diese unterschiedlichen Kontexte, in denen feministische Theologie entwickelt wird (1986).

2.2.4. Die sogenannte Theologinnenfrage

Für die Entwicklung feministischer Theologie im deutschen Protestantismus ist aber noch ein weiterer Ursprungskontext besonders zu erwähnen: der mit der sogenannten Theologinnenfrage geführte theologische Diskussionsprozeß in Fakultäten, Kirchensynoden, Theologinnenkonventen und Gemeinden sowie die Theologinnen bzw. Pfarrerinnen als soziale Trägerinnengruppe eines Diskurses über das Geschlechterverhältnis in Theologie und Kirche. An der Frage der Zulassung von Frauen zum geistlichen Amt sowie ihrer Ordination ist die Stichhaltigkeit einer biblisch begründeten ›Anthropologie der Frau‹ im Rahmen der sogenannten *Kephale-Struktur* (1 Kor 11,2-16, Eph 5,22-33: Christus das ›Haupt‹ des Mannes, der Mann das Haupt der Frau) überprüft und schließlich zugunsten der Rezeption anderer Bibelstellen (Gn 1, Gal 3,28: Gottebenbildlichkeit von Frau und Mann, Gleichwertigkeit der Geschlechter im Einssein in Christus) verworfen worden, als die evangelischen Kirchen Ende der 60er Jahre dazu übergingen, Frauen in gleicher Weise wie Männer zum Amt zuzulassen. Der entscheidende Durchbruch in der ›Theologinnenfrage‹ war damit erreicht, als sie nicht mehr als ein dogmatisch-anthropologisches Problem, sondern im Rahmen von Ekklesiologie und Kirchenrecht verhandelt wurde (REICHLE, 1978; JANOWSKI, 1984; ERHART, 1993; DRAPE-MÜLLER, 1994; GLOBIG, 1994). Durch die Diskussion um das Theologinnenamt sind protestantische Pfarrerinnen in besonderer Weise dafür sensibilisiert, die Fragen nach dem Geschlechterverhältnis in Theologie und Kirche als ihre Sache anzusehen. Deshalb sind viele von ihnen für die Aufnahme und Entwicklung feministischer Theologie offen gewesen. Das Neben- und Miteinander von universitärem, kirchlichem und von der Frauenbewegung geprägtem Kontext und die Nähe zur Gemeinde, aber auch zu autonomen Frauengruppen bringen es mit sich, daß eine klare Trennlinie zwischen universitärer und experimenteller Theologie in der feministischen Theologie nicht gezogen wird. Sie befindet sich in der Spannung zwischen der Ermöglichung von Pluralismus und der Profilierung von Identität. Durch neuere Forschung (KAUFMANN, 1988; SIEGELE-WENSCHKEWITZ, 1988; SCHERZBERG, 1991; BAUMANN, 1992) ist zunehmend bewußt geworden, daß zur Geschichte der feministischen Theologie und der Milieus, in denen der theologische Geschlechterdiskurs geführt wurde, auch die konfessionellen Frauenverbände gehören. Die sich in den 70er Jahren in Deutschland unter der Selbstbezeichnung feministische Theologie formierende theologische und kirchenpolitische Richtung hat ihr Konzept dezidiert als Neuanfang vorgestellt und sich von der Tradition und dem Erscheinungsbild der konfessionellen Frauenverbände eher abgegrenzt. Untersuchungen über die konfessionellen und religiösen Frauenverbände haben aber aufgezeigt, daß sie durchaus als Vorläuferinnen der Neuen Frauenbewegung anzusehen sind (KAPLAN, 1981). Als Ertrag der Frauenforschung zur Kirchlichen Zeitgeschichte soll dies im folgenden Abschnitt (Kap. 3.2.5.) vorgestellt werden.

3. Wissenschaftskontext und Forschungsstand

3.1. Feministische Theologie und theologische Frauenforschung

1985 haben sich einige feministische Theologinnen, die im ÖRK zusammenarbeiten – unter ihnen Fokkelien VAN DIJK (Utrecht), Catharina HALKES (Nijmegen), Elisabeth MOLTMANN-WENDEL (Tübingen) und Luise SCHOTTROFF (Kassel) –, mit einem Aufruf an die Öffentlichkeit gewandt, um eine Vereinigung von Wissenschaftlerinnen ins Leben zu rufen, »die Frauen zusammenbringt, die theologische Forschung treiben, die Frauen betrifft oder aus einer feministischen Perspektive konzipiert worden ist«. Der Gründungsaufruf vom 27. Oktober 1985 benannte drei Hauptziele: (1) eine wissenschaftlich theologische Gemeinschaft von Frauen zu entwickeln, (2) die Entwicklung von Studien in der feministischen Theologie zu fördern und (3) die Forschungsvorhaben im (interdisziplinären, interkonfessionellen, interreligiösen, internationalen) Dialog zu entwickeln. Vom 13.–15. Juni 1986 fand die erste Konferenz der *Europäischen Gesellschaft für theologische Forschung von Frauen* in Magliaso (Schweiz) statt, gefolgt von bisher vier weiteren Konferenzen: 1987 in Helvoirt (Niederlande), 1989 in Arnoldshain, 1991 in Bristol (Großbritannien) und 1993 in Löwen (Belgien). Die Statuten der Gesellschaft sind so weitgefaßt, daß sie allen in der Theologie und Religionswissenschaft forschenden und lehrenden Frauen die Mitgliedschaft ermöglichen wollen. Zugleich ist »die Entwicklung feministischer Theologie im Dialog« einer der zentralen Gründungszwecke. Von ihrer Gründung an hat die Europäische Gesellschaft keine Trennlinie zwischen theologischer Frauenforschung und feministischer Theologie gezogen und auch nicht ziehen wollen, da damit gerechnet werden muß, daß die meisten der an Universitäten tätigen Frauen ihre Qualifikationen nicht in feministischer Theologie haben erwerben können.

Angesichts der erst kurzen Forschungszeit dieser theologischen Richtung auf der einen Seite, der Zurückhaltung (bzw. Unfähigkeit) der theologischen Fakultäten, in nennenswertem Umfang Frauen in den Lehrkörper aufzunehmen und sich für feministische Theologie zu öffnen, auf der anderen Seite, muß eine Gesellschaft, die im universitären Kontext tätige Frauen zusammenbringen will, offen sein für unterschiedliche Wissenschaftskonzepte, und das bedeutet, daß ihrem Gründungszweck kein normativer Begriff von feministischer Theologie zugrundeliegt. Das Beispiel der Geschichte der *Europäischen Gesellschaft für theologische Forschung von Frauen* zeigt, daß der Begriff ›theologische Frauenforschung‹ *nach* dem Begriff ›feministische Theologie‹ in Deutschland aktuell geworden ist, daß er die Funktion von Sammlung und gerade nicht von Abgrenzung übernehmen sollte.[18]

Inzwischen wird der Begriff ›theologische Frauenforschung‹ in der Diskussion über Wege der Institutionalisierung feministischer Theologie an den Universitäten von Vertreterinnen und Vertretern der Wissenschaftsinstitutionen anders verwendet.[19] Hier soll er die Funktion haben, eine um den ›Gegenstand‹ Frauen erweiterte wissenschaftliche Theologie von einer vermeintlich unwissenschaftlichen feministischen Theologie abzuheben. Den Grunddissens macht dabei die Aufnahme bzw. die Außerachtlassung des analyti-

---

[18] Vgl. die Konferenzreader: Self-Denial/Self-Affirmation, Helvoirt 1987; Informationen über Frauen und ihre Forschung zur dritten internationalen Konferenz über Images of God – Gottesbilder, Arnoldshain 1989; Liberating Women, New Theological Directions, Bristol 1991.

[19] Dies der Befund einer Umfrage an 26 evangelisch-theologischen Fakultäten, Fachbereichen und Kirchlichen Hochschulen, die 1993 von Gabriele Dix in Zusammenarbeit mit Leonore Siegele-Wenschkewitz durchgeführt wurde, um eine Bestandsaufnahme feministisch-theologischer Aktivitäten zu erarbeiten.

schen Instrumentariums, der Genus-Kategorie, aus. Während feministische Theologie die Genus-Kategorie, die Geschlechterspezifik, die Geschlechterdifferenz und die Beziehung der Geschlechter als relevante Größe sowohl für die Interessegeleitetheit des erkennenden Subjekts als auch für das Verständnis der geistigen und sozialen Wirklichkeit, in der Frauen und Männer in unterschiedlicher Weise sich in Geschichte und Gegenwart vorfinden, für unverzichtbar hält, ist sie für den Hauptstrom theologischer Wissenschaft irrelevant.[20]

Der Begriff der theologischen Frauenforschung soll dem Grundansatz feministischer Wissenschaft begegnen, daß es angesichts der historisch-kulturellen Geschlechterdifferenz einen Unterschied macht, ob Männer oder Frauen Wissenschaft/Theologie treiben. Während feministische Theologie das Subjektsein von Frauen im Handeln von Frauen selbst eingelöst sehen will, vertreten Protagonistinnen und Protagonisten der theologischen Frauenforschung die Auffassung, daß sie auch von Männern betrieben werden könne, ja daß es nicht von Belang sei, ob Männer oder Frauen Frauenforschung entwickeln (MEHLHAUSEN, 1992, S. 28). Diejenigen, die sich der Legitimität der feministischen Theologie verschließen, glauben die fundamentale Tatsache mißachten zu können, daß die Geschlechterdifferenz eine allgemeine soziale und infolgedessen eine allgemeine wissenschaftstheoretische Größe ist. Feministische Theologie erweitert das Instrumentarium der historisch-kritischen Methodik um die Genus-Kategorie.

Der zwischen feministischer Theologie und theologischer Frauenforschung behauptete Gegensatz kann nun so auf den Punkt gebracht werden: ›Theologische Frauenforschung‹ als ein antifeministischer Kampfbegriff betrachtet die Genus-Kategorie als nicht existent; für die ›Feministische Theologie‹ ist sie hingegen von zentraler Bedeutung.

3.2. Die Aufnahme der Genus-Kategorie in den verschiedenen theologischen Disziplinen

Der folgende Abschnitt soll nun vor dem Hintergrund der Entfaltung des Problems in der Geschichte kurz umreißen, welche neuen

---

[20] Dies zeigt die vom Prüfungsausschuß der Evangelisch-Theologischen Fakultät Tübingen veröffentlichte Stellungnahme zu Fragen der Feministischen Theologie (1990).

Fragen, Probleme und Perspektiven feministische Theologie in den verschiedenen Themenbereichen der Wissenschaftsdisziplin Theologie ins Zentrum ihres Interesses gerückt hat.[21]

3.2.1. Zugänge zur Bibel: Hermeneutik und Exegese

Hermeneutik, die Theorie der Auslegung als einer Reflexion auf die Bedingungen des Verstehens von Texten und deren Aneignung, nimmt in der feministischen Theologie breiten Raum ein. Das Stichwort ›Kontext‹ steht für die Bedingung des Verstehens: Es geht um die Interrelation zweier Kontexte, des Kontexts der Interpretin sowie des Kontexts, in dem die zu erforschenden Texte entstanden sind. In der Reflexion des eigenen Kontexts ist die Genus-Kategorie zentral. Ihre Außerachtlassung in der bisherigen Wissenschafts- und Kulturtradition läßt feministische Wissenschaftlerinnen den androzentrischen Charakter der Überlieferung erkennen, in der das Männliche Normativität und allgemeine Verbindlichkeit bei der Nichtberücksichtigung von Frauen beansprucht. Wenn feministische Theologinnen ihren neuen Ansatz aus der Frauenerfahrung beschreiben, ist damit nicht eine intrapsychische Gegebenheit gemeint. Vielmehr verweist der Begriff der ›Erfahrung‹ auf die spezifische Sozialisation des erkennenden Subjekts als Frau.

Hermeneutik als Lehre des Verstehens und der reflektierten Aneignung von Texten konzentriert sich in der theologischen Wissenschaft vor allem auf das Verständnis der ›heiligen‹ Texte der Bibel. Schon 1898 hatte ein amerikanisches Autorinnenteam unter der Leitung von Elizabeth CADY STANTON eine *Woman's Bible* veröffentlicht, um darauf aufmerksam zu machen, daß im politischen und rechtlichen Leben gerade die Bibel als eine wichtige Begründung zur Verweigerung von Frauenrechten herangezogen wird. Dieser von der feministischen Theologie siebzig Jahre später be-

---

[21] Angebote einer orientierenden und bilanzierenden Zusammenschau des Diskurses in den einzelnen theologischen Disziplinen bieten: HALKES (1980), GÖSSMANN (1981), KASSEL (1987/1988), STRAHM (1987/1989), BEINERT (1987), GERBER (1987), WACKER (1988) und besonders GÖSSMANN u.a. (1991). Einen Versuch, Vertreterinnen feministischer Theologie ins Gespräch zu bringen mit Vertretern der traditionellen theologischen Disziplinen, um einen Forschungsbedarf in feministischer Theologie und theologischer Frauenforschung anzumelden, bietet die epd-Dokumentation *Theologische Frauenforschung und Feministische Theologie* (1992).

stätigte Befund hat eine Richtung innerhalb der feministischen Theologie (deren prominenteste Repräsentantin Mary DALY ist) dazu gebracht, die Bibel nicht mehr als eine mögliche Quelle für Frauenbefreiung anzusehen. Gleichwohl ist es als eine zentrale Aufgabe feministischer Theologie erkannt, den Androzentrismus in den biblischen Texten selbst, in ihrer Überlieferung (z.B. bei der Kanonbildung) sowie ihrer Auslegung ins Bewußtsein zu heben und die verdrängte Frauengeschichte wiederzuentdecken (HEINE, 1988). Ein Paradebeispiel solch einer Wiederentdeckung bot 1978 die amerikanische Neutestamentlerin Bernadette J. BROOTEN, die den in Rö 16,7 überlieferten angeblichen Männernamen JUNIAS falsifizierte und dahinter die Apostelin JUNIA identifizierte (BROOTEN, 1978).[22]

Richtungsweisend für Entwürfe einer Bibelhermeneutik zu feministischen Befreiungstheologien waren die Arbeiten von Elisabeth SCHÜSSLER FIORENZA. Sie schlägt ein mehrdimensionales Modell vor, für das sie eine eigene Terminologie entwickelt hat: (1) die Hermeneutik des Verdachts, (2) die Hermeneutik kritischer Bewertung, (3) die Hermeneutik der Verkündigung, (4) die Hermeneutik des Erinnerns oder der historischen Rekonstruktion, (5) die Hermeneutik der kreativen Aktualisierung. Dabei richtet sich der »Verdacht« in erster Linie auf den Androzentrismus und Sexismus in der Bibel sowie ihrer Auslegung. Die Hermeneutik des Verdachts nimmt die radikale feministische Kritik ernst, daß es gerade die Bibel und ihre voreingenommene Auslegung durch Theologie und Kirche war, die für den Ausschluß und eine inferiore Stellung von Frauen hat herhalten müssen. Elisabeth SCHÜSSLER FIORENZA betrachtet Androzentrismus und Sexismus als eine die biblischen Texte überlagernde Vorurteilsstruktur, die mittels historisch-kritischer Textanalyse in einem Prozeß feministischer Bewußtwerdung und Ideologiekritik abgetragen werden muß, damit das von diesen Vorurteilen befreite Wort Gottes Frauen auch erreichen kann. Sie hat in einem langandauernden Forschungsprozeß eine erste Rekonstruktion der Frauengeschichte in den Anfängen des Christentums vorgelegt:

---

[22] Auf die kirchenrechtliche Relevanz ihrer Entdeckung macht die Autorin aufmerksam – hatte doch die bereits erwähnte vatikanische Erklärung die Zulassung der Frau zum priesterlichen Amt von 1976 abgelehnt, da Jesus keine Frau in den Kreis der zwölf Apostel aufgenommen habe.

Durch ein Lesen ›hinter‹ den androzentrischen Texten – und das auch aus dem Schweigen über Frauen – soll die Geschichte von Wirksamkeit, Leiden, Unterdrückung, von Kämpfen, Befreiung und Macht von Frauen rekonstruiert und als ›Frauenerbe‹ wiedergewonnen werden.

Eine solche Erinnerung soll schließlich zur kreativen Aktualisierung führen, bei der Frauen die Bibel als *Brot, nicht Stein* annehmen können (SCHÜSSLER FIORENZA, 1988 und 1988a; SCHAUMBERGER, 1991).[23]

Unter feministischen Theologinnen (etwa zwischen Rosemary RUETHER und Elisabeth SCHÜSSLER FIORENZA) ist es ein weiterer Diskussionspunkt, ob in der Bibel selbst ein Frauen befreiendes ›Prinzip‹ enthalten ist oder ob Maßstäbe für Frauenbefreiung in den Erfahrungen einer sich in der Gegenwart zusammenfindenden Frauenkirche zu suchen sind.[24] Innerhalb der feministischen Theologie wird also die Frage nach der theologischen Bewertung des Bibeltextes unterschiedlich beantwortet. Welche der Texte können nach feministisch-historischer Kritik als Offenbarung, als Wort Gottes gelten? Kann die Bibel in Kontinuität mit der reformatorischen Tradition als Korrektur zur Tradition und gegenwärtigen Praxis der Kirche auch in bezug auf die Frauenbefreiung herangezogen werden, kann nach wie vor der Grundsatz zur Geltung gebracht werden: *sacra scriptura sua ipsius interpres*? Dies versuchen TRIBLE (1993) und BUTTING (1994) mit ihrer exegetischen Methode. Überdies ist die konfessionelle Prägung der einzelnen Theologin im Umgang mit der Schrift eine wichtige Determinante, der in der Forschung mehr Beachtung geschenkt werden sollte.[25]

Lag dem Anfang der 80er Jahre von Elisabeth SCHÜSSLER FIORENZA unter Rezeption der Frauengeschichtsforschung entwickelten Theorieansatz noch unverkennbar die traditionskritische und ›kompensatorische‹ Stoßrichtung zugrunde, die Patriarchat und

---

[23] Susanne HEINE (1992) verkürzt m.E. SCHÜSSLER FIORENZAS Ansatz und zeichnet deshalb ein nicht zutreffendes Bild.

[24] Die Gegenüberstellung und Analyse der beiden unterschiedlichen hermeneutischen Ansätze und ihre Charakterisierung als »imploitative« (RUETHER) bzw. »exploitative« Hermeneutik (SCHÜSSLER FIORENZA) in MEYER-WILMES (1990, S. 212ff.).

[25] So hat Hedwig MEYER-WILMES (1990, S. 223) zu Recht darauf hingewiesen, daß der Begriff von Frauenkirche und die Ermächtigung, die Elisabeth SCHÜSSLER FIORENZA der ›Frauenkirche‹ zuteil werden läßt, im katholischen Kirchenbegriff ihr kritisches Gegenüber haben.

Parteilichkeit gleichsam als Kampfbegriffe in die Wissenschaft einführte, so hat sich inzwischen die Perspektive vom Postulat ›Frauen ins Zentrum stellen‹ auf die (wechselseitige) Geschlechterkonstruktion, auf die Interaktionen zwischen den Geschlechtern ausgeweitet. Insofern gehört in die hermeneutische Debatte die Forderung nach Ideologiekritik, die selbstverständlich auch feministisch-theologischen Arbeiten gegenüber zur Geltung zu bringen ist.[26] Exemplifiziert wurde sie in Entwürfen feministischer Theologie am sogenannten Antijudaismusstreit. Mein eigener Vorschlag geht dahin, Antijudaismus angesichts der Dauer und Wirkkraft des antijüdischen Erbes der christlichen Theologie in eine Hermeneutik des Verdachts einzubetten (KOHN-ROELIN, 1987; SIEGELE-WENSCHKEWITZ, 1988, 1991, 1993).

Gleichzeitig mit der bibelhermeneutischen Diskussion ist eine Fülle von exegetischen Untersuchungen und Studien entstanden. Ein Schwerpunkt feministisch-theologischer Arbeit liegt eindeutig in der Beschäftigung mit der *Bibel*, dem Alten und dem Neuen Testament, die für den christlichen Glauben ein zusammengehöriges Ganzes bilden. Es ist eine Erkenntnis des auch unter feministischen Theologinnen geführten jüdisch-christlichen Gesprächs, daß das Alte Testament, die hebräische Bibel, nicht als vermeintlich minderwertiger Teil vom als höherwertig angesehenen Neuen Testament abgetrennt werden darf. Das Judentum mit seiner Glaubensurkunde ist die Mutterreligion des Christentums. Beobachtungen zu Androzentrismus und Patriarchatskritik können nicht speziell gegenüber dem Alten Testament zur Geltung gebracht und dabei zugleich das Neue Testament davon ausgenommen werden; vielmehr betreffen sie die gesamte biblische Überlieferung.[27]

Welche neuen Themen und Richtungen hat die feministische Theologie in den exegetischen Fächern hervorgebracht? Zunächst galt das Interesse der Wiederentdeckung von Frauengestalten und Frauengeschichten. Sie zeigten eine große Vielfalt von Lebensentwürfen und Lebensmöglichkeiten von Frauen entsprechend dem langen Zeitraum von etwa tausend Jahren, der das Anwachsen des

---

[26] Dezidiert ist diese Forderung erhoben worden von Susanne HEINE (1986, 1987); ein Plädoyer, sich kritisch in die Diskussion der feministischen Theologie einzulassen, gibt J. Christine JANOWSKI (1988).
[27] Vgl. hierzu die Diskussion (SIEGELE-WENSCHKEWITZ, 1988a) um die Untersuchung von Gerda WEILER (1984) und ihre umgearbeitete Version (1989).

biblischen Schriftguts umfaßt. Frauengeschichte vollzieht sich gleichwohl innerhalb einer patriarchalischen Grundstruktur, auch wenn es Beispiele selbständigen und widerständigen Handelns von Frauen gibt, ja sogar Frauen in für Kultus und Politik verantwortlichen Führungspositionen geschildert bzw. vorausgesetzt werden.

Breiten Raum nimmt die Neuinterpretation der Schöpfungsgeschichten ein: Wer ist dieser Gott, der die Welt, der Mann und Frau sich zu seinem Ebenbild erschafft? Wer ist Gottes Ebenbild? Der Mann und/oder die Frau? Ist die Beziehung des Mannes/der Frau zu Gott dieselbe oder eine unterschiedliche, ist sie zwischen Mann und Frau gestuft? Hier sind Gotteslehre und Anthropologie unmittelbar miteinander verbunden. Ein weiteres zentrales theologisches Problem berührt den Wandel der Gottesvorstellung in der Geschichte Israels. Was bedeutet es für die Beziehung der Geschlechter sowohl in der Religion als auch im sozialen Leben, daß Gottesvorstellungen Israels sich von der Verehrung auch anderer Gottheiten neben JHWH, von einem göttlichen Paar (JHWH und ASCHERA) zum Monotheismus hin entwickelt haben? Ist die Entwicklung des Monotheismus in Israel (auch) auf Kosten der Göttinnen (und auf Kosten der Frauen) geschehen? Ist JHWH ein patriarchaler Gott, der den ›Mord der Göttinnen‹ verlangt? Hinsichtlich dieser Fragen ist eine interdisziplinäre Zusammenarbeit mit der Religionsgeschichte, mit altorientalischen Wissenschaften, mit Matriarchatsforschung und der Erforschung von Göttinnenreligionen ebenso wie mit der Antisemitismusforschung unabdingbar (GERSTENBERGER, 1988; WACKER, 1988a, S. 9–58; SCHROER, 1987, 1991).

Ebenso wichtig wie die Arbeit an den biblischen Schriften selbst ist die Erforschung ihrer Wirkungsgeschichte auf die gesamte westliche Kultur. Desiderate sind eine frauengerechte Bibelübersetzung, die das Problem androzentrischer Sprache ernstnimmt, sowie die Kommentierung sämtlicher biblischer Bücher aus feministischer Sicht. Ferner wäre der Prozeß der Kanonbildung genauer zu erforschen und kritisch zu hinterfragen. Es scheint, als wäre die Auswahl ausschließlich durch Männer vorgenommen worden, sowohl für das Alte als auch für das Neue Testament jeweils in einer Zeit, die betont frauenfeindlich war (SCHÜNGEL-STRAUMANN, 1991, S. 52). Deshalb sind zur Rekonstruktion von Frauengeschichte im Frühjudentum und im entstehenden Christentum unbedingt auch außerkanonische Texte zu erschließen, die sich zum

Teil als weitaus ergiebiger gezeigt haben als die kanonische Überlieferung.

Um einer antijüdischen Rekonstruktion der Frühgeschichte des Christentums zu begegnen, hat Elisabeth SCHÜSSLER FIORENZA die Jesusbewegung als Erneuerungsbewegung innerhalb des Judentums situiert (1988a, S. 144ff.). JESU Jünger- und Jüngerinnenschaft war – wie er – selbst jüdisch. Bernadette J. BROOTEN hat gezeigt, daß Leitungsämter für Frauen auch schon in der frühen Synagoge möglich waren (1983). Diese Praxis hat das Christentum nachgeahmt. Auch Luise SCHOTTROFF geht in ihrer neuerlich vorgelegten material- und kenntnisreichen Sozialgeschichte des frühen Christentums dezidiert von einer kritischen Reflexion des christlichen Antijudaismus aus. SCHÜSSLER FIORENZAS Ansatz differenzierend versteht sie die Jesusbewegung als jüdische Widerstandsbewegung im römischen Großreich, der Pax romana (SCHOTTROFF, 1994).

Hinsichtlich des neutestamentlichen Schriftguts hat feministisch-theologische Arbeit zutage gebracht, daß auch Frauen zum Jünger/-innenkreis JESU gehörten (Joh 11), daß es in der Jesusbewegung auch Wanderprophetinnen gab, als bekannteste MARIA VON MAGDALA (Mk 15,40–16,8). Die Evangelien enthalten viele Geschichten von Begegnungen JESU mit Frauen:

> In diesen Begegnungen geschieht ›Macht in Beziehung‹ (Carter HEYWARD), d.h. Jesus begegnet den Frauen nicht als der einseitig Gebende oder der Arzt, der die ›Patientin‹ als Objekt seines Handelns betrachtet. (SCHOTTROFF, 1991, S. 130).

In der Jesusbewegung wird der Versuch unternommen, angesichts unterschiedlicher sozialer Lebensbedingungen eine gerechte Lebensgemeinschaft aufzubauen. Auch die frühchristlichen Gemeinden sind nicht patriarchal organisiert worden, sondern in ihnen haben Frauen und Männer versucht, Lebensformen in Gemeinschaft zu entwickeln, die Hierarchien zwischen Männern und Frauen, Herr/-innen und Sklav/-innen, Reichen und Armen, Gebenden und Nehmenden verändern. Frauen beteiligten sich an Arbeit und Aufgaben, die herkömmlich als Männerprivilegien galten, wenn sie die Gemeinschaftsessen leiteten, Wortverkündigung und Prophetie wahrnahmen, wie z.B. PRISKA (Apg 18,1ff.; Röm 16,3–5), die Vorsteherin PHOEBE (Röm 16,1), die Apostelin JUNIA (Röm 16,7), LYDIA (Apg 16,12ff.), NYMPHA (Kol 4,15), EUODIA und SYNTYCHE (Phil 4,2).

Hinsichtlich der Beziehung der Geschlechter durchziehen das Neue Testament unterschiedliche Konzepte: das Unterordnungsmodell der sogenannten Haustafeln (das in die Trau-Agenden eingegangen ist), das Frauen gebietet, ihren Ehemännern gehorsam zu sein, oder das Schweigegebot aus 1 Kor 14,34 und dagegen die Taufformel der Aufhebung der Rangunterschiede durch das Einssein in Christus (Gal 3,28; 1 Kor 12).

Diese die Schrift und Tradition durchziehende doppelte oder gar mehrdeutige Botschaft bringt es mit sich, daß Frauen nach der normativen Instanz für die Identifikation des Evangeliums fragen, die sie nicht mehr in einer *Männerkirche* (BROOTEN/GREINACHER, 1982) oder in – unter Ausschluß von Frauen gebildeten – Gremien erkennen können.

3.2.2. Theologische Anthropologie

Verbunden mit der exegetischen Forschung einerseits, von weitreichenden Folgen für die Ethik anderseits sind feministisch-theologische Untersuchungen zur Anthropologie. Vor allem eine aus Schriftzitaten (Gn 2 und 3, Sir 25,24; 1 Tim 2,8–15) gespeiste ›Anthropologie der Frau‹, die über Jahrhunderte das christliche Frauenbild ausgeformt hat, hat die Urmutter EVA mit Sünde assoziiert und sie als Einfallstor für das Böse in der Welt stigmatisiert. *Eva und die* (frauenfeindlichen) *Folgen* in der Geschichte von Theologie und Kirche aufzuarbeiten, ist daher eine zentrale Aufgabe (SCHÜNGEL-STRAUMANN, 1989; SCHAUMBERGER/SCHOTTROFF, 1988; LEISCH-KIESL, 1992). Gleichsam im Gegenzug, indem die Gleichsetzung von Frau und Ursünde sowohl als unbiblisch wie auch angesichts der vernichtenden Folgen für Frauen z.B. bei den Hexenmorden als unethisch zurückgewiesen wird, identifizieren feministische Theologien den Sexismus als Trennung von der Geschlechterharmonie, als Herrschaft des Mannes über die Frau, als Ursünde.

Zugleich mit der Arbeit der Dekonstruktion hat sich die exegetische wie auch die dogmengeschichtliche Forschung darauf konzentriert, Gottebenbildlichkeit – ungeachtet ihrer Frauen herabsetzenden Wirkungsgeschichte – als eine Frauen einschließende biblische Wahrheit und eine der rechten Lehre entsprechende Glaubensaussage zu erweisen (GÖSSMANN, 1991, S. 16–22, Lit.; MEYER-WILMES, 1988).

Inzwischen ist in theologischen Ethiken wohl die traditionelle Geschlechterontologie einem sich auf das Gleichstellungsgebot des Grundgesetzes berufenden Gleichheitspathos gewichen. Aber gegen den Hauptstrom vorliegender theologischer Anthropologien wendet feministische Theologie ein, daß sie ihr Bild vom Menschen nach dem Modell des männlichen Sozialcharakters konzipieren, daß sie deshalb androzentrisch seien. Deshalb werde die herkömmliche theologische Anthropologie ihrem eigenen Anspruch auf Allgemeingültigkeit für Frauen und Männer nicht gerecht, da sie einen ganzen Komplex menschlicher Erfahrungen, die Erfahrungen von Frauen nämlich, a priori ausschließe. Ina PRÄTORIUS hat genaue und umfangreiche Untersuchungen angestellt, um Anthropologie und Frauenbild in der deutschsprachigen protestantischen Ethik seit 1949 in Relation zueinander zu setzen (1993). Ihr Befund ist, daß in allen von ihr durchgemusterten theologischen Ethiken der erwachsene Mann tendenziell das Paradigma des Menschen und alles Menschlichen schlechthin ist. Der am männlichen Sozialcharakter orientierten Anthropologie entspricht ihre materialethische Konzentration auf Themen des männlichen Lebenszusammenhangs. Die Frau bleibt auch in den neueren Entwürfen faktisch auf ihre klassische Rolle als Familienmutter beschränkt. Wo entsprechend der ethischen Norm der Gleichrangigkeit der Geschlechter »Gleichheit Wirklichkeit werden soll – in einer gerechten Aufteilung der Familien- und Erwerbsarbeit zwischen Männern und Frauen, in gewaltfreien, selbstbestimmten sexuellen Beziehungen, in einer gleichberechtigten Mitwirkung der Frauen in öffentlichen Belangen« – dazu schweigen die materialethischen Konkretionen (PRÄTORIUS, 1993, S. 188–192). Wie gehen feministische Theologinnen mit einem solchen Befund um? Welche Modelle einer inklusiven, d.h. androzentrisches Denken überwindenden Anthropologie und Ethik haben sie entwickelt?

Ina PRÄTORIUS unterscheidet drei Denkmodelle, die von differierenden Vorstellungen über die Qualität der Geschlechterdifferenz und ihrer historischen Diskursivierung ausgehen (PRÄTORIUS, 1993, S. 237–250). (1) das Gleichheitsmodell, innerhalb dessen Feministinnen die Einlösung der universalen Menschenrechte auch für Frauen fordern und sich dabei auf die urchristliche Idee der »Gleichheit vor Gott« berufen; (2) das Ergänzungsmodell, in dem der androzentrisch-defizitären Definition des Menschseins die weibliche Sicht zugeordnet wird. Dies entspräche der biblischen

Auffassung vom Wissen als einem Prozeß menschlicher Beziehungen; und (3) das Differenzmodell, das postuliert, das Menschliche radikal neu zu denken, indem Frauen sich weigern, sich als das Andere des Einen zu verstehen. Die italienische feministische Theoretikerin Adriana CAVARERO sieht im ersten Schöpfungsbericht »eine ausgezeichnete Grundlage, die ursprüngliche geschlechtliche Dualität des Menschen von Grund auf neu zu durchdenken« (zit. nach PRÄTORIUS, 1993, S. 249).

Diese Diskurse machen deutlich, daß der Anthropologie, der philosophischen und theologischen Rede vom Menschen – wie bereits Simone de BEAUVOIR 1949 in *Le deuxième Sexe* scharfsinnig erkannt hatte – eine Schlüsselfunktion zukommt. Mit der Forderung nach einer erneuerten Anthropologie geht es um nichts weniger als um die Forderung einer erneuerten Wissenschaftskultur (vgl. auch PRÄTORIUS, 1993, S. 237).

3.2.3. Gotteslehre

Der katholische Systematiker Karl RAHNER hat darauf verwiesen, daß jede Aussage über den Menschen auch eine Aussage über Gott sei (1967, S. 43). Feministische Theologinnen folgern, daß jede Aussage über Gott eine Aussage über den Mann ist, solange Gott allein mit männlichen Attributen versehen wird; »daß eine männerzentrierte Anthropologie und eine die Männlichkeit Gottes affirmierende (oder zumindest nicht ausdrücklich kritisch in Frage stellende) *Gotteslehre* sich gegenseitig verstärken in ihrer Weigerung, Frauen als eigenständige, mündige Partnerinnen vor Gottes Angesicht anzuerkennen« (WACKER, 1991, S. 18). Religions-, theologie- und kirchenkritische Fragestellungen aufnehmend richten feministische Theologien im Kontext *Systematischer Theologie* ihren Protest vor allem gegen die Rede von Gott als dem Vater (DALY, 1980, S. 33; RUETHER, 1985; PISSAREK-HUDELIST u.a., 1991). Mary DALY hat die These pointiert: »If God is male then the Male is God.« Dieses göttliche Mann-Bild verfestigt nicht nur den status quo patriarchaler Gesellschaften und der hierarchischen Kirche, sondern ist auch die Ursache dafür, daß die Vorherrschaft von Männern über Frauen nach göttlicher Ordnung legitimiert wurde. Das Vaterbild wird vervollständigt durch einen Sohn, der Gott als Vater anredet und der, seines Mannseins wegen, von Frauen nicht im Priesteramt vertreten werden darf. In JESUS

CHRISTUS sei Gott nicht Mensch, sondern Mann geworden. Insofern könne der Sohn Gottes für Frauen nicht Grund und Hoffnung ihrer Befreiung sein. Mary DALY lehnt es deshalb für sich ab, überhaupt noch das Wort Gott zu verwenden. Sie hat eine Göttinnen-Bewegung initiiert und hält den Auszug der Frauen aus Christentum und Kirche zu ihrer Befreiung für unumgänglich. Einen anderen Weg schlägt Kari BØRRESEN vor:

> Wenn die Gottebenbildlichkeit sich sowohl bei der Frau wie auch beim Mann findet, wird man um Gott beschreiben zu können, weibliche und männliche Metaphern verwenden müssen [...] Natürlich ist jede menschliche Terminologie unangemessen, um die göttliche Transzendenz zum Ausdruck zu bringen. Dennoch kann die Verbindung beider Metaphertypen die Gesamtheit des Göttlichen sichtbar machen, da diese Metaphern der Gesamtheit des Menschlichen nachgebildet sind. (GÖSSMANN u.a., 1991, S. 159)

Entsprechend wurden weibliche Gottesbilder sowohl in der Sprache der Bibel als auch in der reichen Frömmigkeitsgeschichte des Christentums wiederentdeckt. Aber trotz aller Entdeckerlust und -freude bleibt festzuhalten, daß alternative, mit ›weiblichen‹ Attributen belegte oder jedes Anthropomorphismus entkleidete Gottesbilder den Hauptstrom der Tradition von Theologie und Kirche, etwa die Liturgie oder die Gebetspraxis, noch nicht erreicht haben.

Intensive religionsgeschichtliche Forschungen über das Geschlechterverhältnis in Gottesvorstellungen verschiedener historischer Religionen haben das Problem eher noch komplizierter gemacht. Bedeutet das Vorhandensein von weiblichen neben männlichen Gottheiten in einer Religion – das Reden von Gott in weiblichen Attributen – automatisch eine Aufwertung von Frauen, die Möglichkeit der Identifikation des Weiblichen mit dem Göttlichen? Wie wäre ›Weiblichkeit‹ zu entwerfen, die das bisherige Symbolsystem überschreitet? Denn ebensowenig wie die männlichen Gottesbilder sich einfach in ihren problematischen Aspekten erschöpfen und Männlichkeit nicht als bloße Negativfolie zu benutzen ist, kann die Auswahl und Neuschöpfung lebensfördernder Gottesbilder sich etwa am weiblichen Geschlecht festmachen. Statt dessen ist zu fragen, welche Erfahrungen von Gott, welche Vorstellungen von Gott es sind, die Frauen und Männer dazu befähigen, ihr Leben als Gottes Ebenbild zu entwerfen, für sich und andere Verantwortung zu übernehmen, Gerechtigkeit zu verwirklichen und in Solidarität und Kooperation die Welt zu humanisieren.[28]

Um eine geschlechtsspezifische Bezeichnung Gottes zu problematisieren, hat Rosemary R. RUETHER den Ausdruck *Gott/in* eingeführt »als analytisches Zeichen, das uns auf das unnennbare Verständnis des Göttlichen hinweist« (1985). Ihr ist bewußt, daß dieser Terminus unaussprechbar ist und unangemessen. Für die Sprache des Gottesdienstes sei er nicht tauglich, wo sie »einen stärker verweisenden Ausdruck wie ›Heilige Einheit‹ oder ›Heilige Weisheit‹ bevorzugen« würde; er erscheint ihr hingegen tauglich in einem theologischen Diskussionszusammenhang, um nicht nur die Einheit von Männlichem und Weiblichem im Gottesbild zu verdeutlichen, sondern ebenso die Einheit von Transzendenz und Immanenz.

3.2.4. Christologie

Die zwei Haupteinwände gegenüber traditionellen *Christologien* sind von katholischen Theologinnen vorgebracht worden: Gott ist nicht Mensch, sondern Mann geworden (Mary DALY); kann ein männlicher Erlöser Frauen erlösen? (Rosemary R. RUETHER).[29] Beide Kritikpunkte, die ins Zentrum christlicher Theologie und christlichen Glaubens treffen, der JESUS CHRISTUS als Inkarnation Gottes und Erlöser der Menschheit bekennt, sind virulent wegen der theologischen Begründung für den Ausschluß von Frauen vom Priesteramt. Solche feministisch-theologischen Problemanzeigen dürfen also nicht biologistisch mißverstanden werden, als setzten sie voraus, daß Gott hätte ›Frau‹ werden müssen, um Frauen zu erlösen. Vielmehr greifen sie dogmatische Argumentationsgänge an, die im Anschluß an die aristotelische Anthropologie und die Theologie THOMAS VON AQUINS davon ausgehen, daß nur der Mann die menschliche Natur in ihrer ganzen Fülle repräsentiere und für die deshalb die Inkarnation des göttlichen Logos in JESUS CHRISTUS eine ontologische Notwendigkeit sei. Deshalb kann auch nur ein Mann JESUS CHRISTUS repräsentieren; Frauen können zum

---

[28] Darauf verweist zu Recht Silvia STRAHM-BERNET in: GÖSSMANN u.a. (1991, S. 172).

[29] Den Diskussionsstand umfassend abbildend: STRAHM/STROBEL (1991) und STRAHM (1991).

Priesteramt nicht zugelassen werden, da sie ihres Frauseins wegen niemals Abbild Christi sein können.

Wenn sich auch die protestantische Theologie seit der Einführung der Frauenordination von solchen Denkfiguren gelöst hat, bleiben die feministisch-theologischen Fragen ungelöst, welche geschlechtsspezifischen Konnotationen mit der theologischen Begrifflichkeit gerade in der Entfaltung von Christologien verbunden sind: Wird die Erlösungsbedürftigkeit der Menschheit etwa mit Erbsünde/Weiblichkeit assoziiert, Erlösung hingegen mit Männlichkeit verbunden? Welche Auswirkungen auf das Geschlechterverhältnis hat die Veranschaulichung des Christussymbols als Opfer, Logos, Haupt, Diener und Sohn Gottes?

So setzt die Dekonstruktion traditioneller Christologien an ihrem patriarchalen und zugleich ihrem exklusiven Charakter an: Wird JESUS CHRISTUS als einzigartige und letztgültige Offenbarung Gottes verstanden, ist er die Norm des wahren bzw. erlösten Menschseins, – wie ist es möglich, Menschen anderen Glaubens, anderer ethnischer Zugehörigkeit, anderer sozialer Schichten, des anderen Geschlechts Wahrheitsfähigkeit und Heil zuzuordnen? Ist die Anerkennung von Partikularität einerseits und Pluralismus anderseits gleichbedeutend mit dem Aufgeben von Identität? Feministische Theologinnen kommen zu diesen Fragen, indem sie sich die Aufgabe stellen, die negativen, ja verheerenden Folgen der Wirkungsgeschichte des Christentums wie Antisemitismus (den Rosemary R. RUETHER als »die linke Hand der Christologie« bezeichnet hat), Rassismus, Ausbeutung und Sexismus nicht zu verdrängen.

Feministisch-theologische Re-Visionen, und das meint: Zugänge zu JESUS CHRISTUS angesichts der beschriebenen Prozesse der Dekonstruktion, setzen weniger am Dogma an als vielmehr am historischen JESUS und bemühen sich um eine Rekonstruktion der frühchristlichen Deutung von Praxis und Schicksal JESU aus der Sicht von Frauen. Solche JESUS-Bilder sind: der ›integrierte Mann‹; ein ›Mensch in Beziehung‹; der ›Gesalbte der Frauen‹; der ›Heros‹; die ›Weisheit Gottes‹; der ›Befreier‹; der ›Heiler‹ und schließlich JESUS als ›Paradigma der Liebe Gottes‹. Die Probleme, die dabei entstehen, gewissermaßen an der Christologie vorbei einen nun Frauen befreienden, ›feministischen‹ JESUS wiederzuentdecken, erinnern an die Liberale Theologie der Jahrhundertwende. Sie machte JESUS zur beeindruckendsten ethischen Persönlichkeit und erklärte das Christentum zur der am höchsten entwickelten Religion in den Kulturen der Menschheit. Eine solche Stilisierung JESU läuft der (selbst-)kritischen Reflexion auf Exklusivität und Absolutheitsanspruch entgegen. Diese Fragen werden im feministisch-theologischen Diskurs über Antijudaismus diskutiert (vgl. Kap. 3.2.1.).

Dennoch bleibt festzuhalten, daß der feministisch-theologische Impuls, nach einem inklusiven Gottesverständnis sowie einer inklusiven Heilsbedeutung des Lebens und Wirkens JESU zu suchen, weiterführende Ergebnisse zutage gebracht hat: etwa die Bedeutung des als *Weisheit/Sophia* beschriebenen Gottes für JESUS, die Deutung JESU als *Sophia* in den neutestamentlichen Schriften. Silvia SCHROER sieht in einer *Sophia-Kreuzestheologie* ein solides Fundament

> für eine feministische Spiritualität und Christologie, die nicht in Spiritualisierungen, Esoterik und Gnosis abdriftet, sondern festhält am Evangelium vom Sophiagott, die in Jesus zu den Ärmsten dieser Welt [...] gekommen ist und ihr Schicksal teilt. Dieses Evangelium ist zugleich die Botschaft, daß Gott ganz in seine/ihre leidende Schöpfung eingeht (1991, S. 123).

3.2.5. Kirchengeschichte

Die im Durchgang durch verschiedene theologische Grundkonstellationen skizzierten Fragen betreffen vor allem die Geschlechterkonstruktion auf der symbolischen Ebene. Daran ist Theologie/Religion selbst in unserer säkularisierten Welt nach wie vor in eminenter Weise beteiligt. Eine mit der Genus-Kategorie arbeitende *Kirchengeschichtswissenschaft* bzw. *Historische Theologie* hätte diese (notgedrungen vereinfachende) Problemanzeige zu allererst zu historisieren, angefangen beim analytischen Instrumentarium selbst, der Begrifflichkeit von Feminismus, Patriarchat, Matriarchat, Androzentrismus, Sexismus usw., da die Geschlechterverhältnisse und ihre Bewertung in den unterschiedlichen Epochen der vom Christentum geprägten Kulturen und Länder natürlich unterschiedliche Ausformungen gehabt haben. Ferner hätte sie die Auswirkungen der Geschlechterkonstruktion, wie sie auf der symbolischen Ebene vorgenommen werden, auf die strukturelle Ebene, nämlich die gesellschaftliche Organisation der Geschlechterbeziehungen in der Geschichte zu untersuchen und die Identitätsentwürfe der Subjekte bzw. die Imaginationen vom jeweils ›Anderen‹ dazu in Beziehung zu setzen. Bisher fällt die eine Hälfte der Menschheit in der Kirchengeschichtswissenschaft praktisch aus. Hieraus resultiert als zentrale Aufgabe die Erschließung von Quellen zur Frauengeschichte, um Historiographie über die Geschlechterbeziehungen überhaupt erst zu ermöglichen. Daß Frauen in großem Umfang fündig werden können, zeigen beeindruckende Pilotprojekte (GÖSSMANN, 1984ff.; ALBRECHT, 1986; JENSEN, 1992). Als notwendige Ergänzung des zwölfbändigen Werks *Gestalten der Kirchengeschichte* (GRESCHAT, 1984), das Frauen in verschwindend geringer Zahl als Autorinnen und als Teil der Kirchengeschichte einbezieht, sind zwei Bände über *Gotteslehrerinnen* (SCHOTTROFF/THIELE, 1989) und *Mütter der Christenheit* (WALTER, 1990) vorgelegt worden. Ein weiterer ergänzender Aspekt richtet sich auf Frauenbilder in der Theologie, die von Männern entworfen worden sind und die zur Patriarchatskritik herausfordern (JOST/KUBERA, 1993). Ein Schwerpunkt der Frauengeschichtsforschung ist im Bereich ›Kirchliche Zeitgeschichte‹ entstanden. Zum einen geht es um die Geschichte der Theologin, die mit der Zulassung von Frauen zum (Theologie-)Studium zu Anfang des 20. Jahrhunderts beginnt (ERHART, 1993; GLOBIG, 1994; DRAPE-MÜLLER, 1994); ferner um die 1899 und 1903 gegründeten konfessionellen Frauenverbände, die *Evangelische Frauenhilfe*, den *Deutsch-Evangelischen Frauenbund*, den *Katholischen Frauenbund*. Wie haben sie ihr Verhältnis zur bürgerlichen Frauenbewegung bestimmt; wie agieren sie als Teil ihrer Konfession in der politischem Wandel unterzogenen Gesellschaft? Wie wirken sich die verschiedenen politischen Phasen der deutschen Geschichte auf den theologischen Geschlechterdiskurs aus? (KAUFMANN, 1988; SCHERZBERG, 1991; BAUMANN, 1992a und b). In der theologischen Frauengeschichtsforschung wird – parallel zum Diskurs in den Sozialwissenschaften um die Mittäterschaft von Frauen (Christina THÜRMER-ROHR) und der historischen Rolle von Frauen als ›Täterinnen‹, z.B. in der Zeit der Abschaffung der Demokratie, des aufkommenden Nationalsozialismus, der Verfolgung von Menschen aus rassischen Gründen gefragt (SIEGELE-WENSCHKEWITZ, 1988; SIEGELE-WENSCHKEWITZ/STUCHLIK, 1990). Haben Frauen tatsächlich Widerstand geleistet oder war es eher Widerspruch (MESEBERG-HAUBOLD, 1990)?

3.2.6. Praxis der Kirche

Indem feministische Theologie ihrer Grundorientierung gemäß auf einen Wandel sowohl der soziokulturellen Konstruktion der Geschlechter als auch auf einen Wandel der Geschlechterbeziehungen in der Realität abzielt, ist die Institution Kirche neben den Wissenschaftsinstitutionen ein genuines Praxisfeld. Mir erscheint die Diskussion um die Verflochtenheit der drei Ebenen von Geschlechterkonstruktion (vgl. Kap. 1.2.) am meisten in der *Ekklesiologie* vorangetrieben zu sein – mit der Perspektive einer die Institutionen tatsächlich verändernden Umgestaltung allerdings eher in den evangelischen Kirchen. Die katholische feministisch-theologische Diskussion um die Ekklesiologie hat den Begriff der ›Frauenkirche‹ kreiert und ihm vier Merkmale unterlegt: (1) Frauenkirche als Teil von Frauenbewegung, (2) als Gegenbegriff zur patriarchalen Kirche, (3) als Interpretationsgemeinschaft und (4) als Geistgemeinschaft (MEYER-WILMES, 1991, S. 213–215). Wenn dieser Begriff auch von protestantischen feministischen Theologinnen übernommen wird, hat die im Weltrat der Kirchen geführte ekklesiologische Diskussion, die von der Evangelischen Kirche in Deutschland und einzelnen Landeskirchen weitergetrieben wurde, aus guten Gründen mit einem Begriff von Kirche als ›Gemeinschaft von Frauen und Männern‹ gearbeitet. Denn die von den reformatorischen Kirchen inzwischen vollzogene Gleichstellung von Frauen im Kirchenrecht schafft eine andere Ausgangsposition für die Kritik, für die Umgestaltungsmöglichkeiten und auch für das Verantwortlichmachen für die gestörte oder auch noch nicht erreichte ›Gemeinschaft von Frauen und Männern in der Kirche‹.[30] Dieser Leitbegriff nimmt explizit das Geschlechterverhältnis in den Blick. Er mißt die ekklesiologische Vision ›Gemeinschaft‹ an der kirchlichen Wirklichkeit: Können Kirchen, die offensichtlich Ungerechtigkeit gegenüber Frauen und Ausschluß von Frauen tolerieren und praktizieren, für sich in Anspruch nehmen, den ›Leib Christi‹ (1 Kor 12) abzubilden? Wie wäre auf ein solches ekklesiologisches Modell hin, das Frauen Gleichwertigkeit und Gleichrangigkeit in einem partnerschaftlichen Miteinander von Frauen und Männern zu-

---

[30] Die theologische Diskussion, die zur Frauenordination geführt hat, zeichnet die instruktive Untersuchung von GLOBIG 1994) nach; dem Problem der pastoralen Identität von Frauen angesichts eines jahrhundertelang von Männern geprägten ›Amts‹ geht WAGNER-RAU nach (1992).

spricht, die Kirche zu reformieren? Von einer solchen Problemstellung aus sind Zielquoten für die Beteiligung von Frauen in Synoden und kirchlichen Körperschaften, die eine Umverteilung von Macht und Entscheidungskompetenz bedeuten, beschlossen worden, haben Frauenreferate ihre Arbeit auf Planstellen aufgenommen, werden Pläne zur institutionellen Verankerung feministischer Theologie in der theologischen Ausbildung und Studienarbeit der Kirche entwickelt.[31] Neben feministischer Kirchenkritik und Vorschlägen zur Kirchenreform treten feministisch-theologische Diskurse, die die genuinen Handlungsfelder der Kirche betreffen: die Verkündigung, für die feministisch-theologisches homiletisches Material bereitgestellt wird (SCHMIDT/KORENHOF/JOST, 1988/1989); die kritische Reflexion auf die liturgische Gottesdienstgestaltung in Geschichte und Gegenwart (BERGER, 1993), der gegenüber Rituale für Frauen und Sensibilität für inklusive frauengerechte Sprache entwickelt werden (RUETHER, 1988; ROSENSTOCK/KÖHLER, 1991). Die feministisch-theologische Arbeit über religiöse Sozialisation von Mädchen und Frauen sowie über geschlechtsspezifisch orientierte religionspädagogische Ansätze steckt noch in den Anfängen (WUCKELT, 1988; PISSAREK-HUDELIST, 1990; PITHAN, 1991). Die Aufnahme der Genus-Kategorie und die zunehmende Beteiligung von Frauen hat die theologische Wissenschaft und das Leben der Kirchen verändert und wird sie weiter verändern.

---

[31] Materialien zur Vorbereitung der EKD-Synode 1989. Gemeinschaft von Frauen und Männern in der Kirche, Hannover 1989; Kirchenamt der EKD (Hg.): Synode der Evangelischen Kirche in Deutschland. Die Gemeinschaft von Frauen und Männern in der Kirche (1990).

4. Literatur

[A] Quellentexte
[B] Bibliographien
[C] Forschungsberichte/Lexikonartikel
[D] Sammelbände
[E] Zeitschriften/Aufsätze
[F] Monographien

ALBRECHT, Ruth: Das Leben der heiligen Makrina auf dem Hintergrund der Thekla-Traditionen, Göttingen 1986. [F]

Artikel *Feministische Theologie/Feminismus/Frauenbewegung*, in: GÖSSMANN u.a., 1991, S. 102–105. [C]

BARNETT, Victoria: For the Soul of the People. Protestant Protest Against Hitler, Oxford 1992. [F]

BAUMANN, Ursula: Protestantismus und Frauenemanzipation in Deutschland 1850 bis 1920, Frankfurt a.M./New York 1992 (Geschichte und Geschlechter 2). [F]

BAUMANN, Ursula: Religion und Emanzipation: Konfessionelle Frauenbewegung in Deutschland 1900–1933, in: Tel Aviver Jahrbuch für deutsche Geschichte 1992, S. 171–206. [F]

BEINERT, W. (Hg.): Frauenbefreiung und Kirche. Darstellung, Analyse, Dokumentation, Regensburg 1987. [A, B, C]

BERGER, Teresa: Liturgie und Frauenseele. Die liturgische Bewegung aus der Sicht der Frauenforschung, Stuttgart/Berlin/Köln 1993 (Praktische Theologie heute 10). [F]

BLISS, Kathleen: Frauen in den Kirchen der Welt. Aus dem Englischen übertragen und bearbeitet von Maria WEIGLE, Nürnberg 1954. [A]

BROOTEN, Bernadette J.: »Junia ... hervorragend unter den Aposteln« (Rö 16,7), in: MOLTMANN-WENDEL, 1978, S. 148–151. [D]

BROOTEN, Bernadette J.: Women Leaders in the Ancient Synagogue, Chicago 1983. [F]

BROOTEN, Bernadette J. / Norbert GREINACHER (Hg.): Frauen in der Männerkirche, München/Mainz 1982. [D]

BUTTING, Klara: Die Buchstaben werden sich noch wundern. Innerbiblische Kritik als Wegweisung feministischer Hermeneutik, Berlin 1994. [F]

DALY, Mary: Jenseits von Gottvater Sohn & Co. Aufbruch zu einer Philosophie der Frauenbefreiung, München 1980 (orig. Beyond God the Father, 1973). [F]

DALY, Mary: The Church and the Second Sex, New York 1968, 2. Aufl. 1975. [F]

Deutscher Bundestag, 11. Wahlperiode, Drucksache 11/8144 vom 18.10.1990. [A]

DRAPE-MÜLLER, Christiane: Frauen auf die Kanzel? Die Diskussion um das Amt der Theologin in der Kirche von 1925 bis 1942, Freiburg i.Br. 1994. [F]

epd-Dokumentation vom 22. Juli 1974. [A]

epd-Dokumentation Theologische Frauenforschung und Feministische Theologie, 1992. [A]

ERHART, Hannelore: Die Theologin im Kontext von Universität und Kirche zur Zeit der Weimarer Republik und des Nationalsozialismus – ein Beitrag zur theologischen Diskussion, in: Leonore SIEGELE-WENSCHKEWITZ / Carsten NICOLAISEN (Hg.): Theologische Fakultäten im Nationalsozialismus, Göttingen 1993, S. 223–249. [D]

ERHART, Hannelore /Leonore SIEGELE-WENSCHKEWITZ: »Vierfache Stufenleiter abwärts ... Gott, Christus, der Mann, das Weib«. Karl Barth und die Solidarität und Kritik von Henriette Visser't Hooft, in: JOST/KUBERA, 1993, S. 142–158. [D]

ERHART, Hannelore / Leonore SIEGELE-WENSCHKEWITZ / Angelika ENGELMANN: Feministisch-theologische Anfragen an christologisch-ekklesiologische Aussagen im Kontext der Barmer Theologischen Erklärung, in: Das eine Wort Gottes – Botschaft für alle, Bd. 1, Vorträge aus dem Theologischen Ausschuß der Evangelischen Kirche der Union zu Barmen I und VI, Gütersloh 1994. [E]

Europäische Gesellschaft für theologische Forschung von Frauen (Hg.): Informationen über Frauen und ihre Forschung zur dritten internationalen Konferenz über Images of God – Gottesbilder. Konferenzreader, Arnoldshain 1989. [D]

Europäische Gesellschaft für theologische Forschung von Frauen (Hg.): Liberating Women. New Theological Directions, Konferenzreader, Bristol 1991. [D]

Europäische Gesellschaft für theologische Forschung von Frauen (Hg.): Self-Denial/Self-Affirmation, Konferenzreader, Helvoirt 1987. [D]

Evangelische Kirche in Hessen und Nassau (Hg.): Bericht, Bestandsaufnahme und Maßnahmen zur Förderung der Gemeinschaft von Frauen und Männern, Darmstadt 1989. [A]

FAMA. Feministisch-theologische Zeitschrift, Basel 1985ff. [E]

FREUDENBERG, Adolf (Hg.): Befreie, die zum Tode geschleppt werden. Ökumene durch geschlossene Grenzen 1939–1945, München 1985. [D]

GERBER, Uwe: Die feministische Eroberung der Theologie, München 1987. [C]

GERHARD, Ute: Artikel *Feminismus*, in: Anneliese LISSNER u.a. (Hg.): Frauenlexikon, Freiburg i.Br. 1988. [C]

GERSTENBERGER, Erhard: Jahwe – ein patriarchaler Gott? Traditionelles Gottesbild und feministische Theologie, Stuttgart/Berlin 1988. [F]

GLOBIG, Christine: Frauenordination im Kontext lutherischer Ekklesiologie. Ein Beitrag zum ökumenischen Gespräch, Göttingen 1994 (Kirche und Konfession 36). [F]

GÖSSMANN, Elisabeth: Artikel *Anthropologie*, in: GÖSSMANN u.a., 1991, S. 16–22. [B, C]

GÖSSMANN, Elisabeth (Hg.): Archiv für philosophie- und theologiegeschichtliche Frauenforschung, (bisher) 6 Bde., München 1984ff. [A]

GÖSSMANN, Elisabeth: Mann und Frau in Familie und Öffentlichkeit, München 1964. [F]

GÖSSMANN, Elisabeth: Die streitbaren Schwestern. Was will die Feministische Theologie?, Freiburg i.Br. 1981. [C]

GÖSSMANN, Elisabeth / Elisabeth MOLTMANN-WENDEL / Herlinde PISSAREK-HUDELIST / Ina PRÄTORIUS / Luise SCHOTTROFF / Helen SCHÜNGEL-STRAUMANN: Wörterbuch der Feministischen Theologie, Gütersloh 1991. [C]

GRESCHAT, Martin (Hg.): Gestalten der Kirchengeschichte. 12 Bde., Stuttgart 1984. [D]

HALKES, Catharina J. M.: Frau – Welt – Kirche. Wandlungen und Forderungen, Wien/Köln 1967. [F]

HALKES, Catharina J. M.(Hg.): Wenn Frauen ans Wort kommen. Stimmen zur feministischen Theologie, Offenbach 1979 (Neudr. Hamburg 1987). [D]

HALKES, Catharina J. M.: Frauen in der ökumenischen Bewegung, in: KASSEL, 1988, S. 257–282. [E]

HALKES, Catharina J. M.: Gott hat nicht nur starke Söhne. Grundzüge einer feministischen Theologie, Gütersloh 1980. [C, F]

HALKES, Catharina J. M.: Suchen was verloren ging. Beiträge zu einer feministischen Theologie, Gütersloh 1985. [F]

HAMMAR, Anna Karin: Nach vierzig Jahren. Kirchen in Solidarität mit den Frauen?, in: Ökumenischer Rat der Kirchen (Hg.): Es begann in Amsterdam. Vierzig Jahre Ökumenischer Rat der Kirchen, Frankfurt a.M. 1991, S. 179–192. [E]

HAMPSON, Daphne: Theology and Feminism, Oxford 1990. [F]

HARDING, Sandra: Feministische Wissenschaftstheorie. Zum Verhältnis von Wissenschaft und sozialem Geschlecht, 2. Aufl., Hamburg 1991. [F]

HEINE, Susanne: Feministische Bibelauslegung, in: Das Buch Gottes. Elf Zugänge zur Bibel, Ein Votum des Theologischen Ausschusse der Arnoldshainer Konferenz, Neukirchen-Vluyn 1992, S. 80–97. [D]

HEINE, Susanne: Frauen der frühen Christenheit. Zur historischen Kritik einer feministischen Theologie, Göttingen 1986. [F]

HEINE, Susanne: Selig durch Kindergebären (1 Tim 2,15)? Die verschwundenen Frauen der frühen Christenheit, in: WACKER, 1988, S. 59–79. [B, D]

HEINE, Susanne: Wiederbelebung der Göttinnen?, Göttingen 1987. [F]

HEINZELMANN, Gertrud: Die geheiligte Diskriminierung. Beiträge zum kirchlichen Feminismus, Bonstetten 1986.

HERZEL, Susannah: A Voice For Women. The Women's Department of the World Council of Churches, Genf 1981.

JACQUES, André: Madeleine Barot, Genf 1991.

JANOWSKI, J. Christine: Theologischer Feminismus. Eine historisch-systematische Rekonstruktion seiner Grundprobleme, in: Berliner Theologische Zeitschrift 5, 1988, S. 28–47 und 146–177. [E]

JANOWSKI, J. Christine: Umstrittene Pfarrerin, in: Martin GREIFFENHAGEN: Das evangelische Pfarrhaus, Stuttgart 1984, S. 83–107. [E]

JENSEN, Anne: Gottes selbstbewußte Töchter. Frauenemanzipation im frühen Christentum?, Freiburg i.Br. 1992. [A]

JOST, Renate / Ursula KUBERA (Hg.): Wie Theologen Frauen sehen – Von der Macht der Bilder, Freiburg i.Br./Basel/Wien 1993. [D]

KAPLAN, Marion: Die jüdische Frauenbewegung in Deutschland. Organisation und Ziele des Jüdischen Frauenbundes 1904–1938, Hamburg 1981.

KASSEL, Maria (Hg.): Feministische Theologie. Perspektiven zur Orientierung, Stuttgart 1987, 2. Aufl. 1988. [D]

KAUFMANN, Doris: Frauen zwischen Aufbruch und Reaktion. Protestantische Frauenbewegung in der ersten Hälfte des 20. Jahrhunderts, München 1988. [B, F]

KING, Ursula: Artikel *Feminismus*, in: Evangelisches Kirchenlexikon I, 2. Aufl., Göttingen 1986, S. 1278–1283. [C]

KING, Ursula: Women and Spirituality. Voices of Protest and Promise, Houndmills 1989, 2. Aufl. 1993. [D]

Kirchenamt der EKD (Hg.): Synode der Evangelischen Kirche in Deutschland. Die Gemeinschaft von Frauen und Männern in der Kirche, Gütersloh 1990. [A]

KRUMWIEDE, Hans-Walter u.a.: Kirchen- und Theologiegeschichte in Quellen. Bd. IV/2, Neuzeit: 1870–1975, Neukirchen 1980. [A]

KOHN-ROELIN, Johanna: Christlicher Feminismus nach Auschwitz. Aspekte einer christlichen Selbstvergewisserung, in: Christine SCHAUMBERGER (Hg.): Weil wir nicht vergessen wollen ... Zu einer Feministischen Theologie im deutschen Kontext, Münster 1987, S. 47–58. [C, D]

KRATTIGER, Ursa: Die perlmutterne Mönchin. Reise in eine weibliche Spiritualität, Zürich 1983. [F]

KROCKOW, Christian Graf von: Die Deutschen in ihrem Jahrhundert 1890–1990, Reinbek b. Hamburg 1990. [F]

LEISCH-KIESL, Monika: Eva als Andere. Eine exemplarische Untersuchung zu Frühchristentum und Mittelalter, Köln 1992. [F]

Materialien zur Vorbereitung der EKD-Synode 1989: Gemeinschaft von Frauen und Männern in der Kirche, EKD Hannover 1989. [A]

MEHLHAUSEN, Joachim: Die Förderung theologischer Frauenforschung aus der Sicht des Fachs Kirchengeschichte, in: Theologische Frauenforschung und Feministische Theologie, epd-Dokumentation 12/92, Frankfurt a.M. 1992. [A]

MESEBERG-HAUBOLD, Ilse: Widerspruch und Widerstand christlicher Frauen im Dritten Reich, Frankfurt a.M. 1990 (Habil. Typoskript). [F]

MEYER-WILMES, Hedwig: Artikel *Kirche 1. Frauenkirche/Volk Gottes*, in: GÖSSMANN u.a., 1991, S. 213–215. [C]

MEYER-WILMES, Hedwig: Menschenbild und Sexualität, in: KASSEL, 1988, S. 105–135. [D]

MEYER-WILMES, Hedwig: Rebellion auf der Grenze. Ortsbestimmung feministischer Theologie, Freiburg i.Br. 1990. [F]

MOLTMANN-WENDEL, Elisabeth: Ein eigener Mensch werden. Frauen um Jesus, Gütersloh 1980. [F]

MOLTMANN-WENDEL, Elisabeth: Freiheit, Gleichheit, Schwesterlichkeit, München 1977. [F]

MOLTMANN-WENDEL, Elisabeth: Frau und Religion: Gotteserfahrungen im Patriarchat, Frankfurt a.M. 1983. [A]

MOLTMANN-WENDEL, Elisabeth (Hg.): Frauenbefreiung. Biblische und theologische Argumente, 2. Aufl., München 1978. [D]

MOLTMANN-WENDEL, Elisabeth: Das Land wo Milch und Honig fließt. Perspektiven einer feministischen Theologie, Gütersloh 1985. [F]

MOLTMANN-WENDEL, Elisabeth: Menschenrechte für die Frau, München 1974. [D]

MULACK, Christa: Jesus – Der Gesalbte der Frauen. Weiblichkeit als Grundlage christlicher Ethik, Stuttgart/Berlin 1987. [F]

MULACK, Christa: Maria. Die geheime Göttin im Christentum, Stuttgart/Berlin 1985. [F]

MULACK, Christa: Die Weiblichkeit Gottes. Matriarchale Voraussetzungen des Gottesbildes, Stuttgart/Berlin 1983. [F]

PARVEY, Constance F. (Hg.): Die Gemeinschaft von Frauen und Männern in der Kirche. Ein Bericht der Konsultation des Ökumenischen Rates der Kirchen, Sheffield/England 1981, Neukirchen-Vluyn 1985. [A]

PISSAREK-HUDELIST, Herlinde: Feministische Theologie – eine Herausforderung?, in: Zeitschrift für katholische Theologie 103, 1981, S. 289–308 und 400–425. [B, C]

PISSAREK-HUDELIST, Herlinde: Feministische Theologie und Religionspädagogik, in: Peter BIEHL u.a. (Hg.): Jahrbuch der Religionspädagogik 6, Neukirchen-Vluyn 1990, S. 153–173. [E]

PISSAREK-HUDELIST, Herlinde (Hg.): Die Frau in der Sicht der Anthropologie und Theologie, Düsseldorf 1989. [F]

PISSAREK-HUDELIST, Herlinde / Marie-Theres WACKER / Silvia SCHROER / Ulrike WIETHAUS / Silvia STRAHM-BERNET: Artikel *Gott/Göttin*, in: GÖSSMANN u.a., 1991, S. 158–173. [C]

PITHAN, Annebelle (Hg.): Feministische Perspektiven in der Religionspädagogik, Privatdruck Comenius-Institut Münster 1991 (Im Blickpunkt 9). [A, B, C, E]

PRÄTORIUS, Ina: Anthropologie und Frauenbild in der deutschsprachigen protestantischen Ethik seit 1949, Gütersloh 1993. [F]

RAHNER, Karl: Theologie und Anthropologie, in: ders.: Schriften zur Theologie VIII, Zürich 1967. [F]

RAMING, Ida: Frauenbewegung und Kirche. Bilanz eines 25jährigen Kampfes für Gleichberechtigung und Befreiung der Frau seit dem Zweiten Vatikanischen Konzil, Weinheim 1989. [F]

REICHLE, Erika: Frauenordination, in: Frauen auf neuen Wegen, Gelnhausen/Berlin 1978 (Kennzeichen 3), S. 103–180. [E]

ROSENSTOCK, Heidi / Hanne KÖHLER: Du Gott, Freundin der Menschen. Neue Texte und Lieder für Andacht und Gottesdienst, Stuttgart 1991. [D]

RUETHER, Rosemary R.: Sexismus und die Rede von Gott. Schritte zu einer anderen Theologie (1983), Gütersloh 1985. [D]

RUETHER, Rosemary R.: Unsere Wunden heilen, Unsere Befreiung feiern. Rituale in der Frauenkirche, Stuttgart 1988. [F]

SCHAUMBERGER, Christine / Monika MAASSEN: Handbuch Feministische Theologie, Münster 1987. [D]

SCHAUMBERGER, Christine / Luise SCHOTTROFF: Schuld und Macht. Studien zu einer feministischen Befreiungstheologie, München 1988. [F]

SCHERZBERG, Lucia: Die katholische Frauenbewegung im Kaiserreich, in: Wilfried LOTH (Hg.): Deutscher Katholizismus im Umbruch zur Moderne, Stuttgart 1991 (Konfession und Gesellschaft 3), S. 143–163. [E]

Schlangenbrut. streitschrift für feministisch und religiös interessierte frauen, Münster 1983ff. [E]

SCHMIDT, Eva Renate / Mieke KORENHOF / Renate JOST (Hg.): Feministisch gelesen. Ausgewählte Bibeltexte für Gruppen und Gemeinden, Gebete für den Gottesdienst, 2 Bde., Stuttgart 1988/1989. [D]

SCHÖPP-SCHILLING, Hanna Beate: Artikel *Frauenforschung*, in: Anneliese LISSNER u.a. (Hg.): Frauenlexikon, Freiburg i.Br. 1988. [B, C]

SCHOTTROFF, Luise: Artikel *Frauengeschichte II. Neues Testament*, in: GÖSSMANN u.a., 1991, S. 129–132. [C]

SCHOTTROFF, Luise: Lydias ungeduldige Schwestern. Feministische Sozialgeschichte des frühen Christentums, Gütersloh 1994. [F]

SCHOTTROFF, Luise / Johannes THIELE (Hg.): Gotteslehrerinnen, Stuttgart 1989. [D]

SCHROER, Silvia: Die göttliche Weisheit und der nachexilische Monotheismus, in: Marie-Theres WACKER / Erich ZENGER: Der eine Gott und die Göttin. Gottesvorstellungen des biblischen Israel im Horizont feministischer Theologie, Freiburg i.Br./Basel/Wien 1991. [E]

SCHROER, Silvia: Jesus Sophia. Erträge der feministischen Forschung zu einer frühchristlichen Deutung der Praxis und des Schicksals Jesu von Nazaret, in: STRAHM/STROBEL, 1991. [D]

SCHROER, Silvia: Weise Frauen und Ratgeberinnen in Israel – Vorbilder der personifizierten Chokmah, in: Verena WODTKE (Hg.): Auf den Spuren der Weisheit. Sophia – Wegweiserin für ein neues Gottesbild, Freiburg i.Br./Basel/Wien 1991, S. 9–23. [E]

SCHROER, Silvia: Die Zweiggöttin in Palästina/Israel. Von der Mittelbronze-Zeit II B bis zu Jesus Sirach, in: Max KÜCHLER / Christoph VEHLINGER (Hg.): Jerusalem. Texte – Bilder – Steine, Freiburg, Schweiz/Göttingen 1987 (NTOA 6), S. 201–225. [E]

SCHÜNGEL-STRAUMANN, Helen: Die Frau am Anfang. Eva und die Folgen, Freiburg i.Br. 1989. [F]

SCHÜNGEL-STRAUMANN, Helen / Christine SCHAUMBERGER: Artikel *Bibel*, in: GÖSSMANN u.a., 1991. [C]

SCHÜSSLER FIORENZA, Elisabeth: Brot statt Steine. Die Herausforderung einer feministischen Interpretation der Bibel, Fribourg 1988. [F]

SCHÜSSLER FIORENZA, Elisabeth: Zu ihrem Gedächtnis. Eine feministisch-theologische Rekonstruktion der christlichen Ursprünge, München/Mainz 1988 (1988a). [B, F]

SCHÜSSLER FIORENZA, Elisabeth: Der vergessene Partner. Grundlagen, Tatsachen und Möglichkeiten der Frau in der Heilssorge der Kirche, Düsseldorf 1974. [F]

SEE, Wolfgang / WECKERLING, Rudolf: Frauen im Kirchenkampf, Berlin 1984. [D]

SIEGELE-WENSCHKEWITZ, Leonore: Artikel *Antijudaismus*, in: GÖSSMANN u.a., 1991, S. 22–24. [B, C]

SIEGELE-WENSCHKEWITZ, Leonore: »Die Ehre der Frau, dem Manne zu dienen«. Zum Frauenbild Dietrich Bonhoeffers, in: JOST/KUBERA, 1993, S. 98–126. [E]

SIEGELE-WENSCHKEWITZ, Leonore: Feministische Theologie ohne Antijudaismus, in: dies., 1988, S. 41ff. [D]

SIEGELE-WENSCHKEWITZ, Leonore: Feministisch-theologische Anstöße für eine neue Qualität von Kirche, in: Renate JOST / Ursula KUBERA: Befreiung hat viele Farben. Feministische Theologie als kontextuelle Befreiungstheologie, Gütersloh 1991, S. 43–62. [D]

SIEGELE-WENSCHKEWITZ, Leonore: Im gefährlichen Fahrwasser alter Vorurteile, in: Publik-Forum Nr. 12 vom 25. Juni 1993, S. 23–25. [E]

SIEGELE-WENSCHKEWITZ, Leonore: Rassismus, Antisemitismus und Sexismus, in: Dorothee SÖLLE (Hg.): Für Gerechtigkeit streiten. Theologie im Alltag einer bedrohten Welt, Festschrift für Luise Schottroff zum 60. Geburtstag, Gütersloh 1994, S. 151–161. [D, E]

SIEGELE-WENSCHKEWITZ, Leonore (Hg.): Verdrängte Vergangenheit, die uns bedrängt. Feministische Theologie in der Verantwortung für die Geschichte, München 1988. [D]

SIEGELE-WENSCHKEWITZ, Leonore / Luise SCHOTTROFF: Artikel *Feministische Theologie*, in: Evangelisches Kirchenlexikon I, 2. Aufl., Göttingen 1986, S. 1284–1291. [C]

SIEGELE-WENSCHKEWITZ, Leonore / Gerda STUCHLIK (Hg.): Frauen und Faschismus in Europa, Pfaffenweiler 1990. [D]

SIMPFENDÖRFER, Werner: Frauen im ökumenischen Aufbruch. Porträts, Stuttgart 1991. [D]

SIMPFENDÖRFER, Werner: Ökumenische Spurensuche. Porträts, Stuttgart 1989. [D]

SORGE, Elga: Religion und Frau. Weibliche Spiritualität im Christentum, Stuttgart 1985. [F]

STRAHM, Doris: Aufbruch zu neuen Räumen. Eine Einführung in feministische Theologie, Fribourg 1987, 2. Aufl. 1989. [F]

STRAHM, Doris: Artikel *Jesus Christus*, in: GÖSSMANN u.a., 1991, S. 200–207. [B, C]

STRAHM, Doris / Regula STROBEL (Hg.): Vom Verlangen nach Heilwerden. Christologie in feministisch-theologischer Sicht, Fribourg/Luzern 1991. [D]

THÜRMER-ROHR, Christina: Einführung – Forschung heißt wühlen, in: Studienschwerpunkt »Frauenforschung« am Institut für Sozialpädagogik der TU Berlin (Hg.): Mittäterschaft und Entdeckungslust, Berlin 1989, S. 12–14. [E]

TRIBLE, Phyllis: Gott und Sexualität im Alten Testament, Gütersloh 1993. [F]

WACKER, Marie-Theres: Feministisch-theologische Blicke auf die neuere Monotheismus-Diskussion, in: Marie-Theres WACKER / Erich ZENGER: Der eine Gott und die Göttin. Gottesvorstellungen des biblischen Israel im Horizont feministischer Theologie, Freiburg i.Br./Basel/Wien 1991. [D]

WACKER, Marie-Theres: Gefährliche Erinnerungen. Feministische Blicke auf die hebräische Bibel, in: dies., 1988, S. 9–58 (1988a). [B, D]

WACKER, Marie-Theres (Hg.): Theologie feministisch. Disziplinen, Schwerpunkte, Richtungen, Düsseldorf 1988. [B, D]

WAGNER-RAU, Ulrike: Zwischen Vaterwelt und Feminismus. Eine Studie zur pastoralen Identität von Frauen, Gütersloh 1992. [F]

WALTER, Karin (Hg.): Sanft und rebellisch – Mütter der Christenheit – von Frauen neu entdeckt, Freiburg i.Br. 1990. [D]

WEILER, Gerda: Ich verwerfe im Lande die Kriege. Das verborgene Matriarchat im Alten Testament, München 1984. [F]

WEILER, Gerda: Das Matriarchat im Alten Testament, Stuttgart/Berlin/Köln 1989. [F]

WÖLLER, Hildegunde: Ein Traum von Christus. In der Seele geboren, im Geist erkannt, Stuttgart 1987. [F]

WOLFF, Hanna: Jesus der Mann. Die Gestalt Jesu in tiefenpsychologischer Sicht, Stuttgart 1975. [F]

World Council of Churches (Hg.): Sexism in the 1970s. Discrimination against Women. A Report of a World Council of Churches Consultation, West-Berlin 1974; gekürzte dt. Version: Berliner Sexismus-Konsultation fordert volle Partnerschaft von Mann und Frau (epd-Dokumentation 34/74 vom 22. Juli 1974), Frankfurt a.M. 1974. [A]

WUCKELT, Agnes: Entdeckungen – Ermutigungen. Ansätze einer feministischen Religionspädagogik, in: WACKER, 1988, S. 180–200. [B, E]

HADUMOD BUSSMANN

Das Genus, *die* Grammatik und – *der* Mensch: Geschlechterdifferenz in der Sprachwissenschaft

1. Die Möndin und der große Sonn 115
2. Genus in den Sprachen der Welt.................................... 117
   2.1. Nominale Klassifikationssysteme 118
   2.2. Prinzipien der Genuszuschreibungen....................... 120
3. Die »Genitalien der Sprache« in Sprachphilosophie und Grammatikschreibung 123
4. Feminismus und Sprachwissenschaft............................. 127
5. Geschlechtstypische Asymmetrien in der Sprachverwendung 130
   5.1. Frauensprache – Männersprache.............................. 130
   5.2. Macht und Ohnmacht in Gesprächen........................ 132
6. Geschlechtsspezifische Asymmetrien im Sprachsystem 134
   6.1. Personenbezeichnungen und Geschlechterrollen............ 134
   6.2. Das »generische Maskulinum« 136
7. Genus und Kognition 139
   7.1. Psycholinguistische Evidenzen 139
   7.2. Sprachliche Sozialisation 141
8. Sprachwandel im Vollzug... 142
   8.1. Sozialer Wandel – Sprachlicher Wandel..................... 142
   8.2. Wirkungen feministischer Sprachpolitik..................... 145
9. Perspektiven einer kritischen feministischen Linguistik 147
10. Literatur... 151

HADUMOD BUSSMANN

Das Genus, *die* Grammatik und – *der* Mensch:
Geschlechterdifferenz in der Sprachwissenschaft

> *Im Hochdeutschen ist das männliche*
> *Geschlecht das vorzüglichere.*
> (Joachim Heinrich CAMPE, 1795)

> *Weil das Genus einen neuralgischen Punkt*
> *im Verhältnis von Sprache und Welt markiert, zerbricht*
> *an ihm die Konsistenz der grammatischen Darstellung.*
> (Ulrich WYSS, 1979)

1. Die Möndin und der große Sonn

Ich denke immer im Sinne von »le soleil« und »la lune«, das Umgekehrte in unserer Sprache ist mir konträr, so daß ich immer machen möchte »der große Sonn« und »die Möndin«. [...] so geht es einem oft, daß man mit dem äußerlichen Benehmen der Sprache uneins ist und ihr Innerstes meint.[1]

Was immer sich Rainer Maria RILKE unter dem »Innersten« der Sprache vorgestellt haben mag, sein »Uneins«-Sein mit dem »äußerlichen Benehmen der Sprache« zielt auf zentrale sprachwissenschaftliche Fragen nach der grammatischen, semantischen und kognitiven Funktion der sprachlichen Kategorie Genus, über deren Ursprung und Bedeutung sich Sprachwissenschaftler seit der Antike die Köpfe zerbrechen. Am Beispiel der unterschiedlichen grammatischen Genuszuweisungen an Sonne und Mond in verschiedenen Sprachen läßt sich die Problematik deshalb so anschaulich demonstrieren, weil es sich bei ihnen zwar um ›unbelebte‹ Objekte handelt, die aber auf dem Umweg über Personifikationen bzw. mythische Symbolisierungen als (männliche) Sonne-Mond-Gottheiten oder als Ehepaare in den verschiedenen Sprachen unterschiedliche geschlechtlechtsspezifisch konnotierte Genuszuweisungen erhalten. So hat die Sonne feminines Genus im Deutschen und Litauischen, maskulines Genus im Griechischen, Lateinischen und

---

[1] Rainer Maria RILKE in einem Brief an Nanny WUNDERLY-VOLKART, 4.2.1920, in: RILKE (1977, S. 143).

den romanischen Sprachen, neutrales Genus im Altindischen, Altiranischen und Russischen.[2] Offensichtlich sind Sonne und Mond sowohl durch weibliche als auch männliche Konnotationen besetzt und spiegeln je nach Kultur und Zeitgeist geschlechtsspezifische Projektionen.[3]

Aus diesem anschaulichen kosmologischen Beispiel lassen sich eine Reihe der im folgenden abzuhandelnden sprachwissenschaftlichen und sprachphilosophischen Fragen ableiten: (a) Aufgrund welcher grammatischer, semantischer oder soziokultureller Prämissen kommt es zu unterschiedlichen Genus-Zuweisungen in den verschiedenen Genus-Systemen der Sprachen der Welt (Kap. 2)? (b) Auf welche linguistischen und außersprachlichen Kriterien gründet die Sprachwissenschaft ihre Interpretationen bzw. Normierungen solcher Genus-Zuschreibungen (Kap. 3)? (c) Wie geht die traditionelle Sprachwissenschaft (insbesondere die Soziolinguistik) mit geschlechtstypischen Asymmetrien in der Sprachverwendung um (Kap. 5), wie mit geschlechtsspezifischen Asymmetrien im Sprachsystem (Kap. 6)? (d) Welcher Zusammenhang besteht zwischen Genus und Kognition, zwischen Sprache, Spracherwerb und

---

[2] Beispiele für die kulturspezifischen Genuszuweisungen und Metaphorisierungen von *Sonne* und *Mond* finden sich in ROYEN (1929, S. 341–347 u.ö.), CORBETT (1991, passim) und STRUNK (1994, S. 151f.). Ähnliches läßt sich beobachten für das in verschiedenen Sprachen unterschiedliche Genus von *Liebe* und *Tod*.

[3] Daher erklärt sich vermutlich auch die Tatsache, daß das Genus von *Sonne/Mond* in zahlreichen germanischen Sprachen relativ instabil ist: Im Gotischen ist *Sonne* sowohl feminin als auch neutrum, im Altsächsischen maskulin und feminin (GRIMM, Teil 3, 1831, S. 349f.). Auch kann das Genus im Laufe der Sprachgeschichte variieren: So wurde *Sonne* im Althochdeutschen feminin, im 11. Jahrhundert maskulin verwendet (vgl. Kaiserchronik *der sonne* und *diu maeninne*); im Mittelhochdeutschen schwankt der Gebrauch zwischen Femininum und Maskulinum. – Gemeinhin wird die unterschiedliche Genusverteilung in den germanischen gegenüber den romanischen Sprachen mit der angeblich unterschiedlichen Wirkungsweise der beiden Gestirne in unterschiedlichen Klimazonen in kausalen Zusammenhang gebracht: In nordischen Ländern gilt *die Sonne* als mit weiblicher Schönheit ausgezeichnete, erquickende, belebende, gütige Fee, *der Mond* dagegen als gestrenger Herr und Despot; in den südlichen Regionen versengt *der Sonne* (frz. *le soleil*, ital. *il sole*, altgr. *der Helios*) mit männlicher Stärke alles Leben, während *die Mond* (frz. *la lune*, ital. *la luna*, altgr. *die Selene*) mit ihrem schwächeren Licht als die milde, erquickende Göttin empfunden wird. Auch hier wird die scheinbare Objektivität klimatischer Bedingungen durch je passende Weiblichkeits-/Männlichkeits-Stereotype unbemerkt unterlaufen.

Wahrnehmung (Kap. 7)? (e) Welchen Einfluß hat die feministische Sprachkritik auf die theoretische Behandlung der aufgeworfenen Fragen ausgeübt, welche sprachpolitischen Wirkungen hat sie erzielt (Kap. 4 und 8), und (f) Welche Perspektiven eröffnet eine kritische Revision bisheriger Forschung unter dem Aspekt von Sprache und Geschlechterdifferenz sowohl für die Veränderbarkeit von Sprache als auch für die theoretische Fundierung der Linguistik (Kap. 9)?

2. Genus in den Sprachen der Welt

Die bekannten terminologischen Schwierigkeiten mit den Begriffen Genus/*gender* erfahren in der Sprachwissenschaft noch eine weitere Zuspitzung: Während Genus/*gender* als Erbe aus der lateinischen Grammatik in typologischen und universellen Zusammenhängen in der ursprünglichen neutralen Grundbedeutung ›Art‹ oder ›Klasse‹ verwendet wird, hat die irreführende (und zugleich mehrdeutige) deutsche Übersetzung von *Genus* mit *Geschlecht* einer ungeprüften Korrelation von Genus mit Sexus unheilvollen Vorschub geleistet und damit unwissenschaftliche Spekulationen hervorgerufen (vgl. Kap. 3). Denn während das Englische und Französische mit *sex/sexe* vs. *gender/genre* über unterschiedliche Bezeichnungen für die (referentielle) biologische Kategorie und die grammatische Kategorie verfügen, setzt sich im Deutschen (trotz des gleichnamigen Buchtitels von LOHMANN bereits aus dem Jahr 1932) die Unterscheidung »Genus und Sexus« nur sehr allmählich durch, so daß *Geschlecht* sich gleichermaßen auf den grammatischen wie auch auf den biologisch-sexuellen Aspekt beziehen kann.[4] Um irreführende Konnotationen auszuschließen, unterscheide ich im folgenden zwischen grammatischem Genus (engl. *grammatical gender*), biologischem Genus (auch: Sexus, bzw. re-

---

[4] Ähnlich übersieht die seit dem 17. Jahrhundert übliche deutsche Übersetzung von *Artikel* mit *Geschlechtswort*, daß die zentrale Funktion der Artikelwörter *der, die das* vs. *einer, eine, ein* nicht die Genus-Kennzeichnung ist, sondern daß sie primär semantisch-pragmatische Aspekte signalisieren wie Definitheit vs. Indefinitheit, Generalisierung vs. Individualisierung und Bekanntheit vs. Nichtbekanntheit. Somit hat die Sexualisierung von Grammatik im Deutschen hier (wie auch bei den Bezeichnungen *Aktiv* vs. *Passiv*, bzw. *Starke* vs. *Schwache* Flexion) bereits auf der Ebene der Bezeichnungen ihre Spuren hinterlassen.

ferentielles Genus; engl. *sex* bzw. *natural gender*)[5] und soziokulturellem Genus (engl. *social gender*), – dies als verkürzte Ausdrucksweise für die gängige Definition von *gender*/Genus als soziokulturelle Konstruktion von sexueller Identität. Außerdem verwende ich die deutschen Adjektive *weiblich/männlich* für die biologische Referenz, die Ausdrücke *femininum/maskulinum* für die grammatischen Genusklassen.

2.1. Nominale Klassifikationssysteme

In den meisten Sprachen der Welt unterliegt das nominale Lexikon einer Klassifizierung, durch die die Nomina in formal und/oder semantisch motivierte Gruppen eingeteilt werden, wobei die Zahl der Klassen ebenso stark variiert (in den afrikanischen Bantu-Sprachen finden sich bis zu 20 Klassen) wie die Art der formalen und semantischen Einteilungskriterien (ROYEN, 1929; CORBETT, 1991). Zu Genus-Systemen im engeren Sinne zählen allerdings nur solche Klassifizierungen, die eine begrenzte Anzahl geschlossener Klassen aufweisen mit in der Regel schwacher semantischer Durchsichtigkeit, vor allem aber gilt weitgehend das von HOCKETT formulierte Kriterium der Konkordanz (engl. *agreement*): »Genders are classes of nouns reflected in the behavior of associated words.« (1958, S. 231) Diese definitorische Abgrenzung von grammatischem Genus gegenüber *Classifier Systems* (die Nomina nach inhaltlich-semantischen Qualitäten wie z.B. ›Pflanze‹, ›Tier‹, ›Insekt‹, ›Eßbares‹ ordnen), stützt sich auf die syntaktische Eigenschaft der formalen Übereinstimmung aller Elemente in einer Nominalgruppe mit dem Kern-Substantiv; im Deutschen besteht Kongruenz hinsichtlich der drei Kategorien Genus, Numerus (Singular, Plural) und Kasus (Nominativ, Genitiv, Dativ, Akkusativ), vgl. die entsprechenden Flexionselemente in *eine bekannte Schriftstellerin vs. ein bekannter Schriftsteller*. Die morphologische Charakterisierung bewirkt Kohäsion über komplexe Strukturen hinweg und ermöglicht dadurch eine – für stilistische Zwecke verfügbare – freiere Wortstellung, als sie in genus- und konkordanzlosen Sprachen wie dem Englischen möglich ist.

---

[5] Die in diesem Kontext auch verwendete Bezeichnung »natürliches Geschlecht« trifft generell allenfalls auf männliche Referenten zu (vgl. Kap. 6.2. zum »generischen Maskulinum«) und ist daher als implizit sexistisch zu vermeiden.

In den meisten indogermanischen, semitischen, kaukasischen und afrikanischen Sprachen finden sich – zumindest in ihrem Kernbestand – semantisch motivierte Genus-Systeme, die die Substantive durch entsprechende morphologische Markierung (wie Artikel und Endungen) verschiedenen Klassen zuordnen. Ihre Zahl und Semantik ist sprachspezifisch unterschiedlich, und die auf Sexus bezogene Maskulinum-/Femininum-Einteilung ist ein Klassifikationskriterium unter anderen.[6] Für die indogermanischen Sprachen gilt gemeinhin das sexusbezogene Dreiersystem mit seinen Subkategorien Femininum, Maskulinum und Neutrum als ursprünglicher Klassifikationstyp.[7] Dieses Dreiersystem findet sich im Altgriechischen, Lateinischen und in slavischen Sprachen (Polnisch, Russisch, Serbokroatisch und Tschechisch); ihm stehen die romanischen Sprachen (mit Ausnahme des Rumänischen) und die semitischen Sprachen (Arabisch, Hebräisch) mit einem Zweiklassensystem Maskulinum vs. Femininum gegenüber, bzw. die skandinavischen Sprachen (Dänisch, Schwedisch) mit Maskulinum und Neutrum. Das Englische hat seine ursprünglichen drei Genera im Laufe der Sprachgeschichte bis auf Reflexe bei der Pronominalisierung verloren, während z.B. Baskisch, Finnisch, Ungarisch und Türkisch nie ein nominales Klassifikationssystem besessen haben.

Die größte Faszination auf Sprachforscher übte immer wieder die Frage nach den zugrundeliegenden semantischen Prinzipien der

---

[6] Aufschlußreich sind hier sprachvergleichende Untersuchungen, die die eurozentrische Voreingenommenheit korrigieren und zeigen, daß in anderen Sprachen eine Einteilung nach ›Belebt/Unbelebt‹ (z.B. im Kaukasischen) oder ›Menschlich/Nichtmenschlich‹ (z.B. in mehreren Indianersprachen Nord- und Mittelamerikas) genauso funktioniert wie in europäischen Sprachen die ›Männlich/Weiblich‹-Unterscheidung; oder auch, daß es Sprachen gibt, in denen das Femininum die unmarkierte Form darstellt, wie z.B. in einigen afro-asiatischen Sprachen (CORBETT, 1991, S. 3 und 30).

[7] Zweifel an dieser Hypothese sind allerdings aufgekommen, seit sich herausgestellt hat, daß die älteste überlieferte indoeuropäische Sprache, das zwischen 1700 bis 1300 v. Chr. in der Türkei (Anatolien) gesprochene Hethitische, kein Femininum aufweist. Daraus läßt sich Unterschiedliches schließen: Entweder repräsentiert das Hethitische ein ursprüngliches Zweiklassensystem, dessen *Genus commune* (ohne Sexus-Differenzierung) sich erst zu einem späteren Zeitpunkt zum Dreiklassensystem entwickelt hat, oder aber das überlieferte Hethitische bezeugt bereits einen defizitären Zustand, dem der Verlust eines ursprünglich vorhandenen Femininum vorausgegangen ist, ein Zustand, wie er ähnlich im heutigen Dänisch und Schwedisch vorliegt (vgl. STRUNK, 1994, S. 146).

Klasseneinteilung aus, vorrangig nach dem als universell vorausgesetzten Zusammenhang von Genus und Sexus. Im allgemeinen wird unterschieden zwischen (a) semantischen Systemen, wie sie z.b. im Tamil (Indien), Zande (Afrika), Dyirbal (Australien) und in einigen kaukasischen Sprachen vorliegen, und (b) formalen Systemen, wie sie sich in morphologischer Hinsicht im Russischen, Swahili und anderen Bantu-Sprachen finden, und (c) phonologisch vorhersagbaren Systemen wie z.B. Französisch. Häufig überlagern sich mehrere Kriterien und erschweren eine eindeutige Analyse. Berühmt für ihr strikt semantisch durchstrukturiertes System sind die Drawidischen Sprachen (Indien); dort wird klar unterschieden zwischen (1) Maskulinum: Götter und männliche Personen, (2) Femininum: Göttinnen und weibliche Personen, (3) Neutrum: alles andere (nicht Vernunftbegabte). Allerdings ist häufig für eine plausible Rekonstruktion solcher Klassenbildung die Kenntnis der je kulturspezifischen Welt und der mythologischen Vorstellungen ihrer Sprecher unerläßlich, wie sich dies an der drawidischen Klassifizierung von *Sonne* und *Mond* als Maskulina zeigt: Beide gelten im Drawidischen (ebenso wie andere Gestirne) als männliche Götter (CORBETT, 1991, S. 9). Wo semantische Prinzipien zur Klassifizierung nicht ausreichen, sind formale (phonologische und morphologische) Kriterien für die Klassenbildung ausschlaggebend: Ca. 85% der Nomina in den von CORBETT untersuchten ca. zweihundert Sprachen lassen sich auf Grund formaler Kriterien je spezifischen Klassen zuordnen, bei Überlappungen geben stets semantische Aspekte den Ausschlag.

2.2. Prinzipien der Genuszuschreibungen

Nicht erst seit der Klage Mark TWAINs über die »schreckliche deutsche Sprache« in seinem europäischen Reisebericht *A Tramp Abroad* (1879) gilt für Ausländer das Genussystem des Deutschen als eine der schwierigsten Hürden. Für das heutige Sprachbewußtsein wird das grammatische Genus der meisten Substantive (mit Ausnahme der Personenbezeichnungen) unter semantischem Aspekt als arbiträr erfahren und muß daher ebenso gelernt werden wie seine entsprechenden formalen Paradigmen. Daran ändert auch kaum etwas, daß neuere Forschungen von seiten der Fremdsprachendidaktik auf formaler Ebene einige überraschende Regularitäten bei der Genus-Zuweisung zu Tage gefördert haben: So haben

KÖPCKE/ZUBIN (1983 u.ö.) nachgewiesen, daß sich bei 90% aller im *Duden der deutschen Rechtschreibung* aufgelisteten einsilbigen Substantive das grammatische Genus aufgrund ihrer lautlichen Form erschließen läßt.[8] Weitere Voraussagen über Genus lassen sich bei dem Teil des Wortschatzes machen, der aus sogenannten Ableitungen resultiert, die mit einem Vorrat von rund 200 produktiven, genusbestimmenden Wortbildungsmorphemen gebildet werden; so sind z.B. alle Wortbildungen mit den Suffixen *-er, -ling, -ismus (Sänger, Liebling, Fanatismus)* Maskulina, mit *-ei, -heit, -schaft* und *-ung (Bäckerei, Schönheit, Eigenschaft)* Feminina, mit *-chen, -lein, -tum (Mädchen, Mägdelein, Herrschertum)* Neutra. Auch in einigen inhaltlichen Bereichen lassen sich ziemlich sichere Hypothesen über die Genuszuweisung bilden, wenngleich sich kaum semantische Motivationen für den Zusammenhang zwischen den jeweiligen Klassen und ihrem Genus finden lassen. So sind Zahlen, Namen von Schiffen und Flugzeugen, die meisten Blumen und Bäume und Motorradmarken feminin; maskulin dagegen sind Wochentage, Monate, Jahreszeiten, Himmelsrichtungen, die meisten Witterungsbezeichnungen, Berge, Mineralien und – Automarken; neutrum sind Farben, Metalle, Städte, Länder und Kontinente. – Selbst bei Abstrakta zeichnen sich semantisch-kognitive Regularitäten ab, die in gewissem Umfang eine Hypothesenbildung für korrekte Genuszuweisung stützen können: So sind z.B. Oberbegriffe vorzugsweise Neutra *(das Gemüse, Getreide, Getränk, Instrument, Werkzeug, Fahrzeug, Tier)*, während die entsprechenden Unterbegriffe eine Mischung aller drei Genera aufweisen. Mit einer affektbezogenen Klassifizierung begründen KÖPCKE/ZUBIN (1984, S. 39) die unterschiedliche Genuszuweisung bei Kompositabildungen mit *-mut:* Analog zu »introvertierten« Ausdrücken wie *die Furcht, Scheu, Geduld, Angst, Scham* und *Trauer* werden *Schwermut, Sanftmut, Demut, Anmut, Armut* feminin verwendet, während *Lebensmut, Übermut, Wagemut, Unmut* maskulin kodifi-

---

[8] Dabei handelt es sich um Tendenz-Regeln vom Typ: »Findet sich bei einem einsilbigen Nomen im Auslaut eine Konsonantenverbindung, die sich aus einem nichtsibilantischen Frikativ und dem Verschlußlaut /t/ zusammensetzt, dann ist das Genus des Nomens mit hoher Wahrscheinlichkeit Femininum«, vgl. *die Luft, Kraft, Sicht, Schicht, Frucht, Pacht.* (KÖPCKE/ZUBIN, 1984, S. 28). Inwieweit es sich hierbei um psychophonetische Phänomene, um »feminine« oder »maskuline Klänge« handelt, wie EISENBERG zu bedenken gibt (1989, S. 171), bleibt eine offene Frage.

ziert sind in Analogie zu »extrovertierten« Ausdrücken wie *der Hohn, Wille, Ärger, Eifer*. Es ist kaum von der Hand zu weisen, daß hier geschlechtsspezifische Konnotationen eine Rolle spielen. Man hat versucht, die dargestellten Ansätze zu semantisch organisierten Klassifizierungen mit psycholinguistischen Beobachtungen in Einklang zu bringen. Bei Untersuchungen zum Deutschen, Französischen und Russischen (KÖPCKE/ZUBIN, 1984, Anm. 2) konnten immerhin soviel überzeugende Zuordnungsreaktionen nachgewiesen werden, daß die von strukturalistischer Seite vertretene Auffassung von der generellen Arbitrarität des sprachlichen Zeichens (d.h. von der willkürlichen Zuordnung von Form und Bedeutung) in dieser strikten Version für die Genuszuweisung kaum aufrecht zu erhalten ist. Allerdings handelt es sich bei den meisten Beobachtungen nur um stochastische (d.h. auf Wahrscheinlichkeit beruhende) Regeln; auch ist das Zusammenwirken der verschiedenen semantischen, syntaktischen, kognitiven oder kommunikativen Tendenzen so komplex, daß für Fremdsprachige letzten Endes das Erlernen des Regelapparats aufwendiger ist als das Mitlernen des Genus beim einzelnen Wort. Denn offensichtlich trifft zu, was Ulrich WYSS im Zusammenhang mit Jakob GRIMMS Genustheorie bemerkt hat:

> Weil das Genus einen neuralgischen Punkt im Verhältnis von Sprache und Welt markiert, zerbricht an ihm die Konsistenz der grammatischen Darstellung. (1979, S. 166)

Im Unterschied zum Deutschen hat bekanntlich die englische Sprache im Verlauf ihrer Geschichte alle genusspezifischen morphologischen Kennzeichen eines ursprünglichen Dreiklassensystems durch Endsilbenverfall verloren.[9] Wenngleich Englisch dadurch in weiten Teilen seines Wortschatzes zu einer Sprache ohne *grammatical gender* geworden ist, findet sich jedoch »verdecktes« Genus bei der Selektion von anaphorischen Pronomina, und diese Selektion wiederum ist weitgehend durch geschlechtsbezogene Analogien motiviert: So wird *moon* (im Unterschied zum Deutschen) als feminin apostrophiert, weil »sie« – wie die Grammatiker zu wissen glauben – als passiv und unbeständig gilt, während der maskulinen Sonne Aktivität und

---

[9] Zur historischen Entwicklung vgl. JONES (1988); Überblicke über die Genus-Problematik im Englischen finden sich in BODINE (1975a, 1975b), BARON (1986), FRANK/TREICHLER (1989), und GRADDOL/SWANN (1989); eine kontrastive Untersuchung Deutsch/Englisch bietet HELLINGER (1990).

Fruchtbarkeit zugeschrieben werden. Das bedeutet, daß trotz Verlust der morphologischen Genusmarkierung dennoch im Englischen eine sehr enge Verbindung zwischen Genus und Sexus gegeben ist, da die (zum Teil konventionalisierte, zum Teil aber auch subjektive) Selektion der Pronomina eindeutig Sexusunterschiede repräsentiert, wie die in englischen Grammatiken gängige Unterscheidung zwischen *natural gender* (*mother – she*), *social gender* (*lawyer – he, nurse – she*) und *metaphorical gender* (*the baby – it, my* dog – *he; the ship – she*) deutlich zeigt. Im Unterschied zum Deutschen sind Personenbezeichnungen im allgemeinen geschlechtsneutral (*teacher, student, lawyer*), auch fehlt ein dem deutschen Ableitungssuffix *-in* äquivalentes allgemeines Wortbildungsmuster, denn *-ess* ist weniger generell anwendbar und in vielen Fällen bereits gegenüber dem männlichen Pendant mit pejorativer Konnotation versehen (vgl. Kap. 6.1.). Wo eine Geschlechtsspezifikation notwendig ist, erfolgt sie durch adjektivische (*female/male citizen*) oder nominale (*woman writer*) Modifikation (BARON, 1986; HELLINGER, 1990).

3. Die »Genitalien der Sprache« in Sprachphilosophie und Grammatikschreibung

Die in der Sprache sich widerspiegelnde Verknüpfung von grammatischem, biologischem und soziokulturellem Genus wird in traditionellen sprachwissenschaftlichen Darstellungen noch verstärkt durch eine weitere Schicht stereotyper Geschlechterrollen-Zuschreibungen. Diese androzentrische Sichtweise aufzudecken, ist das Anliegen der internationalen feministischen Linguistik. Ihre Aufmerksamkeit hat sie dabei vor allem gerichtet auf (a) die patriarchalen Begründungsstrategien für das »generische Maskulinum« (vgl. Kap. 6.2.); (b) eine Überprüfung der abschätzigen Bewertung von sogenannter Frauensprache, wie sie durch JESPERSENs Darstellung (1922) lange Zeit Lehrmeinung blieb (vgl. Kap. 5.1.); (c) eine kritische Durchleuchtung der grammatischen und sprachphilosophischen Spekulationen über Ursprung und Entwicklung der Genusverteilung in den indogermanischen Sprachen.[10]

---

[10] Als eine weitere, noch nicht hinreichende ausgeschöpfte Quelle solcher verdeckter Festschreibungen erweisen sich etymologische Ableitungen und ihre Begründungen, wie aus den Untersuchungen von WOLFE u.a. (1981) und KOCHSKÄMPER (1993) deutlich wird.

Prinzipiell gilt als unbestritten (und dies nicht nur für die besonders gründlich untersuchten indogermanischen Genussprachen), daß bei Personenbezeichnungen das grammatische Genus mit dem biologischen Genus (Sexus) der Referenten korreliert, während die weithin undurchsichtige Zuschreibung von maskulinem oder femininem Genus an Nomina mit unbelebten und abstrakten Referenten die Forschung seit der Antike zu vielfältigen Spekulationen verleitet hat.[11] Zwei gegensätzliche Hypothesen bestimmen gleichzeitig oder nacheinander die grammatische Argumentation: Die eine u.a. durch die Grammatiker von ›Port Royal‹ und Karl BRUGMANN (1889 u.ö.) vertretene Position führt die Genusklassifikation auf formale Ursachen zurück und sieht in der Klassenbildung entweder Relikte eines ursprünglich morphologisch durchsichtigen Flexionssystems oder bezieht sich phylogenetisch auf die syntaktische Funktion der Kongruenz als Ursprungsquelle (wobei nachträgliche sexus-semantische Motivierungen nicht ausgeschlossen werden). Für die heutigen Sprachen bedeutet dies, daß als Folge von Systemveränderungen durch Sprachwandel die Genuszuschreibung sich als eine überwiegend arbiträre Beziehung zwischen Grammatik und Realität darstellt, die infolgedessen keine semantischen, sondern nur die beiden morphosyntaktischen Funktionen erfüllt: Kennzeichnung zusammengehöriger Konstituenten im Satz durch Kongruenz und (gelegentlich) Disambiguierung bei mehrdeutiger Referenz. Die andere Position, aufschlußreicher für eine Untersuchung nach sexistischen Spuren in der Grammatikschreibung, wird prominent von Johann Gottfried HERDER, Wilhelm VON HUMBOLDT und vor allem von Jakob GRIMM vertreten und besagt, daß Genusklassifikationen eine semantische Basis haben. Früheste diesbezügliche Kommentare reichen in die griechische Antike zurück, wo (gemäß späterer Überlieferung) PROTAGORAS als erster die Gleichsetzung von Genus und Sexus vollzogen haben soll, und zwar so konsequent, daß er dort, wo seine geschlechtsstereotypen Vorstellungen nicht mit dem im Griechischen vorgefundenen grammatischen Genus übereinstimmten, vor sprachlichen Korrekturen nicht zurückscheute. So schlug er z.B. vor, das seiner Mei-

---

[11] Überblicksdarstellungen mit weiterführenden bibliographischen Angaben zu Ursprungshypothesen: CLAUDI (1985), FODOR (1959), IBRAHIM (1973), MEINHOF (1937) und ROYEN (1929); speziell bzw. überwiegend zum Indogermanischen: FORER (1986), LEISS (1994), NAUMANN (1986), STRUNK (1994) und WIENOLD (1989).

nung nach unangebrachte feminine Genus der griechischen Wörter für *Helm* und *Zorn* zu maskulinisieren (ROYEN, 1929, S. 321). Diese Art, Genus als eine Widerspiegelung der ›natürlichen‹ Unterscheidungen der Geschlechter zu sehen und die Genuszuschreibung an unbelebte Referenten durch entsprechende semantische Korrelationen zu begründen, setzt sich in der Tradition der römischen Grammatiker, vor allem durch PRISCIANs *Institutio de Arte Grammatica*, bis ins Spätmittelalter hinein fort.

Für Deutschland hat Johann Gottfried HERDER (1772/1959) in seiner Schrift *Über den Ursprung der Sprache* nachhaltig die Weichen gestellt für eine auf kulturelle Grundmuster der Sexualisierung sich rückbeziehende Grammatik. Er vertritt die eurozentrische, bisweilen rassistisch[12] anmutende Meinung, daß das grammatische Genus von Nomina mit unbelebten oder gar abstrakten Referenten sich der mythischen Phantasie (wilder) Urvölker verdanke, deren animalistische Naturauffassung diese »Genitalien der Sprache« hervorgebracht und damit eine durchgängige Beseelung der unbelebten Natur hinsichtlich Weiblichkeit und Männlichkeit bewirkt habe. Er sieht in dieser Schaffung von Geschlechter-Klassen die Manifestation eines primären kulturellen Triebes, wozu er übrigens auch den der Poesie zählt (HERDER, 1772, S. 45f.). Auch Johann Christoph ADELUNG, der die Genusklassifikation zunächst vor allem auf phylogenetische Ursachen zurückführt, glaubt 1782 »den Empfindungen des Urmenschen auf der Spur zu sein« (zit. nach NAUMANN, 1986, S. 188), wenn er in seinem *Umständlichen Lehrgebäude* formuliert:

Alles, was den Begriff der Lebhaftigkeit, Thätigkeit, Stärke, Größe, auch wohl des Furchtbaren und Schrecklichen hatte, ward männlich; alles, was man als empfänglich, fruchtbar, sanft, leidend, angenehm dachte, ward weiblich; und alles, wo die Empfindung getheilt war, oder wo der Begriff so dunkel war, daß keine der vorigen Empfindungen das Übergewicht bekam, ward sächlich. (S. 359)

Auch die später von Jakob GRIMM (1831) postulierte Reihenfolge der Entstehung der Genera geht (in Analogie zum biblischen Schöpfungsbericht) vom Maskulinum aus: Dieses »scheint das frühere, größere, festere, sprödere, raschere, das thätige, bewegliche zeugende; das femininum das spätere, kleinere, weichere, stillere,

---

[12] Zum Zusammenhang von Genus und Rassismus vgl. IBRAHIM (1973) und RÖMER (1985).

das leidende, empfangende; das neutrum das erzeugte, stoffartige, generelle, unentwickelte, collective« (Deutsche Grammatik 3, S. 359). Dieser Abfolge entsprechend klassifiziert Jakob GRIMM die deutschen Nomina in 28 Sachgruppen (Tiere, Bäume, Pflanzen etc.) und begründet die Genuszuordnung jeweils mit intuitiven geschlechtsspezifischen Assoziationen.[13] Analog zu dieser – auf naive Weise die gängige Bewertung der sozialen Rangordnung widerspiegelnden – Abfolge werden den beiden zentralen Genera Maskulinum und Femininum in antithetischem Kontrast sogenannte »natürliche« sexus-spezifische Eigenschaften zugeordnet, wobei das Femininum jeweils das entsprechend markierte Negativbild des Männlichen bedeutet.

Ohne Einsicht in die kulturspezifische und historische Bedingtheit von Geschlechtsattributen werden hier als essentiell angenommene, mißverstandene Geschlechtsunterschiede auf sprachliche Phänomene abgebildet. Kaum je diente Wissenschaft offenkundiger der Festigung der eigenen (männlichen) Identität und Vorherrschaft; daß diese frauenfeindliche Sexualisierung der Grammatik in diesem historischen Kontext in Übereinkunft mit einer zeitbedingten Konstruktion einer naturhaft vorgegebenen hierarchischen Ordnung der Geschlechter stand, läßt sich in medizinischen, pädagogischen und literarischen Schriften der Zeit nachlesen: Zu ihrer Begründung bedurfte sie daher nicht einmal objektivierbarer Argumente (HONEGGER, 1991).[14] Eine kultursoziolo-

---

[13] Auf einen aufschlußreichen Lapsus weist Ulrich WYSS hin: »In dem Abschnitt 10, der die Teile des menschlichen Körpers abhandelt, fällt auf, daß gerade jene Organe fehlen, die die Geschlechtsbestimmung ermöglichen; hat sich des Grammatikers Phantasie soweit von der fundamentalen sexuellen Differenz entfernen müssen, in dem er sie überall suchte, daß sie an Ort und Stelle seiner Aufmerksamkeit entwischt?« (1979, S. 165)

[14] Die Diskussionen über die gegensätzlichen Positionen formales vs. sexusbezogenes Genus setzen sich bis in die Gegenwart fort: So kommt LOHMANN (1932, S. 80) zu dem Ergebnis, daß das indogermanische Flexionssystem nichts mit Sexus zu tun hat, während WIENOLD (1967, 1989) sowie die Grammatiker der inhaltbezogenen und funktionalen Sprachwissenschaften BRINKMANN (1962) und SCHMIDT (1964), aber auch (noch) die zweite Auflage der *Duden-Grammatik* (1966) über semantikbasierte Genus/Sexus-Systeme spekulieren – ab deren dritter Auflage (1973) wird eine »Parallelität zwischen Genus und Sexus« lapidar verneint. EISENBERG (1989, S. 176ff.) und WEINRICH (1993, S. 325) stimmen überein: kein systematischer Zusammenhang zwischen Genus und Sexus, die Relation ist semantisch nicht zu erklären. – Anders (aber nicht überzeugend) IRIGARAY (1993, S. 69f.). In pointiert pole-

gisch orientierte linguistische Aufarbeitung dieser Sexualisierung der Grammatik durch die Jahrhunderte ist ein offenkundiges Desiderat, Ansätze finden sich u.a. in JANSSEN-JURREIT (1976) und FORER (1986).[15] – Als ein unfreiwilliger Vorläufer dekonstruktivistischer Denkansätze, die die Auflösung der strikten männlich/weiblich-Dichotomie propagieren, mag der schottische Grammatiker James ANDERSON (1792) gelten, der insgesamt dreizehn *gender*-Klassen vorschlägt, z.B. ein *imperfect gender* für »Eunuchen« und »Beleidigungen« (BARON, 1986, S. 96).

4. Feminismus und Sprachwissenschaft

Während in den meisten kulturwissenschaftlichen Disziplinen die Berücksichtigung der Kategorie Genus/*gender* und der daraus resultierenden Implikationen für das jeweilige Fach erst unter dem wachsenden Einfluß der Neuen Frauenbewegung und feministischer Theoriebildung eingesetzt hat, kann die Sprachwissenschaft für sich in Anspruch nehmen, sich seit ARISTOTELES mit dem Verhältnis zwischen der grammatischen Kategorie Genus und der biologischen Kategorie Sexus beschäftigt zu haben. Allerdings bezeugen die Ergebnisse dieser traditionsreichen Deutungsversuche (wie im Vorausgegangenen angedeutet), daß sich die – ausschließlich männlichen – Interpreten ihrer sexistischen Standortgebundenheit bezüglich der Zuschreibung stereotyper Geschlechtseigenschaften nicht bewußt waren. Diese Zeugnisse einer androzentrisch geprägten Grammatiktheorie sind ein aufschlußreiches Untersuchungsfeld feministischer Sprachkritik.

---

mischer Form findet sich die sexusbasierte Position wieder bei den feministischen Sprachpolitikerinnen (vgl. Kap. 4); aber auch neuere sprachvergleichende Forschungen, z.B. zum Dyirbal (Autralien) und Bantu (Afrika), tendieren zurück zur mythologisch motivierten semantischen Position von GRIMM. Für das Deutsche finden sich ähnliche Argumente in ZUBIN/KÖPCKE (1986), die sich auf Theorien über Alltagswissen und Prototypenbildung stützen.

[15] Sicherlich ist es kein ›Zufall‹ daß *Langenscheidts Taschenwörterbuch der lateinischen und deutschen Sprache* (24. Aufl., Berlin 1961, S. 385) in der tabellarischen Übersicht »Formenlehre« als Beispiele für feminine Substantive in den einzelnen Deklinationsklassen völlig unspezifische Beispiele anführt (wie : *insula* ›Insel‹; *res* ›Sache‹, *oratio* ›Rede‹, *laus* ›Lob‹), während die maskulinen Formen belegt sind mit *dominus* ›Herr‹, *puer* ›Knabe‹, *vir* ›Mann‹, *exercitus* ›Heer‹, *hostis* ›Feind‹, *consul* ›Konsul‹, *orator* ›Redner‹, *homo* ›Mensch‹, *miles* ›Soldat‹, *rex* ›König‹.

Feministische Wissenschaftstheorie läßt sich weder generell noch in ihrer sprachwissenschaftlichen Ausprägung auf ein einheitliches theoretisches Konzept zurückführen. Dennoch konvergieren alle Richtungen in dem gemeinsamen politischen Ziel einer Revision des gesamtgesellschaftlichen Normen- und Wertesystems. Die traditionelle hierarchische Geschlechterdifferenzierung wird in Zweifel gezogen, und zwar sowohl in bezug auf die sozialen Geschlechterrollen wie in bezug auf die Denkmuster und Vorstellungsbilder der symbolischen Repräsentation. Als interessensbedingte Fiktion zurückgewiesen wird die allpräsente Rechtfertigung männlicher Dominanz durch den essentialistischen Verweis auf eine durch die »Natur« vorgegebene Geschlechterordnung. Insofern sich feministische Theorie und Politik also gegen jegliche Form frauenfeindlicher Tendenzen in philosophischen Denksystemen ebenso wie in politischen Ideologien, in Religion und Theologie, in Erziehungsstilen, weltanschaulichen Leitbildern und unkritisch tradierten mythischen Vorstellungen richtet, spielt die Sprache mit ihrer Veränderbarkeit als Widerspiegelung oder Bewahrerin historisch gewachsenen Denkens und als Vermittlungsinstrument neuer Sichtweisen eine entscheidende Rolle. Denn

> mit der Internationalisierung geltender Sprachnormen werden auch bestimmte Denk- und Wahrnehmungsmuster übernommen, die der Aufrechterhaltung des sozialen status quo, also u.a. auch des hierarischen Geschlechterverhältnisses dienen (FRANK, 1992b, S. 13).

Daher kommt der Sprache und dem Sprechen – zunächst außerhalb wissenschaftlicher Institutionen – seit den Anfängen feministischer Identitätssuche eine zentrale Bedeutung zu, nachdem Frauen durch die subjektive Erfahrung ›befreiter Kommunikation‹ in ›unzensierten Gesprächen‹ (*consciousness-raising groups*) ihre Fremdheit in der überlieferten patriarchalischen Sprache begriffen haben – insbesondere im Bereich der fast ausschließlich auf männliche Vorstellungen zugeschnittenen Sprache der Sexualität.

Seit Mitte der 70er Jahre setzte im angloamerikanischen Bereich eine Flut von sprachkritischen *gender*-Publikationen ein, die zunehmend an Medienwirksamkeit gewannen. Dies bezeugen die drei 1975 fast gleichzeitig erschienenen Titel *Male/Female Language* von Mary Ritchie KEY, *Language and Woman's Place* von Robin LAKOFF und vor allem der von Barrie THORNE und Nancy HENLEY herausgegebene Sammelband *Language and Sex: Difference and*

Dominance, der als erste Bestandsaufnahme aus feministischer Sicht gilt. Eine wenig später von THORNE, KRAMARAE und HENLEY verfaßte annotierte Bibliographie zu *Sex Similarities and Differences in Language, Speech and Nonverbal Communication* zählte bereits 1983 über tausend Titel. Wohl in keiner anderen Disziplin hat feministische Wissenschaftskritik so wirksam provoziert. Eine ständig aktualisierte bibliographische Datenbank würde die verzweigten internationalen Anstrengungen demonstrieren, die mittlerweile weite Bereiche der strukturalistischen, psycholinguistischen und kritisch soziolinguistischen Disziplinen erreicht haben. Die Widerstände der etablierten deutschen Linguistik gegen die von Senta TRÖMEL-PLÖTZ (1982), Luise F. PUSCH (1984), Marlis HELLINGER (1985) u.a. immer wieder vorgetragene Forderung nach sprachlicher Gleichbehandlung gründen sich vor allem auf systemimmanente formale Argumente, so in KALVERKÄMPER (1979a und b), LIEB (1990) und STICKEL (1988), andere verlieren deshalb außerhalb der jeweiligen Systematik an Wirkkraft. Der häufig gegen feministische Sprachkritik erhobene Vorwurf, daß sie sich auf keine konsistente Theorie stützen könne, läßt sich mit CAMERON (1985, S. 227) weitgehend entkräften, wenn man kritisch sowohl das vorherrschende Erkenntnisinteresse der *mainstream*-Linguistik der 70er Jahre wie auch die heterogene theoretische Basis der linguistischen (Teil-)Disziplinen betrachtet, auf deren Kooperation eine feministische Linguistik angewiesen ist. Dies gilt vor allem für Soziologie und Soziolinguistik, Psychologie und Psycholinguistik, Anthropologische Linguistik (Sprachlicher Determinismus) sowie Semiotik. Die *mainstream*-Linguistik befand sich aus politischen und entwicklungsdynamischen Gründen in einer verspäteten Aneignungsphase von Methoden und Prämissen des Strukturalismus und war dominiert von Prioritäten wie Sprachsystem *vor* Sprachgebrauch, Homogenität *vor* Heterogenität, Synchronie *vor* Diachronie, sprachliche Kompetenz eines idealen Sprechers/Hörers *vor* Sprachgebrauch individueller Sprecherinnen und Sprecher. Von daher ist es keine Frage theoretischer Inkonsistenz, wenn eine ›andere‹ parteiische, feministisch-kritische Linguistik sich gegen solche Zielsetzungen abgrenzen mußte. Zudem kann eine Linguistik, die den geschlechtstypischen Sprachgebrauch und (in jahrtausendjähriger Tradition vorgegebene) geschlechtsspezifische Asymmetrien im Sprachsystem untersucht, die einen Zusammenhang herstellt zwischen sprachlicher und gesellschaftlicher

Diskriminierung, sich nicht mit deskriptiven Feststellungen begnügen. Unvermeidlich setzt sie ihren Unmut provokativ in politische Forderungen nach Sprachwandel um. Und trifft dabei auf wenig Verständnis. Zumal ihre Vertreterinnen auch keinen Hehl daraus machen, daß sie aus subjektver weiblicher Betroffenheit heraus den überlieferten grammatischen Konsens (z.B. des »generischen Maskulins«) in Frage stellen. Ihre frühen Vertreterinnen bekamen ihre wissenschaftliche ›Unbotmäßigkeit‹ deutlich zu spüren. Sprachkritik hat in Deutschland ohnehin keine starke akademische Lobby, und »Feministische Linguistik« gilt noch heute an deutschen Hochschulen als *quantité négligeable*, wie die diesbezüglich spärlichen Einträge im biographischen *Linguisten Handbuch* (KÜRSCHNER, 1994, S. 1127) und in resümierenden Gesamtdarstellungen der gegenwärtigen Linguistik bestätigen – ganz im Unterschied zu den ausführlichen Darstellungen eines etablierten Forschungsgebietes in englischsprachigen linguistischen Enzyklopädien wie BRIGHT (1992) und ASHER (1994).

5. Geschlechtstypische Asymmetrien in der Sprachverwendung

5.1. Frauensprache – Männersprache

Da in allen Gesellschaftsstrukturen das biologische Geschlecht (Sexus) eine entscheidende Rolle spielt bei der Verteilung von Macht und Prestige und damit zugleich entscheidenden Einfluß hat auf wirtschaftliche und soziale Aktivitäten sowie auf Bildung und Erziehung, fragten feministische Sprachforscherinnen der ersten Stunde danach, ob und auf welche Weise solche geschlechtstypischen Ungleichheiten sprachlich repräsentiert und perpetuiert werden und welche politischen Konsequenzen daraus zu ziehen sind.[16] Daher lag es nahe, daß Forschungen zum Unterschied zwischen Frauensprache und Männersprache, zum Zusammenhang zwischen der sozialen Genus-Variable und geschlechtstypisch unterschiedli-

---

[16] Frühere (überwiegend abschätzige) Urteile über »Frauensprachen« im Rahmen einer traditionellen, der Anthropologie verpflichteten Sprachwissenschaft stützen sich vor allem auf empirisch unzureichend abgesicherte Beobachtungen an nicht-europäischen Sprachen; dabei bleibt ein möglicher Zusammenhang mit der jeweiligen Sozialstruktur, mit vorgegebenen Verhaltensnormen und kulturellen Werten unberücksichtigt, wofür das vielzitierte 13. Kapitel *The Woman* in JESPERSEN (1922) der früheste Beleg von Einfluß ist. Vgl. hierzu die Übersicht von GÜNTHNER/KOTTHOFF (1991).

chem Sprachverhalten am ehesten an erprobte Konzepte der Soziolinguistik anknüpfen konnten und damit ein neues Teilgebiet in der Soziolinguistik etablierten, die sich bisher überwiegend auf die Parameter Klasse bzw. Schicht, Alter, Rolle, Institutionen und Situationstyp konzentriert hatte. Diese Orientierung am sozio-statistischen Konzept der Differenz prägt deutlich frühe Ergebnisse feministischer Forschungen. Sie stellt sich damit gegen die von JESPERSEN (1922) begründete Tradition, die die weiblichen Varianten wie selbstverständlich als Abweichungen von der zugrundegelegten männlichen Norm klassifiziert und sie zudem (scheinbar rational) begründet mit weiblicher Natur, Sexualität und dem daraus abzuleitenden weiblichen Wirkungskreis.

Solche geschlechtstypischen Unterschiede zeigen sich auf verschiedenen Ebenen des Sprechens, ihre Bewertung ist allerdings häufig von stereotypen Voreinstellungen beeinflußt: So läßt sich die scheinbar natürliche unterschiedliche Stimmhöhe und Stimmstärke von Frauen und Männern (die in früheren Studien mit Sexualität und Hysterie auf der weiblichen, mit Autorität auf der männlichen Seite in Zusammenhang gebracht wurde) nicht ausschließlich auf anatomische Unterschiede zurückführen. GRADDOL/SWANN (1989) konnten empirisch nachweisen, daß Frauen und Männer schon zu einem sehr frühen Zeitpunkt in ihrer sprachlichen Entwicklung einen unterschiedlichen Gebrauch von dem beiden Geschlechtern gleichermaßen zur Verfügung stehenden Grundfrequenzbereich machen; gestützt durch kulturvergleichende Untersuchungen haben sie daraus gefolgert, daß Stimmunterschiede zumindest ansatzweise durch soziokulturell vermittelte geschlechtsspezifische Normen geprägt sind.[17]

So wie Stimmqualitäten nicht nur mit biologischen und sexuellen, sondern auch mit sozial erworbenen Charakteristika zu erklären sind, wird auch die geschlechtstypisch unterschiedliche Priorisierung von Standardsprache oder Dialekt seit den Untersuchungen von TRUDGILL (1975) vor allem mit sozio-ökonomischen Bedingungen in Zusammenhang gebracht. Frauen tendieren aufgrund ihrer untergeordneten Stellung eher zu einer größeren Anpassung an standardsprachliche Prestige-Formen als Männer, weil ein stär-

---

[17] Ein Überblick über geschlechtstypische Unterschiede in der Intonation bietet Sally MCCONNELL-GINET (1983) in ihrem Aufsatz *Intonation in a Man's World*; zu neueren interdisziplinären Studien vgl. das Kapitel *The Voice of Authority* in GRADDOL/SWANN (1989).

kerer Aufstiegswille sie motiviert und ihnen weniger Möglichkeiten geboten sind, ihren sozialen Status anzuheben. Für Männer hingegen scheint die Verwendung von Dialekt mit sozialer Schicht, Gruppensolidarität und Männlichkeit zu korrespondieren. (Allerdings ist ein Einfluß der Untersuchungsmethode auf die Ergebnisse nicht ganz auszuschließen: Möglicherweise hat die ungewohnte Interview-Situation mit einem männlichen Befrager die Frauen zur verstärkten Verwendung von Prestigeformen veranlaßt). Auch die von der männlichen Norm abweichende Wortwahl von Frauen wird häufig mit dieser Tendenz zu standardsprachlicher Korrektheit in Zusammenhang gebracht: Frauen verwenden weniger Schimpfwörter und Kraftausdrücke, sie fluchen seltener und in der Regel erzählen sie keine obszönen Witze. Daß diese Tatsache sich weniger angeborener weiblicher Schamhaftigkeit denn vielmehr geschlechtsspezifisch unterschiedlicher sozialer Normen und Sanktionen verdankt, läßt sich vermuten, wenn man in manchen ›exotischen‹ Sprachen den Tabu-Wörtern nachforscht, die aus religiösen, politischen oder sexuellen Gründen zu meiden sind, denn auch dort sind von solchen Einschränkungen fast immer nur die Frauen betroffen.[18]

5.2. Macht und Ohnmacht in Gesprächen

Feministische Sprachkritik hat sich seit ihren Anfängen ausgiebig mit dem Sprachgebrauch von Frauen und Männern in gemischtgeschlechtlichen Gesprächsrunden in europäischen und außereuropäischen Kulturen beschäftigt und aufgrund von vielfältigen Einzelanalysen zunächst die Hypothese bestätigt, daß sich das Gesprächsverhalten von Frauen und Männern auffällig voneinander unterscheidet, wobei die männliche Ausdrucksweise jeweils als ›Norm‹, die weibliche Variante hingegen als ›Abweichung‹ registriert wurde.[19] Frauen verwenden häufiger als Männer Unsicherheit signalisierende Frageintonation und Rückfragen, konjunktivische Formen in Bitten und Aufforderungen (anstatt direkter Impe-

---

[18] Ein knapper Überblick mit weiterführender Literatur findet sich in ULLMANN (1967, S. 40 und 171), LAKOFF (1987), LAKOFF/JOHNSON (1980); vgl. auch Anm. 30 zu Anstandsbüchern.
[19] Überblicke über die deutschsprachigen Forschungen bieten die Einleitungen in GRÄSSEL (1991) und GÜNTHNER/KOTTHOFF (1991), außerdem BETTEN (1989).

rative), emphatische Adverbien und eine korrektere Grammatik; Männer dagegen dominieren die Themenwahl, unterbrechen Frauen häufiger, nehmen längere Redezeiten in Anspruch; die unterschiedlichen Gesprächsstrategien werden in der Literatur unter »kooperativ« vs. »kontrovers« (bzw. »dominant«) zusammengefaßt.

Neuere kritische Untersuchungen von Karsta FRANK (1992b) und Gertrude POSTL (1991) haben jedoch überzeugend dargelegt, daß sich für jedes einzelne Merkmal klare Gegenbeispiele finden lassen, d.h. daß »(fast) keine relevanten Unterschiede empirisch konsistent nachgewiesen« werden können (FRANK, 1992b, S. 28). Wenn trotzdem immer wieder geschlechtstypische Gesprächsverläufe als Indiz für Unsicherheit, mangelndes Durchsetzungsvermögen und Gefühlsbetontheit von Frauen bewertet werden, so verwechseln solche Forschungen offensichtlich gesellschaftliche Vorurteile und medienwirksame Geschlechterrollen-Klischees mit Resultaten empirischer Forschungen. Daß sich trotz überzeugender Gegenbeweise die Vorstellung von der unterlegenen *Women's language* dennoch so hartnäckig hält, hängt mit den geschlechtsstereotypen Vorstellungen in unseren Köpfen zusammen: Männliche Überlegenheit in Gesprächen gilt als durch Kompetenz legitimiert, weibliche Überlegenheit hingegen wird häufig als untypisches und aggressives Verhalten wahrgenommen.[20] Darüber hinaus wird insbesondere der deutschen feministischen Linguistik der Vorwurf gemacht, die »dichotomen Geschlechtskategorien« als einziges Kriterium für die vermeintlichen Gesprächsdifferenzen verantwortlich zu machen, anstatt Parameter wie soziale und ethnische Zugehörigkeit, Machtgefälle aufgrund von Status und anerzogenem Rollenverhalten sowie individuelle und situative Aspekte in die Überlegungen einzubeziehen – wobei dahingestellt bleiben mag, ob der Faktor »Geschlecht« überhaupt methodisch exakt von anderen Einflüssen zu isolieren ist.

---

[20] Zum Zusammenhang geschlechtstypischer Kommunikationsstrategien und Sozialisation im Spracherwerb vgl. Kap. 7: »Genus und Kognition«.

6. Geschlechtsspezifische Asymmetrien im Sprachsystem

6.1. Personenbezeichnungen und Geschlechterrollen

Feministische Kritik an der Sprache und ihrer wissenschaftlichen Beschreibung bezieht sich von Anfang an nicht nur auf geschlechts*typische* Asymmetrien in der *Sprachverwendung* (z.B. im Gesprächsverhalten oder im Spracherwerb), sondern vor allem auch auf geschlechts*spezifische* Asymmetrien im *Sprachsystem*, insbesondere im Wortschatz (Lexikon), in der Wortbildung und in der Semantik. Während die in Kap. 3 aufgezeigte Sexualisierung der Grammatik durch einseitig geschlechtsstereotype Analyse der Genuszuteilung im Indogermanischen nicht in den Sprachen selbst, sondern in der Meta-Theorie ihrer Interpreten anzusiedeln ist, müssen geschlechtsspezifische Asymmetrien im Wortschatz, in der Wortbildung und in der Semantik als Basis des zugrundeliegenden Sprachsystems angesehen werden, dessen unreflektiert sexistische Verwendung Frauen herabsetzt, verschweigt, also qualitativ bzw. quantitativ der Mißachtung preisgibt.

So scheint für den Wortschatz aller untersuchten Sprachen zu gelten, daß selbst in ethnisch und soziologisch sehr unterschiedlichen Sprachgemeinschaften eine nach Quantität und geschlechtsspezifischer Konnotation unterschiedliche Repräsentanz von Bezeichnungen für Frauen und Männer im lexikalischen Wortschatz vorzufinden ist.[21] Während maskuline Bezeichnungen für Männer (zu femininen Bezeichnungen vgl. auch Kap. 6.2.) männliche Überlegenheit spiegeln, häufig gestützt auf Charakteristika männlicher Sexualität, d.h. auf die einmalige kreative Kraft des Männlichen (auch wenn diese wissenschaftlich nicht erwiesen ist), sind Frauen in essentialistischer Tradition überwiegend als passiv, über ihre untergeordnete häusliche Rolle, ihre Sexualität oder Gesprächigkeit definiert: *Rabenmutter, Hausmütterchen, Alte Jungfer, Frauenzimmer, Hexe, leichtes Mädchen, Freudenmädchen, Emanze, Kaffeetante, Dumme Gans, Blondine, Unschuld vom Lande, Nervensäge, Marktweib, Beißzange, Giftnudel, Klatschbase*. Geschlechtsverkehr wird sprachlich weltweit und kulturunabhängig durch ein männlich aktives und weiblich passives Verhalten symbo-

---

[21] Zu Bestandsaufnahmen für das Englische vgl. BARON (1986), FRANK/TREICHLER (1989), GRADDOL/SWANN (1989); für das Deutsche HELLINGER (1985), PUSCH (1984), SCHOENTHAL (1989), WODAK u.a. (1991).

lisiert, ein für Geschlechterdifferenz sensibilisiertes Studium des von Ernest BORNEMAN gesammelten »obszönen Wortschatzes der Deutschen« (so der Untertitel seines Thesaurus *Sex im Volksmund*) führt dies exemplarisch vor Augen. Evident ist außerdem, daß kulturunabhängig ursprünglich neutrale Bezeichnungen für Frauen im Laufe der Sprachentwicklung eine Bedeutungsverschlechterung erfahren, während die Bezeichnungen für Männer und männliche Tätigkeiten sich als relativ stabil erweisen. Standardbeleg für das Deutsche ist die semantische Entwicklung von ahd./mhd. *wîp* zu nhd. *Weib* (vgl. KOCHSKÄMPER, 1993); ähnlich im Englischen die Bedeutungsübertragung von *tart* ›Torte‹ zunächst als positive, schmückende Bezeichnung für ›junge Frau‹, dann über ›junge begehrenswerte Frau‹, ›moralisch bedenkliche Frau‹ zu ›Hure/Nutte‹. Noch auffälliger ist diese Tendenz bei *witch* und *spinster*, die – ursprünglich geschlechtsneutrale Ausdrücke – erst im Zuge ihrer Feminisierung pejorative Bedeutung erhielten (BRAUN, 1993). Ähnliches gilt für die folgenden semantisch asymmetrischen Wortpaare *bachelor – spinster; governor – governess; master – mistress; Gouverneur – Gouvernante; Sekretär – Sekretärin; Hausherr – Hausfrau, Jungfrau – Junggeselle*, bei denen jeweils die weibliche Bezeichnung sich auf eine untergeordnete Funktion bezieht. Besonders aufschlußreich sind sprachliche Kontrastpaare für kulturanthropologische Asymmetrien wie *aktiv/passiv, Subjekt/Objekt, Wissen/Ignoranz*, bei denen der zweite (weiblich konnotierte) Teil jeweils das Negativbild des ersten (männlich konnotierten) positiven Begriffs darstellt. Solche symbolischen Dichotomien, die die Frau als das Mangelwesen, als das negative ›Andere‹ festschreiben, finden sich zeitlos in anthropologischen, literarischen, religiösen und theologischen Texten. Auch Sigmund FREUDs Psychoanalyse und die Anthropologie von Claude LÉVI-STRAUSS haben sie bestätigt. In diesem Zusammenhang stellt sich die Frage, ob es sich bei den angedeuteten sprachlichen Evidenzen um Symptome eines frauenfeindlichen Klimas handelt oder ob sie als Ursachen seiner Perpetuierung anzusehen sind.

Eine nicht minder aufschlußreiche (aber bislang nur in Ansätzen erschlossene) Quelle für geschlechtsspezifisch sexistische Vorurteile sind Redensarten und Sprichwörter, die zahlreiche Merkmale transportieren, die in der Sozialpsychologie unter »Stereotypen« subsumiert werden.[22] Stereotype formulieren gruppenspezifische Überzeugungen in der (schein)logischen Form einer allgemeinen Aussage, in ungerechtfertigt vereinfachender Weise, formelhaft, mit emotional wertender und normativer Tendenz. Auffällig ist, daß es wesentlich mehr Sprichwörter gibt, die Frauen zum Thema haben als Männer. Unverhältnismäßig viele dieser Sprichwörter thematisieren explizit oder implizit negative Eigenschaften von Frauen, z.B. mangelnde Wahrheitsliebe, Unzuverlässigkeit, Boshaftigkeit, Launenhaftigkeit, Verschwendungssucht, Dummheit, vor allem aber Schwatzhaftigkeit und ungezügelte Sexualität:

> The tongue is the sword of a woman, and she never lets it become rusty. (China)
> Les effets sont mâles et les promesses femelles.
> Die weiber fueren das schwerde im maule, darumb muß man sie auff die scheyden schlagen.
> Ein Mann ein Wort – eine Frau ein Wörterbuch.

Daß die durch diese Sprüche rigide festgelegten Rollenzuweisungen die bestehende Geschlechterhierarchie perpetuieren, kann bei ihrer männlichen Autorschaft und Verbreitung nicht überraschen, ebenso wenig wie die eingeschliffenen hierarchischen Reihenfolgebeziehungen bei Aufzählungen, bei denen das höher Bewertete immer vorausgeht: *Gut und Böse, Tag und Nacht, Adam und Eva, Mann und Frau.*

6.2. Das »generische Maskulinum«

Die meisten Personenbezeichnungen[23] im Deutschen entstammen dem Bereich der Titel und Berufsbezeichnungen. Von den wenigen, umso bedenkenswerteren Ausnahmen *Braut, Witwe, Hexe* abgesehen, bei denen die maskuline Form von der weiblichen Grundform abgeleitet wird, sind grundsätzlich die weiblichen Bezeichnungen als markierte Formen von den männlichen Bezeichnungen durch Suffigierung von -*in* abgeleitet und spiegeln so die historische Tatsache, daß die maskuline Ableitungsbasis sich der

---

[22] Vgl. hierzu die Materialsammlungen in SIMROCK (1846) und LIPPERHEIDE (1907); außerdem COATES (1986, S. 15–34), DANIELS (1985) und BARON (1986).

[23] Das Problemfeld ist für das Deutsche gründlich recherchiert, vgl. zusammenfassend OKSAAR (1976), unter kontrastischem Aspekt GUENTHERODT (1979) und WITTEMÖLLER (1988) und kritisch resümierend SCHOENTHAL (1989).

ursprünglichen männlichen Exklusivität der bezeichneten gesellschaftlichen Funktionen verdankt.[24] Nur wenige Bezeichnungen für ursprünglich weibliche Berufe belegen das Gegenteil, nämlich *Hebamme, Krankenschwester, Putzfrau*, deren männliche Gegenstücke allerdings nicht *Hebammer, Krankenbruder* oder *Putzmann* sondern *Entbindungspfleger, Krankenpfleger* und *Mitglied des Putzpersonals* (oder *Putzbediensteter?*) heißen.

Bei diesen Personenbezeichnungen besteht in allen Genussprachen Übereinstimmung zwischen grammatischem Genus und biologischem Geschlecht (sieht man zunächst noch von der generischen Verwendung der maskulinen Formen ab); auffällige Ausnahmen sind (überwiegend sexuell) abwertend konnotierte Ausdrücke wie die Neutra *Fräulein, Weib, Mensch, Frauenzimmer* und die Maskulina *Blaustrumpf, Vamp, Backfisch* für Frauen, bzw. die Feminina *Memme, Tunte, Kannaille* für Männer. Eine deutliche Asymmetrie zu Ungunsten der Frauen ergibt sich bei Substantivierungen wie *die/der Abgeordnete* und bei der Ableitung weiblicher Bezeichnungen von männlichen Basisformen, z.B. *Bürgerin* von *Bürger*, insofern hier die maskulinen Formen zwei Lesarten aufweisen: nach Ausweis traditioneller Grammatiken bezeichnet die maskuline Form je nach Kontext entweder männliche Referenten oder aber – angeblich geschlechtsneutral – männliche und weibliche Individuen. Dieser ›generische‹ (geschlechtsneutrale) Gebrauch führt dann zu solch stilistischen Kuriositäten wie *Wenn der Arzt im Praktikum schwanger wird*. Vor allem aber führt er zu einer generellen Verunsicherung von Frauen, ob und wann sie sich mitgemeint, wann ausgeschlossen fühlen sollen oder müssen. Auf wen bezieht sich *Sind Lehrer etwa bessere Väter/Menschen?* Der Sprachgebrauch läßt keinen Zweifel, daß der Referent in *Dieser Mensch ist mir unheimlich* nur männlich, in *Diese Person ist mir unheimlich* in der Regel nur weiblich sein kann. Auch das neunte der *Zehn Gebote* scheint eindeutig männlich adressiert zu sein: *Du*

---

[24] So gab es im Mittelalter selbständige Berufsbezeichnungen für Frauen nur in den Bereichen Geburtshilfe, Säuglingspflege, Spinnereigewerbe und für Kammerjungfern; die »übrigen Bezeichnungen, angeführt von Prostituierten, klingen mit wenigen Ausnahmen wie die Einwohnerliste eines Elendsviertels« (HENNIG, 1991, S. 139). – Selbst bei der seit dem 17. Jahrhundert betriebenen Konstruktion von »künstlichen« Sprachen leiten ihre Schöpfer die weiblichen Bezeichnungen von männlichen Basiswörtern ab: zwar gibt es im Esperanto maskuline und feminine Suffixe, doch bezieht sich die Grundform zumeist auf männliche Personen, vgl. *knabo – knabino* für ›Junge‹ – ›Mädchen‹.

sollst nicht begehren Deines nächsten Haus, Hof, Weib (!) und Kind! Daß nach SCHILLER alle »Menschen Brüder werden« und in BEETHOVENs *Fidelio* nur derjenige in den Schlußjubel einstimmen darf, der »ein holdes Weib errungen«, läßt zumindest aus weiblicher Perspektive an gleichberechtigter Teilhabe zweifeln. Ob die maskulinen Bezeichnungen sich nur auf Männer oder aber auf beide Geschlechter beziehen, hängt oft vom attributiven Kontext bzw. dem entsprechenden Weltwissen ab: Man mache die Probe in bezug auf *männliche, weibliche, schwule, schwangere, junge, englische Leser, Ärzte, Priester.* (Im Englischen verschärft sich die Problematik noch durch die doppelte Lesart von *man* als ›Mann‹ und ›Mensch‹, vgl. BARON, 1986, S. 137–161.)

Die Bevorzugung des Maskulinum als sowohl männliche Referenten bezeichnende wie auch als ›generisch‹ zu interpretierende Form findet sich offensichtlich in fast allen Genussprachen.[25] Die Kontroverse um seine angebliche Neutralität ist nicht auf die Sprachwissenschaft beschränkt, an ihr beteiligen sich Vertreterinnen und Vertreter aus Psychologie, Jurisprudenz, Theologie, Philosophie, Politik mit unterschiedlichen Begründungen. So wird von sprachwissenschaftlicher Seite der Vorwurf der Bevorzugung des männlichen Geschlechts durch das mehrdeutige Maskulinum mit unterschiedlichen Argumenten abgewehrt: Zum einen mit der »jahrtausendelang (seit dem Römischen Reich) gültigen Regel«, maskuline Personenbezeichnungen seien – falls nicht durch Kontext eindeutig auf ›männlich‹ festgelegt – stets als generische sprachökonomische Benennung zu verstehen (POLENZ, 1991, S. 75). Zum andern mit der (ursprünglich in der Komponentenanalyse entwickelten) sogenannten Markiertheitstheorie, derzufolge gilt, daß das, was früher, häufiger und in allgemeinerer Bedeutung vorhanden ist (wie das Merkmal [+männlich]), als der (positive) unmarkierte Fall gilt, dessen Negation dagegen als markierte Abweichung [–männlich = weiblich]. Solche dichotomischen Ordnungen mögen in der Phonologie ›natürlich‹ und in der Informationstheorie ökonomisch sein, unter referenzsemantischem Aspekt aber impliziert die Dichotomie [+männlich] vs. [–männlich] eine einseitige Hierarchisierung, die zudem nicht aus linguistischer Notwen-

---

[25] CORBETT (1991, S. 30 und 220f.) führt zwar unter typologischem Aspekt eine Reihe von afrikanischen und südamerikanischen Sprachen an, in denen die feminine Form die unspezifische bzw. generische Lesart repräsentiert, diese Sprachen haben aber eher marginalen Charakter.

digkeit sondern auf Grund sozialer Bewertung entstanden ist –
auch wenn normative Sprachforscher (hier nicht generisch zu verstehen!) sie seit eh und je grammatisch zu legitimieren versuchen. –
Darüber hinaus wird in der Konsequenz dieser Argumentation die
Priorisierung der maskulinen Form gerechtfertigt mit den strukturalistischen Begriffen *Neutralisation* (hier gebraucht im Sinne einer
Aufhebung der Opposition ›männlich‹ vs. ›weiblich‹ zugunsten der
geschlechtsunspezifischen Lesart) und *Archilexem* (unspezifischer
Oberbegriff für ein ganzes Wortfeld): Ein vermutlich universelles
Strukturprinzip angeblich logischer Natur sorgt dafür, daß das unmarkierte (merkmallose) Glied für die markierte (merkmalhaltige)
Form eintreten kann. Ähnlich kann *Tag* in *Tag und Nacht* als übergeordneter Begriff für beide Bezeichnungen verwendet werden.
Nicht zu übersehen ist dabei, daß das Archilexem stets eindeutig
als das größere, schönere, wertvollere gilt. Strukturalisten rechtfertigen die potentiell generische Lesart mit DE SAUSSURE (1967)
problemlos als eine arbiträre (zufällige und somit rein grammatikalische) Beziehung zwischen sprachlicher Form und ihrer Bedeutung, der weder eine kognitive noch sozialpolitische Relevanz zukommt.[26]

7. Genus und Kognition

7.1. Psycholinguistische Evidenzen

Zahlreiche psycholinguistische Experimente zum Verständnis der
generischen Lesart maskuliner Formen in verschiedenen Sprachen
haben erwiesen, daß – allen normativen Grammatikern zum Trotz
– maskuline Formen durchaus nicht konsistent als auf beide Geschlechter verweisend verstanden werden, sondern tendenziell eher
geschlechtsspezifisch interpretiert und somit nur auf männliche
Referenten bezogen werden.[27] Die Benachteiligung der Frau im

---

[26] Ausführliche Belehrung zu den angeführten strukturalistischen Begriffen
findet sich in Hartwig KALVERKÄMPERS androzentrischer Erwiderung *Die
Frauen und die Sprache* (1979) auf den provokativ-feministischen Aufsatz von
Senta TRÖMEL-PLÖTZ (1978) – Für weiterführende Literatur zur Terminologie
vgl. die entsprechenden Einträge in BUSSMANN (1990).
[27] Vgl. hierzu neben CORBETT (1991, S. 218ff.) die fundierten Einzelstudien von MARTYNA (1980) und MACKAY (1983) für das Englische, für das
Deutsche KLEIN (1988) sowie die sprachvergleichende Untersuchung von
BATLINER (1984).

»generischen Maskulin« ist – wie Josef KLEIN (1988) es formuliert hat – keine »feministische Schimäre«, sondern »psycholinguistische Realität«; der jeweilige (frauen- oder männer-dominierte) Situationskontext stützt zwar bis zu einem gewissen Grad die zutreffende Interpretation, er hat aber nur »Verstärkerwirkung«, denn nur in eindeutigem Umfeld und bei gleichzeitiger geschlechtsparitätischer Formulierung durch Doppelformen ist eine nahezu gleiche Verteilung geschlechtsspezifischer Assoziationen von Frauen und Männern gewährleistet (S. 318). Die Frage nach den Ursachen dieser vorhersehbaren Mißverständnisse legt mehrere Antworten nahe: Zum einen belegen laut CORBETT (1991, S. 221) die statistischen Untersuchungen von Nelson FRANCIS und Henry KUČERA (1967) an einem mehr als eine Million Wörter umfassenden US-englischen Sprachcorpus, daß das Pronomen *he* in seinen verschiedenen Funktionen mehr als dreimal so häufig auftritt wie *she*, über vergleichbare Ergebnisse im Russischen berichtet Alma GRAHAM (1975), für das Deutsche kann man Ähnliches voraussetzen. Die bevorzugt geschlechtsspezifische Lesart des »generischen Maskulinum« verdankt sich somit nicht nur der grammatischen Form, sondern zugleich auch einer statistisch gestützten Wahrscheinlichkeit.[28]

Daß das generische Maskulinum seine Funktion als geschlechtsneutrale Instanz nicht hinreichend erfüllen kann, beruht aber auf tieferen und hartnäckigeren als nur statistischen Mechanismen, die unser Denken prägen und kanalisieren. Douglas R. HOFSTADTER, Professor für *Cognitive Science* und feministischer Ideologie unverdächtig, hat 1988 unter dem Titel *Metamagicum* mit entwaffnender Selbstkritik das eigene Unvermögen geschildert, den sexistischen »Knoten stillschweigender Annahmen« zu lösen. Obgleich er sich in seinem Buch *Gödel, Escher, Bach* sehr bewußt um eine nichtsexistische Darstellungsweise bemühte, geriet er doch immer wieder auf die »rutschige Bahn des Sexismus« (S. 160). Mit einer Fülle anschaulicher Beispiele schildert er die Automatisierung unseres Denkens durch implizite Annahmen und »Myriaden grober

---

[28] Die bis ins 18. Jahrhundert zurückreichenden Versuche, ein spezifisches Pronomen wie z.B. *thon, heesh, herm* für neutralen Gebrauch einzuführen (BARON, 1986, S. 190–216), sind vermutlich deshalb zum Scheitern verurteilt, weil damit zusätzliche Komplikationen mit Konkordanz-Regeln zu bewältigen sind – zumindest zeigen typologische Vergleiche, daß eine solche Strategie in kaum einer Sprache verfolgt wird (CORBETT, 1991, S. 223).

Vermutungen« (S. 146), die sich vor allem auf die »stillschweigende« Dominanz und positiv bewertete Norm des Männlichen in der vorgestellten Geschlechterhierarchie in unseren Köpfen bezieht. Damit bestätigt er auf eingängige Weise, was sozialwissenschaftlich orientierte Kognitionspsychologen als ungeprüft verwendete Stereotypen bezeichnen, die im Laufe der Geschichte objektiven Charakter annehmen können (wie z.B. auch längst überholte biologistische Theorien). Die Kognitionspsychologie versteht unter Geschlechterrollen-Stereotypen kulturspezifisch ausgeprägte, allgemein akzeptierte und somit nicht hinterfragte Merkmalszuschreibungen für beide Geschlechter. Häufig werden sie als Selbstbild übernommen, indem Frauen ›männliche‹ und Männer ›weibliche‹ Eigenschaften unterdrücken. Als unreflektierte Beurteilungsgrundlage für Geschlechtsrollenadäquatheit sind die Stereotypen verdächtig, resistent gegenüber sozialem Wandel zu sein und so der Stabilisierung des *status quo* zu dienen.[29]

7.2. Sprachliche Sozialisation

Lange Zeit war die psycholinguistische Forschung zum Spracherwerb darum bemüht, den Mythos von der sprachlichen Überlegenheit von Frauen und Mädchen beim Spracherwerb zu bestätigen oder zu widerlegen. Die Überprüfung früherer empirischer Forschungsergebnisse in den kritischen Überblicken von KLANN-DELIUS (1980 und 1987) und PIEPER (1993) münden weitgehend einmütig für alle Spracherwerbsstadien und die traditionellen Sprachebenen (Erwerb der syntaktisch-semantischen Grundstrukturen) in der Feststellung »no sex differences have been found«. Damit sind auch diese Spekulationen über geschlechtsspezifisch unterschiedliche biologische Ausstattungen (Lateralisierung) weitgehend hinfällig geworden. Aufschlußreich aber und didaktisch relevant sind Beobachtungen in der Sozialisationstheorie und Kognitionspsychologie, denen zufolge eine geschlechtstypische Differenzierung vor allem im Bereich der semantisch-pragmatischen Dimension des Spracherwerbs vorliegt, wobei der Akzent auf *Dif-*

---

[29] Grundlegend ist die mit College-Studentinnen und -Studenten durchgeführte Untersuchung von BROVERMAN u.a. (1972) über geschlechtsspezifische Vorurteile, aus der hervorgeht, daß mit männlichen Eigenschaften assoziierte Zuschreibungen wie *competence* und *rationality* entschieden positiver bewertet werden als die weiblichen Zuschreibungen *warmth* und *expressiveness*.

ferenz und nicht mehr wie bisher auf einem Wertungskonzept des *Defizits* liegt. Die Ursachen für solche geschlechtstypischen Unterschiede im Kommunikationsstil korrelieren deutlich mit einem geschlechtsbezogenen unterschiedlichen verbalen Verhalten von Eltern und Lehrern, die offensichtlich Söhnen bzw. männlichen Schülern stärkere positive Rückmeldungen für Eigeninitiative und Selbständigkeit zuteil werden lassen als Töchtern bzw. Schülerinnen. Letztere werden stärker beziehungs- und personenorientiert erzogen. Weitgehend unbeabsichtigt vermitteln auf diese Weise Familie und Schule geschlechtskonforme verbale und nonverbale Verhaltensweisen und bewirken damit einen »automatischen Kreislauf von familialem Sprachlernen und Reproduktion der Geschlechterrollenklischees über die Generationen hinweg« (PIEPER, 1993, S. 18). Wieder gilt, daß nicht biologische Anlagen, sondern stereotype Erfahrungen im Sozialisationsprozeß geschlechtsspezifische Variationen in kommunikativen Strategien bewirken.

Denkt man in weitläufigeren Traditionssträngen, so haben auch weibliche Redevorschriften in Anstandsbüchern seit dem späteren 18. Jahrhundert bis in unsere Tage entscheidend zu dem Zustandekommen und der Aufrechterhaltung dieser unterschiedlichen Gesprächsstile beigetragen. Eine gründliche Analyse dieser Schriften würde bezeugen, daß die oben skizzierten Beobachtungen zum weiblichen Gesprächsverhalten dort als Normvorschriften zu finden sind.[30]

8. Sprachwandel im Vollzug

8.1. Sozialer Wandel – Sprachlicher Wandel

Sprachpolitische Initiativen gehen von bestimmten Annahmen aus über den Zusammenhang von biologischem Geschlecht (Sexus), dessen asymmetrischer Repräsentation im Sprachsystem und der Ungleichbehandlung der Frau in der sozialen Realität. Dabei wird die zentrale Frage nach dem gegenseitigen Einflußverhältnis von Sprache und Wirklichkeit überwiegend dichotomisch beantwortet, d.h. entweder: Sprache ist Spiegelbild der Normen, Werte und Rollenbilder der jeweiligen Gesellschaft und verändert sich analog

---

[30] Diese Einsicht verdanke ich einer Seminararbeit von Elisabeth KRIMMER (1990) über Redevorschriften in Anstandsbüchern von 1880 bis 1960. Eine gute Orientierung über die Quellenlage im Englischen leistet EBLE (1976), für das Deutsche HÄNTZSCHEL (1986).

zu deren soziokulturellem Wandel, oder aber (und daraus bezieht feministische Sprachpolitik ihre Motivation): Sprache prägt Gedanken, Einstellungen, Absichten und Vorurteile. Wird letzteres angenommen, so kann/muß durch eine Veränderung der sexistischen Sprache das Bewußtsein ihrer Sprecherinnen und Sprecher – und damit die Wirklichkeit – verändert werden, denn da ein Denken außerhalb des sprachlich Vorgegebenen nicht möglich ist, würde sexistische Sprache notgedrungen jahrtausendalte Misogynie fortschreiben. Gegenüber jener Alternative läßt sich geltend machen, daß das Ursache-Wirkung-Verhältnis zwischen Sprache, Denken und Wirklichkeit nicht eindimensional, sondern – in Analogie zu WITTGENSTEINs Sprachspiel-Konzept und pragmatischen Ansätzen in der Linguistik (vgl. POSTL, 1991, S. 267ff.) – interdependent im Sinne wechselseitiger Beeinflussung zu sehen ist. Fest steht, daß einerseits die weitaus überwiegende Zahl von Genussprachen in ihrem personenbezogenen Wortschatz ein unausgewogenes Inventar zuungunsten weiblicher Bezeichnungen aufweist, daß andererseits die normative Setzung des >generischen< Maskulinum im Laufe der Sprachgeschichte feste Wurzeln im Sprachsystem geschlagen hat. Da aber bekanntlich auch genuslose Sprachen wie Ungarisch, Türkisch, Japanisch oder Chinesisch weder eine soziale Gleichstellung der Geschlechter garantieren noch gegen sexistische Sprachverwendung gefeit sind, sind es vor allem die Sprecherinnen und Sprecher einer Jahrtausende alten patriarchalisch geprägten Sprachgemeinschaft in ihrer gesellschaftlichen und kulturellen Wirklichkeit, deren alltäglicher Sprachgebrauch primär für die ungleiche sprachliche Repräsentation der Geschlechter in der Gegenwartssprache verantwortlich ist. Wie am Kampf um Minderheitensprachen deutlich wird, setzen sich in der Regel jene sprachlichen Strukturen als Norm durch, die von den jeweiligen Machtverhältnissen begünstigt werden.

Diese Einsicht birgt Zukunftsperspektiven: Seit der aufklärerischen Sprachkritik im 18. Jahrhundert gilt, daß Sprache verbesserungswürdig, -bedürftig und -fähig ist. Die Sensibilisierung für die soziokulturelle Benachteiligung von Frauen läßt sich somit durch sprachliche Sensibilisierung verstärken. Solange maskuline – wenngleich generisch >gemeinte< – Bezeichnungen und männliche Referenz in vielen sozial ungleichen Kontexten zugunsten des Mannes zusammenfallen (und Frauen unter dem maskulinen Pseudonym – je nach Umständen – sich mitgemeint fühlen oder auch nicht, nämlich genau dann, wenn es um männliche Privilegien geht), ist die (männliche) Behauptung, das ›generische‹ Maskulinum sei ein geschlechtsunspezifischer Oberbegriff, eine wissenschaftliche Fiktion. Nicht das ›generische‹ Maskulinum an sich ist sexistisch, sondern seine unreflektierte diskriminierende Verwendung und ihre patriarchalisch anmaßende Rechtfertigung durch die ›Meistererzählungen‹ der Grammatiker (»Grammatiker« hier in nicht-generischer Lesart verwendet). Das Fehlen eines unpersönlichen Genus zur Bezeichnung gemischter Gruppen wurde vermutlich nur deshalb bislang nicht als ›Leerstelle‹ im System diagnostiziert, weil das sprachliche System die männliche Priorität im Alltag adäquat widerspiegelt. Alle Sprecherinnen und Sprecher können sich an der Suche nach einer sozialverträglichen Lösung beteiligen, die grammatisch korrekt, sprechbar, ökonomisch, eindeutig, dem Sprachgefühl entsprechend und die Sprachästhetik nicht allzu sehr verletzend ist; das bedeutet: ein Gleichgewicht finden zwischen linguistischer Redlichkeit und weiblicher Parteilichkeit. Wo Mißverständnisse, Irreführungen oder gar Verfälschungen als Interpretation möglich sind, sollte – gemäß den GRICEschen Konversationsmaximen – eine explizite Differenzierung Vorrang haben vor Prinzipien der sprachlichen Ökonomie oder Ästhetik. In *Politik* und *Wirtschaft*, die auf das weibliche Potential angewiesen sind, zeigt dieser Lernprozeß bereits deutliche Spuren. Anders in der *Juristerei*, deren Vertreter trotz entgegengesetzter Evidenzen (die durch die zahlreichen Sondervorschriften für Frauen im jeweils historischen Kontext offenkundig sind) noch immer auf der durch Tradition sanktionierten ›generischen‹ Lesart zu beharren versuchen.[31] Auch in der *Theologie* erzeugt eine ebenso fundierte wie engagierte feministische Sprachkritik mehr Verunsicherung und Mißtrauen als Einsicht und Bereitschaft, an der gesellschaftlich gebotenen Notwendigkeit einer »Entpatriarchalisierung« der biblischen Sprache konstruktiv mitzuwirken.[32]

---

[31] Zahlreiche Belege finden sich in GRABRUCKER (1993) und GUENTHERODT (1983/1984); zu historischen Befunden vgl. DÜRR (1960) und HATTENHAUER (1987); zur maskulinen Rechtssprache als Verfassungsproblem SCHULZE-FIELITZ (1989).
[32] Vgl. den Beitrag von SIEGELE-WENSCHKEWITZ in diesem Band, Kap. 3.2.3.; außerdem SCHÜSSLER FIORENZA (1988) sowie die Beiträge in WEGENER/KÖHLER/KOPSCH (1990).

8.2. Wirkungen feministischer Sprachpolitik

Ein Phänomen, das sonst von der Sprachwissenschaft nur spekulativ an historischem Material erschlossen werden kann, vollzieht sich seit rund zwanzig Jahren unter unseren Augen: In dem Maße, in dem Frauen nach und nach Gleichberechtigung in fast allen Lebensbereichen gefunden haben (Vereins- und Versammlungsrecht, Wahlrecht, Familienrecht, theoretisch freien Zugang zu allen Berufen und Funktionen), wurde die geschlechtsspezifische sprachliche Ungleichheit immer deutlicher. Viele (männlich konnotierte) Berufs- und Funktionsbezeichnungen wirken zunehmend ebenso veraltet wie die herablassend-bevormundende Anredeform *Fräulein* für unverheiratete Frauen, für die es kein männliches Pendant gibt und die bekanntlich erst 1972 durch einen Erlaß des Bundesinnenministeriums beseitigt wurde. Insbesondere aber wurde die in androzentrischer Tradition eingeübte Verwendung maskuliner Formen für weibliche und männlich gemischte Gruppen zunehmend zum Angelpunkt der Auseinandersetzung zwischen feministischer und traditioneller (strukturalistischer) Sprachauffassung (vgl. Kap. 6.2.).

Während einerseits männliche Resonanz auf feministische Änderungsvorschläge insbesondere im Bereich der Rechtssprache[33] noch immer von abfälligen Urteilen wie »überdrehte weibliche Phantastereien«, »Sprachverschandelung« und »Hirngespinste« durchsetzt ist, ist es zugleich den ebenso hartnäckigen wie pointierten Untersuchungen und Polemiken engagierter Frauen gelungen (wie der Überblick in WODAK u.a., 1987, S. 23–27, eindrucksvoll zeigt), einen internationalen Sprachwandelprozeß in Gang zu setzen, der zumindest in Medien, Politik und Institutionen deutliche Zeichen eines neuen Bewußtseins gesetzt hat. Vorreiter in diesem übernationalen Prozeß sind Kanada und die USA, die seit Ende der 60er Jahre in verschiedenen öffentlichen Institutionen

---

[33] Die Gesetzessprache ist juristisch maßgeblich für alle Varianten ›öffentlicher‹ Sprache: Amtssprache (Gerichtliche Entscheidungen, Aufforderungen), normengebende Verwaltungssprache (Ausweise, Dokumente) und Vorschriftensprache (Gesetze, Rechtsverordnungen, Satzungen). Daher entzündete sich an ihr schon früh die Kontroverse um sprachliche Gleichbehandlung von Frauen und Männern. In ebenso erfrischend polemischer wie zugleich allgemeinverständlicher Weise bringt GRABRUCKER (1993) die verzweigten historischen und aktuellen Probleme auf den Punkt. Vgl. weiterhin aus (neutraler) juristischer Perspektive SCHULZE-FIELITZ (1989).

Guidelines for the Equal Treatment of the Sexes entwickelt haben und erreichten, daß die gedankenlose sprachliche Identifizierung von *man* mit ›Mann‹ und ›Mensch(heit)‹ durch alternative Ausdrücke wie *people, human beings, humanity, women and men* aufgehoben wurde. Startzeichen in Europa sind die *Richtlinien der Europäischen Gemeinschaft zur Verwirklichung des Grundsatzes der Gleichbehandlung von Männern und Frauen* (1976), denen mittlerweile die meisten europäischen Länder gefolgt sind, wobei ein doppeltes Ziel erreicht werden soll: einmal die Bekämpfung von sexistischem Sprachgebrauch vor allem bei Personenbezeichnungen, Titeln und Anredeformen, zugleich aber auch die Vermeidung der sprachlichen Vermittlung überlebter stereotyper Rollenbilder und Klischees. Die Veränderungsstrategien sind sprachspezifisch unterschiedlich, so favorisiert das Englische »Neutralisierung durch Geschlechtsabstraktion«, d.h. durch Wahl geschlechtsunspezifischer Termini wie *chairperson*, während im Deutschen die gegenläufige Tendenz der Sichtbarmachung und »Feminisierung mittels Geschlechtsspezifikation« viel Befürwortung findet, d.h. die Verwendung von Doppelformen (*splitting*) wie *Bürgerin und Bürger*.[34] Daß hier Flexibilität zwischen beiden Prinzipien die akzeptabelsten Lösungen bietet, belegen WODAK u.a. (1987) überzeugend. Der länderübergreifende Erfolg feministischer sprachpolitischer Forderungen ist insofern verblüffend, als hier Sprachwandel ausgelöst wird durch eine dezentrale Gruppe ohne Machtbefugnisse, deren Veränderungsstreben nicht motiviert ist durch generell akzeptierte Ziele von Sprachpolitik wie ideologische Interessen (Drittes Reich), nationalpolitische Einheitsbestrebungen (Hebräisch, Irisch, Gälisch) oder sprachästhetische Ziele wie Erleichterung der Kommunikation durch Ökonomie oder Reinhaltung der Sprache durch Vermeiden von Fremdwörtern.

---

[34] Die vermutlich in der Schweiz erfundene, von der Berliner Tageszeitung *taz* populär gemachte Schreibweise mit dem »großen *I*« im Wortinnern (das zugleich den sonst üblichen Schrägstrich symbolisiert) findet trotz Kritik zunehmend Verwendung in geeigneten Textsorten: Ihr wird neben der Abweichung von orthographischer Norm vor allem Unaussprechlichkeit vorgeworfen, als wären wir nicht längst darauf trainiert, sehr viel undurchsichtigere Abkürzungen in der mündlichen Rede ohne Zögern aufzulösen. Schließlich ist *BürgerInnen* die einzige optische Repräsentation, die allen drei möglichen Bedeutungsvarianten (›männlich‹, ›weiblich‹, ›gemischt‹) gerecht wird (vgl. dazu LUDWIG, 1989).

9. Perspektiven einer kritischen feministischen Linguistik

Eine kritische feministische Linguistik, wie sie in jüngster Zeit u.a. CAMERON (1985), FRANK (1992) und POSTL (1991) zu entwickeln begonnen haben, muß bei der Spurensuche nach patriarchalischer Voreingenommenheit in der sprachwissenschaftlichen Forschung bei deren theoretischen Prämissen beginnen. Denn der Widerstand gegen feministische Sprachpolitik ist bezeichnenderweise dort am stärksten, wo gleichzeitig der Anspruch der Objektivität am höchsten ist: In der *mainstream*-Linguistik (Strukturalismus, Generative Grammatiken) kommt der Mensch als soziales Wesen (unterschieden nach biologischem Geschlecht, ethnischer Zugehörigkeit, Gesellschaftsschicht, Alter) nicht vor. Wo Zentrum und Ziel einer Grammatiktheorie die kontextfrei formulierte sprachliche Regel ist, werden der Vorgang des Sprechens als sozialpolitisches Handeln und die Rolle der Sprechenden in die Bindestrich-Linguistiken (Sozio-Linguistik, Psycho-Linguistik) verwiesen. Selbst die handlungstheoretischen Ansätze von Jürgen HABERMAS (1971), Dieter WUNDERLICH (1976) oder John R. SEARLE (1971) beschränken sich auf monologische Regelsysteme in axiomatischen Modellvorstellungen. Damit ist offenkundig, daß jegliche Form von feministischer Linguistik quer liegt zur *mainstream*-Linguistik mit all ihren Teildisziplinen. Von der feministischen Zielsetzung aus, den Sprachgebrauch im historischen Wandel aus weiblicher Betroffenheits-Perspektive zu untersuchen, werden die gängigen Prämissen (Sprachsystem vor Sprachgebrauch, idealer Sprecher/Hörer vor Rollendifferenz, Synchronie vor Diachronie) außer Kraft gesetzt, zugleich wird damit aber vor allem gegen das Grundprinzip objektiver, unparteiisch deskriptiver Wissenschaftlichkeit verstoßen. Gerade diese ›Objektivität‹ aber steht zur Debatte, wenn es um eine Analyse der androzentrisch normativen Grammatikschreibung geht (wie sie exemplarisch an HERDER und GRIMM im Kap. 3 vorgeführt wurde): Die gängigen Interpretationen der Entstehung und Verteilung von Genus in den indoeuropäischen Sprachen bilden nur eine Facette einer sprachwissenschaftlichen Forschung, die sich von patriarchalischen Grundvorstellungen leiten läßt. Eine kritische Neu-Interpretation der sprachlichen Befunde, eine Re-Lektüre traditioneller Grammatikforschung hinsichtlich ihrer ideologischen Genus-Implikationen und normativen Konsequenzen findet sich ansatzweise bereits in JANSSEN-JURREIT (1976), in neuerer Zeit vor allem in CAMERON (1985), BARON (1986) und FORER (1986).

Die Ergebnisse lassen erwarten, daß insbesondere aus germanistischer Perspektive eine unvoreingenommene Analyse des Zusammenhangs zwischen (männlicher) Grammatikschreibung und sexistischer Voreingenommenheit ein aufschlußreiches Kapitel sprachwissenschaftlicher Mentalitätsgeschichte zu Tage fördern würde. Auch eine kritische Überprüfung gängiger sprachpolitischer Werkzeuge (wie Grammatiken, Lexika, Anstandsregeln) hinsichtlich einseitig diskriminierender Festschreibungen würde diese als eine Art »anonymes Überwachungssystem« entlarven (POSTL, 1991, S. 17), die auf »Einhaltung einer sprachlichen Norm, unterschiedlich je nach historischer Epoche, Kulturkreis und sozialem Umfeld« ausgerichtet sind und so der Perpetuierung geschlechtsspezifischer Vorurteile dienen. Daß auch etymologische und wortgeschichtliche Forschungen häufig androzentrischer Einäugigkeit ihre Ergebnisse verdanken, weist BARON (1986) an anekdotischen Einzelbeispielen nach. Der Verdacht läßt sich exemplarisch bei WOLFE/STANLEY (1981), KOCHSKÄMPER (1993) oder KAZZAZI (1994) überprüfen.

Eine weitere notwendige kritische Sichtung der traditionellen Forschung bezieht sich auf die seit JESPERSEN (1922) praktizierte Darstellung sogenannter Frauensprache, die in Erfüllung patriarchalischer Erwartungen als eine zweitrangige (restringierte) Sprachvariante auf den eingeschränkten privaten Raum der Häuslichkeit verwiesen wird. Ihre angeblichen Defizite bemessen sich an der männlichen Sprache als Norm. Neuere Einzeluntersuchungen zu geschlechtstypischem Sprachverhalten konzentrieren sich vornehmlich auf die Analyse leicht zugänglicher Gesprächssituationen wie Fernseh-Interviews (GÜNTHNER/KOTTHOFF, 1992), Schulkommunikation (ENDERS-DRAGÄSSER, 1989), Hochschuldialoge (TRÖMEL-PLÖTZ, 1984; SCHMIDT, 1988), Gerichtsverfahren (PHILIPS, 1987) und therapeutische Kommunikation (WODAK, 1985). Sie haben sich dabei die Methoden der (ethnomethodologischen) Konversationsanalyse zunutze gemacht (wie sie in LEVINSON, 1983, ausführlich dargestellt sind) und zum Teil sehr differenzierte Detailanalysen geliefert. Allerdings teilen sie tendenziell die theoretischen Schwierigkeiten soziolinguistischer Analysen, indem sie nicht immer der Gefahr entgangen sind, die für sie zentrale Untersuchungskategorie ›Geschlecht‹ zu verabsolutieren und andere wesentliche Einflußfaktoren wie Schicht, Alter, Beruf, ethnische Herkunft, Nationalität oder Religion zu vernachlässigen. Zahlreiche

Studien zu kontextbezogenen Gesprächsaspekten und kommunikativ-pragmatischen Funktionen der jeweiligen Rede-/Textbeispiele bestätigen die Vermutung, daß Geschlecht nur *ein* Faktor unter mehreren ist, der sich aber äußerst schwierig von anderen Einflüssen isolieren läßt. Daher »ist es unmöglich, vom biologisch-sozialen Geschlecht einer Sprecherin bzw. eines Sprechers monokausal auf ihr Gesprächsverhalten zu schließen« (FRANK, 1992a, S. 143). FRANKs Forderung nach einem notwendigen »Paradigmenwechsel der feministischen Linguistik« bezieht sich sowohl auf die irreführende Verabsolutierung der biologisch-sozialen Kategorie Genus als auch auf eine Neubewertung unter pragmatisch funktionalen Aspekten der (angeblich) geschlechtsspezifischen Redestile des konkurrierenden (»kompetitiven«) männlichen und des »kooperativen« weiblichen Gestus.

Insofern die Sprachproblematik die meisten Humanwissenschaften betrifft, gelingt ein solcher Paradigmenwechsel umso nachhaltiger, wenn er sich in interdisziplinärer Vernetzung vollzieht. So verfolgen neuere rollentheoretische Konzepte der Soziologie und postmoderner feministischer Philosophie eine Dekonstruktion der rigiden Genus-Oppositionen und dokumentieren damit zugleich eine »Diversifizierung weiblicher Lebenspraxis« (FRANK, 1992a, S. 150), die nicht ohne Einfluß auf sprachtheoretische Überlegungen bleiben kann. Diese Neuansätze zielen auf eine grundsätzliche Kritik am dichotomischen Denken (Weiblichkeit vs. Männlichkeit, Emotionalität vs. Rationalität, Familie vs. Erwerbsleben u.a.m.), das deutlich im Widerspruch zur realen Lebenspraxis steht. In Kooperation mit der Wahrnehmungspsychologie wäre zu klären, ob und inwieweit sprachlich tradierte Dichotomien und sexistische Normen (maskuline Personen- und Funktionsbezeichnungen sowie das ›generische‹ Maskulinum) die »kollektive Wahrnehmungsstörung« stützen (FRANK, 1992b, S. 29), derzufolge tief verankerte stereotype Vorstellungen stets aufs Neue den superioren Status des Mannes und den inferioren Status der Frau unterstellen bzw. bestätigen – unbeschadet des tatsächlich zu beobachtenden Verhaltens der beiden Geschlechter. Hier sind die beiden, von FRANK (1992b) als »fremde Schwestern« bezeichneten Disziplinen Linguistik und Literaturwissenschaft gemeinsam gefordert, die Tradierung solcher kulturspezifischen (oder universellen?) Wahrnehmungsmuster aufzuzeigen. Daher muß feministische Linguistik ihre Bewertung von weiblichem Sprechstil neu überprüfen und ebenfalls in Frage stellen, was feministische Literaturtheorie unter dem Einfluß poststrukturalistischer Theorien bereits verworfen hat, daß es nämlich ein »weibliches Schreiben« als unmittelbaren Ausdruck biologischer Geschlechtszugehörigkeit gibt: Weibliches Sprechen und Schreiben ist als ebenso heterogen und individuell geprägt zu sehen wie die komplexen und inkonsistenten Rollenerwartungen, in denen sich weibliche Lebenspraxis heute vollzieht (vgl. hierzu aus englischer Perspektive CAMERON, 1985, S. 114–133).

Ingeborg BACHMANNs oft zitiertes Urteil aus ihren Frankfurter Vorlesungen: »Eine neue Sprache muß eine neue Gangart haben, und diese Gangart hat sie nur, wenn ein neuer Geist sie bewohnt«, ist in diesem Zusammenhang zu begreifen als Aufforderung zu kritischer Überprüfung der eigenen Mittäterschaft am gegenwärtig vorherrschenden hierarchischen Geschlechterverhältnis und seiner Symbolisierung durch Sprache. Sensibilisierung für sprachliche Ungleichheiten, Bewußtmachen androzentrischer Stereotypen, Überwindung vorgegebener Sprechroutinen, kreative Variation von Tradiertem – das sind die Echolaute einer »neuen Gangart«.

10. Literatur

[A] Genus in typologischer Perspektive
[B] Genus in Einzelsprachen
[C] Hypothesen zum Ursprung von Genus in den indogermanischen Sprachen
[D] Feminismus und Sprachwissenschaft
[E] Geschlechtstypisches Sprachverhalten (Soziolinguistik)
[F] Geschlechterdifferenz und Kognition (Psycholinguistik)
[G] Sprachpolitik und Sprachwandel
[H] Forschungsberichte, Handbücher
[I] Bibliographien
[J] Wörterbücher

ADELUNG, Johann Christoph: Umständliches Lehrgebäude der deutschen Sprache zur Erläuterung der deutschen Sprachlehre für Schulen, 2 Bde., Leipzig 1782. [A]
AEBISCHER, Verena: Les femmes et le langage, Paris 1985. [D, B]
ANDRESEN, Helga u.a. (Hg.): Sprache und Geschlecht, in: Osnabrücker Beiträge zur Sprachtheorie, Beihefte 3, 8 und 9, Osnabrück 1978/1979. [D]
ASHER, R. E. / J. M. Y. SIMPSON (Hg.): The Encyclopedia of Language and Linguistics, 10 Bde., Oxford 1994. [H, I]
BARON, Dennis: Grammar and Gender, New Haven 1986. [A, B, C, D]
BATLINER, Anton: The Comprehension of Grammatical and Natural Gender: A Cross-linguistic Experiment, in: Linguistics 22, 1984, S. 831–856. [F]
BEIT-HALLAHMI, Benjamin u.a.: Grammatical Gender and Gender Identity Development. Cross Cultural and Cross Lingual Implications, in: American Journal of Orthopsychiatry 44, 1974, S. 424–431. [D, F]
BETTEN, Anne: Weiblicher Gesprächsstil und feministische Gesprächsanalyse. Überlegungen zum Forschungsstand, in: Edda WEIGAND u.a. (Hg.): Dialoganalyse II, Tübingen 1989, S. 265–276. [D, E, H]
BODINE, Ann: Androcentrism in Prescriptive Grammar, in: Language in Society 4, 1975, S. 129–146 (1975a). [D]
BODINE, Ann: Sex Differentiation in Language, in: THORNE/HENLEY, 1975, S. 130–151 (1975b). [D]
BORNEMAN, Ernest: Sex im Volksmund. Die sexuelle Umgangssprache des deutschen Volkes, Reinbek b. Hamburg 1971. [J]
BORNSTEIN, Diane: As Meek as a Maid: A Historical Perspective on Language for Women in Courtesy Books from the Middle Ages to Seventeen Magazine, in: Douglas BUTURFF / Edmund L. EPSTEIN (Hg.): Women's Language and Style, Akron 1978, S. 132–138. [E, G]
BRAUN, Friederike / Armin KOHZ / Klaus SCHUBERT: Anredeforschung. Kommentierte Bibliographie zur Soziolinguistik der Anrede, Tübingen 1986. [E]
BRAUN, Friederike: Was hat Sprache mit Geschlecht zu tun? Zum Stand linguistischer Frauenforschung, in: Ursula PASERO (Hg.): Frauenforschung in universitären Disziplinen, Opladen 1993, S. 189–229. [H]

BRIGHT, William: International Encyclopedia of Linguistics, 4 Bde., Oxford 1992. [H]

BRINKMANN, Henning: Die deutsche Sprache. Gestalt und Leistung, Düsseldorf 1962. [B]

BRINKMANN, Henning: Zum grammatischen Geschlecht im Deutschen, in: E. ÖHMANN zu seinem 60. Geburtstag, Helsinki 1954, S. 371–428. [B]

BROSMAN, Paul W.: The Semantics of the Hittite Gender System, in: The Journal of Indo-European Studies 7, 1979, S. 227–236. [A, C]

BROVERMAN, Inge K. / Susan R. VOGEL / Donald M. BROVERMAN / Frank E. CLARKSON / Paul S. ROSENKRANZ: Sex-role Stereotypes: A Current Appraisal, in: Journal of Social Issues 28, 1992, S. 59–76. [F]

BROWN, Penelope / Stephen LEVINSON: Universals of Language Usage: Politeness Phenomena, in: Esther N. GOODY (Hg.): Questions and Politeness: Strategies in Social Interaction, Cambridge 1978, S. 56–289. [E]

BRUGMANN, Karl: The Nature and Origin of the Noun Genders in the Indo-European Languages. A Lecture Delivered on the Occasion of the Sesquicentennial Celebration of the Princeton University, New York 1897. [C]

BRUGMANN, Karl: Das Nominalgeschlecht in den indogermanischen Sprachen, in: Techmers Zeitschrift für Allgemeine Sprachwissenschaft 4, 1889, S. 100–109. [C]

BRUGMANN, Karl: Zur Frage der Entstehung des grammatischen Geschlechts, in: Internationale Zeitschrift für Allgemeine Sprachwissenschaft 9, 1894, S. 523–531. [C]

BUSSMANN, Hadumod: Lexikon der Sprachwissenschaft. Unter Mithilfe und mit Beiträgen von Fachkolleginnen und -kollegen, 2., völlig neu bearbeitete Aufl., Stuttgart 1990. [H]

CAMERON, Deborah: Feminism and Linguistic Theory, New York 1985. [D, E, F]

CAMPE, Joachim Heinrich: Campes Beiträge zur Beförderung der fortschreitenden Ausbildung der deutschen Sprache, Braunschweig 1795–1798.

CLAUDI, Ulrike: Zur Entstehung von Genussystemen: Überlegungen zu einigen theoretischen Aspekten, verbunden mit einer Fallstudie des Zande, Hamburg 1985. [A, B, C]

COATES, Jennifer: Women, Men and Language. A Sociolinguistic Account of Sex Differences in Language, London 1986. [D, E]

COATES, Jennifer / Deborah CAMERON (Hg.): Women in Their Speech Communities. New Perspectives on Language and Sex, London 1988. [D, E]

CORBETT, Greville: Gender, Cambridge 1991. [A, C, F, I]

CORBETT, Greville: Gender in German: A Bibliography, in: Linguistische Berichte 103, 1986, S. 280–286. [B, I]

CRAIG, Colette (Hg.): Noun Classes and Categorization, Amsterdam 1986. [A]

DALY, Mary: Gyn/ecology: The Metaethics of Radical Feminism, Boston 1978 (dt. Gyn/Ökologie. Eine Meta-Ethik des radikalen Feminismus, München 1980). [D]

DANIELS, Karlheinz: Geschlechtsspezifische Stereotypen im Sprichwort, in: Sprache und Literatur 56, 1985, S. 18–25.

Duden. Grammatik der deutschen Gegenwartssprache, hg. von Günther DROSDOWSKI, 4., völlig neu bearbeitete und erweiterte Aufl., Mannheim 1984 (2. Aufl. 1966, 3. Aufl. 1973). [B]

DÜRR, Rudolf: Eine Auswahl der Rechtsgrundsätze der Antike, München 1960. [G]

EBLE, Connie C.: Etiquette Books as Linguistic Authority, in: Peter A. REICH (Hg.): The Second LACUS Forum 1975, Columbia, Sc. 1976, S. 467–475. [E]

ECHOLS, Anne / Marty WILLIAMS (Hg.): An Annotated Index of Medieval Women, New York u.a. 1992. [I]

EISENBERG, Peter: Grundriß der deutschen Grammatik, 2. überarb. und erw. Aufl., Stuttgart 1989. [B]

ENDERS-DRAGÄSSER, Uta / Claudia FUCHS: Interaktionen der Geschlechter. Sexismusstrukturen in der Schule, Weinheim 1989. [D, E]

FODOR, István: The Origin of Grammatical Gender, in: Lingua 8, 1959, S. 1–41, 186–214. [C]

FORER, Rosa Barbara: Genus und Sexus. Über philosophische und sprachwissenschaftliche Erklärungsversuche zum Zusammenhang von grammatischem und natürlichem Geschlecht, in: Sylvia WALLINGER / Monika JONAS (Hg.): Der Widerspenstigen Zähmung, Innsbruck 1986, S. 21–41. [C, D]

FRANCIS, Nelson / Henry KUČERA: Computational Analysis of Present-Day American English, Providence 1967.

FRANK, Francine W. / Paula A. TREICHLER: Language, Gender and Professional: Theoretical Approaches and Guidelines for Non-sexist Usage, New York 1989. [D, G]

FRANK, Karsta: Fremde Schwestern. Feministische Forschung in Linguistik und Literaturwissenschaft, in: Mitteilungen des Deutschen Germanistenverbandes 39, 1992, S. 28–30 (1992a). [D]

FRANK, Karsta: Sprachgewalt. Die sprachliche Reproduktion der Geschlechterhierarchie. Elemente einer feministischen Linguistik im Kontext sozialwissenschaftlicher Frauenforschung, Tübingen 1992 (1992b). [D, E, H]

FRAZER, James G.: A Suggestion as to the Origin of Gender in Language, in: Fortnightly Review 73, 1900, S. 79–90. [C]

GRABRUCKER, Marianne: Vater Staat hat keine Muttersprache. Die Frau in der Gesellschaft, Frankfurt a.M. 1993. [G]

GRADDOL, David / Joan SWANN: Gender Voices, Oxford 1989. [D, E]

GRÄSSEL, Ulrike: Sprachverhalten und Geschlecht. Eine empirische Studie zu geschlechtsspezifischem Sprachverhalten in Fernsehdiskussionen, Pfaffenweiler 1991. [D, E]

GRAHAM, Alma: The Making of a Nonsexist Dictionary, in: THORNE/HENLEY, 1975, S. 57–63. [D, G]

GREENBERG, Joseph H.: How Does a Language Acquire Gender Markers?, in: Joseph H. GREENBERG / Charles A. FERGUSON / Edith A. MORAVCSIK (Hg.): Universals of Human Language, Bd. III: Word Structure, Stanford 1978, S. 47–82. [A, C]

GRIMM, Jakob: Deutsche Grammatik, 4 Teile, Göttingen, 1822–37. [B, C]

GUENTHERODT, Ingrid: Androzentrische Sprache in deutschen Gesetzestexten und der Grundsatz der Gleichbehandlung von Männern und Frauen, in: Beiheft zur Muttersprache 1983/1984, S. 271–289. [D, G]
GUENTHERODT, Ingrid: Berufsbezeichnungen für Frauen. Problematik der deutschen Sprache im Vergleich mit Beispielen aus dem Englischen und Französischen, in: Osnabrücker Beiträge zur Sprachtheorie, Beiheft 3, 1979, S. 120–133. [C, D, G]
GÜNTHNER, Susanne / Helga KOTTHOFF (Hg.): Die Geschlechter im Gespräch. Kommunikation in Institutionen, Stuttgart 1992. [D, E]
GÜNTHNER, Susanne / Helga KOTTHOFF (Hg.): Von fremden Stimmen, Frankfurt a.M. 1991. [D, E]
GÜNTHNER, Susanne / Helga KOTTHOFF: Von fremden Stimmen: Weibliches und männliches Sprechen im Kulturvergleich, in: GÜNTHNER/KOTTHOFF, 1991, S. 7–51. [D, E, H]
HABERMAS, Jürgen: Vorbereitende Bemerkungen zu einer Theorie der kommunikativen Kompetenz, in: Jürgen HABERMAS / Niklas LUHMANN: Theorie der Gesellschaft oder Sozialtechnologie, Frankfurt a.M. 1971, S. 101–141.
HÄBERLIN, Susanna / Rachel SCHMID / Eva Lia WYSS: Übung macht die Meisterin. Ratschläge für einen nichtsexistischen Sprachgebrauch, München 1992. [G]
HÄNTZSCHEL, Günter (Hg.): Bildung und Kultur bürgerlicher Frauen 1850–1918, Tübingen 1986. [E, I]
HATTENHAUER, Hans: Zur Geschichte der deutschen Rechts- und Gesetzessprache, Hamburg 1987. [G]
HAUSHERR-MÄLZER, Michael: Die Sprache des Patriarchats. Sprache als Abbild und Werkzeug der Männergesellschaft, Frankfurt a.M. 1990. [A, B, D]
HAVERS, Wilhelm: Neuere Literatur zum Sprachtabu, Wien 1946.
HELLINGER, Marlis: Kontrastive feministische Linguistik. Mechanismen sprachlicher Diskriminierung im Englischen und Deutschen, Ismaning 1990. [B, D]
HELLINGER, Marlis (Hg.): Sprachwandel und feministische Sprachpolitik: Internationale Perspektiven, Opladen 1985. [D, G]
HENNIG, Beate: Von *adelmüetern* und *züpfelnunnen*. Weibliche Standes- und Berufsbezeichnungen in der mittelhochdeutschen Literatur zur Zeit der Hanse, in: Barbara VOGEL / Ulrike WECKEL (Hg.): Frauen in der Ständegesellschaft, Hamburg 1991, S. 117–146. [B, G]
HERDER, Johann Gottfried: Über den Ursprung der Sprache [1772], hg. von Claus TRÄGER, Berlin 1959. [C]
HOCKETT, Charles Francis: A Course in Modern Linguistics, New York 1958. [H]
HOF, Renate: Die Grammatik der Geschlechter. Gender als Analysekategorie der Literaturwissenschaft, Frankfurt a.M. 1995.
HOFFMANN, Ulrich: Sprache und Emanzipation: zur Begrifflichkeit der feministischen Bewegung, Frankfurt a.M. 1979. [D]
HOFSTADTER, Douglas R.: Metamagicum: Fragen nach der Essenz von Geist und Struktur, Stuttgart 1988. [F]

HOFSTÄTTER, Peter: Über sprachliche Bestimmungsleistungen: Das Problem des grammatikalischen Geschlechts von Sonne und Mond, in: Zeitschrift für experimentelle und angewandte Psychologie 10, 1963, S. 91–108. [F]

HONEGGER, Claudia: Die Ordnung der Geschlechter. Die Wissenschaft vom Menschen und das Weib, 1750–1850, Frankfurt a.M. 1991.

IBRAHIM, Muhammad Hassan: Grammatical Gender. Its Origin and Development, Den Haag 1973. [C]

ILLICH, Ivan: Genus. Zu einer historischen Kritik der Gleichheit, Hamburg 1983 (orig. Gender, New York 1982).

IRIGARAY, Luce: Je, Tu, Nous: Toward a Culture of Difference, London 1993.

JANSSEN-JURREIT, Marielouise: Sexismus. Über die Abtreibung der Frauenfrage, 3. Aufl., München 1976. [D]

JARRARD, Mary E. W. / Phyllis R. RANDALL: Women Speaking. An Annotated Bibliography of Verbal and Nonverbal Communication 1970–1980, New York 1982. [E, I]

JESPERSEN, Otto: Language. Its Nature, Development and Origin, New York 1922 (dt. Sprache. Ihre Natur, Entwicklung und ihr Ursprung, Heidelberg 1925). [A, E]

JONES, Charles: Grammatical Gender in English: 950–1250, London 1988. [B, G]

KALVERKÄMPER, Hartwig: Die Frauen und die Sprache, in: Linguistische Berichte 62, 1979, S. 55–71 (1979a). [B, D]

KALVERKÄMPER, Hartwig: Quo vadis linguistica? Oder der feministische Mumpismus in der Linguistik, in: Linguistische Berichte 63, 1979, S. 103–107 (1979b). [B, D]

KAZZAZI, Kerstin: Eine Hand mit Armbänder: zur sprachgeschichtlichen Asymmetrie des Autorenbegriffs, in: Ina SCHABERT / Barbara SCHAFF (Hg.): Autorschaft. Genus und Genie in der Zeit um 1800, Berlin 1994, S. 21–39. [G]

KEY, Mary R.: Male/Female Language, Metuchen, N.Y. 1975. [B, D]

KLANN-DELIUS, Gisela: Sex and Language, in: Ulrich AMMON u.a. (Hg.): Sociolinguistics/Soziolinguistik, Berlin 1987, S. 767–780. [H]

KLANN-DELIUS, Gisela: Welchen Einfluß hat die Geschlechtszugehörigkeit auf den Spracherwerb des Kindes?, in: Linguistische Berichte 70, 1980, S. 63–87. [F, H]

KLEIN, Josef: Benachteiligung der Frau im generischen Maskulinum – eine feministische Schimäre oder psycholinguistische Realität?, in: Akten des Germanistentags 1987, Teil 1, Tübingen 1988, S. 310–319. [F]

KOCH, Elisabeth: Vom Versuch, die Frage, »ob Weiber Menschen sein oder nicht« aus den Digesten zu beantworten, in: Rechtshistorisches Journal 1, 1982, S. 171–179. [G]

KOCHSKÄMPER, Birgit: Von Damen und Herren, von Männern und Frauen: Mensch und Geschlecht in der Geschichte des Deutschen, in: Ursula PASERO / Friederike BRAUN (Hg.): Frauenforschung in universitären Disziplinen, Opladen 1993, S. 153–188. [G]

KÖPCKE, Klaus-Michael: Zum Genussystem der deutschen Gegenwartssprache, Tübingen 1982. [B]

KÖPCKE, Klaus-Michael / David A. ZUBIN: Die kognitive Organisation der Genuszuweisung zu den einsilbigen Nomen der deutschen Gegenwartssprache, in: Zeitschrift für Germanistische Linguistik 11, 1983, S. 166–182. [B, F]

KÖPCKE, Klaus-Michael / David A. ZUBIN: Sechs Prinzipen für die Genuszuweisung im Deutschen, in: Linguistische Berichte 93, 1984, S. 26–50. [B]

KOTTHOFF, Helga (Hg.): Das Gelächter der Geschlechter. Humor und Macht im Gespräch von Frauen und Männern, Frankfurt a.M. 1988. [D, E]

KRAMARAE, Cheris: Women and Men Speaking: Framework for Analysis, Rowley, Mass. 1981. [E]

KRAMARAE, Cheris / Paula A. TREICHLER (Hg.): A Feminist Dictionary, London 1985. [D, H]

KÜRSCHNER, Wilfried (Hg.): Linguisten Handbuch. Biographische und Bibliographische Daten deutschsprachiger Sprachwissenschaftlerinnen und Sprachwissenschaftler der Gegenwart, 2 Bde., Tübingen 1994. [H, I]

LAKOFF, George: Women, Fire, and Dangerous Things. What Categories Reveal About the Mind, London 1987. [A, F]

LAKOFF, George / Mark JOHNSON: Metaphors we live by, Chicago 1980. [A, F]

LAKOFF, Robin: Language and Woman's Place, New York 1975. [D, E]

LEISS, Elisabeth: Genus und Sexus. Kritische Anmerkung zur Sexualisierung von Grammatik, in: Linguistische Berichte 152, 1994, S. 281–300. [D, C]

LEVINSON, Stephen C.: Pragmatics. Cambridge 1990 (dt. München 1990).

LIEB, Hans-Heinrich / Helmut RICHTER: Zum Gebrauch von Personenbezeichnungen in juristischen Texten: Stellungnahme anlässlich der Novellierung des Berliner Hochschulgesetzes, in: Deutsche Sprache 18, 1990, S. 148–157. [H]

LIMBACH, Jutta: Die Frauenbewegung und das Bürgerliche Gesetzbuch, in: Ulrich BATTIS / Ulrike SCHULTZ (Hg.): Frauen im Recht, Heidelberg 1990, S. 1–23. [G]

LIPPERHEIDE, Franz Freiherr VON: Spruchwörterbuch. Sammlung deutscher und fremder Sinnsprüche [...], Berlin 1907. [J]

LOHMANN, Johannes: Genus und Sexus: eine morphologische Studie zum Ursprung der indogermanischen nominalen Genus-Unterscheidung, Göttingen 1932 (Zeitschrift für vergleichende Sprachforschung auf dem Gebiet der indogermanischen Sprachen, Supplement, Bd. 10). [A, C]

LUDWIG, Otto: Die Karriere eines Großbuchstabens – zur Rolle des großen »I« in Personenbezeichnungen, in: Der Deutschunterricht 41, Heft 6, 1989, S. 80–87. [G]

MACKAY, Donald G.: Prescriptive Grammar and the Pronoun Problem, in: THORNE/KAMARAE/HENLEY, 1983, S 38–53. [F]

MCCONNELL-GINET, Sally: Intonation in a Man's World, in: THORNE/KRAMARAE/HENLEY, 1983, S. 69–88. [D, E]

MCCONNELL-GINET, Sally: Language and Gender, in: Frederick J. NEWMEYER (Hg.): Linguistics: The Cambridge Survey, Bd. 4: Language: The Socio-Cultural Context, Cambridge 1988, S. 75–99. [D, E, H]

MCCONNELL-GINET, Sally / Ruth BORKER / Nelly FURMAN (Hg.): Women and Language in Literature and Society, New York 1980. [D]

MARTYNA, Wendy: Beyond the he/man Approach: The Case for Nonsexist Language, in: THORNE/KRAMARAE/HENLEY, 1983, S. 25–37. [D, F]

MARTYNA, Wendy: The Psychology of the Generic Masculine, in: MCCONNELL-GINET/BORKER/FURMAN, 1980, S. 69–78. [D, F]

MEINHOF, Carl: Die Entstehung des grammatischen Geschlechts, in: Zeitschrift für Eingeborenen-Sprachen 27, 1937, S. 81–91. [A, C]

MILLER, Casey / Kate SWIFT (Hg.): The Handbook of Non-Sexist Writing. For Writers, Editors and Speakers, 2. Aufl., London 1989. [D, G, H]

MILLS, Anne A.: The Acquisition of Gender: A Study of English and German, Berlin 1986. [B, F]

MORAVCSIK, Edith A.: Agreement, in: Joseph H. GREENBERG / Charles A. FERGUSON / Edith A. MORAVCSIK (Hg.): Universals of Human Language, Bd. IV: Syntax, Stanford 1978, S. 331–374.

MÜHLEN ACHS, Gitta: Wie Katz und Hund. Die Körpersprache der Geschlechter, München 1993.

MÜLLER, Sigrid / Cornelia FUCHS: Handbuch zur nichtsexistischen Sprachverwendung in öffentlichen Texten. Frauenreferat der Stadt Frankfurt am Main, Frankfurt a.M. 1993. [D, G]

NAUMANN, Bernd: Grammatik der deutschen Sprache zwischen 1781 und 1856. Die Kategorien der deutschen Grammatik in der Tradition von Johann Werner Meiner und Johann Christoph Adelung, Berlin 1986. [B, C]

OKSAAR, Els: Berufsbezeichnungen im heutigen Deutsch, Düsseldorf 1976. [B]

PHILIPS, Susan U. / Susan STEEL / Christine TANZ (Hg.): Language, Gender, and Sex in Comparative Perspective, Cambridge 1987. [D, E]

PIEPER, Ursula: Tendenzen geschlechtsrollentypischen Verhaltens in der Eltern-Kind-Kommunikation, in: Der Deutschunterricht 45, 1993, S. 11–19. [E]

POLENZ, Peter VON: Deutsche Sprachgeschichte vom Spätmittelalter bis zur Gegenwart, Bd. I, Berlin, 1991.

POSTL, Gertrude: Weibliches Sprechen. Feministische Entwürfe zu Sprache und Geschlecht, Wien 1991. [D, E, H]

PUSCH, Luise F.: Das Deutsche als Männersprache, Frankfurt a.M 1984. [D]

PUSCH, Luise F. (Hg.): Feminismus. Inspektion der Herrenkultur, Ein Handbuch, Frankfurt a.M 1983. [D]

PUSCH, Luise F.: Der Mensch ist ein Gewohnheitstier, doch weiter kommt man ohne ihr, in: Linguistische Berichte 63, 1979, S. 84–102. [D]

PUTNAM, Hilary: Die Bedeutung von »Bedeutung«, Frankfurt a.M. 1979. [F]

QUASTHOFF, Uta: Soziales Vorurteil und Kommunikation. Eine sprachwissenschaftliche Analyse des Stereotyps, Frankfurt a.M. 1978. [E, F]

RILKE, Rainer Maria: Briefe an Nanny Wunderly-Volkart, Bd. 1, Frankfurt a.M. 1977.

RÖHRICH, Lutz: Lexikon der sprichwörtlichen Redensarten, 4 Bde., Freiburg 1986ff. [J]

RÖMER, Ruth: Grammatiken fast lustig zu lesen, in: Linguistische Berichte 28, 1973, S. 71–79. [D]

RÖMER, Ruth: Sprachwissenschaft und Rassenideologie in Deutschland, München 1985. [G]

ROYEN, Gerlach: Die nominalen Klassifikations-Systeme in den Sprachen der Erde. Historisch-kritische Studie, mit besonderer Berücksichtigung des Indogermanischen, Wien 1929. [A, B, C, H]

SAUSSURE, Ferdinand DE: Grundfragen der allgemeinen Sprachwissenschaft, 2. Aufl., Berlin 1967 (Erstdruck 1917).

SCHMIDT, Claudia: Typisch weiblich – typisch männlich. Geschlechtstypisches Kommunikationsverhalten in studentischen Kleingruppen, Tübingen 1988. [D, E]

SCHMIDT, Wilhelm: Grundfragen deutscher Grammatik, Kapitel 4: Die grammatischen Kategorien des Substantivs, 3. Aufl., Berlin 1964. [D]

SCHMIDT, Wilhelm: Die Sprachfamilien und Sprachenkreise der Erde, Heidelberg 1926. [A]

SCHOENTHAL, Gisela: Personenbezeichnungen im Deutschen als Gegenstand feministischer Sprachkritik, in: Zeitschrift für Germanistische Linguistik 17, 1989, S. 296–314. [D, H]

SCHOENTHAL, Gisela: Sprache und Geschlecht, in: Deutsche Sprache 1985, S. 143–185. [D, E, H]

SCHRÄPEL, Beate: Tendenzen feministischer Sprachpolitik und die Reaktion des Patriarchats, in: HELLINGER, 1985, S. 212–230. [D, G]

SCHÜSSLER FIORENZA, Elisabeth: Brot statt Steine. Die Herausforderung einer feministischen Interpretation der Bibel, Fribourg 1988.

SCHULZE-FIELITZ, Helmut: Die maskuline Rechtssprache als Verfassungsproblem, in: Kritische Vierteljahresschrift für Gesetzgebung und Rechtswissenschaft 4, 1989, S. 273–291. [G]

SEARLE, John R.: Sprechakte. Ein sprachphilosophischer Essay, Frankfurt a.M. 1971 (Original 1969).

SEILER, Hansjakob: Apprehension. Language, Object, and Order. Part III: The Universal Dimension of Apprehension, Tübingen 1986. [A]

SEILER, Hansjakob: Zum Verhältnis von Genus und Numerus, in: Sprachwissenschaftliche Forschungen. Festschrift für Johann Knobloch, Innsbruck 1985. [A]

SEILER, Hansjakob / Christian LEHMANN (Hg.): Apprehension. Das sprachliche Erfassen von Gegenständen. Teil I: Bereich und Ordnung der Phänomene, Tübingen 1982. [A]

SIMROCK, Carl Joseph: Die deutschen Sprichwörter, Frankfurt a.M. 1946. [J]

SMITH, Philip M.: Language, the Sexes and Society, Oxford 1985. [D, E]

STICKEL, Gerhard: Beantragte staatliche Regelungen zur »sprachlichen Gleichbehandlung der Geschlechter«. Darstellung und Kritik, in: Zeitschrift für Germanistische Linguistik 16, 1988, S. 330–355. [G]

STRUNK, Klaus: Grammatisches und natürliches Geschlecht in sprachwissenschaftlicher Sicht, in: Venanz SCHUBERT (Hg.): Frau und Mann. Geschlechterdifferenzierung [sic!] in Natur und Menschenwelt, St. Ottilien 1994. [A, C]

SWANN, Joan: Girls, boys, and language, Oxford 1983. [E]

TANNEN, Deborah: That's not What I Meant! How Conversational Style Makes or Breaks Your Relations with Others, New York 1986. [D, E]

TANNEN, Deborah: You Just Don't Understand: Women and Men in Conversation, New York 1990 (dt. Du kannst mich einfach nicht verstehen. Warum Männer und Frauen aneinander vorbeireden, Hamburg 1991). [D, E]

THALMANN, Rita: Sexism and Racism, in: Gill SEIDEL (Hg.): The Nature of Right. A Feminist Analysis of Order Patterns, Amsterdam 1988, S. 153–160. [D]

THORNE, Barrie / Nancy HENLEY (Hg.): Language and Sex: Difference and Dominance, Rowley, Mass. 1975. [D, H]

THORNE, Barrie / Chris KRAMARAE / Nancy HENLEY (Hg.): Language, Gender and Society, Rowley, Mass. 1983. [D, H]

TRÖMEL-PLÖTZ, Senta: Frauensprache: Sprache der Veränderung, Frankfurt a.M. 1982. [D, E, G]

TRÖMEL-PLÖTZ, Senta: Gewalt durch Sprache. Die Vergewaltigung von Frauen in Gesprächen, Frankfurt a.M. 1984. [D, E]

TRÖMEL-PLÖTZ, Senta: Linguistik und Frauensprache, in: Linguistische Berichte 57, 1978, S. 49–69. [D, E, G]

TRÖMEL-PLÖTZ, Senta: Vatersprache, Mutterland. Beobachtungen zu Sprache und Politik, München 1992. [D, E, G]

TRUDGILL, Peter: Sex, Covert Prestige, and Linguistic Changes in Urban British English of Norwich, in: THORNE/HENLEY, 1975, S. 88–104. [D, H]

ULLMANN, Stephen: The Principles of Semantics, Oxford 1957 (dt. Grundzüge der Semantik, Berlin 1967).

WEGENER, Hildburg / Hanne KÖHLER / Cordelia KOPSCH (Hg.): Frauen fordern eine gerechte Sprache, Gütersloh 1990.

WEINRICH, Harald: Textgrammatik der deutschen Sprache, in Zusammenarbeit mit Eva BREINDL, Maria THURMAIR und Eva-Maria WILLKOP, Mannheim 1993. [B]

WERNER, Fritjof: Gesprächsverhalten von Frauen und Männern, Frankfurt a.M. 1983. [D, E]

WERNER, Otmar: Zum Genus im Deutschen, in: Deutsche Sprache 3, 1975, S. 35–58. [B]

WIENOLD, Götz: Genus und Semantik, Meisenheim 1967. [D]

WIENOLD, Götz: Genus und Semantik im Indoeuropäischen, in: Martin JOCHEN u.a. (Hg.): Aufgaben, Rollen und Räume von Frau und Mann, Freiburg 1989, S. 79–156. [A, B, C]

WITTEMÖLLER, Regina: Weibliche Berufsbezeichnungen im gegenwärtigen Deutsch. Bundesrepublik Deutschland, Österreich und Schweiz im Vergleich, Frankfurt a.M. 1988. [B]

WODAK, Ruth: Hilflose Nähe. Mütter und Töchter erzählen. Eine psycho- und soziolinguistische Untersuchung, Wien 1985. [D, E, F]

WODAK, Ruth: Das Wort in der Gruppe, Wien 1981. [D, E, F]

WODAK, Ruth / Gert FEISTRITZER / Sylvia MOOSMÜLLER / Ursula DOLESCHAL: Sprachliche Gleichbehandlung von Frau und Mann, hg. vom Bundesinnenministerium für Arbeit und Soziales, Schriften zur sozialen und beruflichen Stellung der Frau, Wien 1987. [D, G]

WOLFE, Susan / Julia Penelope STANLEY: Linguistic Problems with Patriarchal Reconstructions of Indo-European Culture: A Little More Than Kin, a Little Less Than Kind, in: Cheris KRAMARAE (Hg.): The Voices and Words of Women and Men, Oxford 1981. [D, B]

WUNDERLICH, Dieter: Studien zur Sprechakttheorie, Frankfurt a.M. 1976.

WYSS, Ulrich: Die wilde Philologie. Jacob Grimm und der Historismus, München 1979. [C]

YAGUELLO, Marina: Les mots et les femmes. Essai d'approache socio-linguistique de la condition féminine, Paris 1979. [C, D]

ZUBIN, David A.: Gender and Noun Classification, in: BRIGHT, 1992, S. 41–43. [B, H]

ZUBIN, David A. / Klaus-Michael KÖPCKE: Affect Classification in the German Gender System, in: Lingua 63, 1984, S. 41–96. [B]

ZUBIN, David A. / Klaus-Michael KÖPCKE: Gender and Folk Taxonomy. The Indexal Relation Between Grammatical and Lexical Categorization, in: CRAIG, 1986, S. 139–180. [B]

INA SCHABERT

Gender als Kategorie einer neuen Literaturgeschichtsschreibung

1. Die Problematik traditioneller Literaturgeschichten 163
2. Die Geschichtlichkeit von Genus 167
   2.1. Die unhistorischen Arbeiten der Pionierzeit 167
   2.2. Die mentalitätsgeschichtliche Dimension von Genus 169
      2.2.1. Das teleologische Männlichkeitskonzept der Frühen Neuzeit 169
      2.2.2. Rationalismus: intellektuelle Gleichheit der Geschlechter 171
      2.2.3. Die Polarisierung der Geschlechtscharaktere seit dem 18. Jahrhundert 172
      2.2.4. Geschlechterdifferenz im 20. Jahrhundert 173
   2.3. Geschlechterdifferenz und Sozialgeschichte 176
      2.3.1. Sozialgeschichtliche Erklärungen für das dualistische Geschlechtermodell 176
      2.3.2. Zur gesellschaftlichen Bedingtheit früherer *gender*-Konstrukte 178
3. Literarhistorie im Zeichen von Genus 180
   3.1. Geschichtsschreibung als Modell der Literaturgeschichtsschreibung 180
   3.2. Frauen-Literatur-Geschichte: ein parodistischer Versuch 182
   3.3. Frauen-Literatur-Geschichte: Theoriebildung und Forschung 184
      3.3.1. Das Problem der Diskontinuität 185
      3.3.2. Weibliche Traditionen 186
   3.4. Von der Frauengeschichtsschreibung zur Einschreibung von Frauen in die Geschichte 191
      3.4.1. Konturen einer Geschichte der Geschlechterbeziehungen 192
      3.4.2. Diskurs über mögliche Methoden 195
4. Literatur 197

INA SCHABERT

Gender als Kategorie einer neuen Literaturgeschichtsschreibung

1. Die Problematik traditioneller Literaturgeschichten

Jede Geschichtsschreibung wird wesentlich mitbestimmt vom Blick dessen, der die Ereignisse in Erfahrung bringt, und von den Darstellungsformen, die dem Schreibenden zur Verfügung stehen. Die Sehweise des Historiographen ist dabei weniger durch persönliche als durch zeit- und gruppenspezifische Wahrnehmungsmuster geprägt, wie auch die Gestaltungsweise vornehmlich von überindividuellen wissenschaftlichen Diskursgepflogenheiten abhängig ist. Geschichtstheoretische Arbeiten von Robin G. COLLINGWOOD und Arthur C. DANTO bis zu Hayden WHITE und Dominick LACAPRA haben dies unwiderruflich belegt und damit zugleich deutlich gemacht, daß die ›Geschichte‹, die immer nur eine Version der Geschichte sein kann, einer kontinuierlichen Revision bedarf.

Dies gilt auch für die Literaturgeschichte. Die vertrauten Bilder der literarischen Vergangenheit mit ihren Epochengliederungen, Werkhierarchien, Entwicklungslinien und kontextuellen Mustern müssen ständig einer ideologiekritischen Überprüfung und Erneuerung unterzogen werden. Andernfalls lösen sie sich vom aktuellen Kenntnisstand der Literaturwissenschaften ab und geraten ins unbeachtete Abseits oder ins Zentrum negativer Kritik. Diese Alternative stellt sich derzeit in besonderer Schärfe für die *Gender Studies*. Aus ihrer Sicht können die gebräuchlichen Literaturgeschichten nur taktvoll ignoriert werden oder aber dem Programm eines »widerständigen Lesens«, wie es uns Judith FETTERLEY (1978) zur Pflicht macht, unterzogen werden.

Zumeist sind diese Literaturgeschichten noch in Zeiten konzipiert worden, in denen das allgemeine Bewußtsein um die Bedeutung der Geschlechterdifferenz im literarischen Leben und in der Literaturwissenschaft wenig entwickelt war. Ansätze zu einer Geschichtsschreibung für die Literatur von Frauen, die im 18. Jahrhundert und wieder im frühen 20. Jahrhundert zu verzeichnen sind, gerieten – aus Gründen, die es sich zu untersuchen lohnen würde –

völlig in Vergessenheit. Wie in anderen historiographischen Disziplinen, so hat die Nichtbeachtung der Wirksamkeit von *gender*-Kategorien auch in der Literaturgeschichtsschreibung dazu geführt, daß das Männliche – die poetologischen Normen, die Schreibpraktiken, die Männer- und Frauenbilder der Männer – zum Menschlichen verallgemeinert wurde, während die andersartige Präsenz von Frauen übersehen worden ist. Wenn das Kriterium der Geschlechterdifferenz aus der wissenschaftlichen Arbeit ausgeschlossen wird, so hat das nicht, wie gern angenommen wurde und noch wird, geschlechtsneutrale oder Geschlechtsunterscheidungen transzendierende Ergebnisse zur Folge. Vielmehr projiziert dann in der Regel der Betrachter die gängigen Geschlechterstereotypen unreflektiert auf seinen Untersuchungsgegenstand.

Ein solches kulturelles Stereotyp im Bereich der Literatur ist die Qualifikation des schreibenden Subjekts als ›männlich‹, während die Position des beschriebenen Objekts weiblich konnotiert ist. Dieses Ordnungsschema hat männliche Autoren kontinuierlich begünstigt, hat ihnen die literarische Tätigkeit und das Veröffentlichen ihrer Werke erleichtert, und es hat ebenso kontinuierlich die literarische Aktivität von Frauen behindert. Dasselbe Schema hat auch wieder die Wahrnehmung des historischen Prozesses der Produktion und Rezeption von Literatur mitbestimmt: Wenn Schreiben, und insbesondere kreatives Schreiben, männlich ist, so muß die Geschichte der Literatur hauptsächlich die Geschichte männlicher Autoren sein. Schreibende Frauen werden demgegenüber – wie ein kurzes Durchblättern fast jeder Literaturgeschichte zeigt – leicht übersehen oder, sofern sie Berücksichtigung finden, auffallend häufig mit vorbehaltlichen, herablassenden, auf männliche literarische Leistung relativierend rückbezogenen Beurteilungen in den Hintergrund der Geschichtsdarstellung weggeschoben.

Diese diskriminierende Behandlung von Autorinnen, die im angloamerikanischen Bereich bis vor etwa zehn Jahren üblich war,[1] und im deutschsprachigen Bereich bis heute zu beobachten ist, kann hier nur an einem kleinen typischen Beispiel dargelegt und in ihren Implikationen erläutert werden. In einer 1991 erschienenen

---

[1] Ein aufschlußreiches Beispiel für die Revision abschätziger Beurteilungen von Autorinnen und Leserinnen bietet die kleine Geschichte des englischen Sonetts in der Einleitung der Anthologie von BENDER/QUIER (1965) mit der überarbeiteten Fassung in der 2. Auflage (1987).

Englischen Literaturgeschichte wird eine der beiden wichtigsten viktorianischen Dichterinnen wie folgt vorgestellt:

> Weit weniger komplex und anspruchsvoll als die Poesie ihres Bruders, überzeugt Christina Rossettis Lyrik am meisten in einfachen und intensiven Kurzgedichten wie »A Birthday« oder »Song«: »When I am dead, my dearest / Sing no sad songs for me:/Plant thou no roses at my head, /Nor shady cypress tree« (Z. 1–4). Die tiefe Frömmigkeit der Autorin erlaubt ihr, auch in ihren Kindergedichten einen ganz eigenen, hellen, fast anmutigen Ton anzuschlagen, der nicht von den Dissonanzen der Zeit gestört wird. Im dichterischen Gebet gilt ihre Sehnsucht dem »changeless Paradise« (»I look for the Lord«). Erotisches erscheint gebrochen und gedämpft durch den Schleier des Verzichts oder bedarf einer tiefenpsychologischen Auslegung, um offenbar zu werden.

Das *Portrait of the Artist as a Woman* präsentiert die Künstlerin als Kleinformen pflegende und kinderliebe, introvertierte und fromme, Harmonie und helle Musikalität verbreitende Frau, die den Schleier des Verzichts trägt und den aktuellen Problemen ihrer Zeit fern steht. Diese Züge entsprechen einer zweihundert Jahre alten Tradition männlicher Autorinnenwunschbilder. Das Porträt führt die Gewohnheit fort, das Kleine, Anmutige, ›Schöne‹ dem Weiblichen zuzuordnen, während das ›Erhabene‹, und damit das große, grenzaufbrechende, verunsichernd innovative Werk männlicher Autorschaft reserviert ist. Es bestätigt die bürgerliche Doktrin der zwei Sphären, indem es die Frau im privaten Raum der milden, sozialkonstruktiven Gefühle und der religiös gebundenen Moral festschreibt.

Es soll nicht in Abrede gestellt werden, daß die lyrische Kleinkunst der ROSSETTI aufgrund traditioneller Erwartungen am meisten überzeugt – für die feministische Forschung ist es fast vorhersehbar, daß das Anthologiegedicht über die gestorbene Frau, von dem die ersten vier Zeilen in vollem Wortlaut wiedergegeben werden, ins Zentrum billigender Aufmerksamkeit rückt. Doch die verallgemeinernde Formulierung, mit der das, was aufgrund bestimmter Rezeptionsgewohnheiten überzeugt, zum schlechthin Überzeugendsten ihres Werks erklärt wird, ist für eine in bezug auf Geschlechterdiskriminierungen sensibel gewordene Literaturwissenschaft inakzeptabel, zumal daraus die Legitimation abgeleitet wird, das übrige Werk der ROSSETTI aus der Literaturgeschichte zu verbannen. Auch die einführende Vergleichsgeste, die die schreibende Frau an den Texten ihres Bruders mißt und als minderwertig befindet, ist vom Erkenntnisstand der *Gender Studies* her, demzufolge es nicht nur männliche literarische Normen gibt, abzulehnen.

Davon, daß die ROSSETTI ihrerseits in einigen Gedichten die Kunst ihres Bruders in historisch zukunftsweisender Art kritisiert, indem sie die latente Misogynie der idealisierenden Frauendarstellung offenlegt, berichtet die Literaturgeschichte nichts. Nichts auch über den Sonettzyklus *Monna Innominata*, in welchem die ROSSETTI die petrarkistische Geschlechterbeziehung total verkehrt und die Frau als sprechendes, initiativ, aktiv, sogar aggressiv liebendes Subjekt entwirft. Wie die Sonettsequenz *Sonnets from the Portuguese* der Elizabeth Barrett BROWNING (ein Werk, das in dieser Literaturgeschichte auch nur in einer Klammer erwähnt wird), so tragen auch Christina ROSSETTIs Sonette dazu bei, die elementare Begehrensordnung der viktorianischen Kultur massiv zu verunsichern. Eine historische Dimension für diesen Wagemut hätte sich mit einem Verweis auf die petrarkistischen Dichterinnen der Renaissance eröffnen lassen, auf Louise LABÉ, Pernette du GUILLET oder gar auf den (hier wie in fast allen anderen Literaturgeschichten fehlenden) Sonettzyklus der Lady Mary WROTH, einer Nichte Sir Philip SIDNEYs. Auf ROSSETTIs langes, seit den 1980er Jahren vielbeachtetes Gedicht *Goblin Market* findet sich bestenfalls im letzten Satz des oben zitierten Eintrags ein indirekter Hinweis.[2] In der untertreibenden Diktion kinderreimähnlicher Verse werden hier mit tabubrechender Kühnheit die Themenbereiche der weiblichen Sexualität, der Vermarktung von Jungfräulichkeit (wahrlich eine ›Dissonanz der Zeit‹) und des *female bonding* behandelt. Davon, daß die ROSSETTI, ähnlich wie Barrett BROWNING in ihrem (auch nicht besprochenen) Hauptwerk *Aurora Leigh* und Alfred Lord TENNYSON in der (nur anläßlich einer lyrischen Detailfrage erwähnten) Verserzählung *The Princess*, im Langgedicht die Re-

---

[2] Am Rand des Eintrags ist das Titelblatt der Erstausgabe von *Goblin Market and Other Poems* abgebildet, mit dem Kommentar: »Die Illustration stammt von ihrem Bruder.« (SEEBER, 1991, S. 300) Vgl. dazu das Vorwort bei GNÜG/MÖHRMANN (1985, S. XI): »Daß Marguerite de Navarre in der französischen Literaturgeschichte bei Metzler auch als Schwester von François I. erscheint, ist eine Merkwürdigkeit, die keinesfalls eine Ausnahme darstellt.« In einer Untersuchung französischer Literaturgeschichten ist eine derartige »männliche Anbindung« (*le lien masculine*) statistisch als Konstante bei der Einführung schreibender Frauen belegt worden (THÉRY, 1988).

gister poetischer und phantastischer Bildersprache und entrealisierender Formkunst zur Tarnung hochaktueller und unorthodoxer Statements über Geschlechtscharaktere und Geschlechterbeziehungen nützt, erfahren wir ebenfalls nichts.

Auch wenn, ja gerade weil solches Dichten nicht allgemein und selbstverständlich überzeugt, gehört es in eine Geschichte der Literatur, die historisch zukunftsweisende Innovationen zu verzeichnen hätte und die nicht nur patriarchalische Erwartungsmuster bestätigen, sondern auch patriarchatskritische Lernprozesse auf seiten von Lesern und Leserinnen berücksichtigen sollte. Insgesamt muß in bezug auf das zitierte Beispiel traditioneller Literaturgeschichtsschreibung festgestellt werden, daß hier eine Geschlechterzensur wirksam ist, die schreibende Frauen und ihre Texte weitgehend unbeachtet läßt, die das Werk von Frauen vom Werk ihrer ›Brüder‹, das heißt von den Normen männlicher Literatur aus beurteilt, die folglich ihre andersartigen Leistungen nicht in den Blick bekommt und die – wie sich am Petrarkismus und an der viktorianischen Geschlechterdebatte zeigte – auch den literarischen Dialog zwischen den Geschlechtern und seine revisionäre Bedeutung für die Konzeptionen der Geschlechterdifferenz mit Schweigen übergeht.

2. Die Geschichtlichkeit von Genus

2.1. Die unhistorischen Arbeiten der Pionierzeit

Sowohl im traditionellen Denken als auch in den ersten Phasen der feministischen Literaturwissenschaft hat man sich darauf verlassen, daß die Bedeutungen des ›Männlichen‹ und des ›Weiblichen‹ historisch konstant geblieben sind. So nimmt zum Beispiel selbst der gelehrte und gewissenhafte Douglas BUSH in seiner Darstellung des 17. Jahrhunderts innerhalb der *Oxford History of English Literature* eine zeitgenössische Aussage über Elizabeth CARY (»a lady of a most masculine understanding«, 1641) in seine eigene Charakterisierung hinein (»a devoutly Catholic mother of literary, masculine and eccentric character«), ohne sich dessen bewußt zu werden, daß er damit das Renaissancelob für eine heroische Frau in bürgerlichen Spott über eine etwas zu männliche Dame umgemünzt hat.[3]

Aber auch die feministische Patriarchatskritik hat ihr Bild des Geschlechterantagonismus allzu selbstverständlich auf frühere Jahrhunderte projiziert. SHAKESPEARES Hosenrollen wurden anachronistisch als emanzipatorische Frauenentwürfe und ELIZABETH I. als Alibifrau bewertet, parentalische und aristokratische Machtpositionen der Frauen in der Frühen Neuzeit hingegen übersehen (EZELL, 1987). Desgleichen haben essentialistische und psychoanalytische Weiblichkeitsstudien, solange sie die Literatur vergangener Epochen im Lichte der eigenen Vorstellungen von weiblicher Identität gesehen haben, das davon abweichende Selbstverständnis der Frauen in der historischen Vergangenheit nicht erfassen und somit auch ihr literarisches Werk nicht verstehen können. In einer Kritik des Auswahlverfahrens, das der von Sandra M. GILBERT und Susan GUBAR zusammengestellten *Norton Anthology of Literature by Women* (1985) zugrundeliegt, hat EZELL (1990) im einzelnen gezeigt, wie auf diese Weise Anliegen und Ausdrucksformen, die für die schreibenden Frauen des 16. bis 18. Jahrhunderts wichtig waren, zugunsten einer ihnen fremden Weiblichkeitsnorm marginalisiert werden.

Die Geschlechterdifferenz ist nicht von der Natur gegeben und festgelegt; sie wird von den Menschen gemacht und neu gemacht. Sie ist ein kulturelles Konstrukt, das sich mit der Kultur verändert, das – wie Forschungsarbeiten zunehmend deutlicher belegen – in mentalitätsgeschichtliche und sozialgeschichtliche Wandlungsprozesse involviert ist und an dessen jeweiliger Ausprägung die Literatur einer Epoche wesentlich mitbeteiligt sein kann. Literaturgeschichte ist von daher in zweifacher Weise der historischen Dynamik von Genus ausgesetzt. Zum einen insofern, als Literatur die wechselnden Vorstellungen des Männlichen und des Weiblichen in ihren Menschenentwürfen dokumentiert, als Autoren und Autorinnen sich selbst innerhalb der jeweils zeitbedingten geschlechterspezifischen Normen des Schreibens verstehen und auch ihren prospektiven Lesern und Leserinnen nach Maßgabe solcher Rezeptionsnormen gerecht zu werden versuchen. Zum anderen insofern,

---

[3] BUSH erwähnt im übrigen Elizabeth CARY nicht etwa als Autorin des *Othello*-ähnlichen Dramas *The Tragedie of Miriam*, sondern als Mutter des Schriftstellers Lucius CARY (BUSH, 1945, 2. Aufl. 1966, S. 343)

als die historische Sequenz literarischer Werke den Wandel der Geschlechtercharaktere aktiv mitbestimmt hat: man denke nur an die Wirkung von Texten wie Samuel RICHARDSONs *Clarissa*, Jean-Jacques ROUSSEAUs *Émile* und *La Nouvelle Héloïse*, Friedrich SCHLEGELs *Lucinde*, Thomas HARDYs *Tess of the D'Urbervilles* und *Jude the Obscure* oder Virginia WOOLFs *Orlando*. Die Literaturgeschichtsschreibung müßte diese zweifache Bewegung des Verändertwerdens von Literatur durch sich verändernde Konzepte von Geschlechterdifferenz und der Veränderung der Konzepte durch neuartige literarische Entwürfe des Weiblichen und des Männlichen nachvollziehen.

2.2. Die mentalitätsgeschichtliche Dimension von Genus

2.2.1. Das teleologische Männlichkeitskonzept der Frühen Neuzeit

Vorstellungen und Vorschriften in bezug auf die Geschlechterdifferenz erscheinen zumeist in Form einer Erläuterung der besonderen Eigenschaften und Pflichten, Vorzüge und Begrenzungen, die dem weiblichen Geschlecht eigen sind. Das Wesen, die Natur, die Bestimmung des Mannes hingegen werden nur selten geschlechtsspezifisch eingeschränkt. Dieses asymmetrische Denkmuster liegt noch heutigen Literaturgeschichten zugrunde, wenn sie in ihre Gesamtdarstellung der ›Literatur‹ Sonderkapitel über ›Frauenliteratur‹ einfügen.

Bis ins 17. Jahrhundert hinein fand sich solches Denken durch eine anthropologische Grundannahme legitimiert, die ihre Autorität von ARISTOTELES bezog: das Maß des Menschen ist der Mann (MACLEAN, 1980). Die Stufen der menschlichen Entwicklung führen vom Kind zum Jüngling und zur Frau bis hin zum erwachsenen, in allen Fähigkeiten voll ausgebildeten Mann. Die Frau ist demzufolge ein durch Mangel an Männlichkeit definiertes Wesen. Es gibt keine spezifisch weiblichen biologischen, physiologischen oder psychologischen Attribute, vielmehr sind alle Besonderheiten des ›schwächeren‹ Geschlechts defizitäre Erscheinungsformen dessen, was dem ›starken‹ Geschlecht eigen ist. Die weiblichen Geschlechtsorgane werden als weniger entwickelte und introvertierte Varianten der männlichen Organe erklärt und dargestellt; der weibliche Geschlechtscharakter wird von einer defizitären Beschaffenheit der Körpersäfte abgeleitet. Dem ›Temperament‹ der Frau fehlt es an Wärme, die volle Vitalität bedeutet. Weibliche Sanftmut ist Mangel an männlichem Mut, weibliche Anpassungsfähigkeit und Friedfertigkeit sind Mangel an männlicher Durchsetzungskraft usw. Die Forschung nennt dieses Konstrukt von Genus aufgrund seiner ausschließlichen Orientierung auf den Mann als vollgültigem Menschen hin das Ein-Geschlecht-Modell (LAQUEUR, 1990) oder das Konzept der teleologischen Männlichkeit (GREENBLATT, 1990).

Daß sich mit der Erklärung der Frau als ›geringerem Menschen‹ Frauendiskriminierung und Misogynie rechtfertigen lassen, liegt auf der Hand. Vor allem religiöses Schrifttum und Frauensatiren im Mittelalter und in der Frühen Neuzeit leiten von hier die nachgeordnete Position der Frau in Gesellschaft und Ehe ab, begründen so ihre Verachtung des weiblichen Körpers (selbst in bezug auf seine Bedeutung für die Fortpflanzung) und die Mißachtung des weiblichen Worts als substanzloses Gerede.

Doch läßt die teleologische Sicht der Frau auf den Mann hin auch ein – wenngleich sehr exklusives – positives Frauenbild zu. Da es keine feste Grenze zwischen Weiblichkeit und Männlichkeit gibt und die weibliche Entwicklung der männlichen Seinsweise zustrebt, ist die Möglichkeit offen, daß besondere Frauen, Frauen unter außergewöhnlich günstigen Bedingungen oder Frauen in außergewöhnlichen Situationen zu voller Männlichkeit und Menschlichkeit gelangen. So kultiviert der Renaissance-Feminismus das Ideal einer ›heroischen‹ Frau, einer ›Virago‹, die sich durch körperliche und geistige Stärke, durch Standhaftigkeit, Wehrhaftigkeit, Kühnheit und selbstsichere Intelligenz auszeichnet. Daß das Ideal Wirklichkeit werden kann, zeigen insbesondere die Amazonen, von denen die Literatur dieser Zeit fasziniert ist (SCHLEINER, 1978; SHEPHERD, 1983; DUGAW, 1989), sowie die politisch und in der Kriegsführung erfolgreichen Frauen des Alten Testaments. Frauen wie Königin ELIZABETH I. von England und die holländische Gelehrte Anna Maria VAN SCHURMAN verkörpern den Beweis, daß dies auch für die Gegenwart der Frühen Neuzeit gilt.

Als Stufenmodell, in welchem Frauen zur Männlichkeit aufsteigen können, aber auch junge Männer ›weiblich‹ sind und in Einzelfällen weibisch bleiben oder dies im Alter wieder werden können, impliziert das *one-sex model* den grenzziehend identitätsstiftenden Dualismus von männlichem versus weiblichem Geschlecht nicht von vornherein, sondern nur dort, wo die rangniedere Position der

Frau in der Seinsordnung zur gottgewollten Norm oder zur unausweichlichen Strafe für die Frauen als Töchter Evas verabsolutiert wird. Insofern hat die dekonstruktivistische und dekonstruktivistisch-feministische Theoriebildung in Texten dieser Zeit ihre eigenen Zweifel an einer festen und vom Geschlecht wesenhaft mitbestimmten Identität der Person vorweggenommen finden können (BELSEY, 1985; GREENBLATT, 1990).

2.2.2. Rationalismus: intellektuelle Gleichheit der Geschlechter

Die Erkenntnistheorie von DESCARTES sollte sich, obgleich sie selbst nicht feministisch motiviert ist,[4] als Impuls für eine frauenemanzipatorische Bewegung auswirken. DESCARTES' dualistische Annahme einer radikalen Trennung zwischen den Bereichen von Materie und Geist ermöglichte es, die Kategorie Genus aus dem Bereich des reinen Denkens auszuklammern und der körperlichen Existenz und der sozialen Geschlechterrolle (der Frau) vorzubehalten. Zugleich führt das religiös fundierte Postulat des direkten geistigen Zugangs zu selbstevidenten Grundwahrheiten dazu, daß eigenständiges Denken gegenüber tradiertem Wissen in neuartiger Weise aufgewertet wurde.

François POULLAIN DE LA BARRE hebt in seiner programmatischen Schrift *De L'égalité des deux sexes* (1673) das feministische Potential der cartesianischen Philosophie ans Licht. Die Schrift und ihre Devise »L'esprit n'a point de sexe« verbreitete sich über zahlreiche Neuauflagen, die Übersetzung ins Englische (1677) und mehrere englische und französische Neufassungen rasch und nachhaltig in Frankreich und England.[5] In der Überzeugung, daß der weibliche Intellekt keinen geschlechtsspezifischen Beschränkungen unterliegt, ja daß der Verstand der Frauen dadurch im Vorteil sei, daß er nicht der traditionsgebundenen, verformenden männlichen Schul- und Universitätsbildung ausgesetzt wurde, schließen sich feministische Männer und von ihrer geistigen Mündigkeit überzeugte Frauen zu Solidargemeinschaften zusammen. Ausbildungs-

---

[4] Zum männlichen Erfahrungszusammenhang der Philosophie von DESCARTES vgl. die psychoanalytische Arbeit von BORDO (1988).
[5] Daß im Jahr 1993 (!) auch eine deutsche Übersetzung von POULLAINS Schrift erschien, ist Irmgard HIERDEIS zu verdanken (1993), die ihrer Textausgabe eine ausführliche Darstellung der Wirkungsgeschichte des Autors beigibt.

und Bildungsmöglichkeiten für Mädchen, wissenschaftliche Akademien für Frauen, ein Freiraum für die zweckfreie geistige Betätigung der Frau jenseits ihrer biologischen Bestimmung und ihrer gesellschaftlichen Pflichten sind Forderungen, die in einer Vielzahl von Schriften formuliert und präzisiert werden (SCHABERT, 1995). Bis weit in die Zeit der Gegenaufklärung hinein wurde das aufklärerische Egalitätsprinzip von gebildeten und schreibenden Frauen als ihre Legitimationsbasis verfochten; im Kontext der Menschenrechtsdebatte des späteren 18. Jahrhunderts erfuhr es in Entwürfen wie Mary WOLLSTONECRAFTs *Vindication of the Rights of Woman* und Theodor Gottlieb von HIPPELs *Über die bürgerliche Verbesserung der Weiber* (beides 1792) eine demokratisierende Verallgemeinerung und eine auf die gesellschaftliche Identität der Frau bezogene Erweiterung. Beide Schriften wurden eher feindlich, wenn überhaupt, rezipiert; erst gegen Ende des 19. Jahrhunderts wurden ihre Anregungen in die Programme der neuen Frauenbewegung aufgenommen (HONEGGER, 1991).

2.2.3. Die Polarisierung der Geschlechtscharaktere seit dem 18. Jahrhundert

Egalitäre Ansprüche männlicher und weiblicher Feministen stießen im späteren Verlauf des 18. Jahrhunderts auf zunehmend abweisende Reaktionen. »Ces vaines imitations de sexe sont le comble de la déraison«, läßt ROUSSEAU (1967, S. 83) seine Nouvelle Héloïse predigen. Es hat sich – um ein Wort von Virginia WOOLF zu variieren – kurz nach 1750 die Natur der Frau völlig verändert. Sie ist zu einem Wesen geworden, das nurmehr mit Zuschreibungen erfaßt werden kann, die dem Männlichen diametral entgegengesetzt sind. Aus ›the weaker sex‹ ist ›the opposite sex‹ geworden. Die von Michel FOUCAULT in der *Archäologie des Wissens* analysierte Wende von einer Renaissance-Episteme der Korrespondenzen zu einer aufklärerischen Logik, die mit einander sich ausschließenden Gegensatzkategorien operiert, stellt auch Mann und Frau in binärer Opposition gegeneinander. Die Anatomie und Physiologie des männlichen und des weiblichen Körpers werden ebenso wie die männliche und weibliche Mentalität nicht mehr nur als graduell, sondern als grundsätzlich verschieden begriffen. Frauen sind anders, denken, fühlen, handeln, schreiben (wenn überhaupt) anders, lieben und begehren (wenn überhaupt) anders als Männer. Aus verabsolutierten weiblichen Mängeln des *one-sex model*, abgesunkenen empfindsamen Tugenden und gesellschaftlich notwendig gewordenen Komplementärfunktionen (siehe Kap. 2.3.) wird ein Katalog weiblicher Kontrasteigenschaften zusammengetragen. Natürlichkeit (versus Kultur) und moralisches Gefühl (versus männlicher Intellekt) sind seine zentralen Bezugspunkte. Das neue Bild der Frau kann im Einzelfall sehr positiv bewertet werden: Von historischer Bedeutung ist – wie Lieselotte STEINBRÜGGE gegen eine verkürzte feministische Rezeption darlegt – ROUSSEAUs Lehre von der natürlichen, noch nicht pervertierten Sittlichkeit der Frau im Kontext seiner Zivilisationskritik. Häufig jedoch klingt statt oder unter dem Frauenlob das Urteil weiblicher Minderwertigkeit, Zweitrangigkeit (FICHTE) oder Rückständigkeit (DARWIN) durch.

Als besonders wirksam sollte sich bis ins 20. Jahrhundert die Verbindung der moralischen und psychologischen Qualitäten, die der Frau zugeschrieben wurden, mit einer weiblichen Sonderanthropologie erweisen. In einer angeblich medizinisch und naturwissenschaftlich gesicherten, de facto jedoch höchst verdächtigen Argumentationspraxis (vgl. dazu HONEGGER, 1991) werden Merkmale und Funktionen des weiblichen Körpers – ein kleineres Hirn, reizbare Nerven, der empfangende Uterus etc. – zur Basis weiblichen Andersseins und weiblicher Unterlegenheit erklärt, wird der Frau ihre Biologie zum Schicksal gemacht. Gerade in der Zeit, in der sich die historische Wandelbarkeit von Genus-Vorstellungen besonders drastisch manifestierte, wird für die neuen Konstrukte eine anthropologische Konstanz eingefordert: »Mann und Weib – der Urdualismus im Weltall.«[6]

2.2.4. Geschlechterdifferenz im 20. Jahrhundert

Im politischen und rechtlichen Bereich, im Bildungswesen und im Berufsleben hat sich, zumindest in der Theorie, die demokratisch-egalitäre Sicht der Geschlechter weitgehend durchgesetzt, wie sie in der Menschenrechtsdebatte vor 1800 feministischerseits vertreten, vom Utilitarismus des 19. Jahrhunderts bewußt gehalten (BORALEVI, 1987) und durch die Frauenrechtsbewegung um 1900 militant eingefordert wurde. Dafür, daß demgegenüber die nach- und gegenaufklärerische Vorstellung diametral verschiedener weibli-

---

[6] Karl SCHMIDT: Die Anthropologie, 2 Bde., Dresden 1865 (zit. nach HONEGGER, 1991).

cher und männlicher Geschlechtscharaktere lebensweltlich bis heute wirksam geblieben ist, bedarf es keines Belegs. Mit neuen wissenschaftlichen Forschungsergebnissen und pseudowissenschaftlichen Schlußfolgerungen wird die Polarisierung von Männlichem und Weiblichem weiterhin von der Biologie her gestützt (FAUSTO-STERLING, 1985).

In dieser Vorstellungswelt, die vom Gegensatz von Mann und Frau geprägt ist, welcher mit den Gegensätzen von Verstand und Gefühl, Geist und Körper, Kultur und Natur zusammenfällt, haben die Geisteswissenschaften sich mit der ›männlichen‹ Seite identifiziert. Wie im speziellen Fall der Literaturgeschichtsschreibung spielt dort generell die Geschlechterdifferenz bis in die 1980er Jahre hinein kaum eine Rolle. »Der Mann der Moderne scheint endgültig zum modernen Menschen der Humanwissenschaften verallgemeinert«, befindet HONEGGER (1991, S. 6). Man erkennt dies schnell am grotesken Effekt, der sich einstellt, wenn in solchen Texten in die Aussagen über den ›Menschen‹ neben dem männlichen das weibliche Personalpronomen eingefügt wird (wie es bei englischen Übersetzungen von amerikanischen Verlagen derzeit im Namen der *political correctness* verlangt wird). Die vernachlässigte andere Seite ist von der psychologischen Weiblichkeitsforschung (CHODOROW, 1978; GILLIGAN, 1982) mit dem Entwurf einer spezifisch weiblichen persönlichen Identität, einer weiblichen Ethik und eines weiblichen Denkens ins Zentrum gerückt worden. Die Psychoanalyse von FREUD über ERIKSON bis LACAN, die aus der Sicht der Psychologinnen an männliche Erfahrung und an männliches Interesse gebunden ist, wurde dabei drastischen Umdeutungen unterzogen (MITCHELL, 1975; CHODOROW, 1989). Die Theorie der weiblichen Identität konnte allerdings nur um den Preis einer Reaktualisierung der polarisierenden Deutungsmuster über den Geschlechtern entwickelt werden.

Seit der Frühmoderne lassen sich aber auch deutliche Symptome des Überdrusses gegenüber einer Persönlichkeitsnorm feststellen, die beide Geschlechter einseitig und in einer steril gewordenen Weise bindet. In mehrfacher Hinsicht wird die Grenze zwischen dem Männlichen und dem Weiblichen aufgeweicht, wenn nicht gar aufgehoben. Die medizinische Forschung hat den Vorschlag gemacht, den Menschen in einem Spektrum von geschlechtsrelevanten Merkmalen zu erfassen, das vom ›Mann‹ über fünfzehn Zwischenstufen, für welche unsere Sprachen oft kein Wort kennen, zur

›Frau‹ reicht (KAPLAN/ROGERS, 1990). Mit der Enttabuisierung von Homoerotik und Homosexualität wurden die Stereotypen kontrastiv geschlechtsspezifischen Sexualverhaltens in Frage gestellt. Gesellschaftlich sind Grenzüberschreitungen mit den Rollenbildern des Dandy und der *New Woman* seit dem späten 19. Jahrhundert zur Modeerscheinung geworden (FELDMAN, 1993). Die Kultur der Moderne orientiert sich auf das Ideal des Androgynen hin, sei es im Sinne einer problematischen Androgynie, welche beansprucht, das andere Geschlecht im eigenen miteinzuschließen (vgl. dazu HESSE, 1984 und 1991), oder einer kreativen Offenheit und dynamischen Bezugnahme auf den nicht voll assimilierbaren Erfahrungshorizont des jeweils anderen Geschlechts (MOI, 1985, S. 13–16). Stephen HEATH geht mit *The Sexual Fix* (1982) zum Generalangriff gegen das festgefügte System der zwei Geschlechter vor.

Die Postmoderne bezieht die Geschlechterdifferenz in den allgemeinen poststrukturalistischen Verdacht ein, daß die binären Oppositionspaare, welche die menschliche Vorstellungswelt und die Sprache konturieren, eine Ordnung schaffen, deren referentieller Bezug auf die Realität mehr als zweifelhaft ist. Indem so die objektive Gültigkeit von Genus-Kategorien theoretisch außer Kraft gesetzt ist, wird der Blick auf tatsächlich andersartige Konstrukte von Genus in der historischen Vergangenheit freigesetzt; die mentalitätsgeschichtlichen Forschungsergebnisse bestätigen und vertiefen wiederum die dekonstruktivistische Negierung der Allgemeingültigkeit und Zeitlosigkeit des Dualismus von Männlichem und Weiblichem. Dies trifft in besonderer Weise zu für medizin- und sexualgeschichtliche Arbeiten zum 18. Jahrhundert (FOUCAULT, JORDANOVA, LAQUEUR). Wenn sie die damals sich vollziehenden grundsätzlichen Veränderungen in der Wahrnehmung und der Repräsentation des weiblichen Körpers nachzeichnen, widerlegen sie damit die Auffassung, daß Geschlechterdifferenz entsteht, indem ›sekundäre‹ Geschlechtereigenschaften (*gender*) als kulturelles Konstrukt an die ›primäre‹, unveränderliche Gegebenheit eines geschlechtsspezifisch markierten Körpers gebunden werden. Vielmehr wird umgekehrt das bewußtseinsabhängige Konstrukt *gender* in seinen Wandlungen jeweils – wie der Titel der deutschen Übersetzung von LAQUEURs *Making Sex* (1990) es so treffend formuliert – »auf den Leib geschrieben«. Mit dieser Einsicht ist die kategoriale Unterscheidung zwischen *gender* und *sex* hinfällig geworden, beides hat Konstruktcharakter: *Gender Trouble!*[7]

2.3. Geschlechterdifferenz und Sozialgeschichte

Um einseitig sozioökonomischen Erklärungen vorzubeugen, wurde mit Kap. 2.2. die Mentalitätsgeschichte von Genus vorangestellt. Es steht jedoch außer Zweifel, daß gesellschaftliche Zwänge und Zielvorgaben, etwa im Bereich von Wirtschafts- und Bevölkerungspolitik, in bezug auf klassenspezifische oder nationale Durchsetzungsstrategien, für die Interpretationsmuster der Geschlechterdifferenz und ihre historische Veränderung wichtig sind. Innerhalb dieser Formationen wandelt sich die ›Natur‹ der Frau und verschieben sich die Charaktereigenschaften der Geschlechter. Gesellschaftliche und mentalitätsgeschichtliche Prozesse bewirken in kausalem Ineinandergreifen den historischen Rekonstruktionsprozeß von Genus mit. Das Zusammenwirken zeigt sich zum Beispiel deutlich in den Schriften zur Mädchenerziehung, die im 18. und 19. Jahrhundert in hoher Zahl erschienen. Erziehungsprogramme und Weiblichkeitsnormen werden in solchen Schriften religiös, moralisch, psychologisch und biologisch verankert; sie sind jedoch zugleich eindeutig auf zeitgebundene, standesspezifische ökonomische Anforderungsprofile hin orientiert.

2.3.1. Sozialgeschichtliche Erklärungen für das dualistische Geschlechtermodell

Den Beginn einer Sozialgeschichte von Genus macht Karin HAUSEN in einer Arbeit mit dem programmatischen Titel *Die Polarisierung der »Geschlechtscharaktere« – Eine Spiegelung der Dissoziation von Erwerbs- und Familienleben* (1976). Der scharfe Dualismus von männlichem und weiblichem Geschlechtscharakter ist, so argumentiert HAUSEN, im letzten Drittel des 18. Jahrhunderts »erfunden« worden, um die Abdrängung der Frau aus dem Erwerbsleben in einen kontrastiv gedachten privaten Familienraum mit einer entsprechenden wesensmäßigen Veranlagung und ethischen Bestimmung der Frau objektiv begründen zu können.[8] Indem

---

[7] Dies signalisiert der Titel des vielbeachteten Buchs von BUTLER (1990).

[8] Die spätere Kritik an HAUSEN mit dem Hinweis auf historische Präzedenzfälle für die Konzeption von Geschlechterdifferenz als Geschlechterge-

die Frau zur sicheren Hüterin jener Tugenden der Selbstlosigkeit erklärt wurde, auf die der Mann im kapitalistischen Konkurrenzkampf verzichten mußte, übernimmt sie zugleich eine psychologisch wichtige Kompensationsrolle für den Mann. Die standesspezifische ökonomische Bedingtheit des polarisierenden Geschlechtermodells erweist sich für HAUSEN insbesondere darin, daß der Gegensatz nur für das Bürgertum, allenfalls noch für Teile des Industriearbeiterstandes galt, während er auf die – weiterhin nicht arbeitsteilige – Bauernfamilie und auf das Hauspersonal nicht übertragen wurde.

Mit den gesellschaftlichen Einschränkungen für den weiblichen Geschlechtscharakter ergibt sich gegen Ende des 18. Jahrhunderts ideengeschichtlich eine krasse Gegenläufigkeit von einer revolutionären Ideologie menschlicher Freiheit und einer bürgerlichen Ideologie weiblicher Unfreiheit. Sozialpsychologisch läßt sich der Widerspruch als Kompensationsfigur verstehen: Die grundsätzliche Verunsicherung angesichts der Bedrohung ständischer Ordnung im Zeitalter von Französischer und Industrieller Revolution wird abgemildert durch ein umso dogmatischeres Bestehen auf einer strengen Geschlechterordnung (HAUSEN, 1976, S. 371). Ute FREVERT (1988) kommt zu dem Schluß, daß die wirtschaftlich besonders gefährdete Situation des durch geistige Leistung aufstrebenden Mannes die intellektuelle Entmündigung der Frau zusätzlich begünstigt hat. Denn bei denjenigen Autoren, die, wie z.B. KANT, FICHTE oder HEGEL, auf bürgerliche Sicherheit und Anerkennung hin arbeiteten, zeigt sich die antagonistische Version der Geschlechterdifferenz in misogyner Klarheit, während Autoren, die sich an eher aristokratischen Normen orientierten und denen dieses Aufstiegsbegehren und Konkurrenzdenken fremd war, wie zum Beispiel Friedrich SCHLEGEL und Adam MÜLLER, sich ein androgynes Ideal leisten konnten, das den Gegensatz überstrahlt.

Von englischer und amerikanischer Seite wird der Zusammenhang zwischen der Entstehung einer ökonomisch zweigeteilten Welt und der Herausbildung einer geschlechterspezifisch zweigeteilten Menschheit bestätigt (COTT, 1977). Die sich verhärtende Doktrin der *divided spheres* gewinnt in England während der Französischen Revolution und der Napoleonischen Kriege, als sich ein starker anti-aufklärerischer Affekt ausbreitet, neben dem mora-

---

gensatz (RANG, 1986; JAUCH, 1989, S. 21–25) ist aufgrund des qualitativ anderen Status der neuen Gegensatzbildung nicht berechtigt (vgl. Kap. 2.2.).

lischen auch nationales Pathos. Die positive Bedeutung der Frau als »moralisches Geschlecht« ist hier besonders ausgeprägt (ARMSTRONG, 1987). Zum viktorianischen Zeitalter hin wirkt sie sich zunehmend mehr als Autorität im öffentlichen Leben aus. Sarah Stickney ELLIS sagt in ihrer Schrift *The Women of England* (1839), die in den ersten zwei Jahren nach dem Erscheinen durch 16 Auflagen ging: »The present state of our national affairs is such as to indicate that the influence of woman in counteracting the growing evils of society is about to be more needed than ever.« (ELLIS, 1986, S. 1639) Als Beschreibungsmuster für die historische Realität wird damit, wie die neuere Forschung (VICKERY, 1993) betont, das Schlagwort von den »getrennten Sphären« problematisch – zumal viktorianische Frauen selbst das Argument ihrer privaten, auf den individuellen Einzelfall gerichteten und teilnehmenden Wahrnehmungsweise strategisch geschickt zu politischen Appellen zu nützen verstanden.

Von der Forschungsrichtung des *cultural materialism* aus werden komplexere Erklärungsmuster erprobt, die *gender* im Zusammenwirken mit den Faktoren von *class* und *race* konstituiert und rekonstituiert sehen. Von diesem Ansatz aus zeigt sich der viktorianische Gegensatz von männlicher kapitalistischer Skrupellosigkeit und weiblichem Gewissen als Geschlechterkontrakt der bürgerlichen Familien. Für Mann und Frau, Töchter und Söhne kann durch die geschlechterspezifische Arbeitsteilung zugleich der materielle Gewinn und die moralische Legitimation der Privilegien gegenüber den benachteiligten Gruppen der Arbeiter, der Armen und der Kolonialvölker sichergestellt werden (NEWTON, 1987). Bei Romanen von Elizabeth GASKELL oder Charlotte BRONTËs *Jane Eyre* bieten sich eine solche marxistisch widerständige Lektüre ›selbstloser‹ Weiblichkeit durchaus an.

2.3.2. Zur gesellschaftlichen Bedingtheit früherer *gender*-Konstrukte

Eine Sozialgeschichte der Geschlechterdifferenz, welche die Zusammenhänge zwischen Genus und Gesellschaft im historischen Wandel und im Vergleich nationaler Verschiedenheiten aufarbeiten würde und auf die sich die Literaturgeschichtsschreibung zurückbeziehen könnte, ist vorerst Desiderat. Daß eine solche Geschichte auch für frühere Epochen aufschlußreich sein wird, haben Einzelstudien bereits gezeigt.

In ihren *Strictures on the Modern System of Female Education*, einer erfolgreichen Erziehungsschrift, die das Zwei-Geschlechter-Modell als gottgewollte, zeitlose Realität propagiert, argumentiert Hannah MORE schon 1799 in bezug auf das ältere, von ihr angefeindete und zur Fiktion erklärte heroisch-männliche Weiblichkeitskonzept mit dessen ökonomischen Entstehungsgründen. Es verdanke, so MORE, seine Existenz dem Mangel an einer Mäzenin oder an einem Mittagessen; die adligen Frauen der Renaissance hätten das Bild der großen Frau den Dichtern über materielle Abhängigkeitsverhältnisse abgezwungen. (MORE, 1834, S. 196f.) Dem ließe sich auf derselben Argumentationsebene immerhin entgegenhalten, daß der Mangel an männlichen Thronfolgern im England des 16. Jahrhunderts eine anspruchsvolle Erziehung der jungen Frauen des Hochadels zur Folge hatte, die sie dem heroischen Ideal nahebrachte, so daß das Dichterlob durchaus seine Berechtigung hatte (WARNICKE, 1983). Auch mit den männlichen Aufgaben, die die Frauen während der Bürgerkriegszeit im 17. Jahrhundert wahrnahmen, Aufgaben der Güterverwaltung, der Führung von Handwerksbetrieben, der Kriegsspionage, wurde das heroische Frauenbild noch einmal bestätigt, und zwar zu einem Zeitpunkt, da seine philosophischen und medizintheoretischen Grundlagen revidiert wurden (NADELHAFT, 1982; EZELL, 1987).

Die Zwischenphase des intellektualistischen Egalitätsdenkens ist ebenfalls sozialgeschichtlich erklärt worden. Nach den Umwälzungen, die mit der Folge von Bürgerkrieg, Restauration und Glorreicher Revolution verbunden waren, fanden sich gegen Ende des Jahrhunderts zahlreiche adlige und bürgerliche Frauen außerhalb des sozialen Netzes einer patriarchalischen Familie und sahen sich gezwungen, ein Recht auf Bildung und die Verdienstmöglichkeiten geistiger Arbeit einzufordern (SMITH, 1982). Die von Ruth PERRY vorgelegte Sozio-Biographie der Mary ASTELL (1986) wie auch die frauenfreundlichen Romane und Projektentwürfe von Daniel DEFOE bestätigen die Annahme eines solchen Zusammenhangs zwischen wirtschaftlicher Zwangslage und cartesianischem Feminismus. Die Gruppierungen englischer gelehrter Frauen im 18. Jahrhundert – insbesondere die Gruppe der ›Blaustrümpfe‹ – sind zugleich Solidargemeinschaften zum Zweck des materiellen Überlebens (BODEK, 1976). Demgegenüber verband sich in den französischen Salons des *ancien régime* das cartesianische weibliche Selbstbewußtsein mit dem höfischen Frauenbild zu einer eleganten Inszenierung männerbezogener, galant ›anderer‹ Weiblichkeit (LOUGÉE, 1976). Eine Arbeit, welche, in der Weiterführung der Studie von Verena VON DER HEYDEN-RYNSCH (1992), die Salonkultur des 18. Jahrhunderts in den verschiedenen europäischen Ländern vergleichend untersuchen würde, könnte sicherlich aufschlußreiche Konstellationen des Ineinanderwirkens von sozialer Dynamik und von Konzeptionen der Geschlechterdifferenz zutage fördern.

3. Literarhistorie im Zeichen von Genus

3.1. Geschichtsschreibung als Modell der Literaturgeschichtsschreibung

Literaturwissenschaftliche *Gender Studies* und traditionelle Literaturgeschichtsschreibung stehen sich distanziert gegenüber. Erstere nehmen mit Befremden die unreflektierte Androzentrik der Literaturgeschichten zur Kenntnis (vgl. Kap. 1.), letztere sehen in der kanonauflösenden Wirkung der Kategorie der Geschlechterdifferenz eine Bedrohung (vgl. den Beitrag von VON HEYDEBRAND/WINKO in diesem Band). Überlegungen darüber, wie eine *gender*-sensible Literaturgeschichte beschaffen sein könnte, und Versuche, eine solche ein Stück weit zu schreiben, orientieren sich eher an den Vorarbeiten der allgemeinen historischen Frauen- und Geschlechterforschung. Wenn Autorschaft begriffen wird als das Schreiben von Männern und Frauen, die als Subjekte und Objekte dieses Schreibens in ein mentalitäts- und gesellschaftsgeschichtlich sich veränderndes Selbst- und Fremdverständnis beider Geschlechter involviert sind, so erscheint die Literatur in intensiver und vielfacher Weise in allgemeine historische Zusammenhänge und Wandlungsprozesse eingebunden.

Die historische Frauenforschung hat seit den 1970er Jahren die Möglichkeiten einer auf die Kategorie *gender* bezogenen Geschichtsschreibung diskutiert. Sie hat Fragen gestellt und Methoden entwickelt, die geeignet sind, die vordem weitgehend unsichtbar gewordenen Frauen der Vergangenheit wieder sichtbar zu machen. Die Gegenpositionen zur traditionellen Historiographie wurden hier in einer für die Literaturgeschichtsschreibung wegweisenden Klarheit programmatisch ausformuliert. Historikerinnen wie

Gerda LERNER und Gisela BOCK haben für die neue Geschichtstheorie eine historische Dimension und zugleich eine zukunftsgerichtete Perspektive entworfen.

Die früheste Praxis hat darin bestanden, mit einzelnen eingefügten Hinweisen auf und Porträts von besonderen, oft als exzentrisch aufgefaßten Frauen das allgemeine Fehlen von Frauen in der Geschichtsdarstellung zu kompensieren. Solcher *compensatory history* entsprechen in den Literaturgeschichten der Absatz über die *Précieuses ridicules*, die Hinweise auf skandalumwitterte Damen wie Aphra BEHN und Mme DE STAËL oder die Frauen um Lord BYRON, die Passage über die BRONTË-Schwestern im Moor von Yorkshire, die Auslassung über das Mann-Weib George SAND. Die fortgeschrittenere, rationalere Phase ist die der *contribution history*, welche das Wirken weiblicher Einzelpersonen oder Gruppen als untergeordneten Beitrag zur allgemeinen Geschichte registriert. Entsprechend erwähnt die Literaturgeschichte Aphra BEHN als *minor Restoration dramatist*, Jane AUSTEN als kleine, aber feine Spätform des FIELDINGschen Aufklärungsromans, Elizabeth GASKELL als Autorin, die Texte zum viktorianischen Genre der *industrial novel*, George ELIOT als Schriftstellerin, die Beispiele zum viktorianischen Entwicklungsroman beisteuert. Diese Art von Geschichtsschreibung wird von feministischen Prämissen her als zwar unvermeidliches, aber revisionsbedürftiges Zwischenstadium betrachtet. Es gilt, die Konturen einer spezifischen Frauengeschichte (*women's history*, ›herstory‹) zu entwerfen, das vorliegende Material in diesem Sinn zu reinterpretieren, neues Material für diesen Zweck zu erschließen. Aus der Erfahrung von Frauen und von weiblichen Normen her ist die Vergangenheit derart zu rekonstruieren, daß die spezifischen Lebensbedingungen der historischen Frauen und ihre Veränderungen ins Blickfeld kommen. Vor die gewohnte männlich perspektivierte politische, soziale und ökonomische Geschichte soll die private Geschichte der Familie, der Sexualität, des Körpers, die Geschichte der weiblichen Bildung, der Frauenrechte, der Frauenarbeit etc. in den Vordergrund rücken. Literaturgeschichte hätte entsprechend den Werken schreibender Frauen und den Formen weiblicher Autorschaft besondere Beachtung zu schenken und zu beobachten, wie sich die Teilnahme von Frauen am literarischen Leben historisch gewandelt hat.

3.2. Frauen-Literatur-Geschichte: ein parodistischer Versuch

Zu Anfang des Bandes *Frauen suchen ihre Geschichte* fragt Karin HAUSEN danach, »wie unser Geschichtsbild wohl aussähe, wenn es aus der Sicht von Frauen entworfen würde und darin Männer – in Umkehrung der ›normalen‹ Bewertung – nur als das abgeleitete ›andere‹ Geschlecht erschienen« (1987, S. 9). Stellen wir uns das für die englische Literatur seit der Frühen Neuzeit vor:

In der elisabethanischen Ära (1558–1603), deren Name bereits darauf hinweist, wie sehr sie von der Persönlichkeit einer großen Frau geprägt wurde, haben Frauen nur selten literarische Werke selbst geschrieben. ELIZABETH I., aristokratische Damen wie Mary Countess of PEMBROKE und Lucy Countess of BEDFORD oder, etwas später, die Gemahlin von JAMES I., Queen ANNE, verstanden Autorschaft im ursprünglichen Wortsinn des ›Verursachens‹ und ließen sich schreiben. Als Mäzenatinnen gaben sie talentierten und in den Schönen Künsten ausgebildeten Männern ihren Geschmack kund, auf daß diese für sie nach den Kunstregeln ihrer Rhetorik und Poetik Lobgedichte, petrarkistische und unpetrarkistische Liebeslyrik, höfische Maskenspiele und feministische Verteidigungsschriften verfaßten. Wenn es allerdings um wirklich wichtige Dinge ging, um die Anleitung zur Kindererziehung oder zu echtem religiösen Leben, so konnte es vorkommen, daß eine Frau persönlich zur Feder griff.

Erst als mit dem intellektuellen Mündigwerden des Mannes in der Aufklärungszeit Ende des 17. Jahrhunderts die Literatur von rhetorischen und kompositorischen Konventionen befreit und klares Ausdrucksmittel einer sich spontan artikulierenden Vernunft wurde, begannen Frauen in größerer Zahl literarisch tätig zu werden. Sie verstanden ihr Schreiben als Teilhabe an einem literarischen Dialog, gaben deshalb partnerbezogenen Genres wie dem Brief, dem Pamphlet und dem satirischen Gedicht den Vorzug und entlehnten ihre Argumentationsstrategien einer seit langem entwickelten weiblichen Konversationskultur. Immer wieder berufen sie sich auf ANNE I. (1702–1714) als Garantin für eine besondere Autorität des weiblichen Worts. Die Schriften der SOPHIA künden mit ihren Titeln von der hohen Selbsteinschätzung der Frauen dieser Zeit: *Woman not Inferior to Man* (1739) und *Woman's Superior Excellence over Man* (1741).

Als sich in der zweiten Hälfte des 18. Jahrhunderts männlicher literarischer Geschmack zu einem weltfremden Kult der Empfindsamkeit verstieg (Henry MACKENZIE, *The Man of Feeling*, 1771) oder der Illusion einer originalen Genialität verfiel, die sich in männlicher Parthenogenese selbst erzeugt (vgl. Edward YOUNG, *Conjectures on Original Composition*, 1759: »an original author is born of himself, is his own progenitor«), waren es Frauen wie Maria EDGEWORTH, Mary WOLLSTONECRAFT und Jane AUSTEN, die die Literatur als Medium rationaler, moralisch anständiger und sozial konstruktiver zwischenmenschlicher Kommunikation retteten. In *Frankenstein* (1818), zweifellos einem der wichtigsten Werke des frühen 19. Jahrhunderts, hält Mary SHELLEY mit der Lebensgeschichte der Titelfigur ihrem Ehemann Percy Bysshe (dessen eigenes Gedicht *The Revolt of Islam* insofern bemerkenswert ist, als es mit der Gestalt der Cythna eine die *New Woman* antizipierende Heldin entwirft) und seinen Dichter- und Philosophenfreunden einen Spiegel vor, in dem die negativen Züge des verantwortungslosen romantischen Schaffensdrangs und des utilitaristischen Weltverbesserungseifers deutlich hervortreten.

Im Zeitalter der Königin VICTORIA (1837–1901) führen die Autorinnen (Charlotte BRONTË, Elizabeth GASKELL, George ELIOT, Margaret OLIPHANT u.a.) die Tradition des vernünftigen und gemeinschaftsorientierten Schreibens mit Bildungs- und Gesellschaftsromanen fort, die statt des utilitaristischen Systemdenkens und der resignativen konservativen Nostalgie ein Reformethos vermitteln, das von den konkreten Erfahrungen in der eigenen Familie und der dörflichen oder städtischen Gemeinschaft inhaltlich gefüllt wird. Zunehmend wird solches Schreiben auch männlichen Romanautoren wie Charles DICKENS, Anthony TROLLOPE, George MEREDITH und George GISSING zur Norm. Einen literarischen Höhepunkt dieser Zeit stellt die sofort sehr erfolgreiche Erzählung *Cranford* der Mrs. GASKELL dar. In der Nachfolge utopischer Entwürfe der Aufklärung (Sarah Robinson SCOTT, *Millenium Hall*, 1762, u.a.) wird hier eine den weiblichen Idealen entsprechende, nicht-kapitalistische und nicht-kolonialistische politische und ökonomische Lebensweise imaginiert.

Während die Literatur der Frauen des 18. und 19. Jahrhunderts vornehmlich dem Anliegen der Gestaltung der äußeren Welt im Sinne einer aufgeklärten Menschlichkeit gewidmet ist, wird die klassische Moderne geprägt von der introspektiven Intensität des Bewußtseinsromans. Dorothy RICHARDSON hat im Monumentalwerk *Pilgrimage* (1915–1967) diese Erzählform entwickelt; Virginia WOOLF und James JOYCE – letzterer allerdings in einer von WOOLF im Essay *Modern Fiction* kritisierten solipsistischen Variante – haben weitere Möglichkeiten der *stream-of-consciousness novel* erschlossen. Mit der Postmoderne – einem zweiten ›elisabethanischen Zeitalter‹ – setzen sich die vordem hauptsächlich von seiten der Frauen artikulierten Zweifel am Fortschrittsglauben, an der Ideologie der Naturbeherrschung und am Konzept der autonomen Persönlichkeit in der Literatur und Literaturtheorie allgemein durch. In der Epoche des Dekonstruktivismus können auch männliche Schriftsteller als ›weiblich‹ gelten.

3.3. Frauen-Literatur-Geschichte: Theoriebildung und Forschung

Der vorgelegte ›Versuch‹ greift dem Ziel der literarhistorischen Frauenforschung vor, zu einem Konsens für ein Gesamtbild der Geschichte schreibender Frauen zu gelangen. Die wissenschaftliche Bemühung um dieses Ziel befindet sich derzeit im Stadium theoretischer und methodischer Vorüberlegungen sowie der Bereitstellung von Teilstudien zu einzelnen Werkgruppen, Gattungen und Epochen und zu geschlechtsspezifisch semantisierten Motiven in Texten von und über Frauen. Vor dem Hintergrund des neuen Wissens um den historischen Wandel der Geschlechterdifferenz (vgl. Kap. 2.2. und 2.3.) bedürfen diese Arbeiten zum Teil bereits wieder einer Revision.

Im vergleichenden Blick auf den deutschen und den anglo-amerikanischen Bereich fällt auf, daß für ersteren die Überlegungen zum Fehlen, zur Diskontinuität und zur Minderwertigkeit der Literatur von Frauen kennzeichnend sind, während in letzterem die Fülle und die positiven Besonderheiten des von Frauen Geschriebenen herausgearbeitet werden. Nicht nur eine andersartige historische Materiallage dürfte der Grund für diesen Unterschied sein, sondern auch ein andersartiger Sozialisationsprozeß, in den die deutschen, die amerikanischen und englischen Literaturwissenschaftlerinnen karrieremäßig eingebunden sind.[9]

---

[9] Die von amerikanischen Wissenschaftlerinnen betreute Essaysammlung zur Sozial- und Literaturgeschichte deutscher Frauen im 18. und 19. Jahrhundert steht kennzeichnenderweise der »optimistischen Schule der feministischen Theorie« nahe (BOETCHER-JOERES u.a., 1986, S. 138).

3.3.1. Das Problem der Diskontinuität

Literarhistorische Übersichten zur deutschen Literatur von Frauen sind häufig Sammlungen von Einzelbeiträgen. Sicherlich hat dies auch praktische Gründe, doch verbinden sie sich mit der Annahme, daß sachliche Zusammenhänge zwischen den gleichzeitig oder in zeitlicher Aufeinanderfolge literarisch tätigen Frauen fehlen. »Die Entscheidung, die brüchige Geschichte der Frauenliteratur anhand von Essays zu analysieren, entsprach der Materiallage«, konstatieren Hiltrud GNÜG und Renate MÖHRMANN in der Einleitung der von ihnen herausgebenen *Frauen Literatur Geschichte* (1985, S. IX). Auch Gisela BRINKER-GABLER stellt zu Beginn der beiden Bände *Deutsche Literatur von Frauen* die Frage, »warum sich die Spuren der Frauen in der Geschichte immer wieder verlieren« (1988, S. 13). Mit bitterer Stringenz wird die Auffassung, daß Frauen nicht zu selbstbestimmter traditionsbildender Kreativität finden konnten, von Silvia BOVENSCHEN für das 18. Jahrhundert dargelegt (1979). Eine kontinuierliche Kette von männlicherseits produzierten Weiblichkeitsbildern ist, so BOVENSCHEN, die historische Bezugslinie für die diskontinuierlich entstehende Literatur von Frauen. Frauen können sich bestenfalls, sofern diese es zulassen, in die ihnen jeweils vorgegebenen symbolischen Repräsentationsformen des Weiblichen einschreiben. Für den weiblichen Autor, so befindet ähnlich Sigrid WEIGEL in den *Thesen zur Geschichte weiblicher Schreibpraxis* (1983), ist ein »schielender Blick« kennzeichnend. Die Frau erfährt und schreibt sich nicht unmittelbar, sondern in Abhängigkeit von einem stets mitwahrgenommenen männlichen Blick auf sich.

Barbara BECKER-CANTARINO findet aus solcher Situation einen positiven historiographischen Ausweg. Für die Zeit 1500–1800 verzeichnet sie die Spuren weiblicher literarischer Schreibtätigkeit, unter die sie großzügig »alle zusammenhängenden Texte« von Frauen zählt, die »Ausdruck ›weiblicher Erfahrung‹« sind (1987, S. 14), innerhalb des umfassenden Zusammenhangs einer Sozialgeschichte der Frau. Unter dem Aspekt weiblicher Autorschaft zeigt sich diese Geschichte als dynamische Abfolge von zahlreichen Hindernissen und weniger häufigen Hilfestellungen auf dem Weg der Frau zu intellektueller und literarischer Mündigkeit, der mit dem Ende des Untersuchungszeitraums keinesfalls sein Ziel erreicht hat. Auch die Sozialgeschichte der Frau vermag den Eindruck eines vornehmlich dienenden, zuarbeitenden, aushelfenden Bezugs weiblicher literarischer Tätigkeit auf die Kontinuität männlicher literarischer Produktion nicht aufzuheben. Helga GALLAS und Magdalene HEUSER machen darauf aufmerksam, daß er durch ein historisches Rezeptionsverhalten verstärkt worden ist, das am ehesten noch auf solche Frauen die Aufmerksamkeit richtete, die im Umfeld berühmter Männer standen (1990, S. 5).

Daß die Frauen in den Literaturgeschichten fehlen, ist, so argwöhnt Sigrid SCHMID-BORTENSCHLAGER, nicht die Folge ihrer tatsächlichen Absenz in vergangenen Epochen, sondern die Folge der Methoden, mit denen diese Vergangenheit wissenschaftlich erschlossen worden ist (1986). Doch ihr eigener Aufsatz bietet zugleich ungewollt ein Beispiel dafür, wie mit den Kategorien von ›hoher Literatur‹ und ›Trivialliteratur‹, die, selbst wenn sie verneinend gebraucht werden, die traditionellen Wahrnehmungsmuster perpetuieren, dem Besonderen weiblicher Autorschaft nicht beizukommen ist. Christa BÜRGER sagt über die Autorinnen der deutschen Romantik: »Indem sie ihren kulturellen Tod nicht scheuen, gewinnen sie die Freiheit, sich selbst als ein anderes Subjekt hervorzubringen« (1990, S. VIII). Wenn aber die Historiographie die Begriffe jener Kultur, der die Frauen entsagt haben, auf ihre Hervorbringungen zurückprojiziert, macht sie diese wieder unsichtbar. Eine Geschichte der schreibenden Frauen erfordert, so betont WEIGEL in ihren späteren Arbeiten (1989 und 1990), eine neuartige Methodik. Es gilt, alternative Verfahren zu entwickeln, die die disziplinierenden Effekte der traditionellen literaturgeschichtlichen Disziplin vermeiden und Andersartigkeit nicht als Mangelhaftigkeit erfassen.

3.3.2. Weibliche Traditionen

Anglo-amerikanische Feministinnen haben es von Anfang an unternommen, mit Hilfe unkonventioneller Suchmuster, vorzugsweise mit Selbstcharakterisierungen von Autorinnen, jenem Anderssein nachzuspüren, das schreibende Frauen miteinander verbinden könnte. Nicht der »imaginierten Weiblichkeit« galt hier die Pionierstudie, sondern *The Female Imagination* (SPACKS, 1976) war das frühe Forscherinneninteresse gewidmet. Man ordnete sich nicht mit Arbeiten zur ›Frauenliteratur‹ oder zum ›Frauenroman‹ in die Literaturwissenschaft ein, sondern brach mit Titeln wie *A Literature of their Own* (SHOWALTER, 1977), *The Madwoman in the At-*

tic (GILBERT/GUBAR, 1979), *Honey-Mad Women* (YAEGER, 1988) und *Literary Fat Ladies* (PARKER, 1987), *Mothers of the Novel* (SPENDER, 1986) und *Unsex'd Revolutionaries* (TY, 1993) aus ihr aus. Nicht ›Trivialliteratur‹ wurde untersucht, sondern Phänomene wie *The Female Gothic* (FLEENOR, 1983), *Sisters in Crime* (REDDY, 1988) oder *Loving with a Vengeance* (MODLESKI, 1982).

Mit den Arbeiten von SHOWALTER und GILBERT/GUBAR wurden als erstes schreibende Frauen des 19. und frühen 20. Jahrhunderts einer feministischen Relektüre unterzogen, was den praktischen Vorteil hatte, daß mit Autorinnen wie Jane AUSTEN, Charlotte und Emily BRONTË, George ELIOT, Emily DICKINSON und Virginia WOOLF Texte des vorgegebenen Kanons – und das heißt im anglo-amerikanischen Bereich: des Pflichtprogramms der universitären Ausbildung – auf neue Art gelesen wurden. Für diese und für weitere Texte von Frauen wurden spezifische thematische Anliegen und Schreibstrategien aufgewiesen, so daß Linien der Kontinuität, der direkten Abhängigkeit, der Weiterentwicklung des bei den Vorgängerinnen Vorgegebenen, der aufeinanderfolgenden kollektiven Entwicklungsphasen sichtbar wurden. Mit Arbeiten zum Roman des 18. Jahrhunderts (SPENCER, 1986; TODD, 1989 u.a.) wurden diese Entwürfe sodann durch Versionen einer Vorgeschichte ergänzt; neue Studien zum 20. Jahrhundert (DUPLESSIS, 1985; FRIEDMAN/FUCHS, 1989; WAUGH, 1989) führen sie auf die Gegenwart hin fort. Übersichten zur literarisch bedeutsamen Aktivität von Frauen in der Renaissance (BEILIN, 1987; HOBBY, 1989), zur literarischen Selbst- und Fremddokumentation der ›heroischen‹ Frau (EZELL, 1987), zur cartesianisch-feministischen Literatur der Aufklärungszeit (ROGERS, 1982; SMITH, 1982) ergänzen das Wissen um die schreibende Frau der Frühen Neuzeit. Expositorische Prosa und autobiographische und fiktionale Erzähltexte stehen bis heute im Zentrum des literarhistorischen Erschließungseifers, doch wurde mit dem Sammelband *Shakespeare's Sisters* (GILBERT/GUBAR, 1979a) auch die Geschichte der Lyrikerinnen programmatisch zum Forschungsgegenstand gemacht. Die negativen Folgen von WOOLFs soziologisch begründeter These, daß es in den vergangenen Jahrhunderten kaum weibliche Dichter gegeben haben könne,[10] wurden zu einer fruchtbaren Neugier auf das bislang un-

---

[10] WOOLF knüpft die These an die im Titel *A Room of One's Own* formulierte Klage, daß den Frauen in den früheren Jahrhunderten ein eigener Raum

erforschte Terrain gewendet. Die englischen Dramatikerinnen, die im Fall der Theaterautorinnen der Restaurationszeit, der *female wits*, schon durch die Studie von Rosamond GILDER (1931) aus der Vergessenheit geholt worden waren, sind durch die epochenumgreifenden Arbeiten von Nancy COTTON (1980) und Jacqueline PEARSON (1988) in ihrer Geschichte vom Mittelalter bis ins 18. Jahrhundert erschlossen worden und so als Vorgängerinnen der weiblichen Theaterkultur der Gegenwart ins Licht getreten. In Verbindung mit Anthologien – neben der wichtigen, aber problematischen *Norton Anthology of Literature by Women* (vgl. Kap. 2.1.) vornehmlich Gedichtanthologien und Sammlungen von Auszügen aus schwer zugänglicher Literatur von Frauen des 16. bis 18. Jahrhunderts – und Editionsprogrammen wie den Textreihen von Virago Press und der Serie ›Mothers of the Novel‹ bei Routledge ist inzwischen das literarische Schaffen englischer Frauen durch die Jahrhunderte hindurch und in den verschiedenen Gattungen sichtbar geworden. Eine literarhistorische Gesamtdarstellung hat diese Vergangenheit nicht etwa wegen zu vieler weißer Flecken nicht gefunden, sondern eher aufgrund der Vielfalt der vorgeschlagenen Deutungsperspektiven, die auf die Möglichkeit des Konsens hin überdacht werden müßten.

Mit der historiographischen Erschließungsarbeit hat sich das Konzept von Autorschaft, über das literarische Tätigkeit erfaßt wird, verändert. Phänomene vermittelter, indirekter Verursachung von literarischen Werken und literarischem Geschmackswandel durch Frauen in der Rolle von materiellen, gesellschaftlichen und geistigen Förderinnen während der Renaissance und wieder in der Moderne (HANNAY, 1985; WYNNE-DAVIES/CERASANO, 1992, Kap. 5; BENSTOCK, 1987) waren einzubeziehen, desgleichen Tätigkeiten als Ghostwriter (etwa Harriet TAYLOR für John Stuart MILL) oder als Vorschreiberin (wie im Falle von Dorothy WORDSWORTH für William). Bislang als subliterarisch betrachtete und mißachtete Texttypen wie die Prophezeiung (BERG/BERRY, 1981; MACK, 1982; WISEMAN, 1992), die emanzipatorische Streitschrift (vgl. besonders MYERS, 1985; YAEGER, 1988, S. 149–176) oder die moralisch-didaktische Erzählung (vgl. NEWTON, 1981; ARMSTRONG, 1987) wurden erkannt und aufgewertet als historisch bedeutsame Schauplätze des schreibenden Bemühens von Frauen,

---

und damit die Möglichkeit für die intensive Konzentration, aus der gute Dichtung entstehen kann, fehlte (1977, S. 64).

ihren Ort, ihre Stimme, ihre Autorität in der Literatur zu konstituieren. Neuartige Lektürepraktiken erwiesen sich als notwendig, um die bewußt oder unbewußt verfolgten Schreibstrategien zu erschließen, mit denen Frauen den widersprüchlichen Anforderungen von sozialem Anpassungszwang und subversivem Ausdrucksimpuls, von ›männlicher‹ Kultursprache und ›weiblicher‹ Vorsprachlichkeit begegnen. Solche kontinuierlich oder vielmehr seit dem Wechsel des Paradigmas von Geschlechterdifferenz im späteren 18. Jahrhundert immer wieder beobachtbaren Strategien sind zum Beispiel die Palimpsesttechnik, die einen »wilden« unter einem konventionellen Text verbirgt (GILBERT/GUBAR, 1979); das *female gothic* als unrealistische, phantastische Erzählweise, die es ermöglicht, Tabus der realen Gesellschaft unauffällig zu brechen; die Ironie, die traditionelles Wortzeremoniell vorführt und zugleich über dieses spottet; die Rhetorik des Schweigens als Kunst, das Nichtsagbare über Auslassungen zu suggerieren (KAMMER, in: GILBERT/GUBAR, 1979a); die verschlüsselte Thematisierung einer vorsymbolischen, realitätshaltigen, unmöglichen Sprache über Erzählbilder (HOMANS, 1986). Auch Gattungskonzepte haben neu gefaßt werden müssen. In den historischen Sequenzen der von Frauen geschriebenen Texte zeichnen sich kontinuierliche Abweichungen von den konventionellen Mustern ab, die es angemessen erscheinen lassen, jene Muster als die männliche Norm zu separieren und daneben andersartige weibliche Muster anzusetzen. Weibliche Traditionen sind so zum Beispiel für die utopische Erzählung, den Reisebericht, den Erziehungs- und Bildungsroman, die *gothic story* und die Detektiverzählung sichtbar geworden.

Die in der Evidenz der Texte vielfach wahrgenommenen Gemeinsamkeiten und die davon abgeleiteten Linien weiblicher Schreibtraditionen sind durch Archivarbeit faktisch bestätigt worden. Patricia CRAWFORD (1985) belegt mit einer Liste aller Titel der im England des 17. Jahrhunderts von Frauen veröffentlichten Bücher den kollektiven Aufbruch der Frau in die Literatur während der zweiten Jahrhunderthälfte. Bei der Durchsicht von privaten Bibliothekskatalogen des 15. bis 17. Jahrhunderts konnte Susan Groag BELL feststellen, daß Bücher im Besitz von Frauen matrilinear über Generationen hinweg weitervererbt wurden (1982). Auch in Form von institutionalisierten und privaten Lehrerin-Schülerin-Verhältnissen sind geistige Mutter-Tochter-Beziehungen ausgemacht worden, die sich in ununterbrochener Folge fortsetzen.

Was die Königinmutter ISABELLA von Spanien begonnen hat, indem sie in der Zeit HEINRICHs VIII. mit dem Mädchenerzieher Juan Luis VIVES spanische Frauenbildung nach England importierte, läßt sich in seinen Auswirkungen bis in die viktorianische Zeit, bis hin zu Elizabeth REID, der Gründerin des Bedford College, und George ELIOT, einer der ersten Studentinnen dieses College, weiterverfolgen.[11]

»We think back through our mothers if we are women«, sagt Virginia WOOLF in *A Room of One's Own* (1977, S. 72f.). Damit hat sie ihren literaturwissenschaftlichen Töchtern und Enkelinnen die Anregung gegeben, eine Theorie weiblicher Intertextualität zu entwickeln, mit der sich die vielbeachtete männliche Autorschaftstheorie von Harold BLOOM für schreibende Frauen außer Kraft setzen läßt. BLOOM macht innovatives literarisches Schöpfertum davon abhängig, daß es dem Autor gelingt, durch aggressives Falschlesen die Vorgänger und Vorbilder zu verdrängen. Das große Werk entsteht – gleichsam über eine homosexuell nuancierte ödipale Dynamik –, indem der Sohn den Dichter-Vater im Akt des *misreading* ›tötet‹ und so für sich selbst einen Platz gewinnt (BLOOM, 1973 und 1975). Vor allem Sandra M. GILBERT und Susan GUBAR (1979 und 1986) haben die Misogynie dieses Modells kritisiert, demzufolge Frauen die Möglichkeit literarischer Kreativität abgesprochen wird. Annette KOLODNY antwortet auf BLOOMs Buch *A Map of Misreading* mit dem Aufsatz *A Map for Rereading* (1980) und einem andersartigen weiblichen Nachfolgemodell. Entsprechend der positiven Umdeutung von FREUDs Konzeption des Mutter-Tochter-Verhältnisses in der ödipalen Phase, die die feministische Psychoanalyse vollzogen hat (CHODOROW, 1978), postuliert KOLODNYs Intertextualitätstheorie die Aufeinanderfolge der literarischen Generationen von Frauen als einen konstruktiven, gegenseitig bereichernden, Identitätsgrenzen auflösenden Aufeinanderbezug. Destruktives Lesen und aggressive Ablehnung kennzeichnet in der feministischen Theorie (RICH, 1972) nur das Verhältnis schreibender Töchter zur Tradition der Väter, sofern diese als bedrohend und überwältigend erfahren wird. Elaine SHOWALTER (1989) nimmt eine vermittelnde Position ein, indem sie vorschlägt, Werke von Frauen als Texte zu verstehen, die zugleich ei-

---

[11] Vgl. dazu bis Ende des 18. Jahrhunderts SCHABERT (1994); für die Linie von Mary WOLLSTONECRAFT und Hannah MORE bis zu Elizabeth REID und George ELIOT: OLDFIELD (1993).

ner allgemeinen, männlich dominierten und einer spezifisch weiblichen Literaturtradition verpflichtet sind. Ein solches Modell entspricht wohl am ehesten der Realität weiblicher Autorschaft, von den Petrarkistinnen der Renaissance bis zu den Verfasserinnen postmoderner Schelminnen-Romane. In der Praxis literaturwissenschaftlicher Einzelstudien geht es von daher in der Regel um Fragen der Art und des Ausmaßes männlicher und weiblicher Vorbilder auf die schreibende Frau.

3.4. Von der Frauengeschichtsschreibung zur Einschreibung von Frauen in die Geschichte

Um die Dominanz männlich perspektivierter Historiographie auszugleichen, ist es zweifellos notwendig, daß die Geschichte der Frauen und der Literatur von Frauen erforscht und geschrieben wird. Doch kann das damit entstehende Nebeneinander von ›allgemeiner‹ und Frauen-Geschichte nur ein unbefriedigendes Übergangsstadium sein; als Postulat ergibt sich dessen Aufhebung in einem neuen Gesamtbild der historischen Vergangenheit, das auch Frauen als Handelnde und Schreibende einbezieht. Zielvorstellung ist eine Geschichte als Geschichte der Geschlechterbeziehungen, die die Existenz von Männern und Frauen in den historisch sich wandelnden Paradigmen von Geschlechterdifferenz erfaßt. Eine solche Synthese wird in den ersten theoretischen Entwürfen, ausgehend von der Vorgabe des Nebeneinanders der vertrauten männlichen und der neuen weiblichen Geschichte, als dialektischer Aufeinanderbezug der zwei verschiedenartigen Kulturen gedacht (LERNER, 1976); später wird die Möglichkeit eines Geschlechtergrenzen durchbrechenden geschichtlichen Handelns programmatisch mit in Betracht gezogen (PERROT, in: CORBIN, 1989). Eine Literaturgeschichte im Zeichen von Genus müßte entsprechend das literarische Leben beschreiben als einen Prozeß, der – was die Entstehung und die Rezeption von Literatur wie auch die von Autoren und Autorinnen in ihren Werken imaginierten Welten anbelangt – von der Dynamik der Geschlechterbeziehungen mitbestimmt wird und diese Dynamik wiederum selbst beeinflußt.

Im Rahmen eines solchen Projekts wären größere Teile der traditionellen Historiographie als Geschichte der Politik, der Institutionen, der Kriege von *Männern* zu relativieren und anders zu konzipieren (CORBIN, 1989). Die Geschichte der Literatur wäre ebenfalls – wie es exemplarische Versuche im Bereich der *men's studies* vorgeführt haben (ERICKSON, 1985; DANAHAY, 1993; SCHWENGER, 1984; MIDDLETON, 1992) – als Geschichte der literarischen Projektionen der männlichen Imagination, der Repräsentationen männlicher Psyche zu erfassen. Es ist zu vermuten, daß eine Geschichte, die das Leben bzw. die Autorschaft von Frauen und Männern unter historisch sich wandelnden Bedingungen und im Fluß der sich verändernden Geschlechterkonzepte und Geschlechterrollen darstellt, sich von den bisherigen Geschichtsbildern wesentlich unterscheidet, vielleicht sogar – dies gibt Joan KELLY-GADOL (1977) zu bedenken – eine neue Epochenaufteilung verlangt.

3.4.1. Konturen einer Geschichte der Geschlechterbeziehungen

Der Stoßrichtung der Frauenbewegung, von der aus die feministische Forschung ihren Anfang nahm, entsprach es, die Geschichte der Geschlechter als Geschichte patriarchalischer Machtausübung von Männern über Frauen zu sehen. Doch aus sachlichen und strategischen Gründen wurde dieses Muster von den Historikerinnen bald in Frage gestellt (CARROLL, 1976). In der englischen Literaturgeschichtsschreibung – wo es mit WOOLFs *A Room of One's Own* (1929) ein prominentes Vorbild hat – sind Beispiele wie Dale SPENDERs *Women of Ideas and What Men have Done to Them* (1982) eher selten geblieben; im deutschen Bereich wird die ›Opfergeschichte‹ mit den Studien zur Diskontinuität weiblichen Schreibens (vgl. Kap. 3.3.1.) in einer intellektualisierten Variante fortgeführt.

Anstatt die Absenz der Macht von Frauen im öffentlichen Raum zu bestätigen, gehe es, so Joan Wallach SCOTT (1988), darum, die weniger leicht faßbaren, diffusen, aber darum nicht weniger wirksamen Konfigurationen weiblicher Einflußnahme aufzuspüren und zu analysieren. Wenn Margaret EZELL (1987) in einer Durchsicht privater Textzeugnisse des späteren 17. Jahrhunderts die elterliche Autorität der bürgerlichen und adligen Frau in Abweichung von der damaligen Rechtslage feststellt; wenn Judith NEWTON (1981) in Erziehungsschriften und Romanen des 19. Jahrhunderts eine Gespanntheit und Gereiztheit in bezug auf die Einflußnahme der Frau in der Gesellschaft verfolgt; wenn Nancy ARMSTRONG (1987) darlegt, wie erfolgreiche viktorianische Romane von Frauen den Anspruch erheben, aufgrund ihrer Erfahrung in der Familie in öffentlichen Belangen wegweisend zu werden, so beginnen sich Linien weiblicher Macht abzuzeichnen.

Sobald man sich daran macht, Geschlechterbeziehungen in konkreten historischen und literarhistorischen Zusammenhängen zu erforschen, stellt sich heraus, daß diese nicht unabhängig von anderen, sie durchkreuzenden, ausgleichenden oder verstärkenden Unterordnungsverhältnissen gesehen und gedeutet werden können. Studien aus der marxistisch orientierten Schule des *cultural materialism* arbeiten die ideologische Verquickung der Interessen auf der Ebene von *gender* und *class* (NEWTON/ROSENFELT, 1985), von *gender* und *race* (LOOMBA, 1989; SPIVAK, 1989) heraus. Literarische Texte, so ist erkannt worden (ARMSTRONG, 1987), können durch ihre Rhetorik metonymischer Verschiebungen und metaphorischer Gleichsetzungen dieses simultane Wirken von sozialer und ethnischer Differenz und Geschlechterdifferenz sehr frei und gegebenenfalls auch manipulativ im Sinne schichten- oder geschlechterspezifischer Positionen interpretieren.

Michelle PERROT fordert die allgemeine Geschlechtergeschichte dazu auf, sich von den historisch überholten Wahrnehmungsmustern kontrastiver Geschlechtscharaktere und getrennter männlicher und weiblicher gesellschaftlicher Sphären zu lösen und »sich endlich mit den Grauzonen, den Widersprüchen, dem Ungeschiedenen und dem Rollentausch zu beschäftigen; die Ambivalenzen ernster zu nehmen als die grellen Plakatfarben« (in CORBIN, 1989, S. 25). Damit hält sie Historiker und Historikerinnen zu einer Wahrnehmungsnorm an, die sich in literarhistorischen Studien seit längerem abzeichnet. Jenen »Grauzonen«, jenen Situationen, in denen Geschlechtergrenzen unsicher werden oder gar aufgehoben erscheinen, gilt, als Symptomen der kritischen Auseinandersetzung, der Dekonstruktion und ansetzenden Revision der bestehenden Geschlechterordnung, die besondere Aufmerksamkeit. Die Bedeutung von sexuellem Dissens (DOLLIMORE, 1991), von lesbischen und homosexuellen Beziehungen (FADERMAN, 1981; SEDGWICK, 1985), von Geschlechtermaskerade, Transvestismus (HOWARD, 1988; GARBER, 1992) und Androgynie (HEILBRUN, 1973) ist in bezug auf literarische Texte, auf das Theaterwesen und auf die Biographie von Autoren und Autorinnen untersucht worden. Aufgrund der Vorherrschaft des dualistischen Geschlechtermodells seit dem 18. Jahrhundert erweisen sich die Frühe Neuzeit mit ihren literarischen Aktualisierungen des Ein-Geschlecht-Modells und wieder die literarische Moderne als der Moment, in dem das dualistische Paradigma aufgegeben wird, als besonders ergiebig für ein in bezug auf Genus subversiv und innovativ orientiertes Forschungsinteresse. Als Ort, an dem sich biologische, gesellschaftliche, künstlerische und literarisch gestaltete Muster der Geschlechterbeziehung in komplexer Überlagerung und zumeist unkonventioneller Ausprägung zeigen, ist das schreibende Paar als Phänomen der Moderne entdeckt worden (JARDINE, 1986; HAHN, 1991; CHADWICK/ COURTIVRON, 1993).

Geschlechterwechselnde Intertextualität ist in weiter historischer Perspektive an einer Literatur dargelegt worden, die, sei es in männlicher Fremddarstellung oder in weiblicher Selbstdarstellung, die Frau als Begehrende und Schreibende entwirft. Inzwischen hat sich ein epochenübergreifender Kanon von Werken herausgebildet, an denen diese Art komplexer erotisch-literarischer Geschlechterbeziehung diskutiert wird. Zum Kernbestand gehören SAPPHOS Lyrik, OVIDs *Heroiden*, ABAELARDs *Briefwechsel mit Héloïse*, RICHARDSONs *Clarissa*, die anonymen *Lettres Portugaises*, ROUSSEAUs *La Nouvelle Héloïse* und Mme DE STAËLs *Corinne*. Jean HAGSTRUMS Studie über das literarische Zusammentreffen von Sexualität und Empfindsamkeit im 17. und 18. Jahrhundert steht am Beginn dieser Geschichtsschreibung der Liebesgeschichte (1980). Indem Linda S. KAUFFMAN ihre Untersuchung auf – von Frauen oder von Männern – literarisch gestaltete weibliche Liebesbezeugungen in briefähnlicher Form eingrenzt, vermag sie eine Werkreihe von OVID bis ins 20. Jahrhundert als eine in bezug auf Gattungs- und Geschlechterordnungen transgressiv aufeinander bezogene Textfolge zu erfassen (1986). Wenn Lawrence LIPKING sodann die Situation der *abandoned woman* in der Ambiguität der ›verlassenen‹ und der ›unbeherrschten, schamlosen‹ Frau ins Zentrum seiner literarhistorischen Arbeit stellt, so kommen in seiner Imaginationsgeschichte dieser weiblichen Situation, mit den Aspekten der Entbehrung des Begehrten, des kulturellen Ausgestoßenseins und der Freisetzung des Unbewußten, Grundbedingungen des Dichtens in geschlechterspezifischen Ansichten zum Vorschein (1988). In der bislang umfassendsten und gründlichsten Arbeit schreibt Joan DEJEAN die Geschichte der Literatur, indem sie der Geschichte der weiblichen Dichterstimme SAPPHOs nachspürt (1989). Im Gegeneinander der männlichen Aneignung dieser Stimme im Sinne eines ermächtigenden dichterischen Initiationsrituals und der Domestizierung der Stimme als heteroerotische Klage (seit VERGILs *Sappho und Phaon*) einerseits und der weiblichen und männlichen Revitalisierung von SAPPHOs Sprechpositionen andererseits legt DEJEAN eine sich über Jahrhunderte fortsetzende literarische Dynamik als Geschlechterrivalität und Geschlechterempathie offen. Mit ihrem Buch kündigt sich die neue Dramatik und Lebendigkeit der Geschichte der Literatur an, die als Geschichte der Geschlechterbeziehungen konzipiert ist.

3.4.2. Diskurs über mögliche Methoden

Meinen Entwurf einer Frauen-Literatur-Geschichte (Kap. 3.2.) habe ich als einen parodistischen gekennzeichnet. Er führt aufgrund seiner Kürze die autoritären Verfahren traditioneller Literarhistorie in überzeichneter Weise vor. Er wählt aus und hierarchisiert und stellt die berücksichtigten Werke und literarischen Tendenzen in eine historische Linie, die sich als abgehobene Manifestation geistigen Lebens gibt. In den Worten von ROS BALLASTER (1992): Die alten *masterplots* sind nur durch ein feministisches *mistressplot* der Literaturgeschichtsschreibung ersetzt worden.

Wenn aber das literarische Leben durch die kulturellen Figurationen der Geschlechterdifferenz mitgeprägt wird, wenn männliche und weibliche Autorschaft sich in diesen Zusammenhängen konstituiert und damit dieser Bereich auf vielfache Weise in Abhängigkeit von gesellschaftlichen, ökonomischen und mentalitätsgeschichtlichen Prozessen sich gestaltet und neu gestaltet, so steht einer *gender*-sensiblen Literaturwissenschaft ein solcher abhebender Gestus schlecht an. Literaturgeschichte kann sodann nicht anders als auf die Gesamtgeschichte hin offen konzipiert werden. Es gilt, die Sicht freizumachen auf – wenn auch nicht alle, so doch wenigstens jeweils einige und vorzugsweise von früheren, ›geschlechtsneutralen‹ Forschergenerationen übersehene Wirkzusammenhänge. Wenn sich die Genus-Profile im literarischen Werk der kulturellen Gesamtkonstellation verdanken und diese auch wieder mit prägen, ist ein weiter intertextueller Untersuchungsbereich anzusetzen, der – wenngleich nie durch eine Totalstudie abgedeckt, so doch durch ein pionierhaftes Ineinanderlesen von literarischem Werk und nichtliterarischen Texten, insbesondere solchen, die fremdartige Aspekte früherer Geschlechterordnungen repräsentieren, – konkret vor Augen geführt werden kann. Anders gesagt, es wird sich lohnen, mit Verfahren des *new historicism* zu experimentieren, wie es Judith NEWTON (1988) und Ros BALLASTER (1992) anregen und wie es vereinzelte Studien exemplarisch vorgeführt haben (GREENBLATT, 1990; GALLAGHER, 1988; BARASH, 1992). So kann zumindest einiges von den Verflechtungen und Diskontinuitäten der textuellen ›Verhandlungen‹ (*negotiations*) aufgespürt werden, in denen das historisch Besondere der Geschlechterordnungen erzeugt wird. Um zu vermeiden, daß die historische Erschließungsarbeit einseitig oder sogar falsch durch die Theoriebildung vorprogrammiert wird, wäre zu erproben, inwieweit die anthropologische Methode der ›dichten‹ Beschreibung nutzbar gemacht werden kann (DAVIS, 1976). Deren Verzicht auf vertraute Verallgemeinerungen könnte – so gibt Friederike HASSAUER (1990) zu bedenken – vielleicht sogar zur Folge haben, daß die theoretische Aporie von Weiblichkeitsforschung und dekonstruktivem Feminismus unterlaufen wird.

Anders als die Ereignisse der allgemeinen Geschichte, die keine von der Historiographie unabhängige Realität haben, liegen uns die literarischen Werke vergangener Jahrhunderte als Texte vor, die jederzeit im Lesen wieder unmittelbar erfahren werden können. Aufgrund dieser Absicherung des Forschungsgegenstands können sich – so denke ich – Literarhistoriker und Literarhistorikerinnen in höherem Maß als Historikerinnen und Historiker den Wagemut methodischer Konsequenz leisten, auch wenn sich dabei traditionelle Wissensbestände auflösen mögen.

4. Literatur

[A] Genus als historische und literarhistorische Kategorie
[B] Theorien einer *gender*-bewußten Geschichts- und Literaturgeschichtsschreibung
[C] Literarhistorie im Zeichen von Genus: Arbeiten zur deutschen und englischen Literatur

ALAYA, Flavia: Victorian Science and the ›Genius‹ of Woman, in: Journal of the History of Ideas 38, 1977, S. 261–280. [A]

ANNERL, Charlotte: Das neuzeitliche Geschlechterverhältnis. Eine philosophische Analyse, Frankfurt a.M. 1991. [A]

ARMSTRONG, Nancy: Desire and Domestic Fiction. A Political History of the Novel, New York 1987. [C]

BALLASTER, Ros: New Hystericism. Aphra Behn's ›Oronooko‹. The Body, the Text and the Feminist Critic, in: Isobel ARMSTRONG (Hg.): New Feminist Discourses. Critical Essays on Theories and Texts, London 1992, S. 283–295. [B]

BARASH, Carol: »The Native Liberty ... of the Subject«. Configurations of Gender and Authority in the Works of Mary Chudleigh, Sarah Fyge Egerton, and Mary Astell, in: Isobel GRUNDY / Susan WISEMAN (Hg.): Women, Writing, History 1640–1740, London 1992.

BECKER-CANTARINO, Barbara: Der lange Weg zur Mündigkeit. Frauen und Literatur in Deutschland von 1500–1800, Stuttgart 1987. [C]

BEILIN, Elaine V.: Redeeming Eve. Women Writers of the English Renaissance, Princeton, N.J. 1987. [C]

BELL, Susan Groag: Medieval Women Book Owners. Arbiters of Lay Piety and Ambassadors of Culture, in: Signs 7, 1982, S. 742–767. [C]

BELSEY, Catherine: The Subject of Tragedy. Identity and Difference in Renaissance Drama, London 1985. [A]

BENDER, Robert M. / Charles L. QUIER (Hg.): The Sonnet. An Anthology, New York 1965, 2. Aufl. 1987.

BENSON, Pamela J.: The Invention of the Renaissance Woman. The Challenge of Female Independence in the Literature and Thought of Italy and England, University Park 1993. [A]

BENSTOCK, Shari: Women on the Left Bank. Paris 1900–1940, Austin 1987.

BERG, Christina / Philippa BERRY: Spiritual Whoredom. An Essay on Female Phrophets in the Seventeenth Century, in: F. BARKER u.a. (Hg.): 1642. Literature and Power in the Seventeenth Century, Colchester 1981, S. 37–54.

BLOOM, Harold: The Anxiety of Influence, A Theory of Poetry, New York 1973.

BLOOM, Harold: A Map of Misreading, New York 1975.

BOCK, Gisela: Historische Frauenforschung. Fragestellungen und Perspektiven, in: Karin HAUSEN (Hg.): Frauen suchen ihre Geschichte. Historische Studien zum 19. und 20. Jahrhundert, München 1987, S. 24–62. [B]

BODEK, Evelyn Gordon: Salonieres and Bluestockings. Educated Obsolescence and Germinating Feminism, Feminist Studies 3, 1976, S. 185–199. [A]

BORALEVI, Lea Campos: Utilitarianism and Feminism, in: Ellen KENNEDY u.a. (Hg.): Women in Western Political Philosophy, Brighton 1987, S. 159–178. [A]

BORDO, Susan: The Cartesian Masculinization of Thought, in: Signs 11, 1988, S. 439–456.

BOVENSCHEN, Silvia: Die imaginierte Weiblichkeit. Exemplarische Untersuchungen zu kulturgeschichtlichen und literarischen Präsentationsformen des Weiblichen, Frankfurt a.M. 1979. [C]

BRINKER-GABLER, Gisela (Hg.): Deutsche Literatur von Frauen, 2 Bde., München 1988. [C]

BÜRGER, Christa: Leben Schreiben. Die Klassik, die Romantik und der Ort der Frauen, Stuttgart 1990. [C]

BUSH, Douglas: English Literature in the Earlier Seventeenth Century 1600–1660, Oxford 1945, 2. Aufl. 1966.

BUTLER, Judith: Gender Trouble. Feminism and the Subversion of Identity, London 1990. [A]

CARROLL, Berenice A.: Mary Beard's ›Woman as Force in History‹. A Critique, in: dies. (Hg.): Liberating Women's History. Theoretical and Critical Essays, Urbana 1976, S. 26–41. [B]

CHADWICK, Whitney / Isabelle de COURTIVRON (Hg.): Significant Others. Creativity and Intimate Partnership, London 1993. [C]

CHODOROW, Nancy J.: Feminism and Psychoanalytic Theory, New Haven 1989. [A]

CHODOROW, Nancy J.: The Representation of Mothering. Psychoanalysis and the Sociology of Gender, Berkeley 1978. [A]

CORBIN, Alain u.a.: Geschlecht und Geschichte. Ist eine weibliche Geschichtsschreibung möglich?, hg. von Michelle PERROT, Frankfurt a.M. 1989. [B]

COTT, Nancy F.: The Bonds of Womanhood. ›Woman's Sphere‹ in New England, 1780–1835, New Haven 1977. [A]

COTTON, Nancy: Women Playwrights in England, c. 1363–1750, Lewisburg, N.J. 1980. [C]

CRAWFORD, Patricia: Women's Published Writings 1600–1700, in: Mary PRIOR (Hg.): Women in English Society 1500–1800, London 1985, S. 211–282. [C]

DANAHAY, Martin A.: A Community of One. Masculine Autobiography and Autonomy in Nineteenth Century Britain, Albany 1993.

DAVIS, Natalie Z.: »Women's History« in Transition. The European Case, in: Feminist Studies 3, 1976, S. 83–103. [B]

DEJEAN, Joan: Fictions of Sappho 1546–1937, Chicago 1989. [C]

DOANE, Janice / Devon HODGES: Nostalgia and Sexual Difference. The Resistance to Contemporary Feminism, New York 1987. [B]

DOLLIMORE, Jonathan: Sexual Dissidence: Augustine to Wilde, Freud to Foucault, Oxford 1991. [C]

DUGAW, Diane: Warrior Women and Popular Balladry 1650–1850, Cambridge 1989.

DUPLESSIS, Rachel Blau: Writing Beyond the Ending. Narrative Strategies of Twentieth Century Women Writers, Bloomington 1985. [C]

ELLIS, Sarah STICKNEY: The Women of England. Their Social and Domestic Habits (1839), teilweiser Nachdruck in: The Norton Anthology of English Literature, Bd. 2, 5. Aufl., New York 1986.

ERICKSON, Peter: Patriarchal Structures in Shakespeare's Drama, Berkeley 1985.

EZELL, Margaret J. M.: The Myth of Judith Shakespeare. Creating the Canon of Women's Literature, in: New Literary History 21, 1990, S. 579–592. [B]

EZELL, Margaret J. M.: The Patriarch's Wife. Literary Evidence and the History of the Family, Chapel Hill 1987. [A]

FADERMAN, Lilian: Surpassing the Love of Men. Romantic Friendship and Love between Women from the Renaissance to the Present, New York 1981. [C]

FAUSTO-STERLING, Anne: Myths of Gender. Biological Theories about Women and Men, New York 1985. [A]

FELDMAN, Jessica R.: Gender on the Divide. The Dandy in Modernist Literature, Ithaca 1993. [A]

FETTERLEY, Judith: The Resisting Reader. A Feminist Approach to American Fiction, Bloomington 1978. [B]

FLEENOR, Juliann E. (Hg.): The Female Gothic, Montreal 1983. [C]

FREVERT, Ute: Bürgerliche Meisterdenker und das Geschlechterverhältnis. Konzepte, Erfahrungen, Visionen an der Wende vom 18. zum 19. Jahrhundert, in: dies. (Hg.): Bürger und Bürgerinnen. Geschlechterverhältnisse im 19. Jahrhundert, Göttingen 1988, S. 17–48. [A]

FRIEDMAN, Ellen G. / Miriam FUCHS (Hg.): Breaking the Sequence. Women's Experimental Fiction, Princeton, N.J. 1989. [C]

GALLAGHER, Catherine: Embracing the Absolute. The Politics of the Female Subject in Seventeenth-Century England, in: Genders 1, 1988, S. 24–39.

GALLAS, Helga / Magdalene HEUSER (Hg.): Untersuchungen zum Roman von Frauen um 1800, Tübingen 1990. [C]

GARBER, Marjorie: Vested Interests. Cross-Dressing & Cultural Anxiety, New York 1992. [C]

GILBERT, Sandra M. / Susan GUBAR: The Madwoman in the Attic. The Woman Writer and the Nineteenth-Century Literary Imagination, New Haven 1979. [C]

GILBERT, Sandra M. / Susan GUBAR (Hg.): Shakespeare's Sisters. Feminist Essays on Women Poets, Bloomington 1979 (1979 a). [C]

GILBERT, Sandra M. / Susan GUBAR: Tradition and the Female Talent, in: Nancy K. MILLER (Hg.): The Poetics of Gender, New York 1986, S. 183–207. [B]

GILDER, Rosamond: Enter the Actress. The First Women in the Theatre, Boston 1931. [C]

GILLIGAN, Carol: In a Different Voice, Cambridge, Mass. 1982. [A]

GNÜG, Hiltrud / Renate MÖHRMANN (Hg.): Frauen Literatur Geschichte. Schreibende Frauen vom Mittelalter bis zur Gegenwart, Stuttgart 1985. [C]

GREENBLATT, Stephen J.: Fiction and Friction, in: Shakespearean Negotiations, Oxford 1990, S. 66–93. [A]

GRUNDY, Isobel / Susan WISEMAN (Hg.): Women, Writing, History 1640–1740, London 1992. [C]

HAGSTRUM, Jean H.: Sex and Sensibility. Ideal and Erotic Love from Milton to Mozart, Chicago 1980. [C]

HAHN, Barbara: Unter falschem Namen. Von der schwierigen Autorschaft der Frauen, Frankfurt a.M. 1991. [C]

HANNAY, Margaret P. (Hg.): Silent but for the Word. Tudor Women as Patrons, Translators, and Writers of Religious Works, Ohio 1985.

HASSAUER, Friederike: Die alte und die neue Heloisa. Weibliche Zugänge zur Schrift, in: Bea LUNDT (Hg.): Auf der Suche nach der Frau im Mittelalter. Fragen, Quellen, Antworten, München 1990, S. 277–303. [B]

HASSAUER, Friederike: Flache Feminismen, in: Die Philosophin. Forum für feministische Theorie und Philosophie 2, 1990, S. 51–57. [B]

HAUSEN, Karin (Hg.): Frauen suchen ihre Geschichte. Historische Studien zum 19. und 20. Jahrhundert, München 1987.

HAUSEN, Karin: Die Polarisierung der »Geschlechtscharaktere« – Eine Spiegelung der Dissoziation von Erwerbs- und Familienleben, in: Werner CONZE (Hg.): Sozialgeschichte der Familie in der Neuzeit Europas, Stuttgart 1976, S. 363–393. [A]

HEATH, Stephen: The Sexual Fix, London 1982. [A]

HEILBRUN, Carolyn: Toward a Recognition of Androgyny, New York 1973. [C]

HERTZ, Deborah: Salonieres and Literary Women in Late 18th-Century Berlin, in: New German Critique 14, 1978, S. 97–108. [A]

HESSE, Eva: Die Schwestern in Apoll. Ein eigener Raum, in: dies. u.a. (Hg.): Der Aufstand der Musen, Passau 1984, S. 97–135.

HESSE, Eva: Zur Grammatik der Geschlechter, in: dies.: Die Achse Avantgarde-Faschismus, Zürich [1991], S. 141–210.

HEYDEN-RYNSCH, Verena VON DER: Europäische Salons. Höhepunkte einer versunkenen weiblichen Kultur, München 1992. [A]

HIERDEIS, Irmgard: ›Die Gleichheit der Geschlechter‹ und ›Die Erziehung der Frauen‹ bei Poullain de la Barre (1647–1723). Zur Modernität eines Vergessenen, Frankfurt a.M. 1993.

HOBBY, Elaine: Virtue of Necessity. English Women's Writing 1649–1688, Michigan 1989. [C]

HOMANS, Margaret: Bearing the Word. Language and Female Experience in Nineteenth-Century Women's Writing, Chicago 1986. [C]

HONEGGER, Claudia: Die Ordnung der Geschlechter. Die Wissenschaft vom Menschen und das Weib. 1750–1850, Frankfurt a.M. 1991. [A]

HOWARD, Jean E.: Crossdressing. The Theatre and Gender Struggle in Early Modern England, in: Shakespeare Quarterly 39, 1988, S. 418–440. [C]

JARDINE, Alice: Death Sentences. Writing Couples and Ideology, in: Susan R. SULEIMAN (Hg.): The Female Body in Western Culture. Contemporary Perspectives, Cambridge, Mass. 1986, S. 84–96. [C]

JAUCH, Ursula Pia: Immanuel Kant zur Geschlechterdifferenz, 2. Aufl., Wien 1989.

JOERES, Ruth-Ellen BOETCHER u.a. (Hg.): German Women in the Eighteenth and Nineteenth Centuries. A Social and Literary History, Bloomington 1986. [C]

JORDANOVA, Ludmilla: Sexual Visions. Images of Gender in Science and Medicine between the Eighteenth and Twentieth Centuries, New York 1989. [A]

KAPLAN, Gisela T. / Lesley J. ROGERS: The Definition of Male and Female. Biological Reductionism and the Sanctions of Normality, in: Sneja GUNEW (Hg.): Feminist Knowledge, London 1990, S. 205–228. [A]

KAUFFMAN, Linda S.: Discourses of Desire. Gender, Genre and Epistolary Fictions, Ithaca 1986. [C]

KELLY-GADOL, Joan: Did Women Have a Renaissance?, in: Renate BRIDENTHAL u.a. (Hg.): Becoming Visible. Women in European History, Boston 1977, S.137–164. [B]

KELLY-GADOL, Joan: The Social Relation of the Sexes. Methodological Implications of Women's History, in: Signs 1, 1976, S. 810–823. [B]

KOLODNY, Annette: A Map for Rereading, or, Gender and the Interpretation of Literary Texts, in: New Literary History 11, 1980, S. 451–467. [B]

KUHN, Annette / Jörn RÜSEN (Hg.): Frauen in der Geschichte III, Düsseldorf 1983. [A]

LAQUEUR, Thomas: Making Sex. Body and Gender from the Greeks to Freud, Cambridge, Mass. 1990 (dt. von H. J. BUSSMANN: Auf den Leib geschrieben, Frankfurt a.M. 1992). [A]

LERNER, Gerda: Placing Women in History. A 1975 Perspective, in: Berenice A. CARROLL (Hg.): Liberating Women's History. Theoretical and Critical Essays, Urbana 1976, S. 357–367. [B]

LERNER, Gerda: Welchen Platz nehmen Frauen in der Geschichte ein? Alte Definitionen und neue Aufgaben, in: Elisabeth LIST u.a. (Hg.): Denkverhältnisse. Feminismus und Kritik, Frankfurt a.M. 1989, S. 334–349. [B]

LIPKING, Lawrence: Abandoned Women and Poetic Tradition, Chicago 1988. [C]

LOOMBA, Ania: Gender, Race, Renaissance Drama, Manchester 1989. [C]

LOUGÉE, Carolyn C.: ›Le Paradis des Femmes‹. Women, Salons, and Social Stratification in Seventeenth-Century France, Princeton, N.J. 1976. [A]

MACK, Phyllis: Women as Prophets During the Civil War, in: Feminist Studies 8, 1982, S. 19–45.

MACLEAN, Ian: The Renaissance Notion of Woman. A Study in the Fortunes of Scholasticism and Medical Science in European Intellectual Life, Cambridge 1980. [A]

MANGAN, James A. / James WALWIN: Manliness and Morality. Middle-Class Masculinity in Britain and America 1800–1940, Manchester 1987. [A]

MCLAUGHLIN, Eleanor C.: Equality of Souls, Inequality of Sexes, in: Rosemary R. RUETHER (Hg.): Religion and Sexism, New York 1974, S. 213–266. [A]

MEISE, Helga: Die Unschuld und die Schrift. Deutsche Frauenromane im 18. Jahrhundert, Berlin 1983. [C]

MIDDLETON, Peter: The Inward Gaze. Masculinity and Subjectivity in Modern Culture, London 1992.

MITCHELL, Juliet: Psychoanalysis and Feminism. Freud, Reich, Laing and Women, New York 1975. [A]

MODLESKI, Tania: Loving with a Vengeance. Mass-Produced Fantasy for Women, New York 1982. [C]

MÖHRMANN, Renate: Die andere Frau. Emanzipationsansätze deutscher Schriftstellerinnen im Vorfeld der Achtundvierziger Revolution, Stuttgart 1977. [C]

MOI, Toril: Sexual/Textual Politics. Feminist Literary Theory, London 1985.

MORE, Hannah: Strictures on the Modern System of Female Education (1799), in: Works, Bd. 3, London 1834.

MYERS, Mitzi: Domesticating Minerva. Bathsua Makin's ›Curious‹ Argument for Women's Education, in: O. M. BRACK jr. (Hg.): Studies in Eighteenth-Century Culture 14, 1985, S. 173–192.

NADELHAFT, Jerome: The Englishwoman's Sexual Civil War. Feminist Attitudes Toward Men, Women, and Marriage 1650–1740, in: Journal of the History of Ideas 43, 1982, S. 555–579. [A]

NEWTON, Judith L.: History as Usual? Feminism and the ›New Historicism‹, in: Cultural Critique 9, 1988, S. 87–121. [B]

NEWTON, Judith L.: Making – and Remaking – History. Another Look at ›Patriarchy‹, in: Shari BENSTOCK (Hg.): Feminist Issues in Literary Scholarship, Bloomington 1987, S. 124–140. [A]

NEWTON, Judith L.: Women, Power, and Subversion. Social Strategies in British Fiction 1778–1860, Athens, Georgia 1981. [C]

NEWTON, Judith L. / Deborah ROSENFELT: Feminist Criticism and Social Change. Sex, Class and Race in Literature and Culture, New York 1985. [B]

OLDFIELD, Sybil: Artikel E. J. REID, in: The Dictionary of National Biography. Missing Persons, Oxford 1993.

PARKER, Patricia: Literary Fat Ladies. Rhetoric, Gender, Property, London 1987. [C]

PEARSON, Jacqueline: The Prostituted Muse. Images of Women and Women Dramatists 1642–1737, New York 1988. [C]

PERRY, Ruth: The Celebrated Mary Astell. An Early English Feminist, Chicago 1986.

RANG, Britta: Zur Geschichte des dualistischen Denkens über Mann und Frau. Kritische Anmerkungen zu den Thesen von Karin Hausen zur Herausbildung der Geschlechtscharaktere im 18. und 19. Jahrhundert, in: J. DALHOFF u.a. (Hg.): Frauenrecht in der Geschichte, Düsseldorf 1986, S. 194–204.

REDDY, Maureen T.: Sisters in Crime. Feminism and the Crime Novel, New York 1988. [C]

RICH, Adrienne: When We Dead Awaken. Writing as Re-Vision, in: College English 34, 1972, S. 18–30. [B]

ROGERS, Katharine M.: Feminism in Eighteenth Century England, Brighton 1982. [C]

Rousseau, Jean-Jacques: Julie ou la Nouvelle Héloïse, hg. von M. Launay, Paris 1967.

Schabert, Ina: Der gesellschaftliche Ort weiblicher Gelehrsamkeit. Akademieprojekte, utopische Visionen und praktizierte Formen gelehrter Frauengemeinschaft in England 1660–1800, in: Klaus Garber (Hg.): Europäische Sozietätsbewegung und demokratische Tradition, Tübingen 1995 (im Druck). [A]

Schieth, Lydia: Die Entwicklung des deutschen Frauenromans im ausgehenden 18. Jahrhundert. Ein Beitrag zur Gattungsgeschichte, Frankfurt a.M. 1987. [C]

Schlaffer, Hannelore: Weibliche Geschichtsschreibung – ein Dilemma, in: Merkur. Deutsche Zeitschrift für europäisches Denken, Nr. 445, März 1986, S. 256–260. [B]

Schleiner, Winfried: Divina Virago. Queen Elizabeth as an Amazon, in: Studies in Philology 75, 1978, S. 163–180.

Schmid-Bortenschlager, Sigrid: La femme n'existe pas. Die Absenz der Schriftstellerinnen in der deutschen Literaturgeschichtsschreibung, in: George Schmid (Hg.): Die Zeichen der Historie, Wien 1986, S. 145–154. [B]

Schwenger, Peter: Phallic Critiques. Masculinity and Twentieth-Century Literature, London 1984.

Scott, Joan Wallach: Gender. A Useful Category of Historical Analysis, in: Gender and the Politics of History, New York 1988, S. 28–50. [B]

Sedgwick, Eve K.: Between Men. English Literature and Male Homosocial Desire, New York 1985. [C]

Seeber, Hans Ulrich (Hg.): Englische Literaturgeschichte, Stuttgart 1991.

Shepherd, Simon: Amazons and Warrior Women. Varieties of Feminism in Seventeenth-Century Drama, Brighton 1983.

Showalter, Elaine: A Literature of their Own. British Novelists from Brontë to Lessing, Princeton, N.J. 1977. [C]

Showalter, Elaine: The Rise of Gender, in: dies. (Hg.): Speaking of Gender, New York 1989, S. 1–13. [B]

Showalter, Elaine: Sexual Anarchy. Gender & Culture at the Fin de Siècle, London 1992. [A]

Smith, Hilda L.: Reason's Disciples. Seventeenth-Century English Feminists, Urbana 1982. [C]

Smith-Rosenberg, Carroll: Writing History. Language, Class, and Gender, in: Teresa de Lauretis (Hg.): Feminist Studies / Critical Studies, Bloomington 1986, S. 31–54. [B]

Spacks, Patricia M.: The Female Imagination. A Literary and Psychological Investigation of Women's Writing, London 1976. [C]

Spencer, Jane: The Rise of the Woman Novelist. From Aphra Behn to Jane Austen, Oxford 1986. [C]

Spender, Dale: Mothers of the Novel. 100 Good Women Writers before Jane Austen, London 1986.

Spender, Dale: Women of Ideas and What Men have done to them. From Aphra Behn to Adrienne Rich, London 1982. [C]

SPIVAK, Gayatri C.: Three Women's Texts and a Critique of Imperialism, in: Catherine BELSEY u.a. (Hg.): The Feminist Reader. Essays in Gender and the Politics of Literary Criticism, London 1989, S. 175–195. [C]

STEINBRÜGGE, Lieselotte: Das moralische Geschlecht. Theorien und literarische Entwürfe über die Natur der Frau in der französischen Aufklärung, 2. Aufl., Stuttgart 1992. [A]

THÉRY, Chantal: Madame, votre sexe ... Les auteurs de manuels et les femmes écrivains, in: Renate BAADER (Hg.): Das Frauenbild im literarischen Frankreich. Vom Mittelalter bis zur Gegenwart, Darmstadt 1988, S. 288–306. [B]

TODD, Janet: Feminist Literary History, New York 1988. [B]

TODD, Janet: The Sign of Angellica. Women, Writing and Fiction 1660–1800, London 1989. [C]

TY, Eleanor: Unsex'd Revolutionaries. Five Women Novelists of the 1790's, Toronto 1993. [C]

VICKERY, Amanda: Shaking the Separate Spheres. Did Women really descend into graceful Indolence?, in: Times Literary Supplement, 12. März 1993, S. 6f. [A]

WARNICKE, Retha M.: Women of the English Renaissance and Reformation, Westport, Conn. 1983. [A]

WAUGH, Patricia: Feminine Fictions. Revisiting the Postmodern, London 1989. [C]

WEIGEL, Sigrid: »Konstellationen, kleine Momentaufnahmen, aber niemals eine Kontinuität.« Ein Gespräch über Literaturwissenschaft und Literaturgeschichtsschreibung von Frauen, in: Karin FISCHER u.a. (Hg.): Bildersturm im Elfenbeinturm. Ansätze feministischer Literaturwissenschaft, Tübingen 1992, S. 116–133. [B]

WEIGEL, Sigrid: Der schielende Blick. Thesen zur Geschichte weiblicher Schreibpraxis, in: Inge STEPHAN / Sigrid WEIGEL (Hg.): Die verborgene Frau, Berlin 1983, S. 83–137. [B]

WEIGEL, Sigrid: Die Stimme der Medusa. Schreibweisen in der Gegenwartsliteratur von Frauen, Hamburg 1989. [C]

WEIGEL, Sigrid: Topographien der Geschlechter. Kulturgeschichtliche Studien zur Literatur, Hamburg 1990. [C]

WILLIAMSON, Marilyn L.: Toward a Feminist Literary History, in: Signs 10, 1984, S. 136–147. [B]

WISEMAN, Susan: Unsilent Instruments and the Devil's Cushions: Authority in Seventeenth-Century Women's Prophetic Discourse, in: Isobel ARMSTRONG (Hg.): New Feminist Discourses, London 1992, S. 176–196.

WOOLF, Virginia: A Room of One's Own (1929), London 1977. [B]

WYNNE-DAVIES, Marion / S. P. CERASANO (Hg.): Gloriana's Face. Women, Public and Private in the English Renaissance, London 1992.

YAEGER, Patricia S.: Honey-Mad Women. Emancipatory Strategies in Women's Writing, New York 1988. [C]

ZAGARELL, Sandra A.: Conceptualizing Women's Literary History. Reflections on The Norton Anthology of Literature by Women, in: Tulsa Studies in Women's Literature 5, 1986, S. 273–287. [B]

RENATE VON HEYDEBRAND UND SIMONE WINKO

Arbeit am Kanon:
Geschlechterdifferenz in Rezeption und
Wertung von Literatur

1. Einführung am Beispiel und Aufriß der Untersuchung 207
2. Geschlechterdifferenz in der Rezeption und im Werten
   von Literatur 208
   2.1. Zum Begriff ›Geschlechterdifferenz‹ in dieser
        Untersuchung 209
   2.2. Lesen – nicht-professionell und professionell 210
        2.2.1. Voraussetzungssystem und Perspektive 212
        2.2.2. Textwahrnehmung 217
        2.2.3. Textverstehen 218
   2.3. Werten 221
        2.3.1. Skizze der Wertungshandlung und ihrer
               Bestandteile 221
        2.3.2. Kollektive Dimensionen des Wertens 225
3. Geschlechterdifferenz und literarischer Kanon 227
   3.1. Zu Begriff, Sache und Problematik von ›Kanon‹ 227
   3.2. Zur Benachteiligung von Frauen im materialen
        wie im Kriterien- und Deutungskanon 229
   3.3. Feministische Konsequenzen und ihre Bewertung 241
        3.3.1. Gegenkanon und Kriterienkritik 242
        3.3.2. Erweiterung des tradierten Kanons durch
               Autorinnen 245
        3.3.3. Subversion des ›männlichen‹ Deutungskanons ... 245
        3.3.4. Poststrukturalistische Bestreitung jeglichen
               Kanons 249
        3.3.5. Pragmatische Schlußbemerkungen 250
4. Literatur 251

RENATE VON HEYDEBRAND UND SIMONE WINKO

Arbeit am Kanon:
Geschlechterdifferenz in Rezeption und
Wertung von Literatur[1]

1. Einführung am Beispiel und Aufriß der Untersuchung

> Den ersten Rang unter den lyrischen Dichterinnen der Neuzeit nehmen zwei in der Dicht- und Denkweise außerordentlich verschiedene Frauen ein: die Westphälin Annette von Droste-Hülshoff (1798–1848) und die Oesterreicherin Betty Paoli; [...] Die Freiin von Droste-Hülshoff hat in ihren ›Gedichten‹ (1844) etwas Sprödes, Schroffes, ja Männliches; [...] Betty Paoli dagegen ist durchweg weiblich im Denken und Empfinden und höchst correct und harmonisch in ihren Versen. [...] Die Lyrik der Empfindung, welche von Annette von Droste-Hülshoff verschmäht wird oder nur selten bei dieser markigen Dichterin zu Worte kommt, spricht sich hier mit aller Beredtsamkeit in künstlerisch vollendetem Ausdrucke aus.
> (GOTTSCHALL, 1855, S. 286 und 290)

So urteilt Rudolph GOTTSCHALL 1855 in der ersten Auflage seiner Literaturgeschichte, die im 19. Jahrhundert und bis ins 20. hinein in zahlreichen Auflagen von bedeutendem Einfluß war. Gleichgewichtig nebeneinander werden hier eine Autorin genannt, die dank ihres ›männlichen Geistes‹ der Wertung ›als Frau‹ entkam und in den Kanon der bedeutenden Dichter deutscher Sprache aufgenommen wurde, und eine andere, »durchweg weiblich«, deren Namen nur noch in ihrer Heimat Österreich gelegentlich genannt wird. Das Zitat macht unübersehbar: In Wahrnehmung und Wertung von Literatur wirkt ein von Geschlechterdifferenz geprägter

---

[1] Eine um Einzelbeispiele erweiterte Fassung dieses Beitrags unter dem Titel: *Geschlechterdifferenz und literarischer Kanon. Historische Beobachtungen und systematische Überlegungen* ist im *Internationalen Archiv für Sozialgeschichte der deutschen Literatur* (VON HEYDEBRAND/WINKO, 1994) erschienen. Hier wie dort sind Teil 1 und 3 von Renate VON HEYDEBRAND, Teil 2 von Simone WINKO verfaßt.

Blick. Das war nicht nur um die Mitte des 19. Jahrhunderts so, aber wie es zu anderen Zeiten aussah und sieht, ist noch kaum bekannt. »Arbeit am Kanon« muß also zunächst in der Erforschung der Art und der Formen bestehen, in denen Geschlechterdifferenz bereits das individuelle, ›normale‹ wie professionelle Lesen und Werten, dann auch in den feministischen Bewegungen, bestimmt.

Daß die kollektiven Wertungsprozesse, die zur Kanonisierung von Autoren führen, vom männlichen Blick gesteuert werden und daß dieser für die eklatante Unterrepräsentanz von Autorinnen in Kanon der Weltliteratur, aber auch der einzelnen Nationen, mitverantwortlich ist, steht außer Frage. Auch noch als Frauen in nennenswerter Zahl beginnen konnten zu schreiben, hat ihnen – so scheint es – nur die Überschreitung ihres ihnen zugeschriebenen Geschlechtscharakters den Weg in den Kanon geöffnet. Wie diese Prozesse im einzelnen verlaufen sind und welche Mechanismen im Spiel sind, ist aber – jedenfalls für Deutschland – ebensowenig erforscht; einige Thesen sollen weitere Forschungsarbeit am Kanon anregen.

Mit der Darstellung der vermutbaren oder bereits bestätigten negativen Befunde kann diese Arbeit jedoch nicht aufhören. Im Gegenteil: Nun sind Mittel zu beschreiben und zu diskutieren, die künftig der Stimme der Frau im Kanon, im Umgang mit dem Kanon, aber auch in der Kritik am Kanon mehr Gehör verschaffen können. Damit erst käme feministische »Arbeit am Kanon« zum Ziel.

2. Geschlechterdifferenz in der Rezeption und im Werten von Literatur

Die Kanonisierung von Literatur läßt sich – dies konnten die einführenden Bemerkungen nur andeuten – als Resultat von Lese-, Deutungs- und Wertungsprozessen auffassen, in denen sowohl individuelle als auch institutionelle Faktoren auf komplexe Weise zusammenwirken. Als Grundlage einer Analyse der Kanonbildung sind also zunächst die Mechanismen der Rezeption und des Wertens von Literatur zu untersuchen.

Modelle zum Prozeß des Lesens, seltener zu dem des Wertens, liegen vor, jedoch hat die traditionelle Leseforschung die Frage nach dem Einfluß der Geschlechterdifferenz auf das Lesen weitgehend vernachlässigt,[2] so daß hier oftmals Hypothesen statt gesicherter Ergebnisse vorgestellt werden müssen. Auch feministische Forscherinnen haben sich mit der Frage, wie sich Geschlechterdifferenz im Lesen und Werten manifestiere, seltener befaßt als etwa mit dem Problem weiblichen Schreibens. Die Untersuchungen zu diesem Thema lassen sich grob in drei Richtungen einteilen: in empirische Forschungen, die sich beschreibend oder rekonstruierend mit dem tatsächlichen Lesen realer Personen befassen, in ideologiekritisch argumentierende Forschungen, in denen es um das Aufdecken und die Überwindung männlicher Lektürestrategien geht, und in dekonstruktive Untersuchungen, die darauf abzielen, die lektüreleitenden binären Oppositionen generell zu unterlaufen. Perspektiven und Ergebnisse dieser Forschungen werden in der folgenden Darstellung an verschiedenen systematischen Stellen zu berücksichtigen sein.

2.1. Zum Begriff ›Geschlechterdifferenz‹ in dieser Untersuchung

In der vorliegenden Untersuchung ist der Begriff ›Geschlechterdifferenz‹ unter drei Aspekten relevant. Zum einen bezieht er sich auf eine Unterscheidung der ›natürlichen‹ Geschlechter (*sex*). Auch wenn biologisch begründete Festschreibungen ›frauenspezifischer‹ und ›männerspezifischer‹ Charakteristika ideologisch problematisch sind, kann auf diesen Aspekt in einem rein klassifikatorischen Sinne nicht verzichtet werden: Wenn es um die Frage geht, ob Autorinnen tatsächlich geringere Chancen gehabt haben, kanonisiert zu werden, oder wenn untersucht werden soll, ob es einen Unterschied im Lesen und Werten von Frauen und Männern gibt,

---

[2] Symptomatisch dafür ist die Tatsache, daß das fast 2000 Seiten umfassende *Handbook of Reading Research* (PEARSON, 1984 und 1991) keinen eigenen Artikel zum Thema ›gender and reading‹ enthält und daß der erste Band nicht einmal das Stichwort ›gender‹ verzeichnet. Ausnahmen bilden empirische Forschungen zur unterschiedlichen Lesefähigkeit von Frauen bzw. Mädchen und Männern bzw. Jungen (z.B. LUMMIS/STEVENSON, 1990), die sich aber allein auf bestimmte Lesekompetenzen (Schnelligkeit, Korrektheit, allenfalls Reproduzieren von Gelesenem) beschränken, während in der Buchmarktforschung Unterschiede zwischen Frauen und Männern unter den Aspekten der Lesehäufigkeit, der Lektürepräferenzen sowie des Kaufverhaltens traditionellerweise häufiger in den Blick kommen; vgl. dazu MUTH (1993, S. 13f.).

muß der erste Zugang über das biologische Geschlecht gesucht werden.

Der zweite Aspekt des Begriffs ist mit dem anglo-amerikanischen Terminus ›*gender*‹ gleichzusetzen. Es wird wichtig sein, sich auf soziale und kulturelle Konstrukte der Geschlechter zu beziehen und Unterschiede in der gesellschaftlichen Kodierung von ›Weiblichkeit‹ und ›Männlichkeit‹ zu erfassen. Der Begriff ›Geschlechterdifferenz‹ wird im folgenden, wenn nicht anders vermerkt, im Rahmen des *gender*-Konzepts verwendet.[3] Wenn es erforderlich sein wird, mit *einem* Begriff sowohl biologische als auch gesellschaftliche Aspekte der Geschlechtskonstrukte zu fassen, wird mit Gayle RUBIN vom »*sex/gender*-System« gesprochen.[4]

Eine dritte Möglichkeit, den Begriff ›Geschlecht‹ zu bestimmen, findet sich in den Arbeiten ›poststrukturalistisch‹ argumentierender Feministinnen, die die Geschlechter als »›rhetorisch‹ verfaßt« ansehen (VINKEN, 1992, S. 19). ›Weiblichkeit‹ und ›Männlichkeit‹ gelten weder als biologische noch als soziologische oder kulturelle, sondern als rhetorische Kategorien. Die sprach- und subjektkritischen Argumente dieser Positionen – so ihre Kritik an dem binären Schematismus auch des *gender*-Konzepts und seinen Hierarchisierungen sowie ihre Einwände gegen die Idealisierung eines universalen Subjekts – werden besonders in der Diskussion um den literarischen Kanon von Bedeutung sein.[5]

2.2. Lesen – nicht-professionell und professionell

Lesen als Kulturtechnik, als erlernte und historisch wandelbare Form des Umgangs mit Literatur läßt sich nach den Kontexten, in

[3] Der Begriff *gender* ist in der feministischen Forschung unterschiedlich definiert worden; heute wird unter *gender* überwiegend die »Repräsentation sozialer Beziehungen« verstanden (HOF, 1993, S. 442f.). Aus der Fülle der Forschungsliteratur zum Thema *gender* seien hier nur einige Titel mit Überblickscharakter genannt: OAKLEY (1972), KUHN (1983), SCOTT (1986), DE LAURETIS (1987), BUTLER (1991).

[4] Vgl. dazu RUBIN: »a ›sex/gender system‹ is the set of arrangements by which a society transforms biological sexuality into products of human activity, and in which these transformed sexual needs are satisfied.« (1975, S. 159)

[5] Die komplexen und voraussetzungsreichen Argumentationen können hier nicht nachgezeichnet werden; eine klare Einführung in den poststrukturalistischen Feminismus gibt WEEDON (1987/1990); zum dekonstruktiven Feminismus vgl. VINKEN (1992).

denen es vollzogen wird, und den Resultaten, in denen es sich manifestiert, differenzieren. Im folgenden soll der Begriff ›Lesen‹ für das ›normale‹, nicht-professionelle Lesen verwendet werden, das entweder gar nicht oder im privaten Rahmen, etwa in Gesprächen oder Briefen, artikuliert wird. Das stärker theoriegeleitete, auf Wiederholungslektüre basierende Lesen in literarischen Institutionen, das sich in eigenen Textgattungen schriftlich dokumentiert, soll ›professionelles Lesen‹ genannt werden. Das professionelle Lesen in Literaturkritik und -wissenschaft entspricht weitgehend dem traditionell ›Interpretieren‹ genannten Vorgang der Bedeutungszuweisung nach jeweils unterschiedlichen theoretischen und methodologischen Prämissen. Obwohl beide Arten des Lesens eng zusammenhängen – in jedem Lesen werden interpretative Zuordnungen vorgenommen, und jede professionelle Lektüre bzw. Interpretation beruht auf einer Erstlektüre –, dürfte diese heuristische Trennung sinnvoller sein als eine globale Verwendung der Begriffe ›Lesen‹ oder ›Lektüre‹,[6] da die Kategorie *gender*, wie noch zu erläutern ist, für das nicht-professionelle und das professionelle Lesen von unterschiedlicher Bedeutung ist.

In der kognitionspsychologischen Lese- und Verstehensforschung wird Lesen heute überwiegend als Interaktion zwischen Lesern und Texten aufgefaßt (dazu CRAWFORD/CHAFFIN, 1986; VIEHOFF, 1988). Beim Lesen wirken demnach Prozesse, die vom Text ausgehen (»bottom up«), und solche, die vom Leser ausgehen (»top down«), zusammen. Die materiale Vorgabe der Texte ist ihre sprachliche Struktur, Vorgaben der Leser sind ihre jeweils eingenommene Perspektive auf den Text und ihr sogenanntes »Voraussetzungssystem«, d.h. ihr in der Sozialisation erworbenes Wissen, ihre emotionalen Dispositionen, Absichten, Motivationen und wertbesetzten Einstellungen sowie die sozialen Konventionen und Normen, nach denen sie sich bewußt oder unbewußt richten (SCHMIDT, 1980, S. 29ff.; CRAWFORD/CHAFFIN, 1986, S. 4–13). Die subjektiven Vorgaben der Leser bestimmen die Wahrnehmung der Textstrukturen und deren Verarbeitung. Als Resultat der Text-

---

[6] Gerade der in poststrukturalistischer Theorie und Praxis inflationär verwendete Begriff ›Lektüre‹, der sich, um nur einige Verwendungsweisen zu nennen, mit ›Wahrnehmung von Relationen in der Realität‹, ›Zuschreiben von Eigenschaften‹, ›(unspezifisches) Auffassen eines Textes‹, ›(spezifische) Lesart eines Textes‹ und mit ›Text‹ reformulieren ließe (so bei MENKE, 1992, S. 441f. und 451), läßt eine solche Differenzierung sinnvoll erscheinen.

verarbeitung gilt das Textverstehen oder, anders gesagt, die mentale Repräsentation des Textes im Leser.

Drei eng miteinander verbundene Faktoren des Leseprozesses, in denen sich Geschlechterdifferenzen manifestieren können, lassen sich nach diesem Modell unterscheiden: (1) das Voraussetzungssystem und die situationsgebundene Perspektive der Leser, (2) die Textwahrnehmung und (3) – nur aus analytischen Gründen von der Wahrnehmung zu trennen – das Textverstehen als Resultat des Lektüreprozesses.

2.2.1. Voraussetzungssystem und Perspektive

Im Voraussetzungssystem von Lesern dürften vor allem gesellschaftliche Geschlechterrollenkonstrukte wirksam werden, und zwar in zweifacher Hinsicht. Zum einen kommen sie als internalisierte Stereotype von ›Männlichkeit‹ und ›Weiblichkeit‹ zum Tragen, die teils in sozialer Interaktion erlernt (BILDEN, 1991, S. 283f.), teils über symbolische Systeme vermittelt werden: z.B. in Form von Alltagsmythen, die über verschiedene Medien und Textgattungen – von der Werbung über Filme bis hin zu literarischen und philosophischen Texten – Wahrnehmung und Auffassung der Geschlechter prägen, oder über metaphorische Basiskonzepte in der natürlichen Sprache.[7] Subjektive Faktoren der Persönlichkeitsstruktur und der sozialen Situation (Herkunft, Bildung, Familienverhältnisse etc.) dürften dafür verantwortlich sein, daß die kulturell rekonstruierbaren *gender*-Muster im Voraussetzungssystem von Lesern modifiziert werden können. Zudem ist zu berücksichtigen, daß nicht allein die Zuordnung zu einer geschlechtsspezifischen Rolle, sondern auch der Grad der Identifikation mit ihr (*gender typing*) für die Verarbeitung von Information entscheidend ist[8] und damit auch auf das Lesen einwirken dürfte. Zum zweiten kann die explizite Abgrenzung von diesen Stereotypen, die auf einer Reflexion der gesellschaftlich vermittelten Geschlechterrollen-

---

[7] Ersteres haben BOVENSCHEN (1979) und, für verschiedene Medien, THEWELEIT (1977/78) untersucht, letzteres – allerdings ohne Berücksichtigung *gender*-spezifischer Zuordnungen und Wertungen – LAKOFF/JOHNSON (1980); zu weiblichen und männlichen Sprachphantasien und symbolischen Traditionen vgl. GILBERT/GUBAR (1985/1992).

[8] BEM (1981) die allerdings von »*sex typing*« spricht. Da es hier aber um gesellschaftliche Kodierungen der Geschlechter geht, dürfte der Begriff ›*gender typing*‹ angebrachter sein; vgl. auch Kap. 2.2.3.

konstrukte und der Formulierung einer Gegenposition beruht, das Voraussetzungssystem einer Person beeinflussen. Werden im ersten Fall die *gender*-Vorstellungen eher unbewußt auf das Lesen einwirken, können sie im zweiten Fall die Lektüre bewußt leiten.

Welchen Einfluß bestimmte Auffassungen von *gender* auf die Modellierung des Lesens – die Art des Lesens und seine Zielsetzung – gehabt haben und haben, soll anhand eines knappen Überblicks über verschiedene historische Ausprägungen des *gender*-Konzepts verdeutlicht werden. Es lassen sich – stark vergröbernd – sechs *gender*-Modelle unterscheiden, denen sechs Arten des Lesens zugeordnet werden. Da diese ›Arten des Lesens‹ aus Grundannahmen oder Postulaten der *gender*-Modelle abgeleitet sind, haben sie eher spekulativen als deskriptiven Charakter: Ob von den verschiedenen *gender*-Auffassungen aus tatsächlich so gelesen wird, bliebe zu untersuchen.[9] Die ersten drei Modelle haben historisch-rekonstruktiven Status, die letzten drei entsprechen theoretischen Positionen des Feminismus.

Modell I bezeichnet das vormoderne Schema, das in anthropologischer Argumentation die Frau als graduelle Abweichung vom Grundtypus Mann ausweist (LAQUEUR, 1990/1992, S. 18). In Schriften der Aufklärung kann sich dieses Schema z.B. in der Aussage manifestieren, auch Frauen als vernunftbegabte Wesen seien von Natur aus mit kognitiven und moralischen Fähigkeiten ausgestattet, die es nur entsprechend auszubilden gelte (BOVENSCHEN, 1979, S. 82f.). Die Programmatiker gehen davon aus, daß Frauen als Leserinnen die gleiche Perspektive wie Männer einnehmen, daß sie allerdings defizitär lesen: Ihre Lektüre muß angeleitet, ihr Lesestoff eingeschränkt werden (MARTENS, 1975, Sp. 1146f.; SCHUMANN, 1980).

Modell II wird gegen Ende des 18. Jahrhunderts ausgebildet und ist bis heute wirksam. Die anschließend zu skizzierenden Modelle beruhen – zustimmend oder in Abgrenzung – auf ihm. Es besagt, daß Mann und Frau einander entgegengesetzt sind, und weist diesen Gegensatz als ›natürlichen‹ aus (vgl. z.B. HAUSEN, 1976,

---

[9] Die meisten historischen Arbeiten der Leseforschung befassen sich jedoch mit dem leichter greifbaren ›Was‹, nur selten mit dem ›Wie‹ des Lesens (z.B. MARTENS, 1975; GRENZ, 1981; HÄNTZSCHEL, 1986). Die Ausnahmen, paradigmatisch VON KÖNIG (1977) und SCHÖN (1987), ziehen überwiegend programmatische Texte, etwa solche der Lesesucht-Debatte um 1800, heran, um die Art des Lesens zu rekonstruieren.

S. 363ff.; FREVERT, 1986, S. 15–25; HOFFMANN, 1983). Das entsprechende Lektüremodell postuliert demgemäß ein anderes weibliches Lesen: Während der Mann distanziert und reflektiert liest und bei ihm die ästhetische Perspektive dominiert, lesen Frauen identifikatorisch, emotional und mit dominant ethischer Perspektive, und es werden ihnen besondere Textsorten zugeordnet: Frauen lesen didaktische Literatur sowie Unterhaltungsromane und besonders subjektiv-emotionale Textsorten wie Lyrik.

Empirische Untersuchungen zum Lesen bestätigen in doppelter Hinsicht die Wirksamkeit dieses Modells bis heute: Zum einen in ihren Ergebnissen, indirekt aber bereits durch die Anlage der Studien, die diese Ergebnisse produzieren und sie damit differenzierungsbedürftig erscheinen lassen. Dies läßt sich anhand einer der wenigen empirischen Studien exemplarisch zeigen, in denen die Geschlechterdifferenz systematisch, allerdings nur unter der Perspektive des biologischen Geschlechts, beachtet wird (HANSEN, 1986). Gefragt wurde nach Emotionen, die beim Lesen von Gedicht- und Prosatexten ausgelöst werden. Es zeigte sich u.a., daß die emotionalen Reaktionen der Probandinnen stärker als die der Probanden waren, und es wurde, zumindest für Gedichte, die traditionelle Auffassung bestätigt, daß Frauen eher inhaltsbezogen lesen, während Männer eher auf formale Merkmale achten. Ergebnisse wie diese könnten als partielle Bestätigung von Annahmen des Modells II interpretiert werden – eine Folgerung, die HANSEN nicht zieht –, jedoch nur dann, wenn das Modell selbst als Interpretationsfolie vorausgesetzt wird: Indem vom ›natürlichen Geschlecht‹ der Leser ausgegangen wird, scheinen auch die Unterschiede ›natürlich‹ zu sein. Schon um sie – nicht nur als Topos – auf gesellschaftliche Geschlechterrollenkonstrukte beziehen zu können, wären differenziertere Fragestellungen erforderlich, und um zu weitergehenden Aussagen über Gründe abweichenden Lesens kommen zu können, wären auch andere sozial- und individualpsychologische Faktoren einzubeziehen.

Modell III läßt sich kurz als Übernahme männlicher Wahrnehmungs- und Verhaltensmuster durch Frauen bezeichnen. Feministischen Theoretikerinnen zufolge hat die erfolgreiche Sozialisation von Frauen im höheren Bildungssystem eben diese Konsequenz. Sie zeigt sich u.a. in der Übernahme des Frauen weitgehend ausschließenden Literaturkanons und bislang vorherrschender, im Bildungsbürgertum und in literaturvermittelnden Institutionen positiv sanktionierter androzentrischer Lektüre-, Interpretations- und Wertungsstrategien.[10]

Als *Modell IV* soll hier die Variante des Feminismus bezeichnet werden, für die der Name Simone DE BEAUVOIR (1949/1951) paradigmatisch steht und die auf die gesellschaftliche Befreiung bzw. Gleichstellung der Frauen zielt. Hier geht es darum aufzudecken, daß ›das Subjekt‹ der abendländischen Kultur tatsächlich ein männliches ist und hinter den scheinbar allgemeinmenschlichen, humanistischen Idealen männliche Perspektiven und Interessen verborgen sind. Frauen soll Zugang zur bislang Männern vorbehaltenen Universalität verschafft werden (SCHOR, 1989/1992, S. 223 und 228f.). ›Lesen als Frau‹ kann hier zweierlei bedeuten: zum einen ein Lesen von einer als gegeben angenommenen weiblichen Erfahrung aus, zum anderen – vorsichtiger – ein Lesen mit der Absicht, männliche Sichtweisen zu vermeiden, und in Hinblick auf eine erst auszubildende weibliche Identität (CULLER, 1988, S. 49–62). In der Interpretation und Wertung literarischer Texte manifestiert sich ein entsprechendes feministisches Bewußtsein in der Konzentration auf Frauen ausschließende Text- bzw. Autorstrategien und in ihrer Verurteilung (exemplarisch MILLETT, 1969/1971; FETTERLEY, 1978; KOLODNY, 1980; WEIGEL, 1987/1989; auch ECKER, 1991, S. 48).

Eine zweite Variante des Feminismus ließe sich mit dem Schlagwort ›Gynozentrismus‹ charakterisieren (*Modell V*). Die Geschlechteropposition wird aufrechterhalten, die sozialen Wertungen werden aber umverteilt: Es ist jetzt die Frau, die – zum Teil in erneuter anthropologischer Argumentation – als ›privilegiert‹ postuliert wird. Während sich die Wirkung des Modells IV auf das professionelle Lesen als Aufwertung ›weiblicher‹ Texte und Deutungsweisen beschreiben ließe, die mit dem Ziel der *Gleichstellung* und damit aus strategischen Gründen vorgenommen wird, manifestiert sich Modell V in einer prinzipiellen *Höherwertung* ›weiblicher‹ Texte und Lesarten (z.B. SHOWALTER, 1977 und 1981; GILBERT/GUBAR, 1978; vgl. dazu MUNICH, 1985/1992, S. 365f., und JEHLEN, 1981/1992, S. 328–330).

Als *Modell VI* sind schließlich die dekonstruktiven Varianten des Feminismus zu nennen, deren Vertreterinnen die Subjektkritik des

---

[10] Vgl. Kap. 2.2.3. Für das institutionalisierte Lesen und den akademischen Umgang mit Literatur haben dies z.B. SHOWALTER (1971) und FETTERLEY (1978, z.B. S. XX) gezeigt.

Modells IV teilen, aber mit sprachkritischen und psychoanalytischen Argumentationen zu radikaleren Lösungen kommen. Ein ›neutrales‹ Subjekt, Universalität wie auch die an diese Vorstellungen gebundenen humanistischen Werte werden als Ziele inakzeptabel (vgl. dazu FELMAN, 1975; auch SCHOR, 1989/1992, S. 228). ›Weiblichkeit‹ wird, wie in Kap. 2.1. angesprochen, als eine rhetorische Kategorie aufgefaßt, ›das Weibliche‹ als differentielles Moment, das die phallozentrische Sprache subvertiert und damit auch die Opposition ›männlich vs. weiblich‹ unterläuft. »Weibliches Lesen« in diesem Sinne versucht, »die Maske der Wahrheit, hinter der der Phallozentrismus seine Fiktionen versteckt, als Maske zu entlarven« (VINKEN, 1992, S. 17). In Umkehrung der Zuordnungen, wie sie in Modell II vorgenommen werden, ist es hier das ›männlich‹ genannte Lesen, das als identifikatorisch, da narzißtisch, aufgefaßt wird, während das als ›weiblich‹ bezeichnete Lesen literarischen Texten »gerechter« wird, weil es deren »selbst-dekonstruktive[m]« Charakter entsprechen kann (ebd., S. 18).

Es scheint deutlich zu sein, daß diese sechs Modelle den Umgang mit Literatur beeinflussen können, daß sie aber nicht auf derselben Ebene anzusiedeln sind: Während die Modelle I bis III wohl primär unbewußt im Lesen und Interpretieren literarischer Texte wirksam werden bzw. wurden, spielt das Dekonstruktive wegen seiner Abstraktheit wohl allein für die reflektierende, professionelle Lektüre eine Rolle. Das auf Gleichstellung zielende Modell IV und das ›gynozentrische‹ Modell V dürften die Lektüren auf beiden Ebenen beeinflussen können. Zudem ist es wahrscheinlich, daß sich diese Auffassungen von *gender* und die entsprechenden Leseweisen im Voraussetzungssystem von Lesern bzw. Leserinnen überlagern können.[11]

In welchem Maße *gender*-Modelle auf den Lektüreprozeß einwirken, hängt auch von Bedingungen der aktuellen Situation ab, die die Perspektive des Lesens beeinflußt: Das Spektrum dieser situativen Faktoren reicht von der momentanen psychischen Verfassung der Leser über spielerisch eingenommene Perspektiven auf Texte bis hin zu institutionellen Rahmenbedingungen, unter denen gelesen wird. Diesen institutionellen Bedingungen des Lesens –

---

[11] Beispiele für Konflikte zwischen einer Sozialisation nach Modell III und dem theoretisch geforderten Modell IV bringt KOLODNY (1981, z.B. S. 29f., 33f.).

Lesen in der Schule, in der Universität – dürfte eine besondere Bedeutung zukommen: Unterschiede im Lesen, die sich aus abweichenden *gender*-Prägungen des Voraussetzungssystems ergeben könnten, können durch institutionelle Vorgaben wieder abgeschwächt oder verstärkt werden.[12]

2.2.2. Textwahrnehmung

Beide eben behandelten Faktoren beeinflussen die Textwahrnehmung, die immer selektiv ist: Welche Bestandteile der Textstruktur überhaupt wahrgenommen werden, hängt vom Voraussetzungssystem und der Perspektive der Leser ab. Für das private Lesen läßt sich ein Beispiel für eine absichtlich selektive Perspektive auf literarische Texte relativ leicht simulieren, wenn Leserinnen bzw. Leser in bewußter Rollendistanz versuchen, einen Text ›wie ein Mann‹ bzw. ›wie eine Frau‹ zu lesen (SCHOLES, 1987). Auch wenn auf diese Weise zwar weitgehend die eigenen Rollenklischees reproduziert werden, wird sich die Aufmerksamkeit wahrscheinlich auf andere Textmerkmale als gewöhnlich richten. Indem feministische Forscherinnen Standardinterpretationen zu kanonisierter Literatur als spezifisch männlich geprägt kritisiert haben (z.B. FETTERLEY, 1978; SCHWEICKART, 1986), haben sie auf Selektionen im akademischen Umgang mit Literatur aufmerksam gemacht. Für den deutschsprachigen Raum läßt sich dieses Phänomen z.B. anhand der älteren FONTANE-Forschung demonstrieren, deren Repräsentanten ihre Aufmerksamkeit überwiegend auf die älteren, männlichen Figuren richteten.[13] Romane wie *Effi Briest* und *L'Adultera* wurden entsprechend interpretiert, und diese Lesarten wurden, in der Regel implizit, als adäquat und erschöpfend aufgefaßt, obwohl sie selektiv sind und bestimmte Textelemente ausblenden. Es scheint plausibel zu sein, daß solche in Texten professioneller Literaturverarbeiter greifbaren Selektionen nicht allein von institutionellen Vorgaben und literaturtheoretischen Voraussetzungen ab-

---

[12] Vgl. dazu Kap. 2.2.3 und CRAWFORD/CHAFFIN (1986, S. 21). Zu Unterschieden im Modus des schulischen Lesens (ästhetisch und informativ orientiert, »diskursiv«) und des privaten Lesens (lustorientiert, »regressiv-identifikatorisch«) vgl. ROSEBROCK (1993, S. 35ff.).
[13] So noch MÜLLER-SEIDEL (1975, S. 166–181), wo z.B. *L'Adultera* zwar unter dem Stichwort »Frauenporträts« behandelt, aber doch überwiegend von van der Straaten – seiner Bilderliebe, seinem Verhältnis zur Tradition u.a. – gesprochen wird.

hängig sind, sondern daß schon in der Erstlektüre die Texte entsprechend selektiv wahrgenommen werden.

Texte von Autorinnen scheinen in erhöhtem Maße selektiv gelesen zu werden. Zwei Erklärungen liegen nahe: Zum einen, so KOLODNY (1981, S. 34f.), sind männliche Leser und Interpreten nicht in die Kodes der Symbolsysteme weiblicher Autoren eingeübt und übersehen daher entsprechende Strukturen in deren Texten.[14] Zum anderen können die eingeschränkten Erwartungen, die professionelle Leser und Leserinnen an ›Literatur von Frauen‹ herantragen, als Wahrnehmungsfilter fungieren, wie vor allem in angloamerikanischen Untersuchungen zu nicht-kanonisierten Autorinnen gezeigt worden ist: Formale Strukturen, die durchaus zur Hochwertung hätten führen können, wurden schon von der zeitgenössischen Kritik unter der gattungsbezogenen Erwartung ›Frauenroman‹ nicht realisiert (vgl. KOLODNY, 1980, S. 455–460).

2.2.3. Textverstehen

Über die Textwahrnehmung kann auch das Textverstehen als ein Resultat der Lektüre von der Geschlechterdifferenz beeinflußt werden. Um diese Hypothese, wenn auch nur hypothetisch, zu belegen, ist es erforderlich, kurz auf Mechanismen des Verstehens einzugehen, wobei hier wiederum auf ein weitgehend konsensfähiges, wenn auch nicht unkritisiert gebliebenes Modell, die sogenannte ›Schematheorie des Verstehens‹, Bezug genommen wird.[15] Diesem Modell entsprechend konstruieren Leser und Leserinnen eine für sie sinnvolle Lesart eines Textes durch Anwendung bestimmter Schemata. Diese werden definiert als »a cognitive

---

[14] Dieses Argument setzt die Annahme einer ›weiblichen Tradition‹ voraus, die sich symbolisch manifestiert, und impliziert zugleich, daß es Frauen möglich sein muß, sich die ›männlich bestimmte‹ Sprache und ihre literarischen Formen so anzueignen, daß sich eigene, weibliche Erfahrungen ausdrücken lassen (GILBERT/GUBAR, 1985/1992, S. 387, 197f.). Dagegen steht zum einen die Auffassung einer marginalen, traditionslosen Stellung der Autorinnen in der Kultur (dazu BRINKER-GABLER, 1988, S. 20f.) und zum anderen die radikalere These, authentische Erfahrungen von Frauen seien in der männlichen Sprache prinzipiell nicht ausdrückbar (z.B. VINKEN, 1992, S. 20f.).

[15] Zur Schematheorie des Verstehens vgl. KINTSCH (1974); einen knappen Überblick über verschiedene Ansätze bieten: VIEHOFF (1988) und CRAWFORD/CHAFFIN (1986); zur Kritik an diesen Theorien, die sich in erster Linie gegen die Vernachlässigung emotionaler und unbewußt motivationaler Faktoren richtet, vgl. VIEHOFF (1988, S. 18f.).

structure that organizes and guides an individual's perception« (BEM, 1981, S. 355). Schemata filtern Informationen und kanalisieren die Informations-, also auch die Textverarbeitung und geben den Rahmen vor, innerhalb dessen wir überhaupt verstehen können (CRAWFORD/CHAFFIN, 1986, S. 4ff.). Schemata stellen abstrakte Repräsentationen unserer Erfahrungen dar, werden also im Verlauf unserer Sozialisation ausgebildet. Angesichts der Unterschiede geschlechtsspezifischer Sozialisation ist es daher sehr wahrscheinlich, daß es *gender*-geprägte Abweichungen in der Entwicklung von Schemata gibt (vgl. z.B. CHODOROW, 1978, bes. S. 169ff.; GILLIGAN, 1982; auch HARE-MUSTIN/MARECEK, 1990, bes. S. 14ff.; BILDEN, 1991, bes. S. 283–289). Darüber hinaus wird den *gender*-Schemata einer Person selbst eine zentrale kognitive Funktion für die Organisation und Verarbeitung von Information zugeschrieben.[16]

Feministische Forschungen, denen es um die Gleich- oder Höherwertigkeit des ›anderen‹ Lesens von Frauen geht (Modell IV und V), argumentieren in diesem Sinne, wenn sie auf die Relevanz der unterschiedlichen Erfahrungsbereiche männlicher und weiblicher Leser und Kritiker verweisen. KOLODNY etwa bezieht die These, daß Bedeutungskonstitution und Sprachverstehen von gemeinsamen Voraussetzungen in einer Sprechergemeinschaft abhängig sind, auf das Verstehen literarischer Texte: Gemeinsame Erfahrungen, gemeinsame Wahrnehmungsmuster und eine gemeinsame literarische Tradition bilden die Voraussetzung dafür, daß männliche und weibliche Leser einem Text dieselbe – oder weniger umstritten: eine ähnliche – Bedeutung zuschreiben können. Da aber weder die gleiche Erfahrungsbasis gegeben ist, noch Frauen und Männer gleichermaßen an der kanonisierten literarischen Tradition teilhaben, verstehen Frauen literarische Texte anders als Männer (KOLODNY, 1980, S. 463).

Mit ihrem Rekurs auf gemeinsame lebensweltliche Zusammenhänge argumentieren die Vertreterinnen dieser Position im hermeneutischen Paradigma (z.B. FETTERLEY, 1978, und SCHWEICKART, 1986), wenn auch mit charakteristischen Unterschieden im Ver-

---

[16] Vgl. z.B. BILDEN (1991, S. 284). – Inwiefern das Verstehen und Erinnern von Wortgruppen und einfachen Phrasen von *gender*-Schemata – insbesondere vom Grad der Identifikation mit Geschlechterrollen – abhängt, hat BEM (1981) untersucht; komplexere empirische Studien, etwa zum literarischen Verstehen, fehlen leider noch.

gleich zu traditionellen Konzeptionen hermeneutischer Literaturwissenschaft. Zum einen wird statt einer universalen nurmehr eine partikuläre Reichweite gemeinsamer ›Horizonte‹ beansprucht: Es sind jeweils nur Gruppen, die Erfahrungswelten teilen, und *gender* bildet ein distinktives Merkmal dieser Gruppen. Zum anderen wird in Abgrenzung gegen das traditionelle professionelle Lesen, das als Anwendung diskursspezifischer Lektüre- und Deutungsstrategien aufzufassen ist, die den Leseranteil an der Bedeutungskonstitution minimieren sollen und Geschlechterdifferenzen leugnen (KOLODNY, 1981, S. 32f.), eine Art Annäherung an das stärker erfahrungsbezogene, nicht-professionelle Lesen gefordert, das diese Unterschiede im Verstehen zuläßt, das allerdings – und dies ist wieder ›professionell‹ – seine Bedingungen zu reflektieren hat. Mit dieser Forderung wird einer Einsicht Rechnung getragen, die mittlerweile zu den Standardannahmen aller feministischen Positionen gehört (vgl. JACOBUS, 1986, S. 4f. und 108; JOHNSON, 1987a, S. 124; CAUGHIE, 1988): Hermeneutische Rezeptionstheorien argumentieren versteckt androzentrisch, wenn sie ihre normativen Konstrukte des adäquaten oder impliziten Lesers am Maßstab des autonomieästhetisch geschulten, traditionell männlichen Literaturwissenschaftlers gewinnen, und diese androzentrische Fixiertheit in der Theorie hat entsprechende Konsequenzen in der Interpretationspraxis. Das ›widerständige‹ Lesen feministischer Literaturwissenschaftlerinnen, wie es seit Kate MILLETT praktiziert wird, verwendet das *gender*-Konzept also in zweifacher Weise: zum einen deskriptiv, indem – angesichts der Relevanz ›vorwissenschaftlichen‹ und damit erfahrungsbestimmten Lesens im hermeneutischen Paradigma wohl zu Recht – die Abhängigkeit jedes Textverstehens von *gender* hervorgehoben wird; zum anderen in normativem Kontext, wenn gefordert wird, Lesarten literarischer und literaturwissenschaftlicher Texte nach methodischen Vorgaben zu erstellen, etwa die implizit manifesten patriarchalen Strukturen und Denkmuster dieser Texte ideologiekritisch zu entlarven. Entsprechend wird auch die ›Interaktion‹ zwischen Text und Leser bzw. Leserin unter doppeltem *gender*-Aspekt beschrieben: Leserinnen kanonisierter, männlich geprägter Texte, die traditionell literarisch sozialisiert sind – also Leserinnen im Sinne des Modells III, die ihre Voraussetzungen nicht feministisch reflektieren –, werden gezwungen, den androzentrischen Blick, den die Texte vermitteln, zu übernehmen. Das widerständige Lesen dagegen unterläuft die auktorialen Strategien dieser Texte und erkennt so deren implizit misogyne ›Botschaft‹.[17]

2.3. Werten

2.3.1. Skizze der Wertungshandlung und ihrer Bestandteile

In den Ausführungen zum Lesen hat sich bereits an mehreren Stellen der Argumentation gezeigt, daß das Wahrnehmen bzw. Verstehen von Texten eng mit wertenden Prozessen zusammenhängt. Um diese Zusammenhänge und den Einfluß der Geschlechterdifferenz auf das Werten von Literatur zu verdeutlichen, ist zunächst genauer auf den Vorgang des Wertens, die Wertungshandlung, einzugehen. Dies soll exemplarisch geschehen, indem noch einmal das einleitende Beispiel dieses Beitrags herangezogen wird: Für den Literarhistoriker GOTTSCHALL sind Betty PAOLIs Werke »[...] ohne plastische Kraft, aber schwelgend in seelenvollen Empfindungen, [...] voll hingebender, edler Weiblichkeit« (1855, S. 286).

Die Wertungshandlung, die er mit dieser Aussage vollzieht, läßt sich abstrahierend wie folgt beschreiben (ausführlicher VON HEYDEBRAND, 1984, S. 832f.; WINKO, 1991, S. 34–39, 40ff., 119f.): Ein Leser, das Subjekt der Wertung, ordnet einem Objekt, dem verstandenen Text oder Textausschnitt, unter bestimmten Voraussetzungen (Wertungssituation und Voraussetzungssystem) und aufgrund von Wertmaßstäben bestimmte Werteigenschaften zu. Dabei geht der Leser von an sich ›wertneutralen‹ Merkmalen des Textes aus, die erst dadurch, daß sie mit Wertmaßstäben in Verbindung gebracht werden, zu ›werthaltigen‹ Eigenschaften werden. Damit ist gesagt, daß Texte keine Werte transportieren – ebensowenig wie *eine* Bedeutung –, sondern daß die Merkmale, die ein Text aufweist, als Werte *in potentia* – ebenso wie als Träger eines Bedeutungspotentials – aufgefaßt werden können (MORRIS, 1964, S. 18ff.). Haben wir es in diesem Beispiel auch mit einer sprachlich vollzogenen Wertung zu tun, so kommen Wertungen doch weitaus häufiger in nicht-sprachlicher Form, etwa als nicht-verbalisierte Akte des Vorziehens oder Ablehnens vor. In diesem letzteren Sinne lassen sich z.B. auch die unter Kap. 2.2.2.

---

[17] Vgl. dazu z.B. FETTERLEY (1978). Ein zentrales Problem dieser Position liegt in der unzureichenden Klärung tatsächlich verlaufender Identifikationsprozesse, die mit Hilfe tiefenpsychologischer Modelle allein (etwa DINNERSTEIN, 1976) wohl nicht befriedigend zu leisten ist.

behandelten Selektionen, das Aussparen bestimmter Figuren in der Interpretation eines literarischen Textes, die Plazierung eines Autors oder einer Autorin in einer literarhistorischen Darstellung – GOTTSCHALL behandelt DROSTE-HÜLSHOFF und PAOLI in einem eigenen Abschnitt »Dichterinnen«, separiert sie also von vornherein von ihren männlichen Zeitgenossen – oder auch das Verschweigen bestimmter Texte oder Textgruppen als Wertungen bezeichnen und als solche analysieren (WINKO, 1991, S. 135-139).

GOTTSCHALLS Wertungsobjekt sind die gelesenen und verstandenen Gedichte PAOLIs, d.h. der zu bewertende Text ist immer selbst schon als Resultat selektiver und damit wertender Prozesse aufzufassen (potenzierte Wertung). Diese Annahme hat zwei Konsequenzen: Zum einen beziehen sich zwei Urteile über einen Text faktisch nie auf ›dasselbe‹ Wertungsobjekt, was die Verständigung über Wertungen, aber auch ihre Analyse erschwert. Zum anderen ist bereits auf der Ebene der Objektkonstitution, gewissermaßen also im Vorfeld der explizit oder implizit vollzogenen Wertung, mit dem Einfluß von *gender* zu rechnen. Was oben über die Wirkung der Geschlechterdifferenz auf Textwahrnehmung und Textverstehen gesagt worden ist, und zwar sowohl für nicht-professionelle als auch für professionelle Lektüren, ist damit für die Analyse des Wertens vorauszusetzen: Das Leseergebnis wird – mehr oder minder deutlich – *gender*-geprägt sein, es wird in unterschiedlich starkem Maße von der Übernahme oder auch der Abgrenzung von ›männlichen‹ oder ›weiblichen‹ Perspektiven mitbestimmt.

Die Textmerkmale, auf die sich GOTTSCHALLs wertende Argumentation bezieht, sind inhaltliche und formale Eigenschaften der Gedichte, insbesondere die Thematisierung von Gefühlen und PAOLIs emotionalisierte Sprache, in der sich die Empfindungen »unmittelbar« ausdrücken. Werthaltig – im positiven oder negativen Sinne – können diese Textmerkmale unter verschiedenen Aspekten sein: Unter einer Wertungsperspektive, die die distanzierte Gestaltung des Erlebten oder Empfundenen in den Mittelpunkt stellt, könnten diese Eigenschaften der Gedichte zur Abwertung führen, GOTTSCHALL dagegen wertet sie positiv. Seine Maßstäbe, unter denen die formalen Eigenschaften der Gedichte zu Werteigenschaften werden, lauten ›Ausdruck tiefen Gefühls‹ und – diesem noch übergeordnet – ›Wahrheit‹ im Sinne von ›Authentizität‹, verbunden allerdings mit der objektkonstitutiven Einschränkung, es handle sich hier um ›weibliche‹ Texte. Der

Vollzug gerade dieser Wertungshandlung wird von subjektiven Voraussetzungen und von der Situation des Wertenden mitbestimmt. Vom Voraussetzungssystem hängt eine Reihe von Faktoren ab, die in Wertungshandlungen meist implizit bleiben.

(1) ist die Wahl gerade des Emotionalen als ›Leitmotiv‹ der Darstellung PAOLIs keineswegs die einzig mögliche: Als charakteristisch für ihre Lyrik hätte z.b. auch die Naturbildlichkeit herangezogen werden können. Als allgemeinster Akt des Vorziehens ist die – nicht immer bewußte – Wahl des Themas und der Aspekte, unter denen es gesehen, und nicht zuletzt der Modus, in dem es dargestellt wird, von subjektiven Präferenzen und Wertmaßstäben der Leser abhängig. Anders ausgedrückt: Was kein Gegenstand positiven oder negativen Interesses ist, wird oft gar nicht wahrgenommen. Gerade in diesem nicht-verbalisierten Bereich des Wertens dürften sich Unterschiede niederschlagen, die sich mit Bezug auf *gender* erkären lassen, die z.B. auf verschiedener Wertigkeit der als ›frauenspezifisch‹ oder ›männerspezifisch‹ geltenden Lebensbereiche beruhen (vgl. Kap. 3.2., Thesen 5, 7 und 9).

(2) zeigt das Beispiel, daß die Zuordnung von Wertmaßstäben zu Textmerkmalen von subjektiven Voraussetzungen des Wertenden abhängig ist. So könnte der Maßstab ›Authentizität‹, den GOTTSCHALL bei PAOLI in der emotionalisierten Sprache und im unmittelbaren Ausdruck weiblicher Gefühle realisiert sieht, durchaus mit anderen Texteigenschaften verbunden werden, etwa mit dem Verzicht auf floskelhafte, sich traditioneller poetischer Topoi bedienender Sprache. Aktuelle Beispiele für die Variabilität möglicher Zuordnungen liefern feministische »Re-Lektüren« kanonisierter Texte, wie sie in allen Varianten feministischer Literaturwissenschaft durchgeführt werden. Sie zeigen beispielsweise, daß ›dieselben‹ Textstrukturen, die in traditioneller Literaturwissenschaft mit ästhetischen Maßstäben beurteilt werden, auch unter ethischer oder sozialer Perspektive gesehen und durchaus anders bewertet werden können.[18] Aber auch, wenn in diesen Neuinterpretationen nicht explizit gewertet wird, lassen sich abweichende Maßstäbe und Selektionskriterien erkennen.[19]

---

[18] Vgl. dazu BRINKER-GABLER (1988, S. 33); auch JEHLEN (1981/1992, S. 322ff.), die allerdings ästhetische Werte als zur Beurteilung literarischer Texte relevanter einstuft.

[19] Zu den Vorlieben dekonstruktiver Ansätze für ›Marginales‹, Ausschlüsse und selbstreferentielle Strukturen vgl. z.B. JOHNSON (1987, S. 17ff.). – Eine

(3) kann auch das, was inhaltlich unter gleichlautenden Wertmaßstäben verstanden wird, von Person zu Person variieren: GOTTSCHALL faßt den Wert ›Authentizität‹ – zumindest in dem zitierten Beispiel – in einer spezifischen, keineswegs selbstverständlichen Bedeutung auf, indem er ihn mit einer bestimmten Vorstellung von Weiblichkeit korreliert und ihm damit eine eingeschränkte Reichweite zuordnet. Erinnert sei auch an die unterschiedliche Auffassung von Werten wie Gleichheit und Gerechtigkeit, die in traditioneller Interpretationspraxis als humanistische Werte mit universaler Geltung (zumindest im abendländischen Kulturkreis) verstanden werden, während feministische Analysen ihre Geltung nur für das männliche Subjekt aufzeigen (s.o. Modell IV und V) und sie, wenn sie an ihnen festhalten wollen, uminterpretieren müssen.

(4) hängt es vom Voraussetzungssystem des Wertenden ab, welche Rangordnung der Wertmaßstab im Verhältnis zu anderen Werten einnimmt. GOTTSCHALL beurteilt zwar PAOLIs Gedichte als Ausdruck authentischer Weiblichkeit positiv, schätzt die ›männlichen‹ Gedichte DROSTE-HÜLSHOFFs aber noch höher ein: ›Originalität‹ und ›Gestaltungskraft‹, Maßstäbe, die er an DROSTEs Werk anlegt und in ihm realisiert sieht, rangieren für ihn über den auf PAOLIs Texte angewandten Werten ›Authentizität‹ und ›Ausdruck tiefen Gefühls‹ – eine Hierarchie, die mit dem Kontext der Wertung variieren kann (s.u. Kap. 3.2., These 1).

Die ›Wertungssituation‹ stellt den zweiten, nun externen Faktor dar, der Wertungen beeinflussen kann. Zu berücksichtigen ist zum einen die historische Situation, die bestimmte Wertungsoptionen von vornherein nahelegt oder auch ausschließt. So befindet sich GOTTSCHALL mit seiner Praxis, die Mehrzahl der Dichterinnen zu ignorieren, den wenigen ernst genommenen dichtenden Frauen einen kurzen, separaten Abschnitt zuzuweisen und ihre Texte allenfalls punktuell mit poetischen Leistungen von Männern zu vergleichen, durchaus im Konsens mit literarhistorischen Gepflogenheiten noch weit über seine Zeit hinaus, und so ist es auch kaum zu erwarten, daß um 1855 der Wert ›Ausdruck tiefen Gefühls‹ die – autonomieästhetisch geprägte – Wertehierarchie eines Literarhistorikers als höchster Wert anführen könnte. Zum anderen ist die

---

implizite Wertung stellt auch die Verwendung positiv bzw. negativ konnotierter Bilder und Begriffe dar, etwa die durchgängig negative Konnotation von mit Macht korrelierten Begriffen in FELMAN (1981).

individuelle Situation des Wertenden einzubeziehen, die allerdings für die Literaturkritik wichtiger sein dürfte als für die stärker institutionell normierte Literaturgeschichtsschreibung. Zu diesen situativen Faktoren zählen z.B. die Stellung des Wertenden im literarischen System der Zeit, persönliche Sympathien oder Antipathien Autoren gegenüber, Vorlieben für literarische Textsorten und subjektive, von biographischen Faktoren abhängige Einstellung zu dem jeweils behandelten Thema etc. Unter der Voraussetzung, daß sich historische Bedingungen und individuelle Lebenszusammenhänge für Männer und Frauen unterscheiden, ist auch hier mit Geschlechterdifferenzen zu rechnen.

2.3.2. Kollektive Dimensionen des Wertens

Für das Problem der Kanonisierung oder Nicht-Kanonisierung ist nicht nur die bislang behandelte subjektbezogene Perspektive individueller Wertungshandlungen von Bedeutung, sondern stärker noch die intersubjektive Dimension des Wertens. Zu klären ist zunächst, wie sich die Beziehung zwischen den Werten, die einzelne professionelle und nicht-professionelle Leser vertreten, und den kollektiven, sozial und kulturell vermittelten Werten theoretisch fassen läßt, um dann knapp zu skizzieren, in welcher Weise sich Geschlechterdifferenzen auch in den Werten literarischer Institutionen manifestieren können.

Unter soziologischer Perspektive lassen sich die Werte einer Person als ›Schaltstellen‹ zwischen individuellen Bedürfnissen und sozialen Anforderungen interpretieren (vgl. z.B. ROPOHL, 1980, S. 350; WINKO, 1991, S. 75 und 82). Zu diesen sozialen Anforderungen zählen die Werte und Normen einer Kultur, Gesellschaft oder, allgemein, Bezugsgruppe. Da Werten – auch bezogen auf soziale Systeme – u.a. eine identitätssichernde, stabilisierende Funktion zugeschrieben werden kann, wird die erfolgreiche Sozialisation eines Individuums oftmals mit der Aneignung sozialer Werte gleichgesetzt (WINKO, 1991, S. 79–82). Diese Aneignung wird allerdings nicht als eindimensionale Übernahme oder als gewissermaßen abbildende Internalisierung aufgefaßt, vielmehr wird dem Subjekt ein Spielraum in der ›Interpretation‹ und der Kombination der Werte zugebilligt. Unter diesen – sehr vereinfacht dargestellten – Voraussetzungen ist davon auszugehen, daß sich die Wertungen einzelner Literaturkritiker oder -wissenschaftler in einem ›Kernbereich‹ überschneiden, in dem zentrale Werte des Literatursystems bzw. seiner Institutionen zu einem bestimmten Zeitpunkt anzusiedeln sind.

Daß sich *gender*-Muster auch auf kollektive Wertmaßstäbe literarischer Institutionen auswirken können und ausgewirkt haben, wird plausibel, wenn man die Genese von Kriterien im Rahmen autonomieästhetischer Konzeptionen betrachtet: Historisch vollzieht sich diese Genese im Kontext des oben skizzierten Modells II und seiner anthropologischen Annahmen, gewonnen werden die Kriterien anhand von Texten, die von Männern geschrieben sind, und sie führen bekanntlich zum Ausschluß unterhaltender und didaktischer Literatur aus dem Bereich ›hoher‹ Literatur und damit zum Ausschluß ganzer Textgruppen, die – unter den Perspektiven *sex* und *gender* – überwiegend Frauen zugeordnet wurden (s.u. Kap. 3.2., Thesen 3 und 10). Dabei dürfte mit Unterschieden zwischen den Institutionen der Literaturwissenschaft, die die Autonomiepostulate weitgehend, wenn auch in verschiedenen Varianten (VON HEYDEBRAND, 1984, §§ 7 und 8) reproduziert hat, und der Literaturkritik zu rechnen sein: In Rezensionen spielt die Erlebnis- bzw. Erfahrungskategorie eine stärkere Rolle (KIENECKER, 1989, S. 167), so daß das Voraussetzungssystem des einzelnen Kritikers und dessen *gender*-Prägungen neben systemstabilisierenden Werten wie Innovation, Originalität etc. eine gewissermaßen institutionell legitimierte größere Bedeutung erhält als in der Literaturwissenschaft.

Als Minimalergebnis dieses Abschnitts läßt sich festhalten, *daß* es, systematisch gesehen, mehrere Orte in einem Modell des Wertens gibt, an denen die Geschlechterdifferenz zu unterschiedlichen Deutungen und Wertungen führen kann; die Frage, *wie* sie sich in den Wertungen professioneller und nicht-professioneller Leserinnen und Leser im einzelnen manifestiert, kann jedoch ohne detaillierte empirische und historische Forschungen nicht beantwortet werden. Dennoch läßt es schon der systematische Befund als relativ sicher erscheinen, daß die Prozesse der Kanonisierung von Literatur von Geschlechterdifferenz beeinflußt worden sind und werden. Dies wird im folgenden Abschnitt zu untersuchen sein.

3. Geschlechterdifferenz und literarischer Kanon

Deutsche, auch feministische Forschung hat den literarischen Kanon unter dem Gesichtspunkt der Geschlechterdifferenz noch wenig diskutiert.[20] Das Interesse der Literaturwissenschaft für Rezeptions- und Wertungsprozesse in den 70er und 80er Jahren richtete sich fast ausschließlich auf männliche, ›kanonische‹ Autoren und deren Werke; die Chance eines Vergleichs wurde noch nicht wahrgenommen. In allgemeinen Studien zu Kanonisierungsprozessen wurde eine mögliche Geschlechtsspezifik nicht bedacht.

Viel weiter ist die anglo-amerikanischen Forschung. Nicht zuletzt die Neue Frauenbewegung hat zusammen mit verschiedenen Minoritäten-Gruppen seit Beginn der 70er Jahre den Kanon, der die literarische Ausbildung dort allerdings auch viel stärker beherrscht und kanalisiert als hier (LINDENBERGER, 1990, III, Kap. 7), analysiert und in der Folge bis ins Grundsätzliche hinein kritisiert. Ihre Ergebnisse bilden den Ausgangspunkt für das Folgende.

Zunächst aber: Was ist unter ›Kanon‹ zu verstehen? Wie selbstverständlich scheint die Sorge um die zu geringe Repräsentanz von Frauen im Kanon zu unterstellen, daß es – auch heute noch – einen anerkannten Kanon gibt, dem anzugehören so etwas wie eine Überlebensgarantie für Autoren und Werke bedeutet. Diese Vorstellung ist unter verschiedenen Gesichtspunkten zu präzisieren, zu differenzieren und zu problematisieren; dabei werden systematische Orte für *gender*-spezifisches Wertungsverhalten oder für *gender*-geprägte Einstellungen zum Kanon sichtbar.

3.1. Zu Begriff, Sache und Problematik von ›Kanon‹

Als ›Kanon‹ gilt ein Korpus sei es von mündlichen Überlieferungen (etwa von Mythen), sei es von Schriften, ein Korpus von Werken und von Autoren also, das eine Gemeinschaft als besonders wertvoll und deshalb als tradierenswert anerkennt und um dessen Tra-

---

[20] Andeutungen im Zusammenhang mit Literaturgeschichtsschreibung für Autorinnen bei GNÜG/MÖHRMANN (1985, S. Xf.); BRINKER-GABLER (1988, S. 11–36), WEIGEL (1987/1989, S. 10 und passim, und 1992, S. 116–120), FISCHER (1992, S. 20f.). Weitere Erwähnungen bei KITTLER (1985/1987, S. 146–154), SCHMID-BORTENSCHLAGER (1986), SCHÖN (1990), WEIGEL (1990, passim). – Erster historisch-systematischer Überblick bei VON HEYDEBRAND/WINKO (1994).

dierung sie sich kümmert. Die wichtigsten Kanonfunktionen sind Legitimation von Werten, Identitätsstiftung und Handlungsorientierung. Wenn Werte, Identitäten und Handlungsorientierungen von Geschlechterdifferenz geprägt sind, müssen die Chancen, in den Kanon zu kommen, wie auch das Interesse an seiner Anerkennung differieren (vgl. VON HEYDEBRAND, 1993, S. 4–8; ausführlicher VON HEYDEBRAND/WINKO, 1994, Kap. 3.1.–3.3.).

Jeder Kanon ist aber, wie schon die Analyse des Wertungsvorgangs zwingend begründet hat, in zweierlei Erscheinungsform präsent: als überliefertes und im Lauf der Geschichte immer wieder umgestaltetes Korpus, das ›materialer Kanon‹ heißen soll, und als diejenigen Wertvorstellungen, die – als Selektionskriterien wirksam und in Deutungen herausgestellt – in diesem Kanon vergegenständlicht erscheinen; diese Wertvorstellungen, die der materiale Kanon nur *in potentia* enthält, sollen als ›Kriterien- und Deutungskanon‹ bezeichnet werden (VON HEYDEBRAND, 1993, S. 5). Unter der Voraussetzung *gender*-spezifischer Wahrnehmungen, Bedürfnisse und Interessen der Literaturvermittler dürften die Wertkriterien, die zur Kanonselektion führen, und die Deutungen, die bestimmte Werte an den Werken des materialen Kanons herausheben (oder auch, wie gezeigt werden wird, bestreiten), der zweite Ort sein, an dem Geschlechterdifferenz den Kanon mitbestimmt.

Dem Kanon wohnt eine Tendenz zur Universalisierung inne: Er soll über alle Zeiten hinweg und für alle gelten, d.h. er soll in überzeitlichen und kulturübergreifenden Werten wie in anthropologischen Konstanten gegründet sein, die in den Werken selbst repräsentiert seien. Dieser Anspruch, obwohl auch für den literarischen Kanon immer wieder einmal erhoben, ist jedoch seit langem angefochten (z.B. SCHÜCKING, 1923/1961, S. 85, 87–92, und 1932/1977, S. 9–24; MUKAROVSKY, 1935/36, 1970), und er ist in jüngster Zeit mit Argumenten aus drei verschiedenen Bereichen zurückgewiesen worden. Der Blick auf die Geschichte des Kanons zeigt: Er ist durch und durch geschichtlich und veränderbar.[21] Der Blick auf die Gegenwart legt nahe: Er kann seinen normativen Anspruch nicht aufrechterhalten (HERRNSTEIN SMITH, 1983 und 1988; WOESLER, 1980; LINDENBERGER, 1990) und ist einer nur noch

---

[21] Vgl. dazu grundlegend BUCK (1983). Auch GUMBRECHT (1987a und b), SCHULZ-BUSCHHAUS (1975 und 1988), wie andere Beiträge in SIMM (1988, z.B. LANG) und GORAK (1991). Zusammenfassend, in system- und kommunikationstheoretischer Perspektive: STANITZEK (1992).

empirisch zu ermittelnden Kanonpluralität gewichen (vgl. z.B. BÖHLER, 1990; GAISER, 1983 und 1993, S. 12–16). Und die philosophische Reflexion behauptet, daß das Konzept selbst brüchig ist (z.B. JOHNSON, 1987a, S. 1–7; WINDERS, 1991, bes. S. 3–23 und S. 143–149; LAWRENCE, 1992, S. 1–19; PARKER, 1993, passim u.a.). Feministische Forschung in den USA hat alle diese Positionen der Kritik am Universalitätsanspruch des Kanons aufgenommen und radikalisiert: Vor der Perspektive kulturell geprägter Geschlechterdifferenz kann ein solcher Anspruch nicht bestehen.

Freilich: Die Tatsache bleibt, daß es auch gegenwärtig ein nicht genau umgrenztes Korpus von mehr oder weniger hoch kanonisierten literarischen Autoren und Texten gibt und daß die Zahl der Autorinnen, die dazu gehören, nicht sehr groß ist und nach der Vergangenheit hin immer stärker abnimmt. Wenn im Zuge der Neuen Frauenbewegung ältere Autorinnen wieder ans Licht gehoben werden, für sie ein eigener Kanon entsteht, so bleibt er auf diese Teilöffentlichkeit beschränkt und genießt nicht das gleiche Prestige wie der als universell verstandene Kanon. An diesen Kanon ist aber, angesichts der unübersehbaren Menge literarischer Produktion, bis heute tatsächlich das Überleben gebunden: die Präsenz am Markt (in Einzelausgaben oder Editionen), in Literaturgeschichten, in Bezugnahmen von literarischen Autoren, im Gespräch der Literaturkritik und literaturvermittelnder Medien, in den geschriebenen oder ungeschriebenen Kanones von Schule und Universität und ihren Deutungen – und mit all diesem im Bewußtsein der literarischen Kultur. Warum sterben Frauen offenbar nicht nur in literarischen Texten (vgl. u.a. BRONFEN, 1993), sondern auch im literarischen Leben verhältnismäßig häufiger als Männer?

3.2. Zur Benachteiligung von Frauen im materialen wie im Kriterien- und Deutungskanon

In einer witzigen, satirisch zugespitzten Studie unter dem Titel *How to Suppress Women's Writing* hat Joanna RUSS (1983), mit reichem Belegmaterial aus verschiedenen Jahrhunderten, Ergebnisse anglo-amerikanischer Analysen in einer Liste von Gründen für die zu geringe Repräsentanz von Autorinnen im Kanon vereint: praktische Behinderungen des weiblichen Schreibens (*prohibitions*), irrationale, aber interessegebundene Voreingenommenheit gegen die weibliche Fähigkeit zum Schreiben (*bad faith*),

Verweigerung der Anerkennung des Geschriebenen als von der Autorin selbst verfaßt (*denial of agency*), Lächerlich- und Verächtlichmachen der weiblichen Schreibtätigkeit (*pollution of agency*), Abwertung der Gegenstände weiblichen Schreibens als uninteressant und wertlos (*double standard of content*), Abwertung der Werke durch – zutreffende wie unzutreffende – Zuordnungen zu mindergewerteten Arten und Gattungen von Literatur (Frauen-, Regional-, Tagebuch- und Briefliteratur, triviale Unterhaltungsliteratur) oder Abwertungen der Autorinnen selbst durch Negativstereotype (*false categorizing*), Kanonisierung nicht des mehr oder weniger vollständigen Œuvres, sondern allenfalls eines Einzelwerks oder Teilaspekts ihres Schaffens (*isolation*), Isolierung der Frau, wenn sie denn doch in den männlichen Kanon gerät, als Ausnahme (*anomalousness*), Übersehen oder Fehlen weiblicher Traditionslinien (*lack of models*). Zu ergänzen wäre ihre Liste wohl um einen wenigstens für die westeuropäische Kanonbildung besonders wichtigen Punkt, den man *double standard of form* nennen könnte: Ethische und soziale Werte des Gehalts werden im Ensemble der Werte geringer gewichtet als ästhetische Werte der Form, die das Kunstwerk als Kunstwerk, und nicht im Bezug zur Realität auszeichnen (vgl. dazu auch die Analysen und Beispiele in Kap. 2.3.1.).

Soweit RUSS in den ersten Punkten die Schwierigkeiten für Frauen aufführt, überhaupt zur Autorschaft zu gelangen, gilt ihre Darstellung auch für die deutsche Literaturgeschichte.[22] Die Prozesse der Wertung der Autorinnen und ihrer Werke sind hierzulande aber noch weitgehend unerforscht. Darum werden im folgenden, anstelle der Präsentation gesicherter Ergebnisse, Überlegungen angestellt, die – unter Bezug auf die Kategorien von RUSS – Gründe für die geringe Repräsentanz von Autorinnen im Kanon aus Besonderheiten der Genese und Tradierung des westeuropäischen Kanons seit Ende des 18. Jahrhunderts ableiten und jeweils in eine vorläufige These münden. Diese Thesen beziehen sich zunächst auf die kanonrelevanten Ausschlußmechanismen in bezug auf das Schreiben und dann auf das Lesen von Frauen, im weiteren auf die Benachteiligung bei der Kanonisierung durch die Institutionen von Literaturkritik, Schule und Universität.

---

[22] Vgl. Anm. 20. Die Fülle von Einzelstudien, die das insbesondere für das erste Jahrhundert bürgerlicher weiblicher Autorschaft nachgewiesen hat, kann hier nicht aufgeführt werden; exemplarisch HAHN (1991).

Der Ausgang des 18. Jahrhunderts ist sowohl für die Kanonbildung wie für die dabei auftretenden Behinderungen für Schriftstellerinnen die entscheidende Zäsur. Erst zu dieser Zeit werden die bis heute gültigen Kanonisierungskriterien konzipiert, und erst zu dieser Zeit haben sich die Bildungsvoraussetzungen für Frauen wenigstens so weit verbessert, daß mehr als einige Begünstigte an literarischer Kommunikation teilhaben können. Diese Anfänge stehen deshalb im Vordergrund der folgenden Überlegungen.

Zwei historische Faktoren um 1800 sind für die Kanonchancen der Autorinnen in der Folgezeit von grundlegender Bedeutung: Das ist zum einen der Sachverhalt, daß an dieser Epochenschwelle um 1800 das Modell des komplementären Verhältnisses der Geschlechter – in paradoxer Widersprüchlichkeit – auf ›Natur‹ gegründet und zugleich durch rigide Normen für Weiblichkeit und Männlichkeit erst pädagogisch eingeschärft wird. Nach diesen Normen aber gehörte das literarische Schreiben und vor allem das Heraustreten in die Öffentlichkeit nicht zum ›Wesen‹ der Frau, ihr Tätigkeits- und Erfahrungsbereich wurde kategorial vom männlichen abgegrenzt (HAUSEN, 1976; DUDEN, 1977; PETSCHAUER, 1982; COCALIS/GOODMAN, 1982, S. 10).

Zum anderen entsteht etwa zu gleicher Zeit auch das autonome »Sozialsystem Literatur« (LUHMANN, 1984/1986; PFAU/SCHÖNERT, 1988, S. 9–11; SCHMIDT, 1989). Bei seiner Genese in dieser Konstellation werden die Weichen dafür gestellt, daß für die Zukunft Autorinnen und ihre Werke benachteiligt werden. Das erste Hindernis besteht in der Autonomisierung von Literatur selbst, der Ablösung der seit der Antike tradierten Poetik des *prodesse et delectare* durch die Ästhetik der Zweckfreiheit und Interesselosigkeit. Alle weiteren Hindernisse folgen mehr oder weniger unmittelbar aus der Einführung eines formalen Prinzips, des Prinzips der Differenz zum Vorausgegangenen, als leitendem Wertprinzips (STANITZEK, 1992). Es hat geschlechterdifferente Auswirkungen auf allen Ebenen: für Autoren, für das lesende Publikum, für die Kritik und die langfristig tradierenden Institutionen. Das ist These für These zu erläutern.

(1) Die Autorposition wird durch das Genie besetzt, das gegenüber dem Vorhergehenden Neues und gegenüber dem Gleichzeitigen Originelles zu schaffen hat. Weil aber Innovation und Originalität auf einen Standard bezogen werden müssen, brauchen Autoren einen ›Kanon‹, um sich davon abzusetzen. Nach der Ver-

abschiedung der Antike als Autorität bildet sich jeder Autor aus dem Tradierten ›seinen‹ Kanon, mehr oder weniger in Anlehnung an einen Gruppenkonsens. Autorinnen sind jedoch von der Genieästhetik nicht vorgesehen. Selbst diejenigen Frauen, die mit der literarischen Elite um 1800 in unmittelbarem Gespräch waren und sogar gelegentlich Ermutigung zum Schreiben erhielten, wurden ihres unterschiedlichen »Geschlechtscharakters« wegen im geistigen Diskurs nicht nur nicht gleich behandelt, sondern auch als nicht gleichwertig angesehen.[23]

These 1: Der Begriff des Genies ist ausschließlich männlich konnotiert (KITTLER, 1985/87, S. 146–154), und der Kanon, an den sich Originalität, auch und gerade in der Geste der Negation, zurückbindet, war – und ist – ein Kanon aus der Position des Mannes (*bad faith*).[24]

(2) Der materiale Kanon, von dem sich Autoren absetzen, ist das alte, von der Antike her überkommene Erbe, um ›moderne‹, nationale und übernationale ›klassische‹ Autoren erweitert (SCHULZ-BUSCHHAUS, 1988, S. 46ff.). Die geschlechtsspezifische Leseerziehung vermittelte den Mädchen aber nicht oder nur in seltenen Ausnahmefällen jenen Kanon der Antike und später der nationalen Klassik, auf den sich der moderne Autor mit Kunstanspruch zu beziehen hat (GRENZ, 1981; ROEDER, 1961, S. 90–100), während Knaben ihn im Gymnasium kennenlernten (ROEDER, 1961; HERRLITZ, 1964).

These 2: Bis zur Einrichtung der Koedukation (beginnend am Ausgang des 19. Jahrhunderts) hatten Autorinnen – sofern sie nicht zu den maßgeblichen literarischen Zirkeln, etwa um GOETHE oder die Romantiker, gehörten – allein durch mangelnde Einführung in den männlichen Kanon im Rahmen der formalen Bildung die

---

[23] Das gilt noch im Kreis der Frühromantiker, in dem den Frauen im Literarischen das vergleichsweise größte Gewicht zubilligt wurde (vgl. SCHMID-BORTENSCHLAGER, 1986). Leicht vermehrbare Beispiele sind Friedrich SCHLEGELs Abhandlung von 1799 *Über die Philosophie. An Dorothea*, in er dem Manne das inspirierte Schreiben, der Frau das andächtige Zuhören und Lesen zuordnet (1799/1984, S. 444–468, bes. 445f.), oder auch die geschlechtsspezifische Verteilung von Rezensionen durch August Wilhelm SCHLEGEL (FRANK, 1912, S. 7–10).

[24] Das wird – in seiner unreflektierten Gültigkeit bis heute – offenbar, wenn Harold BLOOM (1973 und 1975) das Modell der Negation des Vorausgegangenen als Modell literarischer Produktion auf die These des ›Vatermords‹ zuspitzt.

schlechtere Ausgangsposition (*prohibition* durch *lack of models*). Auch eine selbstbewußte Absetzung von diesem Kanon, wie sie später gelegentlich erfolgte, setzt Vertrautheit mit ihm voraus.

(3) Der Grundkonsens unter Autoren und Kritikern, die auf Literatur als Kunst zielten, bestand im Dogma der Autonomie, der Zweckfreiheit. Als Muster für schreibende Autorinnen dienten jedoch Schriftstellerinnen, die im Zeitalter der Aufklärung in Frankreich, England und schließlich auch in Deutschland Romane zu verfassen begannen und noch im unterhaltsam-didaktischen Genre schrieben, also der heteronomen Ästhetik des Nutzens und Vergnügens folgten; das war geradezu die Voraussetzung dafür, daß ihnen Autorschaft zugestanden wurde. Erst mit der – sehr langsamen – Abschwächung geschlechtsspezifischer Sozialisation im 20. Jahrhundert (in unserem Kulturkreis!) vergrößert sich der Spielraum für selbstbestimmtes *gender typing* und damit die Möglichkeit für Frauen, sich bewußt den männlichen Kanon anzueignen, seine Kriterien zum Maßstab auch des eigenen Schreibens (und Wertens) zu machen oder sie, im Gegenteil, als fremden Maßstab gerade abzuweisen.[25]

These 3: Unter der Herrschaft der Autonomieästhetik wirkt sich die Begründung einer weiblichen ›Tradition‹ durch Muster aus der Zeit der heteronomen Ästhetik fatal aus und führt später aus der Sicht der Literaturvermittler konsequent zur Ausgliederung von ›Frauenliteratur‹ aus der maßgeblichen literarischen Reihe. Autorinnen, die als kanonwürdig wahrgenommen werden wollen, müssen sich auf die männliche Tradition beziehen.

(4) Die Leserposition wird im autonomen »Sozialsystem Literatur« durch einsame Leser und vor allem Leserinnen besetzt, die dem singulären Genie das immer Neue nachzukonstruieren haben. Dazu war das Lesepublikum freilich erst zu erziehen, Vorgaben über das Was und Wie des Lesens waren nötig (vgl. dazu VON KÖNIG, 1977; KOSCHORKE, 1993; mit speziellem Blick auf *gender*: SCHÖN, 1990). Der Zuwachs an Leserschichten und -gruppen, vor allem der Frauen, im Zuge des Alphabetisierungsschubs, und die beginnende Massenproduktion auf dem Buchmarkt machten Aus-

---

[25] Die für das Lesen und Werten entwickelten Modelle (s.o. Kap. 2.2.1.) lassen sich auch auf die Einstellung von Frauen zum Schreiben von Literatur anwenden.

wahlprozesse gleichermaßen notwendig,[26] einer entstehenden »Lesesucht« war mit diätetischen Maßnahmen entgegenzutreten (KOSCHORKE, 1993). Die Institution der Literaturkritik entstand (WELLEK, 1978, S. 7; BERGHAHN, 1985, S. 16–20). Ihr zentrales Kriterium war formaler Art: Kanonisch wird, was – im Gegensatz zum bloßen einmaligen »Verschlungenwerden« der Unterhaltungsromane – neu gelesen werden kann, und zwar unter den Ansprüchen eines »gelehrten«, intensiven Lesemodells, das sich auch besonders auf die formal-stilistischen Qualitäten richtet (STANITZEK, 1992, S. 113). Leserinnen wurde diese Art des Lesens nur zugetraut, sofern sie den Zirkeln der literarischen Elite angehörten; sonst wurde gerade ihnen (und unreifen Knaben) das ›Verschlingen‹ unterhaltender Romane zugeschrieben und die konzentrierte Lektüre didaktischer fiktionaler Texte empfohlen (SCHÖN, 1990). Wo sich Leserinnen doch auf die Lektüre kanonisierter männlicher Texte einließen, wurde das – außerhalb der genannten Zirkel – als persönliches Ornament und bloß dem Prestige dienender geselliger Zeitvertreib eingestuft.[27]

These 4: Das ›gelehrte‹ und intensive Lektüremodell, das den potentiell kanonisierenden Blick auch und gerade auf formale und stilistische Techniken lenkte und die Innovation – im produktiven Lesen wie im Weiterproduzieren – dort ansetzen ließ, war Leserinnen und potentiellen Autorinnen wegen der fehlenden höheren Bildung in der Regel nicht vertraut und wurde ihnen auch nicht empfohlen; sie konnten daher die damit gesetzten Ansprüche nicht wahrnehmen *(prohibition).* Doch waren auch die Interessen, die ihnen ihre Geschlechterrolle nahelegte, in diesem Modell nicht gut aufgehoben *(double standard of form* und *content).*

(5) Das Differenzprinzip regiert also nicht nur die Beziehung auf den alten Kanon als materialen, sondern auch als Kriterienkanon: Jede Wiederholungslektüre muß an einem kanonwürdigen Text

---

[26] Zu den Kanonisierungsbemühungen, vor allem der Schulmänner, vgl. ROEDER (1961, passim), HERRLITZ (1964, Kap. 6–16, bes. S. 91–94, 96–105, 110–116), HERRLITZ (1967/1976), JÄGER (1977, S. 7–26), KITTLER (1985/1987, S. 146–159), VON KÖNIG (1977, S. 105f.), KOSCHORKE (1993).

[27] Quellen der Zeit um 1800 zeigen die Ambivalenz: Männliche Leseerziehung, von Frauen in der Regel reproduziert, fordert zu ernsthafter Lektüre der besten Autoren auf, mahnt zugleich vom ›gelehrten‹, d.h. kompetenten Umgang damit ab, diagnostiziert dann aber die Oberflächlichkeit des weiblichen Diskurses über diese Autoren (Unveröffentlichtes Ergebnis eines Seminars über *Geschlechterdifferenz im Lesen,* München, WS 1992/93).

immer Neues entdecken können. Das gilt bis heute.[28] Dieses Differenzprinzip ist es, das den Kanon für Literatur mit Kunstanspruch konstituiert, die sich als autonomes, ästhetisches Medium von Erkenntnis und Ethik an den Ort verlorener religiöser Autorität setzt. Es gilt nur für eine literarische Elite von Autoren und Literaturkritikern und für einen Leserkreis, der intensiv und kontinuierlich an Literatur als dieser besonderen ästhetischen Kommunikation interessiert ist. Aus ihrem Interesse entsteht – in Deutschland vor allem durch die Romantik – der ›Kanon der Weltliteratur‹ (SCHULZ-BUSCHHAUS, 1988, S. 58f.), der eine unendliche Reflektierbarkeit, d.h. Weiterverarbeitung und Deutungen in immer neuen Horizonten, ermöglichen soll. Dadurch kann der Schein der Überzeitlichkeit entstehen.

These 5: Der Strom der produktiven Aneignung und Weiterverarbeitung der maßgeblichen Literatur, unter Autoren und Kritikern, floß nur von Mann zu Mann, da die Frau durch ihren »Geschlechtscharakter« auf eine passive und private Rolle, die Rolle der Leserin in informeller Kommunikation, festgelegt war *(bad faith)* (KITTLER, 1985/1987). Was Frauen dennoch schrieben, wurde bis weit ins 20. Jahrhundert hinein unter dem Differenzprinzip, dem Kriterium des weltliterarischen Kanons, erst gar nicht wahrgenommen *(false categorizing, isolation)* oder aber als Ausnahme eingestuft *(anomalousness)*.

(6) Die Kanonbildung in männlicher Genealogie ist in Deutschland – im Vergleich etwa zu England – besonders ausgeprägt. Dafür lassen sich im internationalen Vergleich historisch-sozialpsychologische Gründe angeben: Die anhaltende deutsche Kleinstaaterei wurde durch eine übertriebene Vorstellung von der Bedeutung des Deutschen in der europäischen Kultur kompensiert, die sich nur vom Ort des Mannes aus vortragen ließ:[29] Es liegt nahe, daß

---

[28] Vgl. BARTHES: »Eine wiederholte Lektüre [...] allein bewahrt den Text vor der Wiederholung (wer es vernachlässigt, wiederholt zu lesen, ergibt sich dem Zwang, überall die gleiche Geschichte zu lesen).« (1970/1987, S. 20) Die dekonstruktive ›Lektüre‹, die die Unentscheidbarkeit von notwendig widersprüchlichen Lesarten eines (jeden) Textes herausarbeitet, ist nur eine Radikalisierung dieses tradierten Kanonprinzips oder die Aufdeckung der Bedingungen seiner Möglichkeit, vgl. Kap. 3.3.3.; vgl. auch DE MAN (1979/1988); dazu MARTYN (1993), auch MENKE (1993).

[29] In den USA wird eine vergleichbare Privilegierung des Mannes im Kanon durch die sozialpsychologische Bedeutung des ›Amerika-Mythos‹ erzeugt (vgl. BAYM, 1981).

zur Legitimation dieses Geltungsanspruchs männliche Kulturleistungen angeführt wurden. Die revolutionären Tendenzen der Frühromantiker, die Geschlechterrollen in Frage zu stellen und auch Frauen stärker an der autonomen Literatur zu beteiligen, blieben halbherzig und wurden später zurückgenommen (SCHMID-BORTENSCHLAGER, 1986).

These 6: Neben das innerliterarische Differenzprinzip als Basis der Kanonisierung treten sozialhistorische Faktoren, die Autorinnen benachteiligen: Die Konkurrenz im europäischen Kulturraum fordert Autoren und Kritiker der ›verspäteten Nation‹ zusätzlich dazu heraus, in die Weltliteratur nur männliche Namen einzubringen.

(7) Im Abseits der auf den Mann zugeschnittenen Autonomieästhetik entstand und hielt sich – von männlichen Beratern mitgeformt – eine eigene weibliche literarische Kommunikation, die freilich noch zu wenig erforscht ist. Ein Kanon und nicht nur ein unstrukturiertes Korpus ist auch hier anzunehmen: Die Flut seit 1800 erscheinender Werke – vorab Romane und Lyrik – von (und für) Frauen muß Selektionsentscheidungen notwendig gemacht haben. Über die Rangordnungen in diesem Kanon und über die Kriterien, nach denen er gebildet wurde, ist kaum etwas bekannt. Vermutlich hat er in den fiktionalen Gattungen die alten, heteronomen Erwartungen gegenüber Literatur, aus männlicher wie weiblicher Feder, konserviert: zu vergnügen, zu belehren, auch aus der Position von Unterprivilegierten Kritik zu üben; daneben dürfte aber auch Autobiographisches einen hohen Stellenwert haben.[30] Vor allem über die kommunikativen Prozesse, in denen dieser Kanon entstand, und über die Positionen, von denen aus darüber entschieden wurde, wissen wir kaum etwas. In Frage kommen etwa Rezensenten oder sogar Rezensentinnen in den angesehenen Literaturzeitschriften oder – meist pseudonym bleibende – männliche oder weibliche Rezensenten in den zahlreichen Frauenzeitschriften oder auch bloß informelle Kommunikation. In der Tat wurden Rezensentinnen – sofern ausnahmsweise zugelassen – eher für die nicht-autonome Literatur und dann oft noch pseudonym (*denial of agency*), ange-

---

[30] Für die Erforschung dieses Kanons wären Bestseller-Statistiken aufschlußreich: Die Erfolge belegen die Werterwartungen der Leserinnen, das spätere Vergessenwerden bestätigt die Abweichung ihrer Werte von denen des Kanonisierbaren.

stellt (FRANK, 1912, S. 7–10).³¹ Aber sie vertreten, auch wenn sie im Zuge der ersten Frauenbewegung ab Mitte des 19. Jahrhunderts und später etwas häufiger zu Wort kommen, entweder die ›männliche‹ Sicht oder orten sich im frühfeministischen Spektrum ›antikanonisch‹.³² Eine breite Untersuchung der Urteile der Literaturkritik über Literatur aus weiblicher Feder bis heute steht aus; Stichproben bestätigen in der Regel eine mindestens partiell geschlechterdifferente Wahrnehmung und Wertung und viele der von RUSS ausgemachten Gründe für Sonder- und Minderwertung.

These 7: Die Konstituierung eines eigenen Bereichs weiblicher Literaturkommunikation, und zwar sowohl durch die männlichen Ratgeber wie durch die Präferenzen der Frauen selbst, die sich der Rollenzuweisung fügten *(false categorizing)*, bewirkt, daß Kriterien wie Innovation und Originalität von der am männlichen Kanon orientierten Literaturkritik auf diesem Feld nicht eingesetzt, entsprechende Werte nicht erwartet und nicht wahrgenommen wurden, vielleicht auch nicht wahrgenommen werden konnten *(double standard of form* und *content, isolation;* s.o. das Eingangsbeispiel sowie Kap. 2.2.2. und 2.2.3.). Erst die neue feministische Bewegung hat mit der Erforschung und Aufwertung dieses Bereichs begonnen.

(8) Das autonome »Sozialsystem Literatur« hat mit der Dominanz der formal-ästhetischen Kriterien viele Bereiche der literarischen Kommunikation prinzipiell abgewertet: nicht nur die traditionell heteronomen Gattungen der bloß unterhaltenden und lehrhaften Literatur, sondern überhaupt Literatur mit mehr oder weniger direktem Lebens- und Zeitbezug *(false categorizing)*. Von dieser Abwertung werden bevorzugt unterprivilegierte Gruppen betroffen, denen es gerade um die Diskussion ihrer Probleme in Literatur – als ansprechendem, wirksamem Medium – geht. Soziale, nationale und regionale Randgruppen treffen sich in diesem Interesse mit vielen Autorinnen.

These 8: Die Abwertung heteronomer, auch direkt referentialisierender literarischer Gattungen, die auch mit einer geringeren Ge-

---

[31] Nur ein Beispiel: August Wilhelm SCHLEGEL vermittelt dem Herausgeber der Jenaischen Allgemeinen Literaturzeitung, EICHSTÄDT, der für Sammelrezensionen minderer, zum Teil weiblicher Belletristik keine männlichen Rezensenten interessieren kann, seine Frau Caroline als anonyme Beiträgerin.

[32] Das sind wiederum unveröffentlichte Ergebnisse aus dem genannten Seminar (vgl. Anm. 27).

wichtung ethisch-politischer Wertkriterien einhergeht,[33] mindert die Kanonchancen von Autorinnen; sie betrifft allgemein – eine gegründete Einsicht amerikanischer Forschung (LAUTER, 1987; LAWRENCE, 1992 u.a.) – die durch *class* und *race* sozial und ethisch benachteiligten Gruppen.

(9) Das Differenzkriterium, das im autonomen »Sozialsystem Literatur« die Kanonisierung leitet, bestimmt jedoch nicht alle Kanonisierungsprozesse. Die Schule, aber auch das breitere, nicht selbst produktive Publikum erwarten nicht solche individuellen, von den kreativen Potenzen und individuellen Präferenzen der Autoren und Kritiker abhängigen Selektionen und Neudeutungen im Widerspruch zum Tradierten. Sie erwarten nach wie vor einen Kanon, der längerfristige Orientierung und positive Identifikation erlaubt, sie erwarten Repräsentation von Substanz: Der Kanon soll – auf der Ebene des Stils wie der Werte – das Gültige repräsentieren, und er muß Deutungen, wenigstens über einige Zeit hinweg, festlegen. Wie beim vormodernen Kanon müssen dabei immer Kriterien der substantiellen ästhetischen und ethischen Wertvermittlung berücksichtigt werden, und dazu pragmatische Kriterien der Verwendbarkeit im Unterricht;[34] sie schränken die Aufnahme des Innovativen, Experimentellen, Amoralischen, wie es die Moderne charakterisiert, erheblich ein.

Aber auch das verbessert die Kanonchancen für Autorinnen nicht. Im Deutschunterricht am Gymnasium banden pragmatische Gesichtspunkte den Lektürekanon in dieser jahrhundertelang den Knaben vorbehaltenen Institution an die männlichen Interessen, von der Einführung in die »Wohlredenheit« über die Bildung an den Werken der ›Genies‹ als Mustern der Humanitas zur Teilhabe an den literarischen Gütern der (christlichen) Nation bis hin zur Einführung in die autonome Literatur (nach ROEDER, 1961, und HERRLITZ, 1964).

These 9: Die Einbeziehung der Mädchen in die institutionalisierte Höhere Bildung seit der zweiten Hälfte des 19. Jahrhunderts führt sie in eine festgelegte, an männlichen Interessen und Wertvorstel-

---

[33] Zum Verhältnis ethischer und ästhetischer Legitimation von Literatur vgl. VON HEYDEBRAND (1986).

[34] JÄGER (1977) betont das praktische Interesse der Kanonbildung für den Deutschunterricht um 1800: zunächst an Vorbildern für öffentliche Rhetorik, dann an nationaler Identitätsbildung durch Literatur; für heute: MÜLLER-MICHAELS (1990, bes. S. 431–433).

lungen orientierte Kanontradition. Sie sind damit zwar in Hinsicht auf ihre Schullektüre und das dort geübte, tendenziell professionelle Lesen keiner geschlechtsspezifisch weiblichen Sozialisation mehr unterworfen, Besonderheiten ihrer Lebenserfahrung, geprägt durch ihren Ort in der Gesellschaft, haben aber weder im materialen noch im Deutungskanon einen Platz. Das ändert sich auch nicht wesentlich, wenn überwiegend Lehrerinnen den Unterricht bestreiten, weil diese ihrerseits in solchen Institutionen sozialisiert sind.

(10) Im Blick auf Schule und gebildetes Bürgertum entstehen im Laufe des 19. und frühen 20. Jahrhunderts – nicht zuletzt befördert durch verlagsrechtliche Faktoren wie das »Freiwerden« der »Klassiker« mit dem Jahr 1867 (SIPPELL-AMON, 1974, bes. S. 413f.) – der Kanon der ›Nationalliteratur‹, in großen Editionsreihen und Anthologien, und die auf die Nation bezogene Literaturgeschichtsschreibung, die ihre Maßstäbe vornehmlich an der nationalen ›Klassik‹ und ›Romantik‹ ausbilden. Die Selektion steht in beiden Fällen zwar in Beziehung zum Kanon der Autoren, Kritiker und Literaturliebhaber, für den Innovation und Differenz zum Vorausgegangenen die entscheidenden Kriterien liefern; je mehr die Sammlungen auf Vollständigkeit angelegt sind, desto eher ist auch einmal eine Autorin darin zu finden. Aber für die Aufnahme gerade in den Kanon der Literaturgeschichte ist weniger die Innovation selbst als ihre Repräsentativität für Entwicklungsschritte wichtig, die nach den – oft sehr unterschiedlichen – Vorstellungen der Verfasser den Geschichtsverlauf strukturieren.[35]

These 10: Editionsreihen, Anthologien und die Literaturgeschichtsschreibung selegieren das sowohl Innovative wie für eine Epoche Repräsentative für ihren Kanon mit ›männlichem Blick‹, der sich als allgemein-menschliches Interesse universalisiert: Zum einen bleiben von Frauen bevorzugte Gattungen, wie oben ausgeführt, weitgehend unberücksichtigt, während charakteristisch männliche wie etwa der Bildungsroman sehr beachtet werden, zum anderen werden die Kategorien historischer Periodisierung aus der Geschichte des Mannes gewonnen: Was im Hinblick auf eine Geschichte der Frauen und des Schreibens von Frauen innovativ oder repräsentativ war, kann aber nicht gewürdigt werden, wenn die

---

[35] Die Prinzipien der Kanonbildung – für Werke und Deutungen – durch Literaturgeschichten sind noch nicht zusammenhängend untersucht. Wertvolle Ansätze bei SCHULZ-BUSCHHAUS (1975, S. 11–25) und ROSENBERG (1989, bes. S. 99–133).

Zäsuren der historischen Entwicklung schon festliegen (LAUTER, 1985, S. 33–37; WEIGEL, 1992, S. 116).

(11) Im gleichen Zeitraum bildet sich auch, durch populäre Kritiker, durch Kommentare in Schulausgaben und durch das, was die Verfasser von Literaturgeschichten an Autoren und Werken hervorheben, ein Deutungskanon heraus, dessen Stereotype oft erst nach 1960 in Frage gestellt werden (Beispiele wären die Auffassung von GOETHES *Iphigenie* als »Drama der Humanität« oder des *Wilhelm Meister* als Roman der gelingenden Bildung eines jungen Mannes zur Harmonie mit sich selbst und mit der Gesellschaft). An diesem Deutungskanon, der genauerer Untersuchung bedürfte, wäre vermutlich die noch lang andauernde Wirksamkeit gesellschaftlicher Normen des 19. Jahrhunderts, auch in bezug auf die Geschlechterdifferenz und auf die Universalisierung des Mannes, abzulesen (s.o. Kap. 2.2.2.). Von feministischer Forschung – bisher allerdings vor allem in den USA – ist an vielen Beispielen gezeigt worden, daß Textwahrnehmung und Textverstehen in der Regel dem ›männlichen Blick‹ folgen, der bestimmte Aspekte der von Autoren wie von Autorinnen verfaßten Literatur, von SAPPHO über BALZAC bis zu Virginia WOOLF, nicht erkenne.[36] Es wird auch angenommen, daß die bis in die Schulen wirksamen Lesertheorien der Rezeptionsästhetik und das Postulat einer textadäquaten Interpretation einen ›männlichen‹ Leser voraussetzen (s.o. Kap. 2.2.3.).

These 11: Auch die traditionelle Kommentierung und -interpretation des Kanons, hier als »Deutungskanon« bezeichnet, geht von der Universalität des Mannes aus; sie ist nicht geeignet, die Prägungen des Mannes wie der Frau durch *gender* in der Literatur und im eigenen Leseverhalten sichtbar zu machen.

(12) Für die Entwicklung des materialen amerikanischen Kanons wurde untersucht, daß die Einführung professioneller Literaturkurse in die Institutionen der Höheren Bildung, die – natürlich – weiße Männer mit homogener Hochschulsozialisation leiteten, deutliche Rückwirkungen auf den Kanon hatte: Jetzt erst, in den 20er Jahren des 20. Jahrhunderts, wurden die großen Romanautorinnen des englischen 19. Jahrhunderts, die bis dahin, in literarischen Gesell-

---

[36] Vgl. FELMAN (1975), FETTERLEY (1978), KOLODNY (1980), RUSS (1983, S. 39–61 u.ö.), SCHWEICKART (1986) u.v.a.; besonders überzeugend DEJEAN (1989). – Im Deutschen: WEIGEL (1990) und verstreute Arbeiten zu einzelnen Autorinnen und Autoren (vgl. Kap. 2.2.1. bis 2.2.3.).

schaften und Clubs mit dominant weiblicher Zusammensetzung, zum Kanon gehört hatten, ausgeschlossen: Ihre Perspektive interessierte nicht mehr. Charakteristisch nationale, aus der Gründungsphase der Vereinigten Staaten erklärbare Normen, wie die des männlichen Eroberers auf der einen Seite und eine streng formalistische Ästhetik des selbstbezogenen Kunstwerks auf der anderen, setzten sich durch (LAUTER, 1985; auch KOLODNY, 1980; BAYM, 1981). Insbesondere auch die Methoden des *close reading*, des *New Criticism*, der Immanenten Interpretation sind primär abgestimmt auf den Typus literarischer Texte, der unter dem Autonomiepostulat entstand, und privilegieren aus der älteren Tradition solche Texte, die auch als ›autonome‹, unter rein ästhetischen Kriterien, wahrzunehmen und zu schätzen sind. Da die Literatur von Unterdrückten und Randgruppen eher einer kollektivistischen und heteronomen Ästhetik folgt, hat sie in diesem Kanon keinen Platz (LAUTER, 1987).[37] Entsprechende Untersuchungen für die deutsche Kanonentwicklung im Zuge der Professionalisierung von Schule und Hochschule und im Zusammenhang mit Deutungsmethoden stehen aus.

These 12: Wie die Schule, Editorik und Literaturgeschichtsschreibung ist die Universität an der Aufrechterhaltung eines Kanons in männlicher Tradition beteiligt, sowohl was den materialen wie den Kriterien- und Deutungskanon betrifft (WEIGEL, 1986/1990, bes. S. 234–236 und 250).

Die Musterung der Kanonisierungshindernisse für Literatur von Frauen unter der Geltung der Autonomieästhetik und durch die Herrschaft des männlichen, fälschlich als universal verstandenen Blicks in allen maßgeblichen Positionen der Tradierung fordert Entscheidungen, wie darauf zu reagieren sei. Solche Entscheidungen sind in der anglo-amerikanischen Diskussion vorbereitet.

3.3. Feministische Konsequenzen und ihre Bewertung

Einen Überblick über die Positionen feministischer Kanonkritik in den USA hat Lilian ROBINSON (1986) geliefert. Die vorgeschlagenen Strategien lassen sich mit drei der *gender*-bezogenen Modelle korrelieren, die oben schon im Voraussetzungssystem von Leserin-

---

[37] Im Mittelpunkt der Studie von LAUTER, aber mit Bezug auf Frauen, steht der Ausschluß der Literatur von Arbeitern und Schwarzen durch die Normen weißer, bürgerlicher, akademischer Literaturkritik.

nen für Textwahrnehmung, -verstehen und -werten ausgemacht worden waren und verschiedenen Richtungen des älteren und des gegenwärtigen Feminismus entsprechen (s.o. Kap. 2.2.1.).

3.3.1. Gegenkanon und Kriterienkritik

Die erste Option, die auch zeitlich am Anfang steht, lautet: Der männliche Kanon soll kritisiert, ein Gegenkanon von Autorinnen soll aufgestellt werden, als materialer wie als Kriterien- und Deutungskanon (BAYM, 1978, S. 14f.; TOMPKINS, 1985, S. XI–XIX und S. 186–201, dazu S. 225–227; LAUTER, 1987, S. 74–80; SCHWEICKART, 1986, S. 44–56). Damit sind die Probleme, die in den zwölf Thesen formuliert wurden, mit einem Schlage ausgeräumt.

Die Option für einen Gegenkanon von Autorinnen kann auf das literarhistorische Faktum verweisen, daß ›der‹ Kanon – der Weltliteratur oder irgendeiner nationalen Literatur – immer schon von anderen Kanones flankiert und damit in seiner universellen Geltung in Frage gestellt worden war; diese Kanones – zum Beispiel Folklore oder Arbeiterliteratur – werden unter anderen Wertkriterien oder doch unter anderer Gewichtung von Wertkriterien selegiert und verlangen auch andere Weisen der Wahrnehmung und Interpretation. Kanonpluralität ist demnach etwas ganz Normales, zumal in modernen, funktional organisierten Gesellschaften ohne tonangebende Oberschicht (VON HEYDEBRAND/WINKO, 1994, Kap. 3.3.1.).

Vorbereitung für einen *materialen* Gegenkanon ist ein Hauptgeschäft der sogenannten ›Frauenforschung‹ auch in Deutschland: Nichtkanonisierte Literatur von Frauen wird der Vergessenheit entrissen und samt ihren Entstehungsumständen und Verbreitungsproblemen dokumentiert.[38] Bibliographien, Ansätze zu Frauen-Literaturgeschichten und Materialsammlungen dafür sind vorgelegt,[39] Kriterien für die Auswahl durchdacht worden

---

[38] Die Fülle der Studien, zum Teil allerdings in Form von Magister- und Staatsexamensarbeiten kaum zugänglich, läßt sich nicht mehr referieren. Eine vollständige Bibliographie dieser, zum Teil – wenigstens in Deutschland – von den maßgeblichen Bibliographien nicht verzeichneten, Forschungen wäre dringendes Desiderat.

[39] Für eine deutsche Frauen-Literaturgeschichte: FREDERIKSEN, 1989 (kommentierte Auswahlbibliographie); GNÜG/MÖHRMANN, 1985 (systematisierend, zu Gattungen, Medien und Gegenständen, historisch und übernatio-

(GNÜG/MÖHRMANN, 1985, S. Xf.; BRINKER-GABLER, 1988, Bd. 1, S. 11–36; WEIGEL, 1992, S. 117). Dieser Gegenkanon könnte dauerhaft für sich bestehen und – so wollen es einige – die Orientierung am männlichen Kanon ersetzen.[40]

Der Forderung und Aufstellung eines eigenen Kriterienkanons wurde mit der, zwischen den verschiedenen feministischen Richtungen umstrittenen, Frage nach Besonderheiten des ›weiblichen Schreibens‹, der Wahrnehmung und Wirklichkeitsverarbeitung unter den Lebensbedingungen der Frau vorgearbeitet. Wenn – dies ein Teilergebnis – viele Autorinnen, namentlich im 19. Jahrhundert, aus den oben reflektierten Ursachen mehr oder weniger didaktische Unterhaltungsliteratur oder, gleichfalls ›heteronom‹, kritische, gar satirische ›Anklageliteratur‹ produzieren, muß der Kriterienkanon der ›autonomen‹ Literatur als unzuständig verworfen werden. Das folgt aus den in These 8 zusammengefaßten Einsichten. Jane TOMPKINS hat erst einmal für die massenhaft gelesene Unterhaltungsliteratur differenzierte Maßstäbe aufgestellt, weil sie legitime Bedürfnisse und bedrückende Probleme in typisierender und nur dadurch wirksamer Weise zur Sprache bringt (1985, S. XI–XIX und 120–201). Ob sich der ›Kanon‹ dann in einer ›Bestseller‹-Liste darstellen würde, in der nach einer umfangreichen Untersuchung von RICHARDS (1968) Autorinnen erheblich besser repräsentiert sind als im Kanon der ›autonomen‹ Literatur,[41] kann offenbleiben. Auch wären für andere Arten von ›Frauenliteratur‹ noch andere Kriterien als die von TOMPKINS erarbeiteten zu berücksichtigen.

Außerdem wurde, als Reaktion auf den in These 7 erfaßten Befund, daß der männliche Blick Literatur von Frauen auf verschiedenste Weise verfehlt, auch ein eigener Deutungskanon für ›Frauenliteratur‹ entwickelt (*gynocritics*). Die Leitvorstellung, daß im Gegenteil nur der weibliche Blick die Qualitäten dieser Literatur angemessen erfassen kann, wird freilich kontrovers diskutiert, ist aber bei hermeneutisch-einfühlendem Lesen unter den Bedingun-

---

nal); BRINKER-GABLER, 1988 (historischer Überblick); BURKHARD, 1980; BOETCHER-JOERES/BURKHARD, 1989; EDER, 1986 (zu einzelnen Autorinnen und Aspekten); JURGENSEN, 1983; STEPHAN, 1987; KNAPP/ LABROISSE, 1989 (zu Autorinnen der Gegenwart).

[40] Dafür plädiert energisch BUELL (1987); ähnlich, implizit oder explizit, MOERS (1976), GILBERT/GUBAR (1978), SHOWALTER (1977 und 1989).

[41] Aus RICHARDS (1968) läßt sich erkennen, daß zwischen 1915 und 1940 unter den Romanen mit Auflagenziffern über 100000 durchschnittlich jeder sechste von einer Frau verfaßt war.

gen noch andauernder geschlechterrollenspezifischer Sozialisation nicht von der Hand zu weisen.[42]

Diese erste feministische Option in ihren drei Stoßrichtungen fußt auf dem Modell V, dem sogenannten ›Gynozentrismus‹ im Rahmen des bipolaren *sex/gender*-Systems, und bestätigt noch einmal die darin fortdauernde Wirksamkeit des Modells II, der seit dem 18. Jahrhundert eingeschärften Geschlechterrollenklischees (s.o. Kap. 2.2.1.). Ein solcher Gegenkanon, als materialer, als Kritierien- wie als Deutungskanon hat das Verdienst, einem breiteren Publikum von Leserinnen wie auch der akademischen Öffentlichkeit erst einmal zur Kenntnis und Prüfung vorzustellen, was Frauen als Autorinnen hervorgebracht haben und was ein durch feministische Studien geschärfter Blick daran entdecken kann. So ist er die Basis für weitere Untersuchungen, ob und welche eigentümliche Normen für eine ›weibliche‹ literarische Kommunikation sich unter je historischen Bedingungen erkennen lassen, Normen, die konkurrierende Kriterien für einen ›anderen Kanon‹ darstellen könnten. Und er bildet das Reservoir für strengere, von solchen Kriterien geleitete Selektionen für einen engeren ›Kanon‹ innerhalb des Korpus der Literatur von Frauen.

Das Problem: Solch ein Gegenkanon unterstellt zu leicht eine Homogenität von Frauen und bringt die Gefahr mit sich, noch einmal ›Weiblichkeit‹ substantiell zu denken und eine weibliche weiße Mittel- und Oberschichtkultur absolutzusetzen. In einem solchen Gegenkanon müßte, literarisch umgesetzt, eine große Vielfalt von weiblichen Geschlechterrollen in den unterschiedlichsten Konstrukten von *gender*, als Gegebenheit und als Entwurf, Platz finden. Und auch dann noch wäre er als einzige Option problematisch: Er führte zu einer Ghettoisierung des Feminismus und kehrte den am männlichen Kanon kritisierten Ausschlußmechanismus nur um.[43]

---

[42] Zu dieser These positiv: z.B. SCHWEICKART (1986, bes. S. 51–55) und HASSAUER (1980, S. 51–55). Zur differenzierteren Einschätzung vgl. Kap. 2.2.2. und 2.2.3. Die einzelnen Arbeiten zu ›gynocritics‹ im anglo-amerikanischen Bereich sind bereits unübersehbar; auch die deutschen können hier nicht mehr aufgelistet werden.

[43] Gegen die Einschließung der Frauenliteratur in einem eigenen Kanon plädieren ROBINSON (1986, S. 116–118) und WEIGEL (1992, S. 119) u.a. – Für den einen Kanon, aber geöffnet für die Spitzenleistungen verschiedener Subkulturen tritt auch ein: VON HEYDEBRAND (1993, S. 17–19).

3.3.2. Erweiterung des tradierten Kanons durch Autorinnen

Die zweite Option lautet: Der eine, materiale Kanon soll respektiert, aber durch Autorinnen, durch die ›Besten‹ der ›Frauenliteratur‹, erweitert werden (ROBINSON, 1986 und 1992; FISCHER, 1992, S. 20f. u.a.).

Hier wird stärkere Repräsentanz von Frauen im Kanon, zunächst einmal nach dem biologischen Geschlecht (*sex*), angemahnt, aber auch – mit guten Gründen – unterstellt, daß dadurch, im jeweiligen *sex/gender*-System, eine eigene Weltsicht ins Spiel gebracht werden würde. Das scheint – nach dem Modell IV, in dem aus dem Bewußtsein ›weiblicher‹ Differenz und Unterprivilegiertheit die ›männliche‹ Dominanz erkannt und in ihrem Universalitätsanspruch kritisiert wird – eine pragmatisch sinnvolle Option, wenn überhaupt Autorinnen stärker ins Blickfeld einer größeren, auch männlichen Öffentlichkeit treten sollen. Allerdings müßten – z.B. in Curricula oder Literaturgeschichten – dafür einige männliche Autoren den Platz räumen, und auch Epochenzäsuren wären geschlechterdifferent zu setzen. All das könnte neue Kanonreflexion anstoßen, wie sie an amerikanischen Colleges und Universitäten schon lebhaft im Gang ist.

Das bisher ungelöste Problem liegt hier in der Entscheidung darüber, was durch die ›besten‹ Autorinnen repräsentiert werden soll: die Eingebundenheit der Autorin (oder ihrer Figuren) in das jeweilige *sex/gender*-System (also ihre spezifische ›Weiblichkeit‹ im Sinne dieses Systems) oder ihr Aufbegehren dagegen (also ihr ›weibliches‹ Protestpotential nach feministischen Erwartungen verschiedenster Art)? Die Konkurrenzfähigkeit der Autorin gemäß den Kriterien des ›männlichen‹ Kanons – oder ihre Repräsentativität für eine eigene ›weibliche‹ Literaturgeschichte nach eigenen Kriterien? Eine klare Antwort auf diese Frage steht aus. In jedem Falle muß ›gynokritische‹ Arbeit an der Literatur von Autorinnen erst einmal getan sein, ehe solche Entscheidungen mit Grund gefällt werden können.

3.3.3. Subversion des ›männlichen‹ Deutungskanons

Die dritte Option heißt: Der traditionelle Kanon bleibt unberührt, wird aber durch Veränderung der Deutungen unterminiert.

Diese Option macht mit der Einsicht ernst, daß nicht die materialen, sondern die verstandenen Texte gewertet werden und daß daher im gleichen materialen Kanon immer schon ganz verschiedene religiöse, ethische, politische, ästhetische Werte vergegenständlicht erscheinen konnten (mehr dazu bei VON HEYDEBRAND/ WINKO, 1994, Kap. 3.3.2.). Nur durch bestehende Übereinstimmung unter den maßgeblichen Vermittlern oder durch gezielte Maßnahmen der Deutungslenkung kann diese Tatsache verdeckt werden. An dieser Stelle greifen neue feministische Deutungen an. Dafür gibt es wieder zwei Möglichkeiten:

Zunächst geschieht das noch innerhalb des *sex/gender*-Systems, durch Deutungen, die von Aggressivität, aber auch von sachlicher Neugier motiviert sein können (MILLETT, 1969/1971; KOLODNY, 1975; FETTERLEY, 1978; FLYNN/SCHWEICKART, 1986; STEPHAN/ WEIGEL, 1983/1988 u.a.). Dieses Lesen – bisher in der Regel ein professionelles – folgt ebenfalls dem Modell IV, in dem mit dem geschärften Blick der ›unterdrückten‹ Frau die Allgegenwart der männlichen Perspektiven und Interessen in den literarischen Texten aufgedeckt wird.

Das ist ein notwendiger Schritt, der die Wahrnehmung erweitert. Da für die längste Zeit literarischer Tradition, bis zum Ende des 18. Jahrhunderts, Frauen allein wegen des fehlenden Zugangs zu den Bildungsvoraussetzungen so gut wie keine Chancen hatten, als Dichterinnen hervorzutreten, wird dieser Weg für jenen Zeitraum immer der einzige bleiben; und auch für die spätere Zeit wäre ein Verzicht auf Autoren, deren herausragende Bedeutung unter den verschiedensten Kriterien außer Frage steht, absurd; ihre Interpretation mit dem Blick auf die Gestaltung des Geschlechterverhältnisses ist dagegen so innovativ wie aufschlußreich. Allerdings wäre bei solchen Neudeutungen in Zukunft die Falle der Gleichsetzung des biologischen Geschlechts der Autoren mit der durch *gender* geprägten Geschlechterrolle zu vermeiden und ihr *gender typing* zu berücksichtigen (s.o. Kap. 2.2.1.): es gibt auch unter literarischen Autoren ›männliche Feministen‹.

Weiter gehen – dies die zweite Möglichkeit – Deutungen mit feministisch-dekonstruktiver Absicht, die das *sex/gender*-System nach dem Modell VI in Frage stellen und unterlaufen (z.B. FELMAN, 1975; JOHNSON, 1981 und 1987a; MUNICH, 1985/1992; grundsätzlich ECKER, 1985). Nach dem Vorbild vor allem Paul DE MANS wird die Unentscheidbarkeit zwischen widersprüchlichen Deutungsmöglichkeiten eines Textes, die beim versuchten Aufbau einer Sinnstruktur und der Beobachtung ihrer ›Dekonstruierbarkeit‹ entstehen, wird die »Unlesbarkeit« eines Textes herausgearbeitet.[44] Weil jeder Kontext eine andere Möglichkeit des Verstehens eröffnet und die Kontexte prinzipiell unabschließbar sind, wird nach DE MAN alles Lesen, das einen Text festlegt, zum »Irrtum«, zur Ideologie, Literatur selbst dagegen, in ihrer »Unlesbarkeit«, zum Widerstand gegen Ideologisierung (1987, S. 92f.). Sinngebendes, vereindeutigendes Lesen erscheint in dieser Sicht als ein Akt der Willkür, der Macht. Nach einer solchen Auffassung ist nicht nur jedem Deutungskanon, sondern jeder Kanonautorität überhaupt der Boden entzogen (vgl. VON HEYDEBRAND/WINKO, 1994, 3.3.3.); denn es können nur ideologische »Vereinbarungen« sein, die einem unlesbaren Text kanonischen Wert zusprechen (MARTYN, 1993, S. 17f.).

Dennoch fällt auf, daß DE MAN und sein männliches Gefolge sich mit ihren dekonstruktiven ›Lektüren‹ ausschließlich im Kanonischen, der Literatur wie der Philosophie, bewegen. Ganz wie bei den Autoren und Kritikern um 1800 wird aus der Rebellion gegen den Kanon nur eine neue Bestätigung: Dekonstruktive Deutungen sind bloß eine besonders ›neue‹ und produktive Art, sich vom Kanon abzusetzen und ihn zugleich zu affirmieren.

Feministische Literaturkritik und -interpretation hat diesem Gestus auf zweierlei Weise eine neue Richtung gegeben: Zum einen sucht sie in ihren dekonstruktiven Deutungen kanonischer (männlicher) Texte die Widersprüchlichkeit speziell in bezug auf die Phantasmen der bipolaren Geschlechterdifferenz auf und unterlegt ihre Entdeckungen oft mit psychoanalytischen Einsichten. Auf der Ebene des manifesten Sinns werden – durchaus ideologiekritisch – *Männerphantasien* (THEWELEIT, 1977/78) entlarvt, darunter aber ein gegenwendig treibendes, diesen Sinn subvertierendes und sich zu keinem eigenen Sinn verfestigendes Moment entdeckt: die »Differenz« (im Sinne von Jacques DERRIDAS *différance*), das ›Rätsel des Weibes‹ (FELMAN, 1975; MUNICH, 1985/1992, S. 362; auch JOHNSON, 1981).[45] Aber diese neuen Lesarten besorgen zwangs-

---

[44] Maßgeblich: JOHNSON (1981 und 1987a), aber auch FELMAN (1975), JEHLEN (1981/1992), JACOBUS (1986) u.v.a.; vgl. den Überblick und die Beiträge in VINKEN (1992). – Das Folgende zu DE MAN im wesentlichen nach MARTYN (1993) und MENKE (1993).

[45] Daß in diesen Studien, die scheinbar nur an der Dekonstruktion von Textsinn arbeiten, durchgängig die Geschlechterdifferenz präsent ist, erläutert JOHNSON (1987b, bes. S. 39–41). Die Gleichsetzung zwischen den Bewegun-

läufig das Gleiche wie alle Wiederholungslektüren: Sie kanonisieren den ›männlichen‹ Kanon, wenn auch in kritischer Weise.

Darum versuchen Feministinnen zum anderen, durch dekonstruktive Wiederholungslektüre vergessener oder am Rand der weißen Mittelstandskultur stehender Autorinnen den Nachweis zu führen, daß diese kanonisierbar sind. Sie nehmen dabei, wie DE MAN, das Paradox in Kauf, gerade durch Dekonstruktion des fixierbaren Sinnes eines Textes doch seine Kanonisierung zu befördern (vgl. JOHNSON, 1987b, S. 4; LAWRENCE, 1992, S. 7f.). Bei der Arbeit am alten wie beim unausweichlichen Arbeiten an einem neuen Kanon ist in ›dekonstruktiven‹ Feministinnen das Bewußtsein dafür wach, daß letztlich kein Kanon ›gilt‹, daß aber ohne Kanones nicht auszukommen ist.

Der dekonstruktive Feminismus als Interpretationsverfahren ist eine bedeutsame und reizvolle Alternative zur traditionellen Praxis innerhalb der Universität, wenngleich er von einer (ideologie-)kritischen Hermeneutik in der Theorie weiter als in den Ergebnissen entfernt ist; auch ist er nicht unkritisiert geblieben.[46] Aber er wird vermutlich auch auf die Universität beschränkt bleiben: Schon auf den Schulen und in der breiteren literarischen Kommunikation dürften das Verfahren nicht praktikabel, die Resultate kaum verstehbar sein.

Dieser Vorwurf, nicht in die Breite wirken zu können, trifft jedoch auch die erste Variante der Arbeit am Deutungskanon: Der ›normale Leser‹, erst recht – wenn man den Forschungen dazu glauben will (s.o. Kap. 2.2.3.) – die ›normale Leserin‹ werden durch die Praxis der akademischen Literaturkritik, und zwar in zunehmendem Maße, ausgeschlossen. Mochte die Konzentration auf formale Texteigenschaften in den Anfängen des *New Criticism* – im Deutschen: der Immanenten Interpretation – auch nicht-professionelle Leserinnen und Leser zu den Texten hingeführt haben:

---

gen der *différance* – am Beispiel von NIETZSCHES Stil: den Modi des Sichentziehens der Wahrheit, des »Seins«, des Sinns von Text – und den sich verschleiernden, maskierenden Bewegungen der »Frau« ist von DERRIDA selbst inspiriert (1973/1986). Zur Kritik an der Übernahme dieser Vorstellungen und damit an einer neuen Substantialisierung von Weiblichkeit als positiv besetztem Gegenkonzept zum herrschenden männlichen Diskurs vgl. MOI (1985/1989), DE LAURETIS (1987, S. 19f.), MARTIN (1989, S. 180–188).

[46] Einspruch kommt nicht nur von der Seite der Tradition, z.B. von BLOOM (1987) und HIRSCH Jr. (1987), sondern auch vom *New Historicism*: im Blick auf die deutsche Literaturgeschichte vgl. KAES (1989).

Immer stärker drängte sich das Geschick und Raffinement der Deuter in den Vordergrund, bis mit der Dekonstruktion die Interpretation sich mit dem literarischen Text gleichsetzt und für das normale Publikum undurchdringlich wird (LAUTER, 1987, S. 70f.). Gerade im Blick auf diese Leserschaft bleibt es ein Problem, wenn der männliche Kanon, wenngleich im Deutungskanon angegriffen, in den Werken unangefochten weitertradiert wird. Daraus ergibt sich die radikalste Option:

3.3.4. Poststrukturalistische Bestreitung jeglichen Kanons

Die vierte Option lautet: Die Vorstellung von Kanonizität ist überhaupt zu verabschieden. Wenn aus praktischen Gründen doch eine Art Kanon gebildet werden muß, soll er das Verschiedenste integrieren, und allem bisher Unterdrückten und ›Marginalisierten‹ gebührt besonderes Interesse (KAPLAN, 1991; LAWRENCE, 1992; PARKER, 1993 u.a.).

Mit dieser Vorstellung soll die dekonstruktive Perspektive konsequent durchgehalten werden: Ihr zufolge ist die Opposition von ›Zentrum‹ und ›Rand‹, wie jede andere hierarchische Opposition, legitimerweise nicht aufrechtzuerhalten (vgl. VON HEYDEBRAND/WINKO, 1994, Kap. 3.3.3.), und darum hat nichts ein Recht auf Kanonizität. Diese Option richtet sich ausdrücklich *gegen* die Strategie der Kanonpluralität, gegen den Gedanken, Frauen und alle bisher ausgeschlossenen Gruppen könnten in eigenen Kanones ihre Bedürfnisse erfüllt, ihre Wertvorstellungen repräsentiert sehen (LAWRENCE, 1992, S.7f.; PARKER, 1993, passim). Der Gedanke der Repräsentation von Werten auch nur einer Gruppe durch einen Kanon ruht nach poststrukturalistischer Auffassung auf mehreren unhaltbaren Annahmen: zunächst, daß es Gruppenidentitäten gibt, die sich repräsentieren lassen; sodann, daß der Prozeß der Repräsentation verläßlich ist, daß Autoren und Texte etwas Bestimmtes und nur dies repräsentieren, und schließlich, daß Deutungen den Texten einsinnig zugeordnet werden können. Wie gezeigt wurde, funktioniert der tradierte Kanon selbst nicht auf diese Weise, sondern eher auf der Basis von Differenzen: Er lebt durch immer neue Deutungen.

Eine Konsequenz wäre, da mindestens alle pädagogischen Situationen Auswahl unumgänglich machen, der Versuch, *»to represent unrepresentativeness«*, das Nichtrepräsentative zu repräsentieren, und zwar in der materialen Textselektion wie in den Deutungen (PARKER, 1993, S. 104–107, hier: S. 107). Das hieße: Jeder Anspruch jedes einzelnen Werks auf Repräsentation, wenn auch nur eines Fragments einer multikulturellen Gesellschaft, wäre durch ›dekonstruktive‹ Interpretation noch dieses Werks und dann durch Kontrastierung mit anderen Werken, die jeden partikularen Anspruch ausschlösse, zu unterlaufen; das Widersprüchliche, Unsystematische in jeder beliebigen Selektion wäre herauszuarbeiten (PARKER, 1993, S. 101–107).

Mit einem solchen Vorschlag, der im übrigen nicht von feministischer Seite kommt, wird die Aporie radikaler poststrukturalistischer Kanonkritik und ihre Lebensfremdheit deutlich: Nicht einmal an der Universität dürfte diese Praxis durchzuführen sein. Ein Weniger an Radikalität wird ein Mehr an Wirksamkeit schaffen.

3.3.5. Pragmatische Schlußbemerkungen[47]

Die verschiedenen feministischen Vorstellungen und Maßnahmen, durch die der Benachteiligung von Autorinnen in der literarischen Tradition abgeholfen werden soll, sollten nicht gegeneinander ausgespielt werden. Sicher geht die – wenn auch nicht ohne Widerspruch – theoretisch gestützte Ablehnung von Kanonizität überhaupt an den Bedürfnissen und Gegenheiten gesellschaftlicher Kommunikation vorbei (Option 4); aber sie macht auf grundlegende Einwände gegen Kanonbildungen jeder Art mit vielen triftigen Argumenten aufmerksam. Die dekonstruktiven oder feministisch-ideologiekritischen Neuinterpretationen kanonischer Autoren (Option 3) sind so wünschenswert wie Neuinterpretationen überhaupt, und darüber hinaus für beide Geschlechter bewußtseinsbildend. Aber auch die Studien an bisher nicht-kanonisierten (und an den wenigen kanonisierten) Autorinnen erschließen Neuland und werfen Fragen auf, die eine sozial- und mentalitätsgeschichtlich interessierte Literaturwissenschaft längst hätte stellen sollen; für die Präzisierung der Antworten ist noch viel zu tun. Ob diese Studien zu einem konkurrierenden Kanon ›weiblicher‹ Literatur (Option 1) oder zu einer Erweiterung des dominant ›männlichen‹ führen werden (Option 2), scheint demgegenüber von untergeordneter Bedeutung.

---

[47] Für verschiedene pragmatische Lösungen der Kanonfrage, mit verschiedenen Begründungen: KOLODNY (1981), ROBINSON (1988), WINDERS (1991), STANITZEK (1992) u.a.

4. Literatur[48]

Zur Geschlechterdifferenz
[A] Vorherrschend theoretische Beiträge
[B] Historische Beiträge

Lesen
[C] Nicht-professionelles Lesen
[D] Professionelles Lesen

[E] Werten

Zu Kanon und Kanonisierungsprozeß
[F] Theoretisch, teilweise normativ
[G] Historische Prozesse, Literaturkritik, Literaturgeschichte

[H] Zu Kultursoziologie und Systemtheorie der Kultur

BARTHES, Roland: S/Z, Paris (Editions du Seuil) 1970. Zitiert nach der deutschen Übersetzung: S/Z, Frankfurt a.M. (Suhrkamp) 1976, in der Taschenbuchausgabe stw 687, 1987. [D]
BAYM, Nina: Melodramas of Beset Manhood: How Theories of American Fiction Exclude Women Authors, in: American Quarterly 33, 1981, S. 123–139. [G]
BAYM, Nina: Women's Fiction: A Guide to Novels By and About Women in America, 1820–70, Ithaca (Cornell UP) 1978. [G]
BEAUVOIR, Simone DE: Le deuxième sexe, Paris 1949, dt. Das andere Geschlecht. Sitte und Sexus der Frau, Reinbek b. Hamburg (Rowohlt) 1951. [B]
BEM, Sandra Lipsitz: Gender Schema Theory: A Cognitive Account of Sex Typing, in: Psychological Review 88, 1981, S. 354–364. [A]
BERGHAHN, Klaus: Von der klassizistischen zur klassischen Literaturkritik, in: Peter Uwe HOHENDAHL (Hg.): Geschichte der deutschen Literaturkritik, Stuttgart (Metzler) 1985, S. 10–75. [G]
BILDEN, Helga: Geschlechtsspezifische Sozialisation, in: K. HURRELMANN / D. ULICH (Hg.): Neues Handbuch der Sozialisationsforschung, München/Weinheim (Beltz) 1991, S. 281–303. [A]
BLOOM, Allan: The Closing of the American Mind: How Higher Education Has Failed Democracy and Impoverished the Souls of Today's Students, New York (Simon und Schuster) 1987. [F]
BLOOM, Harold: The Anxiety of Influence. A Theory of Poetry, London/Oxford/New York (Oxford UP) 1973. [D]
BLOOM, Harold: A Map of Misreading, Oxford/New York/Toronto (Oxford UP) 1975. [D]
BÖHLER, Michael: Der Lektürekanon in der deutschsprachigen Schweiz. Eine Problemskizze, in: Detlef C. KOCHAN (Hg.): Literaturdidaktik – Lektüre-

---

[48] In dieser Bibliographie werden aus dokumentarischen Gründen auch die Verlage angegeben.

kanon – Literaturunterricht. Amsterdamer Beiträge zur Neueren Germanistik 30, 1990, S. 9–63 und 77–112. [F]

BOETCHER JOERES, Ruth-Ellen / Marianne BURKHARD (Hg.): Out of Line/Ausgefallen: The Paradox of Marginality in the Writings of Nineteenth-Century German Women. (Amsterdamer Beiträge zur neueren Germanistik 28), Amsterdam (Rodopi) 1989. [G]

BOHRER, Karl Heinz (Hg.): Ästhetik und Rhetorik. Lektüren zu Paul de Man, Frankfurt a.M. (Suhrkamp) 1993. [D]

BOVENSCHEN, Silvia: Die imaginierte Weiblichkeit. Exemplarische Untersuchungen zu kulturgeschichtlichen und literarischen Präsentationsformen des Weiblichen, Frankfurt a.M. (Suhrkamp) 1979. [B]

BRINKER-GABLER, Gisela: Deutsche Literatur von Frauen, 2 Bde., München (Beck) 1988. [G]

BRINKER-GABLER, Gisela: Einleitung, in: BRINKER-GABLER, 1988, Bd. 1, S. 11–36. [E]

BRONFEN, Elisabeth: Nur über ihre Leiche. Tod, Weiblichkeit und Ästhetik, München (Kunstmann) 1994. [B]

BUCK, Günther: Literarischer Kanon und Geschichtlichkeit (Zur Logik des literarischen Paradigmenwandels), in: Deutsche Vierteljahrsschrift für Literaturwissenschaft und Geistesgeschichte 57, 1983, S. 351–365. [G]

BUELL, Lawrence: Literary History Without Sexism? Feminist Studies and Canonical Reconception, in: American Literature 59, 1987, S. 102–114. [F]

BURKHARD, Marianne (Hg.): Gestaltet und Gestaltend. Frauen in der Deutschen Literatur. (Amsterdamer Beiträge zur neueren Germanistik 10), Amsterdam (Rodopi) 1980. [G]

BUTLER, Judith: Gender Trouble, London (Routledge, Chapman and Hall) 1990. Zitiert nach der dt. Übersetzung: Das Unbehagen der Geschlechter, Frankfurt a.M. (Suhrkamp), 1991. [A]

CAUGHIE, Pamela L.: Women Reading/Reading Women. A Review of Some Recent Books on Gender and Reading, in: Papers on Language and Literature. A Journal for Scholars and Critics of Language and Literature 24, 1988, S. 317–335. [D]

CHODOROW, Nancy: The Reproduction of Mothering. Psychoanalysis and the Sociology of Gender, Berkeley (University of California Press) 1978. [A]

COCALIS, Susan / Kay GOODMAN (Hg.): Beyond the Eternal Feminine: Critical Essays on Women and German Literature, Stuttgart 1982. [G]

COCALIS, Susan / Kay GOODMAN: The Eternal Feminine ist Leading Us On, in: COCALIS/GOODMAN, 1982, S. 1–45. [B]

CRAWFORD, Mary / Roger CHAFFIN: The Reader's Construction of Meaning: Cognitive Research on Gender and Comprehension, in: FLYNN/SCHWEICKART, 1986, S. 3–30. [C]

CULLER, Jonathan: On Deconstruction. Theory and Criticism after Structuralism, Ithaca (Cornell UP) 1982. Zitiert nach der deutschen Übersetzung: Dekonstruktion. Derrida und die poststrukturalistische Literaturtheorie, Reinbek b. Hamburg (Rowohlt) 1988. [D]

DEJEAN, Joan: Fictions of Sappho 1546–1937, Chicago/London 1989, passim. [G]

DERRIDA, Jacques: Eperons. Les Styles de Nietzsche, in: Nietzsche aujourd'hui? (10/18, Paris 1973). Zitiert nach der deutschen Übersetzung: Sporen. Die Stile Nietzsches, in: W. HAMMACHER (Hg.): Nietzsche aus Frankreich, Frankfurt a.M./Berlin 1986, S. 129–165. [A]

DINNERSTEIN, Dorothy: The Mermaid and the Minotaur. Sexual Arrangements and Human Malaise, New York (Harper) 1976. [D]

DUDEN, Barbara: Das schöne Eigentum. Zur Herausbildung des bürgerlichen Frauenbildes an der Wende vom 18. zum 19. Jahrhundert, in: Kursbuch 47, 1977, S. 125–140. [B]

ECKER, Gisela: Der Kritiker, die Autorin und das »allgemeine Subjekt«. Ein Dreiecksverhältnis mit Folgen, in: Inge STEPHAN u.a. (Hg.): »Wen kümmert's, wer spricht«. Zur Literatur und Kulturgeschichte von Frauen aus Ost und West, Köln/Wien (Böhlau) 1991, S. 43–56. [D]

ECKER, Gisela: Poststrukturalismus und feministische Wissenschaft. Eine heimliche oder unheimliche Allianz?, in: Renate BERGER u.a. (Hg.): Frauen – Weiblichkeit – Schrift, Berlin (Argument-Verlag) 1985, S. 8–20. [D]

EDER, Anna Maria u.a. (Hg.): »... das Weib wie es seyn sollte«. Aspekte zur Frauenliteraturgeschichte, Bamberg (Lehrstuhl für neuere deutsche Literaturwissenschaft) 1986. [G]

FELMAN, Shoshana: Rereading Femininity, in: Yale French Studies 62, 1981, S. 19–44. [D]

FELMAN, Shoshana: Woman and Madness: The Critical Phallacy, in: Diacritics 5/2, 1975, S. 2–10. [D]

FETTERLEY, Judith: The Resisting Reader. A Feminist Approach to American Fiction, Bloomington (Indiana UP) 1978. [D]

FISCHER, Karin u.a. (Hg.): Bildersturm im Elfenbeinturm. Ansätze feministischer Literaturwissenschaft, Tübingen (Attempto) 1992. [A]

FLYNN, Elizabeth A. / Patrocinio P. SCHWEICKART (Hg.): Gender and Reading, Baltimore (Johns Hopkins UP) 1986. [D]

FRANK, Erich: Rezensionen über schöne Literatur von Schelling und Caroline. Sitzungsberichte der Heidelberger Akademie der Wissenschaften, Philosophisch-historische Klasse, 1912, 1. Abhandlung, Heidelberg (Carl Winter) 1912. [G]

FREDERIKSEN, Elke: Women Writers of Germany, Austria, and Switzerland. An Annotated Bio-Bibliographical Guide, New York/Westport u.a. (Greenwood Press) 1989. [G]

FREVERT, Ute: Frauen-Geschichte: Zwischen Bürgerlicher Verbesserung und Neuer Weiblichkeit, Frankfurt a.M. (Suhrkamp) 1986. [B]

GAISER, Gottlieb: Literaturgeschichte und literarische Institutionen. Zu einer Pragmatik der Literatur, Meitingen (Verlag Literatur und Wissenschaft) 1993. [F]

GAISER, Gottlieb: Zur Empirisierung des Kanonbegriffs, in: Siegener Periodicum für internationale empirische Literaturwissenschaft (SPIEL) 2, 1983, S. 123–135. [F]

GILBERT, Sandra M. / Susan GUBAR: The Madwoman in the Attic: The Woman Writer and the Nineteenth-Century Literary Imagination, New Haven Conn. (Yale UP) 1977. [G]

GILBERT, Sandra M. / Susan GUBAR: Sexual Linguistics: Gender, Language, Sexuality, in: New Literary History 16, 1985, S. 514–543. Zitiert nach der dt. Übersetzung: Sexuallinguistik. Gender, Sex und Literatur, in: VINKEN, 1992, S. 386–411. [A]

GILLIGAN, Carol: In a Different Voice: Psychological Theory and the Theory of Women's Development, Cambridge (Harvard UP) 1982. [A]

GNÜG, Hiltrud / Renate MÖHRMANN (Hg.): Frauen Literatur Geschichte. Schreibende Frauen vom Mitelalter bis zur Gegenwart, Stuttgart (Metzler) 1985. [G]

GORAK, Jan: The Making of the Modern Canon. Genesis and Crisis of a Literary Idea, London/Atlantic Highlands, N.J. (Athlone) 1991. [G]

GOTTSCHALL, Rudolph: Die deutsche Nationalliteratur in der ersten Hälfte des neunzehnten Jahrhunderts, Bd. 2, Breslau 1855. [D]

GRENZ, Dagmar: Mädchenliteratur. Von den moralisch-belehrenden Schriften im 18. Jahrhundert bis zur Herausbildung der Backfischliteratur im 19. Jahrhundert, Stuttgart (Metzler) 1981. [C]

GUMBRECHT, Hans Ulrich: Pathologien im Literatursystem, in: Dirk BAECKER u.a. (Hg.): Theorie als Passion. Niklas Luhmann zum 60. Geburtstag, Frankfurt a.M. (Suhrkamp) 1987, S. 137–175 (1987b). [G]

GUMBRECHT, Hans Ulrich: »Phönix aus der Asche« oder: Vom Kanon zur Klassik, in: A. ASSMANN / J. ASSMANN (Hg.): Kanon und Zensur. Archäologie der literarischen Kommunikation II, München (Fink) 1987, S. 284–299 (1987a). [G]

HÄNTZSCHEL, Günter (Hg.): Bildung und Kultur bürgerlicher Frauen 1850–1918. Eine Quellendokumentation aus Anstandsbüchern und Lebenshilfen für Mädchen und Frauen als Beitrag zur weiblichen literarischen Sozialisation, Tübingen (Niemeyer) 1986. [C]

HAHN, Barbara: Unter falschem Namen. Von der schwierigen Autorschaft der Frauen, Frankfurt a.M. (Suhrkamp) 1991. [F]

HANSEN, Egon: Emotional Processes. Engendered by Poetry and Prose Reading, Stockholm (Almquist & Wiksell) 1986. [C]

HARE-MUSTIN, Rachel T. / Jeanne MARECEK: Making a Difference. Psychology and the Construction of Gender, New Haven u.a. (Yale UP) 1990. [A]

HASSAUER, Friederike: Der ver-rückte Diskurs der Sprachlosen, in: Friederike HASSAUER / Peter ROOS (Hg.): Notizbuch 2: VerRückte Rede – Gibt es eine weibliche Ästhetik?, Berlin (Medusa) 1980, S. 48–65. [A]

HAUSEN, Karin: Die Polarisierung der »Geschlechtercharaktere«. Eine Spiegelung der Dissoziation von Erwerbs- und Familienleben, in: Werner CONZE (Hg.): Sozialgeschichte der Familie der Neuzeit, Stuttgart (Klett) 1976, S. 363–393. [B]

HERRLITZ, Hans Georg: Der Lektüre-Kanon des Deutschunterrichts im Gymnasium. Ein Beitrag zur Geschichte der muttersprachlichen Schulliteratur, Heidelberg (Quelle & Meyer) 1964. [G]

HERRLITZ, Hans Georg: Lektüre-Kanon und literarische Wertung. Bemerkungen zu einer didaktischen Leitvorstellung und deren wissenschaftlicher Begründung, in: Deutschunterricht, 1967, H. 1, S. 79–92. Wiederabdruck in

Harro MÜLLER-MICHAELS (Hg.): Literarische Bildung und Erziehung, Darmstadt (Wiss. Buchgesellschaft) 1976. [G]

HERRNSTEIN SMITH, Barbara: Contingencies of Value, in: Critical Inquiry 10, 1983, S. 1–35. [F]

HERRNSTEIN SMITH, Barbara: Contingencies of Value. Alternative Perspectives for Critical Theory, Cambridge, Mass./London. (Harvard UP) 1988. [F]

HEYDEBRAND, Renate VON: Ethische contra ästhetische Legitimation von Literatur, in: Kontroversen, alte und neue, Akten des VII. Internationalen Germanisten-Kongresses 1985, Tübingen (Niemeyer) 1986, Bd. 8, S. 3–11. [E]

HEYDEBRAND, Renate VON: Literarische Wertung, in: Klaus KANZOG / Achim MASSER (Hg.): Reallexikon der deutschen Literaturgeschichte. 2. Aufl., Bd. 4, Berlin/New York (de Gruyter) 1984, S. 828–871. [E]

HEYDEBRAND, Renate VON: Probleme des ›Kanons‹ – Probleme der Kultur- und Bildungspolitik, in: Johannes JANOTA (Hg.): Methodenkonkurrenz in der germanistischen Praxis. Vorträge des Augsburger Germanistentags 1991, Bd. 4 (Plenumsvortrag für Sektion 1: Hochschulgermanistik und aktuelle Kulturpolitik), Tübingen (Niemeyer) 1993, S. 3–22. [F]

HEYDEBRAND, Renate VON / Simone WINKO: Geschlechterdifferenz und literarischer Kanon. Historische Beobachtungen und systematische Überlegungen, in: Internationales Archiv für Sozialgeschichte der deutschen Literatur 19, 1994, S. 96–172. [F]

HIRSCH, E. D. Jr.: Cultural Literacy: What Every American Needs to Know, Boston (Houghton Mifflin) 1987. [F]

HOF, Renate: Gender and Difference: Paradoxieprobleme des Unterscheidens, in: Amerikastudien. American Studies (Amst) 37, 1993, S. 437–449. [A]

HOFFMANN, Volker: Elisa und Robert oder das Weib und der Mann, wie sie sein sollten. Anmerkungen zur Geschlechtercharakteristik der Goethezeit, in: Karl RICHTER / Jörg SCHÖNERT (Hg.): Klassik und Moderne. Die Weimarer Klassik als historisches Ereignis und als Herausforderung im kulturgeschichtlichen Prozeß, Stuttgart (Metzler) 1983, S. 80–97. [C]

JACOBUS, Mary: Reading Women. Essays in Feminist Criticism, New York (Columbia UP) 1986. [D]

JÄGER, Georg (Hg.): Der Deutschunterricht auf dem Gymnasium der Goethezeit. Eine Anthologie. Mit einer Einführung in den Problemkreis, Übersetzung der Zitate und biographischen Daten, Hildesheim (Gerstenberg) 1977. [G]

JEHLEN, Myra: Archimedes and the Paradox of Feminist Criticism, in: Signs 6, 1981, S. 575–601. Zitiert nach der deutschen Übersetzung: Archimedes und das Paradox feministischer Literaturwissenschaft, in: VINKEN, 1992, S. 319–359. [D]

JOHNSON, Barbara: The Critical Difference. Essays in the Contemporary Rhetoric of Reading, Baltimore/London (Johns Hopkins Press) 1981. [D]

JOHNSON, Barbara: Gender Theory and the Yale School, in: JOHNSON, 1987a, S. 32–41 (1987b). [D]

JOHNSON, Barbara: Rigorous Unreliability, in: JOHNSON, 1987a, S. 17–24. [E]

JOHNSON, Barbara: A World of Difference, Baltimore/London (Johns Hopkins Press) 1987 (1987a). [D]
JURGENSEN, Manfred (Hg.): Frauenliteratur. Autorinnen, Perspektiven, Konzepte, Bern/Frankfurt a.M. (Lang) 1983. [G]
KAES, Anton: New Historicism and the Study of German Literature, in: German Quarterly 62, 1989, S. 210–219. [D]
KAPLAN, E. Ann: Popular Culture, Politics, and the Canon: Cultural Literacy in the Postmodern Age, in: Bonnie BRAENDLIN (Hg.): Cultural Power/Cultural Literacy, Tallahassee (The Florida State UP) 1991, S. 12–31. [F]
KIENECKER, Michael: Prinzipien literarischer Wertung. Sprachanalytische und historische Untersuchungen, Göttingen (Vandenhoeck & Ruprecht) 1989. [E]
KINTSCH, Walter: The Representation of Meaning in Memory, Hillsdale (Erlbaum) 1974. [C]
KITTLER, Friedrich A.: Aufschreibesysteme 1800/1900, München (Fink) 1985, 2., erw. u. korr. Auflage 1987. [G]
KNAPP, Marianne / Gerd LABROISSE (Hg.): Frauen-Fragen in der deutsch-sprachigen Literatur seit 1945 (Amsterdamer Beiträge zur neueren Germanistik 29), Amsterdam (Rodopi) 1989. [G]
KÖNIG, Dominik VON: Lesesucht und Lesewut, in: Herbert G. GÖPFERT (Hg.): Buch und Leser, Hamburg (Hauswedell) 1977, S. 89–124. [C]
KOLODNY, Annette: Dancing Through the Mine-Field: Some Observations on the Theory, Practice, and Politics of a Feminist Literary Criticism, in: Dale SPENDER (Hg.): Men's Studies Modified, Oxford u.a. (Pergamon Press) 1981, S. 23–42. [D]
KOLODNY, Annette: The Lay of the Land: Metaphor as Experience and History in American Life and Letters, Chapel Hill (University of Illinois Press) 1975. [D]
KOLODNY, Annette: A Map for Rereading: Or, Gender and the Interpretation of Literary Texts, in: New Literary History 11, 1980, S. 451–467. [D]
KOSCHORKE, Albrecht: Lesesucht und Zeichendiät. Die Organisation der Einbildungskraft und die Kanonisierung der Klassik, in: Wahrnehmungswandel – Wertwandel. Der Weg der Moderne, Festschrift zum 60. Geburtstag von Renate von Heydebrand, München (Unikat) 1993, S. 67–108. [C]
KUHN, Annette: Das Geschlecht – eine historische Kategorie?, in: Ilse BREHMER u.a. (Hg.): Frauen in der Geschichte, Bd. 4, Düsseldorf (Schwann) 1983, S. 29–50. [A]
LAKOFF, George / Mark JOHNSON: Metaphors We Live By, Chicago/London (University of Chicago Press) 1980. [B]
LANG, Hans-Joachim: Kanonbildung in der Neuen Welt: das Beispiel der Vereinigten Staaten von Amerika, in: SIMM, 1988, S. 69–86. [G]
LAQUEUR, Thomas: Making Sex. Body and Gender from the Greeks to Freud, Cambridge Mass./London (Harvard UP) 1990. Zitiert nach der dt. Übersetzung: Auf den Leib geschrieben. Die Inszenierung der Geschlechter, Frankfurt a.M. (Campus) 1992. [A]
LAURETIS, Teresa DE: Technologies of Gender. Essays on Theory, Film, and Fiction, Bloomington (Indiana UP) 1987. [A]

LAUTER, Paul: Caste, Class, and Canon, in: HARRIS/AGUERO, 1987, S. 57–82. [F]

LAUTER, Paul: Race and gender in the shaping of the American canon. A case study from the twenties, in: Judith NEWTON / Deborah ROSENFELDT (Hg.): Feminist criticism and social Change. Sex, Class and Race in Literature and Culture, New York/London (Methuen) 1985, S. 19–44. [G]

LAWRENCE, Karen R. (Hg.): Decolonizing Tradition. New Views of Twentieth-Century »British« Literary Canons, Urbana u.a. (University of Illinois Press) 1992. [F]

LINDENBERGER, Herbert: The History in Literature. On Value, Genre, Institutions, New York (Columbia UP) 1990. [F]

LUHMANN, Niklas: Das Kunstwerk und die Selbstreproduktion der Kunst, in: Delfin 3, 1984, S. 51–69. Zitiert nach der erweiterten Fassung in: Hans Ulrich GUMBRECHT / K. Ludwig PFEIFFER (Hg): Stil. Geschichte und Funktionen eines kulturwissenschaftlichen Diskurselements, Frankfurt a.M. (Suhrkamp) 1986, S. 620–672. [H]

LUMMIS, Max / Harold W. STEVENSON: Gender Differences in Beliefs and Achievement: A Cross-Cultural Study, in: Developmental Psychology 26, 1990, S. 254–263. [C]

MAN, Paul de: Allegories of Reading. Figural Language in Rousseau, Nietzsche, Rilke, and Proust, New Haven/London (Yale UP) 1979. Zitiert, soweit möglich, nach der deutschen Teilübersetzung: Allegorien des Lesens, Frankfurt a.M. (Suhrkamp) 1988 (Teil I der *Allegories of Reading*). [D]

MARTENS, Wolfgang: Leserezepte fürs Frauenzimmer. Die Frauenzimmerbibliotheken der deutschen Moralischen Wochenschriften, in: Archiv für Geschichte des Buchwesens 15, 1975, Sp. 1142–1200. [C]

MARTIN, Biddy: Zwischenbilanz der germanistischen Debatten, in: Frank TROMMLER (Hg.): Germanistik in den USA, Opladen (Westdeutscher Verlag) 1989, S. 165–195. [D]

MARTYN, David: Die Autorität des Unlesbaren. Zum Stellenwert des Kanons in der Philologie Paul de Mans, in: BOHRER, 1993, S. 13–33. [F]

MENKE, Bettine: Verstellt – der Ort der ›Frau‹. Ein Nachwort, in: VINKEN, 1992, S. 436–476. [A]

MENKE, Christoph: »Unglückliches Bewußtsein«. Literatur und Kritik bei Paul de Man, in: ders. (Hg.): Paul de Man. Die Ideologie des Ästhetischen, Frankfurt a.M. (Suhrkamp) 1993, S. 265–299. [F]

MILLETT, Kate: Sexual Politics, Garden City/New York (Doubleday), in dt. Übersetzung: Sexus und Herrschaft, München (Desch) 1971. [B]

MOERS, Ellen: Literary Women: The Great Writers, Garden City, N.Y. (Doubleday) 1976. [G]

MOI, Toril: Sexual/Textual Politics: Feminist Literary Theory, London 1985. Zitiert nach der dt. Übersetzung: Sexus, Text, Herrschaft. Feministische Literaturtheorie, Bremen (Zeichen+Spuren Frauenliteraturverlag) 1989. [A]

MORRIS, Charles: Signification and Significance. A Study of the Relations of Signs and Values, Cambridge, Mass. (M.I.T. Press) 1964. [E]

MÜLLER-MICHAELS, Harro: Didaktische Wertung – Ein Beitrag zur Praxis literarischen Urteilens, in: Wilfried BARNER (Hg.): Literaturkritik – Anspruch und Wirklichkeit, DFG-Symposion 1989, Stuttgart (Metzler) 1990. [F]

MÜLLER-SEIDEL, Walter: Theodor Fontane. Soziale Romankunst in Deutschland, Stuttgart (Metzler) 1975. [D]

MUKAROVSKY, Jan: Ästhetische Funktion, Norm und ästhetischer Wert als soziale Fakten. (tschech. Prag 1935/36). Zitiert nach: ders.: Kapitel aus der Ästhetik. Frankfurt a.M. (Suhrkamp) 1970, S. 7–112. [F]

MUNICH, Adrienne: Notorious Signs, Feminist Criticism and Literary Tradition, in: Gayle GREENE / Coppelia KAHN (Hg.): Making a Difference – Feminist Literary Criticism, New York 1985, S. 238–259. Zitiert nach der dt. Übersetzung: Bekannt, allzubekannt: Feministische Literaturwissenschaft und literarische Tradition, in: VINKEN, 1992, S. 360–385. [D]

MUTH, Ludwig (Hg.): Der befragte Leser. Buch und Demoskopie, München u.a. (Saur) 1993. [C]

OAKLEY, Ann: Sex, Gender and Society, London (Temple Smith) 1972. [A]

PARKER, Robert Dale: Material Choices: American Fictions, the Classroom, and the Canon, in: American Literary History 5, 1993, S. 89–110. [F]

PEARSON David P. (Hg.): Handbook of Reading Research, 2 Bde., New York (Longman Inc.) 1984/1991. [C]

PETSCHAUER, Peter: From *Hausmutter* to *Hausfrau:* Ideals and Realities in Late Eighteen-Century Germany, Eighteenth-Century Life 8, 1982, S. 72–82. [B]

PFAU, Dieter / Jörg SCHÖNERT: Probleme und Perspektiven einer theoretisch-systematischen Grundlegung für eine ›Sozialgeschichte der Literatur‹, in: Renate VON HEYDEBRAND / Dieter PFAU / Jörg SCHÖNERT (Hg.): Zur theoretischen Grundlegung einer Sozialgeschichte der Literatur. Ein strukturalfunktionaler Entwurf, hg. im Auftrag der Münchener Forschergruppe »Sozialgeschichte der deutschen Literatur 1770–1900«, Tübingen (Niemeyer) 1988, S. 1–26. [H]

RICHARDS, Donald R.: The German Bestseller in the 20th Century. A Complete Bibliography and Analysis 1915–1940, Bern (Lang) 1968. [H]

ROBINSON, Lillian S.: Canon Fathers and Myth Universe, in: LAWRENCE, 1992, S. 23–36. [F]

ROBINSON, Lillian S.: Treason Our Text. Feminist Challenges to the Literary Canon, in: Elaine SHOWALTER (Hg.): The New Feminist Criticism. Essays on Women, Literature, and Theory, New York (Pantheon Books) 1985, S. 105–121. [F]

ROEDER, Peter Martin: Zur Geschichte und Kritik des Lesebuchs der höheren Schule, Weinheim (Beltz) 1961. [G]

ROPOHL, Günter: Ein systemtheoretisches Beschreibungsmodell des Handelns, in: Hans LENK (Hg.): Handlungstheorien – interdisziplinär, Bd. 1, München (Fink)1980, S. 323–360. [E]

ROSEBROCK, Cornelia: Geschlechtscharakter und Lektürepraxis, in: Mitteilungen des Deutschen Germanistenverbandes 40, 1993, S. 29–40. [C]

ROSENBERG, Rainer: Literaturwissenschaftliche Germanistik, Berlin (Aufbau) 1989. [G]

RUBIN, Gayle: The Traffic in Women. Notes on the Political Economy of Sex, in: Rayna R. REITER: Toward an Anthropology of Women, New York/London (Monthly Review Press) 1975, S. 157–200. [A]

RUSS, Joanna: How to Suppress Women's Writing, Austin (University of Texas Press) 1983. [F]

SCHLEGEL, Friedrich: Über die Philosophie. An Dorothea (1799), in: ders.: Dichtungen und Aufsätze, hg. von Wolfdietrich RASCH, München (Hanser) 1984, S. 444–468. [B]

SCHMID-BORTENSCHLAGER, Sigrid: »La femme n'existe pas«. Die Absenz der Schriftstellerinnen in der deutsche Literaturgeschichtsschreibung, in: Georg SCHMID (Hg.): Die Zeichen der Historie, Wien/Köln/Graz (Böhlau) 1986, S. 145–154. [G]

SCHMIDT, Siegfried J.: Grundriß der Empirischen Literaturwissenschaft, Bd. 1: Der gesellschaftliche Handlungsbereich Literatur, Braunschweig/Wiesbaden (Vieweg) 1980. [C]

SCHMIDT, Siegfried J.: Die Selbstorganisation des Sozialsystems Literatur im 18. Jahrhundert, Frankfurt a.M. (Suhrkamp) 1989. [H]

SCHÖN, Erich: Der Verlust der Sinnlichkeit oder Die Verwandlung des Lesers. Mentalitätswandel um 1800, Stuttgart (Klett-Cotta) 1987. [C]

SCHÖN, Erich: Weibliches Lesen: Romanleserinnen im späten 18. Jahrhundert, in: Helga GALLAS/Magdalene HEUSER (Hg.): Untersuchungen zum Roman von Frauen um 1800, Tübingen (Niemeyer) 1990, S. 20–40. [C]

SCHOLES, Robert: Reading Like a Man, in: Alice JARDIN/Paul SMITH (Hg.): Men in Feminism, London/New York (Methuen) 1987, S. 204–218. [C]

SCHOR, Naomi: This Essentialism that is none. Coming to Grips with Irigaray, in: Differences 2/1, 1989, S. 38–58. Zitiert nach der dt. Übersetzung: Dieser Essentialismus, der keiner ist – Irigaray begreifen, in: VINKEN, 1992, S. 219–247. [A]

SCHÜCKING, Levin Ludwig: Literarische »Fehlurteile«. Ein Beitrag zur Lehre vom Geschmacksträgertyp, in: Deutsche Vierteljahrsschrift für Literaturwissenschaft und Geistesgeschichte 10, 1932, S. 371–386. Zitiert nach Wiederabdruck in: Norbert MECKLENBURG (Hg.): Literarische Wertung. Texte zur Entwicklung der Wertungsdiskussion in der Literaturwissenschft, Tübingen (Niemeyer) 1977, S. 9–24. [F]

SCHÜCKING, Levin Ludwig: Die Soziologie der literarischen Geschmacksbildung, Leipzig 1923. Zitiert nach der 3., neubearbeiteten Auflage München (Francke) 1961. [F]

SCHULZ-BUSCHHAUS, Ulrich: Der Kanon der romanistischen Literaturwissenschaft. Wissenschaftsgeschichtliche Bemerkungen zum Wandel von Interessen und Methoden, Trier (NCO-Verlag) 1975. [G]

SCHULZ-BUSCHHAUS, Ulrich: Kanonbildung in Europa, in: SIMM, 1988, S. 45–68. [G]

SCHUMANN, Sabine: Das »lesende Frauenzimmer«. Frauenzeitschriften im 18. Jahrhundert, in: Barbara BECKER-CANTARINO (Hg.): Die Frau von der Reformation zur Romantik. Die Situation der Frau vor dem Hintergrund der Literatur- und Sozialgeschichte, Bonn (Bouvier) 1980, S. 138–169. [C]

SCHWEICKART, Patrocinio P.: Reading Ourselves: Toward a Feminist Theory of Reading, in: FLYNN/SCHWEICKART, 1986, S. 31–61. [D]
SCOTT, Joan Wallach: Gender: A Useful Category of Analysis, in: American Historical Review 91, 1986, S. 1053–1057. [A]
SHOWALTER, Elaine: Feminist Criticism in the Wilderness, in: Critical Inquiry 8, 1981, S. 179–206. [D]
SHOWALTER, Elaine: A Literature of Their Own: British Women Novelists from Brontë to Lessing, Princeton, N.Y. (Princeton UP) 1977. [D, G]
SHOWALTER, Elaine (Hg.): Speaking of Gender, New York (Routledge) 1989. [A]
SHOWALTER, Elaine: Women and the Literary Curriculum, in: College English 32, 1971, S. 855–862. [D]
SIMM, Hans-Joachim (Hg.): Literarische Klassik, Frankfurt a.M. (Suhrkamp) 1988. [G]
SIPPELL-AMON, Birgit: Die Auswirkungen der Beendigung des sogenannten ewigen Verlagsrechts am 9.11.1867 auf die Editionen deutscher »Klassiker«, in: Archiv für Geschichte des Buchwesens, Bd. 14, Frankfurt a.M. (Buchhändler-Vereinigung) 1974, S. 349–416. [G]
STANITZEK, Georg: »0/1«, »einmal/zweimal« – der Kanon in der Kommunikation, in: Bernhard J. DOTZLER (Hg.): Technopathologien, München 1992, S. 111–134. [F]
STEPHAN, Inge / Regula VENSKE / Sigrid WEIGEL: Frauenliteratur ohne Tradition. Neun Autorinnenporträts, Frankfurt a.M. (Fischer) 1987. [G]
STEPHAN, Inge / Sigrid WEIGEL: Die verborgene Frau. Sechs Beiträge zu einer feministischen Literaturwissenschaft, Berlin (Argumente) 1983. Zitiert nach Berlin 1988. [D]
THEWELEIT, Klaus: Männerphantasien, 2 Bde., Frankfurt a.M. (Roter Stern) 1977/78. [B]
TOMPKINS, Jane P.: Sensational Designs. The Cultural Work of American Fiction 1790–1860, New York, Oxford (Oxford UP) 1985. [F]
VIEHOFF, Reinhold: Literarisches Verstehen. Neuere Ansätze und Ergebnisse empirischer Forschung, in: Internationales Archiv für Sozialgeschichte der deutschen Literatur 13, 1988, S. 1–29. [C]
VINKEN, Barbara: Dekonstruktiver Feminismus – Eine Einführung, in: VINKEN, 1992, S. 7–29. [D]
VINKEN, Barbara (Hg.): Dekonstruktiver Feminismus. Literaturwissenschaft in Amerika, Frankfurt a.M. (Suhrkamp) 1992. [A]
WEIGEL, Sigrid: »Konstellationen, kleine Momentaufnahmen, aber niemals eine Kontinuität«. Ein Gespräch über Literaturwissenschaft und Literaturgeschichtsschreibung von Frauen, in: FISCHER, 1992, S. 116–133. [A]
WEIGEL, Sigrid: Rekonstruktion und Re-Lektüre. Die Arbeit von Frauen in der Literaturwissenschaft als Teil einer weiblichen Kulturkritik, in: Frauenforschung und Kunst von Frauen. Feministische Beiträge zu einer Erneuerung von Kunst und Wissenschaft, hg. von der Arbeitsgemeinschaft interdisziplinärer Frauenforschung und -studien, Pfaffenweiler 1990. Zitiert nach WEIGEL, 1990a, S. 252–264. [A]

WEIGEL, Sigrid: Der Schielende Blick. Thesen zur Geschichte der weiblichen Schreibpraxis, in: Inge STEPHAN / Sigrid WEIGEL (Hg.): Die verborgene Frau, Berlin 1983 (Argument-Sonderband 96), S. 85–137. [A]

WEIGEL, Sigrid: Die Stimme der Medusa. Schreibweisen in der Gegenwartsliteratur von Frauen, Dülmen-Hiddingsel 1987. Zitiert nach der 2. Ausgabe: Reinbek b. Hamburg (Rowohlt) 1989. [G]

WEIGEL, Sigrid: Topographien der Geschlechter. Kulturgeschichtliche Studien zur Literatur, Reinbek b. Hamburg (Rowohlt) 1990 (1990a). [A]

WEIGEL, Sigrid: Die Verdoppelung des männlichen Blicks und der Ausschluß von Frauen aus der Literaturwissenschaft, in: Karin HAUSEN / Helga NOWOTNY (Hg.): Wie männlich ist die Wissenschaft?, Frankfurt a.M. (Suhrkamp) 1986, S. 43–61. Zitiert nach WEIGEL, 1990a, S. 234–251. [A]

WELLEK, René: A History of Modern Criticism, New Haven (Yale UP) 1955. Zitiert nach der dt. Übersetzung: Geschichte der Literaturkritik 1750–1950. Bd. 1, Berlin (de Gruyter) 1978. [D]

WINDERS, James A.: Gender, Theory, and the Canon, Madison (University of Wisconsin Press) 1991. [F]

WINKO, Simone: Wertungen und Werte in Texten. Axiologische Grundlagen und literaturwissenschaftliches Rekonstruktionsverfahren, Braunschweig/Wiesbaden (Vieweg) 1991. [E]

WOESLER, Winfried: Der Kanon als Identifikationsangebot. Neue Überlegungen zur Rezeptionstheorie, in: Winfried WOESLER (Hg.): Modellfall der Rezeptionsforschung. Droste-Rezeption im 19. Jahrhundert, Dokumentation, Analysen, Bibliographie, Bd. II, Frankfurt a.M./Bern/Cirencester U.K. (Lang) 1980, S. 1213–1227. [F]

ELISABETH KUPPLER

Weiblichkeitsmythen zwischen *gender*, *race* und *class*:
True Womanhood im Spiegel der Geschichtsschreibung

1. Geschichte und Feminismus: *True Womanhood* als patriarchaler Weiblichkeitsmythos 267

2. Feminismus und Frauengeschichte: *True Womanhood* im Kontext des 19. Jahrhunderts 271

3. Frauengeschichte und *gender*: Macht, Diskurs, *meaning* 278

4. »The Reason Why The Colored Woman Is Not on the *Board of Lady Managers*« 281

5. Literatur 288

ELISABETH KUPPLER

Weiblichkeitsmythen zwischen *gender, race* und *class*: *True Womanhood* im Spiegel der Geschichtsschreibung

Am 1. Mai 1893 eröffnete Präsident Grover CLEVELAND ein sechsmonatiges kulturelles Spektakel, das ein Jahrhundert phänomenalen US-amerikanischen Fortschritts zu einem krönenden Abschluß bringen sollte: die Chicagoer Weltausstellung von 1893. Vor dem blendenden Weiß der klassischen Fassaden der Ausstellungsgebäude drückte der Präsident einen elektrischen Schalter, der das optische Wunderwerk der *White City* zum Leuchten brachte. In diesem Moment schien der Traum einer perfekten abendländischen Zivilisation in Erfüllung zu gehen.

An der Ausgestaltung dieses Traums waren auch Frauen in besonderer Weise beteiligt. Ein spezielles Gremium, das *Board of Lady Managers*, hatte ein von Frauen entworfenes und ausgestattetes Gebäude errichten lassen. Frauen hielten Reden auf offiziellen Feierlichkeiten und organisierten einen einwöchigen *Women's Congress*. Als Besucherinnen der Ausstellungen und des kulturellen Beiprogramms traten sie so zahlreich in Erscheinung, daß Zeitgenossen ebenso wie Historiker und Historikerinnen immer wieder großes Erstaunen äußerten. Die harten gesellschaftlichen Auseinandersetzungen um die Emanzipation der Frau schienen zumindest im kulturellen Bereich Früchte getragen zu haben.

Während weiße Frauen ihre eigene Ausstellung organisieren konnten, waren afro-amerikanische Bürgerinnen und Bürger von jeglicher Partizipation an der Gestaltung der *World's Columbian Exposition* ausgeschlossen. Dies ist um so verwunderlicher, als sich in den 1890er Jahren in den USA eine kleine, aber gesellschaftlich sichtbare schwarze Mittelschicht herausgebildet hatte. Besonders schwarze Frauen traten ins öffentliche Leben und betätigten sich in Reformbewegungen und *Women's Clubs*. Als sie jedoch ihren Wunsch nach einer schwarzen Repräsentantin im *Board of Lady Managers* vorbrachten, kam es zu einer aufgeregten Debatte unter den weißen Organisatorinnen und Organisatoren, die von der Presse aufgegriffen wurde und nationale Beachtung fand.

Trotz massiver Proteste wurde das Anliegen der schwarzen Frauen von den Mitgliedern des weißen Frauengremiums abgewiesen.

Noch vor etwa zwanzig Jahren galt dieses Ereignis als exotischer Randaspekt im Rahmen der historisch und gesellschaftlich relevanten Geschichte dieser Weltausstellung. Heute jedoch nimmt es einen breiten und viel diskutierten Platz in der historischen Forschung ein. Die feministische Wissenschaftskritik hat zu dieser Veränderung entscheidend beigetragen, indem sie die Kategorien *gender*,[1] *race* und *class* zum Thema der Geschichtsschreibung gemacht hat. Die Bedeutung dieser Veränderung für die Geschichtswissenschaft soll im folgenden anhand von Texten aus der US-amerikanischen Frauengeschichte der 60er bis 80er Jahre dargestellt werden.

Aufgrund der feministischen Kritik an der traditionellen Geschichtsschreibung ist in den USA schon früh ein historischer Forschungszweig der ›Frauengeschichte‹ entstanden, der sich in weiten Teilen der Geschichtswissenschaften etablieren konnte und sich heute zur Geschlechtergeschichte bzw. *history of gender* weiterentwickelt hat (vgl. HAUSEN, 1981; CANNING, 1993). Die Diskussion um diesen Forschungsbereich, der in den 70er Jahren an amerikanischen Universitäten institutionalisiert wurde, kann sicher nicht ohne weiteres auf andere Länder übertragen werden. Doch kommen aus dieser US-amerikanischen Forschung die wichtigsten Impulse auch für die deutsche Frauengeschichtsforschung. In den frühen Arbeiten der US-amerikanischen Frauengeschichte lag die Bedeutung der Kategorie *gender* vorrangig darin, Frauen als historische Subjekte sichtbar zu machen. Feministische Historikerinnen sahen es als ihre Aufgabe, einen Beitrag zu einem Verständnis von Geschlecht als kulturellem Konstrukt zu leisten. An der bisherigen Geschichtsschreibung wurde kritisiert, daß sie in weiten Teilen die geschlechtsspezifische Rollenverteilung zwischen Männern und Frauen als biologisch bedingte Tatsache voraussetzte. Statt dessen wurde gefordert, die Stellung von Frauen, die ihnen zuge-

---

[1] Ich verwende hier den anglo-amerikanischen Begriff *gender* im Sinne von Geschlechterdifferenz, die mit dem deutschen *Geschlecht* nicht erfaßt werden kann. *Gender* bezieht sich auf die historische und kulturelle Bedingtheit und Verschiedenartigkeit der gesellschaftlichen Konstruktionen vom Unterschied zwischen den Geschlechtern.

wiesenen Rollen sowie ihr soziales Verhalten als Teil der Dynamik der geschichtlichen Entwicklung zu verstehen.

Die Forderung, Frauen in der Geschichte sichtbar zu machen, führte zur Entdeckung bisher unveröffentlichter Quellen und zur Neuinterpretation bekannter Quellen aus dem Blickwinkel von Frauen. Es entstanden Darstellungen ›großer‹ Frauen in der Geschichte, die vor allem das Vorurteil beseitigen sollten, es gäbe keine wichtigen Frauen in der Geschichte. Thematisch stand die Bedeutung der sozio-ökonomischen und politischen Situation von Frauen im Mittelpunkt. Frauenhistorikerinnen wandten sich Themenbereichen wie Familienökonomie, Hausarbeit und Geburtenkontrolle zu, in denen sich weibliche Erfahrung zeigte. In diesem Zusammenhang wurden die (sozial-)geschichtlichen Begrifflichkeiten jedoch oft als unzureichend empfunden, verändert und ersetzt durch Kategorien, die sich aus den historischen Erfahrungen von Frauen ergaben. Der so postulierte ›andere‹ Blick auf die Geschichte führte dabei zu Verschiebungen des historischen Interesses, u.a. von Familie auf Sexualität und Reproduktion und zur Untersuchung von Geschlechterideologien, Weiblichkeitsmythen und -stereotypen.

Diese Arbeiten der feministischen Geschichtswissenschaft machen Frauen in zweifacher Hinsicht in der Geschichte sichtbar: Erstens lehnen sie es rigoros ab, historische Handlungen von Frauen mit einem naturhaften Wesen der Frau zu erklären. Statt dessen verweisen sie auf die soziale und kulturelle Konstruktion von Weiblichkeit. Zweitens zeigen sie auf, daß die bisherigen geschichtswissenschaftliche Kategorien und Interpretationsansätze an einer männlichen Norm historischer Erfahrung ausgerichtet waren. Die angebliche Bedeutungslosigkeit weiblicher Lebensbereiche für gesamtgeschichtliche Entwicklungen stellt sich als Trugschluß einer männlichen Perspektive auf Geschichte heraus. Sie wird in der feministischen Geschichtsforschung nicht nur durch eine weibliche Perspektive ergänzt, sondern die Möglichkeit, Geschichte objektiv und wertfrei darzustellen, wird an sich in Frage gestellt.

Die theoretischen und methodologischen Probleme, die die Einführung der Kategorie *gender* mit sich gebracht hat, lassen sich anhand der historischen Auseinandersetzung mit den traditionellen Weiblichkeitsvorstellungen des 19. Jahrhunderts erläutern. Diese Weiblichkeitsbilder sind für die Frauengeschichte deshalb wichtig geworden, weil das 19. Jahrhundert lange Zeit einen Hauptschwerpunkt der Forschung ausmachte. Darüber hinaus nimmt die Beschäftigung mit dem sogenannten *Cult of True Womanhood* – dem ›Kult der wahren Weiblichkeit‹ – auch eine paradigmatische Rolle in der Entwicklung einer feministischen Geschichtstheorie ein. Gerade feministische Historikerinnen sehen sich in der Auseinandersetzung mit diesen Weiblichkeitsvorstellungen mit einer paradoxen Situation konfrontiert. Denn diese Weiblichkeitsideale, die Feministinnen als zutiefst frauenfeindlich erachten, wurden offenbar auch von Frauen selbst propagiert. So stellt sich das Problem, zwei Grundprinzipien des feministischen Selbstverständnisses in Einklang bringen zu müssen: Einerseits sollen Frauen als historische Subjekte sichtbar gemacht werden, und andererseits soll Frauengeschichte zur Emanzipation von Frauen und zum Kampf gegen Unterdrückung beitragen.[2] Die Geschichte von Frauen darzustellen, die selbst frauenfeindliche Ideologien vertraten, kann dem emanzipatorischen Anspruch an Frauengeschichte nur schwer gerecht werden. Trotzdem muß in irgendeiner Form mit der Tatsache solcher Äußerungen von Frauen umgegangen werden.

In der US-amerikanischen Frauengeschichte bestimmt dieses Problem vor allem die Geschichte des 19. Jahrhunderts und die Einschätzung der sich in diesem Zeitraum herausbildenden Geschlechterideologie der Mittelklassen, der *ideology of separate spheres* (vgl. u.a. COTT, 1977; ROY JEFFREY, 1979; DEGLER, 1980; RYAN, 1981).[3] Hier artikuliert sich ein fundamentales Spannungsverhältnis zwischen dem Anspruch feministischer Geschichtsschreibung und der Auseinandersetzung mit historischen Quellen von Frauen. Viele der inhaltlichen und methodologischen Problem-

---

[2] Natürlich taucht dieser Widerspruch zwischen Feminismus und Frauengeschichte nicht bei jeder Auseinandersetzung mit Primärtexten von Frauen auf. In vielen Bereichen trifft sich der feministische Anspruch der Historiker und Historikerinnen mit dem der historischen Frauen, z.B. in weiten Teilen der Geschichte der Frauenbewegung, der Frauenbildung oder der Rechtsgeschichte von Frauen.

[3] Eine ähnliche Problematik zeigt sich in der Geschichte des kolonialen Amerika und des 20. Jahrhunderts, vgl. z.B. ULRICH (1980) und MANSBRIDGE (1986). Ebenso befaßt sich etwa eine zentrale Fragestellung der deutschen Nachkriegsgeschichte damit, ob die ›Trümmerfrauen‹ als feministische Heldinnen einzuschätzen sind oder als eine eher konservative Generation von Müttern, Ehefrauen und Kriegswitwen, die in einer historischen Ausnahmesituation ›Männerarbeit‹ für den Wiederaufbau Deutschlands verrichteten (vgl. dazu FREIER/KUHN, 1984, S. 10f.)

stellungen der feministischen Geschichtsforschung der letzten zwanzig Jahre sind aus diesem Spannungsverhältnis hervorgegangen. Es ist mitverantwortlich für die Entwicklung einer immer komplexer werdenden Definition von *gender* in der Geschichtswissenschaft. Denn der *Cult of True Womanhood* des 19. Jahrhunderts beeinflußte entscheidend heutige Geschlechterideologien und liefert zum großen Teil auch heute noch das Vokabular für die gesellschaftlichen Auseinandersetzungen um den Begriff *gender*. Die Verweisung von Frauen auf Heim und Familie als ihr von Gott und der Natur bestimmter Platz und die Glorifizierung weiblicher Liebe, Aufopferungsgabe und häuslicher Tugenden sind nicht nur Floskeln einer vergangenen Ideologie, sondern bilden auch Versatzstücke zeitgenössischer konservativer Familienpolitik. Wie sollen feministische Historikerinnen Quellen interpretieren, in denen Frauenideale und Vorstellungen von Weiblichkeit, gegen die die neue Frauenbewegung ankämpft, von Frauen selbst vertreten wurden? Was bedeutet es, wenn Frauen solche ›sexistischen‹ Konzeptionen von Weiblichkeit für sich beanspruchen und als sinnstiftende Wahrnehmungs- und Erklärungsrahmen ihrer historischen Erfahrungen benützen? Und wie soll eine Frauengeschichtsschreibung, die eine feministische Gesellschaftskritik und Gesellschaftsveränderung zum Ziel hat, mit solchen widersprüchlichen historischen Aussagen umgehen?

1. Geschichte und Feminismus: *True Womanhood* als patriarchaler Weiblichkeitsmythos

In einem für die Frauengeschichte grundlegenden Aufsatz aus dem Jahre 1966 definierte die Historikerin Barbara WELTER erstmals den *Cult of True Womanhood* als Weiblichkeitsmythos. Drei Jahre zuvor hatte Betty FRIEDAN in ihrem Buch *The Feminine Mystique* die Frauenbilder der 1960er Jahre als wirklichkeitsfremde und frauenfeindliche Stereotypen kritisiert. WELTERs feministische Analyse der Frauenbilder des 19. Jahrhunderts verweist gewissermaßen auf die historischen Wurzeln dieses *Feminine Mystique*.

Der *Cult of True Womanhood* beschreibt ein sich im 19. Jahrhundert herausbildendes Frauenideal der US-amerikanischen Mittelschichten. Aus einer Vielzahl von Quellen – aus religiösen Traktaten und Predigten, Frauenmagazinen, Kochbüchern usw. – extrahierte WELTER vier bestimmende Merkmale dieses Weiblichkeitsideals: ›piety‹ (Frömmigkeit), ›purity‹ (Reinheit), ›submission‹ (Unterwürfigkeit) und ›domesticity‹ (etwa: Häuslichkeit). Diese Wesenszüge traditioneller Weiblichkeit waren in religiöser, biologischer und psychologischer Hinsicht festgelegt. Frausein wurde dadurch auf die Rolle von Ehefrau und Mutter begrenzt, und Frauen wurden auf ›ihr‹ Betätigungsfeld im Heim verwiesen. Weibliche Aktivitäten außerhalb dieses Bereichs, z.B. Berufstätigkeit oder politische Arbeit, waren mit dieser Rollenfestschreibung unvereinbar. Das legitime und verständliche Bestreben von Frauen nach Bildung, Gleichberechtigung und gesellschaftlicher Partizipation wurde als unnatürlich und unmoralisch angesehen. Auch wurden Frauen, die aus der engen Sphäre von Heim und Familie ausbrechen wollten, mit verführerischen Darstellungen von weiblicher Macht im familiären und kirchlichen Bereich wieder an den häuslichen Herd gelockt.

WELTER kommt zu der Schlußfolgerung, daß der *Cult of True Womanhood* dem Ziel diente, Frauen in ihrer unterdrückten gesellschaftlichen Position zu halten und sie von Bestrebungen abzubringen, Gleichberechtigung mit Männern zu fordern. Die ideologische Wirksamkeit dieses ›Kults‹ sieht sie vor allem darin begründet, daß er Frauen eine erhöhte Stellung und Einflußnahme versprach, die sich jedoch in keiner Weise in einer veränderten gesellschaftlichen Position manifestierte. So wurden Frauen, die das Gebot der ›purity‹ durch vor- oder außereheliche Sexualität gebrochen hatten, moralisch verurteilt und gesellschaftlich geächtet. Doch auch die ›reine‹ und gesellschaftlich sanktionierte Stellung der Ehefrau entsprach beileibe nicht der einflußreichen Position, die der *Cult of True Womanhood* versprach. Gerade verheiratete Frauen waren rechtlich, wirtschaftlich und emotional völlig vom Ehemann abhängig (WELTER, 1966, S. 153f.). In zahlreichen der von WELTER verwendeten Quellen wurden Frauen wegen ihrer Frömmigkeit als Reformerinnen einer gottlosen Welt vorgeführt. Weibliche Reinheit wurde einer zügellosen Sexualität und Lebensweise von Männern entgegengestellt, und es wurde beschrieben, wie Frauen gerade durch Unterwürfigkeit und Häuslichkeit ihre Ehemänner zum Guten beeinflussen könnten. Dagegen konnte die Stärke weiblicher Religiosität sowie die angebliche Macht von Frauen im familiären Bereich die Unterdrückung von Frauen in der Gesellschaft keineswegs ausgleichen. Im Gegenteil, die Verweisung von Frauen auf die Bereiche Kirche und Familie verdeutlicht für WELTER die Zementierung der frauenfeindlichen Geschlechterideologie des 19. Jahrhunderts. Einen ausgesprochen perfiden Charakter sie solchen ideologischen ›Rechtfertigungsstrategien‹ dann, wenn sie von Frauen selbst verfaßt wurden. In diesem Zusammenhang zitiert sie eine Reihe von typischen Äußerungen, die das Einverständnis mit den weiblichen Rollenzuschreibungen belegen sollen:

> Religion is just what woman needs. Without it she is ever restless or unhappy. [...] the greater the intellectual force [in women], the greater and the more fatal the errors into which women fall who wander from the Rock of Salvation, Christ the Saviour. (WELTER, 1966, S. 153f.)

WELTERs Intention, solche historischen Weiblichkeitsvorstellungen als frauenfeindliche Klischees zu entlarven und ihren manipulierenden Charakter bloßzustellen, spiegelt sich wider in ihrer vorbehaltlos negativen Bewertung des *Cult of True Womanhood*. Unberücksichtigt bleibt die Frage, warum so viele Frauen sich von diesen ›patriarchalischen‹ Rechtfertigungsstrategien überzeugen ließen, warum sie das Ideal der *True Woman* auch noch selbst propagierten. Diese innere Widersprüchlichkeit wird in WELTERs Untersuchung nur in Form von sarkastischen Hinweisen auf die Frauenverachtung gewisser Befürworterinnen des *Cult of True Womanhood* angesprochen. Hier zeigt sich ein fundamentales methodologisches Problem dieser Studie – ein Problem, das sich auch in vielen anderen Arbeiten der feministischen Geschichtsschreibung der 1970er Jahre wiederfindet.

Eine der einflußreichsten Historikerinnen, die die wichtigsten theoretischen Grundsätze der frühen feministischen Geschichtswissenschaft formuliert hat, ist Gerda LERNER (1979).[4] Zentral für LERNERs Interpretation von Geschichte[5] ist die Definition einer sexistischen Gesellschaft als ›Patriarchat‹, d.h. einer Gesellschaftsform, in der Frauen wegen ihres Geschlechts eine den Männern gleichwertige und gleichberechtigte Menschlichkeit abgesprochen wird. Extreme Formen dieser feministischen Gesellschaftskritik basieren auf einer Opposition von Männern und Frauen, die genetisch-biologisch oder als unausweichliche Folge von geschlechts-

---

[4] Ich beziehe mich im folgenden auf die deutsche Zusammenfassung LERNERS: Eine feministische Theorie der Historie, in: BECHTEL u.a. (1984, S. 404–412).

[5] LERNERs Geschichtstheorie orientiert sich stark an einer radikal-feministischen Gesellschaftskritik; vgl. dazu ECHOLS (1989).

spezifischer Sozialisation begründet wird und in der strukturell alle Männer als Unterdrücker und alle Frauen als Unterdrückte gelten.

Das Paradox der ›Frauenfeindlichkeit von Frauen‹ löst sich innerhalb dieses Gesellschaftsbildes durch die sogenannte Internalisierungsthese. Danach sind Frauen vom Patriarchat in einem solchen Maße unterdrückt, daß sie »das Konzept ihrer eigenen Unterlegenheit akzeptier[t] und internalisier[t]« haben (BECHTEL u.a., 1984, S. 405). Diese erzwungene Verinnerlichung männlicher Werte und männlicher Geschichtsdarstellungen führt zu einem ›männeridentifizierten‹ Bewußtsein bei Frauen, das sie dazu bringt, gegen ihre wahren Interessen als Frauen zu handeln. Das bisherige frauenfeindliche Geschichtsbild ist nach LERNER ein Resultat dieser Internalisierung. Sie hat zur Folge, daß Frauen ihre eigenen historischen Erfahrungen nicht ernst nehmen und dadurch das Vorurteil der geschichtslosen Frauen immer wieder selbst bestätigen. Feministische Geschichtsforschung muß deshalb die Entlarvung von patriarchaler Geschichtsschreibung, die Frauen als historische Akteurinnen totschweigt, betreiben. Sie soll darüber hinaus exemplarisch aufzeigen, wie Frauen sexistische Strukturen und Werte überwinden konnten und Kulturen des Widerstands gegen patriarchale Unterdrückung aufbauten.

Für die Geschichtswissenschaft hat die Kategorie Geschlecht nach LERNER eine übergeordnete Bedeutung gegenüber den Kategorien *race* und *class*. Gleichzeitig spricht LERNER der Rolle der feministischen Historikerin eine entscheidende Bedeutung zu. Feministische Geschichtsschreibung muß, in LERNERs Worten, »frauenzentriert« sein, »patriarchale Gedanken« verlassen (BECHTEL u.a., 1984, S. 411f.) und eine notwendige Parteilichkeit für Frauen aufweisen. Die unabdingbare Voraussetzung für eine solche Frauengeschichtsforschung ist der Rekurs auf die eigene weibliche Erfahrung, die persönliche Betroffenheit der Historikerin als Frau.

Das Postulat von *gender* als zentraler Kategorie in der Geschichte und die Betonung der essentiellen Rolle der Historikerin haben in der Bundesrepublik zu heftigen Auseinandersetzungen bei der Institutionalisierung von feministischer Geschichtswissenschaft an den Universitäten geführt.[6] In den USA entstanden spezielle

---

[6] Spektakulärstes Beispiel dieser Auseinandersetzungen war der Streit um den Männerausschluß vom 3. Historikerinnentreffen 1981 in Bielefeld, vgl. KUHN (1981). Weitere Stellungnahmen sind abgedruckt in: VON BORRIES/KUHN/RÜSEN (1984, S. 271–291).

Women's History-Programme, die einerseits den nötigen Freiraum für eine unabhängige Frauengeschichtsforschung schufen, andererseits aber dazu führten, daß Frauenthemen aus der allgemeinen Geschichtslehre und -forschung abgedrängt werden konnten. Doch auch innerhalb der feministischen Geschichtstheorie zeichneten sich durch die ausschließliche Konzentration auf die Kategorie *gender* unüberwindliche Schwierigkeiten ab. Die grundlegendste Kritik an der Primärstellung von *gender* wurde in den USA von schwarzen Feministinnen formuliert, die die gleichwertige Bedeutung der Kategorie *race* (und *class*) neben *gender* einforderten. Die naive Grundannahme einer universellen, von patriarchalischer Unterdrückung geprägten weiblichen Erfahrung mußte aufgegeben werden.

WELTERs und LERNERs Arbeiten artikulieren die frühe Kritik feministischer Historikerinnen und Historiker am Ausschluß von Frauen aus der Geschichtsschreibung. Beide wehren sich gegen ein ahistorisches Geschichtsbild, in dem traditionelle Vorstellungen von *gender* als quasi-biologische und universelle Konstanten menschlicher Existenz behandelt und dadurch Frauen zu einer passiven Rolle in der Geschichte verurteilt wurden. Doch beide Historikerinnen orientieren sich in ihrem Bestreben, Frauen eine aktive historische Rolle zukommen zu lassen, an ihren eigenen, feministischen Vorstellungen von emanzipierter Weiblichkeit. Frauen, die diesen Idealen nicht entsprachen, fanden in der frühen Frauengeschichtsschreibung keinen oder nur den Platz von passiven Opfern übermächtiger patriarchalischer Indoktrination; im schlimmsten Fall wurde feministische Geschichtsschreibung zur unreflektierten historischen Selbstlegitimation für die Frauenbewegung.

2. Feminismus und Frauengeschichte: *True Womanhood* im Kontext des 19. Jahrhunderts

Entschieden gegen die Internalisierungsthese wendet sich Carroll SMITH-ROSENBERG in dem einleitenden Aufsatz zu ihrer Essay-Sammlung *Disorderly Conduct: Visions of Gender in Victorian America*, programmatisch betitelt *Hearing Women's Words: A Feminist Reconstruction of History* (1985, S. 11–52). Den Worten von Frauen zuhören, heißt für sie, die Aussagen von Frauen im historischen Kontext zu lesen und ernst zu nehmen. Dabei geht es nicht mehr nur darum, Frauen als Gruppe in der Geschichte sichtbar zu machen, sondern darum, die Bedeutungen, die Frauen selbst ihren historischen Erfahrungen gegeben haben, in das Zentrum des Erkenntnisinteresses zu rücken.

SMITH-ROSENBERG vollzieht zugleich eine entscheidende Erweiterung der Bedeutung von *gender*. Das Konzept wird als prägend für das historische Verhalten von Frauen *und* Männern angesehen, und im geschichtlichen Prozeß wird beiden Geschlechtern – auf unterschiedliche Weise und in verschiedenem Umfang – gesellschaftliche Macht zugestanden. Ein feministisches Geschichtsverständnis, das die Unterdrückung von Frauen als universell voraussetzt, wird revidiert zugunsten der Frage, wie Frauenunterdrückung gesellschaftlich legitimiert wird. Aussagekräftig für die historische Analyse sind besonders solche Bruchstellen, an denen sexistische Geschlechterideologien nicht greifen bzw. von Frauen (und Männern) umgedeutet werden (können). Die historischen Erfahrungen, Aktivitäten und Sichtweisen von Frauen selbst rücken ins Zentrum der Frauengeschichte. Zugleich werden Frauen aus der Rolle von Opfern oder ›männeridentifizierten‹ Wesen, die ihnen die frühe feministische Geschichtsschreibung zugewiesen hatte, entlassen. Die Internalisierungsthese als Erklärung für scheinbar frauenfeindliche Aussagen von Frauen wird aufgegeben zugunsten einer Kontextualisierung der historischen Quellen.

Dieser Perspektivenwechsel impliziert die Notwendigkeit, sich mit neuem Quellenmaterial zu beschäftigen. An die Stelle von normativen Primärtexten wie Gesetzessammlungen, Ratschlagsliteratur und Anstandsbüchern treten deskriptive, oft noch unpublizierte Texte wie Briefe und Tagebücher von Frauen. Diese Quellen gewähren Einblicke in das private Alltagsleben von Frauen und eröffnen neue Bereiche von Geschichte, die für die Rekonstruktion weiblicher Lebenswelten und Lebenszusammenhänge überaus wichtig sind.

Der inzwischen klassische Aufsatz von Carroll SMITH-ROSENBERG über die Bedeutung von Frauenfreundschaften für Mittelklassefrauen des (18. und) 19. Jahrhunderts veranschaulicht diese neue Herangehensweise an Frauengeschichte (1975). Zwar mußte das Thema Frauenfreundschaften für die Frauengeschichte nicht neu entdeckt werden: Vielen Historikern und Historikerinnen, z.B. FADERMAN (1981), war bei der Lektüre von Briefwechseln zwischen Frauen des 19. Jahrhunderts die oft romantisch-sentimentale Leidenschaftlichkeit dieser Briefe aufgefallen. Neu ist, diese Beobachtungen als wichtiges historisches Thema zu bewerten, das allgemein verbreitete Ansichten über die Bedeutung von Ehe, Liebe, Freundschaft und Sexualität im 19. Jahrhundert in Frage stellt. So vermitteln die Quellen ein Verständnis von Frauenfreundschaft, in dem die Übergänge zwischen romantischer Liebe, Erotik und Sexualität fließender und ungeklärter sind, als es dem heutigen Empfinden entspricht (SMITH-ROSENBERG, 1985, S. 35ff. und 74ff.).[7] Der gängige Konsens über die ›unterdrückte‹ weibliche Sexualität des viktorianischen 19. Jahrhunderts erscheint in einem neuen Licht und muß zumindest revidiert, wenn nicht gar aufgegeben werden.

Die Interpretation von Sprache wird zum zentralen Problem dieser ›anderen‹ Geschichtsschreibung.[8] SMITH-ROSENBERG definiert Sprache als eine kulturell produzierte Art von »symbolic communication«, wobei nichtverbale Formen von Kommunikation wie Kleiderregeln, Alltagsrituale, Formen von Sexualität etc. miteingeschlossen sind. Sprache ist das Medium, in dem Menschen ihre historische Erfahrung ausdrücken. Gleichzeitig jedoch macht Sprache es erst möglich, daß eine historische Erfahrung in Worte gefaßt und als Wirklichkeit wahrgenommen werden kann. Die Entschlüsselung einer speziellen Frauensprache eröffnet ihrer Meinung nach einen Zugang zu spezifisch weiblichen Ausdrucksystemen, Kosmologien und Erfahrungswelten. Sie begreift diese Welten als *women's culture* und definiert sie als eine eigenständige weibliche Kultur, die nicht – wie in LERNERs Thesen – Produkt gemeinsamer Unterdrückung ist, sondern Ausdruck der anderen Lebens- und Körpererfahrungen von Frauen:

Male voices have so often drowned out or denied women's words and perceptions that the rediscovery of women's unique language must be our first priority – and our first defense, as women scholars, against the undue influence of theories formed in ignorance of women's experiences. (SMITH-ROSENBERG, 1985, S. 29)

Der ›andere‹ Blick, den feministische Geschichtsschreibung vermitteln will, wird nicht an der Person der Historikerin festgemacht, sondern an den anderen Bedeutungen, die historische Frauen selbst ihrer Geschichte geben. SMITH-ROSENBERGs Aufforderung »to

---

[7] Vgl. dazu grundlegend FOUCAULT (1978).
[8] Zu einer erweiterten Diskussion des Problems Sprache in der Geschlechtergeschichte vgl. SMITH-ROSENBERG (1986).

hear women's words«, zielt auf eine Überprüfung von historischen (soziologischen, psychologischen, anthropologischen) Grundannahmen anhand der historischen Erfahrungen von Frauen. Erst dadurch können historische Aussagen von Frauen ernstgenommen und – eingebettet in ihren jeweiligen historischen Kontext – verstanden werden.

Ein Beispiel für die von SMITH-ROSENBERG geforderte historische Kontextualisierung des *Cult of True Womanhood* bietet Blanche GLASSMAN HERSHs *The ›True Woman‹ and the ›New Woman‹ in Nineteenth Century America*. Selbstkritisch hinterfragt HERSH gleich am Anfang ihr eigenes Erkenntnisinteresse als feministische Historikerin:

> It is necessary to attempt also to root these feminists more firmly in their own culture. The women's movement of the 1960's and 1970's has been happily reclaiming these lost heroines, but the excitement of discovery has often been accompanied by an ahistorical uprooting of the women from their cultural and ideological soil. (1979, S. 272)

Das Bewußtsein der Verwurzelung von Frauen in ihrer jeweiligen Kultur unterscheidet HERSHs Verständnis des *Cult of True Womanhood* prinzipiell von Barbara WELTERs Interpretation. Infolgedessen wird die scheinbar paradoxe Aneignung einer frauenfeindlichen Ideologie durch Frauen selbst zum Ausgangspunkt der Untersuchung: Grundlage dieser Studie bilden Texte von Frauen, die sich weitgehend der Frauenbewegung zugehörig fühlten und die HERSH als »Feminist-Abolitionists« bezeichnet.[9] Das persönliche Leben der meisten dieser Frauen konnte dem normativen Ideal der *True Womanhood* kaum gerecht werden (z.B. waren nur wenige verheiratet). Sie setzten sich statt dessen aktiv und öffentlich für weibliche Emanzipation und Frauenrechte ein. Trotzdem vertraten sie in ihren Äußerungen emphatisch die Ideale der *True Womanhood*, die ihnen als Maßstab für ihre Erfolge und ihr weibliches Selbstverständnis dienten. Aus diesem Widerspruch ergibt sich die übergeordnete Fragestellung nach einer alternativen Lesart des traditionell etablierten Weiblichkeitsideals.

Um die Bedeutung dieses Weiblichkeitsideals für Frauen erfassen zu können, situiert HERSH es innerhalb der politischen und

---

[9] Mit »Feminist-Abolitionists« bezeichnet HERSH Frauen, deren Feminismus eng mit ihrem Engagement für die Abschaffung der Sklaverei während der 1820–1860er Jahre verknüpft war.

kulturellen Strömungen der ersten Hälfte des 19. Jahrhunderts. In einer von der republikanischen Menschenrechtsideologie, der aufklärerischen Naturrechtsphilosophie sowie von religiösen Erweckungsbewegungen geprägten Welt, in der spirituelle Werte von zentraler Bedeutung waren, erscheinen die von WELTER herausgearbeiteten normativen Eigenschaften des Frauenbildes weit weniger einschränkend und frauenfeindlich. So konnten Frauen innerhalb religiöser Gemeinschaften ihre eigene Definition von ›piety‹ formulieren. Danach war ›piety‹ eine weibliche Form religiöser Spiritualität, bestimmt von Werten des Pflicht- und Missionsbewußtseins. Auch ›purity‹ erfährt in HERSHs Untersuchung eine Definitionserweiterung. Während WELTER ›purity‹ noch vorrangig als das Gebot zur sexuellen Keuschheit deutet, sieht HERSH dieses Konzept in Verbindung mit einem aufklärerischen Menschenbild, das spirituelle Läuterung und moralische Perfektion als Ziel des Daseins versteht. ›Purity‹ war dabei integraler Bestandteil eines spirituellen Wertesystems, das im Gegensatz zu einer korrumpierenden Weltlichkeit stand. Keuschheit und Frömmigkeit waren Werte, die auch und besonders Männer anstreben sollten, Häuslichkeit ein Werte- und Verhaltenskodex, der die Gesellschaft zum Besseren verändern und bestehendes Unrecht beseitigen könnte. Aufgrund der Verschiedenartigkeit der Geschlechter hatten Frauen diese Werte bereits (eher) verinnerlicht und trugen deshalb Verantwortung für das moralische Wohlergehen der Gesellschaft. Innerhalb der Ehe übten Frauen einen positiven moralischen Einfluß auf ihre Ehemänner und Kinder aus. Außerhalb des Heims trugen die Versuche von Frauen, öffentlich Einfluß zu nehmen, zur Reform der gesamten Gesellschaft bei. Mit dieser gesamtgesellschaftlichen Verantwortung von Frauen für das moralische Wohl begründeten die Feministinnen ihre Forderung nach der ökonomischen und rechtlichen Unabhängigkeit von Frauen innerhalb der Ehe, ebenso wie ihren Anspruch auf staatsbürgerliche Rechte wie das Wahlrecht. Als ein universelles Ideal von Menschlichkeit konnte der *Cult of True Womanhood* somit zu einer feministischen Geschlechterideologie umgedeutet und erweitert werden.

HERSHs kontextualisierende Analyse macht deutlich, in welcher Form Frauen sich kreativ und radikal[10] die Widersprüche innerhalb

---

[10] Eine interessante Definition von Radikalität im Zusammenhang mit »konservativen« Frauenbildern enthält der Beitrag zur deutschen Frauengeschichte von Elisabeth MEYER-RENSCHHAUSEN (1984).

des *Cult of True Womanhood* zunutze machten und daraus eigene Ideen und Ideale ableiteten. Im Gegensatz zu WELTER versucht sie, die Aussagen von Frauen im historischen Zusammenhang zu verstehen. Die Betonung der unterschiedlichen historischen Bedeutung der Worte ›piety‹, ›purity‹ und ›domesticity‹ zeigt, wie wichtig die Auseinandersetzung mit der Sprache der Quellen für diese Kontextualisierung ist. Die Bedeutungen der Worte erschließen sich eben nicht – wie bei LERNER – durch einen intuitiven Rückgriff auf die weibliche Erfahrungswelt der Historikerin, sondern durch das Wissen um die historische Welt, in der die jeweiligen Quellen entstanden sind. WELTERs Interpretation von ›purity‹ als sexuelle Jungfräulichkeit gibt in erster Linie Aufschluß über ihre eigene Befangenheit in der sexualisierten Kultur des 20. Jahrhunderts, während HERSHs Verständnis den historischen Umständen weitaus mehr Rechnung trägt.

In den Arbeiten von SMITH-ROSENBERG und HERSH wird die These der Internalisierung von patriarchalischen Unterdrückungsmechanismen durch eine Historisierung der Weiblichkeitsvorstellungen des 19. Jahrhunderts abgelöst. Zu erkennen ist, daß Frauen selbst aktiv an der Definition der Bedeutung von *gender* teilnehmen konnten und patriarchalischen Geschlechterideologien nicht als passive Opfer ausgeliefert waren. Es waren offensichtlich mehrere Lesarten des *Cult of True Womanhood* zur gleichen Zeit möglich: Einerseits als ideologische Rechtfertigung der eingeschränkten weiblichen Rolle als Ehefrau und Mutter, andererseits als moralische Legitimation, Frauenrechte einzufordern und in der Öffentlichkeit weiblichen Einfluß geltend zu machen.

Beide Historikerinnen bieten Interpretationen, mit denen sie versuchen, die Funktion dieser verschiedenen Deutungen zu erklären. HERSH stellt die emanzipatorische Kraft von Frauengeschichte in den Vordergrund. Die Umdeutung der vorherrschenden Konzeption von Weiblichkeit sieht sie als subversiven Akt von Frauen mit explizit feministischem Bewußtsein. Sie unterscheidet zwischen Frauen, die diesen Weiblichkeitsmythos verinnerlicht hatten, und Frauen, die die Geschlechterideologie zugunsten ihrer Emanzipationsziele veränderten. Allerdings wirft diese Interpretation die Frage auf, ob und inwieweit die Kontextualisierung des *Cult of True Womanhood* innerhalb der religiösen und moralischen Vorstellungen der Gesellschaft des frühen 19. Jahrhunderts nicht auch für die Frauen gelten mußte, die sich nicht der Frauenbewegung zugehörig fühlten.

Auf diese Überlegungen geht SMITH-ROSENBERG ein, nach deren Ansicht die Mehrzahl die Frauen der Mittelschichten die normative Geschlechterideologie unbewußt an ihre Erfahrungen und Vorstellungen anpaßten und dadurch veränderten. Feministinnen zeichnen sich bei SMITH-ROSENBERG als explizite Kämpferinnen für Frauenrechte aus, während die Umformung des *Cult of True Womanhood* zu einer weiblichen Geschlechterideologie innerhalb einer viel umfassenderen *women's culture* stattfand.[11] Bei dieser Interpretation besteht jedoch die Gefahr, die Frauenkultur zu glorifizieren und dabei das Machtverhältnis zwischen den Geschlechtern zu vernachlässigen. Unklar bleibt, woher die Impulse für eine soziale Veränderung kamen.

Diese beiden feministischen Ansätze repräsentieren exemplarisch zwei Pole der heutigen feministischen Geschichtsforschung in den USA. Sie unterscheiden sich durch eine eher ›politische‹ und eine eher ›historisierende‹ Herangehensweise an Frauengeschichte.[12] Der ›politische‹ Ansatz beschäftigt sich vor allem mit den klassischen Frauenthemen wie Frauenwahlrecht, Frauenarbeit, Abtreibung und Gewalt gegen Frauen. Dabei wird häufig eine Periodisierung von Frauengeschichte vorgenommen, die sich an der Geschichte der Frauenbewegung orientiert. Feministinnen gelten als repräsentative Stimme von Frauen der jeweiligen historischen Epoche. Die ›historisierende‹ Herangehensweise betrachtet dagegen die Frauenbewegung als ein soziales Phänomen unter vielen anderen, und Feministinnen werden eher als Ausnahmeerscheinungen gewertet. Anstelle von thematischen Gesamtdarstellungen treten Detailstudien, die Fragen nach der Funktion von *gender* in spezifischen historischen Kontexten nachgehen. Zentral für beide ist die Definition von Macht und Unterdrückung in der Gesellschaft. Dabei fragen die einen nach dem aktiven Widerstand gegen Frauenunterdrückung, während die anderen vor allem das Wesen von Macht und Unterdrückung problematisieren.

---

[11] Zur Debatte um das Konzept von »Women's culture« in der US-amerikanischen Frauengeschichte vgl. DUBOIS u.a. (1980) und KERBER (1988). Zur deutschen Rezeption dieser Debatte vgl. GERHARD u.a. (1993, bes. S. 31ff).

[12] Als ein Beispiel dieser Polarisierung innerhalb der feministischen Geschichtswissenschaft vgl. die Diskussion zwischen Joan W. SCOTT und Linda GORDON in gegenseitigen Buchrezensionen, in: Signs 15, 1990, S. 848–860.

3. Frauengeschichte und *gender*: Macht, Diskurs, *meaning*

Die grundlegende theoretische Arbeit, in der die Funktion von Macht und Unterdrückung thematisiert wird, ist Joan SCOTTs *Women's History* und *Gender: A Useful Category for Historical Analysis* (in: 1988, S. 15–27 und 28–50).[13] SCOTT entwickelt eine feministische Geschichtstheorie, die der Vielschichtigkeit der Erfahrung von Frauen in der Geschichte gerecht werden will, ohne die Problematisierung von Geschlechterhierarchien und Frauenunterdrückung aus den Augen zu verlieren. Ihr verdienstvoller Beitrag zur feministischen Geschichtstheorie liegt vor allem in einer komplexen Definition von *gender* als historischer Kategorie. Sie begreift *gender* als das kulturelle Wissen über Geschlechterunterschiede und Geschlechtergeschichte als die Geschichte von den historischen Bedeutungen und Funktionen der Geschlechterdifferenz. Dabei sieht sie *gender* als kulturelles Konstrukt, das die sozialen Beziehungen von Frauen und Männern regelt und bestimmt. Sie unterscheidet vier Ebenen, auf denen diese Bedeutung von *gender* in der Gesellschaft wirksam wird: durch kulturelle Symbole, durch normative Konzepte, innerhalb von gesellschaftlichen Institutionen und in der subjektiven Identität von Individuen.

Im weiteren definiert SCOTT *gender* als ein primäres Modell von hierarchischer Differenz, mit dem andere hierarchische Beziehungen und gesellschaftliche Macht allgemein legitimiert werden können. Denn Vorstellungen von Weiblichkeit und Männlichkeit finden sich auch in gesellschaftlichen Bereichen, die oberflächlich nichts mit dem Verhältnis zwischen den Geschlechtern zu tun haben – z.B. wenn sich in Frankreich die entstehenden Mittelschichten von einem ›feminisierten‹ Adel abgrenzten oder Puritaner im kolonialen Amerika die menschliche Seele mit ›weiblichen‹ Attributen belegten.[14] *Gender* wird hier als ein Raster verstanden, mit dem auch andere Machtverhältnisse erklärt werden. Feministische Geschichtsschreibung, konzipiert als *history of gender*, umfaßt daher alle Bereiche, in denen über Vorstellungen von Weiblichkeit und Männlichkeit gesellschaftlichen Hierarchien Bedeutung (*meaning*) gegeben wird. Dadurch eröffnen sich auch Forschungsbereiche, die

---

[13] In deutscher Übersetzung in: KAISER (1994, S. 27–75).
[14] Zu weiblichen Konzeptionen der menschlichen Seele bei den Puritanern und Puritanerinnen vgl. REIS (1988).

bisher von der feministischen Geschichtsschreibung kaum bearbeitet worden waren, z.B. Politik-, Diplomatie- und Militärgeschichte.

SCOTT lehnt eine Zentralstellung von *gender*, wie sie noch von LERNER und SMITH-ROSENBERG formuliert wurde, als Grundsatz feministischer Geschichtsschreibung ab. Zwar sieht sie den Geschlechterunterschied als eine grundsätzliche Differenz, anhand deren in den meisten Gesellschaften Bedeutung hergestellt und erklärt wird. Doch die Interaktion von *gender* mit anderen relevanten Kategorien – etwa *race* und *class* – läßt eine ausschließliche Konzentration auf den Begriff *gender* schon konzeptionell nicht mehr zu. An zentraler Stelle steht die Frage nach der Konstruktion von gesellschaftlicher Differenz und nach der Legitimation von Macht aufgrund von Differenzierungen.

SCOTTs Definition von *gender* ist deshalb eng verbunden mit einer veränderten Konzeptualisierung von Macht und Machtinteressen. Sie orientiert sich an poststrukturalistischen Theoretikern (vor allem an Michel FOUCAULT), die Macht nicht als strukturelles oder persönliches Merkmal einer gesellschaftlichen Position verstehen, sondern als ein durch ›Diskurse‹ produziertes, relatives und kontextualisiertes Phänomen. Dabei werden Machtinteressen bestimmter sozialer Gruppen nicht geleugnet, sondern Macht selbst wird als sich fortwährend neu etablierendes, d.h. veränderbares, gesellschaftliches Deutungsmuster angesehen. Macht von Männern über Frauen muß sich demnach ständig durch neue – z.B. religiöse, medizinische, psychologische – Diskurse legitimieren, was gleichzeitig die Chance von Veränderung mit sich bringt. Männliche Macht konstituiert sich, so SCOTT, immer wieder in der Auseinandersetzung mit oppositionellen Diskursen von weiblicher Macht, etwa mit der Forderung nach Gleichberechtigung, der Betonung von Mütterlichkeit und ›weiblicher‹ Intuition.

Durch die Verwendung eines solchen Machtbegriffs lassen sich die oben beschriebenen Unterschiede feministischer Ansätze zwar nicht lösen, aber konzeptionell besser fassen. Erklärungen von Geschichte, die entweder – wie bei HERSH – eine bestimmte Gruppe von Frauen aufgrund so vager Gemeinsamkeiten wie ›feministisches Bewußtsein‹ privilegieren, oder die – wie bei SMITH-ROSENBERG – dazu tendieren, Machtverhältnisse zwischen Frauen und Männern zu verharmlosen, werden ersetzt durch ein Geschichtsbild, das von der Auseinandersetzung alternativer Diskurse über *gender* bestimmt ist. In diesem Geschichtsbild erscheint der *Cult of True Womanhood* als Geschlechterideologie, die sich im Zuge der Herausbildung der US-amerikanischen Mittelschichten in der gegenseitigen Abgrenzung von männlichen und weiblichen Interessen herauskristallisiert hat. Dabei betonten Männer offensichtlich in von ihnen bestimmten Bereichen wie Recht oder Medizin andere Aspekte von *True Womanhood*, als die, die Frauen selbst für ihr Selbstverständnis in den Vordergrund stellten. Feministinnen des 19. Jahrhunderts radikalisierten diese weiblichen Deutungen, während sie sich gleichzeitig gegen frauenfeindliche Definitionen von *True Womanhood* zur Wehr setzten. Diskurse über *gender* veränderten sich also ständig, indem sie sich voneinander abgrenzten und aufeinander eingingen. Dabei war selten ganz klar, welcher Diskurs gerade in welchem Gesellschaftsbereich der ›bedeutungsmächtigere‹ war.

In einem solchen Geschichtsverständnis wird Geschichtsschreibung selbst zu einer »kulturellen Institution«, die an der Entwicklung und Vermittlung von Geschlechterideologien beteiligt ist. Konzeptionen von Weiblichkeit und Männlichkeit sieht SCOTT nicht nur als konstitutiv für historische Prozesse an. Vielmehr trägt die Geschichtsschreibung dazu bei, Vorstellungen von *gender* zu konstruieren und zu legitimieren. Schon von daher kann Geschichte niemals ›*gender*-los‹ oder ›objektiv‹ sein.

In gewisser Hinsicht vollzieht SCOTT mit ihren Überlegungen einen Angleichungsprozeß von feministischer und etablierter Geschichtswissenschaft. Denn die heutigen geschichtstheoretischen Ansätze sind allgemein gekennzeichnet von einem selbstreflexiven Nachdenken über die Problematik einer objektiven Geschichtsschreibung. So thematisiert ein Großteil der Geschichtsforschung mittlerweile Fragen von Bedeutung (*meaning*) und der Textualität von historischen Quellen. Feministische Geschichtswissenschaft hat dadurch in den USA ihren marginalisierten Sonderstatus weitgehend verloren und bildet heute einen wichtigen Bereich der neuen Geschichtswissenschaften, die sich aus den sozialen Bewegungen der letzten dreißig Jahre entwickelt haben.[15] Die beharrliche Problematisierung der Kategorie *gender* hat zu dieser Entwicklung einen der wichtigsten Beiträge geleistet.

---

[15] Zum Beispiel *Black* und *Native American History*, *Lesbian and Gay History* und *Environmental History*; zu den neuesten Entwicklungen und Diskussionen in der US-amerikanischen Frauengeschichte vgl. CANNING (1994; mit ausführlicher Bibliographie).

4. »The Reason Why The Colored Woman Is Not on the *Board of Lady Managers*«[16]

Der Frage nach dem Ausschluß schwarzer Frauen von der Chicagoer Weltausstellung wird heute vor allem deshalb eine umfassende historische Bedeutung zugemessen, weil mit ihr nicht nur Probleme der Definition und Funktion von *gender, race* und gesellschaftlicher Macht, sondern auch das Problem der Differenzen *zwischen* Frauen thematisiert werden kann, das in den Mittelpunkt feministischer Geschichtsforschung gerückt ist.

Auf den ersten Blick allerdings mag es – gerade angesichts des Rassismus der weißen Kultur – müßig erscheinen, überhaupt nach dem Grund für diesen Ausschluß zu fragen. Doch lassen die historischen Debatten eine weit weniger eindeutige Situation erkennen: Öffentlicher Rassismus war offensichtlich eine Art gesellschaftlicher *Faux-pas*, den die weißen Frauen vom *Board of Lady Managers* auf jeden Fall vermeiden wollten. Ebenso legt der selbstverständliche Ton, in dem schwarze Frauen ihre Forderungen vorbrachten, nahe, daß sie nicht davon ausgehen mußten, mit ihren Forderungen einfach abgeschmettert zu werden. Im Gegenteil: Weil sie eigentlich eine Mitwirkung erwartet hatten und auch erwarten konnten, waren sie über die Absage zu Recht empört. Der oberflächliche Verweis auf den verbreiteten Rassismus dieser Zeit greift demnach als Erklärung zu kurz und wird den historischen Ereignissen keineswegs gerecht.

Eine plausible Erklärung ist dagegen nur durch eine Betrachtung der Ereignisse innerhalb der damaligen Diskurse von *gender* und *race* möglich. Joan SCOTTs Definition von *gender* und ihr poststrukturalistischer Machtbegriff sind dabei unverzichtbar. Offensichtlich ist, daß Konstruktionen von *gender* nicht von denen von *race* zu trennen sind. Auch die alternativen Umdeutungen, die weiße Frauen am patriarchalischen *Cult of True Womanhood* vornahmen, waren von zeitgenössischen Rassevorstellungen bestimmt und basierten auf rassistischen Prämissen. Die Ereignisse der Weltausstellung lassen erkennen, daß trotzdem die Positionen von Macht und Unterdrückung nicht immer klar festgelegt waren. Das

---

[16] Diese Überschrift ist formuliert in Anlehnung an den Titel eines Protestpamphlets der schwarzen Reformer und Reformerin Frederick DOUGLASS, Ida B. WELLS und Ferdinand BARNETT: The Reason Why The Colored American Is Not in the World's Columbian Exposition, o.O. [Chicago] 1893.

Verhalten der weißen Frauen in einem umfassenderen historischen Kontext zu betrachten, zeigt die Zwänge, denen ihr Handeln unterworfen war. Und den schwarzen Frauen eine Stimme zukommen zu lassen, heißt auch, ihre Position nicht mehr uneingeschränkt als machtlos zu begreifen.

Während der Auseinandersetzung um ihre Mitarbeit bei der Vorbereitung der Chicagoer Ausstellung veröffentlichten afroamerikanische Frauen mehrere Rundbriefe, die in überregionalen Zeitungen abgedruckt wurden. In diesen *circulars* zitierten sie rassistische Äußerungen von Mitgliedern des *Board of Lady Managers* und forderten eine gesonderte Ausstellung von und über schwarze Frauen. Im zweiten veröffentlichten *circular* vom Herbst 1891 heißt es:

Shall the Negro Women of this country have a creditable display of their labor and skill at the World's Columbian Exposition? The Board of Lady Managers, created by an act of Congress, says no [...] Shall five million of Negro women allow a small number of white women to ignore them in this the grandest opportunity to manifest their talent and ability in this, the greatest expression of the age? [...] Ought not the work of the Negroes [...] be placed in the hands of the Negro women? It ought or else the work of all the bureaux of white women should be placed in the hands of colored women [...]. (zit. nach MASSA, 1974, S. 327)

In einem bemerkenswert selbstbewußten Ton verlangten die schwarzen Frauen Selbstrepräsentanz anstatt rassistischer Ausklammerung und paternalistischer Stellvertreterpolitik. Sie wehrten sich gegen rassistische Stereotypen, die Schwarze als Kinder, zumindest aber als historisch benachteiligt und deshalb als noch nicht gleichberechtigte Gruppe der Gesellschaft ansahen. Mit ihren Forderungen nach Gleichberechtigung wurde ein gesellschaftlich äußerst brisantes Thema aufgegriffen, über das im *Board of Lady Managers* nur hinter verschlossenen Türen diskutiert werden durfte. Ein Grund lag sicherlich darin, daß mit der *World's Columbian Exposition* ein Bild nationaler Einheit zelebriert werden sollte. Immerhin saßen im *Board* Repräsentantinnen der Südstaaten, die nicht vor den Kopf gestoßen werden sollten.

Da es schwierig war, die Anliegen der schwarzen Frauen öffentlich als unberechtigt von der Hand zu weisen, mußte eine bürokratische Rechtfertigung für den Ausschluß herangezogen werden.

Gleichzeitig war das *Board* eifrig bemüht (ohne natürlich die Kontrolle aus der Hand zu geben), eine schwarze Sekretärin einzustellen. Offener Rassismus war – ebenfalls im Zeichen nationaler Einheit – nicht salonfähig, obwohl oder vielleicht gerade weil sich im Süden eine halblegale Situation der *Jim Crow Laws* etablierte,[17] der Ku-Klux-Klan Terror verbreitete und eine brutale Lynchjustiz an der Tagesordnung war.

Bestimmend für die Diskurse über *gender* und *race* des späten 19. Jahrhunderts waren vor allem Vorstellungen, die Weiblichkeit mit Körperlichkeit, Sexualität und mit tierhaften, unkontrollierten und bedrohlichen Instinkten gleichsetzten. Diese Vorstellungen waren Teil der widersprüchlichen Konzeptionen von *gender*, die im 19. Jahrhundert nebeneinander existierten. Wie bereits die Diskussion um den *Cult of True Womanhood* gezeigt hat, wurden Frauen als spirituelle und Männer als körperliche Wesen definiert. In einem gegenläufigen Verständnis wurden Frauen jedoch auch als naturhafte Wesen, d.h. als Teil der körperlichen, sinnhaften Welt gesehen. Männer wurden mit ›Kultur‹ im Sinne von Intellekt, Abstraktion, der Welt von Ideen und Idealen verbunden. Der weibliche, sexualisierte Körper mit allen seinen unkontrollierbaren Fähigkeiten wurde als anarchisch und ›störend‹ empfunden, weil er Männer von ihren eigentlichen ›höheren‹, geistigen und ordnungsstiftenden Aufgaben ablenken konnte.

Im *Cult of True Womanhood* vermischten sich beide Interpretationen von Geschlechterdifferenz. So wurde der sich etablierende medizinische Diskurs im 19. Jahrhundert hauptsächlich dazu herangezogen, die ›natürliche‹ Unterlegenheit der Frau gegenüber dem Mann aufgrund ihrer Körperhaftigkeit und ihrer geistigen Unfähigkeit, über ihren Körper ›Herr‹ zu werden, wissenschaftlich zu beweisen. Frauen der Mittelschichten betonten dagegen ihre Vorstellungen von *True Womanhood*, die sie gerade in der ›Unkörperhaftigkeit‹ von Frauen, ihrer größeren Empfindungsfähigkeit für geistige Werte realisiert sahen.

---

[17] Bei den *Jim Crow Laws* handelt es sich um Entscheidungen des Obersten Gerichtshofs der USA, mit denen die seit 1875 in der Verfassung verankerte Gleichstellung von Afro-Amerikanern und -Amerikanerinnen extrem eingeschränkt wurde. Vor allem wurde die in den Südstaaten praktizierte Rassensegregation von Zügen, Arbeitsplätzen, Gaststätten etc. als verfassungskonform erklärt.

In den euro-amerikanischen Rasseideologien wurden auch Schwarze vor allem über ihre Körperlichkeit (Arbeits- und Reproduktionsfähigkeit, körperliche Merkmale wie Hautfarbe etc.) definiert. Gerade im Hinblick auf afro-amerkanische Frauen galt das Stereotyp einer promiskuitiven, zügellosen Sexualität. Sie wurden als ›natürliche‹ Prostituierte betrachtet, die Sexualität zur Befriedigung ihrer animalischen Instinkte praktizierten. In den USA wurde dieses Stereotyp durch die Erfahrungen der Sklaverei noch verstärkt.[18] Kinder aus sexuellen Beziehungen zwischen weißen Männern und schwarzen Frauen wurden als sichtbarer ›Beweis‹ der promiskuitiven Natur schwarzer Frauen gewertet. Zynischerweise wurde auch die hohe Kinderzahl in Sklavenfamilien als Zeichen der übersexualisierten Natur von Schwarzen gesehen. Die ›Strategie‹ von Sklavenhaltern, die Körper schwarzer Frauen zur Reproduktion von weiteren Sklaven zu benützen, wurde zwar von zeitgenössischen Gegnerinnen und Gegnern der Sklaverei kritisiert, doch zementierte dies im weißen Bewußtsein die Assoziation schwarzer Frauen mit illegitimer Sexualität. Dasselbe gilt für die Anprangerung des sexuellen Gewaltverhältnisses zwischen weißen Männern und schwarzen Frauen. Sowohl das Bild der schwarzen Sklavin als Opfer von Vergewaltigung als auch das der Verführerin weißer Männlichkeit war von einer gefährlichen, grenz- und ordnungsüberschreitenden Sexualität geprägt.

Schwarze Frauen wurden und werden oft als dominant und im Charakter und Aussehen als ›männlich‹ beschrieben. Auch dieses Stereotyp findet seinen Ausgang in der Erfahrung der Sklaverei. Das Bild schwarzer Frauen, die auf den Plantagen gezwungenermaßen Männerarbeit verrichten mußten, war nicht in Einklang zu bringen mit dem Weiblichkeitsideal der *Southern Lady*, deren wesentliche Eigenschaften eine angegriffene Gesundheit und eine luxuriöse Lebensführung waren. Doch auch weiße Frauenbilder, die sich an arbeitsameren Idealen orientierten, kontrastierten mit dem Bild der schwarzen Frau als ›Arbeitstier‹. Eingebunden in eine Rassenideologie, die Schwarze als besonders ausdauernde, belastbare Arbeitskräfte sah, wurden schwarze Sklavinnen zu Arbeiten eingesetzt, die in den weißen Geschlechtsideologien eine Grenz-

---

[18] Zur folgenden Diskussion vgl. CARBY, 1987, Kap. II: Slave and Mistress: Ideologies of Womanhood under Slavery, S. 20–39; GIDDINGS, 1984, Kap. II: Casting of the Die: Morality, Slavery, and Resistance, S. 33–56; D'EMILIO/FREEDMAN, 1988, Kap. V: Race and Sexuality, S. 85–108.

überschreitung von weiblicher zu männlicher Arbeitssphäre symbolisierten.

Diskurse über den sexualisierten weiblichen Körper betrafen natürlich auch weiße Frauen, denen z.B. das Wahlrecht oder der Zugang zu Universitäten mit dem Hinweis darauf verweigert wurde, daß sie biologisch unfähig zur politischen Verantwortung oder intensiven geistigen Anstrengung wären. Schwarze Frauen allerdings fanden sich in diesen Diskursverflechtungen in einer denkbar schlechteren Position, in der ihre stereotypisierten, sexualisierten Körper zum einen die ›Primitivität‹ der gesamten schwarzen Rasse konnotierten. Zum anderen signalisierten sie ›unnatürliche‹ Grenzüberschreitungen in verbotene Räume, und zwar sowohl innerhalb der naturwissenschaftlichen Diskurse weißer Männer als auch in den Geschlechterideologien der weißen Mittelklassefrauen.

Die Handlungsweise der weißen Frauen vom *Board of Lady Managers* der *World's Columbian Exposition* ist nur innerhalb dieses umfassenderen Zusammenhangs zu verstehen. Schwarze Frauen repräsentierten im öffentlichen Bewußtsein eine Art von Weiblichkeit, die radikal den Konstruktionen von Weiblichkeit entgegengesetzt war, deren sich das *Board of Lady Managers* bediente, um seine offizielle Teilnahme am nationalen Projekt der *Columbian Exposition* zu begründen. Ihre Legitimation von weiblicher Macht aufgrund der Tugendhaftigkeit und ›Reinheit‹ von Frauen wurde zutiefst in Frage gestellt durch Bilder einer ›unnatürlichen‹ weiblichen Macht, die in den Stereotypen der sexualisierten und ›vermännlichten‹ Körper schwarzer Frauen zum Ausdruck kam.[19] Da die Teilnahme von Frauen an der *Columbian Exposition* selbst noch umstritten war und in der Öffentlichkeit immer wieder kritisiert wurde, grenzte sich die Mehrzahl der weißen Frauen scharf von einer Assoziation mit schwarzen Frauen ab, um ihre eigenen Legitimationsstrategien aufrechterhalten zu können.

So rechtfertigten weiße Frauen über die Ausgrenzung schwarzer Frauen ihre ›purity‹ und akzeptierten Diskurse, in denen eine se-

---

[19] Diese Stereotypen schwarzer Weiblichkeit wurden auf der *World's Columbian Exposition* noch besonders durch die Zurschaustellung von Kriegerinnen der afrikanischen Dahome zementiert. Sie traten bewaffnet und teilweise mit nacktem Oberkörper auf und bestätigten dadurch das Stereotyp der sexualisierten und ›vermännlichten‹ Natur schwarzer Frauen.

xualisierte Weiblichkeit in Verbindung mit schwarzer Hautfarbe Merkmale einer niedrigeren Zivilisationsstufe signalisierten. In der gesellschaftlichen Etablierung ihres eigenen Anspruchs auf öffentliche Macht verknüpften die Frauen des *Board of Lady Managers* diesen Anspruch auf Gleichberechtigung mit rassistischen Konzeptionen, wie sie von den damaligen Rassendiskursen bereitgestellt wurden. Obwohl sie sich vehement gegen die biologistische Definition eines ›wahren‹ Wesens der Frau zur Wehr setzten, akzeptierten sie ähnlich biologistische Konstruktionen von schwarzer Weiblichkeit.

Unter anderem als Reaktion auf die diskriminierenden Ereignisse der *World's Columbian Exposition* gründeten afro-amerikanische Frauen 1895 zwei nationale Organisationen, die sich 1896 zur *National Association of Colored Women* zusammenschlossen (GIDDINGS, 1984, S. 92–94). Erklärtes Ziel dieser Verbände war das Bestreben, sich gegen Vorwürfe von Tugend- und Kulturlosigkeit zu verteidigen. Auch sie definierten ihr Selbstbild innerhalb der Ideale des *Cult of True Womanhood*. Sie verschoben aber die Grenzen dieser Geschlechterideologie, indem sie sich gegen rassistische Stereotypen zur Wehr setzten. Gleichzeitig beteiligten sie sich an den Anstrengungen von Frauen, naturwissenschaftliche Diskurse, die Weiblichkeit mit unkontrollierter Sexualität und instinkthafter Körperlichkeit assoziierten, zu widerlegen.

Bei den Ereignissen der Weltausstellung funktionierte die historische Kategorie *gender* vor allem als rassistische Geschlechterkonzeption, mit der die weißen Frauen ihre Machtinteressen gegenüber dem legitimen Anspruch der schwarzen Frauen durchsetzten. Trotzdem verweist die Ähnlichkeit der Vorstellungen von *gender* auf einen gemeinsamen historischen Kontext, innerhalb dessen die Möglichkeit von Annäherungen zwischen schwarzen und weißen Frauen vorhanden war und vereinzelt auch wahrgenommen wurde. Was als rassistische und sexistische Logik der Geschichte erscheint, entpuppt sich als eine fortwährende Interaktion verschiedener Diskurse, die zu jedem Zeitpunkt in der Geschichte auch die Chance der gesellschaftlichen Veränderung offen läßt.

Feministische Geschichtswissenschaft erfüllt heute viele Aufgaben, die der Ungleichzeitigkeit der gesellschaftlichen Entwicklung Rechnung tragen. So ist das Mandat der Sichtbarmachung von Frauen in der Geschichte noch längst nicht überall eingelöst, und feministische Geschichtsschreibung verweist immer wieder auf diese Blindstellen. Gleichzeitig trägt sie zur historischen Theoriebildung bei, indem sie die Beachtung der Kategorie *gender* einfordert, in verschiedenen Kontexten neu definiert und problematisiert. Diese Art von Frauen/Geschichte fordert uns immer wieder dazu auf, in der Auseinandersetzung mit dem historischen Gegenüber unsere eigenen Vorstellungen von und mit *gender* neu zu hinterfragen.

5. Literatur

[A] Frauengeschichte/Geschlechtergeschichte
[B] Feministische Theorie und Geschichte
[C] *Race and Gender* im 19. Jahrhundert
[D] True Womanhood – Konzeptionen von *Gender* im 19. Jahrhundert
[E] Geschichte der Frauenbewegungen
[F] Forschungsüberblicke

BECHER, Ursula A. J. / Jörn RÜSEN (Hg.): Weiblichkeit in geschichtlicher Perspektive. Fallstudien und Reflexionen zu Grundproblemen der historischen Frauenforschung, Frankfurt a.M. 1988. [B]

BECHTEL, Beatrix u.a. (Hg.): Die ungeschriebene Geschichte. Historische Frauenforschung – Dokumentation des 5. Historikerinnentreffens in Wien, 16. bis 19. April 1984, Hirnberg [1984]. [F]

BEER, Ursula: Geschlecht, Struktur, Geschichte. Soziale Konstitution der Geschlechterverhältnisse, Frankfurt a.M. 1990. [B]

BLAIR, Karen J.: The Clubwoman as Feminist. True Womanhood Redefined, 1868–1914, New York 1980. [D]

BOCK, Gisela: Geschichte, Frauengeschichte, Geschlechtergeschichte, in: Geschichte und Gesellschaft 14, 1988, S. 364–391. [A]

BOETCHER JOERES, Ruth-Ellen (Hg.): Die Anfänge der deutschen Frauenbewegung: Louise Otto-Peters, Frankfurt 1983. [E]

BORRIES, Bodo VON / Annette KUHN / Jörn RÜSEN (Hg.): Sammelband Geschichtsdidaktik. Frauen in der Geschichte Bd. I–III, Düsseldorf 1984. [F]

BUECHLER, Steven M.: Women's Movements in the United States. Woman Suffrage, Equal Rights, and Beyond, New Brunswick/London 1990. [E]

BUHLE, Mari Jo: Women and American Socialism, 1870–1920, Chicago 1983. [E]

BUSSEMER, Herrad-Ulrike: Frauenemanzipation und Bildungsbürgertum. Sozialgeschichte der Frauenbewegung in der Reichsgründerzeit, Weinheim 1985. [E]

CANNING, Kathleen: Comment: German Particularities in Women's History/Gender History, in: Journal of Women's History 5, 1993, S. 102–114. [B]

CANNING, Kathleen: Feminist History after the Linguistic Turn. Historizing Discourse and Experience, in: Signs 19, 1994, S. 368–404. [B]

CARBY, Hazel V.: Reconstructing Womanhood. The Emergence of the Afro-American Novelist, New York 1987. [C, D]

COTT, Nancy F.: The Bonds of Womanhood. »Woman's Sphere« in New England, 1780–1835, New Haven 1977. [D]

COTT, Nancy F.: The Grounding of Modern Feminism, New Haven 1987. [E]

DALHOFF, Jutta (Hg.): Frauenmacht in der Geschichte. Beiträge des 6. Internationalen Historikerinnentreffens 1985, Düsseldorf 1986. [F]

DEGLER, Carl N.: At Odds. Women and the Family in America from the Revolution to the Present, New York 1980. [A]

DuBois, Ellen Carol / Vicki L. Ruiz (Hg.): Unequal Sisters. A Multicultural Reader in U.S. Women's History, New York/London 1990. [C]

DuBois, Ellen u.a.: Politics and Culture in Women's History. A Symposium, in: Feminist Studies 6, 1980, S. 26–63. [B]

Duby, Georges / Michelle Perrot: Geschichte der Frau, Bd. 1–5, Frankfurt a.M. 1993ff. [A]

Echols, Alice: Daring to be BAD. Radical Feminism in America, 1967–1975, Minneapolis 1989. [E]

D'Emilio, John / Estelle Freedman: Intimate Matters. A History of Sexuality in America, New York 1988. [A]

Evans, Sarah: Personal Politics. The Roots of Women's Liberation in the Civil Rights Movement and the New Left, New York 1980. [E]

Fieseler, Beate / Birgit Schultze (Hg.): Frauengeschichte: gesucht – gefunden? Auskünfte zum Stand der historischen Frauenforschung, Köln 1991. [B, F]

Foucault, Michel: Histoire de la Sexualité, Bd. 1: La Volonté de savoir, Paris 1978. [A]

Freier, Anna-Elisabeth / Annette Kuhn (Hg.): »Das Schicksal Deutschlands liegt in der Hand seiner Frauen«: Frauen in der deutschen Nachkriegsgeschichte, Düsseldorf 1984 (Frauen in der Geschichte 5). [A]

Frevert, Ute: Bewegung und Disziplin in der Frauengeschichte. Ein Forschungsbericht, in: Geschichte und Gesellschaft 14, 1988, S. 240–262. [F]

Frevert, Ute (Hg.): Bürgerinnen und Bürger. Geschlechterverhältnisse im 19. Jahrhundert, Göttingen 1988. [D]

Frevert, Ute: Frauen-Geschichte. Zwischen Bürgerlicher Verbesserung und Neuer Weiblichkeit, Frankfurt 1986. [A]

Gerhard, Ute u.a.: Frauenfreundschaften – ihre Bedeutung für Politik und Kultur der alten Frauenbewegung, in: Feministische Studien 11, 1993, S. 21–37. [D]

Gerhard, Ute, unter Mitarbeit von Ulla Wischmann: Unerhört. Die Geschichte der deutschen Frauenbewegung, Hamburg 1992. [E]

Giddings, Paula: Where and When I Enter. The Impact of Black Women on Race and Sex in America, New York 1984. [C]

Gilman, Sander L.: Black Bodies, White Bodies: Toward an Iconography of Female Sexuality in Late Nineteenth-Century Art, Medicine, and Literature, in: Critical Inquiry 12, 1985, S. 204–242. [C, D]

Gordon, Linda: Woman's Body, Woman's Right. A Social History of Birth Control in America, New York 1976. [E]

Greven-Aschoff, Barbara: Die bürgerliche Frauenbewegung in Deutschland. 1894–1933, Göttingen 1981. [E]

Hausen, Karin (Hg.): Frauen suchen ihre Geschichte. Historische Studien zum 19. und 20. Jahrhundert, München 1983. [A, F]

Hausen, Karin: Women's History in den Vereinigten Staaten, in: Geschichte und Gesellschaft 7, 1981, S. 347–363. [F]

Hausen, Karin / Heide Wunder (Hg.): Frauengeschichte – Geschlechtergeschichte, Frankfurt a.M. 1992. [A]

HELLY, Dorothy O. / Susan M. REVERBY (Hg.): Gendered Domains. Rethinking Public and Private in Women's History. Essays from the Seventh Berkshire Conference on the History of Women, Ithaca 1992. [F]

HERSH, Blanch GLASSMAN: The »True Woman« and the »New Woman« in Nineteenth-Century America. Feminist Abolitionists and a New Concept of True Womanhood, in: Mary KELLY (Hg.): Woman's Being, Woman's Place. Female Identity and Vocation in American History, Boston 1979, S. 271–282. [D]

HEWITT, Nancy A. (Hg.): Women, Families, and Communities. Readings in American History, Glencoe, Ill. 1990. [A]

HONEGGER, Claudia: Die Ordnung der Geschlechter. Die Wissenschaft vom Menschen und das Weib, 1750–1850. Frankfurt a.M. 1991. [D]

HONEGGER, Claudia / Bettina HEINTZ (Hg.): Listen der Ohnmacht. Zur Sozialgeschichte weiblicher Widerstandsformen, Frankfurt a.M. 1981. [A]

JONES, Jaqueline: Labor of Love, Labor of Sorrow. Black Women, Work and the Family, from Slavery to the Present, New York 1985. [C]

KAISER, Nancy (Hg.): SELBST BEWUSST: Frauen in den USA, Leipzig 1994. [B]

KAUMANN, Doris: Frauen zwischen Aufbruch und Reaktion. Protestantische Frauenbewegung in der ersten Hälfte des 20. Jahrhunderts, München 1988. [E]

KERBER, Linda: Separate Spheres, Female Worlds, Woman's Place: The Rhetoric of Women's History, in: Journal of American History 75, 1988, S. 9–39. [B, D]

KUHN, Annette: Behinderungen statt Solidarität, in: Geschichtsdidaktik 6, 1981, S. 312–315. [B]

KUHN, Annette u.a. (Hg.): Frauen in der Geschichte, Düsseldorf 1979ff. [A, F]

LAQUEUR, Thomas: Making Sex. Body and Gender from the Greeks to Freud, Cambridge 1990. [A]

LERNER, Gerda: The Majority Finds Its Past, New York 1979. [A]

LERNER, Gerda: Black Women in White America: A Documentary History, New York 1972. [C]

LOEWENBERG, Bert James / Ruth BOGIN (Hg.): Black Women in Nineteenth Century American Life. Their Words, Their Thoughts, Their Feelings, University Park, Penn. 1976. [C]

MANSBRIDGE, Jane J.: Why We Lost the ERA, Chicago 1986. [A, E]

MASSA, Ann: Black Women in the ›White City‹, in: Journal of American Studies 8, 1974, S. 319–337. [C]

MELOSH, Barbara (Hg.): Gender and American History Since 1890, London 1993. [A]

MEYER-RENSCHHAUSEN, Elisabeth: Radikal, weil sie konservativ sind? Überlegungen zum »Konservatismus« und zur »Radikalität« der deutschen Frauenbewegung vor 1933 als Frage nach der Methode der Frauengeschichtsforschung, in: BECHTEL u.a., 1984, S. 20–36. [B, D]

REIS, Elizabeth: »How far have you complied with Satan?«: Sinners, Witches, and the Devil in Puritan New England, University of Oregon, unveröffentlichter Vortrag vom Dezember 1988. [A, D]

RICHEBÄCHER, Sabine: Uns fehlt nur eine Kleinigkeit: Deutsche proletarische Frauenbewegung 1890–1914, Frankfurt a.M. 1982. [E]

RILEY, Denise: Am I That Name? Feminism and the Category of ›Women‹ in History, Minneapolis 1988. [B]

ROSENBERG, Rosalind: Beyond Separate Spheres. Intellectual Roots of Modern Feminism, New Haven 1982. [D, E]

ROTHMAN, Sheila: Woman's Proper Place. A History of Changing Ideals and Practices, 1870 to the Present, New York 1978. [D]

ROY JEFFREY, Julie: Frontier Women. The Transmississippi West, New York 1979. [D]

RUSSETT, Cynthia E.: Sexual Science. The Victorian Construction of Womanhood, Cambridge 1989. [D]

RYAN, Mary: Cradle of the Middleclass. The Family in Oneida County, New York, 1790–1865, Cambridge 1981. [D]

SCOTT, Joan Wallach: Gender and the Politics of History, New York 1988. [B]

SKLAR, Kathryn K. / Thomas DUBLIN (Hg.): Women and Power in American History. A Reader, 2 Bde., Englewoods Cliffs, N.J. 1991. [F]

SMITH-ROSENBERG, Carroll: Disorderly Conduct: Visions of Gender in Victorian America, New York 1985. [D]

SMITH-ROSENBERG, Carroll: The Female World of Love and Ritual. Relations Between Women in Nineteenth-Century America, in: Signs 1, 1975, S. 1–29 (dt. »Meine innig geliebte Freundin!«: Beziehungen zwischen Frauen im 19. Jahrhundert, in: HONEGGER/HEINTZ, 1981, S. 241–276). [A, D]

SMITH-ROSENBERG, Carroll: Writing History: Language, Class, and Gender, in: Teresa DE LAURETIS (Hg.): Feminist Studies / Critical Studies, Bloomington 1986, S. 31–54. [B]

STERLING, Dorothy (Hg.): We Are Your Sisters. Black Women in the 19th Century, New York 1984. [C]

ULRICH, Laurel T.: Good Wives. Image and Reality in the Lives of Women in Northern New England, 1650–1750, New York 1980. [D]

WASHINGTON, Mary Helen (Hg.): Invented Lives. Narratives of Black Women 1860–1960, Garden City, N.Y. 1989. [C]

WELTER, Barbara: The Cult of True Womanhood 1820–1860, in: American Quarterly 18, 1966, S. 151–174. [D]

WHITE, Deborah G.: Ar'n't I a Woman? Female Slaves in the Plantation South, New York 1985. [C]

SIGRID NIEBERLE UND SABINE FRÖHLICH

Auf der Suche nach den un-gehorsamen Töchtern: Genus in der Musikwissenschaft

1. Musik und Genus – Aspekte des Erkenntnisinteresses 293
2. Frau Musica – Die Feminisierung der Musik 297
3. Musik als *gendered discourse* 300
   3.1. Musikalische Frühgeschichte(n) 300
   3.2. Ästhetische Ideologeme 303
   3.3. Analytische Kategorien 307
4. Die Reduktion der Frau auf die Reproduktion 311
   4.1. Instrumentalmusik 314
   4.2. Vokalmusik 318
5. »Und sie komponier(t)en doch« 324
6. Schlußdiskussion 326
7. Literatur 330

SIGRID NIEBERLE UND SABINE FRÖHLICH

Auf der Suche nach den un-gehorsamen Töchtern: Genus in der Musikwissenschaft

1. Musik und Genus – Aspekte des Erkenntnisinteresses

Für Wolfgang Amadeus MOZART sollte »schlechterdings die Poesie der Musick gehorsame tochter seyn« (13.10.1781 in einem Brief an seinen Vater Leopold). Die traditionelle Streitfrage, ob die Musik oder der Text in der Oper Vorrang habe, ist in vorliegendem Beitrag insofern von Interesse, als die oft zitierte Metapher MOZARTs ein symptomatisches Beispiel für den Zusammenhang von Musik und Genus darstellt: Die Musik und ihre Wertungskriterien werden über geschlechtsspezifische Rollenklischees und Hierarchien verhandelt. Daß es hierbei nicht nur um ein Einzelbeispiel beliebiger Metaphorik, sondern um eine kulturelle Tradition handelt, zeigt ein musikgeschichtlich berühmt gewordener Streit vom Beginn des 17. Jahrhunderts. Hier wurde die gerade gegenläufige Meinung zur späteren Forderung MOZARTs vertreten: Für die Brüder MONTEVERDI (in der Auseinandersetzung mit Giovanni Maria ARTUSI) sollte die Dichtung nicht ›serva‹ (Dienerin), sondern ›padrona‹ (Herrin) der Musik sein (vgl. CUSICK, 1993a und 1994b). Auch wenn im folgenden nicht auf die verschiedenen Ausprägungen der weiblichen Metapher (Tochter, Herrin, Dienerin) eingegangen werden kann, die viele Fragen nach den impliziten Konnotationen aufwirft (z.B. nach Dienst- und Familienhierarchien), so wird doch deutlich, daß die personifizierte Weiblichkeit im Zusammenhang mit Musik, Musikästhetik und Musiktheorie immer wieder instrumentalisiert wurde.

Steht auf der einen Seite die Weiblichkeit in der Musik ›als Instrument‹ der männlich geprägten Musikauffassung im Vordergrund, so ist es auf der anderen Seite um die Frauen in der Musikgeschichte schlecht bestellt. Havelock ELLIS konstatiert um die Jahrhundertwende in seiner misogynen Schrift *Mann und Weib*:

Die Musik ist zugleich die emotionellste und die am strengsten abstrakte von allen Künsten. Es gibt keine Kunst, von der sich die Frauen stärker angezogen fühlen und zugleich keine, in der sie sich unselbständiger gezeigt haben. (1909, S. 415)

Die Aussage von ELLIS hat resümierenden Charakter, zugleich vermittelt sie den Eindruck eines endgültigen Ausschlusses der Frau aus dem musikalischen Leben. Die angesprochene »Unselbständigkeit« der Frau läßt sich trotz der Fragwürdigkeit des Zitats jedoch nicht leugnen, bezieht man diesen Aspekt auf die Rolle der Frau im Musikbetrieb der Geschichte. Frauen bekamen jahrhundertelang zumeist gerade soviel an musikalischer Ausbildung vermittelt, daß sie als Pädagoginnen ›für den Hausgebrauch‹ und als Interpretinnen männlicher Kompositionen oft im wahrsten Sinne des Wortes als ›Instrument‹ zu gebrauchen waren. Vom kreativen Bereich der Komposition, von deren Theorie und Ästhetik wurden sie durch soziokulturelle Mechanismen ausgeschlossen, wie sie sich auch in den Nachbarkünsten wie Literatur und bildender Kunst aufzeigen lassen. Die Reduktion der Frau auf die Reproduktion männlicher Schöpfung war allerdings nur in der Musik mit ihrem notwendigen interpretierenden Sektor (instrumental und vokal) möglich, wobei hier nochmals geschlechtsspezifische Selektionen zum Tragen kamen, wenn Frauen nur für bestimmte Instrumente zugelassen wurden. In der Ambivalenz zwischen dem Weiblichen als Repräsentationsform, wie sie an den anfangs zitierten Beispielen der Metaphorik aufgezeigt wurde, und der historischen und sozialen Realität der Frau wird die Problematik von Musik und Genus evident. Ein prägnantes Beispiel für diesen Widerspruch ist die bildliche Darstellung eines Frauenkörpers als Streichinstrument (u.a. von Man RAY: *Violon d'Ingres*, 1924, oder Horst JANSSEN: *Viola tricolor*, 1977), wenn man bedenkt, daß sich z.B. die Cellistin erst in den letzten Dezennien im Konzertbetrieb etablieren konnte; etwa seit Mitte des 17. Jahrhunderts war dieses Instrument für Frauen schon wegen der ›obszönen‹ Körperhaltung mit geöffneten Schenkeln unschicklich und nur für ›ungehorsame Töchter‹ denkbar (HOFFMANN, 1991; vgl. Kap. 3.1.).

Die marginale Position der Frau in der Musikgeschichte spiegelt sich in der wissenschaftlichen Beschäftigung wider. Frauen waren und sind in der Musikwissenschaft ebenso wie in der Musik der Vergangenheit und Gegenwart in Einzelbeispielen durchaus präsent, allerdings meist als Ausnahmeerscheinungen in einem männlich dominierten Berufsfeld. Anzuführen sind hier etwa die beiden ersten Frauen, die einen Doktorgrad für Musik erlangen konnten:

Annie WILSON PATTERSON 1889 an der Royal University of Ireland und Elsa BIENENFELD 1904 an der Universität Wien (sie promovierte bei Guido ADLER, dem Begründer der universitären Musikwissenschaft). Für die Tochter des Musikwissenschaftlers Hermann ABERT, Anna Amalie, war der Weg zur Wissenschaft möglich geworden, weil sie dem Vorbild des Vaters gefolgt war und sich nicht dem typisch weiblichen, ausschließlich familienorientierten Lebensentwurf gebeugt hatte (Promotion 1934, Habilitation 1943). Das Schicksal einer anderen ›ungehorsamen Tochter‹ läßt sich an der Biographie der Eta HARICH-SCHNEIDER ablesen, die als Cembalistin und Musikwissenschaftlerin eine Professur in Berlin innehatte und 1940 als »undeutsche Frau« nach Japan emigrieren mußte (RIEGER, 1988, S. 208). Für die Gegenwart gelten in der Musikwissenschaft ähnliche Zahlen wie für alle anderen universitären Disziplinen, d.h. die Zahl der Professorinnen entspricht einem minimalen einstelligen Prozentsatz an der Gesamtzahl aller Professuren, obwohl sich der Anteil der Dissertationen von Frauen in den letzten Jahren auf etwa ein Drittel aller eingereichten Arbeiten steigern konnte.[1]

Das Thema ›Frau und Musik‹ war seit Ende des 19. Jahrhunderts ein schmales, aber konstantes Interessengebiet, wobei zunächst die Legitimation des Ausschlusses von Frauen aus dem Musikbetrieb im Mittelpunkt männlicher Argumentation stand.[2] Allerdings bewegten sich diese Studien zur Frau in der Musik in einem thematischen Randgebiet und blieben nicht nur ohne institutionelle und strukturelle Folgen für das Fach, sondern reproduzierten auch biologistische Determinismen.

---

[1] Für Zahlenmaterial und einen Überblick über die Personalsituation vgl. die letzten Jahrgänge von *Die Musikforschung* und den *Musikalmanach*. Für Niedersachsen liegen genaue statistische Zahlen in dem vom Niedersächsischen Ministerium für Wissenschaft und Kultur herausgegebenen Bericht *Frauenförderung ist Hochschulreform – Frauenforschung ist Wissenschaftskritik* vor (1994, Tabellenanhang).

[2] Relativ späte, aber sehr typische Beispiele für diese Argumentationsweise sind die Arbeiten von Ludwig KUSCHE, wenn z.B. unter dem vielversprechenden Titel *Mütter machen Musikgeschichte* Frauen auf ihre Mutterrolle reduziert und in ihrer Bedeutung für die Entwicklung der ›großen Komponisten‹ vorgeführt werden (München 1972) oder wenn *Frau Musica, die unverstandene Frau* nur als Erklärungsmuster für die Schicksale der Komponisten im 19. Jahrhundert fungiert (München 1974).

Musikwissenschaft und -geschichtsschreibung können heute längst nicht einen ähnlich weit gediehenen Stand der *gender-*/Genusforschung(en) wie benachbarte Fächer der Geisteswissenschaft aufweisen. Dieses Defizit wird erklärbar, wenn man die Schwierigkeit bedenkt, gegen den institutionalisierten ›Meister‹-Diskurs, die männlich dominierte Musikproduktion und deren Manifestation im ›Handwerkszeug‹ des Faches anzugehen. Oft wird das Bemühen, diese Umstände zu überwinden, auch innerhalb der ›Zunft‹ als Sakrileg empfunden: Man erinnere sich nur an Ausdrücke des Fachjargons wie ›Kleinmeister‹ (um vom populären Kanon ausgeschlossene Komponisten zu klassifizieren) oder ›alte Meister‹ (um Komponisten des 16. und 17. Jahrhunderts zusammenzufassen). Ein anderes Beispiel für solche geschlechtsspezifisch wertenden Termini ist der Begriff der ›weiblichen Endung‹, der noch heute in der einschlägigen Enzyklopädie *New Grove Dictionary of Music and Musicians* definiert wird als unbetontes, auf schwacher Zählzeit des Taktes liegendes, oft mit einer Verzierung verbundenes Ende einer melodischen Phrase oder eines Motivs (Bd. 6, S. 463). Susan MCCLARY hat die *Feminine Endings* zum Titel ihrer Essay-Sammlung gemacht und die Verwendung dieses musikanalytischen Wertungskriteriums, das in Anlehnung an die Versmetrik der Lyrik konstruiert worden war und weitreichende Konsequenzen für die Beschreibung ›genialisch‹ männlicher Kompositionen mit sich brachte, einer gründlichen Revision unterzogen (1991, bes. S. 9ff.; vgl. Kap. 3.3.).

Einige Teilbereiche der historischen, systematischen und angewandten Musikwissenschaft, z.B. Akustik, Stimm- und Gehörphysiologie, sind von genusrelevanten Untersuchungen bisher noch unberücksichtigt. In der Musikethnologie und -psychologie, Musikkritik und -ästhetik zeigen sich erste Ansätze, die derzeit von feministischen Musikwissenschaftlerinnen und Musikwissenschaftlern in den USA vorangetrieben werden und an die – aus den *Women's Studies* hervorgegangenen – *Gender Studies* an den amerikanischen Universitäten anknüpfen. Der Hauptanteil der feministischen Arbeiten ist in der historischen Musikwissenschaft angesiedelt – eine natürliche Konsequenz aus dem bisherigen institutionalisierten Verschweigen der Frau in der Musikgeschichte. Vor allem in historisch kompensierenden Arbeiten werden die Quellen für eine paritätische Musikgeschichte erschlossen. Das Interesse an biographischen Darstellungen stand im deutschsprachigen Raum in den letzten zehn Jahren im Vordergrund der feministischen Musikforschung, wobei zugleich auch – besonders in den Arbeiten von Eva RIEGER und Freia HOFFMANN – nach den soziokulturellen Rahmenbedingungen für die musizierende und komponierende Frau in der Geschichte gefragt wurde.

Die Relevanz des *sex-and-gender*-Konzepts gilt auch für die Musikwissenschaft: »wird nämlich der Begriff des Geschlechts selbst zum Gegenstand kritischer Reflexion, [...] können biologische Zuschreibungen hinterfragt und Geschlechterrollen ohne vorschnelle Setzung transparent gemacht werden« (DRECHSLER, 1994a, S. 9). Die Chance dieses Ansatzes, als »Irritations- und Innovationspotential« der gesamten Disziplin zu fungieren (ebd.), erfordert zu ihrer Verwirklichung den ›Ungehorsam der Töchter‹: in der »Analyse der ›herrschenden‹ Wahrnehmungsmuster und [in der] Tradition des weiblichen Widerstands, des praktischen Ungehorsams gegen das Diktat der ›Schicklichkeit‹« (HOFFMANN, 1991, S. 11). Musik als ›geschlechtlichen‹ Diskurs zu analysieren (im Original: *gendered discourse*; vgl. CITRON, 1993b, S. 120ff., und MCCLARY, 1991, S. 17f.), ist ein Ergebnis der feministischen Musikforschung der letzten zwei Jahrzehnte: In ihrer soziokulturellen Funktion reproduziert Musik die Werte der Gesellschaft oder definiert diese auch neu. Dabei kommen geschlechtsspezifische Wertungen zum Tragen, die sowohl in der Tradition des Weiblichen als Repräsentationsform als auch in der Determination der Frau auf bestimmte Rollen und Tätigkeitsbereiche begründet liegen.

Im folgenden sollen deshalb sowohl die Feminisierung der Musik (Kap. 2) als auch die neueren Ansätze des *gendered discourse* (Kap. 3) nachgezeichnet werden. Inwieweit die Kategorie Genus für die Frau als Interpretin (Kap. 4) und Komponistin (Kap. 5) bedeutsam war und ist, wird an einigen paradigmatischen Beispielen aus Musikbetrieb und -geschichte vorgestellt. Ein abschließender Teil (Kap. 6) diskutiert kurz den Stand der genusspezifischen Musikforschung.

2. Frau Musica – Die Feminisierung der Musik

Weiblichkeit war und ist immer noch in der (bisher in die Forschung einbezogenen) Musikgeschichte als Metapher, Allegorie oder Personifikation präsent. Die Repräsentationsformen des Weiblichen, die ihren Ausdruck entweder in übersteigerter Verklärung oder als bedrohliche Dämonisierung fanden, ermöglichten eine Distanzierung und Identitätsfindung innerhalb der patriarchalen Kunstproduktion. Da das Weibliche schlechthin in Opposition zum Männlichen gesehen wurde, kann die Geschlechterdifferenz als diskursive Strategie bewertet werden, die zu der Instrumentalisierung der Frau als Muse und Reproduzentin wesentlich beitrug. ›Frau Musica‹ und ihre Schwestern sind Personifikationen der musikalischen Ästhetik und wurden ausschließlich in den Dienst der kulturellen Repräsentation gestellt.

Als griechische ›musiké‹ *(μουσιχη)* und lateinische ›musica‹ ist die feminisierte Musik so alt wie das Schrifttum über die Musik selbst. Das grammatische Geschlecht ist unzertrennlich mit der Personifikation der Musik als mythische Figur und später als Allegorie verbunden, wobei zugleich auch die Opposition zwischen weiblich konnotiertem Objekt und männlich konnotiertem Subjekt (Musikausübung, -theorie und -ästhetik) über die Grammatik konstituiert wurde (vgl. RENTMEISTER, 1976, S. 94). Schon Apollon als Anführer der neun Musen, von denen vier für die Musik zuständig waren (Erato, Euterpe, Terpsichore und Polyhymnia), fungiert als Personifikation dieses männlichen Herrschaftsanspruches. In den musikästhetischen Diskurs fanden diese Frauenfiguren Eingang durch die Schriften von Marcus Terentius VARRO, der von den neun Musen – analog zu diesen – die neun freien Künste ableitete (*De disciplinis*, 1. Jh. v. Chr.), und von Martianus CAPELLA (*De nuptiis Mercurii et Philologiae*, 4./5. Jh. n. Chr.), dessen Personifizierungen der Künste Vorbild für die weibliche Allegorisierung der ›septem artes liberales‹ waren (HÜSCHEN, 1956, S. 118f.).

Erst im Kontext des Humanismus wurde die heidnisch-mythologische Personifikation der Musik (Euterpe) mit der Legende der heiligen Cäcilia vermischt, wie sich auf den zahlreichen Bilddarstellungen der Musik vom 9. bis 15. Jahrhundert nachvollziehen läßt (BACHMANN, 1956). Die heilige Cäcilia wurde seit dem 15. Jahrhundert auch im Rahmen der Künste meistens mit dem Attribut der kleinen Handorgel (Portativ) dargestellt, was aus einer falschen Übersetzung von ›cantibus organis‹ (lat. organum: Werkzeug, Instrument, Organ, auch Gattungsbezeichnung für frühe Mehrstimmigkeit) und einer Textverkürzung der ersten Antiphon der

Vesper für den Cäcilientag (am 22. November) herrührt. Diese Märtyrerin ist eine zur Allegorie gewordene, entsexualisierte Frauengestalt, die nach der Legende aus dem 3. Jahrhundert allen musikalischen, heidnischen und sexuellen Versuchungen widerstand: Aus ihrem christlichen Glauben heraus entsagte sie den Genüssen der Hochzeitsfeierlichkeiten, als sie von ihren Eltern mit dem heidnischen Valerianus vermählt wurde, und nahm die Musik der Spielleute als einen Bittgesang um ihre Keuschheit wahr. Selbst nach der Taufe des Valerianus, dessen Bekehrung sie auf wundersame Weise erreichte, blieb sie in der Ehe enthaltsam; für ihre karitativen Taten an den verfolgten Christen und ihr erlittenes Martyrium wurde sie von Papst URBAN I. in den Calixtus-Katakomben in Rom bestattet und heilig gesprochen. Als Ideal der leidenden und reinen Jungfrau wurde die zur Patronin der Musik avancierte Cäcilia seit dem 16. Jahrhundert von den Cäcilienbündnissen und im 19. Jahrhundert vom Cäcilienverein okkupiert, die sich um die Reform der allzu ›sinnlichen‹ säkularisierten Kirchenmusik bemühten. Dabei folgten sie den strengen kompositorischen Vorgaben des Tridentiner Konzils (1545–1563) und verschrieben sich den ›vorbildlichen‹ Kompositionen des Giovanni Pierluigi da PALESTRINA. Als musikalisches Sujet war Cäcilia ständig gegenwärtig, da die Geschichte der europäischen Musik einerseits durch die Entwicklung der Liturgie und andererseits durch das Mäzenatentum der kirchlichen und weltlichen Höfe eng mit der Geschichte des Katholizismus verbunden war. Bekannt wurden vor allem die Londoner Cäcilienfeste der *Musical Society*, die von 1683 bis 1703 fast alljährlich und später noch gelegentlich eine Odenkomposition zu Ehren der Heiligen in Auftrag gaben, unter anderen auch an Georg Friedrich HÄNDEL. Weitere Werke zu Ehren der Cäcilia sind neben HÄNDELs *Ode for St. Cecilia's Day* und seinem *Alexander's Feast* z.B. auch Alessandro SCARLATTIs *Vespro di Santa Cecilia*, Joseph HAYDNs *Cäcilien-Messe* (geschrieben für die Wiener *Cäcilienbruderschaft*), Franz LISZTs Legende *Die heilige Cäcilia* oder Benjamin BRITTENs *Hymn to St. Cecilia*. Die Cäcilienrezeption erstreckte sich auch auf Dichtung[3] und Malerei (z.B. von RAFFAEL

---

[3] Johann Gottfried HERDER legte mit seinen Aufsätzen zur Funktion der Kirchenmusik den Grundstein für die weitere Cäcilien-Rezeption, z.B. *Die hl. Cäcilia oder wie man zu Ruhm kommt, ein Gespräch* (Tiefurter Journal 1783) oder *Cäcilia* (Zerstreute Blätter 5, 1793; jetzt abgedruckt in den Gesammelten Werken, hg. von Bernd SUPHAN, 33 Bde., Berlin 1877–1913). Zur Musik-

bis Max ERNST) bis ins 20. Jahrhundert hinein und wurde somit wichtiger Bestandteil der Geistes- und Kulturgeschichte.

Als typisch deutsche und popularisierte Form der weiblich personifizierten Musik findet sich seit dem zweiten Drittel des 19. Jahrhunderts ›Frau Musica‹ in zum Teil trivialer, betont nationaler Dichtung und im volkstümlichen Liedgut. Sie fungiert als Allegorie des biedermeierlichen Frauenbildes, das der erstarrten Geschlechterrollenzuschreibung dieser Zeit nachkommt und einen weiteren Beleg bietet für die These von der Kluft zwischen der Situation realer Frauen und weiblich konnotierter Musik.

Gleich, ob es sich um die antiken Musen, um Cäcilia oder Frau Musica handelt, – alle diese Personifikationen und Allegorien repräsentieren den Ausschluß der realen Frau aus der Musik, der sich in der Ambivalenz des Frauenbildes zwischen Idealisierung und Dämonisierung manifestiert. Nicht nur in den konkreten Formen der Repräsentation, sondern auch als konstantes Element der Musikgeschichte und -wissenschaft dominiert das Weibliche als instrumentalisierte Form von Sinnlichkeit, Erotik, sexueller Versuchung oder Bedrohung. Die Narrationen in der Musik und die Diskurse darüber tradieren die Festschreibung des Weiblichen auf eine reproduktive und repräsentative Funktion, wie sich an den Spekulationen über den mythischen Ursprung der Musik, an den ästhetischen Ideologemen und den analytischen Kategorien ablesen läßt.

3. Musik als *gendered discourse*

3.1. Musikalische Frühgeschichte(n)

Die Feminisierung der Musik tritt in ihrer geistesgeschichtlichen Tradition besonders deutlich hervor, wenn man einen der Mythen über den Ursprung der Musik einer Re-Lektüre unterzieht, wie dies Nanny DRECHSLER unternommen hat.[4] Sie liest die Metamorphose der Nymphe Syrinx in ein Schilfrohr als eine Reaktion auf die »versuchte Vergewaltigung« durch den Gott Pan, der das Rohr sogleich in Stücke teilt, eine Flöte daraus macht und diese nach der Nymphe benennt. Es offenbart sich in diesem »Urmythos« der

---

ästhetik in der Literatur um 1800 (mit dem Motiv der Cäcilia) vgl. z.B. LUBKOLL (1995).

[4] Beispiele für die kompositorische Aufarbeitung dieser Mythen im 20. Jahrhundert sind z.B. Claude DEBUSSYs *Syrinx pour flûte solo*, Maurice RAVELs *Daphnis et Chloé* oder Igor STRAWINSKYs *Apollon Musagète*.

Musik – wie er in OVIDs *Metamorphosen* dargestellt und von Ernst BLOCH[5] revitalisiert wurde –

> die Leidensgeschichte der Syrinx als versuchte Vergewaltigung, als Selbstbeseitigung der diese Annäherung nicht erwidernden Frau, ihr Verstummen in der Transformation sowie die Zerstückelung ihres imaginären Leibes zum Instrument, das der faunische Gott nun zum Willen seines ›kreativen‹ Ausdrucks gebrauchen kann: ein Mißbrauch noch in der letzten Fluchtposition der Nymphe (DRECHSLER, 1994b, S. 4).

Auch Gerlinde HAAS führt in ihrer instrumentenkundlichen, musikarchäologischen Untersuchung aus »anderer Sicht« an, daß – unter Einbeziehung der parallel angelegten Verwandlung der Daphne in einen Lorbeerbaum – »der jeweilige Gott [Pan oder Apoll] sich des transformierten Gegenstandes im Sinne eines Mediums ungemein rasch ›bedient‹« (1987, S. 13).[6]

Daß die feministisch-hermeneutische Lesart der Mythen und der erzählenden Literatur wichtige Aufschlüsse über die metaphorisierte Weiblichkeit gibt, legt auch die Verwendung der Syrinx als Ordal-Instrument nahe. Nach der Darstellung des ACHILLEUS TATIOS diente die Syrinx in Ephesos als ›tönender Indikator‹, womit in der Artemisischen Grotte die Virginität heiratsfähiger Mädchen nachgewiesen werden sollte:

> ›Süße, göttlich inspirierte Musik‹ aus der Grotte hörbar, bescheinigt die ›Unberührtheit‹ [...]; ›Wehklagen‹ hingegen entlarvt die versuchte Täuschung, und totales Verschwinden

---

[5] So heißt es bei BLOCH in *Das Prinzip Hoffnung* (1954–59): »Als Klang ist die verschwundene Nymphe geblieben, schmückt und bereitet sich darin [...]. Der Klang kommt aus einem Hohlraum, wird von einem befruchteten Lufthauch erzeugt und bleibt noch im Hohlraum, den er klingen läßt.« (1973, Bd. 3, S. 1245f.)

[6] Daß die Panflöte für das reale Frauenleben in der Antike weniger von Bedeutung gewesen sein muß, als bisher angenommen wurde, kann HAAS ~~kann~~ durch ihre Auswertung von Quellenmaterial aus drei Jahrtausenden – von der Kykladenzeit bis zum Ende des Hellenismus – nachweisen: nur insgesamt viermal erscheint die Flöte Syrinx als Attribut göttinnenähnlicher Frauengestalten. Wenn allerdings Pan oder Hermes als Reigenführer tanzender Frauengestalten (Nymphen, Chariten, Horen und Musen) erscheint, fehlt in keiner Darstellung das symbolträchtige Blasinstrument (vgl. HAAS, 1985 und 1987). Diese Ergebnisse widersprechen auch nicht den Darstellungen des weiblichen Anteils an der antiken Musikkultur von Meri FRANCO-LAO (1979, S. 21) oder Eva WEISSWEILER (1981, S. 15ff.), denn die ›Spezialität‹ der Frauen bzw. nur der Hetären waren das Aulos- und Kitharaspiel.

der Probandin [...] ist das Resultat der Bestrafung. (HAAS, 1987, S. 19)

In der Grotte bleibt eine am Boden liegende Syrinx zurück. Somit ist die Flucht und Vernichtung der Nymphe Syrinx, die im Mythos zur Flöte transformiert wurde, in eine Lektion für ›ungehorsame Töchter‹ gewandelt worden.

Die Ursprünge der Musik sind mythologisch in Verlustritualen über einen gemordeten Frauenkörper verankert, die Orpheus über Eurydike oder Pan über Syrinx – vokal oder instrumental – ins Lamentieren geraten lassen. Auch Echo, die wie Syrinx das Begehren Pans nicht erfüllte, erfährt ein letales Schicksal: Sie wird von närrisch gemachten Hirten zerrissen. Die Fähigkeit zur Wiedergabe zu ihr gelangender Töne behält Echo über den Tod hinaus. Hier schon wird die Antinomie zwischen der schöpferischen Kraft des klagenden Mannes und der morbiden, reproduzierenden Frau deutlich.

Gleichsam gegenläufig wird der Ursprungsmythos der Musik in der literarischen Romantik umgedeutet, insofern die Musik nicht erst durch die zerstückelten Frauenleiber entsteht, sondern die metaphorisierten Frauengestalten dem männlichen Genie die verschütteten Geheimnisse der Musik offenbaren: Der Rat Krespel in E. T. A. HOFFMANNs gleichnamiger Erzählung (1818) ist auf der Suche nach dem Geheimnis der Musik und zerstückelt um des Rätsels Lösung willen die kostbarsten Violinen. Seine Tochter Antonie, der der Vater das Singen verboten hatte, wird sowohl mit seinem Lieblingsinstrument als auch mit dessen Zerstörung parallelisiert, so daß die Suche nach dem Geheimnis der Musik und die Lösung des ›Rätsels Weib‹ symbolisch über die Violinen und die weibliche Leiche verhandelt werden.[7] In Eduard MÖRIKEs Novelle *Mozart auf der Reise nach Prag* (1855) pflückt ›das Genie‹ verbotenerweise eine Pomeranze, die für eine der neun Musen steht, und schneidet sie entzwei: Die Zerstückelung von symbolischen Frauenleibern steht hier nur ein weiteres Mal im Dienste von genialisch verklärter, männlicher Musikschöpfung.

---

[7] Zur weiblichen Leiche in der Kultur des Abendlandes vgl. ausführlich BRONFEN (1994).

3.2. Ästhetische Ideologeme

In zahlreichen musikästhetischen Schriften – wie auch in den musikalischen Werken selbst – lassen sich ästhetische Prämissen ausmachen, die unmittelbar mit der geschlechtsspezifischen Werteordnung der Gesellschaft in ihrer euro- und androzentrischen Konstitution zusammenhängen. Wie Susan MCCLARY betont, wurden in der westlichen Musikgeschichte über Jahrhunderte ›heiße Kämpfe‹ ausgetragen, die auf den Begriffen der Geschlechtsidentität basierten: Die Tradition, daß Komponisten, Musiker oder Musikbegeisterte als ›weibisch‹ (synonym mit ›weiblich‹ oder ›verweichlicht‹) bezeichnet wurden, ist so alt wie die ersten Dokumente der Musikgeschichte. Die Verbindung von Musik mit Körperlichkeit und Subjektivität (bzw. Sensibilität) habe dazu geführt, daß in vielen Abschnitten der Geschichte diese Kunst in die ›Domäne des Weiblichen‹ verbannt wurde. MCCLARY liest unter diesen Aspekten die musikästhetischen Ideologeme, die in einem *gendered discourse* formuliert werden, als Reaktion der männlichen Musikwelt auf diese Vorurteile:

> Male musicians have retaliated in a number of ways: by defining music as the most ideal [...] of the arts; by insisting emphatically on its ›rational‹ dimension; by laying claim to such presumably masculine virtues as objectivity, universality, and transcendence; by prohibiting actual female participation altogether. (1991, S. 17)

An der bereits in der Einleitung erwähnten Kontroverse zwischen den Brüdern MONTEVERDI und ARTUSI können diese diskursiven Strategien für den Übergang von der Renaissance zum italienischen Frühbarock nachvollzogen werden.[8] ARTUSI wandte sich gegen die ›moderne‹ Musik MONTEVERDIs, die sich progressiv über traditionelle Dissonanzen- und Tonartenkonventionen hinwegsetzte; dazu benutzte er eine polemische Rhetorik, die alles, was sich der Progressivität verschrieb, pejorativ bewertete (vgl. CUSICK, 1993a, S. 3ff.).[9] Der weiblich konnotierten Modernität, die für den Kriti-

---

[8] Für die einzelnen Schriften dieser Debatte, die mit einem Traktat ARTUSIS 1600 begann und von Claudio MONTEVERDI im Vorwort des V. Madrigalbuchs (1605) und von seinem Bruder Giulio Cesare MONTEVERDI 1607 fortgesetzt wurde, vgl. LEOPOLD (1982, S. 64ff.).

[9] Zur Konstruktion von *gender* in der Musik des frühen 17. Jahrhunderts, besonders in den Bühnenwerken MONTERVERDIS, vgl. MCCLARY (1991,

ker eine nicht zu zähmende Kraft darstellte, setzte er die Kompetenz der patriarchalen sozialen Autorität entgegen, die auf der Tradition beharren sollte. Zum Kontext dieses Angriffs gehört die Popularität der *Concerti delle Donne*, Kammermusik von musizierenden Damen am Hof von Ferrara. Sie war ebenfalls ein Indiz für den Konnex von Modernität und Weiblichkeit und drohte die bisherige soziale Funktion des Madrigals im männlichen Lebensraum zu verändern. Über eine weiblich geprägte, dämonisierende und abwertende Metaphorik ging ARTUSI gegen die Neuerungen in seiner Zeit an. Damit steht er in der Tradition des christlichen Mittelalters, dem einerseits die reale Frau als sexuelle Bedrohung des männlichen Lebens galt, während andererseits die entsexualisierten jungfräulichen Heiligen wie Maria und u.a. auch Cäcilia idealisiert wurden.[10]

Für die englische Renaissance konnte Linda P. AUSTERN ein interessantes Gegenmodell zu dieser Tradition, in der die bedrohliche musikalische mit der dämonischen weiblichen ›Natur‹ parallelisiert wurde, ausmachen: Im Zuge des Neoplatonismus wurde Musik nicht mehr als liturgische ›Notwendigkeit‹ gesehen, sondern in ihrem weltlichen Wert stärker betont und zur ästhetischen Idee erhoben. Der musiktheoretische und -ästhetische Diskurs, der zwischen 1540 und 1640 z.B. von Thomas MORLEY, Thomas RAVENSCROFT und John FARMER vorangetrieben wurde, instrumentalisiert seinerseits die als ›natürlich‹ definierte Weiblichkeit, zielt aber dabei auf die Verherrlichung der Liebe als schöpferisches Moment in der Kunst ab. Die für den Komponisten als notwendig erachteten Gefühle können nur von Frauen gespendet werden, wodurch Weiblichkeit als Quelle kreativer Energie aufgewertet wurde. Der christliche Kontext wurde sogar insoweit verlassen, als die heidnische Venus – als Alternative zu Cäcilia – nun als Patronin der ›musick‹ vorgeschlagen wurde: »the Dominatrix in Musitians nativities« (John FARMER, zit. nach AUSTERN, 1994, S. 55). Der

S. 35–52). Der neue *stile rappresentativo* – grundlegend für die Entwicklung der Oper – machte es erst möglich, die beiden großen Themen Wahnsinn und Macht über die Konstruktion der Geschlechter und ihre symbolische Repräsentation zu verhandeln.

[10] Schließlich sorgten die Kirchenväter für den jahrhundertelangen Ausschluß der Frau aus dem Musikleben der Gemeinden, indem sie sich auf den ersten Korintherbrief des Apostels PAULUS beriefen (1 Kor 14,34), der den folgenschweren Satz enthält: »Mulieres in ecclesiis taceant« (»Das Weib schweige in der Kirche/Gemeinde«); vgl. WEISSWEILER (1981, S. 28f.).

Streit um den Stellenwert der Musik – entgegen der traditionellen christlichen Auffassung –, der zunächst mit der bewährten Argumentationsstrategie der Weiblichkeitsmetapher geführt worden war, lief schließlich auf eine Debatte um die Gleichberechtigung der Frau hinaus. Die musikästhetische Diskussion war von den Argumenten der Misogynie nicht mehr zu trennen bzw. wurde auch für deren Legitimation benutzt:

> For all, music became one of the topics through which an author could support a central argument for or against women's equality with men, because the dual practical and speculative nature of music allowed it to represent learned accomplishment and symbolize the capacity for love and lust. (AUSTERN, 1994, S. 56f.)

Im Zeichen der Empfindsamkeit des 18. Jahrhunderts wurden die Ideale der Liebe als lebensspendende Kraft wieder aufgenommen, allerdings nun schon unter den Prämissen des aufgeklärten bürgerlichen Frauenbildes, das Hand in Hand mit dem Ideal der ›schönen Seele‹ und dem Dualismus der Geschlechterrollen geht. Jean H. HAGSTRUM (1980) schlägt einen mentalitätsgeschichtlichen Bogen von MILTON zu MOZART und zeigt auf, daß die Musik, vor allem die, die auf Texten der Zeit beruht (z.B. HÄNDELS DRYDEN-Vertonungen oder HAYDNS *Schöpfung*, die auf die ursprünglich für HÄNDEL bearbeitete Fassung von MILTONs *Paradise Lost* zurückgeht), der Trennung von Liebe und Sexualität nachkommt und zugleich Freundschaft und Humanität als oberstes Gebot vermittelt, dabei aber der Frau den untergeordneten Rang zuweist. In MOZARTs Opern, die sich um den Problemkreis der ›richtigen Form von Liebe‹ zentrieren, werden alle Register hinsichtlich der Geschlechterdifferenz gezogen (Prüfungen, Verfehlungen, Verkleidungen), um jeweils am Schluß ein apotheotisches Fest der Humanität und des Vergebens zu feiern. Trotzdem bleibt das Konzept androzentrisch, wenn Sarastro in der *Zauberflöte* singt:

> Ein Mann muß eure Herzen leiten, / denn ohne ihn pflegt jedes Weib / aus ihrem Wirkungskreis zu schreiten. (1. Aufzug, 18. Auftritt)

1806 schreibt Jean PAUL in seiner Abhandlung *Levana, oder Erziehungslehre*:

Musik – die singende und die spielende – gehört der weiblichen Seele zu, und ist der Orpheusklang, der sie vor manchen Sirenentönen unbezwungen vorüberführt, und der sie mit einem Jugend-Echo tief in den Ehe-Herbst hinein begleitet. (zit. nach GRADENWITZ, 1991, S. 220)

Handelt es sich bei diesem Beispiel aus der literarischen Romantik um eine vorsichtig formulierte Zuordnung der Musik zum weiblich definierten Lebens- und Empfindungsbereich, der im Zuge der *Polarisierung der Geschlechtscharaktere*[11] im 18. Jahrhundert eng mit den Eigenschaften der Gefühlsbetontheit, Häuslichkeit, Fürsorglichkeit etc. verbunden worden war, so erreichte die Parallelisierung des Weiblichen mit der Musik in der musikalischen Romantik ihren Höhepunkt. In den philosophischen und musikästhetischen Schriften des späteren 19. Jahrhunderts wurde die Musik nicht mehr durch weibliche Personifikationen metaphorisiert, sondern es wurden die ambivalenten, pejorativ konnotierten Weiblichkeitsimaginationen auf das Wesen der Musik zurückprojiziert. Im Grunde bedeutet dies, daß die Geschlechtercharaktere, wie sie in den soziokulturellen Lebensräumen des Bürgertums ausgeprägt worden waren, als ästhetische Ideologeme in die Musikästhetik Eingang gefunden hatten. So heißt es z.B. in Richard WAGNERs Schrift *Oper und Drama* (1852), daß die Musik selbst »ein herrlich liebende[s] Weib ist«, die es vom schöpferischen Genius des Komponisten zu befruchten gilt, worauf sich Friedrich NIETZSCHE gegen das »allzuweibliche Wesen der Musik« wendet (*Menschliches Allzumenschliches*, 1878).[12]

Als Alternative zum ästhetischen Symbol der Musik in Frauengestalt sei hier noch der Versuch Ferruccio BUSONIs erwähnt, in seinem *Entwurf einer neuen Ästhetik der Tonkunst* (1906, zweite Fassung 1916) den Geschlechterdualismus zu umgehen und die Musik als Kind darzustellen (1973, S. 11f.). Die Utopie von einem geschlechtslosen Wesen, das die zukunftsträchtige Entwicklung

---

[11] So der Titel des grundlegenden Aufsatzes von Karin HAUSEN (1976).
[12] Zur Diskussion des Weiblichen in der Musik bei WAGNER, PFITZNER u.a. vgl. RIEGER (1988, S. 112ff.). An der Rezeption der Opern Giacomo PUCCINIs zeigt RIEGER auf, daß die Musik des Komponisten als »sehr weiblich in vielerlei Hinsicht und in Sexualität gewurzelt« (Mosco CARNER) bewertet wurde: »Die Gleichstellung der Frau mit Sexualität, des Mannes mit Schlachten, mit politischer Betätigung, Größe, Stärke und Überlegenheit wertet die Frau ab und mit ihr Puccinis Musik, [...].« (1992b, S. 120f.)

der Musik symbolisieren sollte, muß allerdings unter Berücksichtigung des *sex-and-gender*-Aspekts kritisch gesehen werden. Hierfür sprechen mehrere Argumente: (1) Das Kind ist weder biologisch noch sozial geschlechtsneutral. Neuere Arbeiten haben gerade gezeigt, daß der Geschlechterdualismus an den Körpern entlang konstruiert und durch die rollenspezifische Sozialisation gefestigt wird (vgl. z.B. BUTLER, 1990 und LAQUEUR, 1992). (2) Selbst wenn man den Entwurf BUSONIs im Sinne eines symbolischen Aktes akzeptieren möchte und der soziale Aspekt unberücksichtigt bleibt, ist das Kind immer mit dem weiblichen Lebenszusammenhang (Häuslichkeit, Unmündigkeit, Hilflosigkeit etc.) verbunden. (3) Bisweilen wurde sogar die Kindgestalt als ›Kindfrau‹ der Romantik oder als ›Femme fragile‹ der Jahrhundertwende mit einer Frauengestalt unmittelbar gleichgesetzt.

3.3. Analytische Kategorien

Handelte es sich bisher um die kulturelle Repräsentation des Weiblichen in musikästhetischen Diskursen, so müssen auch die musikalischen Phänomene selbst und deren Nomenklatur kritisch betrachtet werden. Die Geschlechterdichotomie läßt sich auf allen terminologischen Ebenen der Musiktheorie finden. Dieser Umstand geht häufig auf die Versuche zurück, musikalische Mittel mit Hilfe geschlechtlicher Konnotationen zu verbalisieren. Es stellt sich also die Frage, welche analytischen Kategorien den aufmerksamen Hörerinnen und Hörern an die Hand gegeben werden.[13]

Die *Musik im Abendland* (wie Hans Heinrich EGGEBRECHT seine Musikgeschichte betitelt) ist geprägt von Phänomenen der Rationalität, die sich konstituieren in der (1) Theorie (»wissenschaftliches Erkunden des Klingenden als Natur und geplante Gestaltung mit den Folgerungen in der Terminologie [...]«), (2) Notation (Fixierung), (3) Komposition (Werk und Interpretation), (4) Geschichtsfähigkeit und (5) »rationalisierten Emotion, die das Affektive des Tons fördert und zugleich beherrscht [...]« (1991, S. 42). Spätestens hier lassen sich die geistesgeschichtlichen Dichotomien von Emotion und Ratio, Natur (Klang) und Kunst (Musik), Stoff und Form, Körper und Geist wiederfinden, die immer auch Konnotationen der Geschlechterdichotomie weiblich/männlich in sich

---

[13] Reflexionen über den geschlechtsspezifischen musikwissenschaftlichen Sprachgebrauch finden sich auch bei Fred E. MAUS (1993).

bergen.[14] Inwieweit dieses dualistische Denken an die Musik herangetragen wurde, sollen die folgenden Beispiele verdeutlichen.

Schon seit PLATON gilt der Rhythmus als das männliche, gestaltende Prinzip. Das weibliche, passive *melos* wird durch ihn zur *harmonia* geformt. Bei ARISTOXENOS VON TARENT steht der *rhythmos*, den Bereichen Harmonik, Metrik und Orchestik (Bewegung im Tanz) gegenüber und erscheint als das allgemein ideelle, ordnende Prinzip des zu formenden Bewegungsstoffes;[15] wie sein Lehrer ARISTOTELES differenziert er zwischen Form und sinnlicher Erscheinung. Ähnlich wird in der modernen Takttheorie des 20. Jahrhunderts verfahren, indem der Takt (besonders der Wiener Klassik) als Idee von einem geistigen Zusammenhalt den sinnlichen Elementen der Komposition (Harmonik, Melodik, rhythmische Elemente wie Synkopen etc.) übergeordnet wird. Der Takt ist als Produkt des aufklärerischen Rationalismus des 18. Jahrhunderts männlich konnotiert.

Für die Tongeschlechter lassen sich analoge Zuschreibungen aufdecken (Dur für die strahlende Männlichkeit und Moll für die weibliche Schattenseite),[16] wie sie hinsichtlich der Tonarten seit PLATON bis in die Neuzeit galten. Nach Guido ADLER in seinem *Handbuch der Musikgeschichte* machte das Dorische

> den Menschen stärker als das Schicksal. Auch das Hypodorische ist ritterlich und mannhaft und regt zum Handeln an. [...] Das eigentliche Lydisch dagegen wurde zum Vertreter des Zarten und Intimen [...]. (1930, S. 43f.)

Vor allem im 18. Jahrhundert, mit der endgültigen Etablierung der Dur-Moll-Tonalität, wurden Tongeschlechter und Tonartencharakteristiken mit genusspezifischen Konnotationen verbunden, wie Gretchen A. WHEELOCK an den Musiktheorien von Jean-Jacques

---

[14] Vgl. hierzu auch den Beitrag von Cornelia KLINGER in diesem Band, Kap. 2.1.2.

[15] So z.B. noch bei Walter GEORGII (*Geschichte der Klaviermusik*, 1950): »Im ersten [Thema] wird der männliche, vom Rhythmus bestimmte Charakter betont, im zweiten der weibliche, der die entscheidenden Kräfte vom Gesanglichen her empfängt.« (Zit. nach RIEGER, 1988, S. 125. Hier finden sich in Kap. 2.3. zahlreiche weitere Beispiele für die »androzentrische Sprache in der Musikgeschichtsschreibung«.)

[16] Vgl. das Beispiel der Moll-Arie der Konstanze in MOZARTs *Entführung aus dem Serail* (»Traurigkeit war mir zum Lose«; bei RIEGER, 1992b, S. 112) und dazu die bedeutende Rolle des ›strahlenden‹ C-Dur, die der Sphäre des milden Herrschers Bassa Selim zugeordnet ist.

ROUSSEAU, Joseph RIEPEL, Christian Friedrich Daniel SCHUBART u.a. herausgearbeitet hat (1993, S. 201ff.).

Auch in der Formenlehre, besonders für die Musik seit dem 17. Jahrhundert, ist die Geschlechterdichotomie konstituierend. Die Sonatenform wird in der einschlägigen deutschsprachigen Enzyklopädie *Musik in Geschichte und Gegenwart* von Joseph MÜLLER-BLATTAU wie folgt definiert:[17]

> Zwei Grundprinzipe des Menschen sollen in den beiden Hauptthemen Gestalt werden: das tätig nach außen drängende männliche (1. Thema) und das still in sich beruhende weibliche (2. Thema). Die Eigenart des 1. Themas [...] ist damit geklärt; die des 2. Themas ist schwieriger zu beschreiben. Es soll vor allem ein ›Folgethema‹ sein, ein solches von geringerer Selbständigkeit, das erste abwandelnd und doch Ausdrucksgegensatz zu ihm. (1955, Bd . IV, Sp. 549)

Auch wenn diese beliebigen Beispiele, wozu ebenso der in der Einleitung bereits erwähnte Terminus der ›weiblichen Endung‹ gehört, nur als willkürlich festgelegte Zuschreibungen erscheinen, dien(t)en sie doch dazu, das Weibliche immer wieder als das Defizitäre, als das Untergeordnete und das andere zu bestätigen (vgl. CITRON, 1994, S. 21).

Im Gegenzug zu diesen Festschreibungen des Weiblichen, die sich in der Sprache der traditionellen Musikwissenschaft manifestieren, wurden in *gender*-orientierten Arbeiten zahlreiche Versuche unternommen, musikalische Genres unter dem Aspekt zu untersuchen, inwieweit sie im Dienste der Geschlechterordnung stehen. Während die Musikwissenschaft lange darauf beharrte, den Notentext als ›rein geistiges Meisterprodukt‹ zu betrachten und als ideologiefreies Abstraktum zu vereinnahmen, resultieren die genussspezifischen Ansätze aus der Erkenntnis, daß Musik nicht ohne ihren mentalitäts- und sozialgeschichtlichen Hintergrund sondiert werden kann, sondern unter der Fragestellung betrachtet werden muß, wann sie von wem komponiert, gegebenenfalls in Auftrag gegeben, aufgeführt und rezipiert wurde. Die in diesem Kontext stehenden Arbeiten haben gezeigt,

---

[17] Ähnlich lautende Definitionen finden sich früher bei Adolf Bernhard MARX, Hugo RIEMANN, Vincent D'INDY u.a.; vgl. CITRON (1994, S. 20ff.) und RIEGER (1988, S. 125).

daß sich eine völlig neue Dimension des Verstehens von Musik erschließt, wenn man das Geschlecht bei der Untersuchung von Musikwerken als eine analytische Kategorie einbezieht (BOWERS, 1992, S. 27).

Dies trifft vor allem dann zu, wenn Kompositionen nicht auf den ersten Blick mittels ihres Genres als Elemente der androzentrischen Werteordnung ausgemacht werden können, wenn es sich also um scheinbar geschlechtsneutrale, sogenannte ›absolute‹ oder ›autonome Musik‹ handelt, die nicht auf einen zugrundeliegenden Text oder eine Funktion (Ouvertüre, Tanz etc.) referiert. Besonders die Sonatenform mit ihrem dualistischen Aufbau der Themen (Exposition des 1. und 2. Themas, Durchführung und Reprise) und ihrer Satzfolge geriet in den Mittelpunkt einer kritischen Auseinandersetzung unter genusspezifischem Aspekt (und mit ihr alle Formen, die darauf basieren: Sonate, Sinfonie/Symphonie, Konzert etc.).[18] Das Ziel solcher Analysen ist, Strukturen dieser Musik zu dekodieren, die die Geschlechterordnung der westlichen Gesellschaft (»relationships of gender and power«) sowohl reflektieren als auch neu konstruieren (CITRON, 1994, S. 16).[19]

Für die Programmusik des 19. und 20. Jahrhunderts gilt es, die im androzentrischen Kanon verankerten Sujets zu untersuchen; zu denken ist dabei an die Vielzahl von Schauspielouvertüren und symphonischen Dichtungen (z.B. *Coriolan* von Ludwig VAN BEETHOVEN, *Prometheus*, *Orpheus* und *Tasso* von Franz LISZT, *Don Juan* und *Ein Heldenleben* von Richard STRAUSS u.v.a.). Unter dem Aspekt der *Music as Cultural Practice* versucht Lawrence KRAMER am Beispiel der *Faust*-Symphonie von Franz LISZT nachzuzeichnen, daß das »ewig Weibliche«, das LISZT in seinem Werk ›zelebriert‹, nur Teil des im 19. Jahrhundert breit angelegten Unternehmens ist, die rigide, aber auch um so labilere Geschlechterordnung (»gender system«) des bürgerlichen Patriarchats zu idealisieren (1990, S. 102ff.; vgl. auch HENTSCHEL, 1994).

Am Beispiel der männlichen Domäne der Militärmusik können kompositorische Traditionsstränge nachgezeichnet werden, die der

---

[18] Vgl. hierzu RIEGER (1988, S. 141ff.), MCCLARY (1991, S. 53ff.) und CITRON (1993b, S. 132–145, und 1994, S. 18ff.).

[19] Beispiele für diese Einzelanalysen unter den Aspekten von Sexualität, Identität und Geschlechterdifferenz sind die Studien von Susan MCCLARY zu Johannes BRAHMS *Dritter Symphonie* (1993a, S. 326–344) und TSCHAIKOWSKYs *Vierter Symphonie* (1991, S. 53–79).

Schlachtenbeschreibung und -verherrlichung, einem primär männlichen Lebenszusammenhang, dienten und bis heute gepflegt werden: Die Elemente der funktional gebundenen Musik (Truppenbegleitung, Kampfmotivation) gingen in die ›absolute‹ Musik über und wirkten dort über ihre assoziative Kraft weiter. Eva RIEGER weist dies u.a. anhand rhythmischer Modelle nach, die ursprünglich Soldaten in zügiges Marschtempo versetzten und später die Konzertsäle des 19. und 20. Jahrhunderts mit martialischen Klängen erfüllten (1984a, S. 111ff.).

Auch John SHEPHERDs Ansatz, Musik mittels der Kategorien von Geschlechterdifferenz und Macht zu interpretieren, läßt sichtbar werden, daß Musik als *gendered discourse* die Geschlechterordnung mit all ihren politischen und sozialen Implikationen tradiert und immer wieder neu bekräftigt:

> An awareness of the gendered ›difference‹ of music requires a dismantling of the discursive authority that maintains such difference. (1993, S. 65)

4. Die Reduktion der Frau auf die Reproduktion

Bereits im antiken Mythos wurde die Affinität des weiblichen Körpers zu einem Hohlraum und damit zu einem möglichen Klangkörper hergestellt; die Frau wurde einem klingenden Körper gleichgesetzt (vgl. Kap. 3.1.). Diese mythologische Festlegung auf das ausschließlich generative Prinzip, das seine signifikante Parallele in der Gebärfähigkeit der Frau hat (mit dem Hohlraum der Gebärmutter), läßt sich zum Teil bis heute in der Reduktion der Frau auf die musikalische Reproduktion verfolgen. Für die deutsche Musikpädagogik, Musikwissenschaft und Musikausübung hat Eva RIEGER in ihrer bahnbrechenden Arbeit von 1981 die Mechanismen herausgearbeitet, die den Ausschluß der Frauen bedingten. Im Vorwort zur zweiten Auflage ihrer Untersuchung stellte sie nochmals zwei Ansatzpunkte heraus:

> Für die Erforschung des Problemkreises »Frau und Musik« ist beides wichtig: das Aufspüren der Werke von Frauen, die trotz aller Schwierigkeiten aktiv waren, und zugleich das Benennen und Ergründen der Barrieren, die Frauen an der Musikproduktion hinderten. (1988, S. 6)

Es handelt sich hierbei nicht nur um Barrieren, sondern um Methoden der Instrumentalisierung: Frauen wurden auf bestimmte Bereiche der Musikausübung festgelegt, wodurch zugleich die Einschränkung auf die Reproduktion fortwährend bestätigt wurde. In den Bereichen der Instrumental- und Vokalmusik können im vorliegenden Beitrag nur einige Linien dieser Mechanismen nachgezeichnet werden. Die großen, ebenfalls reproduzierenden Bereiche Musikpädagogik und Tanz müssen hier ausgeklammert werden.[20]

Besonderer Stellenwert kommt der Frage nach den Dirigentinnen in der Musikgeschichte zu. Erst im Laufe des 19. Jahrhunderts entwickelte sich das Dirigieren im heutigen Sinne; vorher leiteten z.B. der Cantor die Schola, der Kapellmeister (am Cembalo) oder der Konzertmeister (erste Violine) das Zusammenspiel. Das Orchester galt lange Zeit als primär männliche Domäne, – Frauen waren nur im Publikum erwünscht. Dirigieren wurde zum Inbegriff ›musikalischer Macht‹ und verklärender Genieästhetik:

> Dieses Bild des Dirigenten als Führer und Leitfigur ist jedoch in keiner Weise mit dem über Jahrhunderte bis in die heutige Zeit wirksamen Idealbild der Frau zu vereinbaren […]. Wenn heute auch nur selten Vorurteile gegen die intellektuellen und musikalischen Fähigkeiten von Dirigentinnen manifest werden, sind diese misogynen Attitüden latent im täglichen Musikleben wirksam und fühlbar. Auch heute noch ist selbst in den Dirigierklassen an den Hochschulen oder bei Meisterkursen nur ein verschwindender Prozentsatz junger Frauen anzutreffen. (OSTLEITNER/SIMEK, 1991, S. 13f.)

Einzelne mutige Frauen allerdings wurden in ihrer Zeit als Sensationen gehandelt und häufig mit dem Etikett der ›Unweiblichkeit‹ versehen; zu nennen sind z.B. für die erste Hälfte des 19. Jahrhunderts die Edle von ROSTHORN in Dresden oder Johanna KINKEL in Bonn, später die Amerikanerin Mary CARR MOORE, die 1915 in San Francisco als erste Frau ein reines Männerorchester leitete, oder Frederique PETRIDES, die ab 1932–43 das von ihr gegründete

---

[20] In der Regel ist das Fach Musikpädagogik von der Musikwissenschaft getrennt und wird mit seinem didaktischen Schwerpunkt an eigenen Instituten vermittelt. Die Tanzwissenschaft hat sich vor allem in den letzten Jahren (durch die Beschäftigung mit der Choreographie und ihren speziellen Notationsproblemen) im Rahmen der Theaterwissenschaft etabliert (vgl. zur Rolle der Frau im Tanz die Studie von Gabriele KLEIN, 1994).

Frauenorchester *Orchestrette Classique* (*Orchestrette of New York*) dirigierte.[21]

Generell ist bei der Beschäftigung mit Frauen der Musikgeschichte das Phänomen der genusspezifischen Festlegung auf unterschiedliche soziale Räume zu beachten, wie dies Jennifer C. POST aufzeigt. Auf der Basis musikethnologischer Untersuchungen in einzelnen Ländern (vgl. KOSKOFF, 1987, und HERNDON/ZIEGLER, 1990) stellt sie charakteristische Bezüge zwischen »Men's Sphere«, »Professional Women's Sphere« und »Private Women's Sphere« her. Wird dem Mann in der Regel der öffentliche Bereich zugeordnet, der Frau dagegen der private, befindet sich die professionelle Musikerin in einem sozial nicht zu definierenden Zwischenraum: Einerseits arbeitet sie wie der Mann ›außer Haus‹ und hat wie dieser begrenzte familiäre Kontakte, andererseits wird sie wie die Hausfrau von sozialer Integration, freier Kreativität und der notwendigen öffentlichen Anerkennung ausgegrenzt (POST, 1994, S. 46f.).

Obwohl der christlichen Kirche seit ihren Anfängen zentrale Bedeutung für die Entwicklung der Musik zukommt, hatten ihre Glaubensregeln für die Musikausübung der Frau fatale Auswirkungen (vgl. Anm. 10): Sie verwies die Musikausübung der Frauen in von der Öffentlichkeit abgegrenzte Räume. In Nonnenklöstern war es Frauen seit dem Mittelalter möglich, sich sowohl ausübend als auch schöpferisch musikalisch zu betätigen. Weithin bekannte Beispiele für diese Tradition sind HILDEGARD VON BINGEN, MECHTHILD VON MAGDEBURG u.a.[22] Relativ ungestört von einer repressiven Gesellschaft – aber immer in der Auseinandersetzung mit männlichen (Kirchen-)Gesetzen – konnte sich hier das weibliche Musikleben entfalten, ebenso wie an fortschrittlichen Höfen der Renaissance in Italien. Immer war jedoch das musikalische Betätigungsfeld in einem halböffentlichen oder privaten Rahmen zu finden und häufig auf die Interpretation der von Männern geschaffenen Werke beschränkt, so auch in den italienischen Konservato-

---

[21] Vgl. COHEN (1987), LEPAGE (1980–1988), NEULS-BATES (1982 und 1992), RIEGER (1988, S. 224–231), TIERNEY (1989), ZAIMONT u.a. (1984/ 87).
[22] Zu HILDEGARD VON BINGENS bedeutender Rolle vgl. J. Michele EDWARDS (1991, S. 23–25), Anne BAGNALL YARDLEY (1986, S. 25–30) und Carol NEULS-BATES (1982, S. 14–20).

rien und schließlich in der gesamten Salonkultur des 18. und 19. Jahrhunderts.

Die Dilettantismusdebatte um 1800 macht dies besonders deutlich: War in der zweiten Hälfte des 18. Jahrhunderts noch von Musik für »Kenner und Liebhaber« die Rede, die sich später in die moderne Fassung von »Virtuosen und Dilettanten« wandelte, so ist in der regen Diskussion um die Legitimität der musikalischen Laieninflation eine semantische Zuspitzung des Dilettantenbegriffs auf meist weibliche Konnotationen zu verfolgen (vgl. GRADENWITZ, 1991, S. 182ff. und HOFFMANN, 1991, S. 95ff.). Das Bild der »schönen Dilettantin« gehört seit Anfang des 19. Jahrhunderts zur ›Grundausstattung‹ der Salon- und Hausmusikkultur. Hatten diese Dilettantinnen auch oftmals das Können von konzertreifen Virtuosinnen, war ihnen doch der Weg zur professionellen Musikausübung versperrt, da dies den Schritt in die Öffentlichkeit erfordert hätte. Am Beispiel der dichtenden und komponierenden Annette VON DROSTE-HÜLSHOFF legt Freia HOFFMANN dar, daß es im literarischen Bereich für Frauen sehr viel einfacher war, mit ihrer Kunst auch öffentliche Anerkennung zu erzielen (1992b).

Die folgenden repräsentativen Paradigmen sollen die Bedingungen für die musizierende Frau und ihre Funktion in der christlich-abendländischen Instrumentalmusik sowie in der Oper (als Beispiel für die Vokalmusik) erläutern.

4.1. Instrumentalmusik

Den ›gehorsamen Töchtern‹ des Bürgertums im 18. und 19. Jahrhundert war das Spielen von Streich- und Blasinstrumenten verwehrt, da diese »sich durch körperliche Unmittelbarkeit und taktile Intimität« auszeichnen – im Gegensatz zum ›Fraueninstrument‹ Klavier, das sich »zur sinnlichen Objektbildung recht wenig« eignet (HOFFMANN, 1991, S. 65). Somit durften Frauen keine Instrumente spielen, die seit jeher dem Bereich des Männlichen zugeordnet waren (z.B. Pauken und Trompeten der Militärmusik) oder die in besonderem Maße den Frauenkörper symbolisierten (z.B. Violine und Violoncello).[23] Allerdings vollzogen sich die Einschrän-

---

[23] Hier wird nochmals die Verbindung zum antiken Mythos über den Ursprung der Musik deutlich (vgl. Kap. 3.1.). Auch die Syrinx-Flöte, die durch einen transformierten Frauenleib entstanden war und somit diesen repräsentierte, wurde in der Antike zumeist nicht von den Frauen selbst gespielt. Eine

kungen für Frauen hinsichtlich der Instrumentenwahl erst im Lauf der Jahrhunderte.

Über die Rolle der musizierenden Frau in der griechischen Antike können schwerlich eindeutige Aussagen formuliert werden, da nur wenige Quellen überliefert sind und auch die Rolle der Frauen in den einzelnen (Stadt-)Staaten differierte. Jedoch ist für eine Reihe von Frauen (meist Hetären oder Priesterinnen) überliefert, daß sie sich musikalisch als Sängerinnen, Tänzerinnen oder Instrumentalistinnen betätigt haben. Wichtige Untersuchungen zur Rolle von musizierenden Frauen der Antike liefern z.b. Sophie DRINKER (1955), Eva WEISSWEILER (1981, S. 15–28) und Ann N. MICHELINI (1991).

Noch in Mittelalter und Renaissance wurden in Nonnenklöstern und an Höfen die verschiedensten Instrumente auch von Frauen gespielt: So finden sich zahlreiche Abbildungen von musizierenden Frauen in mittelalterlichen Codices (vgl. NEULS-BATES, 1982). Auch für das 17. Jahrhundert kann die ausgeprägte Vielfalt in der musikalischen Betätigung von Frauen in abgeschlossenen Gemeinschaften wie z.B. dem Kloster *San Vito* in Ferrara (NEULS-BATES, 1982, S. 43–49, und GARVEY JACKSON, 1991) und den *Ospedali* in Venedig (vgl. BALDAUF-BERDES, 1993) belegt werden. Erst seit dem letzten Drittel des 18. Jahrhunderts wird in zunehmendem Maße eine Konzentration auf spezifische ›Fraueninstrumente‹ erkennbar, wie dies Freia HOFFMANN aufzeigen konnte (1991, S. 25ff.). Sie wertete unter Berücksichtigung der soziokulturellen Aspekte zahlreiche zeitgenössische Zeitschriften aus, u.a. die Abhandlung von Carl Ludwig JUNKER (*Vom Kostüm des Frauenzimmer Spielens*, 1783) sowie die Replik von Hans Adolf VON ESCHSTRUTH (1784/85). Beide Theoretiker diskutieren, wenn auch von verschiedenen Ansätzen ausgehend, ein Phänomen der Zeit: Aus dem ›Gefühl des Unschicklichen‹ heraus wurden Frauen von bestimmten Instrumentengruppen ausgeschlossen (eine Ausnahme bildet bei ESCHSTRUTH die Violine). Vom visuellen Eindruck sowie der Wahrnehmung des Klanges ausgehend, sollten nur noch Instrumente wie Klavier, Laute, Zither, Harfe, Flöte, Mandoline und Glasharmonika für Frauen erlaubt sein, da diese in der Art der

Fortführung dieses Phänomens läßt sich in der Oper des 19. Jahrhunderts verfolgen, wenn die Stimmen der ›Wahnsinnsfrauen‹ (z.B. von Lucia di Lammermoor bei Gaetano DONIZETTI, vgl. Kap. 3.2.) zusammen mit einer Flöte erklingen.

Ausführung dem bürgerlichen Frauenideal entsprachen. Die Instrumente klangen zart – dem Klavier sollten möglichst ›sanfte Klänge‹ entlockt werden –, und sie erlaubten eine Handhabung mit relativ geringen Körperbewegungen, was wiederum dem ›Diktat der Schicklichkeit‹ entsprach und somit die körperliche Disziplinierung der Frauen durch die Stilisierung von Gebärden und Gesten verstärkt förderte (HOFFMANN, 1984a und 1991).

Ein charakteristisches Beispiel für eine frühe genusspezifische Zuschreibung von Instrumenten ist das Virginal. Das seit dem 14. Jahrhundert belegte Instrument wurde, z.B. von Paulus PAULIRINUS in seinem *Tractatus de musica* (um 1460), aufgrund seines zarten Klanges mit »virgo« in Verbindung gebracht und lange Zeit im allgemeinen Sprachgebrauch mit ›Jungfernklavier‹ übersetzt. Sowohl Virginal als auch später Spinett und Cembalo avancierten zu ›Fraueninstrumenten‹, vor allem für Damen der adeligen Gesellschaft. In dieser Tradition wurde gegen Ende des 18. Jahrhunderts das Erlernen des Klavierspiels zu einem Muß in der Erziehung höherer Töchter. In seiner sozialgeschichtlichen Darstellung der Geschichte des Klaviers beanwortet Arthur LOESSER die Frage nach dem am häufigsten vertretenen Personenkreis am Klavier ganz im Sinne des damaligen Zeitgeistes:

> Women mostly, and especially girls [...] were the ones who had the most time and the most opportunity. The instrument was a house furnishing, and they were mostly at home. (1954, S. 64)

Sichtet man die Flut von Kompositionen ›für Frauenzimmer‹ – später auch ›für Damen‹ – im 18. und 19. Jahrhundert, drängt sich der Verdacht auf, daß die Komponisten dieser Musik nicht nur den Bedarf an der großen, modebedingten Nachfrage decken wollten, sondern auch mit einer euphemistischen Geste ihre Werke unter Wert verkauften. Damit umgingen sie gleichzeitig die ästhetische Norm, den Werken eine stringente Gestaltung geben zu müssen, da vokale und instrumentale Kompositionen in willkürlich zusammengestellten Sammeleditionen veröffentlicht wurden (vgl. die Rezension WENKELscher Kompositionen in: GRADENWITZ, 1991, S. 210).

Interessant ist in diesem Zusammenhang auch die Untersuchung des Lehrwerkes von Peter LICHTENTHAL mit dem Titel *Harmonik für Damen* (2. Aufl., vermutlich 1816). Nach Gerlinde HAAS handelt es sich hierbei um eine konventionelle Harmonielehre, die sich

noch stark an der Generalbaßlehre orientiert und nur zum Teil durch ihre verkürzenden Darstellungen auffällt:
> Was Lichtenthal von den Theoretikern seiner Zeit abhebt, ist demnach nicht das Werk als solches, sondern sein Gespür dafür, einen gewissermaßen ›vernachlässigten‹ Benutzerkreis anzusprechen, diesem seine Arbeit (nicht gerade unauffällig) als Desiderat anzubieten und gleichzeitig damit – gewollt oder ungewollt – die Abdeckung einer ›Marktlücke‹ zu suggerieren. (1988a, S. 80)

Wilhelm Heinrich RIEHL, einer der bemühtesten Verfechter der Domestizierung der Frau, bringt das Paradoxon der virtuosen Musikerinnen, denen keine Karriere in der Öffentlichkeit möglich sein sollte, Mitte des 19. Jahrhunderts auf den Punkt: »[...] selbst wo das Weib tun darf, *was* der Mann tut, darf es dasselbe doch nicht tun, *wie* es der Mann tut.« Deshalb sollten Frauen mit ihrem »Reproduktionsgeist« keinen Einfluß auf die männlichen Komponisten nehmen können; er kritisiert, daß
> die Frauen nicht bloß mitsingen, sondern auch komponieren und namentlich kunstrichtern, da sie ein ›Publikum‹ geworden sind, auf welches der Tondichter vor allen Dingen rechnen muß (zit. nach GRADENWITZ, 1991, S. 96).

Trotz einiger Ausnahmen von öffentlich auftretenden Instrumentalvirtuosinnen im 19. Jahrhundert – besonders Pianistinnen und Violinistinnen – greifen im Hinblick auf die Instrumentenwahl genusspezifische Kategorien bis in die Gegenwart. Seit der Aufnahme von Musikerinnen in Orchester zu Anfang des 20. Jahrhunderts (vgl. RIEGER, 1988, Kap. 4) hat sich auch heute noch – vor allem in der Gruppe der Blechblasinstrumente – keine Selbstverständlichkeit eingestellt. Zudem wurden und werden Solistinnen lediglich als exotische Randerscheinungen toleriert, die in erster Linie über ihr weibliches Erscheinungsbild wahrgenommen werden (zum Bild der Frau in der Musikkritik vgl. OSTLEITNER, 1979, und SCHALZ-LAURENZE, 1992).

Geschlechtsspezifische Klischees von der Frau als Musikerin finden sich auch im heutigen Musikunterricht. Eine umfassende Studie über österreichische Musikerziehung legten Elena OSTLEITNER und Ursula SIMEK vor (1991). Die Autorinnen arbeiteten anhand der Analyse von Lehrplänen und Auswertung von Schulbüchern heraus, daß noch heute zumeist traditionelle Rollenklischees vermittelt werden und sich die Darstellung von Frauen zumeist auf Verwandtschafts- bzw. Liebes-/Eheverhältnisse mit Komponisten und Musikern oder ihrer Rolle als Musikkonsumentinnen beschränkt.[24] Bei der Darstellung der musikausübenden Frau (als Instrumentalistin, Sängerin, Musikerzieherin, Dirigentin, Komponistin und Textdichterin) läßt sich ein weiteres Phänomen beobachten:

> In den Musikerziehungslehrbüchern der höheren Schulstufen nimmt der Anteil an Abbildungen von musizierenden Frauen in der Gegenwart auffallend ab. Mit zunehmendem Anspruch in Hinblick auf musikalische Professionalität sinkt der Anteil der dokumentierten Frauen (dies gilt freilich nicht für die Sparte Gesang, in welcher die Künstlerin sehr wohl ihren Platz hat). (OSTLEITNER/SIMEK, 1991, S. 125)

4.2. Vokalmusik

In einer genusspezifischen Diskussion über Vokalmusik, Gesang und Stimme ließe sich die These aufstellen, daß das Ideal der hohen, reinen, klaren Stimme in seiner geschichtlichen Entwicklung einerseits ein vom biologischen, geschlechtlich eindeutig definierten Körper unabhängiges Phänomen ist, andererseits gerade das Bemühen, diese Stimme als das körpereigenste Instrument vom biologischen Geschlecht zu trennen, wiederum zahlreiche Prozesse des *gendering* hervorbrachte. Zum Ideal der hohen Lage und der zentralen Rolle des Frauengesangs in frühen Kulturen und in Naturvölkern schreibt Sophie DRINKER:

> Obwohl die Frauen in ihren Liedern die Laute der Umwelt nachahmen, erstreckt sich dies niemals auf die Männerstimme. [...] Andererseits findet man in religiösen Zeremonien häufig Männer in Frauenkleidern, die durch Falsettsingen eine Angleichung an die weibliche Stimme erzielen wollen. (1955, S. 23)

Mit anderen Worten: Als kulturgeschichtliches Artefakt wurde die hohe Stimmlage durch solche Körper sowohl reproduziert als auch symbolisch repräsentiert, die in ihrer sexuellen Identität nicht ein-

---

[24] Neue didaktische Konzepte zum Thema ›Frau und Musik‹ erarbeiteten z.B. Helmut SEGLER (1986) und Birgit FRISCHE (1991).

deutig festzulegen sind.[25] Hierzu gehören die zum liturgischen Gesang herangezogenen androgynen Knaben,[26] seit dem späten 16. Jahrhundert die in der geistlichen und weltlichen Musik verbreiteten Kastraten (später auch Countertenöre) und schließlich die entsexualisierten Frauen (vgl. auch FRANCO-LAO, 1979, S. 38–53). Während das Stigma der Unfruchtbarkeit bei vorpubertären Knaben und kastrierten Männern keiner weiteren Erklärung bedarf, ist die metaphorisch zugeschriebene Unfruchtbarkeit der Sängerin auf biologistische Theorien seit der Antike zurückzuführen, wie Thomas LAQUEUR in seiner wichtigen quellenkritischen Studie über die *Inszenierung der Geschlechter* nachweisen konnte. Die Meinung, daß korpulente Frauen, Tänzerinnen und Sängerinnen nicht menstruierten, war allgemein verbreitet; sie beruhte darauf, daß die medizinische Parallelisierung von Gebärmutterhals und Rachen eine Ausschließlichkeit der produktiven Kräfte implizierte:

Die Sache mit den Sängerinnen illustriert im übrigen erneut, in welchem Maße etwa, was uns nur als metaphorische Verbindungen zwischen Organen erschiene, damals als etwas Wirkliches mit kausalen Folgen im Körper angesehen wurde. In diesem Fall ist es die Assoziation mit dem Hals, durch den Luft strömt, und dem Gebärmutterhals, durch den das Menstruationsblut fließt: Aktivität am einen Ort zieht von der Aktivität am anderen ab. Metaphorische Verbindungen zwischen Hals und Cervix/Vagina oder Mundhöhle und Scham sind in der Tat Legion, – nicht nur in der Antike, sondern [...] bis ins 19. Jahrhundert. (1992, S. 50f.)

Hatten sich traditionelle Studien über Sängerinnen meist nur um eine Fortschreibung des Mythos der unnahbaren, asexuellen *Großen Primadonnen* (so z.B. ein Titel von Kurt HONOLKA, 1982) wie *die* MALIBRAN, *die* MELBA oder *die* CALLAS bemüht, steht in neueren Arbeiten vor allem das Oszillieren der Geschlechtsidentität in der Gattung Oper und die Projektion sexueller Wünsche auf die Darstellerin im Blickfeld.

---

[25] Zu den Stimmen ›ohne Körper‹ (*Disembodied Voices*), besonders in der Musikpraxis der Nonnen Ende des 16. Jahrhunderts, vgl. MONSON (1992).
[26] Diese Tradition setzte sich fort in den englischen *College Choirs*, in den Kirchenchören (z.B. der Thomanerchor, Leipzig, und der Kreuzchor, Dresden, beide schon im 13. Jahrhundert gegründet) oder auch in den Knaben- bzw. Kinderchören der populären Musik (Sängerknaben, ›Spatzen‹-Chöre etc.).

Die in der Öffentlichkeit der ›Männerwelt Oper‹ wirkende Sängerin ist nur ein weiteres Beispiel für die reproduzierende Musikerin, die, wie aufgezeigt, nur unter gesellschaftlich streng limitierten Bedingungen ihre Berufung ausüben konnte. Catherine CLÉMENT hebt in ihrer grundlegenden Re-Lektüre von Opernstoffen und der Rolle der Frauen im Opernbetrieb die dekorative Funktion des »schönen Geschlechts« hervor:

> Nichts stört die soziale Pyramide, die aus dem Zuschauerraum selbst die Zierde der Oper macht. Nichts wird später, im 19. Jahrhundert […] die Ordnung stören, die sich vom Zuschauerraum aus auf der Bühne widerspiegelt, […] wo Frauen kämpfen, die, kaum daß sie ihre familiäre und zierende Funktion hinter sich gelassen haben, letztendlich bestraft werden, gefallen, verwahrlost oder tot sind. (1992, S. 19)[27]

An diesen ›Frauenrollen‹ kann ein Bild von Weiblichkeit aufgezeigt werden, das im männlichen Diskurs der Künstler- und Genieästhetik im 18. und 19. Jahrhundert verarbeitet wurde. Der »hohe Ton der Sängerin«, wie Jörg THEILACKER das Rauschmittel des opernbegeisterten Publikums der letzten 250 Jahre nennt, ruft drei Aspekte in der Musikliteratur hervor: »physische Annäherung der Musiker an die Frauenstimme [Falsettstimme], Ersetzung der Frauenstimme durch geeignete Instrumente [Violine oder Flöte]« und »als letzte ›Lösung‹ die Zerstörung der Sängerin« (1989, S. 18). Diese Zerstörung wird vor allem in den Opern des 19. Jahrhunderts mit einer reichen Palette an weiblichen Todesarten der Protagonistinnen vorgeführt (vgl. CLÉMENT, 1992, S. 63ff. und 107ff.). Die Sängerin fungiert sowohl auf der Bühne als auch in ihrem ›unwirklichen‹, von den Medien mystifizierten Leben als symbolischer Ort, an dem die großen Themen Sexualität, Tod und Wahnsinn verhandelt werden.

Die *Madwomen* der Oper boten in den Wahnsinnsszenen während der gesamten Operngeschichte der sensationslüsternen Öffentlichkeit Gelegenheit, sich von dämonischen, kranken, sexuell entfesselten, a-sozialen Frauengestalten abzugrenzen und dadurch ihre eigene Identität zu konstituieren (vgl. auch CLÉMENT, 1992, S. 118ff.). Diese Figuren können, wie Susan MCCLARY heraus-

---

[27] Zur Konstruktion der Geschlechterordnung vgl. z.B. zur italienischen Oper des Frühbarock: MCCLARY (1991, S. 35–52) und CUSICK (1993b); zu MOZARTS *Le Nozze di Figaro*: RIEGER (1987a); zu BIZETS *Carmen*: MCCLARY (1992); zu Oper und Operette um 1900: SCHUTTE (1985).

stellt, im Kontext mit den Arbeiten von Michel FOUCAULT zu ›Wahnsinn und Zivilisation‹ (engl. *Madness and Civilization*, 1988) oder von Elaine SHOWALTER zu *The Female Malady: Women, Madness, and the English Culture* (1985) gesehen werden.[28] Allerdings kommt in bezug auf die Sängerin ein wichtiges Moment hinzu. Nur in der Oper wird der Topos der Wahnsinnigen mit einer technischen Brillanz und emotionalen Wirkungskraft verbunden, die die Ambivalenz zwischen der bedrohlichen und zugleich faszinierenden Weiblichkeit noch weiter verstärkt:[29]

> It is reductive, for example, to regard characters such as Lucia as mere victims, in part because of the technical virtuosity required of the singer performing such a role. If the prima donna in such operas can be interpreted as a monstrous display, she also bears the glory of the composition: her moments of excess are its very raison d'être. (MCCLARY, 1991, S. 81)

Ein weiteres Indiz für die symbolische Funktion der Sängerin auf der Opernbühne ist das Phänomen der Hosenrolle, die im Grunde auf die Vorliebe des Vatikans zurückgeht, seit dem späten 16. Jahrhundert für die hohen Lagen zusätzlich zu den Knaben erwachsene, jedoch kastrierte Männer in die Sixtinische Kapelle aufzunehmen. Die *musici*, wie die Sopranisten und Altisten auch genannt wurden, hatten gegenüber Knaben und Frauen den Vorteil, durch ihren ›männlichen‹ Brustraum über ein größeres Stimmvolumen zu verfügen. Das Kastratentum wurde schnell populär, vor allem in der Oper, da Frauen z.B. in Rom (durch ein Edikt von Papst SIXTUS V.) der Zugang zu den Bühnen verwehrt war. Ende des 18. Jahrhunderts verbot die Kirche das überhand nehmende Kastratentum,[30] das vor allem in den italienischen Opernstädten Venedig, Rom und Neapel einen wahren Kult hervorgerufen hatte. Die Sopran- und Altrollen der männlichen Protagonisten wurden

---

[28] Hierzu gehört auch von Sandra M. GILBERT / Susan GUBAR: The Madwoman in the Attic. The Woman Writer and the Nineteenth-Century Literary Imagination, New Haven 1979.
[29] Zur musikalischen Analyse früher virtuoser Wahnsinnsszenen bei Monteverdi u.a. vgl. ROSAND (1992).
[30] Innerhalb des Vatikans waren Kastraten jedoch weiterhin präsent: Der letzte Kastrat der Sixtinischen Kapelle, Alessandro MORESCHI, verstarb erst 1922 (eine CD mit Aufnahmen aus den Jahren 1902–1904 erschien 1984).

mit der Zeit von Frauen übernommen,[31] um die musikalische Rollencharakteristik der Stimmlagen nicht zu verschieben. Auf diese Weise korrelierte zwar das biologische Geschlecht wieder mit der Stimmlage, nicht aber mit dem Rollenfach, während bei der Kastratenbesetzung das biologische Geschlecht mit dem Rollenfach, nicht aber mit der Stimmlage übereingestimmt hatte.[32] Die Tradition der Hosenrolle, die sich durch ihre ›Renaissance‹ in den Opern von Richard STRAUSS bis ins 20. Jahrhundert fortsetzen konnte, fordert mit dem ihr eigenen Oszillieren der geschlechtlichen Identität (wie sie vom Publikum wahrgenommen wird: Stimme/Körperbau etc. weiblich, Rollenverhalten/Kostüm männlich), eine genusspezifische Lesart geradezu heraus. Im Rahmen dieser ›androgynen Utopie‹ erscheinen Sängerinnen ausschließlich als *junge* Männer, deren soziale Rolle sich noch nicht gefestigt hat oder nur von geringer Bedeutung ist (daher auch die Bezeichnung ›Pagenrollen‹) und deren weiblicher Anteil (im Sinne Sigmund FREUDS) noch nicht überwunden wurde. In ihrer kritischen Untersuchung der Rolle des Cherubino in MOZARTs *Le Nozze di Figaro* gibt Gerlinde HAAS folgende Aspekte zu bedenken: Zur Verkehrung der sozialen Ordnung, wie sie mit dem revolutionär engagierten Drama BEAUMARCHAIS' vorgegeben ist, kommt innerhalb der aus der Antike herrührenden Tradition der »verkehrten Welten« auch die »Verkehrung der Geschlechter« hinzu; da es zudem »für einen Mann unmöglich oder vielmehr unzumutbar war, seinen weiblichen Anteil zu leben«, wird »– im Sinne eines geschickten dramaturgischen Kniffes – eine Frau der Rolle ›unterschoben‹« (1991, S. 666). Nach einer Untersuchung der im Repertoire etablierten Hosenrollen kommt Gerd UECKER zu dem Schluß, daß die *Sehnsucht nach dem dritten Geschlecht* (so der Titel des Aufsatzes) sich nach verschiedenen Charakteristika differenzieren lasse, die

---

[31] Frauen hatten – im Gegensatz zur Instrumentalmusik – nur im Sologesang institutionell abgesicherte Möglichkeiten der Ausbildung: »Daß in Deutschland schon im 18. Jahrhundert Schulen für Opernsängerinnen existierten (Dresdner Opernschule seit 1746, Hillers Singschule in Leipzig seit 1771), war eine Maßnahme gegen die übermächtige Konkurrenz der italienischen Primadonnen [und Kastraten, Anm.] gewesen.« (HOFFMANN, 1992a, S. 83)

[32] Werkbeispiele aus dieser Umbruchszeit sind z.B. GLUCKs *Orpheo ed Euridice* (UA Wien 1762) oder MOZARTs *Idomeneo* (UA München 1781). Beide Komponisten reagierten mit einer Umschrift der Kastratenpartien zu Tenorpartien auf die schwindende Akzeptanz der kastrierten Sänger (in Paris und Wien).

aber alle zur Entsexualisierung der Rolle – und zugleich der Darstellerin – bzw. zur letztlichen Sublimation der übereinander gelagerten erotischen Reize beitragen: (1) das »transvestitische Grundelement, meist der Komik verhaftet und als körperlich-sinnliche erotische Komponente ins Spiel kommend«, (2) das »hermaphroditische Stadium einer noch äußerlichen, jedoch bereits sublimierten Überlagerung weiblicher und männlicher Signifikanzen« und (3) das »androgyne Erscheinungsbild als Artefakt [...] als graduelle Aufhebung bestimmter geschlechtsrelevanter Kriterien innerhalb des dialektischen Spannungsfeldes zwischen dem Männlichen und dem Weiblichen« (1986, S. 133).

Unter diesem in die homoerotische Sphäre tendierenden Aspekt, der nicht nur auf die Hosenrolle zutrifft, werden die Arbeiten zur Opernästhetik evident, die sich mit der Konzeption und Rezeption von Werken beschäftigen, die vor allem im Zusammenhang mit homosexuellen Männern stehen:[33] So beleuchtet Philip BRETT (1993) die Opern von Benjamin BRITTEN, und Mitchell MORRIS (1993) versucht die Bedeutung der amerikanischen homosexuellen Opernfans, der *opera queens*, in ihrem subkulturellen Selbstverständnis zu skizzieren. Die besondere Affinität von homosexuellen Männern zu Oper und Divenkult, die vor allem auf dem transvestitischen Aspekt der Geschlechterverkehrung basiert, zeigt sich auch in Opernfilmen wie *Mascara* (1978) und *M. Butterfly* (1988). Carolyn ABBATE erläutert, daß sowohl in den – in der homosexuellen Subkultur angesiedelten – Filmen als auch auf der Opernbühne Sängerinnen nur einmal mehr als Instrument der Geschlechterdebatte fungieren. Dieser Tatbestand könne aber auch ›gegen den Strich‹ gelesen werden, da – im Gegensatz zur Instrumentalmusik – das Geschlecht des Interpreten, vor allem das der Interpretin, für das Opernwerk von zentraler Bedeutung sei; evident wird dieser Umstand bei Rollen, die ursprünglich für Kastrat komponiert, für Tenor umgeschrieben und letztlich als Hosenrolle mit einer Frau besetzt wurden (vgl. Anm. 32):

For if libretto plots struggle against the narrative by portraying operatic women as objects, by killing them when they are at their most dangerous, the history of voice-types for Orfeo gives us at least one plot that is different: how opera, with

---

[33] Inwieweit eine nicht-heterosexuelle Perspektive überhaupt andere Ansätze für die Musikwissenschaft impliziert, zeigt der Band von BRETT/THOMAS/WOOD (1993).

music that subverts the borders we fix between the sexes, speaks for the envoicing of women. (ABBATE, 1993, S. 258)

5. »Und sie komponier(t)en doch«[34]

Ein typisches Beispiel für die lange herrschende Meinung, daß Frauen nicht komponieren können, lieferte der amerikanische Musikkritiker George TRUMBULL LADD im Jahr 1917. Er wies auf den Mangel an natürlichen Fähigkeiten hin und begründete allein mit seiner Beobachtung, daß Frauen in keinem berühmten Musikerlexikon erscheinen, die These, daß es somit Komponistinnen nie gegeben habe. Dies wiederum beweise, daß Frauen nicht komponieren können (nach KUBISCH, 1979, S. 46). Damit stand LADD in einer Tradition des Ignorierens und/oder Abwertens, die zum Teil bis heute andauert, obwohl mittlerweile bereits ein größeres Repertoire an enzyklopädischen Werken[35] sowie Spezialstudien über Werke und Biographien von Komponistinnen vorliegt.[36] Die Erkenntnis, daß es trotz sozialer und gesellschaftlicher Sanktionen in der gesamten, jahrhundertelangen Geschichte der Musik Komponistinnen gab, setzt sich erst relativ langsam auch im musikwissenschaftlichen Kanon durch. Da komponierende Frauen ohne Einbindung in den Schöpfer- und Geniemythos auskommen mußten (vgl. hierzu RIEGER, 1988, S. 105–124) und ihre Kompositionen von vornherein als dilettantisch eingestuft wurden, gerieten die Werke zumeist in Vergessenheit. Daß diese Tatsache gerade nicht mit der mangelnden Qualität der Kompositionen von Frauen begründet werden kann, belegen z.B. die Werke von Barbara STROZZI, Francesca CACCINI, Elisabeth JACQUET DE LA GUERRE, Clara SCHUMANN, Lili BOULANGER oder Ethel SMYTH.[37]

Viel früher als die eigentliche Beschäftigung mit den Werken von Komponistinnen setzte die Biographieschreibung ein, nachdem in zahlreichen historischen Musiklexika voriger Jahrhunderte immerhin die Namen einiger musizierender Frauen erwähnt wurden.

---

[34] So der Titel des didaktischen Konzepts von Birgit FRISCHE (1991).

[35] Zu biobibliographischen Lexika vgl. die Sigle [A] im Literaturverzeichnis.

[36] Besonders häufig wurde ›der Fall‹ Clara SCHUMANN bearbeitet, vgl. die Arbeiten von Beatrix BORCHARD (1991a und b, 1992), Janina KLASSEN (1990), Nancy B. REICH (1991) und Eva WEISSWEILER (1991).

[37] Die Namensnennung soll keine Wertung gegenüber unzähligen, in diesem Beitrag nicht genannten Komponistinnen bedeuten.

So finden sich z.B. in der *Oxford History of Music* (1801) und der *Biographie universelle des musiciens et bibliographie générale de la musique* von François-Joseph FÉTIS (8 Bde., 1833–44) auch Namen von Musikerinnen und Komponistinnen. Eines der ersten Nachschlagewerke, das nur Komponistinnen verzeichnet und nach der Jahrhundertwende weit verbreitet war, stammt von Otto EBEL (1902). In den letzten Jahrzehnten legten zahlreiche Arbeiten von Musikwissenschaftlerinnen – und in den letzten Jahren auch Musikwissenschaftlern – die Basis für vertiefende Studien der Werke von Frauen (vgl. z.B. die Quellensammlungen von BOGIN, 1976; NEULS-BATES, 1982; RIEGER, 1980). Die Beantwortung der »compensatory questions« (BOWERS/TICK, 1986, S. 11), die in Zukunft noch verstärkt betrieben werden muß, läuft jedoch häufig Gefahr, lediglich Daten und Fakten aneinanderzureihen oder ein einseitiges Bild der Frauen zu zeichnen.[38] Für ein neues Verständnis der (Musik-)Geschichte bedarf es vieler weiterer Fragen – und Antworten; dabei sind musikwissenschaftliche Arbeiten richtungweisend, die unter Einbeziehung der Geschlechterdifferenz in den letzten Jahren vor allem in den USA enstanden (z.B. CITRON, 1993b; SHEPERD, 1991; SOLIE, 1993b).

Vermehrt stellen sich auch Fragen nach einer genusspezifischen Ästhetik, d.h.: komponieren Frauen anders als Männer (GRONEMEYER, 1984; RIEGER, 1984b, 1985, 1992a; MCCLARY, 1991) und, wenn dies der Fall sein sollte, wie kann dann eine spezifische Ästhetik in den einzelnen Werken durch die Analyse der kompositorischen Mittel belegt werden? Bevor nicht mehr Werke von Komponistinnen untersucht und verglichen wurden, sind noch keine eindeutigen Antworten darauf möglich. Jane BOWERS z.B. ist davon überzeugt, daß es auch für die Musik gilt – in Anlehnung an den Entwurf Elaine SHOWALTERs für die Literaturwissenschaft –, den »Unterschied in Stil, Themenbildung, Genres und Strukturen der Musikwerke, die von Frauen geschrieben wurden«, zu untersuchen. Dabei stellen die Kategorien *race* und *class*, Nationalität und Geschichte »ebenso signifikante Determinanten« dar wie das Geschlecht (1992, S. 28). Marcia J. CITRON dagegen geht nicht von einer kollektiven ›weiblichen Erfahrung‹ aus; sie hält es für unmöglich, einen ›musikalischen Essentialismus‹ zu vertreten, da Frauen nicht in einer reinen Frauengesellschaft sozialisiert werden.

---

[38] Methodische Überlegungen zur ›Biographik unter postmodernen Bedingungen‹ bietet SOLIE (1993a).

Vielmehr haben auch Komponistinnen die Tendenz, patriarchal geprägter Ästhetik und Theorie zu folgen, die sie im Laufe ihrer Erziehung internalisiert haben (1994, S. 17).

Festzustellen ist aber, daß sich Frauen in der Musikgeschichte auf bestimmte Formen der Komposition spezialisierten. Weil jahrhundertelang, vor allem aber im 19. Jahrhundert, die Frau auf den privaten, häuslichen Bereich eingeschränkt wurde, herrschen bei den Kompositionen musikalische Kleinformen wie z.B. instrumentale Kammermusik und Lieder vor (z.B. in den Werken von Juliane REICHARDT, Josephine LANG, Johanna KINKEL; vgl. auch CITRON, 1986). Die Kompositionen von Großformen wie Oper und Konzert (z.B. Francesca CACCINI, Maria Teresa AGNESI PINOTTINI, Maria Theresia VON PARADIS oder Ethel SMYTH) finden sich zumeist bei Komponistinnen, die sich aufgrund ihrer Tätigkeit als Sängerinnen oder Instrumentalistinnen bereits einen gewissen Zugang zu professioneller Öffentlichkeit in den musikalischen Institutionen (Opernhäuser, Orchester u.a.) erarbeitet hatten.

Wie bereits Jane BOWERS herausgestellt hat (1992), kommt in Zukunft der interdisziplinären Zusammenarbeit – z.B. zwischen der traditionellen Musikwissenschaft und der Musikethnologie, Soziologie, Volkskunde, Pädagogik und Psychologie – eine besondere Bedeutung zu, um u.a. eine angemessene Einordnung und Bewertung von Komponistinnen und ihren Werken in den größeren Zusammenhang der Musikgeschichte vornehmen zu können. Vor allem sind Fragen anzugehen, die sich im Zusammenhang mit der Bedeutung von Komponistinnen innerhalb einzelner ›Epochen‹ stellen (vgl. ROKSETH: *Die Musikerinnen des 12. bis 14. Jahrhunderts*, 1935/1992; BALDAUF-BERDES: *Woman Musicans of Venice. Musical Foundations 1525–1855*, 1993). Daneben gilt es, die Beziehungen zwischen Komponistinnen und lokalen Musiktraditionen (z.B. die Bedeutung Johanna KINKELs für das Bonner Musikleben) sowie innerhalb intellektueller Kreise (z.B. Germaine TAILLEFERRE und die *Nouveaux Jeunes* und *Groupe des Six*) zu untersuchen.

6. Schlußdiskussion

»The historical links between the essentialisms of race and gender are unmistakable.« Dieses Fazit zieht Leo TREITLER, nachdem er die Musikgeschichte unter den Aspekten von ›Genus und anderen Dualismen‹ hat Revue passieren lassen (1993, S. 44). Das

»Andere« (nach Simone DE BEAUVOIR) ist das ›andere‹ Geschlecht – sind die Frauen. Aber auch der eurozentrische Standpunkt der westlichen Musikästhetik und das soziokulturelle Problem von ›hoher Musik‹ als Privileg ›höherer‹ Schichten erfordere eine Revision, legt man die philosophisch grundlegenden Differenzen von Emotion und Ratio, Natur und Kultur etc. als Basis für die asymmetrischen Verhältnisse bezüglich *gender, race and class* zugrunde.

Die Berücksichtigung dieser drei Kategorien bringt für die Musikwissenschaft ein Aufbrechen von traditionellen Schranken der Forschung (vgl. auch CITRON, 1993a; MCCLARY, 1991, 1993b und 1994; SOLIE, 1993b, Introduction) mit folgenden Konsequenzen mit sich:

(1) Eine neue Musikgeschichtsschreibung erfordert die Berücksichtigung sozialer Implikationen. Dies hat zur Folge, daß nicht mehr ausschließlich der traditionelle Kanon männlicher Kompositionen darzustellen ist, sondern die Ausschlußmechanismen mittels der Genus-Kategorie berücksichtigt und Komponistinnen adäquat in eine Gesamtdarstellung der Musikgeschichte ›eingeschrieben‹ werden müssen (vgl. auch das Vorwort von BOWERS/TICK, 1986, S. 3–14). Wie Nancy B. REICH betont, ist die Frage nach den Frauen in der Musik gleichzeitig *A Question of Class* (1993). Nur vor dem Hintergrund von Heirat, Mutterschaft, Professionalisierung, Schichtenzugehörigkeit (vor allem im 19. Jahrhundert: Bürgertum oder Adel), Lebensunterhalt etc. können an die Musikausübung und Kompositionen der Frauen angemessene Wertungsmaßstäbe angelegt werden. Wenn dieser Ansatz konsequent verfolgt werden kann, impliziert dies eine Umwertung des musikalischen Kanons, der sich traditionellerweise aus Werken männlicher ›Genies‹ und (davon meist ausgenommen) der ›Kleinmeister‹ zusammensetzt.

(2) Diese Kritik am Kanon bedeutet für die Musik, das Standardrepertoire der Konzertsäle und Opernhäuser ebenso wie den universitären Werkekanon aufzubrechen (CITRON, 1993b und 1994). Hierzu müssen die Mechanismen aufgedeckt werden, die die geschlechtsabhängige Wertung in der Rezeption und Kritik (»gender-linked evaluation«) forciert haben. Diese ist wiederum eng verbunden mit der Wertung der musikalischen Formen: Da sich Frauen zumeist auf kammermusikalische Genres konzentriert hatten, sind sie vom auf große Formen fixierten Kanon (mit der

größeren Publikumsresonanz) per se ausgeschlossen. Es müssen also auch die Räume (»Women's and Men's Spheres«) der aufgeführten Musik berücksichtigt werden, so daß der Kanon nicht mehr ausschließlich über die öffentlichen Aufführungsräume konstituiert werden kann.

(3) Die Überwindung der eurozentrischen Perspektive, die sich auf die Musiktradition Europas und der USA beschränkt, ist mittels der Genus-Forschung in der Musikethnologie möglich. Wenn die Differenz als konstitutives Element soziokultureller Kontexte interpretiert wird, folgt daraus in der Konsequenz, die ethnische Zugehörigkeit und die genusspezifische Relevanz gemeinsam zu betrachten. Ansätze dazu liegen bereits vor (z.B. KOSKOFF, 1987; HERNDON/ZIEGLER, 1990; ROBERTSON, 1993).

(4) Die Frage der Schichtenzugehörigkeit erfordert in hohem Maße eine Überwindung von disziplinären Schranken, die die Trennung der populären U- von der ›hohen‹ E-Musik bisher festlegten. Erste Untersuchungen zu Jazz, Pop und Rock lieferten z.B. PLACKSIN, 1989; HOKE, 1991; MCCLARY, 1991, S. 148ff.; TURAN, 1992; WALSER, 1993. Besonderer Stellenwert kommt hier der Filmmusik zu – sie wurde mittlerweile als Medium geschlechtsspezifischer Ideologien ›entlarvt‹ (vgl. KALINAK, 1982; FLINN, 1986 und 1992; SILVERMAN, 1984; RIEGER, 1994).

(5) Die Berücksichtigung der genannten Kriterien führt für Suzanne G. CUSICK dazu, nach einem übergreifenden Ansatz zu suchen, der sich nicht mehr auf die bloße soziale Rolle im Musikbetrieb konzentriert, die durch die drei Faktoren *gender, race and class* festgelegt ist (1994a). Gerade für die Musik erscheint es in Zusammenhang mit der modernen feministischen Theorie paradox, sie losgelöst von körperlichem Ausdruck und Empfindung zu betrachten. Wenn das Geschlecht nach Judith BUTLER immer wieder durch *performances* gesellschaftlich konstruiert wird (1990), trifft dies besonders für jede Aufführung und Rezeption musikalischer Werke zu. Das *Mind/Body*-Problem in der Musik könne mit neuen Überlegungen gelöst werden, die auf die körperlichen und geistigen Prozesse des *gendering* eingehen.[39]

---

[39] CUSICK (1994a, S. 14f.): »If bodily performances can be both constitutive *of* gender and metaphors *for* gender, then we who study the results of bodily performances like music might profitably look to our subject as a set of scripts for bodily performances which may actually constitute gender for the perform-

An der Debatte von Ruth A. SOLIE und Pieter VAN DEN TOORN sind die Vorbehalte der traditionellen Musikwissenschaft gegen die Genusforschung mehr als deutlich abzulesen. Ausgehend von den Arbeiten Susan MCCLARYs, besonders ihren auf den Konnex von Macht und Sexualität abzielenden BEETHOVEN-Analysen, holt VAN DEN TOORN zum ›Rund-um-Schlag‹ gegen die gesamte feministische Musikwissenschaft und den Feminismus im allgemeinen aus (1991). Allein, weil er sich durch die Interpretationen MCCLARYs als Mann angegriffen fühlt, weist er ›die Frauen‹ in die Schranken einer sozialpolitischen Bewegung zurück, ohne dabei das *gender*-Konzept zur Kenntnis genommen zu haben (1991, S. 295-299). Erstaunlich sind hier nun nicht die seit dem Beginn der Neuen Frauenbewegung immer wieder zitierten Argumente des ›allgemein Menschlichen‹, die VAN DEN TOORN als eine die Geschlechterdifferenz ausgleichende Alternative vorschlägt; – erstaunlich ist, daß Ruth A. SOLIE sich genötigt sah, Partei für MCCLARY zu ergreifen und in einem Gegenaufsatz einige Grundzüge der feministischen Wissenschaft zu referieren. Sie verwehrt sich gegen eine idiosynkratisch ästhetizistische Sicht auf musikalische Werke, die nicht den Menschen, sondern den Werken dienen soll, denn feministische (Musik-)Wissenschaft versucht immer auch, soziokulturelle und politische Aspekte in die Analysen einzubeziehen. Außerdem weist sie darauf hin, daß die Essentialismusdebatte des Feminismus nichts mit dem von VAN DEN TOORN unterstellten Separatismus zu tun hat, ja daß sogar die Identität des feministischen ›Wir‹ neu zu hinterfragen ist, wie dies auch von Judith BUTLER vorangetrieben wurde (1990). Feministische Musikwissenschaft bedeutet für SOLIE (die nicht immer, aber in diesem Punkt mit MCCLARY übereinstimmt), daß für ein Verstehen der gesellschaftlichen Werte – und damit meint SOLIE umfassend die durch *gender, race and class* bedingten Werte – auch die »großen Werke« der Musik herangezogen werden müssen (1991, S. 400-410).

Der Legitimationszwang, dem sich SOLIE hier ausgeliefert sieht, ist auch an den regen Diskussionen in den musikwissenschaftlichen Fachzeitschriften und an vielen Vorworten zu genusspezifischen Arbeiten abzulesen. Es bleibt zu wünschen, daß sich diese Rechtfertigungsstrategien in ein neues Selbstverständnis wandeln.

---

ers and which may be recognizable as metaphors of gender for those who witness the performers' displays.«

7. Literatur

[A] Bibliographien, Diskographien und Lexika
[B] Musikgeschichten und musikhistorische Einzeldarstellungen (Mentalitäts- und Sozialgeschichte, Biographisches)
[C] Musikethnologische und musikpädagogische Untersuchungen
[D] Theoretische und methodische Überlegungen zu einer feministischen Musikwissenschaft
[E] Analytische Arbeiten

ABBATE, Carolyn: Opera; or, the Envoicing of Women, in: SOLIE, 1993b, S. 225–258. [D, E]

ADLER, Guido: Handbuch der Musikgeschichte, 3 Bde., 2. Aufl., Berlin-Wilmersdorf 1930 (Fotomechan. Nachdruck Tutzing 1975).

AMMER, Christine: Unsung. A History of Women in American Music, Westport, Conn./London 1980 (Contributions in Women's Studies 14). [B]

AUSTERN, Linda Phyllis: Love, Death, and Ideas of Music in the English Renaissance, in: Kenneth R. BARTLETT / Konrad EISENBICHLER / Janice LIEDL: Love and Death in the Renaissance, Ottawa 1991 (Dovehouse Studies in Literature, Nr. 3). [B]

AUSTERN, Linda Phyllis: Music and the English Renaissance Controversy over Women, in: COOK/TSOU, 1994, S. 52–69. [B]

AUSTERN, Linda Phyllis: ›Sing again Syren‹. The Female Musician and Sexual Enchantment in Elizabethan Life and Literatur, in: Renaissance Quarterly 42, 1989, S. 420–448. [B]

BACHMANN, Werner: Bilddarstellungen der Musik im Rahmen der artes liberales, in: Walter GERSTENBERG u.a. (Hg.): Bericht über den internationalen musikwissenschaftlichen Kongreß Hamburg 1956, Kassel/Basel 1957, S. 46–55.

BAGNALL YARDLEY, Anne: »Ful weel she soong the service dyvyne«: The Cloistered Musician in the Middle Ages, in: BOWERS/TICK, 1986, S. 15–38. [B, E]

BALDAUF-BERDES, Jane L.: Women Musicians of Venice. Musical Foundations, 1525–1855, Oxford 1993 (Oxford Monographs on Music). [B]

BERNHARDT, Karl-Fritz: Zur musikschöpferischen Emanzipation der Frau, in: Walter GERSTENBERG u.a. (Hg.): Bericht über den internationalen musikwissenschaftlichen Kongreß Hamburg 1956, Kassel/Basel 1957, S. 55–58.

BESSIÈRES, Yves / NIEDZWIECKI, Patricia: Frauen und Musik, hg. von der Kommission der Europäischen Gemeinschaften, Brüssel 1985 (Frauen Europas, Nachtrag Nr. 22). [B]

BLOCH, Ernst: Das Prinzip Hoffnung, 3 Bde., Frankfurt a.M. 1973.

BOGIN, Meg: The Women Troubadours, New York/London/Ontario 1976. [A, B]

BORCHARD, Beatrix: Clara Schumann – Annäherungen, in: HOFFMANN/RIEGER, 1992, S. 95–107. [B]

BORCHARD, Beatrix: Clara Schumann. Ihr Leben, Frankfurt a.M./Berlin 1991 (1991a). [B]

BORCHARD, Beatrix: Clara Wieck und Robert Schumann. Bedingungen künstlerischer Arbeit in der ersten Hälfte des 19. Jahrhunderts, 2. Aufl., Kassel 1991 (Furore-Edition 856) (1991b). [B]
BORCHARD, Beatrix: Künstlerleben und Frauenschicksal. Gedanken zur aktuellen Biographieschreibung über Maria Callas, in: Neue Zeitschrift für Musik 155, Heft 7, 1994, S. 22–26. [B]
BOWERS, Jane: Feministische Forschung in der amerikanischen Musikwissenschaft, in: HOFFMANN/RIEGER, 1992, S. 20–38. [D]
BOWERS, Jane / Judith TICK (Hg.): Women Making Music. The Western Art Tradition, 1150–1950, Urbana/Chicago 1986. [B]
BRETT, Philip: Britten's Dream, in: SOLIE, 1993b, S. 259–280. [E]
BRETT, Philip / Gary THOMAS / Elizabeth WOOD (Hg.): Queering the Pitch: The New Gay and Lesbian Musicologies, New York 1993. [B, D, E]
BRISCOE, James R. (Hg.): Historical Anthology of Music by Women, Bloomington 1987. [A, B]
BRONFEN, Elisabeth: Nur über ihre Leiche. Tod, Weiblichkeit und Ästhetik, München 1994 (orig. Over Her Dead Body. Death, Femininity and the Aesthetic, Manchester 1992).
BUDDS, Michael J.: African-American Women in Blues and Jazz, in: PENDLE, 1991, S. 282–297. [B]
BUSONI, Ferruccio: Entwurf einer neuen Ästhetik der Tonkunst. Text der zweiten Fassung von 1916, Hamburg 1973.
BUTLER, Judith: Gender Trouble. Feminism and the Subversion of Identity, New York/London 1990 (dt. Das Unbehagen der Geschlechter, Frankfurt a.M. 1991).
CASH, Alice H.: *Feminist Theory and Music: Toward a Common Language.* School of Music, University of Minnesota, Minneapolis 26–30 June 1991 (Conference Report), in: Journal of Musicology 9, 1991, S. 521–532. [D]
CITRON, Marcia J.: *Beyond Biography*: Seventh International Congress of Women in Music, Utrecht, The Netherlands 29 May–2 June 1991; Music and Gender Conference, King's College, London 5–7 July 1991 (Conference Report), in: Journal of Musicology 9, 1991, S. 533–543. [D]
CITRON, Marcia J.: Feminist Approaches to Musicology, in: COOK/TSOU, 1994, S. 15–34. [D]
CITRON, Marcia J.: Gender and the Field of Musicology, in: Current Musicology 53, 1993, S. 66–75 (1993a). [D]
CITRON, Marcia J.: Gender and the Musical Canon, Cambridge 1993 (1993b). [B, D]
CITRON, Marcia J.: Gender, Professionalism and the Musical Canon, in: Journal of Musicology 8, 1990, S. 102–117. [B, D]
CITRON, Marcia J.: Women and the Lied, 1775–1850, in: BOWERS/TICK, 1986, S. 224–248. [B, E]
CLÉMENT, Catherine: Die Frau in der Oper: besiegt, verraten und verkauft. Aus dem Französischen von Annette Holoch, Stuttgart 1992 (orig. L'opéra ou la défaite des femmes, Paris 1979). [E]
COHEN, Aaron I.: International Discography of Women Composers, Westport, Conn. 1984. [A]

COHEN, Aaron I.: International Encyclopedia of Women Composers, 2 Bde., 2. Aufl., New York/London 1987. [A]

College Music Society (Hg.): Women's Studies/Women's Status, Boulder 1988 (CMS Report, Nr. 5). [A]

COMBERIATI, Carmelo P. / Ralph P. LOCKE (Hg.): Gender and Music, in: Journal of Musicological Research 14, 1994 (Special Issue). [B, D, E]

COOK, Susan C. / Judy S. TSOU (Hg.): Cecilia Reclaimed. Feminist Perspectives on Gender and Music, Urbana/Chicago 1994. [B, D, E]

CUSICK, Suzanne G.: Feminist Theory, Music Theory, and the Mind/Body Problem, in: Perspectives of New Music 32, 1994, S. 8–27 (1994a). [D]

CUSICK, Suzanne G.: Gendering Modern Music: Thoughts on the Monteverdi-Artusi Controversy, in: Journal of the American Musicological Society (JAMS) 46, 1993, S. 1–25 (1993a). [B]

CUSICK, Suzanne G.: Of Women, Music, and Power: A Model from Seicento Florence, in: SOLIE, 1993b, S. 281–304 (1993b). [B, E]

CUSICK, Suzanne G.: ›There was not one lady who failes to shed a tear‹: Arianna's Lament and the Construction of Modern Womanhood, in: Early Music 22, 1994, S. 21–41 (1994b). [B, E]

DAME, Joke: Stimme innerhalb der Stimme. Genotext und Phänotext in Berios »Sequenza III«, in: HOFFMANN/RIEGER, 1992, S. 144–157. [D, E]

DRECHSLER, Nanny: Nur Elfenbein und Orchidee? Zur Erneuerung der Musikwissenschaft aus feministischer Perspektive, in: Neue Zeitschrift für Musik 155, Heft 7, 1994, S. 4–9 (1994a). [D]

DRECHSLER, Nanny: »Mythos und Metamorphose – zur Imagination des Weiblichen in der Musik«, Vortrag gehalten auf der Tagung »Hat Musik ein Geschlecht?«, München, 22.2.1994 (1994b). [D, E]

DRINKER, Sophie: Die Frau in der Musik. Eine soziologische Studie, Zürich 1955 (orig. Music and Woman. The Story of Women and their Relation to Music, New York 1948). [C]

EBEL, Otto: Women Composers. A Biographical Handbook of Woman's Work in Music, Brooklyn, N.Y. 1902, 3. Aufl. 1913 (franz. Les femmes compositeurs de musique. Dictionaire, biographies, Paris 1910). [A, B]

EDWARDS, J. Michele: Women in Music to ca. 1450, in: PENDLE, 1991, S. 8–28. [B]

EGGEBRECHT, Hans Heinrich: Musik im Abendland. Prozesse und Stationen vom Mittelalter bis zur Gegenwart, München/Zürich 1991.

ELLIS, Havelock: Mann und Weib. Eine Darstellung der sekundären Geschlechtsmerkmale beim Menschen, 2. Aufl., Würzburg 1909.

FLINN, Caryl: The ›Problem‹ of Femininity in Theories of Film Music, in: Screen 27, Heft 11/12, 1986, S. 56–72. [D, E]

FLINN, Caryl: Strains of Utopia. Gender, Nostalgia, and Hollywood Film Music, Princeton 1992. [B, E]

FRANCO-LAO, Meri: Hexenmusik. Zur Erforschung der weiblichen Dimension in der Musik, München 1979 (orig. Musica Strega, Rom 1976). [B]

FRASIER, Jane: Women Composers – A Discography, Detroit 1983. [A]

FRISCHE, Birgit: Und sie komponier(t)en doch – Frau und Musik – Modelle für den Musikunterricht der Sekundarstufe II, Bielefeld 1991. [C]

FULLER, Sophie / Nicola LEFANU: Reclaiming the Muse, in: Contemporary Music Review 11, 1994 (Special Issue). [A, B]

GARVEY JACKSON, Barbara: Musical Women of the Seventeenth and Eighteenth Centuries, in: PENDLE, 1991, S. 54–94.

GRADENWITZ, Peter: Literatur und Musik in geselligem Kreise. Geschmacksbildung, Gesprächsstoff und musikalische Unterhaltung in der bürgerlichen Salongesellschaft, Stuttgart 1991. [B]

GRONEMEYER, Gisela: Voice is the Original Instrument. Die weibliche Avantgarde in den USA, in: Neue Zeitschrift für Musik 145, Heft 7/8, 1984, S. 4–7. [B]

GRUBER, Clemens M.: Nicht nur Mozarts Rivalinnen. Leben und Schaffen der 22 österreichischen Opernkomponistinnen, Wien 1990. [B]

HAAS, Gerlinde: Ein Aspekt bürgerlicher Musikkultur – dargestellt anhand eines »Musikeralbums«, in: Heide DIENST / Edith SAURER (Hg.): »Das Weib existiert nicht für sich«: Geschlechterbeziehungen in der bürgerlichen Gesellschaft, Wien 1990 (Österreichische Text zur Gesellschaftskritik, Bd. 48), S. 162–173. [B]

HAAS, Gerlinde: »Harmonik für Damen«, in: Musicologica Austriaca 8, 1988, S. 73–82 (1988a). [B, E]

HAAS, Gerlinde: Musikarchäologie aus ›anderer‹ Sicht, in: Othmar WESSELY (Hg:): Studien zur Musikwissenschaft, Tutzing 1987 (Beihefte der Denkmäler der Tonkunst in Österreich, Bd. 38), S. 7–21. [B, D]

HAAS, Gerlinde: Spielarten der Erotik. Zur Hosenrolle in Le Nozze di Figaro, in: Ingrid FUCHS (Hg.): Internationaler Musikwissenschaftlicher Kongreß zum Mozartjahr 1991, Baden b. Wien, Bericht, Tutzing, 1993, S. 659–657. [E]

HAAS, Gerlinde: Die Syrinx in der griechischen Bildkunst, Wien/Köln/Graz 1985 (Wiener Musikwissenschaftliche Beiträge, Bd. 11). [B]

HAAS, Gerlinde: »Ein Urteil läßt sich widerlegen aber niemals ein Vorurteil.« Gedanken zur Konzeption eines Komponistinnenporträts, in: Othmar WESSELY (Hg.): Studien zur Musikwissenschaft, Tutzing 1988 (Beihefte der Denkmäler der Tonkunst in Österreich, Bd. 39), S. 387–399 (1988b). [B]

HAGSTRUM, Jean H.: Sex and Sensibility. Ideal and Erotic Love from Milton to Mozart, Chicago/London 1980. [B]

HAUSEN, Karin: Die Polarisierung der »Geschlechtscharaktere« – Eine Spiegelung der Dissoziation von Erwerbs- und Familienleben, in: Werner CONZE (Hg.): Sozialgeschichte der Familie in der Neuzeit Europas, Stuttgart 1976, S. 363–393.

HAUSTEIN, Marianne: Determinanten und Auswirkungen des Instrumentalspiels unter besonderer Berücksichtigung der Frau in der Musikwelt, Wien (Diss.) 1993. [B, C]

HENCK, Herbert / Gisela GRONEMEYER / Deborah RICHARDS (Hg.): Neuland. Ansätze zur Musik der Gegenwart. Bergisch Gladbach 1983/84 (Jahrbuch, Bd. 4). [B, E]

HENTSCHEL, Frank: Das »Ewig-Weibliche« – Liszt, Mahler und das bürgerliche Frauenbild, in: Archiv für Musikwissenschaft 51, 1994, S. 274–293. [B, E]

HERNDON, Marcia / Susanne ZIEGLER (Hg.): International Council for Traditional Music. ICTM Study Group on Music and Gender, Wilhelmshaven 1990 (Music, Gender, and Culture. Intercultural Music Studies 1). [C]

HIXON, Don L. / HENNESSEE, Don A.: Women in Music: A Biobibliography, 2 Bde., 2. Aufl., Metuchen, N.J./London 1993. [A, B]

HOFFMANN, Freia: Institutionelle Ausbildungsmöglichkeiten für Musikerinnen in der ersten Hälfte des 19. Jahrhunderts, in: HOFFMANN/RIEGER, 1992, S. 77–93 (1992a). [B, C]

HOFFMANN, Freia: Instrument und Körper. Die musizierende Frau in der bürgerlichen Kultur, Frankfurt a.M./Leipzig 1991. [B]

HOFFMANN, Freia: Klang und Geschlecht. Instrumentalpraxis von Frauen in der Ideologie des frühen Bürgertums, in: Neue Zeitschrift für Musik 145, Heft 12, 1984, S. 11–16 (1984a). [B]

HOFFMANN, Freia: Miniatur-Virtuosinnen, Amoretten und Engel. Weibliche Wunderkinder im frühen Bürgertum, in: Neue Zeitschrift für Musik 145, Heft 3, 1984, S. 11–15 (1984b). [B]

HOFFMANN, Freia: »... mit halbgeschlossenen Augen von Ewigkeiten zu träumen«? Die Musikerin Annette von Droste-Hülshoff und das Problem der Professionalisierung, in: Archiv für Musikwissenschaft 44, 1992, S. 22–37 (1992b). [B]

HOFFMANN, Freia / Eva RIEGER (Hg.): Von der Spielfrau zur Performance-Künstlerin. Auf der Suche nach einer Musikgeschichte der Frau, Kassel 1992 (Furore-Edition 859; Frau und Musik, Internationaler Arbeitskreis e.V., Bd. 2).

HOKE, S. Kay: American Popular Music, in: PENDLE, 1991, S. 258–281. [B]

HOWARD, Patricia: Quinault, Lully, and the *Précieuses*: Images of Women in Seventeenth-Century France, in: COOK/TSOU, 1994, S. 70–89. [B, E]

HÜSCHEN, Heinrich: Die Musik im Kreise der artes liberales, in: Walter GERSTENBERG u.a. (Hg.): Bericht über den internationalen musikwissenschaftlichen Kongreß Hamburg 1956, Kassel/Basel 1957, S. 117–123.

HYDE, Derek: New-found Voices: Women in Nineteenth-century English Music, 2. Aufl., Ash, Kent 1991. [B, E]

KALINAK, Kathryn: The Fallen Woman and the Virtuos Wife. Musical Stereotypes in ›The Informer‹, ›Gone with the Wind‹, and ›Laura‹, in: Film Reader 5, 1982, S. 76–82. [E]

KIELIAN-GILBERT, Marianne: Of Poetics and Poiesis, Pleasure and Politics – Music Theory and Modes of the Feminine, in: Perspectives of New Music 32, 1994, S. 44–67. [D, E]

KLASSEN, Janina: Clara Wieck-Schumann. Die Virtuosin als Komponistin, Studien zu ihrem Werk, Kassel u.a. 1990 (Kieler Schriften zur Musikwissenschaft, Bd. 37). [E]

KLEIN, Gabriele: FrauenKörperTanz. Eine Zivilisationsgeschichte des Tanzes, München 1994. [B]

KOSKOFF, Ellen: »Miriam Sings Her Song. The Self and the Other in Anthropological Discourse, in: SOLIE, 1993b, S. 149–163. [C, D]

KOSKOFF, Ellen (Hg.): Women and Music in Cross-Cultural Perspectives, New York/Westport, Conn./London, 1987 (Contribution of Women's Studies 79). [C]

KRAMER, Lawrence: *Carnaval*, Cross-Dressing, and the Woman in the Mirror, in: SOLIE, 1993b, S. 304–325. [E]

KRAMER, Lawrence: Music as Cultural Practice. 1800–1900, Berkeley/Los Angeles/Oxford 1990. [B, E]

KRILLE, Annemarie: Beiträge zur Geschichte der Musikerziehung und Musikausübung der deutschen Frau (1750–1820), Berlin (Diss.) 1938. [B, C]

KUBISCH, Christina: Die Vertreibung der Frau aus der Musik, in: Spuren. Zeitschrift für Kunst und Gesellschaft 4, 1979, S. 45–47. [B, D]

LA MARA (eigentlich Lipsius, Marie): Musikalische Studienköpfe, Bd. 5: Die Frauen im Tonleben der Gegenwart, Leipzig 1882. [B]

LAQUEUR, Thomas: Auf den Leib geschrieben. Die Inszenierung der Geschlechter von der Antike bis Freud, Frankfurt a.M. 1992 (orig. Making Sex. Body and Gender from the Greeks to Freud, Cambridge 1990).

LEOPOLD, Silke: Claudio Monteverdi und seine Zeit, Laaber 1982.

LEPAGE, Jane W.: Women Composers, Conductors, and Musicians of the Twentieth Century: Selected Biographies, 3 Bde., Metuchen, N.J. 1980–1988. [B]

LOESSER, Arthur: Men, Women, and Pianos. A Social History, New York 1954 (Repr. 1990).

LUBKOLL, Christine: Mythos Musik. Poetische Entwürfe des Musikalischen in der Literatur um 1800, Freiburg i.Br. 1995.

MAUS, Fred E.: Masculine Discourse in Music Theory, in: Perspective of New Music 31, 1993, S. 264–293. [D]

MCCLARY, Susan: Feminine Endings. Music, Gender, and Sexuality, Minnesota 1991. [B, D, E]

MCCLARY, Susan: George Bizet – Carmen, Cambridge 1992 (Cambridge Opera Handbooks). [B, E]

MCCLARY, Susan: Narrative Agendas in »Absolute« Music. Identity and Difference in Brahm's Third Symphony, in: SOLIE, 1993b, S. 326–344 (1993a). [E]

MCCLARY, Susan: Paradigm Dissonances: Music Theory, Cultural Studies, Feminist Criticism, in: Perspectives of New Music 32, 1994, S. 68–85. [D]

MCCLARY, Susan: Reshaping a Discipline: Musicology and Feminism in the 1990s, in: Feminist Studies 19, 1993, S. 399–423 (1993b). [D]

MICHAELIS, Alfred: Frauen als schaffende Tonkünstler. Ein biographisches Lexikon, Leipzig 1888. [A, B]

MICHELINI, Ann N.: Women and Music in Greece and Rome, in: PENDLE, 1991, S. 3–7. [B]

MONSON, Craig: Disembodied Voices. Music in the Nunneries of Bologna in the Midst of the Counter-Reformation, in: ders. (Hg.): The Crannied Wall. Women, Religion and the Arts in Early Modern Europe, Ann Arbor 1992, S. 191–209. [B]

MORRIS, Mitchell: Reading as an Opera Queen, in: SOLIE, 1993b, S. 184–200. [B]

MORSCH, Anna: Deutschlands Tonkünstlerinnen, Berlin 1894. [A, B]
MÜNSTER, Robert: Komponistinnen aus drei Jahrhunderten. Katalog der Bayerischen Staatsbibliothek, München o.J. [A, B]
NEULS-BATES, Carol: Frauenorchester in den Vereinigten Staaten 1925–1945, in: HOFFMANN/RIEGER, 1992, S. 125–142. [B]
NEULS-BATES, Carol (Hg.): Women in Music. An Anthology of Source Readings from the Middle Ages to the Present, New York 1982. [B]
Niedersächsisches Ministerium für Wissenschaft und Kultur (Hg.): Frauenförderung ist Hochschulreform – Frauenforschung ist Wissenschaftskritik. Bericht der niedersächsischen Kommission zur Förderung von Frauen in Lehre und Forschung, 2. Aufl., Hannover 1994.
ÖHRSTRÖM, Eva: Kvinnors musik, Stockholm 1989. [B]
OLIVIER, Antje: Komponistinnen. Eine Bestandsaufnahme. Sammlung des Europäischen Frauenmusikarchivs, Düsseldorf 1990. [A, B]
OLIVIER, Antje / Karin WEINGARTZ-PERSCHEL: Komponistinnen von A–Z. Eine Korrektur der traditionellen Musikgeschichtsschreibung. 250 Komponistinnen aus 8 Jahrhunderten mit Vita, Werkverzeichnis und Diskographie, Düsseldorf 1988. [A, B]
OSTLEITNER, Elena: Symphonie in Blond. Die Situation der Frau in der Kunstmusik und ihre Darstellung in den Medien, in: Troubadoura, 4, 1979. [B]
OSTLEITNER, Elena / Ursula SIMEK: Ist die Musik *männlich*? Die Darstellung der Frau in den österreichischen Lehrbüchern für Musikerziehung, Wien 1991. [C]
PENDLE, Karin (Hg.): Women & Music: A History, Bloomington 1991. [B]
PIEILLER, Évelyn: Musique maestra. Le surprenant mais néanmoins véridique récit de l'histoire des femmes dans la musique du XVIIe au XIXe siècle, Paris 1992. [B]
PLACKSIN, Sally: Frauen im Jazz. Von der Jahrhundertwende bis zur Gegenwart, St. Andrä-Wördern/Wien 1989. [B]
POST, Jennifer C.: Erasing the Boundaries between Public and Private in Women's Performance Traditions, in: COOK/TSOU, 1994, S. 35–51. [B, C, D]
REICH, Nancy B.: Clara Schumann. Romantik als Schicksal, Eine Biographie, Reinbek b. Hamburg 1991. [B]
REICH, Nancy B.: Women as Musicians. A Question of Class, in: SOLIE 1993b, S. 125–146. [B, D]
RENTMEISTER, Cäcilia: Berufsverbot für die Musen, in: Ästhetik und Kommunikation 25, 1976, S. 92–113.
RIEGER, Eva: Die Geschlechterrollen in Mozarts Figaro. Möglichkeiten ihrer Aktualisierung im Unterricht, in: Zeitschrift für Musikpädagogik 12, 1987, S. 48–53 (1987a). [C, E]
RIEGER, Eva: Feministische Ansätze in der Musikwissenschaft, in: Luise F. PUSCH (Hg.): Feminismus – Inspektion der Herrenkultur, Frankfurt a.M. 1983. [D]
RIEGER, Eva: Frau, Musik und Männerherrschaft. Zum Ausschluß der Frau aus der deutschen Musikpädagogik, Musikwissenschaft und Musikaus-

übung, 2. Aufl., Kassel 1988 (Furore-Edition 828; zuerst Frankfurt a.M./ Berlin/Wien 1981). [B, C, D]

RIEGER, Eva: Frauenforschung in der Musik, in: Anne SCHLÜTER / Ingeborg STAHR (Hg.): Wohin geht die Frauenforschung? Dokumentation des gleichnamigen Symposions vom 11.-12. November 1988 in Dortmund, Köln 1990, S. 93–99. [D]

RIEGER, Eva: »Ich recycle Töne«. Schreiben Frauen anders? Neue Gedanken zu einem alten Thema, in: Neue Zeitschrift für Musik 153, 1992, S. 14–18 (1992a).

RIEGER, Eva: Die Rhetorik des Geschlechterverhältnisses. Musik in den Filmen von Hitchcock, in: Neue Zeitschrift für Musik 155, Heft 7, 1994, S. 30–33. [B, E]

RIEGER, Eva: Militär und Musik – eine frauenfeindliche Allianz?, in: Feministische Studien 3, 1984, S. 109–119 (1984a). [E]

RIEGER, Eva: »Und wie ich lebe? Ich lebe.« Sexismus in der Musik des 19. Jahrhunderts am Beispiel von Puccinis »La Bohème«, in: HOFFMANN/RIEGER, 1992, S. 109–123 (1992b). [B, E]

RIEGER, Eva: Vom Schweigen befreit ..., in: Neue Zeitschrift für Musik 148, 1987, S. 45–46 (1987b). [B]

RIEGER, Eva: »Weibliche Ästhetik – gibt's die?«, in: Jutta HELD (Hg.): Kunst und Kultur von Frauen. Weiblicher Alltag, Weibliche Ästhetik in Geschichte und Gegenwart, Rehburg-Loccum 1985 (Loccumer Protokolle 1), S. 87–88. [D]

RIEGER, Eva: Weibliches Musikschaffen – weibliche Ästhetik?, in: Neue Zeitschrift für Musik 145, 1984, S. 4–7 (1984b). [D]

RIEGER, Eva (Hg.): Frau und Musik. Mit Beiträgen von Nina d'Aubigny, Adele Gerhard, Johanna Kinkel, Alma Mahler-Werfel, Clara Schumann u.a., Frankfurt a.M. 1980 (Die Frau in der Gesellschaft. Frühe Texte). [B]

RIEGER, Eva / Siegrun SCHMIDT / Martina OSTER (Hg.): Sopran contra Baß. Die Komponistinnen im Musikverlag – Verzeichnis aller lieferbaren Noten, Bd. 1, Kassel 1989. [A]

ROBERTSON, Carol E.: The Ethnomusicologist Midwife, in: SOLIE, 1993b, S. 107–124. [C]

ROKSETH, Yvonne: Die Musikerinnen des 12. bis 14. Jahrhunderts (orig. Les femmes musiciens du XII au XIV siècle, 1935), in: HOFFMANN/RIEGER, 1992, S. 40–59. [B]

ROSAND, Ellen: Operatic Madness: A Challenge to Convention, in: SCHER, 1992, S. 241–287. [E]

SADIE, Julie Ann / Rhian SAMUEL (Hg.): The New Grove Dictionary of Women Composers, London 1994. [A]

SCHALZ-LAURENZE, Ute: Attraktiv, stürmisch und blond. Beobachtungen und Überlegungen zum Sexismus in der Musikkritik, in: HOFFMANN/RIEGER, 1992, S. 183–197. [B]

SCHER, Steven Paul (Hg.): Music and Text. Critical Inquiries, Cambridge 1992. [B, D, E]

SCHMITT, Luitgard: Komponistinnen. Ein Auswahlverzeichnis aus den Beständen der Münchner Musikbibliothek, München 1991 (Bestandsverzeichnis Nr. 16). [A, B]

SEGLER, Helmut: Frauen & Musik, Mülheim 1986. [C]

SCHUTTE, Sabine: Frauenrollen in Oper und Operette vor und nach 1900, in: Jutta HELD (Hg.): Kunst und Kultur von Frauen. Weiblicher Alltag, Weibliche Ästhetik in Geschichte und Gegenwart, Rehburg-Loccum 1985 (Loccumer Protokolle 1), S. 89–97. [B]

SHEPHERD, John (Hg.): Alternative Musicologies, in: Canadian University Music Review 10, 1990 (Special Issue). [D]

SHEPHERD, John: Difference and Power in Music, in: SOLIE, 1993b, S. 46–65. [D]

SHEPHERD, John: Music as Social Text, Cambridge 1991. [B, C]

SILVERMAN, Kaja: The Acoustic Mirror. The Female Voice in Psychoanalysis and Cinema, Bloomington 1988. [B, E]

SILVERMAN, Kaja: Dis-Embodying the Female Voice, in: Mary Ann DOANE / Patricia MELLENCAMP / Linda WILLIAMS: In Re-Vision. Essays in Feminist Film Criticism, Frederick, Md. 1984. [D, E]

SOLIE, Ruth A. (Hg.): Changing the Subject, in: Current Musicology 53, 1993, S. 55–65 (1993a). [D]

SOLIE, Ruth A. (Hg.): Musicology and Difference. Gender and Sexuality in Music Scholarship, Berkeley/Los Angeles/London 1993 (1993b). [B, C, D, E]

SOLIE, Ruth A.: What Do Feminists Want? A Reply to Pieter van den Toorn, in: Journal of Musicology 9, 1991, S. 399–410. [D]

SONNTAG, Brunhilde / Renate MATTHEI (Hg.): Annäherungen an sieben Komponistinnen, Bd. I–VI, Kassel 1986ff. [A, B]

STERN, Susan: Women Composers. A Handbook, Metuchen, N.J. 1978. [A, B]

THEILACKER, Jörg (Hg.): Der hohe Ton der Sängerin. Musik-Erzählungen des 19. Jahrhunderts, Franfurt a.M. 1989.

TIERNEY, Helen (Hg.): Women's Studies Encyclopedia, Bd. 2: Literature, Arts, and Learning, New York/Westport, Conn./London 1989.

TOMLINSON, Gary: Music in Renaissance Magic: Toward a Historiography of Others, Chicago/London 1993. [B]

TOORN, Pieter C. VAN DEN: Politics, Feminism, and Contemporary Music Theory, in: Journal of Musicology 9, 1991, S. 275–299.

TREITLER, Leo: Gender and Other Dualities of Music History, in: SOLIE, 1993b, S. 23–45. [B, D]

TURAN, Suzan: Mädchen und Rockmusik. Zum geschlechtsspezifischen Umgang mit einer Musikkultur, in: HOFFMANN/RIEGER, 1992, S. 174–181. [B]

UECKER, Gerd: Sehnsucht nach dem dritten Geschlecht? Zum Phänomen der Hosenrolle auf der Opernbühne, in: Jahrbuch der Bayerischen Staatsoper 1986/87, Jahrgang IX, 1986, S. 124–135.

VALTINK, Eveline (Hg.): Frau und Musik. Vom Schweigen befreit?, Hofgeismar 1988 (Hofgeismarer Protokolle. Tagungsbeiträge aus der Arbeit der Evangelischen Akademie Hofgeismar 254). [B]

WALSER, Robert: Running with the Devil. Power, Gender, and Madness in Heavy Metal Music, Hanover/London 1993. [B]

WEISSWEILER, Eva: Clara Schumann. Eine Biographie, Hamburg 1991 (2. Aufl., München 1993). [B]

WEISSWEILER, Eva: Komponistinnen aus 500 Jahren. Eine Kultur- und Wirkungsgeschichte in Biographien und Werkbeispielen, Frankfurt a.M. 1981. [B]

WHEELOCK, Gretchen A.: *Schwarze Gredel* and the Engendered Minor Mode in Mozart's Operas, in: SOLIE, 1993b, S. 201–221. [E]

WOOD, Elizabeth: Lesbian Fugue. Ethel Smyth's Contrapuntal Arts, in: SOLIE, 1993b, S. 164–183. [E]

ZAIMONT, Judith L./ Catherine OVERHAUSER / Jane GOTTLIEB (Hg.): The Musical Woman: An International Perspective, 2 Bde., Westport, Conn. 1984/1987. [A, B]

SIGRID SCHADE UND SILKE WENK

Inszenierungen des Sehens:
Kunst, Geschichte und Geschlechterdifferenz

1. Einleitung 341
2. Orte und Weisen des Zu-Sehen-Gebens 342
3. Autorschaft und Autorität: Künstler und Kunsthistoriker im
   Kampf um die Macht des Zu-Sehen-Gebens 346
   3.1. Zur Aktualität des Künstlerimages 346
   3.2. Die Abwesenheit der Künstlerinnen in der
        Kunstgeschichte als Symptom 348
   3.3. Diskontinuierliche Erbschaften, oder: Die strukturellen
        Grenzen einer Künstlerinnen-Geschichte 350
   3.4. Zentralfigur der Kunstgeschichte: der Künstler
        als Schöpfer 351
   3.5. ›Männliche‹ und ›weibliche‹ Künste – Geschlechter-
        positionen und Künstlerschaft 357
   3.6. Maskeraden des ›Männlichen‹ und des ›Weiblichen‹:
        Irritationen der Geschlechterpositionen in der
        Moderne 361
   3.7. Mythische Erzählungen vom Künstler und ihre
        Transformationen 365
4. Bilder weiblicher und männlicher Körper – ihr Zu-Sehen-
   Geben als Akt ihrer Konstruktion 371
   4.1. Fragestellungen kunsthistorischer Frauenforschung 371
   4.2. Der Akt oder die Konstruktion des ›ganzen‹
        Körpers 373
   4.3. Konstruktionen des zweigeschlechtlichen Körpers 377
   4.4. Naturalisierungen des Künstlichen 379
   4.5. Zur Genese und Kritik des voyeuristischen Blicks 384
   4.6. (Inter-)Textualität des Körpers 387
   4.7. Orte und Formierungen des voyeuristischen Blicks 392
5. Literatur 395

SIGRID SCHADE UND SILKE WENK

Inszenierungen des Sehens:
Kunst, Geschichte und Geschlechterdifferenz

1. Einleitung

Die Verhältnisse der Geschlechter und ihre Konstruktionen sind in der kunsthistorischen Frauenforschung der letzten anderthalb Jahrzehnte bestimmendes Thema geworden. Ein zentraler Ausgangspunkt lag in der Suche nach den in der Geschichtsschreibung verdrängten Künstlerinnen, mit der Absicht, die Kunstgeschichte zu erweitern und umzuschreiben. Einige Erfolge können dabei verzeichnet werden: Monografische Arbeiten über Künstlerinnen haben in den letzten zehn Jahren deutlich zugenommen; auch im Ausstellungsbetrieb sind Frauen zusehends präsenter. Aber es sind auch Stagnation und sogar Rückschläge festzustellen. Noch immer sind Künstlerinnen in großen Überblicksausstellungen wie zum Beispiel jener über *Amerikanische Kunst des 20. Jahrhunderts*, die 1993 in Berlin gezeigt wurde, unterrepräsentiert.

Warum wurden Frauen als Künstlerinnen aus der Kunstgeschichte ausgeschlossen? Wie ist es zu verstehen, daß der Ausschluß immer noch funktionieren kann? Diese Fragen, die bereits in den ersten Jahren der neuen Frauenbewegung formuliert wurden (NOCHLIN, 1971), sind nach wie vor aktuell. Wollen wir die Ausgrenzung von Frauen aus der Kunst erklären, so müssen wir den Zusammenhang von Kunst und Geschlechterideologien analysieren (PARKER/POLLOCK, 1981). Das heißt auch, nach dem ›Wie‹ des Ausschlusses zu fragen (vgl. auch LINDNER, 1989, Einleitung).

Die Nichtberücksichtigung von Frauen ist – so vorwegnehmend die Ergebnisse feministischer Forschungen – für die Disziplin ›Kunstgeschichte‹ selbst konstitutiv. Unausgesprochenes Zentrum des kunsthistorischen Diskurses ist die Figur des weißen, heterosexuellen Mannes (ROGOFF, 1989). Bis zu Giorgio VASARI, dem als »Vater der Kunstgeschichte« titulierten Künstlerhistoriographen des 16. Jahrhunderts, läßt sich der Diskurs der »Meister« und ihrer »Werke« zurückverfolgen (SALOMON, 1993). Basis der Kunstgeschichte als Disziplin sind Erzählungen von Vätern und Söhnen.

Darin spielen Frauen, Bilder von Weiblichkeit gleichwohl eine wichtige Rolle, nämlich vor allem – wie wir sehen werden – als Medium ›männlicher Genialität‹. Weibliche Aktbilder etwa sind seit langem privilegierte Objekte künstlerischer Produktivität und somit auch der Kunstgeschichte. In kunsthistorischer Rede und Inszenierung werden sie immer wieder von neuem öffentlich zur Schau gestellt. Eingespannt in einen Rahmen, in dem sexuelles – homoerotisches wie heterosexuelles – Begehren geregelt wird, haben sie offenbar eine zentrale Funktion, den Zusammenhalt einer männerbündischen Gemeinschaft, des »Clubs von gebildeten Männern«, zu sichern (SALOMON, 1993).

Wenn wir die immer noch wirksamen Regeln des Ausschlusses alles Nicht-Männlichen als Folie für Männlichkeitskonzepte im kunsthistorischen Diskurs erkennen wollen, so gilt es zu analysieren, wie Geschlechterkonstruktionen in die Definition von Kunst und Künstler eingeschrieben sind und wie sie tradiert werden. Kunstgeschichte interpretiert ›Kunst‹ nicht nur, sondern stellt diese auch an verschiedenen Orten und vermittels unterschiedlicher Medien aus. Wir müssen danach fragen, wie die Diskurse der Kunstgeschichte das Sehen strukturieren. Was gibt sie, wo und in welcher Weise über Kunst und Künstler und über die Geschlechter (Körper) zu sehen? Diese Fragen, die im Zentrum der folgenden Texte (Kap. 3 und 4) stehen, setzen eine Verständigung über das methodische Herangehen voraus, das die Besonderheiten des kunsthistorischen Diskurses in Rechnung stellt.

2. Orte und Weisen des Zu-Sehen-Gebens

In einer Einführung in die Kunstgeschichte wird diese als »soziales System« beschrieben, das prinzipiell für jeden, unabhängig von Geschlecht und Herkunft, offen sei (BELTING/DILLY, 1986, S. 8 u. 11). Ein solches soziales System werde jedoch von »ungeschriebenen Gesetzen kunsthistorischen Handelns« reguliert; sie lauteten »Sehen lernen« und »Anschaulichkeit« (auch der Rede). Eine solche Beschreibung mag auf den ersten Blick plausibel erscheinen, sie ist jedoch irreführend. Denn sie unterschlägt, daß die Vorstellungen vom »Sehen lernen« und von »Anschaulichkeit« selbst historisch und sozial veränderlichen Regeln unterworfen sind und also nicht die »ungeschriebenen Gesetze kunsthistorischen Handelns« erläutern können. Indem die zitierte Beschreibung dies aber suggeriert, verdoppelt sie die angebliche Unaussprechbarkeit des »Anschaulichen« (»Sinnfälligen«, »Evidenten«) als eine ideologische Struktur, innerhalb derer sich die »disziplinäre Gemeinschaft« der Kunsthistoriker stillschweigend herstellt. Diese versammelt sich, wie wir zeigen werden, um ein nicht hinterfragtes Zentrum: um die Figur des männlichen Künstlers als Ideal eines universalen, klassen- und geschlechtslosen Menschen, eine Konstruktion, die den »ungeschriebenen Gesetzen« zugrunde liegt (POLLOCK, 1987, S. 66).

Die disziplinäre Gemeinschaft der Kunstgeschichte konstituiert sich auf diese Weise an verschiedenen Orten: an den Universitäten, an denen sie seit dem letzten Drittel des 19. Jahrhunderts (in Deutschland) als eigenständiges Fach (neben der Archäologie) institutionalisiert werden konnte;[1] an den Museen, insbesondere den öffentlich zugänglichen Kunstmuseen, die zur Zeit der Französischen Revolution in nahezu allen westeuropäischen Ländern aus den fürstlichen und monarchischen Sammlungen entstanden waren, in denen die Kunstwerke nach Künstler, Schulen, Stilen und Nationalitäten geordnet wurden (und werden);[2] sie tut dies in Kunstkritik und -pädagogik und nicht zuletzt über Gutachterfunktionen auf dem Kunstmarkt. Über Film und Fernsehen und schließlich den Massentourismus werden kunsthistorische Urteile, Kommentare und Redeweisen an ein breites Publikum weitergegeben.

Die Medien, über die sich der kunsthistorische Diskurs (re)produziert, sind Text und Bild. In ihnen wird interpretiert, kommentiert und zugleich zu sehen gegeben. Jede Art des Zu-Sehen-Gebens ist auch Deutung, Konstruktion von Bedeutung, zu welcher nicht zuletzt auch der Ort der Präsentation beiträgt.

---

[1] Kunsthistoriker gab es freilich schon früher, jedoch arbeiteten sie nicht für ein autonomes Fachgebiet; Kunstgeschichte war »Teil eines akademischen Diskurses über die Kunst, der in verschiedenen Studien- und Forschungsbereichen geführt wurde, woher der spezielle Teil Kunstgeschichte auch seine Rechtfertigung bezog: in ›Archäologie und Kunstgeschichte‹, in ›Literatur- und Kunstgeschichte‹, innerhalb der Philosophie und hier wieder der philosophischen Ästhetik und innerhalb des akademischen Zeichenunterrichts, der an fast allen Universitäten erteilt wurde« (DILLY, 1979, S. 175).
[2] Zur Institution des Museums grundlegend, aus diskursanalytischer Perspektive: HOOPER-GREENHILL (1992); zur Geschichte der Kunstmuseen und der Durchsetzung der ›Verzeitlichung‹, d.h. der chronologischen Anordnung der Werke: DILLY (1979, S. 138–144).

Damit sind methodische Fragen angesprochen, wie das auf vielerlei Weise ›anschaulich‹ Gemachte zu übersetzen ist. Wir schlagen vor, den kunsthistorischen Diskurs – mit seinem Ineinander von Anzuschauendem und Kommentar – als *einen* Text zu entziffern. ›Diskurs‹ wird hier verwendet im Sinne von Michel FOUCAULT nicht als Rede oder Schrift im engeren Sinne, sondern als Summe von Praktiken, die

> systematisch die Gegenstände bilden, von denen sie sprechen. Zwar bestehen diese Diskurse aus Zeichen; aber sie benutzen diese Zeichen für mehr als nur zur Bezeichnung der Sachen. Dieses *mehr* macht sie irreduzibel auf das Sprechen und die Sprache. Dieses *mehr* muß man ans Licht bringen und beschreiben (1981, S. 74).

Zu problematisieren ist somit die für die Voraussetzungen des kunsthistorischen Diskurses konstitutive Entgegensetzung von Sprache- und Bildmedien, von verbaler oder schriftsprachlicher Interpretation einerseits und dem Bild, dem ›Anschaulichen‹ andererseits. Die Unterscheidung zwischen »präsentativer« und »diskursiver Darstellung« (DILLY, 1979, S. 137) als zwei gänzlich unterschiedlichen Praktiken der Institution verdeckt die Funktions- und Wirkungsweisen der Kunstgeschichte als Institution, die sich in der Verschränkung beider Praktiken erst entfalten.

Roland BARTHES hat von der Trennung zwischen Bild und Text als von einer durch die institutionellen Diskurse gesetzten »Zensur« gesprochen (BARTHES, 1990, S. 159). Solch stillschweigend wirkende Zensur ist nicht nur methodisch oder erkenntnistheoretisch zu verstehen und somit als einer semiologischen Perspektive zu kritisieren;[3] sie muß geradezu als Bestandteil der »ungeschriebenen Gesetze kunsthistorischen Handelns« angesehen werden, die das Zusammenwirken der verschiedenen Praktiken der Kunstgeschichte organisieren, innerhalb dessen von verschiedenen Orten aus ohne explizit formulierte Regeln und ohne ausdrückliche Absprachen kooperiert wird. BARTHES hat in seinem Text *Ist die Malerei eine Sprache?* – für eine semiologische Analyse plädierend – sowohl davor gewarnt, der Kunstgeschichte lediglich »eine Prise Semiologie zu verabreichen«, indem man die Semiologie auf die Kunst »anwende«, als auch davor, die Kunst als das der Sprache gänzlich Entgegengesetzte zu verstehen. Statt dessen hat er vorge-

---

[3] Zur semiologischen Analyse: BAL/BRYSON (1991), BRYSON (1991), WENK (1995).

schlagen, den »Text als Arbeit, die Arbeit als Text« zu analysieren, in dem Bild wie Kommentar immer schon im Austausch sind. Bilder produzieren Bedeutungen mit, das Bild »ist eine Variation von Kodifizierungsarbeit« und existiert nur in der »Erzählung, die ich von ihm wiedergebe; oder in der Summe und der Organisation der Lektüren, zu denen es mich veranlaßt« (BARTHES, 1990, S. 159f.).

Die Malerei, das Bild (und wir können ergänzen: die Skulptur, die Fotografie, die musealen Inszenierungen) von ›*der* Sprache‹ abzugrenzen, bestätigt nur – so läßt sich BARTHES' Kritik resümieren – die Vorstellung vom Künstler als universalem schöpferischen Individuum, das sich scheinbar außerhalb der Diskurse bewegt (ebd., S. 157).

Daran kann feministische Kunstwissenschaft, die ihre eigenen disziplinären Bedingungen reflektieren will, anknüpfen. Wenn es auch ihr Anliegen ist, die »alten kulturellen Gottheiten« (BARTHES, 1990, S. 159) außer Kraft zu setzen, so ergibt sich daraus nicht nur die Notwendigkeit, die »heiligen Bezirke« und ihre Grenzen in Frage zu stellen, sondern auch die Grenzen zwischen Gesagtem und Nichtgesagtem zu befragen.

Kunstgeschichte als Disziplin läßt sich als Teil einer diskursiven Formation beschreiben,[4] in der auf unterschiedliche Weise zu sehen gegeben wird, über ›Geschichte‹ und ›Wahrheit‹, über ›Meisterschaft‹ und ›Natur‹. Zu sehen gegeben wird auf verschiedene Weise – auf der weißen Wand im Museum, in der »weißen Zelle« der Galerie,[5] im Künstlerkatalog, durch fotografische Fixierungen von Werken, über Reproduktionen[6] und mit Hilfe des ›sachverständigen‹ Kommentars. Ein Rahmen aus Holz, Aluminium oder aus dem leeren Weiß eines Blattes isoliert die Werke von anderen Kontexten. Ihre Autorität beziehen die Werke ebenso wie die Räume[7], in denen sie ausgestellt werden, aus unterschiedlichen

---

[4] Zum Begriff der diskursiven Formation vgl. grundlegend FOUCAULT (1981).

[5] Im Galerieraum des 20. Jahrhunderts existiert Kunst »in einer Art Ewigkeitsauslage« (O'DOHERTY, 1985).

[6] Zur Funktionsweise fotografischer Reproduktionen im kunsthistorischen Diskurs: BERGSTEIN (1992), DILLY (1979, S. 149–159) und FELDHAUS (1993).

[7] O'DOHERTY vergleicht den Galerieraum mit anderen Räumen, »in denen ein geschlossenes Wertsystem durch Wiederholung am Leben erhalten wird. Etwas von der Helligkeit der Kirche, etwas von der Gemessenheit des Gerichtssaales, etwas vom Geheimnis des Forschungslabors verbindet sich mit

Kontexten, auch – und damit stehen die disziplinären Grenzen zur Disposition – aus anderen Fachwissenschaften und Institutionen.

Gerade Körperbilder, der Hauptgegenstand der Kunstgeschichte, sind Objekt – und Medium – verschiedener Strategien auch anderer Institutionen und Disziplinen. In Untersuchungen der jüngsten Zeit über die Modellierung von ›weiblichen‹ Körpern und Bildern ist deutlich geworden, wie sich an diesem Gegenstand unabgesprochen und unausgesprochen diverse Strategien der verschiedenen Disziplinen und Institutionen verschränken und bündeln (FRIEDRICHS, 1993; JORDANOVA, 1989; ALTHOFF, 1991; SCHADE, 1993; WENK, 1987a). Modelliert werden im Interagieren der verschiedenen Diskurse nicht nur die Körper, sondern auch die Blicke, die auf sie gerichtet werden – von verschiedenen Orten aus.

3. Autorschaft und Autorität: Künstler und Kunsthistoriker im Kampf um die Macht des Zu-Sehen-Gebens

3.1. Zur Aktualität des Künstlerimages

Das mythische Image des Künstlers entfaltet bis heute eine gewaltige Faszination. Die gesellschaftliche Ausnahmestellung des Künstlers, das besondere Ansehen von Künstlerschaft, die hohe ideelle und materielle Wertung von Tätigkeiten künstlerischer Herkunft und die Ausnahmelizenzen für exzentrisches Verhalten von Künstlern müssen als Fortsetzung eines eindrucksvollen gesellschaftlichen Aufstiegs gesehen werden, der in der Frühen Neuzeit einsetzte.[8] Die Konstituierung des Künstlers als paradigmatisches Subjekt im Humanismus und Neuplatonismus ist für uns deshalb von zentralem Interesse, weil sie mit geschlechtsspezifischen Konzeptionen von Kreativität und Produktivität fest verknüpft ist.

Die beginnende ›Verwissenschaftlichung‹ der Kunst in der Frühen Neuzeit hatte mit der Geometrisierung der Perspektive und der Mathematisierung der Proportionen ihren Anteil an der zunehmenden Berechenbarkeit des Raums (PANOFSKY, 1985, bes. S. 116–

---

schickem Design zu einem einzigartigen Kultraum der Ästhetik.« (1985, S. 281)

[8] Zur Sozialgeschichte des modernen Künstlers grundlegend: HAUSER (1973, Kap. V.3) und WARNKE (1985). Beide Standardwerke enthalten jedoch keine Reflexion der Geschlechterdifferenz. Zur Wirkungsgeschichte der neuzeitlichen Künstlervorstellungen: KRIS/KURZ (1980), NEUMANN (1986), WITTKOWER (1969).

Henri FANTIN-LATOUR: L'atelier des Batignolles, 1865, Öl auf Leinwand

123, KLEINSPEHN, 1989, S. 40ff.) und am Zuwachs der Kontrolle über räumliche Distanzen, was auch verteidigungsstrategisch relevant war.⁹ Die Aufnahme der bildenden Kunst in den Stand der Artes liberales ließ die Künstler an der Hochschätzung und der Position jener Gelehrten teilhaben, die ihre Kreativität im Dienste fürstlicher Auftraggeber entfalteten.¹⁰ All diese Veränderungen hatten geschlechtsspezifische Auswirkungen auf den Zugang zur ›Sphäre der Kunst‹.

Die später immer wieder von Künstlereliten geforderte Verbindung künstlerischer und gelehrter Begabung wurde häufig mit der in der Renaissance angeblich vorhandenen Einheit von Wissenschaft und Kunst als mythischem Ursprungsbild begründet. Das Bild oder Selbstbild vom genialen Schöpfer beweist bis heute nicht

---

⁹ So ist z.B. bekannt, daß LEONARDO mit militärischen Projekten beauftragt wurde und Hofkünstler generell die Verantwortung für die bauliche Infrastruktur hatten (WARNKE, 1979, S. 11ff.; WARNKE, 1985, S. 227–231).
¹⁰ »Der vielbeschworene Uomo universale der Renaissance, dessen ›fast nervös zu nennendes, höchst sympathisches Mitleben an und in allen Dingen‹ Jacob Burckhardt umrissen hat, ist eigentlich nur die Stellenbeschreibung des höfischen Kunstintendanten.« (WARNKE, 1985, S. 227) Er entwickelte sich mit dem »visuellen Repräsentationsbedarf der Höfe« (ebd., S. 11).

nur in der zeitgenössischen Kunstszene seine ungebrochene Attraktivität, auf die z.B. die *Neuen Wilden* mit ihren künstlerischen Gesten und narzißtischen Selbstinszenierungen rekurrierten (ROSEN in: Making their Mark, 1988, S. 20ff.), sondern auch in anderen gesellschaftlichen Feldern, etwa den Naturwissenschaften. Daß die mythische Figur des Künstlers traditionell männlich gedacht wird – käme eine Wissenschaftlerin auf die Idee, sich als Künstlerin zu bezeichnen, würde ihr sofort die Wissenschaftlichkeit abgesprochen –, könnte mit unzähligen Beispielen aus dem Kunstbetrieb selbst, aber auch aus anderen Feldern belegt werden. Ein solches Feld, in der das Zu-Sehen-Geben ebenfalls eine besondere Privilegierung des männlichen Meisters und damit eine Art von Künstlerimage erzeugt, ist z.B. das der Medizin (Anatomie, Psychiatrie) oder auch neuerdings das der Informatik.[11]

Wie steht es jedoch mit dem Bild der Künstlerin? Auch heute noch, wo Frauen scheinbar alle gesellschaftlichen Bereiche zugänglich sind, geraten Künstlerinnen – wenn sie bekannt werden – nur als Ausnahmen ins Blickfeld, ein Blickfeld, das von der feministischen Forschung allererst eröffnet wurde. ›Künstlerinnen-Geschichte‹ läßt sich offensichtlich nicht einfach als Parallele zur traditionellen Künstlergeschichte schreiben.

3.2. Die Abwesenheit der Künstlerinnen in der Kunstgeschichte als Symptom

Feministische Forschungen in der Kunstgeschichte wurden seit Anfang der 70er bis Ende der 80er Jahre fast ausschließlich außerhalb der Institutionen oder an ihren Rändern organisiert.[12] Diese

---

[11] Vgl. auch WENK (1995a). Als Beispiel sei hier Benoît MANDELBROT genannt, dessen im Kontext mengentheoretischer Forschungen entwickelte Formeln als »Apfelmännchen« (der Mandelbrot-Menge) visualisiert und einem breiten Publikum bekannt gemacht worden sind. MANDELBROT und einige seiner Kollegen verkaufen das, was als Versuch der Darstellung mathematischer Formeln mit Hilfe von Computergraphikprogrammen angesehen werden kann und Assoziationen an Landschafts- und Wolkenformationen weckt, zu deren Simulation sie dienen, in Büchern und Vorträgen als *Die Schönheit der Fraktale* (so der Titel von PEITGEN/RICHTER, 1986). Über einen Vergleich zwischen der Beziehung der Geometrie- und der Kunstentwicklung in der Renaissance suggerieren sie eine solche zwischen der fraktalen Geometrie und der zeitgenössischen Kunst.

[12] Einen historischen Überblick zu feministischen Aktionen, Ausstellungen, Forschungen, Projekten und Tagungen von Künstlerinnen, Kunsthistori-

›Randständigkeit‹ war vergleichbar mit der der Künstlerinnen. Die feministische Forschung war zunächst mit dem Befund konfrontiert, daß Künstlerinnen allenfalls als marginalisierte Teilnehmerinnen an Großprojekten männlich dominierter Kunstausstellungen beteiligt waren,[13] und sie begann, diesen Ausschluß zu analysieren. Es waren die Zugangsbestimmungen zur Profession des Künstlers und die gesellschaftlichen Barrieren aufzufinden, die Frauen im Wege standen (BERGER, 1982). Im Kontext einer sozialwissenschaftlichen Bestimmung des Verhältnisses von Geschlechterrollen und Arbeitsteilung wurde die Abwesenheit von Frauen im Feld der Kunst zum Gegenstand von Statistiken und ›Diskriminierungs‹-Analysen (z.B. EROMÄKI, 1989; PETZINGER, 1993). Geschlechtsspezifische Sozialisation und Lebensplanung, Erwartungshaltungen innerhalb kleinfamilialer Familienstrukturen, Ausbildungssysteme, ökonomische Behinderungen, Mechanismen des Kunstmarktes und der Kunstkritik und die Psychodynamik des ›mangelnden Selbstbewußtseins‹ von Frauen selbst waren Kategorien, mit deren Hilfe Lösungsmöglichkeiten für die Eroberung der Kunstmärkte von Frauen für Frauen gesucht wurden. Schließlich gerieten dabei die Kriterien der Auswahl und der Bewertung von Kunst ins Blickfeld. Es zeigte sich, daß der zumeist tautologisch definierte Begriff der ›Qualität‹ zur Erklärung der Nicht-Ausstellbarkeit von Künstlerinnen historisch auf der Basis geschlechtsspezifischer Zuweisungen gewonnen worden ist und insofern die ›Qualitätslosigkeit‹ der Arbeiten von Künstlerinnen schon präjudiziert, bevor er in der Kunstkritik zum Einsatz kommt (JOCHIMSEN, 1989).

---

kerinnen und Kunstpädagoginnen in außerinstitutionellen und institutionellen Kontexten in Deutschland bieten SPICKERNAGEL (1986), BELOW (1990 und 1991) und die Tagungsbände der Kunsthistorikerinnen-Tagungen; einen Überblick zur Forschung in den USA: HELD/POHL (1984), GOUMA-PETERSON/ MATHEWS (1987).

[13] Vgl. z.B. die Beteiligungsqote auf der documenta 1-8 (KRININGER, 1988). Die documenten boten sich seit ihrem Bestehen als Angriffsfläche an, nicht nur wegen der Abwesenheit von Künstlerinnen, sondern auch wegen ihrer Konzentration auf die westeuropäisch-amerikanische Kunstszene. Der Ethnozentrismus und die Negation ›anderer‹ Kulturen konnten an ihr exemplarisch demonstriert werden. Es sind aber auch Unterschiede zwischen der deutschen Kunstszene und der amerikanischen zu vermerken: Statistiken zeigen, daß in den USA die Ausstellungsbedingungen für Frauen nicht ganz so ungünstig waren, siehe in: Making their mark (1988, S. 203ff.); in den USA waren schon in den frühen 70er Jahren Netzwerke von Künstlerinnen zwischen Ost- und Westküste entstanden (HELD/POHL, 1984).

3.3. Diskontinuierliche Erbschaften, oder: Die strukturellen Grenzen einer Künstlerinnen-Geschichte

Seit den frühen 70er Jahren wurden umfangreiche Dokumentationen zu einer Künstlerinnen-Geschichte vorgelegt (NOCHLIN, 1988; TUFT, 1974; Women Artists, 1976; Künstlerinnen International, 1977; VERGINE, 1980; Andere Avantgarde, 1983; Kunst mit Eigen-Sinn, 1985; Das Verborgene Museum, 1987; Profession ohne Tradition, 1992 u.a., vgl. die Rubrik B der Bibliographie). Als eine Strategie gegen die ›Unterschlagung‹ der Kunst von Frauen lassen sich darin Versuche erkennen, ein ›weibliches Erbe‹ und eine ›Ahnenreihe‹ von Künstlerinnen zu rekonstruieren, die im Zeichen der Gleichberechtigung die männliche Ahnenreihe komplementär vervollständigen und Vorbild und Legitimation für zeitgenössische Künstlerinnen abgeben sollten (BREITLING, 1980; CHICAGO, 1984).

Die Quellenforschung zeigte, daß zu verschiedenen Zeiten immer wieder Frauen als Künstlerinnen bekannt geworden waren, die heute weder in Museen ausgestellt, noch in historischen Darstellungen aufgeführt werden. Die Frage danach, ob Frauen sich trotz oder wegen der Differenz zu ›männlicher‹ Künstlerschaft durchsetzen konnten, eröffnete einen neuen Blick auf die Konstruktion der Geschlechterverhältnisse innerhalb der Kunstgeschichte sowie deren Konsequenzen (PARKER/POLLOCK, 1981; WENK, 1985). Der Befund, daß erst seit der Institutionalisierung der Kunstgeschichte als universitärer Disziplin, etwa zwischen 1850 und 1912, Künstlerinnen aus dem Katalog einer universalen Kunstgeschichte eliminiert (PARKER/POLLOCK, 1981, S. 3f.) und dann in separaten ›Kunstgeschichten der Frau‹ als Sonderfälle zusammengefaßt worden waren,[14] ließ sich nicht mit schlichten Ein- und Ausschlußhypothesen erklären. Die Darstellung der Künstlerinnen in diesen Kunstgeschichten diente dazu, die Regel zu bestätigen, daß wirkliche Kunst doch nur von Männern erbracht werden könne (vgl. auch FELDHAUS, 1993). Die zusammenfassende Separierung hatte

---

[14] Ernst GUHL: Die Frauen in der Kunstgeschichte, Berlin 1858, Hans HILDEBRANDT: Die Frau als Künstlerin, Berlin 1928, und Karl SCHEFFLER: Die Frau und die Kunst. Eine Studie, Berlin 1908 (dazu NOBS-GRETER, 1984, S. 60–79 und 101–120, und die Rezension von DECH, in: Das Argument, Nr. 152, 1985, S. 600f.). Anders angelegt ist Lu MÄRTENS Untersuchung zu den Arbeitsbedingungen und Zuweisungen von Geschlechterstereotypen an Künstlerinnen (1919; dazu KAMBAS, 1988; GEISEL in: LINDNER, 1989, S. 187–197).

u.a. den Effekt, daß die zu verschiedenen Zeiten und unter verschiedenen Bedingungen arbeitenden Künstlerinnen enthistorisiert wurden. Ihre Unterschiedlichkeit wurde ausgeblendet zugunsten einer konstruierten Gemeinsamkeit, und das heißt dann eben ›weiblicher‹ Gemeinsamkeit. Diese Gefahr der Ontologisierung besteht selbstverständlich auch für die Versuche der Rekonstruktion einer ›weiblichen‹ Kunstgeschichte aus feministischer Sicht (SCHADE, 1988).

Die Widersprüche, die sich mit der zunehmenden Differenzierung der Forschungsperspektiven und Fragestellungen einstellten, führten innerhalb der feministischen Forschung zu einer produktiven Destabilisierung des ›kunsthistorischen Wissens‹, die die Muster der Geschichtsschreibung selbst problematisch werden ließ. Zum Beispiel wurde deutlich, daß die Projektion der Gegenwart in die Vergangenheit Deutungen nahelegt, in denen die Situation von Frauen in historisch zurückliegenden Zeiten zur bloßen Vorgeschichte einer Emanzipationsbewegung verkürzt wird. Und es wurde sichtbar, daß die Konstruktion einer historischen Ahnenreihe eine künstliche Kontinuität erzeugt, die darauf hinausläuft, in der Wiederholung derselben Geschichtsmuster eine komplementäre ›weibliche‹ Geschichte in die bereits existierende ›männliche‹ einzuschreiben. Zu Recht schreiben PARKER/POLLOCK, daß eine solche »reformistische« Revision der Frauenkunst in der Falle der traditionellen Kriterien gefangen bleibt (1981, S. 45).

Die Frage war und ist, ob das Ziel einer feministischen Kritik die Integration von Frauen in die bürgerlichen Kunstinstitutionen sein kann und soll und ob die bloße Partizipation an der Definitionsmacht der Institutionen ausreicht, diese selbst zu verändern.

3.4. Zentralfigur der Kunstgeschichte: der Künstler als Schöpfer

Durch feministische Forschungen ist deutlich geworden, daß durch die Stereotypen des ›Weiblichen‹ als komplementäre Setzungen innerhalb der Kunstgeschichte die Eigenschaften des ›Männlichen‹ erst gewonnen werden konnten: Die Gebärfähigkeit der ›Frau‹ wird gegen die Schöpferkraft des ›Mannes‹ gesetzt, das »Gefühl für das Detail« gegen den »großen Wurf«, die »natürliche Schwachheit der weiblichen Hand« gegen den »kräftigen Pinselstrich eines Meisters«, die »Häuslichkeit und Familiengebundenheit der Frauen« gegen das Chaos, die Unordnung, das asoziale Verhalten und die Isolation des männlichen Genies (WENK, 1985; PARKER/POLLOCK, 1981, S. 82ff.). Durch ständige Wiederholung dieser »Zentralfigur« (POLLOCK, 1987, S. 66) arbeitet die Kunstgeschichte mit an deren Überhöhung. Bis heute sind mit dem Bild des Künstlergenies Konzeptionen von Autorschaft, Autorität und Authentizität fest verknüpft.[15] Zusammen mit den Vorstellungen von Originalität und Innovation, Einflußnahme, und Exzentrik bilden sie eine funktionale Einheit.[16] Sie sind Hauptelemente des kunsthistorischen Meister-Diskurses geblieben, der um so verbissener seine Universalität behauptet, je häufiger sie ihm durch feministische Wissenschaftskritik abgesprochen wird. Seine geschlechtsspezifische, auf Oberschichten hin orientierte, oft nationalistische und ethnozentrische Verfaßtheit liefert die Gründe dafür, daß der kunsthistorische Kanon unter allen Disziplinen »the most virulent, the most virilent, and ultimately the most vulnerable« ist,[17] deshalb aber auch der gegen Kritik widerständigste.

Als das seit Erfindung des Buchdrucks erste tradierte Textkorpus einer ›Kunstgeschichte‹ gelten die 1550 und 1568 in erweiterter Auflage erschienenen Künstlerviten VASARIS (1983), deren narrative Muster die kunstgeschichtlichen Erzählungen bis heute mitstrukturieren und in deren ständiger Wiederholung sich die zentralen Stereotypen der Kunstgeschichte ausgebildet haben. In VASARIS Viten spiegelt sich das Interesse einer neuen Sammlerschicht an der singulären Künstlerpersönlichkeit, deren Rang den Wert des Kunstwerks bestimmen sollte. Damit wurde die Frage der

---

[15] Der Begriff der Autorschaft ist nach FOUCAULT an das Urheberrecht gebunden und wird erst relativ spät (im 18. Jahrhundert) aus dem Bereich der Wissenschaft, in der der Autorname seit dem Mittelalter Autorität garantierte, in den der Literatur übertragen (FOUCAULT, 1974, S. 18ff.); dazu auch Martin STINGELIN: Ein Autor muß Rechenschaft geben, in: Frankfurter Allgemeine Zeitung, 26.5.1993; auch ECO (1993, S. 14).

[16] Zum Begriff des »Einflusses«, der ebenso wie der der Tradition es gestatte, »die Streuung der Geschichte in der Form des Gleichen erneut zu denken«, und darin »eine Stütze – eine zu magische, um richtig analysiert zu werden – für die Übertragungs- und Kommunikationsfakten liefert«, vgl. FOUCAULT (1981, S. 33f.). Auch: BAXANDALLS *Exkurs wider den Einfluß*, in: BAXANDALL (1990, S. 102ff.) und SALOMON (1993).

[17] So das Zitat der der deutschen Übersetzung zugrunde liegenden Originalfassung (SALOMON, 1993, S. 27).

Zuschreibung von Bildern an bestimmte Künstler – und nicht bloß an eine Werkstatt oder Schule – durch einen Fachmann zentral.[18]

Die Künstlerviten VASARIs, der selbst Künstler war, hatten Anteil daran, das Florenz der Hochrenaissance als kulturelles Zentrum zu situieren und schließlich MICHELANGELO an die Spitze aller vorangegangenen Künstler – einschließlich der antiken – zu setzen. Das Erzählmuster beinhaltete eine auf individuelle Biographien aufgebaute chronologische Abfolge von Generationen, die auf Wertkategorien wie ›Einfluß‹ und ›Innovation‹ beruht. In einer solchen Vorstellung von Produktivität und Kreativität wird der Künstler als vorgängiges Phänomen betrachtet, er ist zuerst ›gegeben‹, das Werk allenfalls Ausdruck seiner Persönlichkeit. Schließlich erzeugt die »Autorfunktion« (FOUCAULT, 1974) ein hierarchisches Gefälle von Werturteilen. Die Schüler-Lehrer-Verhältnisse konstituieren sich familial als auf lokale Traditionen bezogene Vater-Sohn-Beziehungen, und schließlich werden innerhalb dieser Konstellationen zwangsläufig Zuordnungen produziert, die Künstlerschaft zum Privileg des ›Männlichen‹ machen (SALOMON, 1993, S. 25).

Ursula LINK-HEER analysierte die diskursiven Bestandteile, auf deren Basis die Umformulierungen der mittelalterlichen Produktionsweisen hin zu den Konzepten ›autonomer‹ Künstlerschaft erfolgten (1986). Darin spielt der Begriff der *maniera* eine zentrale Rolle. In den Bedeutungsverschiebungen dieses Begriffs läßt sich die konzeptuelle Spaltung zwischen einer schöpferischen Kreativität einerseits und einer reproduktiven andererseits nachweisen. Auf der Grundlage dieser Spaltung bildeten sich die Geschlechterstereotypen der Kunstgeschichte heraus. Der bei VASARI verwendete Begriff der *maniera* bezeichnet teilweise noch im Sinne spätmittelalterlicher Werkstattradition Arbeitsweisen, die keine besondere Begabung voraussetzen, sondern unter bestimmten Lehr- und Arbeitsbedingungen, d.h. durch häufige Wiederholung, erlernbar und reproduzierbar sind. Ihre sorgfältige Anwendung garantierte die Herstellung von Qualität und ermöglichte die Zuschreibung zu einzelnen Werkstätten. Eine schlechte *maniera* galt als Zeichen eines Mangels oder Fehlers in der sukzessiven Anwendung der Verfahrensweisen, die »gute *maniera*« zeugt von der richtigen Umsetzung der Regeln innerhalb des gleichen Prozesses. Der Begriff des

---

[18] Vgl. auch die Darstellung der sozialen Hintergründe in: Der Vater der Kunstgeschichte: Giorgio Vasari (WARNKE, 1979, S. 16–21).

Stils wird zu dieser Zeit nur für die Literatur verwandt. Es gibt dabei aber keinen »schlechten Stil«, sondern allenfalls einen Mangel an Stil (LINK-HEER, 1986, S. 97). In der Vorstellung von Kreativität als Befolgung nachvollziehbarer »Generations- und Transformationsregeln« (LINK-HEER, 1986, S. 98) ist eine Unterscheidung zwischen »Kunsthandwerk« und »Kunst« noch nicht vollzogen. Historisch ist dann jedoch zu verfolgen, wie sich gerade an diesen Aspekt der *maniera*-Konzeption, in der eine Automatismusvorstellung enthalten ist, ein abwertender Vergleich zur ›autonomen‹, d.h. einmaligen und unwiederholbaren, Schöpfung anschließen läßt. Eine andere Konnotation von *maniera* bezieht sich auf einen angenommenen »Ursprung« der Produktion in einem »inneren Bild« (von VASARI mit *concetto* bezeichnet). Dieses kann der Künstler aus zwei verschiedenen »Lexika oder Reservoirs« (ebd.) schöpfen, aus dem der Natur oder dem des Geistes. Wird die Nachahmung der Natur oder Mimesis einerseits positiv als Möglichkeit der Überwindung mittelalterlicher Produktionsregeln gewertet (z.B. bei GIOTTO), so wird andererseits bereits von VASARI die »Nachahmung« der Natur als letztlich ebenfalls automatisierbares Verfahren von der unverwechselbaren Handschrift des Künstlers unterschieden. In den ästhetischen Theorien des 18. und 19. Jahrhunderts wird die Mimesis schließlich weiter abgewertet (LINK-HEER, 1986, S. 99).

Die eigentliche Errungenschaft der Künstler ist nach VASARI die Schöpfung des »inneren Bildes« aus dem Lexikon des Geistes (in dieser Bedeutung wird *concetto* mit *ingenio* und *idea* synonym).[19] Zwischen den Möglichkeiten eines Bezuges auf die Lexika der Natur und des Geistes wird und bleibt für VASARI derjenige Künstler Sieger, der mit Hilfe des Geistes die Natur überwindet. Von RAFFAEL wird gesagt, die Natur wurde von seinen Farben besiegt, und von MICHELANGELO heißt es: »Dieser überbietet und besiegt nicht nur all jene, die schon über die Natur gesiegt haben, sondern sogar die berühmten Alten selbst.« (zit. nach LINK-HEER, 1986, S. 99) Im Motiv der Naturüberwindung, die Meisterschaft auszeichne, klingt immer auch die stereotype Gegenüberstellung der kulturellen, ›männlichen‹ Schöpfung mit der vermeintlich ›natürlichen‹, ›weiblichen‹, nämlich dem Gebären mit.

---

[19] Vgl. auch PANOFSKY, der diese Verknüpfung eher dem Manierismus als der Renaissance zuschreibt (1960, S. 33ff.).

In der Überwindung der als Modell und Vorgeschichte zitierten Antike wird der Künstler für den Chronisten schließlich als Teilhaber am Platonischen Ideenhimmel mit göttlichen Attributen ausgestattet. Die *gran maniera* verliert die technischen Konnotationen, nicht durch ›studium‹ erlernbar verdankt sie sich letztendlich einer gottgleichen Schöpfung ›ex nihilo‹. Sie ist schließlich der Ansatzpunkt zur Konstruktion und Identifizierung von unverwechselbaren Individualstilen.

Der Künstler gibt eine ›Idee‹ zu sehen, die – gleichgültig ob sie als Inspiration oder als Visualisierung eines in der Natur vorgegebenen Musters aufgefaßt wird – ohne seine Vision und ohne sein Werk unsichtbar bliebe. In der Kunstauffassung des Manierismus wird besonders hervorgehoben, daß das künstlerische Genie sich erst in der Abweichung von der Regel, sei es von technischen Vorschriften, sei es von den Regeln der Mimesis, wirklich zeige. VASARIs wichtiges Beispiel dafür ist MICHELANGELO, auf den hin er die Künstlerviten schrieb. Seine Darstellung der Kunstgeschichte, ausgerichtet auf das ausgezeichnete, mit Attributen des Göttlichen ausgestattete Künstlerindividuum als Fluchtpunkt der Entwicklung, enthält ausgeprägte Züge einer Fortschrittsgeschichte, die sich als Grundstruktur aller folgenden (Kunst)Geschichtsschreibungen ausmachen läßt. Eine Fortsetzung findet eine solche teleologische Geschichtsschreibung im 19. Jahrhundert in der HEGELschen Philosophie, für die der Geschichtsprozeß eine Entfaltung dessen ist, was substanziell bereits vorhanden und nur durch behindernde gesellschaftliche Verhältnisse entstellt oder unterdrückt worden sei. In einem so gedachten Geschichtsablauf ist das Individuum im Kern immer schon vorausgesetzt, das nur zu ›sich selbst‹ zu finden braucht, um sein jeweiliges Talent sichtbar werden zu lassen.[20]

In Analogie dazu werden seit der Renaissance die Werke eines Künstlers im Rahmen seiner Lebensgeschichte ebenfalls entwicklungsgeschichtlich gedeutet. Nachträglich gesehen weist das ›Ju-

---

[20] Eine solche Position übt auch auf Feministinnen eine narzißtische Attraktion aus und führt dementsprechend zu Verkennungen, was die implizite Ursprungslogik solcher Denkmuster für die Bestimmung der Geschlechterdifferenz bedeutet: Frauen und Männer hätten ein Wesen, das gegen gesellschaftlich bedingte Deformationen zu finden und in Emanzipationsprozessen herauszufiltern wäre, d.h. dieses Wesen kann nur biologistisch definiert werden (SCHADE, 1993a).

gendwerk‹ Zeichen von Qualität auf, die sich im ›Alterswerk‹ erst entfaltet (KRIS, 1977, S. 51ff.; PAUSER, 1988). Die Vorstellung von der Begabung des Genies, die bereits in seiner Kindheit wahrnehmbar sei, bevor es überhaupt etwas produziert hat, ist Teil der Struktur eines ›Familienromans‹: Das begabte Kind benötigt einen ›Vater‹, der seine Begabung erkennt und anerkennt, es fördert und unterstützt. Die Kunstgeschichte ist voller Legenden über solche ›Entdeckungen‹, sei es, daß ein älterer Künstler sich eines Kindes annimmt, indem er den Künstler in ihm ›erkennt‹, sei es, daß er einen jüngeren Künstler der Öffentlichkeit bekannt macht, sei es, daß ein Kunsthistoriker, Kunstkritiker oder Mäzen die Aufgabe der Vaterschaft übernimmt (KRIS, 1977, S. 55ff.; LINDNER, 1989, S. 18f.). Diese familiale Struktur liegt der Ausbildung in den Akademien seit ihrer Einrichtung zugrunde und setzt sich bis heute in die Unterrichtssituation der ›Meisterklassen‹ hinein fort. Die seit dem 19. Jahrhundert konzipierten Modelle von Künstlerschaft und Genie (z.B. von Cesare LOMBROSO), die diese Tradition der Künstlerbiographie als Pathographie fortsetzen, gehen schließlich ein in eine psychoanalytische Biographik der kreativen Persönlichkeit, die als ich-psychologische Variante und Entwicklungspsychologie noch die Redeweise heutiger Kunstkritik dominiert (SCHADE, 1986, S. 333f.; KOFMAN, 1993, S. 28–36).

In der Unterscheidung des Manierismus zwischen einem *disegno interno* und *esterno* einerseits und in der Konzeption des Regelbruchs als wahrer Genialität andererseits wird ein ›Unbewußtes‹ des Künstlers avant la lettre bereits anvisiert (LINK-HEER, 1986, S. 98–103; PANOFSKY, 1960, S. 47ff.). Die Vorstellung des ›Inneren‹ oder des Unbewußten des Künstlers, das sich im Werk angeblich entäußert, kann im 19. Jahrhundert einerseits zur Destabilisierung des Momentes der Selbstgewißheit und der Selbstkontrolle in der traditionellen Subjektposition führen, wenn die Handschrift des Künstlers nun an dem festgemacht wird, was als nicht-intentional angesehen wurde.[21] Andererseits trägt die Vorstellung einer unbewußten Kreativität zu einer Neubegründung der Mystifikation des Künstlers bei, die dem Muster des ›wahnsinnigen‹ Genies folgt (NEUMANN, 1986, S. 130–189), z.B. in den – zum Teil posthumen

---

[21] So zum Beispiel, wenn MORELLI die Originalität von Künstlern an »unscheinbaren Details« festmachte (DILLY, 1979, S. 169). Zum Spurensicherungsparadigma der MORELLIschen Methode und ihrer Verwandtschaft mit der Psychoanalyse vgl. GINZBURG (1983a).

– Legenden um VAN GOGH (HEINRICH, 1992). Die Künstler der Frühromantik, auf deren Vorformulierungen sich FREUD in seiner Konzeption des Unbewußten berief, und die seit Mitte des 19. Jahrhunderts durch die Entwicklung z.B. von Fotografie und Elektrizität mit ›unsichtbaren‹ Phänomenen konfrontierten Künstler entdeckten für sich die Funktion des seismographischen ›Mediums‹, einer neuen Form der ›Auserwähltheit‹, in der Meisterschaft auf der Basis einer besonderen Sensibilität und der Inszenierung unbewußter kreativer Prozesse (und sei es durch Rauschgifte) erneut eine Aufwertung erfuhr. In dieser Tradition betrachteten die Surrealisten das Unbewußte als ein zu eroberndes Terrain und konkurrierten gewissermaßen um einen privilegierten Zugang und das Zu-Sehen-Geben solcher Prozesse selbst.[22]

3.5. ›Männliche‹ und ›weibliche‹ Künste – Geschlechterpositionen und Künstlerschaft

Die Hierarchisierungen zwischen ›männlichem‹ Schöpfertum und der als reproduktiv angesehenen ›weiblichen‹ Kreativität spiegeln sich in Kategorien wie der »hohen« Kunst oder »angewandten« (niederen) Kunst (PARKER/POLLOCK, 1981, S. 50ff.; PARKER, 1986). Die Auseinandersetzungen um die Rangfolge der Gattungen Baukunst, Bildhauerei, Malerei und Zeichnung durchziehen die Kunstkritik und -geschichtsschreibung ebenso wie die Wertungen der Historien- und Genremalerei, des Portraits und Stillebens, des Programmbilds und des Ornaments. Die diesen Kämpfen um Gattungshierarchien immanenten geschlechtsspezifischen Zuweisungen sind Teil einer Regelung des Zugangs zu den verschiedenen Formen künstlerischer Arbeit für Männer und Frauen. So war zum Beispiel das Aktstudium, zu dem Frauen bekanntlich bis ins 20. Jahrhundert der Zugang verwehrt wurde, Voraussetzung für die Ausbildung in der bis zum Ende des 19. Jahrhunderts hochgeschätzten Historienmalerei. Der Konnotation bestimmter Ausdrucksformen wie Miniatur, Stilleben als ›weibliche‹ Künste entspricht die Konnotation etwa der Bildhauerei als ›männlicher‹ Kunst. Dilettantismus und Kitsch sind Begriffe, deren Verwendung

---

[22] Zum ›Kampf‹ um das Unbewußte vgl. SILVERMAN (1989, S. 36–39, S. 75ff. und 229ff.) und SCHADE (1993, S. 461ff). Zur Bedeutung, die diese Konkurrenz um einen Zugang zum Unbewußten für Jackson POLLOCK hatte, vgl. KRAUSS (1993, S. 281–284).

in abwertender Funktion sich nur aus der Geschichte der Zuschreibung bestimmter Genres als ›weibliche‹ Künste erklären lassen (BERGER, 1982, S. 58–99; KÄMPF-JANSEN, 1987). Die geschlechtsspezifischen Zuschreibungen beziehen sich nicht nur auf die einzelnen Genres, sondern auch auf Thema der künstlerischen Arbeit, auf Format und Material (WENK, 1991 und 1995), was dann in der Moderne besondere Bedeutung erhält.

Griselda POLLOCK wies darauf hin, daß die Motive der »Maler der Modernen Welt«, die die aus der Perspektive des Flaneurs/Voyeurs gesehene Szenen im öffentlichen Raum schildern, gerade solche sind, die den zeitgenössischen bürgerlichen Frauen und Malerinnen nicht zugänglich waren (POLLOCK, 1989). Während die Impressionisten thematisch die Räume ›öffentlicher Weiblichkeit‹, d.h. der Frauen aus Unterschichten: Prostituierte, Verkäuferinnen und Barfrauen inszenierten, setzten die bürgerlichen Malerinnen, die mit dem Betreten solcher Räume ihren Ruf riskiert hätten, private oder halböffentliche, ebenfalls weiblich konnotierte Räume ins Bild. Solchen Zuweisungen versuchten einzelne Künstlerinnen zu entkommen, indem sie sich ihre Bewegungsfreiheit durch Verkleidung sicherten, z.B. Marie BASHKIRTSEFF (POLLOCK, 1987, S. 78) oder Rosa BONHEUR (SASLOW in: BROUDE/GARRARD, 1992).

Feministische Kunsthistorikerinnen konnten zeigen, welche Effekte die Aufteilung in ›private‹ und ›öffentliche‹ Arbeits- und Lebenssphären, die in der Frühen Neuzeit einsetzte und im 18. Jahrhundert eine weitere Zuspitzung erfuhr (HAUSEN, 1976),[23] auch auf die Definition der Geschlechterpositionen innerhalb der Kunst hatte. Auf die Verschränkung solcher Stereotypen mit legitimatorischen Geschichtskonstruktionen, wie sie z.B. das 19. Jahrhundert vom Mittelalter entwarf, machte Roszika PARKER aufmerksam. Die Handarbeit, z.B. die Stickerei, stellte im Viktorianismus eine noble Beschäftigung von Frauen der Oberschichten dar und war gleichzeitig Zeichen für den Wohlstand des Hausherrn. Die hohe Wertung und symbolische Deutung der Stickerei wurde ›historisch‹ mit dem Verweis auf das Mittelalter legitimiert, obgleich dieses die geschlechtsspezifischen Zuweisungen so nicht kannte. Dabei wurde z.B. der Teppich von Bayeux, der ca. 1080 in einer Werkstatt entstanden war, nachträglich zum Werk der Königin MATHILDA, die damit zur Vorgängerin der mit der Nadel arbei-

---

[23] Vgl. dazu aus architekturhistorischer Perspektive: MARE (1992) und SPICKERNAGEL (1992).

tenden adligen Damen erklärt wurde, auf deren Vorbild die verunsicherte viktorianische Gesellschaft den Betätigungsdrang bürgerlicher Ehefrauen und Töchter zu lenken trachtete (PARKER, 1986, S. 216ff.).

Die geschlechtsspezifischen Abwertungen von Produktions- oder Ausdrucksformen sind historischen Wandlungen und Verschiebungen unterworfen. Es ist jedoch festzustellen, daß die Polarisierung ›weiblich/männlich‹ als festes oder jeweils neu zu fixierendes Verhältnis, als vorgängige Differenz bestehen bleibt – trotz aller Umbrüche auch und vor allem in der Moderne. So können sich Charakterisierungen von Künstlerinnen denen angleichen, die seit der Frühen Neuzeit für männliche Künstler reserviert schienen, ohne daß die Geschlechteropposition in Frage gestellt wird. Dies läßt sich zum Beispiel im Fall Sonia DELAUNAY nachweisen. In den Kritiken wird sie da als »Intellektuelle« anerkannt, wo ihr Mann Robert DELAUNAY wegen seiner »vulkanartigen Spontaneität« gepriesen wird. Sie wird dort als spontan gekennzeichnet, wo Robert DELAUNAY als Theoretiker gewürdigt werden soll (KOLTER, 1989, S. 210ff.).[24]

Inzwischen läßt sich erkennen, daß auch die Abwertung des Anteils von Künstlerinnen an der Avantgarde seit dem Ende des 19. Jahrhunderts auf die tradierten Differenzierungen nach ›weiblichen‹ und ›männlichen‹ Künsten bezogen ist (BROUDE, 1982). Die künstlerischen Überschreitungen von Gattungsgrenzen und Materialfeldern hin zur sogenannten angewandten und damit weiblich konnotierten Kunst, wie sie seit Mitte des 19. Jahrhunderts und zunehmend in der Moderne als Künstlerstrategien zu beobachten sind, führen offenbar nicht dazu, die immanenten Konstruktionen der Geschlechterdifferenz aufzulösen. Als Regelverletzungen lassen sich die Grenzüberschreitungen in die Vorstellungen männlicher Künstlerschaft integrieren. Für Frauen gilt diese Möglichkeit keineswegs, bei ihren Auseinandersetzungen mit den ›niederen‹ Künsten bleibt für die Kritik der Vorwand bestehen, dies sei immer schon ihre geschlechtsspezifische Beschäftigung gewesen. Dies wird besonders deutlich, wenn man die Kunstkritik

---

[24] Hier zeigt sich ein Vorgang, der auch in anderen gesellschaftlichen Bereichen zu analysieren ist, z.B. in der Entwicklung der Arbeit an Satzmaschinen vom Frauen- zum Männerberuf, ein Vorgang, den Regina BECKER-SCHMIDT als »Umschrift der Differenzen« theoretisiert hat (GILDEMEISTER/ WETTERER, 1992, S. 223).

und Kunstgeschichtsschreibung über Künstlerpaare untersucht, eine Konstellation, die seit der Moderne häufiger auftritt, also z.B. bei Camille CLAUDEL und Auguste RODIN (Camille Claudel – Auguste Rodin, 1985; BERGER, 1990; WENK, 1993), Gabriele MÜNTER und Wassilij KANDINSKY (ROGOFF, 1992), Sophie TAEUBER und Hans ARP (Sophie Täuber – Hans Arp, 1988), Sonia DELAUNAY und Robert DELAUNAY (KOLTER, 1989) und Lee KRASNER und Jackson POLLOCK (WAGNER, in: CHADWICK, 1993). Selbst in revolutionären politischen Situationen wie im Rußland der Kulturrevolution, in denen sich Kunst- und Kulturpolitik alten Traditionen entgegenstellen, sind die Geschlechterstereotypen noch wirksam. Die proklamierte ungegenständliche Kunst der russischen Avantgarde enthielt zunächst ein Angebot für Frauen, sich im Rahmen dieser Kunst ›freier‹ zu bewegen. Die nach kurzer Zeit einsetzende Re-Symbolisierung ungegenständlicher Formen als männlich (Keil) und weiblich (Kreis) und die Entwicklung einer entsprechenden Bildgrammatik redefinierten jedoch die künstlerischen Aussagen in den alten, naturalisierenden Geschlechterkategorien und machen diese Avantgarde zum Medium einer Bestandssicherung männlicher Künstlerschaft (SCHMIDT-LINSENHOFF, 1992).[25]

Die ›Besetztheit‹ der traditionellen Kunstgattungen und Genres durch die Frauen- und Männermythen unserer Kultur veranlaßte viele Künstlerinnen seit den 70er Jahren, nach neuen Techniken zu suchen und mit neuen Medien zu arbeiten, in der Hoffnung, sie könnten den Zuschreibungen entgehen. Auffällig war jedenfalls zu Beginn der neuen Frauenbewegung, daß gerade Fotografie, Performance, Videokunst und Film zu bevorzugten Gestaltungsmedien von Künstlerinnen wurden, in denen sie traditionelle Blick-Verhältnisse befragten.[26] Mittlerweile sind Videokunst, Fotografie

---

[25] Zur Semiotik geschlechtsspezifischer Bedeutungen auch auf den ersten Blick ungegenständlicher oder nicht-figürlicher Formgebung vgl. WAGNER (1994) und DEICHER (1993).

[26] Die hier aus Platzgründen nicht erwähnte feministische Filmtheorie hat seit den frühen 70er Jahren die feministische Kunstgeschichtskritik mitbeeinflußt. Wir verweisen an dieser Stelle vor allem auf die Zeitschrift *Frauen und Film*. Die documenta 6, die sogenannte Mediendocumenta, im Jahr 1977 dokumentierte diese Entwicklung mit einer starken Präsenz von Künstlerinnen in diesen Medien.

und Performance, will man den Ausstellungen und Katalogen glauben, wieder zu Männerdomänen geworden.[27]

3.6. Maskeraden des ›Männlichen‹ und des ›Weiblichen‹: Irritationen der Geschlechterpositionen in der Moderne

Daß ›Künstlerschaft‹ a priori an das männliche Subjekt gebunden ist, ist Bedingung der Möglichkeit, daß – historisch je spezifisch – stereotype Weiblichkeitsmuster auch in das Bild vom Künstler eingehen können. So ist z.B. an einigen Künstlerdiskursen seit dem frühen 19. Jahrhundert das scheinbare Paradox zu beobachten, daß die Künstler darin mit traditionell ›weiblich‹ konnotierten Charakterisierungen ausgestattet werden, deren Zitieren ohne die Absicherung durch die spezifisch westeuropäische Künstlertradition zu einer Abwertung ihrer Kreativität führen würde (WENK, 1991, S. 52f.). Bestimmte, mit solchen Weiblichkeitsattributen versehene Künstlertypen sind z.B. der Hysteriker (BRAUN, 1989, S. 51ff.), der Dandy und der Transvestit. Die Vielfalt der im jeweiligen historischen Kontext geprägten Definitionen des Künstlers gewährt ihnen einen im Vergleich zu anderen gesellschaftlichen Feldern größeren Spielraum, der eine offenere Strukturierung und Gestaltung von Begehrensbeziehungen und den darin zugewiesenen Positionen, also auch Rollentausch, Cross-Dressing, Homosexualität und Bisexualität, zuläßt. Diese Positionierungen innerhalb der Konstruktionen der Geschlechterdifferenz sind selbst historischen Verschiebungen unterworfen; die jeweilige Tabuverletzung gehört – wie gezeigt – zum Standardrepertoire der Künstlermythen. Sie bleiben männlichen Subjekten vorbehalten, die dafür im Rahmen des Geniekultes die gesellschaftliche Duldung erhalten.

Die Transgressionen geschlechtsspezifischer Positionen sind gleichzeitig Zeichen für die Verunsicherung der Künstler, was ihren marginalisierten oder auch ›exzentrischen‹ Status und ihre Funktion innerhalb einer nachhöfischen Gesellschaft anbelangt, der gegenüber sie in eine ›weibliche‹ Position geraten.[28] Der Protest

---

[27] Deutlich abzulesen an den documenten 7–9.
[28] Auch wenn es Künstlern möglich ist, ihre gesellschaftliche Marginalisierung durchaus wahrzunehmen, sie auch künstlerisch zu bearbeiten, so halten sie aber z.B. in ihren Selbstportraits die Position männlicher Autorschaft im Kontrast zur Darstellung ihrer Frauen und Familien aufrecht (vgl. ROGOFF, 1989, S. 21ff.).

Alice MANSELL: Zeichnung nach einem Gemälde: Selbstbildnis auf gelbem Grund mit Zigarette von Max Beckmann, 1990, Graphit/Pastel auf Papier, Nr. 1 von zwei

Alice MANSELL: Selbstbildnis wie Max Beckmann, 1990,
Zeichnung auf transparenter Folie, Nr. 2 von zwei

der ›Wunderkinder‹ im Generationenkonflikt gegenüber den sie vernachlässigenden Vätern kann in die Form der Abweichung von der Geschlechternorm gekleidet sein und entspricht einer Marktsituation, die neue Selbstdarstellungszwänge erzeugt. Künstler machen durch bestimmte Posen auf sich aufmerksam, suchen Mäzenen zu gefallen und deren ›Begehren‹ zu wecken (WENK, 1991). In solchen ›weiblichen‹ Mustern sind ›schamhafte‹ Versionen des Exhibitionismus ebenso zu erkennen wie ›prostitutive‹. Die Facetten der Maskerade, die scheinbaren Widersprüche, die sich zwischen der ›männlichen‹ Schöpferrolle und den verschiedenen Formen des Exhibitionismus ergeben, sind Kennzeichen eines seit der Moderne instabilen Künstlerbildes, das sich zudem in Konkurrenz zum zeitgenössischen Starkult der Massenmedien befindet. Der Zusammenhang des Starimages, in dem ›androgyne‹ Züge und Momente einer ›phallischen Weiblichkeit‹ auszumachen sind, mit der Tradition des Künstlerbildes ist noch wenig befragt und gehört zu den aktuellen Gegenständen einer weiterführenden kulturgeschichtlichen Geschlechterforschung. In diese Künstlerpositionen können sich am Ende des 20. Jahrhunderts auch Frauen begeben – allerdings nach wie vor mit unterschiedlichen Effekten oder den Effekten des Unterschieds.

3.7. Mythische Erzählungen vom Künstler und ihre Transformationen

In jüngster Zeit sind verstärkt alte Mythen wie die von Pygmalion oder Prometheus ins Blickfeld feministischer Forschung geraten. Solche aus griechischer und römischer Mythologie überlieferte Erzählungen von der ›Verlebendigung‹ des künstlich Geschaffenen und einer ›gottgleichen Schöpfung‹ bieten sich zur Identifikation für Künstler geradezu an. Sie sind offenbar immer wieder von neuem dazu geeignet, das Verhältnis zwischen Männern und Frauen als ein natürliches Verhältnis zwischen ›Schöpfern‹ und Zu-Formenden zu behaupten. Feministische Kritik bezieht sich auf eben diese Funktion tradierter mythischer Erzählungen, hierarchisch strukturierte Geschlechterverhältnisse zu affirmieren.

Um die Wirkungsweise von Mythen zu verstehen, müssen sie historisch analysiert werden – gegen den solchen Mythen inhärenten Anspruch, ein allgemein gültiges Deutungsmuster zu bieten. Wie kann feministische Forschung vorliegende Methoden der Mythenforschung für eine Kritik nutzen? Wie läßt sich das Verhältnis zwischen den aus alten Mythologien überlieferten Erzählungen und den oben dargestellten modernen Mythen vom Künstlerschöpfer beschreiben?

Die grundlegende Arbeitsweise und Effektivität des Mythischen wurde von Roland BARTHES als Naturalisierung des historisch Gewordenen bezeichnet (BARTHES, 1964). Dies bezieht sich auch auf eine (nachträgliche) Verkennung der kulturellen Konstruktion solcher Erzählungen, die ihrerseits von einem scheinbar naturgegebenen Ablauf der Dinge berichten. BARTHES' Analysen des Alltagsverhaltens und der Werbung deckten auf, wie weit solche Denk- und Deutungsmuster verbreitet sind, durch die soziale und damit konkrete historische Strukturen oder Ereignisse zu gleichsam natürlichen und universalen werden. Das Denken von Weiblichkeit und Männlichkeit als ›natürlichen Grundtatsachen‹ ist eben in dieser Weise als mythisches zu verstehen, zu analysieren und zu kritisieren (BARTA, 1987, S. 8; vgl. auch Kap. 4.3.).

Die Analyse solcher Naturalisierungseffekte kann die unausgesprochenen Konstrukte und die impliziten Regeln des Diskurses der Kunstgeschichte sichtbar machen (vgl. FOUCAULT, 1977, S. 33–47). Diskursanalyse wiederum kann als eine Fortführung strukturaler Methoden gesehen werden, wie sie in ethnologischen Forschungen nach dem Zweiten Weltkrieg vor allem durch und im Anschluß an LÉVI-STRAUSS entwickelt und theoretisiert wurden.[29]

Dem häufig formulierten Vorwurf, mit dem aus einer selbstgerechten Perspektive der Aufklärung solche Forschungen allzuschnell als Aufwertung des Irrationalen abgetan werden, läßt sich entgegensetzen: Das Ziel struktularer Methode ist, mythisches Denken zu analysieren und seine »geheime Logik freizulegen« – jenseits der selbst mythischen Entgegensetzung von Mythos und Vernunft bzw. Wissenschaft (GALLAS, 1989, S. 287). Diese Forschungsperspektive, die dem psychoanalytischen Denken in ihrer Unterscheidung zwischen ›manifestem‹ und ›latentem‹ Trauminhalt verwandt ist, ist auch für die kunsthistorische Geschlechterforschung von größter Relevanz.

In einer Re-Lektüre mythischer Erzählungen können neben den manifesten Geschlechterzuschreibungen symptomatische Auslas-

---

[29] Zu theoretischen Modellen der Mythenforschung vgl. VERNANT (1987). Zur (u.E. keineswegs abgeschlossenen) Diskussion über die Bezugnahme auf die Linguistik Ferdinand de SAUSSUREs: BAL/BRYSON (1991).

sungen sichtbar gemacht werden.[30] Schließlich lassen sich die einzelnen Sequenzen einer mythischen Erzählung auf ein stillschweigendes, generationenübergreifendes Einverständnis bezüglich der Geschlechterrollen befragen. Immanente Festschreibungen von Geschlechterpositionen können etwa durch die Frage, ob und wie Identifikationen von Künstlerinnen mit tradierten Erzählungen möglich sind, thematisiert werden.[31] Beweggründe für und Effekte von Lücken in den Erzählungen, die aus der Perspektive der Frauenforschung als Auslassungen erkennbar werden, zu analysieren, kann äußerst aufschlußreich sein. Als prägnantes Beispiel hierfür sei der Teil in OVIDs Erzählung von Pygmalion angeführt, in dem dessen Motivation für die Schaffung einer künstlichen Frau geschildert wird (in die er sich verlieben wird): Pygmalion ist unzufrieden mit den ihn umgebenden Frauen und empört »ob der Menge der Laster des Weibergeschlechtes«, die es »von Natur« besitze (*Metamorphosen X*). Diese Passage und die ihr unmittelbar vorausgehende Schilderung der Versteinerung der der Göttin Venus frevelnden Propoetiden (Prostituierten) ist seit dem 18. Jahrhundert, seitdem die Erzählung zum emphatischen Bildhauermythos wurde, kaum mehr erwähnt, geschweige denn als illustrationswürdig angesehen worden. Gegen die populäre, harmonistische Interpretation des Pygmalion-Mythos als Paradigma der Beziehung von Liebe, Erotik und künstlerischer Produktivität[32] kann durch eine feministische Re-Lektüre der alten Erzählungen in Erinnerung gebracht werden, was in ungekürzten Studienausgaben von OVIDs Erzählungen zu lesen ist und unausgesprochen die Voraussetzung des Handlungsablaufs darstellt (vgl. BERGER, in: BERGER/STEPHAN, 1987).
Ein anonymer Zwang zur Wiederholung von »Immergleichem«, der von Ernst KRIS und Otto KURZ in der Analyse alter Künstlerlegenden als »Wiederkehr von Formeln« längst beobachtet und

---

[30] Zur eher apokryph zu nennenden Tradition antiker Mythen, die in der Tradition der Verschriftlichung der letzten 2000 Jahre verdrängt und aus dem Bewußtsein gestrichen wurden vgl. RANKE-GRAVES (1986).

[31] Vgl. z.B. den Versuch einer ›Umschrift‹ der Ikarus-Erzählung aus der Perspektive einer Tochter: WAGNER-KANTUSER (1986); auch: SCHMIDT-LINSENHOFF (1991 und 1994).

[32] Vgl. auch BÄTSCHMANN, der dem Pygmalion-Mythos, wie er im 18. Jahrhundert rezipiert wird, zuschreibt, er spreche »die Bildung einer neuen, auf den Eros gründenden Sozietät als Bedingung für die Entwicklung des Selbstbewußtseins« aus (1985, S. 194).

Pierre FIRENS: Pygmalion, Illustration zu Ovids ›Metamorphosen‹
in der Übersetzung von N. Renouard, 1619

theoretisiert wurde (1980, S. 52f.),[33] ist in den Zuweisungen der Geschlechterpositionen überdeutlich und muß dennoch immer wieder expliziert werden.[34]

[33] Die in kunsthistorischen Texten insbesondere über Künstler häufig zu verfolgende, stetige Wiederholung von bestimmten Formeln als Formeln – oder in der Sprache des Druckgewerbes gesprochen von »Stehsätzen« – macht es offensichtlich auch möglich, Zitate nicht mehr als solche zu bezeichnen, ohne daß man als Wissenschaftler den Verdacht mangelnder Seriosität fürchten muß. Zitate sind offensichtlich nur dort verlangt, wo mythisches Denken kritisch befragt wird. ›Selbstverständliche‹ Stehsätze ließen sich als Effekt einer Naturalisierung von Geschichte und Wahrheit als ›unhintergehbarer‹ bezeichnen.
[34] Die Frage der Geschlechterdifferenz fehlt allerdings in den grundlegenden Studien zur fortdauernden Wirkung der Künstlermythen, die wohl nicht zufällig am Rand der Kunstgeschichte verfaßt wurden, z.B. in Edgar ZILSELS Versuch, die »quasireligiöse Natur der Geniereligion« einer »halbreligiösen

Was als Immergleiches sich präsentiert, weist bei genauerer Analyse jedoch auch Unterschiede auf. Die Grenzen einer bloßen Motiv- oder Ideengeschichte mythischer Erzählungen werden deutlich, wenn man sich vergegenwärtigt, in welcher Weise sich die Mythen von Weiblichkeit im Laufe des 19. Jahrhunderts unabhängig vom tradierten Textkorpus der Mythologien verschoben und verändert haben (vgl. Kap. 4.2.). Sie erst erklären Umdeutungen, wie sie die Mythen von Pygmalion und Prometheus seit der zweiten Hälfte des 18. Jahrhunderts erfahren haben. Eine neue Position der weiblichen Geschöpfe scheint auf, wenn z.B. in GOETHES Fragment über *Prometheus* Pandora als liebste, Freuden und Trost bringende »Tochter« des männlichen Schöpfers eingeführt wird (vgl. WENK, 1993a).

Auch die bereits problematisierte (neuzeitliche) Subjekt-Position des männlichen Künstlers – und damit kommen wir zur Frage des Verhältnisses tradierter mythischer Erzählungen und Künstlermythen der Moderne zurück – treibt die Rückgriffe auf alte mythische Erzählungen ebenso an wie ihre je neuen Umformulierungen. Dies im Auge zu behalten, ist Voraussetzung für eine feministische Re-Lektüre, wenn sie nicht auf eine bloß ›frauenspezifische‹ Verdopplung der mythischen Identifikationsmuster zielt.[35]

In den Nacherzählungen wurden und werden die alten mythischen Erzählungen ständig neu gedeutet und umgewichtet. Einzelne Elemente oder Sequenzen (Ytheme) werden ausgelassen, andere erhalten neue Bedeutung, durch andere, neu sich herausbildende Mythen – von Weiblichkeit wie von Künstlerschaft.[36] Die alten Erzählungen sind wirksam, ohne daß sie vollständig nacherzählt werden (müssen), und sie sind es zugleich auf veränderte Weise; den Orten entsprechend, die sie im sich immer wieder neu knüpfenden Netz mythischer Elemente zugewiesen bekommen. Die Wirksamkeit beschränkt sich keineswegs auf die kommentierende Rede, sondern läßt sich z.B. auch in den Inszenierungen von

Sekte« aus religionspsychologischer Perspektive zu analysieren (1990, S. 54), oder in psychohistorisch und psychoanalytisch inspirierten Untersuchungen wie von Ernst KRIS (1977, bes. S. 61–74) oder in Eckhard NEUMANN (1986).

[35] Zum Anlaß dazu könnten die ebenfalls in den tradierten, um maskuline Figuren zentrierten mythischen Erzählungen auch enthaltenen Identifikationsangebote an Frauen genommen werden. BERGER vermutet in seinem Essay zu RODIN ein »Pygmalionversprechen« (1980), vgl. WENK (1993).

[36] Aufschlußreich ist die Rezeption des Paris-Urteils im 19. Jahrhundert: FRIEDRICH (1993); vgl. auch Kap. 4.

Kunstwerken aufdecken.[37] Eine Analyse der Rezeptionsgeschichte deutscher Bildhauer ›der Moderne‹ machte deutlich, daß sich die Wirkmächtigkeit eben nicht aus einem expliziten Rückgriff, sondern eher aus einer Überlagerung und Verknüpfung verschiedener Mytheme unterschiedlicher Traditionen ergibt (WENK, 1989). So kann der christliche Märtyrer[38] ebenso im Bild des leidenden Prometheus assoziiert sein wie der militärische Held, der für die Nation sein Leben (und das anderer) aufs Spiel setzt. An einem solchen Beispiel läßt sich schließlich verfolgen, wie sich mythisches Denken über den Künstler auch mit mythischem Denken in politischen Kontexten verbindet. Die Tradition solcher Verknüpfungen muß freigelegt werden. Wie der bürgerliche Staat seit der Französischen Revolution auf Opfermythen gründet, hat Kathrin HOFFMANN-CURTIUS an der Genealogie des »Altars des Vaterlandes« gezeigt (in KOHN-WAECHTER, 1991, S. 57–92).

Frauen und Bilder des Weiblichen spielen in den den Opfermythen inhärenten Rites de Passages eine wichtige Rolle, als politische Subjekte dagegen werden Frauen nicht anerkannt. In Künstlermythen, die das Zustandekommen von Neuschöpfungen, von Ursprüngen erklären wollen, spielen nicht selten Frauen die Rolle der Opfergabe, die der Künstler seiner ›neuen Kunst‹ darbringt.[39] Mythisches Denken ist in den Beschreibungen künstlerischer Produktion als eines totalen Bruchs mit dem Vorangegangenen – als Voraussetzung eines Neuanfangs – ebenso zu finden wie in unbewußten Handlungsstrukturen von Künstlern (THEWELEIT, 1988).

Die Frage nach den Logiken mythischen Denkens gilt auch und gerade in Hinsicht auf die Kunst der Moderne, die den Anspruch auf Narration aufgegeben hat, aber nichtsdestotrotz mythischen Denkweisen verhaftet bleibt. Auch die Bezugnahme auf außereuropäische Mythen, die eine Form der Positionierung von Künstlern gegen die Väter der Tradition ist, hat Mythenbildungen neuer Art Vorschub geleistet (vgl. TUCHMANN, 1988). Mythische Vorstel-

---

[37] Zur Aufstellung von Skulpturen Wilhelm LEHMBRUCKs und Georg KOLBEs in Freilichtausstellungen und Museen: WENK (1989).
[38] Umfangreiches Material für eine Analyse der Sebastian-Legende und ihrer Bedeutung für Selbstdefinition und Selbstdarstellung der Künstler bis in die Gegenwart bietet HEUSINGER VON WALDEGG (1989); vgl. ferner: JUNOD (1985).
[39] Hier ist an die Erzählungen von Pygmalion in der Moderne zu denken: WENK (1989), BRAUN (1989) und BRONFEN (1987).

lungen können sich auch in Vorstellungen von Material und Arbeitsweise wiederfinden,[40] auf die eine dekonstruktive Lektüre der Künstlermythen aufmerksam machen kann.

4. Bilder weiblicher und männlicher Körper – ihr Zu-Sehen-Geben als Akt ihrer Konstruktion

4.1. Fragestellungen kunsthistorischer Frauenforschung

›Frauen‹ sind als Gegenstand der bildenden Kunst unübersehbar präsent, bisweilen gekennzeichnet als historische Persönlichkeiten, häufiger jedoch als mythologische und allegorische Gestalten und schließlich seit der Frühen Neuzeit vor allem in Aktdarstellungen. Kunsthistorische Frauenforschung hat solchen Bildern, die auf eine erste Spur einer zu rekonstruierenden Geschichte von Frauen zu führen versprachen, von Beginn an besondere Aufmerksamkeit gewidmet. Das Interesse richtete sich zum einen auf einen ›Widerspruch‹ zwischen bildlicher Repräsentanz und sozialer Wirklichkeit, der insbesondere angesichts der ›Weiblichkeit‹ der Allegorien, die Kunst, Wissenschaft, Ordnung und Innovation gleichermaßen repräsentieren können, eklatant schien (vgl. RENTMEISTER, 1976; WENK, 1986). Zum anderen richtete er sich auf einen möglichen utopischen Gehalt der Bilder, der gegen die historische Verdrängung von Frauen aus der kulturellen Produktion gewendet werden sollte.

Verfolgt man die Fragestellungen, wie sie auf den Kunsthistorikerinnentagungen seit 1982 und in ihren jeweiligen Publikationen diskutiert wurden (vgl. BISCHOFF, 1984; BARTA, 1987; LINDNER, 1989), so läßt sich eine wiederkehrende Thematisierung des Frauenbildes bei den verschiedensten Künstlern ausmachen. Dem kunsthistorischen Kanon einer Geschichte der Meister entsprechend war diese Fragestellung vielfach anwendbar und reproduzierbar. Die Frauenbilder wurden auf Frauenfeindlichkeit oder ein dieser widersprechendes Emanzipationsangebot hin geprüft. Die Suche nach positiven Identifikationsmöglichkeiten war eine nach dem Subversiven, nach feministisch ›Nutzbarem‹ in solchen Bildern. Mehr oder weniger explizit wurde dabei – einer Tradition bürgerlich-humanistischen Denkens folgend, mit der auch im Mar-

---

[40] Vgl. dazu WENK (1991 und 1995): z.B. Henry MOORE und Yves KLEIN; auch WAGNER (1994).

xismus nicht gebrochen worden war – unterstellt, daß in der Geschichte der Kunst ein ›humanistisches Erbe‹ als eine Art Vermächtnis für eine bessere Zukunft freizulegen sei. Die Frage jedoch, wie die Idealisierung von Frauen im Bild und ihr Ausschluß aus kultureller und politischer Definitionsmacht zusammen funktionieren konnten, führte zur Vermutung, daß es sich weniger um einen unaufgelösten Widerspruch als um einen systematischen Zusammenhang handelte. Gründe dafür lieferten zum einen Diskussionen der Frauenbewegung, in denen die Ausgrenzung von Frauen nicht mehr nur aus der Perspektive der Forderung nach gleichberechtigter Repräsentanz, sondern auch aus der einer zu behauptenden Differenz kritisiert wurde, zum anderen theoretische Diskussionen um Macht(beziehungen) in der Moderne, wie sie unter anderem durch Michel FOUCAULTs Analysen angestoßen worden waren.

Verschiebungen in den Perspektiven kunsthistorischer Frauenforschung wurden insbesondere auf der 3. Kunsthistorikerinnentagung 1986 in Wien deutlich. Thema waren Vorstellungen von Weiblichkeit und Männlichkeit, Mythen, in denen diese zu ›Natur‹ geronnen waren (vgl. Barta, 1987, S. 8). Damit wurde Männlichkeit als Konstruktion eines Ideals ebenso zum Forschungsgegenstand erklärt wie die Konstruktionen des Weiblichen.[41] Mit der Frage nach dem Verhältnis der Bilder von Männlichkeit zu denen von Weiblichkeit rückte schließlich auch die Tatsache zusehends deutlicher in den Problemhorizont, daß Bilder konstruiert sind und daß ihre Künstlichkeit unhintergehbar ist. Vor diesem Hintergrund war auch die Frage nach Gewalt in Bildern neu formulierbar: Gewaltförmigkeit wurde nicht mehr allein in ihrer narrativen Zurschaustellung gesucht, sondern in der Struktur der Repräsentation selbst (LINDNER, 1989, bes. Teil IV: Gewaltbilder, S. 334–501).

Wir wollen im folgenden diese Verschiebungen nachzuzeichnen versuchen und zugleich daran anschließende Forschungsfragen und Problemfelder skizzieren.

---

[41] Wie das Ideal des Männlichen Ausschlüsse von Männern impliziert, die dem Ideal nicht entsprechen – Homosexuellen ebenso wie Arbeitslosen –, thematisierte PÄTZOLD (1987). Vgl. auch WALTERS (1979).

4.2. Der Akt oder die Konstruktion des ›ganzen‹ Körpers

Im dominanten Diskurs der Kunstgeschichte gilt vor allem die Aktkunst der Frühen Neuzeit als das Paradigma der Befreiung der Kunst aus alten, vor allem religiösen Bindungen und als Zeichen einer Befreiung der Sinnlichkeit. Bei ›Klassikern‹ der Kunstgeschichte des Aktes wie Wilhelm HAUSENSTEIN (1918) oder Kenneth CLARK (1958) wird diese Auffassung emphatisch begründet und immer wieder zitiert (zur Auseinandersetzung mit CLARK siehe POINTON, 1990. S. 11ff. und NEAD, 1993, S. 12–22); sie hat sich mit einer erstaunlichen Hartnäckigkeit gegen alle Versuche behaupten können, die Kunst der Frühen Neuzeit jenseits von idealisierenden Vorstellungen eines revolutionären Wandels vom sogenannten Mittelalter zur ›Renaissance‹ zu analysieren.[42]

Mit dem Begriff der ›Renaissance‹ wurde die westeuropäische Kunst des 15. und 16. Jahrhunderts als ›Wiedergeburt‹ der Antike gefeiert, die die neue Kunst garantieren sollte.[43] Der implizit teleologische Entwurf galt nicht nur dem Künstler (vgl. Kap. 3.), sondern auch dem, worin seine ›Meisterschaft‹ sich vergegenständlichen sollte: der Nachahmung, Beherrschung oder Überwindung von ›Natur‹ durch das Werk.[44] Mit dem Begriff der ›Autonomie‹ der Kunst war auch die Abwendung von christlicher Ikonographie und antiker Mythologie gemeint.[45] Gegen die angeblich sinnen-

---

[42] Bereits HUIZINGA hat in seinem 1919 erstmals erschienenen Buch *Herbst des Mittelalters* einen Bruch mit den tradierten Paradigmen zu begründen gesucht: »Die Renaissance ist im Sozialen außerordentlich unfruchtbar und immobil gewesen und bedeutet in dieser Hinsicht dem Mittelalter gegenüber mit seinem religiössozialen Bewußtsein eher einen Stillstand als eine Erneuerung. [...] Denn überall außerhalb der Sphäre der Kunst herrscht das Dunkel.« (1975, S. 57) Eine verwandte kritische Sicht auf die Renaissance findet sich bei FRIEDELL (1974, erstmals publiziert 1927–1931); dazu auch SCHADE (1983, S. 12f).

[43] Zur Problematik dieses nach wie vor gängigen und romantisierenden Begriffs: MIGIEL/SCHIESARI (1991, S. 3ff.). Über die religiöse Konnotation dieses Begriffs: PANOFSKY (1984, S. 51). Zu analysieren wäre darüber hinaus die implizite geschlechtliche Konnotation.

[44] Von »Überwindung« der Natur als Perspektive, die die Kunsttheorie der Renaissance und vor allem des Manierismus anstelle bloßer Nachahmung bestimmt habe, schreibt PANOFSKY (1960, S. 24).

[45] Noch GORSEN spricht von einer Emanzipation von »Nacktheit und erotischer Stimulanz des weiblichen Körpers [...] aus seiner mythologischen Verwendung für belehrende und dekorative Zwecke« (in: NABAKOWSKI, 1980, Bd. 2, S. 78).

und sexualitätsfeindliche Tradition vor allem des Mittelalters habe sich der »verleugnete Körper« wieder behauptet – die »Freude am Körper und seiner Darstellung« bestimme den Akt der Renaissance (WALTERS, 1979, S. 79ff.).[46]

Feministische Kunstgeschichte war anfänglich noch in diesen Vorstellungsmustern befangen. Gab es zwar einerseits eine Problematisierung der Vorherrschaft eines männlichen Blicks, welche in den Bildern insbesondere passiv dargestellter, scheinbar verfügbarer (schlafender und liegender) Frauen ihren Ausdruck gefunden zu haben schien, so wurde andererseits doch auch – auf der Suche nach einem »anderen« Blick (BISCHOFF, 1984, S. 7ff.) – darauf bestanden, Aktbilder der Renaissance einer Lektüre zu erschließen, in der auch ›gleichberechtigte‹ weibliche Subjekte zu finden sein sollten.

Wie die tradierten Vorstellungen der Aktmalerei und -skulptur als Bilder des ›Menschlichen‹ die feministische Kunstgeschichtsschreibung in ihren Anfängen dominierten, wurde besonders deutlich an der Kritik, wie sie von einigen Kunsthistorikerinnen an der Moderne und dem ihr zugehörigen Phänomen der ›zerstückelten‹ Körper geübt wurde. Wenn etwa Margaret WALTERS in der kubistischen Kunst eine »grausam misogyne Lust« der Zerstückelung entdeckte (1979, S. 215), so war dies nur möglich aufgrund der Unterstellung, daß die tradierten Bilder idealer Weiblichkeit (und Männlichkeit) Entwürfe von befreiter Subjektivität enthielten oder gar mit ihnen zu identifizieren seien. Eine solche Vorstellung liegt auch der Rede von Zerstörung »sexueller Integrität« von Frauen durch die Kunst der Avantgarde zugrunde (BERGER, 1985). Eine derartige Verwechslung von Körper und Körper im Bild/als Bild prägte viele Kritiken an avantgardistischer Kunst und schließlich auch die PorNo-Kampagne.[47] Als »Mythos des ganzen Körpers« wurde solche Kritik und die damit verknüpfte feministische Kunstauffassung grundsätzlich kritisiert von Sigrid SCHADE auf der 3. Kunsthistorikerinnentagung (1987). In Erinnerung zu rufen war, daß der Akt als Bild eines Idealkörpers selbst eine Konstruktion

---

[46] So erscheint auch die Rezeptionsgeschichte der antiken Skulptur mit ihrer Illusion leibhaftiger Körperlichkeit in den mittelalterlichen Erzählungen von der Statuenliebe als Geschichte der Subversion gegen die Verleugnung des Körpers in der bildenden Kunst: z.B. HINZ (1989).

[47] Vgl. die Hefte zur PorNo-Kampagne der Zeitschrift Emma, Nr. 11 und 12, 1987, Nr. 6, 1988. Zur Kritik vgl. LINDNER (1989, S. 335f.).

ist, die jedoch den Charakter ihrer Konstruiertheit leugnet. Die Zerlegung – durch Geometrisierung oder durch Sektion des toten Körpers – geht der konstruierten Ganzheit im Bild voraus. Das Verfahren, die schönsten Teile vieler verschiedener Modelle zu einem neuen idealen Ganzen zusammenzusetzen, wird von dem häufig zitierten antiken Maler ZEUXIS abgeleitet, von Künstlern der Neuzeit wurde es in Proportionsstudien als »wissenschaftliche« Methode weitergetrieben (PANOFSKY, 1960, S. 32).[48] Die »illusionistische Herstellung angeblich natürlicher homogener Körper im kontinuierlichen Raum« (SCHADE, 1987, S. 247) läßt sich als Prozeß und Resultat von Verdrängung(en) analysieren. Aus der Perspektive des von Norbert ELIAS analysierten »Zivilisationsprozesses« als eines Prozesses der Modellierung von Affekten und des Vorrückens von Schamgrenzen erscheint der Akt in der Kunst als Substitut für den Anblick der im Alltag zunehmend tabuierten nackten Körper[49] und schließlich als Medium einer Sublimierung von Trieben und Affekten (vgl. HOFFMANN, 1978).

Die Vorstellungen von Affektmodellierung und Sublimierung verweisen jedoch auf ein erst in der Neuzeit sich konstituierendes ›Ich‹, zu dessen Selbstverkennung gehört, daß es sich abgrenzen, (ab)härten muß gegenüber dem, was als das Andere von Vernunft, Geist und Kultur gilt. Die »Anstrengung, das Ich zusammenzuhalten«, wie sie ADORNO und HORKHEIMER als Not des Odysseus beschrieben haben, der sich der Lockung der Sirenen »des sich Verlierens« mit einer in vielfachen Gefahren »gehärteten« Identität, der »Einheit des eigenen Lebens« widersetzt, liegt der Vorstellung von der Triebregulierung zugrunde (HORKHEIMER/ADORNO, 1969, S. 46). Aus der Perspektive der *Dialektik der Aufklärung* wurde erkennbar, inwiefern die Aufrichtung des (imaginären) Ideals des autonomen Subjekts und seiner Vernunft mit gewaltförmigen Abspaltungen des Anderen verbunden ist.[50]

---

[48] Solche Vorstellungen lebten fort bis mitten ins 20. Jahrhundert: WENK (1987).

[49] Die Darstellung nackter Körper in der Kunst gewinne neue Bedeutung (so ELIAS, 1976, S. 225): »Sie wird in stärkerem Maße als bisher Traumbild und Wunscherfüllung.« Vgl. auch KLEINSPEHN (1989, S. 31).

[50] Das Andere der aufklärerischen Vernunft, Inquisition und Hexenverfolgung liegt nicht jenseits dieser, sondern ist die andere Seite der Geschichte; vgl. SCHADE (1983, S. 15f.). Zum Verhältnis der *Dialektik der Aufklärung* zu FOUCAULTs Machtanalysen vgl. SCHADE (1994).

Damit sind auch die Bilder ›ganzer‹ Körper – und damit die auf sie gerichteten Blicke – nicht mehr außerhalb eines Gewaltzusammenhangs denkbar. Der Vorschlag Michel FOUCAULTs, den *Willen zur Wahrheit* im Zusammenhang mit Macht zu denken (1983), führte schließlich zu der Frage nach dem Zusammenhang von ganzheitlichem Aktbild und Konstituierung des bürgerlichen Subjekts/Individuums aus einer psychohistorischen Perspektive. So können psychoanalytische Zugänge nützlich sein (man denke nicht nur an Sigmund FREUD, sondern auch an Melanie KLEIN und Jacques LACAN), um den Status des Bildes in der Bildung des bürgerlichen, männlichen ›Ich‹ als problematischen Prozeß zu erhellen (vgl. auch NEAD, 1993, S. 12f.). Phantasmen des zerstückelten und des ganzen Körpers sind nicht voneinander zu trennen, Ängste der Auflösung des Körpers begleiten, folgen wir psychoanalytischen Erkenntnissen, der (Ein-)Bildung des ›Ich‹. So analysierte Jaques LACAN in seinem Aufsatz über *Das Spiegelstadium* (1986) die Ich-Bildung als imaginäre Vereinheitlichung durch Identifizierung mit dem Bild des Ähnlichen als einer vollständigen Gestalt.[51] Identifikation und Verkennung ließen sich so als konstitutive Dimensionen des Aktbildes bestimmen. Dessen Entwicklung, die als Arbeit an der Verähnlichung beschrieben werden könnte, wäre ebenso wie seine kunsthistorische Deutung als Fortschreibung imaginärer Beziehungen zu analysieren, in der Bilder nicht außerhalb der Spiegel zu denken sind, in denen das Subjekt sich – trügerisch – seiner Vollständigkeit zu versichern versucht.

---

[51] Gerade die Psychoalanalyse LACANs ist in der feministischen Filmtheorie früh schon Bezugspunkt ihrer Theoriebildung gewesen: Laura MULVEY: Visuelle Lust und narratives Kino, in: NABAKOWSKI (1980, S. 33–45); Gertrud KOCH: Die optische Ent-Täuschung, in: Kunst mit Eigen-Sinn (1985, S. 21–27). Den historischen Kontext von LACANs Schrift über das Spiegelstadium stellt SEITTER heraus: »Es dürfte [...] kein Zufall sein, daß Lacan sein Spiegelstadium, unser Spiegelstadium in den Dreißigerjahren zu formulieren begonnen hat, in denen die Auseinandersetzung ums Menschenbild zwischen den Realismen, zwischen den Techniken, zwischen den Artungen – im Krieg ausbrach. Der Psychiater Lacan stand den Pariser Surrealisten nahe. Von Marienbad, wo er 1936 das Spiegelstadium zum ersten Mal vorgetragen hatte, reiste er zu Berliner Olympiade.« (1984, S. 126). Zur NS-Kunst: WENK (1987a und 1991a) und HOFFMANN-CURTIUS (1990).

4.3. Konstruktionen des zweigeschlechtlichen Körpers

Die historische Forschung zeigte auf, daß die Konstruktion des ›ganzen‹ Körpers sich mit derjenigen der Zweigeschlechtlichkeit verband. Der Lektüre von weiblichen oder männlichen Aktbildern als Ab- oder Spiegelbildern entgeht die (strukturelle) Gewaltförmigkeit, die auch in der Herstellung zweier, in ihrer Bipolarität vermeintlich exakt zu ordnender Geschlechter(typen) liegt.[52] Mit dem Mythos des ganzen Körpers gilt es, auch die Mythen der Zweigeschlechtlichkeit und die ihnen eigenen Naturalisierungsformen zu dekonstruieren. Diese Arbeit hat in der kunsthistorischen Frauenforschung gerade erst begonnen. Als eine der wesentlichen Prämissen historischer Frauenforschung kann die Erkenntnis bezeichnet werden, daß ›Geschlechtscharaktere‹ nicht natürlich gegeben, sondern historisch gemacht/geworden sind. Daß die Festlegung ›weiblicher‹ Eigenschaften (Häuslichkeit, Emotionalität etc.) im Gegensatz zu den ›männlichen‹ in der Zeit des Übergangs vom 18. ins 19. Jahrhundert erfolgte und mit einer »Dissoziation von Erwerbs- und Familienleben« (HAUSEN, 1976) und einer Fixierung der Trennung der »öffentlichen« von der »privaten« Sphäre einherging, scheint erwiesen. Einwände, die gegen diese historische Verortung der Polarisierungen der Geschlechtercharaktere geltend gemacht wurden, knüpfen sich daran, daß historisch schon früher ähnliche Auffassungen der Geschlechter auszumachen sind, so bereits in philosophischen Schriften des antiken Griechenland (z.B. RANG, 1986; ferner HAMMER-TUGENDHAT, 1989, S. 81f.). Sicherlich wurde, so weit unsere durch schriftliche Quellen gestützte Erinnerung reicht, immer wieder versucht, Unterschiede zwischen Männern und Frauen zu definieren. Zu diskutieren und zu analysieren bleibt jedoch, womit sie jeweils begründet werden. Gerade für eine kunsthistorische Geschlechterforschung ist die Frage relevant, wie sich der künstlerische Diskurs zum philosophischen, medizinischen etc. verhält und in welcher Weise künstlerische und andere Bildproduktion an der Konstruktion von Geschlechterpolaritäten produktiv beteiligt ist – und zwar durch spezifische Formen des Zu-Sehen-Gebens von ›Natur‹.

Dazu braucht es nicht nur eine Erweiterung des historischen Forschungsfeldes, sondern auch eine Verständigung darüber, was

---

[52] Vgl. auch SCHADE (1987, S. 245f.): das Subjekt, das durch »Schnitte« entsteht, das Individuum als Dividuum.

der Forschungsgegenstand ist. Hier ist aus der im angelsächsischen Sprachraum geführten Debatte über die Begriffe *sex* und *gender* zu lernen. Mit dieser Unterscheidung war die Frage nach der Historizität der Geschlechtscharaktere weiterentwickelbar und in einer Weise explizierbar, daß die Barrieren innerhalb der Problemstellung selbst erkennbar wurden. Der Begriff *gender*, mit dem die kulturelle und soziale Bestimmung des Geschlechts gefaßt werden sollte, kritisierte die Konzeption einer Naturgegebenheit von Weiblichkeit und Männlichkeit; in dem davon unterschiedenen Begriff *sex* jedoch blieb das ›natürliche‹ Geschlecht als ein biologisch Vorgegebenes weiterhin unterstellt: Die *sex-gender*-Unterscheidung entpuppte sich gleichsam als trojanisches Pferd des tradierten Denkens einer ›natürlichen‹ Zweigeschlechtlichkeit, das kein Drittes kennt. Die Gefahr ist deutlich, daß in einer auf der Unterscheidung zwischen *sex* und *gender* gründenden Frauenforschung der von ihr kritisierte Biologismus nur verlagert wird und daß sie damit unwillentlich zur »Naturalisierung eines Herrschaftszusammenhangs« beiträgt, den zu kritisieren sie angetreten ist (GILDEMEISTER/WETTERER, 1992, S. 204; grundsätzlich BUTLER, 1992).[53]

Die Zweigeschlechtlichkeit des Körpers ist durch jüngere historische Forschungen als eine Konstruktion analysiert worden (GALLAGHER/LAQUEUR, 1987; DUDEN, 1987; HONEGGER, 1991). Solche Forschungen können zum Anlaß genommen werden, einige unserer Sicherheiten im Blick auf die tradierten Bilder der Geschlechter in Frage zu stellen. Thomas LAQUEUR hat in seiner Untersuchung *Auf den Leib geschrieben. Inszenierung der Geschlechter*[54] die These formuliert, daß das

> biologische Geschlecht (sex), oder der Leib, als das Epiphänomen verstanden werden muß, während das soziale Geschlecht (gender), das wir als kulturelle Kategorie auffassen würden, primär oder ›real‹ war. Das Genus – Mann oder Frau

---

[53] Wie die Vorstellung von der Natürlichkeit der Körperbilder den Blick in die historisch überlieferten Bilder von Körpern als stetig wieder- bzw. verkennenden, nämlich Geschlechter-Körper identifizierenden Blick produziert und fixiert, dies problematisiert auch MÖBIUS (1993).

[54] Der Verfasser charakterisiert sein Buch *Making Sex* (so der amerikanische Originaltitel, Cambridge, Mass. 1990) auch als »eine Ausarbeitung von Simone de Beauvoirs These von den Frauen als dem zweiten Geschlecht« (LAQUEUR, 1992, S. 11).

– war von erheblicher Bedeutung und gehörte zur Ordnung der Welt; der Sexus dagegen war, auch wenn die moderne Terminologie eine derartige Umpositionierung absurd macht, eine Sache der Konvention. Zum allermindesten war, was wir als Sexus (sex) und Genus (gender) bezeichnen, im ›Ein-Geschlecht-Modell‹ ausdrücklich in einen Kreis von Bedeutungen zusammengebunden, von dem aus zu einem als biologisch vorgestellten Substrat zu entkommen – das war die Strategie der Aufklärung – unmöglich war (LAQUEUR, 1992, S. 20).

LAQUEUR postuliert also einen grundlegenden Wandel, einen für unsere neuzeitliche und moderne Kultur maßgeblichen Paradigmenwechsel, nämlich den vom »Ein-Geschlecht-/Ein-Leib-Modell« zum »Zwei-Geschlechter-/Zwei-Leiber-Modell« (ebd., S. 21). Damit erst ist offenbar die Auffassung von der unterschiedenen biologischen Natur der Frau dominant geworden, in der sie nicht wie etwa bei Thomas VON AQUIN Aquin als »verhinderter Mann« verstanden wird, sondern als das andere zweite (biologische) Geschlecht.[55]

4.4. Naturalisierungen des Künstlichen

Dieses andere, »zweite« Geschlecht im »Zwei-Leiber-Modell« ist (auch) ein medial produziertes. LAQUEUR verfolgt dessen Spuren in anatomischen Darstellungen seit der Frühen Neuzeit. Er zeigt auf, daß es in diesen – entgegen unserem erst durch das 18. und 19. Jahrhundert produzierten Wissen (um die ›andere‹ Biologie der Frau) – zunächst vor allem um das sezierende Erkennen des ›Menschen‹ (und das meint eben den männlichen) ging, daß ferner Bilder weiblicher meist als Bilder modifizierter männlicher Körper vorgestellt wurden. (Die Anatomie der weiblichen Genitalien sah man »als innere Version des männlichen«; LAQUEUR, 1992, S. 106.) Auch das berühmte anatomische Werk des Andreas VESALIUS *De humani corporis fabrica libri septem* von 1543, dessen Deckblatt einen geöffneten weiblichen Körper präsentiert, widmete sich vor allem ›Muskelmännern‹.

---

[55] Den Begriff »Genus« nicht nur als »Kategorie von Differenz und Ordnung«, sondern auch als eine »sinnstiftende Kategorie« einzuführen (BERGER, 1990, S. 133), verdoppelt auf problematische Weise das historisch gewordene, auf Biologismus gründende Modell.

Um dieses anatomische Werk war eine große Kontroverse des 16. Jahrhunderts entbrannt, da es die Schriftgelehrtentradition, die mit dem Namen GALENs verbunden war, grundsätzlich in Frage stellte. Diese Kontroverse ist für die Geschichte der Körperbilder deshalb von Belang, weil es darin wesentlich auch um die Erkenntnisquellen ging, um eine Konkurrenz zwischen schriftlicher Überlieferung und Anschauung, dem Sehen von ›Natur‹ (vgl. SCHULTZ, 1985). Was als gesehene, als unmittelbar zu sehende ›Natur‹ gegen die Tradition der gelehrten Schriften gesetzt wurde, war jedoch seinerseits vor-produziert. Nicht selten wurden antike Statuen gegen die schriftliche Überlieferung zum ›Sprechen‹ gebracht. So verläßt in einer Holzschnittfolge aus Jacopo BERENGARIOs *Isagoge brevis* (1522) eine weibliche Skulptur ihren Sockel, um dann den Uterus auf den Sockel zu legen und ›auftrumpfend‹ auf diesen zu zeigen: »Hier sieht man, wie ähnlich der Hals der Gebärmutter einem Penis ist.« (LAQUEUR, 1992, S. 97) Einsichten in die innere Anatomie wurden schließlich auch als Einsichten in antike Torsi präsentiert, und die Skelette nahmen Posen und Haltungen überlieferter Skulpturen ein (LAQUEUR, 1992, S. 95; vgl. auch Abbildungen aus VESALIUS in: SCHULTZ, 1985, Nr. 25 u.a.). Bilder antiker Skulpturen galten als Bilder von Natur (wie sie auch in der Entwicklung einer Naturalismus beanspruchenden Kunst zu bestimmten Zeiten Vorbildcharakter hatten; zum Vorbildcharakter der Skulptur für die neuzeitliche Malerei vgl. auch PANOFSKY, 1984, S. 169ff.). Künstler waren ihrerseits beteiligt an der Erstellung von Bildern, in denen anatomisches Wissen vermittelt wurde. Waren bereits an den ersten anatomischen Werken der ersten Hälfte des 14. Jahrhunderts, denen bildliche Illustrationen beigefügt waren, Künstler beteiligt, so war diese Kooperation Mitte des 16. Jahrhunderts offenbar selbstverständlich geworden (SCHULTZ, 1985, S. 17 und 23).[56]

Die Künstler und die Kunsttheoretiker der Neuzeit sahen in der Anatomie eine elementare Grundlage für die künstlerische Produktion von Bildern ›ganzer‹ Körper. Maß und Proportion waren die Bezugspunkte früher Anleitungen für künstlerisches Arbeiten, im

---

[56] Illustrator in VESALIUS' oben genanntem Werk *De humani corporis fabrica* von 1543 war, darüber herrscht in der Forschung weitgehender Konsens, TIZIANs Assistent KALKAR. SCHULTZ sieht über diesen vermittelt eine Kooperation zwischen TIZIAN und VESALIUS als wahrscheinlich an (1985); vgl. ferner: MAYOR (1984).

Illustrationen zu Jacopo BERENGARIO:
Isagoge brevis, 1522 (vgl. S. 379)

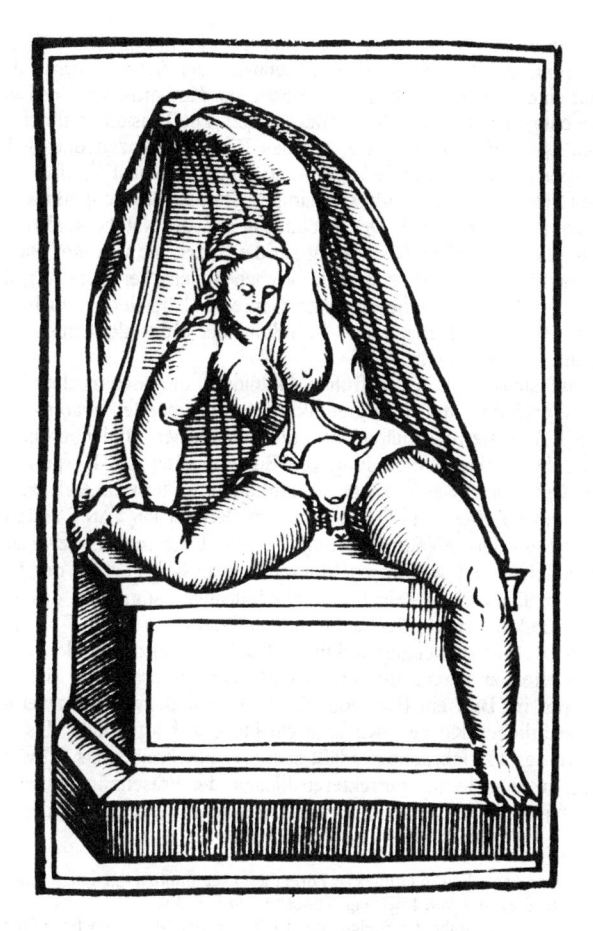

Illustrationen zu Jacopo BERENGARIO:
Isagoge brevis, 1522 (vgl. S. 379)

16. Jahrhundert kam das Sezieren als Verfahren hinzu.[57] Die Kenntnis des Skeletts, des Knochenbaus, der Sehnen wurde dem Bau eines idealen, ›richtigen‹ Körpers, der Konstruktion eines ›natürlichen‹ Körpers im Bild vorausgesetzt. Die Einsichten unter die Haut sind Voraussetzungen für das Bild des ganzen und heilen Körpers, und dieses wiederum – als Bild der Kunst – wird noch weit bis ins 19. Jahrhundert hinein den Status eines Zeugnisses von Natur nicht verlieren.[58] Der Rückbezug auf ›die Natur‹ ist also von den Anfängen an ein Rückbezug auf die Bilder, die von ›der Natur‹ gemacht wurden, sei es in anatomischen Bildern, sei es im Akt, der seit der Neuzeit zum bevorzugten Genre der Künstler geworden ist und der schließlich mit der Gründung der Kunstakademien zum wichtigsten Fach wird.[59]

Daß sich schon in den frühen Aktbildern, die noch in christliche Ikonographie- und Liturgiefunktionen eingebunden waren, eine Ausdifferenzierung männlicher und weiblicher Bilder erkennen läßt, die in einer Verbindung von Eigenschaften und Körpern auf das verweisen, was in späteren Jahrhunderten bestimmend wurde, hat Daniela HAMMER-TUGENDHAT am Beispiel Jan VAN EYCKs als Vorgang der »Naturalisierung« eines Unterschieds zwischen männlichen und weiblichen Menschen analysiert (1989); der Modus der Darstellung selbst, der ›Naturalismus‹, suggeriert das Studium und die exakte Beobachtung von ›Natur‹.

In der Frühen Neuzeit und ihrem Rückgriff auf die Antike wurde also offenbar bereits die Vorstellung erzeugt/vorbereitet, daß der Körper im Bild ein Bild von Natur sei – und zwar als zwei-geschlechtlicher Körper. Kunstgeschichte der Körperbilder bis zur Mitte des 19. Jahrhunderts läßt sich also beschreiben als Entwicklung zu einer immer perfekteren Illusion der Präsenz insbesondere der weiblichen Körper im Bild hin. Zu sehen gegeben werden die

---

[57] So ist es schon in GHIBERTIS Formulierungen impliziert, explizit dann in DANTES Traktaten von 1567; vgl. SCHULTZ (1985, S. 43).

[58] Das erste weibliche Skelett war der Venus von Medici nachempfunden (vgl. LAQUEUR, 1992, S. 191f.; ferner SCHIEBINGER, 1993). Zum Status der antiken Skulptur im medizinischen Diskurs des 19. Jahrhunderts: FRIEDRICHS (1993) und STRAFFORD (1991).

[59] Die Institutionalisierung des Akts als Fach, als eigene Gattung ist auch an der Geschichte des Begriffs ›Akt‹ abzulesen: Dieser Begriff, der zunächst der Bühnensprache entstammt (actus: Vorführung, Darstellung), ist offenbar erst im Laufe des 19. Jahrhunderts fester Terminus für die Präsentation nackter Körper in der bildenden Kunst geworden.

Körperbilder zwischen anatomischer Erkundung und Kunst, auf je unterschiedliche Weise und dennoch im Austausch. Während die Anatomen unter die Haut dringen, arbeiten insbesondere die Maler unter den Künstlern an der Illusion des lebendigen Fleisches im Bild, darüber ihre spezifischen Fähigkeiten unter Beweis stellend (vgl. DIDI-HUBERMANN, 1985).

4.5. Zur Genese und Kritik des voyeuristischen Blicks

Männliche und weibliche Aktbilder haben eine unterschiedliche Geschichte. Was heutzutage in Museen zu besichtigen ist, verdankt seine Entstehung häufig privatem Auftraggebertum und war für ›private‹ Räume bestimmt. Während der männliche Akt »öffentliche Geltung« hat, »auf öffentlichen Plätzen [flaniert]«, so beschreibt Margaret WALTERS den Unterschied, findet sich der weibliche zunächst vornehmlich dort, »wo die Kunst sich nach den erotischen Phantasien von Privatbesitzern« ausrichtet (1979, S. 9). Die Konstitution des weiblichen Aktbildes in der Frühen Neuzeit[60] geht einher mit der Entwicklung eines Blicks aus der räumlichen Distanz, eines Blicks, der selbst nicht gesehen werden will. Dieser Blick, der mißt und berechnet, der zerlegt und das Ideale neu zusammensetzt, wird in dem exemplarischen Holzschnitt DÜRERs *Der Zeichner des liegenden Weibes* zu sehen gegeben. Dieses Blatt aus DÜRERs *Unterweysung der Messung/ mit dem Zirckel und Richtscheyt* von 1538 zeigt den Künstler, der durch einen gerasterten Rahmen von seinem ›Objekt‹, dem liegenden Weib, getrennt ist. Mit Hilfe eines Sehstabes überträgt er die Schnittpunkte der zum Körper gehenden Sehstrahlen im Raster auf das vor ihm liegende, ebenfalls gerasterte Papier. Dieses Blatt ist immer wieder als ein Schlüsselbild für die Entwicklung des voyeuristischen Blicks in der Kunst der Neuzeit zitiert worden (SCHADE, 1984). Was hier zur Demonstration der Herstellung eines perspektivischen Bildes dem Blick präsentiert wird, der distanzierte männ-

---

[60] Gibt es auch bereits in der antiken Skulptur Darstellungen unbekleideter weiblicher Figuren, auf die in der frühen Neuzeit zurückgegriffen wird, so bleibt festzuhalten, daß im Unterschied zu den männlichen Skulpturen die weiblichen erst später (im Hellenismus) realisiert werden; die Entwicklung nimmt also dort einen anderen Weg, anderen kulturellen Bedingungen entsprechend. Zur Entwicklung der weiblichen Statuen in der Antike vgl. grundlegend NEUMER-PFAU (1982); ferner zur männlichen Aktskulptur FEHR (1979).

liche Betrachter und sein zu taxierendes Objekt, tritt auseinander, um sich – im und vor dem Bildraum situiert – von nun an gegenüber zu stehen.[61] Man kann von einem Verschwinden des männlichen Betrachters aus dem Bild sprechen (HAMMER-TUGENDHAT, 1993). Signifikant ist die *Quellnymphe*, wie sie z.B. von DÜRER und CRANACH dargestellt wurde: Eine liegende, schlafende weibliche nackte Gestalt wird ausgestellt mit der Warnung »Störe meinen Schlaf nicht«. Die Aufforderung zu schauen meint, nur zu schauen. Der den Vorhang vor der Nymphe lüftende Satyr, der auf einem Holzschnitt der *Hypnerotomachia Poliphili* des Francesco COLONNA (1499) noch als antikes Brunnenrelief im Bild ist, ist im Laufe des 16. Jahrhunderts aus dem Bild verschwunden (HOFFMANN, 1978).[62] Liegende und schlafende weibliche Gestalten bleiben über Jahrhunderte ein bestimmendes Thema (vgl. MEISS, 1964; KULTERMANN, 1990). Der weibliche Körper im Akt wird privilegiertes Objekt der Blicke, er wird zum Zeichen von Kunst überhaupt, zum »Signifikanten der Formungskraft des Künstlers« (WENK, 1987, S. 233).[63]

Die Genese des voyeuristischen Blicks ist ebenso durch eine spezifische Formation des Sehens durch und in der Kunst wie durch die Konstruktion der Geschlechter bestimmt. Der Blick des Voyeurs wird nicht nur produziert und reproduziert, er muß auch immer wieder reguliert und kontrolliert werden.

Lange bevor der kunsthistorische Diskurs im Verbund mit dem juristischen die Abgrenzung zwischen ›Kunst‹ und ›Pornographie‹ vornimmt, in denen das eine als Gegenteil des anderen gefaßt wird (vgl. auch KOLKENBROCK-NETZ, 1989; NEAD, 1992), machen Philosophen und Repräsentanten der Kirche den voyeuristischen Blick zum Thema und Problem (vgl. GINZBURG, 1983; KLEINSPEHN, 1989). Die Thematisierung des Schauens ist als eine Dimension im Prozeß der Herausbildung einer neuen diskursiven

---

[61] Als ein Beispiel, in dem der Blick des Betrachters dennoch im Bild präsent ist und zugleich als Blick des Voyeurs zurückgegeben wird, analysiert SCHADE das *Neujahrsblatt* von Hans Baldung GRIEN (1984).
[62] HAMMER-TUGENDHAT beschreibt an TIZIANS Gemälden *Venus und der Orgelspieler* die Entwicklung als eine der Unterbrechung der Verbindung zwischen »Auge und Hand« (1993).
[63] Vgl. auch POINTON (1990, S. 11ff., 83ff., 113ff.), NEAD (1993, S. 2) und ALTHOFF (1991, bes. S. 88 und 92).

Nymphe und Satyr. Illustration zu Francesco COLONNA:
Hypnerotomachia Poliphili, Holzschnitt, 1499

Formation aufzufassen, in der der Körper in neuer Weise zur »Hauptperson« wird (FOUCAULT, 1976, S. 131f.).

Eine geschlechtsspezifische Aufteilung der Blickpositionen scheint dort als historisches Erbe fortzuwirken, wo tradierte ›Blick‹- oder ›Schamgebote‹ für Frauen (sich zeigen, ohne zu zeigen, daß sie sich zeigen) als gleichsam internalisierte Verhaltensnormen sich artikulieren, so z.B. in der PorNo-Debatte der 80er Jahre. Formen ihrer Reaktualisierung zeichnen sich jedoch durch eine Ambivalenz aus, die in der historischen Inszenierung der Folter ebenso zu verfolgen ist wie in den christlichen Darstellungen des Jüngsten Gerichts (vgl. SCHADE, 1989): Das, was verboten werden soll, wird offensiv gezeigt (vgl. dazu die Sonderhefte der Zeitschrift Emma, Anm. 47). Zeitgenössische Künstlerinnen thematisieren solche traditionellen Positionen der Schaulust und des Exhibitionismus.[64]

4.6. (Inter-)Textualität des Körpers

Die imaginäre Verkennung des Körper(bildes) als Repräsentanten von Natur, die sich im Prozeß und als Effekt der Konstitution des Aktbildes der Neuzeit analysieren läßt, hat Konsequenzen. Die Rede vom Künstler, der nach ›der Natur‹ male – eben auch nach jener, die als antike Plastik aus dem »Schoß der Erde«[65] wiederkehre –, konnte auf die Verkennung setzen, daß ein Körper im Bild kein Zeichen wie jedes andere sei, das auf anderes verweise. Im Mittelalter wurde gerade der Zeichencharakter des Körperbildes betont, das den gleichen Stellenwert in der Lektüre des »göttlichen Buches« hatte wie andere Zeichen, wobei alle Zeichen als »körperliche« wahrgenommen wurden (WENZEL, 1988, und 1992, S. 242ff.; 1993, bes. S. 115f.).

---

[64] Zum Beispiel Barbara KRUGER, Jenny HOLZER, Cindy SHERMAN u.v.a.; vgl. OWENS (1985), Difference (1985), Thomas McEVILLEY: Redirecting the gaze, in: Making their mark (1989, S. 187ff.) und Corporal politics (1993). Inzwischen ist der von der Fotografin Herlinde KOELBL auf »Männer« geworfene Blick (München und Luzern 1984) zum Verkaufsschlager geworden (WEIERMAIR, 1988). Und es gibt noch immer offenbar skandalöse Blicke von Frauen auf Frauen, wie im Fall der Ausstellung *Das Bild des Körpers* in Frankfurt 1993, wo eine plakatierte Fotografie einer teilweise unbekleideten Frau der Fotografin Bettina RHEIMS überklebt werden mußte.

[65] VASARI sprach davon, daß »aus der Erde mehrere antike Werke hervorkommen« (PANOFSKY, 1984, S. 45).

Valie EXPORT: Aktionshose »Genitalpanik«, Fotografie, 1969

Daß Körperbilder lesbar sind, das heißt »rhetorischen Ordnungen von Gestik, Mimik, Bewegung und Plastizität unterworfen [sind], die wiederum historisch unterschiedlichen Diskursen und Dispositiven angehören«, keinesfalls also immer das gleiche »bedeuten« (SCHADE, 1990, S. 275), kann ein Blick in die Geschichte der Körperdarstellungen – nicht nur außerhalb der westeuropäischen Kultur, sondern auch innerhalb derselben und vor dem neuzeitlichen Akt – verdeutlichen (SCHREINER/SCHNITZLER, 1992). Die Bedeutungen von Gestik und Gebärden z.B. in dem mittelalterlichen Rechtsbuch, das als das erste und bedeutendste im deutschen Raum gilt, dem *Sachsenspiegel* aus dem 13. Jahrhundert, sind einer Semantik unterworfen, die sich dem nicht durch den schriftlichen Kommentar geführten (modernen) Betrachter nicht ohne weiteres erschließt (JANZ, 1992, S. 195ff.). Hier bedeutet der Körper nichts als ›Ganzes‹; wichtig ist, was die Gesten ›sagen‹, auf sie konzentriert sich die darstellerische Kompetenz.[66] Verwandte »rhetorische Logiken« lassen sich an mittelalterlichen Darstellungen des Jüngsten Gerichts ausmachen. Sie stehen mit den »Strafstilen« in Verbindung, wie sie vor der Zeit dominant sind, in der der »Disziplinarblick« des modernen Gefängnisses sich auf die zu bestrafenden Individuen richten wird (FOUCAULT, 1977a, S. 225; SCHADE, 1989).

Die von FOUCAULT in *Überwachen und Strafen* dargestellten Strafen, die nach Verfehlungen differenziert werden, brandmarken durch Marterpraktiken (einer Logik der Rache folgend) den Körper als Träger einer Schrift, in den die Zeichen des Gesetzes eingeschrieben werden (1977a).[67]

Im Laufe des 18. Jahrhunderts tritt an die Stelle der »Zeichentechnik der Bestrafungen« eine »neue politische Anatomie [...], in der der Körper allerdings in ganz neuer Weise« zur wichtigsten Person wird (FOUCAULT, 1977a, S. 131f.). Ein anderes Verhältnis von Zeichen und Bezeichnetem entsteht, eine »Transparenz zwischen Zeichen und Bezeichnetem«; es geht nun, schreibt FOUCAULT, »um so etwas wie eine verständige Ästhetik der Sprache« (1977a, S. 135). Mit dem Körper des Individuums wird auch sein

---

[66] So gehorchen auch die frühen anatomischen Darstellungen einer gänzlich anderen Darstellungslogik als die nach VESALIUS' anatomischem Werk: SCHULTZ (1985), LAQUEUR (1992) und SCHADE (1990).

[67] Zum »grotesken Leib« als Gegenteil des geschlossenen Körpers des bürgerlichen Subjekts vgl. auch BACHTIN (1969, S. 16ff.).

Inneres produziert, die »Seele«. »Man sage nicht, die Seele sei eine Illusion«, schreibt FOUCAULT über den Effekt der neuen »Mikrophysik der Macht«:

> Sie existiert, sie hat eine Wirklichkeit, sie wird ständig produziert – um den Körper, am Körper, im Körper [...]. Diese wirkliche [...] Seele ist keine Substanz; sie ist das Element, in welchem sich die Wirkungen einer bestimmten Macht und der Gegenstandsbezug eines Wissens miteinander verschränken; sie ist das Zahnradgetriebe, mittels dessen die Machtbeziehungen ein Wissen ermöglichen und das Wissen die Machtwirkungen erneuert und verstärkt. Über dieser Verzahnung von Machtwirklichkeit und Wissensgegenstand hat man verschiedene Begriffe und Untersuchungsbereiche konstruiert: Psyche, Subjektivität, Persönlichkeit, Bewußtsein, Gewissen [...] (FOUCAULT, 1977a, S. 41f.).[68]

Die neue Diskursformation etabliert sich auch im theoretischen Denken, in dem eine Einheit, eine Entsprechung von Innen und Außen, von ›äußerer‹ Form und ›innerem Zustand‹ konstruiert wird – eine Übereinstimmung, die als natürliche Sprache gegen die ›willkürliche‹, ›gekünstelte‹ der überkommenen Mächte gesetzt wird, die in ihrer kulturellen Kodierung eben als höfisch ritualisierte Körpersprache abgegrenzt werden soll.

Die Zuordnung eines »inneren« Ausdrucks zu einer »äußeren« Form ist Voraussetzung der Physiognomik (LOUIS, 1992, S. 195–197), aber sie wird auch die Kunsttheorie des späten 18. Jahrhunderts bestimmen. HERDER spricht von der »natürlichen Sprache der Seele durch unseren Körper«, deren »Grundbuchstaben und das Alphabet alles dessen, was Stellung, Handlung, Charakter ist« (1892, S. 58). Bezugspunkt – nicht nur gegen das »Gekünstelte«, sondern auch gegen den »Text« – ist (wieder) die Empirie, die Beobachtung von Natur und deren »getreue« Schilderung. Aber nicht nur darin scheint sich zu wiederholen oder zu reetablieren, was in der Kunsttheorie der Renaissance bereits zu verfolgen war, sondern auch in dem Bezug der ästhetischen Theorie des ausgehenden 18. Jahrhunderts auf die Natur über die Antike und zwar vor allem deren Skulptur.[69] Nun jedoch werden »die Natur« und deren

---

[68] Eine Genealogie des »ästhetischen Urteils« könnte daran anschließen; zur Konstruktion von »natürlicher Anmut«: Schade (1985).

[69] Die antike Skulptur spielt auch in LAVATERs Physiognomik und ihrer Bewertung eine maßgebliche Rolle: LOUIS (1992).

»Sprache« in neuer Weise theoretisiert, es geht um »natürliche Verbindungen« zwischen Zeichen und Bezeichnetem.[70] Im Effekt wird damit der Vorgang der Signifikation überhaupt entnannt.[71] Die Humanwissenschaften arbeiten an der Bestimmung der Natur, der Empirie, sie definieren die weibliche Biologie (SCHIEBINGER, 1992; LAQUEUR, 1992),[72] »visualisieren« das Innere »der Frau« und zerlegen es in wissenschaftliche Begriffe (DUDEN, 1989). Mit der Konstruktion des (zweigeschlechtlichen) »Gattungskörpers«, um den die »Biopolitik« zentriert ist,[73] wird zugleich ›der Mensch‹ als das höchste Wesen der Natur konstituiert.

In kunsttheoretischen Schriften des ›klassischen Zeitalters‹ ist aufzuspüren, wie nicht nur die Sprache des Körpers naturalisiert wird, sondern auch die der Kunst.[74] Der Skulptur schließlich wird eine natürliche Sprache bescheinigt, und zwar insbesondere der Aktskulptur, die von allen explizit bezeichnenden Elementen gereinigt scheint. Die Personifikation selbst, eine allegorische Figur, gegen die der kunsttheoretische Diskurs der ›Goethezeit‹ das für sich selbst sprechende »Symbol« setzt, wird zur »lebendigen Natur« (HERDER, 1967, S. 315). Wie weitreichend dieser Vorgang ist, wird ersichtlich, wenn man sich vergegenwärtigt, daß es eben die weiblichen Personifikationen sind, die in der weiteren Geschichte die neue bürgerliche Ordnung, die staatliche Ordnung, in der nicht mehr der Körper des Königs das Zentrum ist, repräsentieren (WENK, 1995). Statuarische Bilder von Weiblichkeit sind theoretisch begründet zu ›Natur‹ geworden, eine Machtkonstellation stützend und durch sie gestützt, in der die Geschlechteridentitäten auch biologisch fixiert und die gesellschaftlichen Sphären des ›weiblichen‹ und ›männlichen‹ Individuums neu geordnet werden. Die in diesem Machtdispositv veränderten Inszenierungen der Blicke bestimmen auch den kunsthistorischen Diskurs.

---

[70] Dieses sich im ›klassischen Zeitalter‹ etablierende theoretische Denken ist unterschieden von dem noch im theoretischen Diskurs der Renaissance auszumachenden Bezug zum Denkmodell von Mikro- und Makrokosmos (dazu PANOFSKY, 1984, S. 189f.).

[71] »Entnennen« ist ein Begriff von Roland BARTHES zur Bezeichnung eines Grundmechanismus des mythischen Denkens, in dem historisch Gewordenes zum »Naturgegebenen« wird (1964).

[72] Zur Produktion des ›weiblichen‹ Gefühls: BADINTER (1981).

[73] Zur »Biopolitik« vgl. FOUCAULT (1983, bes. S. 159–190).

[74] Vgl. dazu ausführlich WENK (1995, Kap. 2).

4.7. Orte und Formierungen des voyeuristischen Blicks

›Kunst‹ als Institution gibt in spezifischer Weise zu sehen, anders als ›Pornographie‹, anders auch als die Medizin oder die Psychiatrie. Inwiefern Kunst andere Wünsche, Lüste und Gewalten provoziert und anders artikuliert als andere institutionelle Praktiken, ist eine Frage, die der kunsthistorische Diskurs selbst produziert – über die ihm eigenen und ihn konstituierenden Weisen der Ausschließung und Ausgrenzung. Er reguliert das Sprechen darüber u.a. in Konstruktionen von Autorschaft und die Figur des »Autor[s] als Prinzip der Gruppierung von Diskursen, als Einheit und Ursprung ihrer Bedeutungen, als Mittelpunkt ihres Zusammenhalts« (FOUCAULT, 1977, S. 19). Metonymisches Zeichen dieser Einheit ist das Bild im Rahmen, das gleichsam als kleinste Einheit des ›Werks‹ das Sehen strukturiert. Die diskursive Anordnung, innerhalb derer ›Kunst‹ zu sehen gegeben wird, ist Effekt historischer Konstellationen. Gerade am Körperbild und dessen Konstruktion zeigt sich, wie die ästhetische Praxis der Kunst mit anderen Disziplinen (Anatomie, Medizin u.a.) verbunden ist. Der sexualitätsproduzierende Diskurs, wie ihn Michel FOUCAULT analysiert hat (1983), durchläuft die ästhetischen Praktiken und wird von ihnen zugleich vervielfältigt und fortgeführt.

Wißtrieb und Schaulust sind, wie die Psychoanalyse zeigen konnte, untrennbar verknüpft. Wie sie historisch je verschieden zur Mächtigkeit von Diskursen beitragen, ist den legitimatorischen Reglements und Rationalisierungen der Diskurse selbst eingeschrieben. Die Privilegierung des Blicks einzelner, denen der institutionelle Rahmen erlaubt, weibliche Körper auszuziehen, zu betrachten, zu untersuchen, auseinanderzunehmen, auszustellen und zu inszenieren, ist je verschieden konstituiert: im Anatomiesaal anders als im Atelier. Gleichwohl läßt sich eine gemeinsame Struktur in der Positionierung der Blicke und der Körper erkennen, zumal Querverbindungen zwischen Anatomiesaal und Atelier es den Künstlern erlauben, um ihrer Kunst/Autorität willen Körper zu sezieren, und den Ärzten, um ihrer Medizin/Autorität willen nach ästhetischen Kriterien vorzugehen.

Noch deutlicher wird die Verbindung, wenn wir uns vor Augen führen, in welcher Weise das Bild des weiblichen Körpers im Zuge des 18. und 19. Jahrhunderts in den verschiedenen Einzeldisziplinen zum privilegierten Schauplatz der Enthüllung von ›Natur‹ wird (JORDANOVA, 1989; POINTON, 1990, S. 35–58; SCHADE, 1993;

FRIEDRICHS, 1993). Daß das Bild des weiblichen Körpers so ins Zentrum der Diskurse der Biopolitik rückte, muß auch als Effekt künstlerischer Diskurse gesehen werden (WENK, 1987). Dieser Effekt traf sich mit dem der ›Entdeckung‹ der weiblichen Biologie. Es bleibt ein wichtiges Forschungsfeld, die verschiedenen, sich verändernden Formen der Regulierung des voyeuristischen Blicks, der eindringen will in die Geheimnisse der ›Natur‹, zu analysieren,[75] und danach zu fragen, wie dies im Austausch der Diskurse und in der Veränderung der Körperpolitiken geschieht und wie sich darin die Geschlechteridentitäten formieren.

Die »Mikrophysik« der Macht, die im Laufe des 18. Jahrhunderts an die Stelle der Macht über Leben und Tod, des »Körpers des Königs mit seiner merkwürdigen materiellen und mythischen Gegenwart« tritt, hat, schreibt Michel FOUCAULT, ihre »Intensität« in Körpern, die individualisiert wurden (1977, S. 267). Damit verändern sich auch die Inszenierungen der Blicke auf die Körper. Nicht mehr das »Fest der Martern« (FOUCAULT, 1977a; SCHADE, 1989), nicht mehr das anatomische Theater,[76] sondern zum Beispiel das Kunstmuseum und das Hygienemuseum sind die Orte, an denen dem voyeuristischen Blick auf und in die Körper Raum und Rahmen geboten wird. Zugleich fordern die neuen Medien Künste und Künstler zu einem ständigen (und doch schon verlorenen) Wettbewerb im Zu-Sehen-Geben heraus. Wie sich die Diskurse von den verschiedenen Orten aus auf den Körper richten und sich – in der gegenseitigen Abgrenzung – stillschweigend verbinden, muß weiter ein zentrales Thema feministischer Kunstwissenschaft bleiben. Privatisierung/Intimisierung und Veröffentlichung des ›Innen‹ gehen Hand in Hand. Die neuen Medien stellen

---

[75] KLEINSPEHN zitiert die Untersuchung Philippe PERROTS, derzufolge im Zuge der Intimisierung des Körpers der neue Blick sich herausgebildet habe, der durch die Haut in die »Geheimnisse des Körpers über das Auge« eindringen möchte (1989, S. 41).

[76] Bevor es die anatomischen Museen oder die hygienischen Museen gab, in denen man die Wachsmodelle aufklappen durfte, um ›selbst zu sehen‹ , was innen ist, gab es nicht nur die durch den Buchdruck möglichen anatomischen Lehrbücher für die Lesekundigen, sondern auch öffentlich inszenierte Leichensektionen. Eigene ›anatomische Theater‹ wurden gebaut, mit einer Bühne, auf der der zu sezierende Körper für alle gleichermaßen sichtbar sein sollte – wie in den antiken Amphitheatern sollte zugleich durch die Sitzordnung jedermann und jedefrau ein gleiches Recht zu sehen eröffnet werden (FERRARI, 1987).

inzwischen die durch vielfältige Praktiken (vor allem des juristischen Apparates und auch der Architektur) gesetzten Grenzen zwischen dem sogenannten ›privaten‹ und dem ›öffentlichen‹ Bereich in Frage.[77] Sie forcieren und beschleunigen jedoch nur, was Buchdruck und Fotografie schon früher ermöglichten. Es ist historisch zu verfolgen, wie die Effektivität jeweils neuer Medien zum Anlaß genommen wurde, erneut die Grenzen nicht nur zwischen Privatem und Öffentlichem, sondern z.B. auch zwischen ›Kunst‹ und ›Pornographie‹ zu fixieren. Diese Grenzen sind künstliche, insofern die neuen Medien, wie schon die alten, mit »privaten« Phantasien aufgeladen sind und damit »öffentliche« Subjekte herstellen (LAURETIS, 1992). Grenzziehungen konstituieren den Gegenstand ›Kunst‹, die Objekte ›reinen Betrachtens‹; Überschreitungen des ›bloßen Sehens‹ finden (scheinbar) außerhalb statt. Manifeste Gewalt wird – so der kunsthistorische Diskurs – außerhalb der ›Kunst‹ ausgeübt. Der Status der Gewaltförmigkeit in Bildern und das Problem ›struktureller Gewalt‹ in der Kunst ist und bleibt für die weitere Forschung eine Herausforderung, der sie sich stellen muß. Als eines der Forschungsfelder feministischer Dekonstruktionsarbeit bleibt die Frage, inwiefern die Verfahren der Dekonstruktion ›ganzer‹ Körper in der Kunst der Moderne sowohl Strategien der Dekonstruktion von Künstlermythen bereitstellen als auch Überschreitungen diskursiver Grenzen eröffnen (HOFFMANN-CURTIUS, 1989; 1993; SCHADE, 1990).

Künstlerinnen haben nicht erst in den letzten beiden Jahrzehnten den »Status der Frau als Bild« in vielfältiger Weise zu durchkreuzen gesucht (EIBLMAYR, 1993). Inwiefern sie – indem sie als Künstlerinnen mit ihrem Körper ›aus dem Rahmen‹ traten – die ›Rahmung‹ des Kunstdiskurses nicht nur nutzen, sondern auch in Frage stellen und damit die Positionierungen des Blicks, des Körpers und die traditionellen Geschlechterzuweisungen als Effekte der Setzungen unserer Kultur thematisieren und subvertieren konnten, muß der weiteren Diskussion überlassen bleiben.

---

[77] Vgl. auch die von Historikerinnen geführte Debatte über das historisch erst im 18. Jahrhundert eingeführte Gegensatzpaar »Öffentlich-Privat«, in: Journal Geschichte, Heft 1, 1989, bes. die Beiträge von HAUSEN, LIPP und DUDEN; vgl. auch SENNETT (1983).

5. Literatur

[A] Künstlermythen, Autorschaft und Weiblichkeitskonstruktionen
[B] Künstlerinnen-Geschichte (zusammenfassende Darstellungen, Übersichten)
[C] Körperbilder
[D] Allegorien
[E] Übersichtsdarstellungen feministischer Kunstwissenschaft, Sammelbände, Bibliographien

ADLER, Kathleen / Marcia POINTON (Hg.): The Body Imaged. The Human Form and Visual Culture since the Renaissance, Cambridge 1993. [C]

ALTHOFF, Gabriele: Weiblichkeit als Kunst. Die Geschichte eines kulturellen Deutungsmusters, Stuttgart 1991. [A]

Andere Avantgarde, Katalog der Ausstellung, Brucknerhaus, Linz 1983. [B]

Andere Körper. The Body of Gender. Dokumentation des Symposiums Linz, hg. von Marie-Luise ANGERER, Wien 1995. [C]

Andere Körper. Katalog der Ausstellung, Offenes Kulturhaus Linz, hg. von Sigrid SCHADE, Linz 1994. [C]

ANSCOMBE, Isabelle: A Woman's Touch. Women in Design from 1860 to the Present Day, New York 1985. [B]

BACHTIN, Michail: Literatur und Karneval. Zur Romantheorie und Lachkultur, München 1969.

BADINTER, Elisabeth: Die Mutterliebe. Geschichte eines Gefühls vom 17. Jahrhundert bis heute, München/Zürich 1981.

BÄTSCHMANN, Oskar: Pygmalion als Betrachter. Die Rezeption von Plastik und Malerei in der zweiten Hälfte des 18. Jahrhunderts, in: Wolfgang KEMP (Hg.): Der Betrachter ist im Bild. Kunstwissenschaft und Rezeptionsästhetik, Köln 1985, S. 183–224.

BAL, Mike / Norman BRYSON: Semiotics and Art History, in: The Art Bulletin LXXIII, Nr. 2, 1991, S. 174–208.

BARTA, Ilsebill / Zita BREU / Daniela HAMMER-TUGENDHAT u.a. (Hg.): Frauen, Bilder – Männer, Mythen. Kunsthistorische Beiträge, Berlin 1987. [E]

BARTHES, Roland: Der entgegenkommende und der stumpfe Sinn, Frankfurt a.M. 1990.

BARTHES, Roland: Mythen des Alltags, Frankfurt a.M. 1964.

BARTHES, Roland: Das semiologische Abenteuer, Frankfurt a.M. 1988.

BAUMGART, Silvia / Gotlind BIRKLE / Mechthild FENDT u.a. (Hg.): Denkräume. Zwischen Kunst und Wissenschaft, Berlin 1993. [E]

BAXANDALL, Michael: Ursachen der Bilder. Über das historische Erklären von Kunst, Berlin 1990 (orig. Patterns of Intention, Yale 1985).

BEHR, Sulamith: Künstlerinnen des Expressionismus, London 1988. [B]

BELOW, Irene: »Frauen, die malen, drücken sich vor der Arbeit«. Geschlechtliche Arbeitsteilung und ästhetische Produktivität von Frauen, in: Adelheid STAUDTE (Hg.): FrauenKunstPädagogik, Frankfurt a.M. 1991, S. 129–150. [A]

BELOW, Irene: »Die Utopie der neuen Frau setzt die Archäologie der alten voraus«. Frauenforschung in kunstwissenschaftlichen und künstlerischen Disziplinen, in: Anne SCHLÜTER / Ingeborg STAHR (Hg.): Wohin geht die Frauenforschung?, Köln/Wien 1990, S. 102ff. [E]

BELTING, Hans / Heinrich DILLY u.a. (Hg.).: Kunstgeschichte. Eine Einführung, Berlin 1986.

Die Beredsamkeit des Leibes. Zur Körpersprache in der Kunst, Katalog der Ausstellung, hg. von Ilsebill BARTA FLIEDL / Christoph GEISSMAR, Salzburg/Wien 1992.

BERGER, John: Rodin und die sexuelle Dominanz, in: ders.: Das Leben der Bilder oder die Kunst des Sehens, Berlin 1980.

BERGER, Renate (Hg.): Camille Claudel 1864–1943. Skulpturen – Gemälde – Zeichnungen, Berlin/Hamburg 1990.

BERGER, Renate: Ikonoklasmus. Frauen – oder Genusforschung in der Kunstwissenschaft, in: Feministische Erneuerung von Wissenschaft und Kunst, Pfaffenweiler 1990, S. 122–140. [E]

BERGER, Renate: Malerinnen auf dem Weg ins 20. Jahrhundert. Kunstgeschichte als Sozialgeschichte, Köln 1982. [B]

BERGER, Renate: Pars pro toto. Zum Verhältnis von künstlerischer Freiheit und sexueller Integrität, in: Renate BERGER / Daniela HAMMER-TUGENDHAT (Hg.): Der Garten der Lüste. Zur Deutung des Erotischen und Sexuellen bei Künstlern und ihren Interpreten, Köln 1985, S. 150–199. [C]

BERGER, Renate (Hg.): »Und ich sehe nichts, nichts als die Malerei«. Autobiographische Texte von Künstlerinnen des 18. bis 20. Jahrhunderts, Frankfurt a.M. 1987. [B]

BERGER, Renate / Inge STEPHAN (Hg.): Weiblichkeit und Tod in der Literatur, Köln/Wien 1987. [A]

BERGSTEIN, Mary: Lonely Aphrodites: In the Documentary Photography of Sculpture, in: The Art Bulletin LXXIV, Nr. 3, 1992, S. 475–498.

BISCHOFF, Cordula / Brigitte DINGER / Irene EWINKEL / Ulla MERLE (Hg.): FrauenKunstGeschichte. Zur Korrektur des herrschenden Blicks, Gießen 1984. [E]

BLÜHM, Andreas: Die Ikonographie des Pygmalionmythos 1500–1900, Bern/Frankfurt/New York 1989.

BRAUN, Christina von: Männliche Hysterie – Weibliche Askese. Zum Paradigmenwechsel der Geschlechterrollen, in: dies.: Die schamlose Schönheit des Vergangenen. Zum Verhältnis von Geschlecht und Geschichte, Frankfurt a.M. 1989. [A]

BREITLING, Gisela: Die Spuren des Schiffs in den Wellen. Eine autobiographische Suche nach den Frauen in der Kunstgeschichte, Berlin 1980. [B]

BRONFEN, Elisabeth: Nur über ihre Leiche. Tod, Weiblichkeit und Ästhetik, München 1994. [A]

BRONFEN, Elisabeth: Die schöne Leiche. Weiblicher Tod als motivische Konstante von der Mitte des 18. Jahrhunderts bis in die Moderne, in: BERGER/STEPHAN, 1987, S. 87–115. [A]

BROUDE, Norma: Miriam Schapiro and »Femmage«: Reflections on the Conflict Between Decoration and Abstraction in Twentieth-Century Art, in: BROUDE/GARRARD, 1982, S. 315–329. [A]
BROUDE, Norma / Mary D. GARRARD: The Expanding Discourse. Feminism and Art History, New York 1992. [E]
BROUDE, Norma / Mary D. GARRARD (Hg.): Feminism and Art History. Questioning the Litany, New York 1982. [E]
BRYSON, Norman: Semiology and Visual Interpretation, in: Norman BRYSON/ Michael Ann HOLLY / Keith MOXEY (Hg.): Visual Theory. Painting and Interpretation, New York 1991, S. 61–73.
BUTLER, Judith: Das Unbehagen der Geschlechter, Frankfurt a.M. 1992.
Camille Claudel – Auguste Rodin. Künstlerfreunde – Künstlerpaare. Dialogues d'artistes – résonances, Katalog der Ausstellung, hg. von Sandor KUTHY, Kunstmuseum Bern 1985. [B]
CHADWICK, Whitney: Women, art and society, London 1990. [E]
CHADWICK, Whitney: Women Artists and the Surrealist Movement, Hampshire 1985. [B]
CHADWICK, Whithney / Isabelle de COURTIVRON (Hg.): Significant Others, London 1993. [B]
CHICAGO, Judy: Durch die Blume. Meine Kämpfe als Künstlerin, Reinbek b. Hamburg 1984. [B]
CHILDS, Elizabeth C.: Women in the Modern Allegory, in: Kirsten POWELL / Elizabeth C. CHILDS (Hg.): Femmes d'esprit. Women in Daumier's Caricature. The Christian A. Johnson Memorial Gallery, Middlebury College, Middlebury, Vernont, Hanover/London 1990, S. 125–144. [D]
CLARK, Kenneth: Das Nackte in der Kunst, Köln 1958.
Corporal Politics. Katalog der Ausstellung MIT List Visual Arts Center, Cambridge, Mass. 1992. [C]
DEICHER, Susanne (Hg.): Die weibliche und die männliche Linie: Das imaginäre Geschlecht der modernen Kunst von Klimt bis Mondrian, Berlin 1993. [E]
DIDI-HUBERMANN, Georges: La Peinture Incarnée, suivi de »Le chef-d'œuvre inconnu« par Honoré de Balzac, Paris 1985. [C]
Difference. On Representation and Sexuality. Katalog der Ausstellung, The New Museum of Contemporary Art, New York 1984. [A]
DILLY, Heinrich: Kunstgeschichte als Institution. Studien zur Geschichte einer Disziplin, Frankfurt a.M. 1979.
DUDEN, Barbara: Die »Geheimnisse« der Schwangeren und das Öffentlichkeitsinteresse der Medizin. Zur sozialen Bedeutung der Kindsregung, in: Journal Geschichte, Heft 1, 1989, S. 48–55.
DUDEN, Barbara: Geschichte unter der Haut. Ein Eisenacher Arzt und seine Patientinnen um 1730, Stuttgart 1987.
DUDEN, Barbara: Medizin und die Historizität des Körpers: Das Hof-Frauenzimmer, in: metis 2, 1993, S. 8–21.
ECO, Umberto: Kunst und Schönheit im Mittelalter, München 1993.
EIBLMAYR, Silvia: Die Frau als Bild. Der weibliche Körper in der Kunst des 20. Jahrhunderts, Berlin 1993. [C]

EIBLMAYR, Silvia: »Das Primat der Materie über den Gedanken«. Transformationen des Weiblichen im Bad der Moderne, in: Das Bad. Körperkultur und Hygiene im 19. und 20. Jahrhundert, Katalog der Ausstellung, Wien 1991, S. 87–94. [C]

ELIAS, Norbert: Über den Prozeß der Zivilisation. Soziogenetische und psychogenetische Untersuchungen, Bd. 1, Frankfurt a.M. 1976.

EROMÄKI, Aulikki / Renate HERTER / Ingrid WAGNER-KANTUSER: Zur Situation von Frauen im Kunstbetrieb. Dokumentation eines Seminar- und Forschungsprojektes an der Hochschule der Künste Berlin 1983–1989, Berlin 1989. [B]

EVERS, Ulrike: Deutsche Künstlerinnen des 20. Jahrhunderts. Malerei, Bildhauerei, Tapisserie, Hamburg 1983. [B]

FALKENHAUSEN, Susanne von: Italienische Monumentalmalerei im Risorgimento 1830–1890. Strategien nationaler Bildersprache, Berlin 1993. [D]

FEHR, Burkhard: Bewegungsweisen und Verhaltensideals. Physiognomische Deutungsmöglichkeiten der Bewegungsdarstellung an griechischen Statuen des 5. und 4. Jahrhunderts v. Chr., Bad Bramstedt 1979.

FELDHAUS, Heidi: Die (Re)Produktion des Weiblichen. Indiziensicherungen in der Rezeptionsgeschichte Paula Modersohn-Beckers, in: kritische berichte 21, Heft 4, 1993, S. 10–26. [A]

Feministische Bibliografie zur Frauenforschung in der Kunstgeschichte, hg. von: FrauenKunstGeschichte. Forschungsgruppe Marburg, Pfaffenweiler 1993. [E]

FOUCAULT, Michel: Archäologie des Wissens, Frankfurt a.M. 1981.

FOUCAULT, Michel: Die Ordnung des Diskurses. Frankfurt a.M./Berlin/Wien 1977.

FOUCAULT, Michel: Sexualität und Wahrheit. Bd. 1: Der Wille zum Wissen, Frankfurt a. M. 1983.

FOUCAULT, Michel: Überwachen und Strafen. Die Geburt des Gefängnisses, Frankfurt a.M. 1977 (1977a).

FOUCAULT, Michel: Was ist ein Autor, in: ders.: Schriften zur Literatur, München 1974, S. 7–31.

Frauen im Design. Berufsbilder und Lebenswege seit 1900, Katalog der Ausstellung im Design Center, 2 Bde., Stuttgart 1989. [B]

FrauenKunstWissenschaft. Rundbrief (Marburg), Bibliografien zu Einzelthemen: Sexualität – Gewalt – Macht, Heft 4, 1988; Frauen-Bilder im Nationalsozialismus, Heft 2/3, 1988; Frauen und Fotografie. Eine Bibliographie aus internationalen Zeitschriften 1857–1991 (von Timm STARL), Heft 14, 1992, S. 104–157; Architektur: Zum Umgang von Frauen mit Raumorganisation und Architektur: Bemerkungen zur zwischen 1970 und 1988 erschienenen Literatur (von Ulla MERLE), Heft 13, 1992, S. 79–89. [E]

FRIEDELL, Egon: Die Kulturgeschichte der Neuzeit. Die Krisis der europäischen Seele von der schwarzen Pest bis zum ersten Weltkrieg, München 1974.

FRIEDRICHS, Annegret: Das Urteil des Paris. Ein Bild und sein Kontext um die Jahrhundertwende, Tübingen 1993 (Diss., Fak. für Kulturwiss.). [A]

GALLAGHER, Catherine / Thomas LAQUEUR (Hg.): The Making of the Modern Body. Sexuality and society in the Nineteenth Century, Berkeley 1987.

GALLAS, Helga: Der Blick aus der Ferne. Die mythische Ordnung der Welt und der Strukturalismus, in: Peter KEMPER (Hg.): Macht des Mythos – Ohnmacht der Vernunft?, Frankfurt a. M. 1989, S. 267–288.

GARB, Tamar: Frauen des Impressionismus, Stuttgart/Zürich 1987. [B]

GEORGEN, Theresa / Ines LINDNER / Silke RADENHAUSEN (Hg.): Ich bin nicht ich, wenn ich sehe. Dialoge – ästhetische Praxis in Kunst und Wissenschaft von Frauen, Berlin 1991. [A]

GILDEMEISTER, Regina / Angelika WETTERER: Wie Geschlechter gemacht werden. Die soziale Konstruktion der Zweigeschlechtlichkeit und ihre Reifizierung in der Frauenforschung, in: Gudrun-Axeli KNAPP / Angelika WETTERER (Hg.): Traditionenbrüche. Entwicklungen feministischer Theorie, Freiburg 1992, S. 201–254.

GINZBURG, Carlo: Spurensicherung. Der Jäger entziffert die Fährte, Sherlock Holmes nimmt die Lupe, Freud liest Morelli – die Wissenschaft auf der Suche nach sich selbst, in: ders.: Spurensicherung, Berlin 1983 (1983a).

GINZBURG, Carlo: Tizian, Ovid und die erotischen Bilder im Cinquecento, in: ders.: Spurensicherungen. Über verborgene Geschichte, Kunst und soziales Gedächtnis, Berlin 1983, S. 173–192.

GOUMA-PETERSON, Thalia / Patricia MATHEWS: The Feminist Critique of Art History in: The Art Bulletin LXIX, Nr. 3, 1987, S. 326–357. [E]

HAMMER-TUGENDHAT, Daniela: Erotik und Geschlechterdifferenz. Aspekte zur Aktmalerei Tizians, in: M. REISENLEITNER / K. VOCELKA: Privatisierung der Triebe?, Frankfurt a.M. 1994. [C]

HAMMER-TUGENDHAT, Daniela: Jan van Eyck – Autonomisierung des Aktbildes und Geschlechterdifferenz, in: kritische berichte 17, Heft 3, 1989, S. 78–99. [C]

HAMMER-TUGENDHAT, Daniela / Doris NOELL-RUMPELTES / Alexandra PÄTZOLD (Hg.): Die Verhältnisse der Geschlechter zum Tanzen bringen. Beiträge zum Plenum »Kunstwissenschaft/Geschlechterverhältnisse. Einsprüche feministischer Wissenschaftlerinnen«, 22. Deutscher Kunsthistorikertag Aachen 1990, Marburg 1991. [E]

HAUSEN, Karin: Die Polarisierung der Geschlechtscharaktere – Eine Spiegelung der Dissoziation von Erwerbs- und Familienleben, in: Werner Conze (Hg.): Sozialgeschichte der Familie in der Neuzeit Europas, Stuttgart 1976, S. 363–393.

HAUSENSTEIN, Wilhelm: Der nackte Mensch in der Kunst aller Zeiten, 5. Aufl., München 1918.

HAUSER, Arnold: Sozialgeschichte der Kunst und Literatur (1953), München 1973.

HEINRICH, Nathalie: La gloire de van Gogh, Paris 1992.

HELD, Jutta / Frances POHL: Feministische Kunst und Kunstgeschichte in den USA, in: kritische berichte 12, Heft 4, 1984, S. 5 –25. [E]

HERDER, Johann Gottfried: Adrastea (1801/2), in: Herders Sämtliche Werke, hg. von Bernhard Suphan, Bd. XIII, Berlin 1885, Nachdruck Berlin 1967, S. 315ff.

HERDER, Johann Gottfried: Plastik. Einige Wahrnehmungen über Form und Gestalt aus Pygmalions Traum (1778), in: Herders Sämmtliche Werke, hg. von Bernhard Suphan, Bd. VIII, Berlin 1892, S. 1–164.

HEUSINGER VON WALDEGG, Joachim: Der Künstler als Märtyrer. Sankt Sebastian in der Kunst des 20. Jahrhunderts, Worms 1989.

HINZ, Berthold: Knidia, oder: Des Akts erster Akt, in: kritische berichte 17, Heft 3, 1989, S. 49–77.

HOFFMANN, Konrad: Antikenrezeption und Zivilisationsprozeß im erotischen Bilderkreis der frühen Neuzeit, in: Antike und Abendland, Bd. XXIV, Berlin/New York 1978, S. 146–158. [C]

HOFFMANN-CURTIUS, Kathrin: Frauen in der deutschen Kunstgeschichte, in: Frauen – Kunst – Wissenschaft, Rundbrief, Heft 11, 1991, S. 6–13. [E]

HOFFMANN-CURTIUS, Kathrin: Im Blickfeld: George Grosz »John der Frauenmörder«, hg. von der Hamburger Kunsthalle, Stuttgart 1993. [A]

HOFFMANN-CURTIUS, Kathrin: Die Kampagne »Entartete Kunst«. Die Nationalsozialisten und die moderne Kunst, in: Funkkolleg Moderne Kunst, Studienbegleitbrief 9, hg. vom Deutschen Institut für Fernstudien an der Universität Tübingen, Weinheim/Basel 1990, S. 49–88. [C]

HOFFMANN-CURTIUS, Kathrin: Michelangelo beim Abwasch – Hannah Höchs Zeitschnitte der Avantgarde, in: HAMMER-TUGENDHAT, 1991, S. 59–80. [A]

HOFFMANN-CURTIUS, Kathrin: Opfermodelle am Altar des Vaterlandes seit der Französischen Revolution, in: KOHN-WAECHTER, 1991, S. 57–92. [D]

HOFFMANN-CURTIUS, KATHRIN: »Wenn Blicke töten könnten« Oder: der Künstler als Lustmörder, in: LINDNER, 1989, S. 369–394. [C]

HONEGGER, Claudia: Die Ordnung der Geschlechter. Die Wissenschaften vom Menschen und das Weib, Frankfurt a.M. 1991.

HOOPER-GREENHILL, Eilean: Museums and The Shaping of Knowlegde, London/New York 1992.

HORKHEIMER, Max / Theodor W. ADORNO: Dialektik der Aufklärung. Philosophische Fragmente, Amsterdam 1969.

HUIZINGA, Johan: Herbst des Mittelalters (1919), Stuttgart 1975.

HUNT, Lynn: La Psychologie Politique des Caricatures Révolutionaires, in: Kat. Politique et Polemique. La Caricature Francaise et la Révolution, 1789–1799, Los Angeles 1989, S. 33–41. [D]

JANZ, Brigitte: Hand in Hand. Hand und Handgebärde im mittelalterlichen Recht, in: Die Beredsamkeit des Leibes, 1992, S. 195ff.

JOCHIMSEN, Margarete: Schieflage im Verhältnis der Geschlechter. Zu einem unerschöpflichen Thema, in: Das Verhältnis der Geschlechter, 1989, S. 15ff. [B]

JORDANOVA, Ludmilla: Sexual Visions. Images of Gender in Science and Medicine between the Eighteenth and Twentieth Centuries, New York/London u.a. 1989. [C]

JUNOD, Philippe: Das (Selbst)portrait des Künstlers als Christus, in: Erika BILLETER (Hg.): Das Selbstportrait im Zeitalter der Photographie. Katalog der Akademie der Künste, Berlin 1985.

KÄMPF-JANSEN, Helga: Kitsch – oder: ist die Antithese der Kunst weiblich?, in: BARTA, 1987, S. 322–341. [A]

KAMBAS, Chryssoula: Die Werkstatt als Utopie. Lu Märtens literarische Arbeit und Formästhetik seit 1900, Tübingen 1988.
KLEINSPEHN, Thomas: Der flüchtige Blick. Sehen und Identität in der Kultur der Neuzeit, Reinbek b. Hamburg 1989 (1989a).
KLEINSPEHN, Thomas: Schaulust und Scham: Zur Sexualisierung des Blicks, in: kritische berichte 17, Heft 3, 1989, S. 29–48.
KOFMAN, Sarah: Die Kindheit der Kunst. Eine Interpretation der Freudschen Ästhetik, München 1993.
KOHN-WAECHTER, Gudrun (Hg): Schrift der Flammen. Opfermythen und Weiblichkeitsentwürfe im 20. Jahrhundert, Berlin 1991. [A]
KOLKENBROCK-NETZ, Jutta: Kunst und/oder Pornographie. Ein Beitrag zur Diskursgeschichte der Zensur im 19. und 20. Jahrhundert, in: LINDNER, 1989, S. 493–499.
KOLTER, Kerstin: Frauen zwischen »angewandter« und »freier« Kunst. Sonia Delaunay in der Kritik, in: LINDNER, 1989, S. 203–214. [A]
KRAUSS, Rosalind E.: The Optical Unconscious, Cambridge Mass. 1993.
KRININGER, Doris: Über die Anwesenheit von Abwesenden, in: kritische berichte 16, Heft 1, 1988, S. 81ff. [B]
KRIS, Ernst: Die ästhetische Illusion. Phänomene der Kunst in der Sicht der Psychoanalyse, Frankfurt a.M. 1977.
KRIS, Ernst / Otto KURZ: Die Legende vom Künstler. Ein geschichtlicher Versuch, Frankfurt a.M. 1980.
KRISTEVA, Julia: Die Revolution der poetischen Sprache, Frankfurt a.M. 1978.
KRULL, Edith: Kunst von Frauen. Das Berufsbild der Bildenden Künstlerinnen in vier Jahrhunderten, Frankurt a.M. 1984. [B]
Künstlerinnen des 20. Jahrhunderts. Katalog der Ausstellung, Museum Wiesbaden 1990. [B]
Künstlerinnen International. Katalog der Ausstellung, hg. von der Neuen Gesellschaft für Bildende Kunst, Berlin 1977. [B]
KULTERMANN, Udo: Woman Asleep and the Artist, in: artibus et historiae. An Art Anthology. IRSA, Nr. 22 (XI), Wien 1990, S. 129–161.
Kunst mit Eigen-Sinn. Aktuelle Kunst von Frauen, Katalog der Ausstellung, hg. von Silvia EIBLMAYR / Valie EXPORT / Monika PRISCHL-MAIER, Wien/ München 1985. [B]
LACAN, Jacques: Das Spiegelstadium als Bildner der Ichfunktion, wie sie uns in der psychoanalytischen Erfahrung erscheint, in: ders.: Schriften, Bd. I, Weinheim/Berlin 1986, S. 61–70.
LAQUEUR, Thomas: Auf den Leib geschrieben. Inszenierung der Geschlechter, Frankfurt a.M. 1992.
LAURETIS, Teresa de: On the subject of fantasy. Vortragsmanuskript Essen 1993 (erscheint in: Feminism in the cinema, hg. von L. PIETROPAOLO / A. TESTAFERRI, Bloomington, Indiana University Press).
LAURETIS, Teresa de: Rhetorik als Gewalt, in: Das Argument 30, Heft 169, 1988, S. 355–367.
LAUTER, Estella: Women as Mythmakers, Bloomington 1984. [B]

LINDNER, Ines / Sigrid SCHADE / Gabriele WERNER / Silke WENK (Hg.): Blick-Wechsel. Konstruktionen von Männlichkeit und Weiblichkeit in Kunst und Kunstgeschichte, Berlin 1989. [E]

LINK-HEER, Ursula: Maniera. Überlegungen zur Konkurrenz von Manier und Stil (Vasari, Diderot, Goethe), in: Hans Ulrich GUMBRECHT / K. Ludwig PFEIFFER (Hg.): Stil. Geschichte und Funktionen eines kulturwissenschaftlichen Diskurselements, Frankfurt a.M. 1986, S. 93–114.

LIPP, Carola: Das Private im Öffentlichen. Geschlechterbeziehung im symbolischen Diskurs der Revolution 1848/49, in: Journal Geschichte, Heft 1, 1989, S. 37–47. [D]

LOUIS, Eleonoara: Der beredte Leib. Bilder aus der Sammlung Lavater, in: Die Beredsamkeit des Leibes, 1992, S. 113–155.

MÄRTEN, Lu: Die Künstlerin. Eine Monographie, München 1919. [B]

Making their Mark. Women artists move into the mainstream, 1970–85. Katalog der Ausstellung, Cincinnati Art Museum, hg. von Randy ROSEN / Catherine C. BRAWER, New York 1988. [B]

MARE, Heidi de: Die Grenze des Hauses als ritueller Ort und ihr Bezug zur holländischen Hausfrau des 17. Jahrhunderts, in: kritische berichte 20, Heft 4, 1992. [A]

MAYOR, A. Hyatt: Artists and Anatomists, New York 1984 (Metropolitan Museum of Art).

MEISS, Millard: Sleep in Venice, in: Stil und Überlieferung in der Kunst des Abendlandes. Akten des 21. Internationalen Kongresses für Kunstgeschichte in Rom, 1964, Bd. III: Theorien und Probleme, S. 271–280.

MIGIEL, Marilyn / Juliana SCHIESARI (Hg.): Refiguring Woman. Perspectives on Gender and the Italian Renaissance, Ithaca/London 1991. [C]

MÖBIUS, Helga: Die Frau im Barock, Leipzig 1982.

MÖBIUS, Helga: Geschlechterdifferenz. Fragen ihrer Wahrnehmung und Darstellung vom frühen zum hohen Mittelalter, Unveröff. Vortragsmanuskript 1993. [C]

MÖBIUS, Helga: Zeichen von Schönheit und Vitalität. Frauenfiguren im städtischen Raum der DDR, in: LINDNER, 1989, S. 271–280. [C]

MORELL, Renate (Hg.): Weibliche Ästhetik? Kunststück!, Pfaffenweiler 1993. [A]

NABAKOWSKI, Gislind / Helke SANDER / Peter GORSEN: Frauen in der Kunst, 2 Bde., Frankfurt a.M. 1980. [A]

NEAD, Lynda: The Female Nude. Art, Obscenity and Sexuality, London/New York 1993. [C]

NEUMANN, Eckhard: Künstlermythen. Eine psychohistorische Studie über Kreativität, Frankfurt a.M./New York 1986.

NEUMER-PFAU, Wiltrud: Studien zur Ikonographie und gesellschaftlichen Funktion hellenistischer Aphrodite-Statuen, Bonn 1982. [C]

NOBS-GRETER, Ruth: Die Künstlerin und ihr Werk in der deutschsprachigen Kunstgeschichtsschreibung, Zürich 1984. [A]

NOCHLIN, Linda: Why Have There Been No Great Women Artists?, in: Art News, Januar 1971 (Repr. in: Linda NOCHLIN: Art, Women and Power and Other Essays, New York 1988). [A]

O'DOHERTY, Brian: Die weiße Zelle und ihre Vorgänger, in: KEMP, Wolfgang (Hg.): Der Betrachter ist im Bild. Kunstwissenschaft und Rezeptionsästhetik, Köln 1985, S. 279–293.

OWENS, Craig: Der Diskurs der Anderen. Feminismus und Postmoderne, in: Kunst mit Eigen-Sinn, 1985, S. 75–87. [A]

PANOFSKY, Erwin: Aufsätze zu Grundfragen der Kunstwissenschaft, Berlin 1985.

PANOFSKY, Erwin: Idea. Ein Beitrag zur Begriffsgeschichte der älteren Kunsttheorie, Berlin 1960.

PANOFSKY, Erwin: Die Renaissancen der europäischen Kunst, Frankfurt a.M. 1984.

PARKER, Roszika: The Subversive Stitch. Embroidery and the Making of the Feminine, London 1986. [A]

PARKER, Roszika / Griselda POLLOCK (Hg.): Framing Feminism. Art and the Women's Movement 1970–85, London/New York 1987. [B]

PARKER, Roszika / Griselda POLLOCK: Old Mistresses. Women, Art and Ideologie, London 1981. [A]

PÄTZOLD, Alexandra: Fremdkörper der Männergesellschaft. Freund- und Feindbilder von Männern, in: BARTA, 1987, S. 345–365. [C]

PAUSER, Wolfgang: Identität im Werden. Die Selbsterzeugung des Subjekts im Werk, in: Jugendwerke vom Schillerplatz. Katalog der Ausstellung, Akademie der Bildenden Künste, Wien 1988, S. 275–280.

PEITGEN, Heinz Otto / P. H. RICHTER: The Beauty of Fractals, Berlin/Heidelberg 1986.

PETZINGER, Renate: Gute Kunst setzt sich nicht von selbst durch, in: MORELL, 1993, S. 139–161. [B]

POINTON, Marcia: Naked Authority. The Body in Western Painting 1830–1908, Cambridge 1990. [C]

POLLIG, Andrea: »Germania ist es, – bleich und kalt, ... «. Allegorische Frauengestalten in der politischen Karikatur des »Eulenspiegel« 1848–1850, in: Carola LIPP (Hg.): Schimpfende Weiber und patriotische Jungfrauen, Moos/Baden-Baden 1986, S. 385–402. [D]

POLLOCK, Griselda: Moderne und die Räume von Weiblichkeit, in: LINDNER, 1986, S. 313–332. [A]

POLLOCK, Griselda: Phantasie, Stimme und Macht. Feministische Kunstgeschichte und Marxismus, in: Das Argument, Heft 161, 1987, S. 66–76. [A]

POLLOCK, Griselda: Vision and Difference. Feminity, Feminism and the Histories of Art, London/New York 1988. [E]

Profession ohne Tradition. 125 Jahre Verein der Berliner Künstlerinnen, Katalog der Ausstellung, hg. von der Berlinischen Galerie, Berlin 1992. [B]

RAEV, Ada / Gudrun URBANIAK (Red.): Geschichte – Geschlecht – Wirklichkeit. Bd. 1. Kunstwissenschaftlerinnen-Tagung der Sektion Kunstwissenschaft VBK-DDR, Gekürztes Protokoll, hg. vom Verband Bildender Künstler der DDR, Vorbereitungsgruppe der Tagung, Berlin 1990. [E]

RANG, Britta: Zur Geschichte des dualistischen Denkens über Mann und Frau. Kritische Anmerkungen zu den Thesen von Karin Hausen zur Herausbildung der Geschlechtscharaktere im 18. und 19. Jahrhundert, in: Jutta

DALHOFF / Uschi FREY / Ingrid SCHÖLL (Hg.): Frauenmacht in der Geschichte, Düsseldorf 1986, S. 194–204.

RANKE-GRAVES, Robert von: Griechische Mythologie. Quellen und Deutung, Reinbek b. Hamburg 1984.

RENTMEISTER, Cäcilia: Berufsverbot für die Musen, in: Ästhetik und Kommunikation 25, 1976, S. 92–113. [D]

RICHTER-SHERMAN, Claire / Adele M. HOLCOMS (Hg.): Women as Interpreters of Visual Arts. 1820–1979, London 1981. [A]

ROGOFF, Irit: Er selbst – Konfigurationen von Männlichkeit und Autorität in der deutschen Moderne, in: LINDNER, 1989, S. 21–40. [A]

ROGOFF, Irit: Tiny anguishes: Reflections on nagging, scholastic embarrassment, and feminist art history, in: differences 4, Nr. 3, 1992, S. 38–65. [A]

SALOMON, Nanette: Der kunsthistorische Kanon – Unterlassungssünden, in: kritische berichte 21, Heft 4, 1993, S. 27–40. [A]

SCHADE, Sigrid: »Anmut«: weder Natur noch Kunst, in: G. DANE u.a. (Hg.): Anschlüsse. Versuche nach Michel Foucault, Tübingen 1985. S. 69–79. [C]

SCHADE, Sigrid: Charcot und das Schauspiel des hysterischen Körpers. Die »Pathosformel« als ästhetische Inszenierung des psychiatrischen Diskurses – ein blinder Fleck in der Warburg-Rezeption, in: BAUMGART u.a., 1993, S. 461–484. [A]

SCHADE, Sigrid: Das Fest der Martern. Zur Ikonographie von Pornographie in der bildenden Kunst, in: K. RICK / S. TREUDL (Hg.): Frauen – Gewalt – Pornographie, Wien 1989. [C]

SCHADE, Sigrid: Körper und Macht. Theoretische Perspektiven bei Adorno und Foucault, in: Sigrid WEIGEL (Hg.): Flaschenpost und Postkarte. Korrespondenzen zwischen Kritischer Theorie und Poststrukturalismus, Wien/Köln/Weimar 1994.

SCHADE, Sigrid: Mediale Weiblichkeit und weibliche Künste. Zu Cindy Shermans Fotoserien, in: Amerika-Studien 37, 1992, S. 472–486. [A]

SCHADE, Sigrid: Der Mythos des »Ganzen Körpers«. Das Fragmentarische in der Kunst des 20. Jahrhunderts als Dekonstruktion bürgerlicher Totalitätskonzepte, in: BARTA, 1987, S. 239–260. [C]

SCHADE, Sigrid: Schadenzauber und Magie des Körpers. Hexendarstellungen der frühen Neuzeit, Worms 1983. [C]

SCHADE, Sigrid: Text- und Körperalphabet bei Hans Bellmer, in: S. DÜMCHEN/ M. NERLICH (Hg.): Texte – Image Bild – Text, Berlin 1990, S. 275–285. [C]

SCHADE, Sigrid: Unbewußte Ästhetik – Ästhetik des Unbewußten. Zur psychologischen und psychoanalytischen Deutung von Kunst und Kreativität, in: Fragmente. Schriftenreihe zur Psychoanalyse, Nr. 20/21, 1986, S. 327–344.

SCHADE, Sigrid: Was im Verborgenen blieb. Zur Ausstellung »Das Verborgene Museum«, in: kritische berichte 16, Heft 2, 1988, S. 91–96. [A]

SCHADE, Sigrid: Zur Genese des voyeuristischen Blicks. Das Erotische in den Hexenbildern Hans Baldung Griens, in: BISCHOFF, 1984, S. 98–110. [C]

SCHADE, Sigrid: Zwangsjacke »weibliche Identität« oder: Judy Chicagos alte neue Frauen-Mythen, in: MORELL, 1993, S. 209–221 (1993a). [A]

SCHADE, Sigrid / Monika WAGNER / Sigrid WEIGEL (Hg.): Allegorien und Geschlechterdifferenz, Wien/Köln/Weimar 1994. [D]

SCHIEBINGER, Londa: Anatomie der Differenz. »Rasse« und Geschlecht in der Naturwissenschaft des 18. Jahrhunderts, in: Feministische Studien 11, Nr. 1, 1993, S. 48–64.

SCHMIDT, Jochen: Die Geschichte des Genie-Gedankens in der deutschen Literatur, Philosophie und Politik. 1750–1945, Bd. 1 u. 2, Darmstadt 1985.

SCHMIDT-LINSENHOFF, Viktoria: Frauenbilder und Weiblichkeitsmythen in der Bildpublizistik der Französischen Revolution, in: Ute GERHARD u.a. (Hg.): Differenz und Gleichheit, Frankfurt a.M. 1990, S. 46–67. [D]

SCHMIDT-LINSENHOFF, Viktoria: Herkules als verfolgte Unschuld? Ein weiblicher Subjektentwurf der Aufklärung von Marie Guillemine Benoist, in: HAMMER-TUGENDHAT, 1990, S. 17–46. [A]

SCHMIDT-LINSENHOFF, Viktoria: Die Ikonographie der Gleichheit und die Künstlerinnen der russischen Avantgarde, in: kritische berichte 20, Heft 4, 1992, S. 5–25. [A]

SCHMIDT-LINSENHOFF, Viktoria: Im Namen des Vaters. Die Allegorisierung der Künstlertochter in der Bildnismalerei des 18. Jahrhunderts, in: SCHADE/WAGNER/WEIGEL, 1994, S. 73–91. [A]

SCHNEIDER, Mechthild: Pygmalion – Mythos des schöpferischen Künstlers. Zur Aktualität eines Themas in der französischen Kunst von Falconet bis Rodin, in: Pantheon XLV, 1987, S. 111–123.

SCHREINER, Klaus / Norbert SCHNITZLER (Hg.): Gepeinigt, begehrt, vergessen. Symbolik und Sozialbezug des Körpers im späten Mittelalter und der frühen Neuzeit, München 1992. [C]

SCHULTZ, Bernard: Art and Anatomy in Renaissance Italy, Michigan 1985.

SCURIE, Helga: Ecclesia und Synagoge. Herrschaft, Sinnlichkeit und Gewalt am deutschen Kirchenportal des 13. Jahrhunderts, in: LINDNER, 1989, S. 243–250. [D]

SEITTER, Walter: Starkes Geschlecht. Newtons Beitrag zum Menschenbild, in: Thomas ZIEHE / Eberhard KNÖDLER-BUNTE (Hg.): Der sexuelle Körper. Ausgeträumt?, Berlin 1984, S. 121–130.

SENNETT, Richard: Verfall und Ende des öffentlichen Leben. Die Tyrannei der Intimität, Frankfurt a.M. 1983.

SIEBE, Michaele: Vergewaltigung der Republik. Karikaturen aus der Zeit der Kommune, in: LINDNER, 1989, S. 453–464. [D]

SIEBE, Michaele: Von der Revolution zum nationalen Feindbild. Politische Karikaturen im Charivari und im Kladderadatsch in den 50er und 60er Jahren des 19. Jahrhunderts, Tübingen 1992 (Diss., Fak. für Kulturwiss.). [D]

SILVERMAN, Deborah L.: Art Nouveau in Fin-de-Siècle-France. Politics, psychology and style, Berkeley/Los Angeles/London 1989. [A]

Sklavin oder Bürgerin? Französische Revolution und neue Weiblichkeit 1760–1830, Katalog der Ausstellung im Historischen Museum, hg. von Viktoria SCHMIDT-LINSENHOFF, Frankfurt a.M. 1989. [D]

Sophie Taeuber – Hans Arp. Künstlerpaare – Künstlerfreunde. Dialogues d'artistes – résonances. Katalog der Ausstellung, hg. von Sandor KUTHY, Kunstmuseum Bern 1988. [B]

SPICKERNAGEL, Ellen: Geschichte und Geschlecht: Der feministische Ansatz, in: BELTING/DILLY, 1986, S. 264–282. [E]

SPICKERNAGEL, Ellen: Unerwünschte Tätigkeit. Die Hausfrau und die Wohnungsform der Neuzeit, in: kritische berichte 20, Heft 4, 1992, S. 80–96. [A]

STRAFFORD, Barbara Maria: Body Criticism. Imaging the Unseen in Enlightenment Art and Medicine, Cambridge 1991. [C]

THEWELEIT, Klaus: Buch der Könige. Bd. 1: Orpheus und Eurydike, Frankfurt a.M. 1988.

TICKNER, Lisa: Feminismus, Kunstgeschichte und der geschlechtsspezifische Unterschied, in: kritische berichte 18, Heft 2, 1990, S. 5–36. [A]

TUCHMANN, Maurice / Judi FREEMANN (Hg.): Das Geistige in der Kunst. Abstrakte Malerei 1890–1985, Stuttgart 1988.

TUFT, Eleanor: Our Hidden Heritage. Five Centuries of Women Artists, 1974. [B]

VASARI, Giorgio: Leben der ausgezeichnetsten Maler, Bildhauer und Baumeister. Deutsche Ausgabe von Ludwig SCHORN und Ernst FÖRSTER, neu hg. u. eing. von Julian KLIEMANN, Bd. 1–6, Stuttgart/Tübingen 1832–1849 (Repr. Worms 1983).

Das Verborgene Museum. Dokumentation der Kunst von Frauen in Berliner öffentlichen Sammlungen. Katalog der Ausstellung, hg. von der Neuen Gesellschaft für Bildende Kunst, 2 Bde., Berlin 1987. [B]

VERGINE, Lea: L'Altra Meta dell'Avanguardia, Mailand 1980. [B]

Das Verhältnis der Geschlechter. Katalog der Ausstellung, Bonn 1989, hg. von der Arbeitsgemeinschaft Interdisziplinäre Frauenforschung, Bd. 1, Pfaffenweiler 1989. [B]

VERNANT, Jean-Pierre: Mythos und Gesellschaft im alten Griechenland, Frankfurt a.M. 1987.

WAGNER, Monika: Allegorie – Ornament – Abstraktion, in: SCHADE/WAGNER/WEIGEL, 1994, S. 205–220. [D]

WAGNER-KANTUSER, Ingrid: Gedanken zu Daedalus Töchtern, in: Ikarus. Mythos als Realismus in Beispielen der Gegenwartskunst. Katalog der Ausstellung des RealismusStudio 33 der Neuen Gesellschaft für bildende Kunst, Berlin 1986, S. 8–13.

WALTERS, Margaret: Der männliche Akt. Ideal und Verdrängung in der europäischen Kunstgeschichte, Berlin 1979. [C]

WARNER, Marina: In weiblicher Gestalt. Die Verkörperung des Wahren, Guten und Schönen, Reinbek b. Hamburg 1989. [D]

WARNKE, Martin: Hofkünstler. Zur Vorgeschichte des modernen Künstlers, Köln 1985.

WARNKE, Martin: Künstler, Kunsthistoriker, Museen. Beiträge zu einer kritischen Kunstgeschichte, Luzern/Frankfurt a.M. 1979.

WARTMANN, Brigitte: Warum ist »Amerika« eine Frau? Zur Kolonialisierung eine Wunsch(t)raums, in: Antonia DINNEBIER / Berthold PECHAN (Hg.): Ökologie und alternative Wissenschaft, Berlin 1985, S. 104–140. [D]

WEIERMAIR, Peter (Hg.): Frauen sehen Männer, Schaffhausen 1988.

WEIGEL, Sigrid: »Die Städte sind weiblich und nur dem Sieger hold«. Zur Funktion des Weiblichen in Gründungsmythen und Städtedarstellungen, in:

Sigrun ANSELM / Barbara BECK (Hg.): Triumph und Scheitern der Metropole. Berlin 1987, S. 207–227. [D]
WENK, Silke: Aufgerichtete weibliche Körper. Zur allegorischen Skulptur im deutschen Faschismus, in: Inszenierung der Macht. Ästhetische Faszination im Faschismus, Katalog der Ausstellung, hg. von der Neuen Gesellschaft für Bildende Kunst, Berlin 1987, S. 103–118 (1987a). [C]
WENK, Silke: Aufstieg und Fall Pygmalions, in: Bildende Kunst, Heft 8, 1989, S. 35–38 (1989a). [A]
WENK, Silke: Bilder des Weiblichen als Zeichen nationaler Identität. Aktuelle Beispiele aus den Massenmedien, in: Wolfgang RUPPERT (Hg.): »Deutschland, bleiche Mutter« oder eine neue Lust an der nationalen Identität?, Texte des Karl-Hofer-Symposion 1990, Berlin 1992, S. 33–41. [D]
WENK, Silke: Götter-Lieben. Zur Repräsentation des NS-Staates in steinernen Bildern des Weiblichen, in: Leonore SIEGELE-WENSCHKEWITZ / Gerda STUCHLIK (Hg.): Frauen und Faschismus in Europa, Pfaffenweiler 1988, S. 181–210. [D]
WENK, Silke: Mythen von Kunst, Innovation und Weiblichkeit, in: Angelika BRAND / Kirsten WAGNER (Hg.): KUNSTRING(t). Oldenburger Universitäts-Schriften, Oldenburg 1995 (1995a). [A]
WENK, Silke: Pygmalion hat keine Schwestern. Zum unmöglichen Versuch einer Bildhauerin, den Bildern erhöhter Weiblichkeit zu entkommen: Z.B. Camille Claudel, in: Ringvorlesungen zu frauenspezifischen Themen, Johannes Gutenberg-Universität Mainz, Bd. 3, hg. von der Frauenbeauftragten an der Universität Mainz, 1993, S. 145–159. [A]
WENK, Silke: Pygmalions moderne Wahlverwandtschaften. Die Rekonstruktion des Schöpfermythos im nachfaschistischen Deutschland, in: LINDNER, 1989, S. 59–82. [A]
WENK, Silke: Rezension zu PARKER/POLLOCK, 1981, in: Das Argument, Nr. 152, 1985, S. 602–605. [A]
WENK, Silke: Schwere und Geschlechtlichkeit: Ein Problem der Bildhauerei in Moderne und Gegenmoderne, in: HAMMER-TUGENDHAT, 1991, S. 47–58. [A]
WENK, Silke: Versteinerte und verlebendigte Weiblichkeit. Weibliche Allegorie und ihre mediale Repräsentation in der Französischen Revolution, in: RAEV/URBANIAK, 1991, S. 154–165 (1991b). [D]
WENK, Silke: Versteinerte Weiblichkeit. Studien zur Allegorie und ihrem Status in der Skulptur der Moderne, Berlin 1995. [D]
WENK, Silke: Versteinerungen – Mythen von Weiblichkeit, Kunst und Staat in der Skulptur der Moderne. Vortragsmanuskript Museum für Gestaltung, Zürich 1993 (1993a). [A]
WENK, Silke: Volkskörper und Medienspiel. Zum Verhältnis von Skulptur und Fotografie im deutschen Faschismus, in: Kunstforum international 114, 1991, S. 226–236 (1991a). [C]
WENK, Silke: Warum ist die (Kriegs)Kunst weiblich? Frauenbilder auf öffentlichen Plätzen in Berlin, in: Kunst und Unterricht 101, 1986, S. 7–14. [D]
WENK, Silke: Der weibliche Akt als Allegorie des Sozialstaates, in: BARTA, 1987, S. 217–238 (in veränderter Fassung in: metis 1, 1993, S. 41–56). [C]

WENZEL, Horst: An fünf Fingern abzulesen. Schriftlichkeit und Mnemotechnik in den Predigten Bertholds von Regensburg, in: B. LUNDT / H. REIMÖLLER (Hg.): Von Aufbruch und Utopie. Perspektiven einer neuen Gesellschaftsgeschichte des Mittelalters, Köln/Weimar/Wien 1992, S. 235–274.

WENZEL, Horst: Partizipation und Mimesis. Die Lesbarkeit der Körper am Hof und in der höfischen Literatur in: Hans Ulrich GUMBRECHT u.a. (Hg.): Materialität der Kommunikation, Frankfurt a.M. 1988, S. 178–202.

WENZEL, Horst: Schrift und Bild. Zur Repräsentation der audiovisuellen Wahrnehmung im Mittelalter, in: Johannes JANOTA (Hg.): Germanistik, Deutschunterricht und Kulturpolitik, Tübingen 1993, S. 101–121.

WITTKOWER, Rudolf und Margot: Born under saturn. The character and conduct of artists: a documented history from antiquity to the French Revolution, New York 1969.

Women Artists: 1550–1959. Katalog der Ausstellung, hg. von Ann SUTHERLAND HARRIS / Linda NOCHLIN, New York 1976. [B]

Zentrum für Kulturforschung Bonn für das Bundesministerium für Bildung und Wissenschaft (Hg.): Frauen im Kultur- und Medienbetrieb. Datenerhebung und zusammenfassender Bericht, Bonn 1987. [B]

ZILSEL, Edgar: Die Geniereligion. Ein kritischer Versuch über das moderne Persönlichkeitsideal, mit einer historischen Begründung, Frankfurt a.M. 1990.

ELISABETH BRONFEN

Weiblichkeit und Repräsentation – aus der Perspektive von Semiotik, Ästhetik und Psychoanalyse

1. Einleitung in die Problematik der Repräsentation 409

2. Fallbeispiel I: Joan DIDIONs *Sentimental Journeys* 413

3. Repräsentation als Nexus von Ästhetik, Semiotik,
   Politik und Psychoanalyse 421

4. Feministische Intervention 427

5. Fallbeispiel II: Cindy SHERMANs *Untitled Film Stills* 432

6. Literatur 442

ELISABETH BRONFEN

Weiblichkeit und Repräsentation – aus der Perspektive von Semiotik, Ästhetik und Psychoanalyse

1. Einleitung in die Problematik der Repräsentation

In ihrem Buch *Alice Doesn't: Feminism, Semiotics, Cinema* hat Teresa DE LAURETIS gezeigt, daß die Differenz der Geschlechter (*gender*) als konstitutives Merkmal gesellschaftlicher Identität oder Subjektivität immer auch in bezug auf die Art der Darstellung (*representation*) von Weiblichkeit in einem gegebenen kulturellen Kontext verstanden werden muß:

> The representation of woman as image (spectacle, object to be looked at, vision of beauty – and the concurrent representation of the female body as the locus of sexuality, site of visual pleasure, or lure of the gaze) is so pervasive in our culture that it necessarily constitutes a starting point for any understanding of sexual difference and its ideological effects in the construction of social subjects, its presence in all forms of subjectivity. (DE LAURETIS, 1984, S. 38)

Dabei treten diese kulturell tradierten Darstellungen der Frau oft für andere Werte als das Weibliche ein – etwa für die Gerechtigkeit, die Sünde, die Kunst, die Stadt –, so daß die Frau in kulturellen Diskursen zur Stellvertreterin wird für Debatten, die nur bedingt mit ihrer geschlechtsspezifischen Körperlichkeit, Subjektivität oder Geschichte verknüpft sind (WARNER, 1985). So muß von Anfang an betont werden, daß eine Diskussion über den Zusammenhang von Weiblichkeit und Repräsentation innerhalb einer patriarchalen, d.h. von einer paternalen Metapher beherrschten Kultur (ZIZEK, 1991), immer zwei Bedeutungen des Repräsentierens miteinander verschränkt: Repräsentation einerseits im politischen Sinn als das öffentliche Vertreten bestimmter Interessen oder Ansichten einer ganzen Gruppe durch eine einzelne Person und Repräsentation andererseits im ästhetischen und philosophischen Sinne als ein Wiedergegenwärtigmachen, als Wiedergeben, Vergegenwärtigen, Vorstellen, Darstellen (SPIVAK, 1988).

DE LAURETIS nimmt die Disjunktion zwischen Bezeichnendem (Signifikant) und Bezeichnetem (Signifikat) als Ausgangspunkt für ihre Diskussion der ideologischen Wirkungen von Geschlechterdifferenz und schlägt vor, zwischen Frau (*woman*) und Frauen (*women*) zu unterscheiden. ›Frau‹ bezeichnet eine notwendige Konstruktion, das Destillat diverser, jedoch kongruenter kultureller Diskurse, das als Ausgangs- und Endpunkt die zwei vorausgesetzten, jedoch explizit nicht benannten Referenzpunkte des gesamten westlichen Repräsentationssystems ausmacht. Nach DE LAURETIS ist ›die Frau‹ das Andere (»the other-from-man«); sie ist als der Ausdruck zu verstehen, der sowohl die Leerstelle in unserer kulturellen Fiktionen selbst als auch die Bedingungen für diese Diskurse bezeichnet, in denen diese Fiktionen repräsentiert werden. Der Begriff ›Frauen‹ dagegen steht für die reale historische und physische Existenz, die allerdings nicht außerhalb der kulturellen Diskurse definiert werden kann (1984, S. 5).

Die Nichtkoinzidenz zwischen ›Frauen‹ als historischen Subjekten und ›Frau‹ als fiktionalem Konstrukt ist zentral für die Argumentation von DE LAURETIS. Sie steht bei jeder Diskussion über die Repräsentation des Weiblichen auf dem Spiel, denn zumindest die herkömmlichen kulturellen Praktiken, d.h. sowohl die kulturellen Produkte (Bild, Film, Drama, Prosa oder Lyrik) als auch die Theorien über diese Repräsentationen (Semiotik, Psychoanalyse, Anthropologie) setzen die Frau als Objekt und Fundament der Repräsentation ein. Der Wert der Frau im Netz der kulturellen Repräsentationen besteht darin, gleichsam Telos und Ursprung des männlichen Begehrens und des männlichen Drängens nach Repräsentation zu sein, gleichsam Objekt und Zeichen seiner Kultur und seiner Kreativität. Damit ist die Position der Frau innerhalb dieses semiotischen Netzes eine Leerstelle – weder repräsentiert noch symbolisiert, sondern dazu bestimmt, die Repräsentation selbst zu ›verkörpern‹ (DE LAURETIS, 1984, S. 8).

Teresa DE LAURETIS entfaltet ihre Argumentation anhand einer Passage aus Italo CALVINOs Buch *Le città invisibili* (1972), die von der Entstehung der Stadt Zobeide erzählt. Das Erbauen und Umbauen der Stadt versteht sie als Metapher für das Verhältnis der von Männern beherrschten semiotischen Produktivität und deren Umgang mit Repräsentationen der Frau. Männer verschiedener Nationen hatten einen identischen Traum: Nachts lief eine Frau durch eine ihnen unbekannte Stadt. Die Frau war nur von hinten zu sehen, hatte lange Haare und war nackt. Jeder der Männer lief in seinem Traum dieser Phantasiefrau nach, verlor sie jedoch aus den Augen. Als die Männer sich am nächsten Tag auf die Suche nach dem geheimnisvollen Ort machten, der nun durch die Spur des verlorenen weiblichen Objekts gekennzeichnet war, fanden sie weder die Stadt noch die Traumfrau, dafür aber trafen sie einander. Gemeinsam errichteten sie die Stadt ihrer Träume, die Straßen, Gebäude und Mauern, die jeder nächtens phantasiert hatte, als er der nur bedingt sichtbaren nackten Frau hinterhergelaufen war. Diese Stadt wurde somit zu dem Ort einer kollektiven Phantasie, der immer mehr Träumer anzog, weil jeder dort den Ort seines nächtlichen Begehrens und die Erinnerung an die Jagd nach einer fliehenden Frau wiederzuerkennen meinte, wenngleich auch jeder der Träumer im Verlauf der Zeit den ursprünglichen Traum vergaß.

In zweierlei Hinsicht steht die realisierte Stadt Zobeide für den kollektiven männlichen Traum ein und fungiert somit als architektonische Repräsentation einer Traumrepräsentanz: (1) Die Phantasiefrau erscheint nie wieder, sie ist nur als Erinnerungsspur anwesend; ihre Macht als Objekt des Begehrens besteht darin, daß sie als empirische Frau abwesend bleibt. (2) An der Stelle, wo jeder Träumer im Traum die Spur der fliehenden Frau verloren hat, baut er die Mauern und Straßen anders, damit die Frau, sollte sie wiederkehren, nicht mehr entkommen kann, eine Veränderung der architektonischen Gegebenheit, die jeder Ankömmling in der Stadt von neuem vollzieht. Die Stadt Zobeide, auf dem Traum von einer Frau errichtet, muß stets umgebaut werden, damit diese Phantomfrau eine Gefangene bleibt. Die Stadt ist eine Repräsentation der erträumten, jedoch abwesenden Frau, die Frau Ursprung der mit ihr nicht koinzidierenden Repräsentation. Sie ist das Objekt des Begehrens, das der Traum zum Ausdruck bringt, und das Fundament für dessen Objektivierung, genauer für die Versteinerung des Traums in Form von Gebäuden und Straßen. Sie ist der Ursprung für einen Drang, etwas zu repräsentieren (eine Traumstadt), und letztendlich dessen nie erreichbares Ziel (die Traumfrau bleibt abwesend). Die Stadt kann zwar die Träume der Männer einfangen, doch nie die Traumfrau selber, so daß die realisierte Repräsentation – die Stadt – letztlich nur die Abwesenheit der Frau kommemoriert und somit die Frau als Text (als Signifikant mit gleitenden

Signifikaten und keinem empirischen Referenzpunkt) produziert. CALVINOs Stadt kann demzufolge laut DE LAURETIS als Metarepräsentation der Problematik von Weiblichkeit und Repräsentation gelesen werden:

> Calvino's text is thus an accurate representation of the paradoxical status of women in Western discourse: while culture originates from woman and is founded on the dream of her captivity, women are all but absent from history and cultural process [...] In the discursive space of the city [...] woman is both absent and captive: absent as theoretical subject, captive as historical subject (DE LAURETIS, 1984, S. 13f.)

Die von DE LAURETIS aufgezeigte Nichtkoinzidenz von Frauen und Frau hat zur Folge, daß Repräsentationen der Frau oft als Spiegel und Projektionsfläche für den sie erschaffenden Mann dienen. Als Traumbild, imaginierte Phantasie, Fetisch, Deckerinnerung bringen diese Repräsentationen seine Macht, seine Kreativität und seine Kulturprodukte stellvertretend zum Ausdruck. Als Repräsentationsbild ist die Frau anwesend, als repräsentiertes Subjekt und Produzentin ist sie abwesend. Das Paradox besteht jedoch darin, daß die Geschlechterdifferenz einerseits einen Bedeutungseffekt darstellt, der erst im Zuge der Repräsentation produziert wird, daß aber gleichzeitig Weiblichkeit in ihrer essentiellen Alterität zur repräsentierten Männlichkeit vorausgesetzt wird als Ursprung, Fundament, Träger und Fluchtpunkt der Repräsentation. Die Frau wird einerseits mit der Textualität, mit Repräsentation gleichgesetzt, d.h. mit der arbiträren, kulturell kodifizierten Symbolisierung. Andererseits wird die Frau als ontologischer Wert vorausgesetzt, ihre sexuelle Differenz als anatomische Gegebenheit postuliert, d.h. dem Bereich der Natur zugeschrieben, der vor jeglicher Symbolfunktion und Kultur existiert und über diese hinausgeht. So kann die Frau Wahrheit, Schönheit, Ewigkeit, Unendlichkeit stellvertretend repräsentieren als eine Phantasie, der der Mann stets nachsehnt und die er gleichsam auf Distanz hält. Die Frau als Repräsentation ist nackt, flüchtig und trügerisch, als Zeichen oder Bild sichtbar und gleichsam als historischer Körper der Referenz unsichtbar, als Abwesende und Erinnerte begehrens- und erstrebenswert. Die Frau ist Repräsentation schlechthin und gleichzeitig der Bereich, der sich vor und jenseits jeglicher Repräsentation befindet.

2. Fallbeispiel I: Joan DIDIONs *Sentimental Journeys*

In welcher Form die Frau sowohl den Fluchtpunkt der Fiktionen darstellt, die eine Kultur von sich entwirft, als auch die Bedingung oder Voraussetzung bietet, die solche Fiktionen überhaupt erst entstehen lassen, möchte ich nun anhand eines Essays von Joan DIDION erläutern, der seine Brisanz dadurch erhält, daß er nicht auf die literarische Erfindung einer imaginierten Stadt, sondern auf ein konkretes urbanes Ereignis zurückgreift: die Vergewaltigung und fast tödliche Körperverletzung einer jungen Joggerin im Central Park in New York. Auf differenzierte und vielschichtige Weise beleuchtet Joan DIDIONs Essay die Gleichsetzung und Austauschbarkeit von Frau und Stadt, wobei sie stets versucht, die Suggestivkraft dieses Gleichnisses auszuloten. »We tell ourselves stories in order to live.« Dieser Anfangssatz ihrer Aufsatzsammlung *The White Album* (1979) könnte auch am Beginn des Bandes stehen, der mit *Sentimental Journeys* abschließt (1992): Reportagen über Morde, Erdbeben, Waldbrände, Präsidentschaftswahlen, Terrorismus, über das Ende der finanziellen Aufschwungsjahre der Yuppies und den Anfang der Rezession an Orten wie New York, Washington und Kalifornien. Eine der kontroversesten »stories by which we live« basiert auf der Transformation einer weiblichen Lebensgeschichte in eine Repräsentation der Frau.

Mit der Feststellung, daß alle zwar die Geschichte der Joggerin, aber nur wenige den Namen des Opfers kannten, beginnt DIDION die Wiedergabe des Falls und lenkt damit den Blick bereits weg von den realen Ereignissen, dem konkreten Leid einer spezifischen Frau, hin zu ihrem medialen Wert, zu der Geschichte mit all ihren ambivalenten Auslegungen, die an dem Fall festgemacht werden konnten. Eine 29jährige weiße Bankerin, die oft bis in den Abend hinein arbeitete, hatte es sich angewöhnt, anschließend zwischen acht und neun Uhr in der Nähe ihrer Wohnung in der East 83rd Street im Central Park zu joggen, ungeachtet der Tatsache, daß viele Bewohner New Yorks den Park als einen Ort verstehen, den man nach Anbruch der Dunkelheit besser meidet. Sie wurde um 1.30 Uhr am Morgen des 20. April 1989, dem Tode nahe, an der Kreuzung der 102ten Straße aufgefunden. Sie hatte 75% ihres Blutes verloren, ihr Schädel war eingeschlagen, ein Auge ausgedrückt, Dreck und Zweige befanden sich in ihrer Vagina. Als sie zehn Tage später aus dem Koma erwachte, hatten bereits sechs schwarze und hispanische Jugendliche ihre Teilnahme an dem

Überfall auf die Frau auf Videoband oder in einem schriftlichen Geständnis beschrieben und waren wegen Körperverletzung und Vergewaltigung angeklagt worden.

DIDION konzentriert sich auf die repräsentatorische Komponente dieses Falls. Sie zeigt, warum gerade dieser Fall – und kein anderer der 3254 verzeichneten Vergewaltigungen des Jahres 1989, wie etwa die Angriffe auf schwarze Frauen in den folgenden Tagen oder der Mord an einer weißen Frau durch ihren wohlhabenden weißen Lebensgefährten – zu einer erfolgreichen Geschichte werden konnte. Im Vordergrund steht die Frage, welche Werte, welche Ideen, welche Sinnstiftungen über den in einen Text übersetzten geschändeten weiblichen Körper verhandelt werden konnten:

> She had become, unwilling and unwitting, a sacrificial player in the sentimental narrative that is New York public life.
> (DIDION, 1992, S. 255)

Ein Reiz des Ereignisses bestand vor allem in der offensichtlichen Differenz zwischen Tätern und Opfer – erstere Mitglieder der armen, sozial marginalisierten Schicht, stellvertretend für die Gefahren, die der weißen, bürgerlichen Welt von ihren sozialen Rändern her drohen; das Opfer Mitglied der führenden Schicht junger, attraktiver, gebildeter, weißer Menschen, die angetreten waren, dem New York der 80er Jahre einen neuen Aufschwung zu geben. Während die Joggerin buchstäblich abwesend war – im Koma, hinter verschlossenen Krankenhaustüren –, wurde sie zu einem Sinnbild, einer Stereotype, einem Mythos: New Yorks ideale Schwester, Tochter, Braut, Lady Courage. In einem Interview deklarierte einer der Leiter ihrer Rechtsanwaltskanzlei sie zu einem ermutigenden Beispiel für das, was der Stadt ihren Glanz verleiht (DIDION, 1992, S. 260). Gerade in dem Zusammenfallen von Frau und Stadt, in der Vermischung von persönlichem Leid und öffentlicher Entrüstung – so DIDIONs Auslegung – konnte dieses Ereignis zu einer Geschichte mit einer Moral transformiert werden. Die Disjunktion zwischen der empirischen Frau und der Frau als Repräsentationsfigur erlaubte nicht nur die narrative Auflösung, sondern brachte zudem eine beschwichtigende Geschichte hervor, deren Funktion darin bestand, die Bevölkerung über die Diskrepanzen, Undeutlichkeiten, Unrechtmäßigkeiten sowie die verschwiegenen Voraussetzungen der Anschuldigungen, der Verhaftungen und letztlich des Gerichtsverfahrens hinweg sehen zu lassen, wie auch über das grundlegendere Problem, für das dieser gewalttätige

Angriff nur ein Symptom war, nämlich den Zusammenbruch urbaner Zentren im ausgehenden 20. Jahrhundert.

Die Joggerin, als schönes Opfer von den Medien endlos reproduziert, konnte zu einer Chiffre für alle möglichen unterschiedlichen Erklärungen und Wünsche werden, die die Bevölkerung auf sie projizierte – gerade weil diese Chiffre keinen konkreten semiotischen Referenzpunkt hatte. Der geschändete Körper erlangte seine Brisanz dadurch, daß der empirische Körper der Joggerin nie repräsentiert und dadurch von Anfang an ausschließlich als Text verhandelt wurde. Wie DIDION betont, hatte die Joggerin in der Öffentlichkeit keinen Namen:

> One reason the victim in this case could be so readily abstracted, and her situation so readily made to stand for that of the city itself, was that she remained, as a victim of rape, unnamed in most press reports. (1992, S. 260)

Die Imaginationskraft dieser Medienfigur lag gerade in der Tatsache, daß sie als Stereotype fungierte, als eine rhetorische Figur, die Roland BARTHES definiert als jenen Einsatz des Diskurses, wo der Körper fehlt, wo man sicher ist, daß der Körper nicht sichtbar ist (1977, S. 90). In DE LAURETIS' Sinn ist die Frau hier Objekt und Trägerin, Telos und Ursprung eines ganzen medial vermittelten Repräsentationsnetzes, jedoch als Referenz in diesen Repräsentationen nirgends aufzufinden.

In der inszenierten Abwesenheit der empirischen Frau wird der Text der Central-Park-Joggerin produziert. Der Angriff auf die Joggerin konnte in eine Geschichte übertragen werden. Was an der Stadt fehlgegangen war, konnte über ihren idealisierten Körper benannt werden. Der Angriff bekam in der Konfrontation zweier sozialer Gruppen sein aussagekräftiges Sinnbild, und die Benennung der Täter – die Namen der sechs Jugendlichen wurden im Gegensatz zu dem der Joggerin nie verschwiegen – diente auch der Lösung des Problems. In der von der Presse ausgetragenen Kontroverse um die Gerichtsverhandlung gegen Raymond SANTANA, Yusef SALAAM, Antron MCCRAY, Kharey WISE, Kevin RICHARDSON und Steve LOPEZ ging es dann nicht mehr um das Leid der Unbenannten, sondern um Rassismus und Nostalgie, um die Furcht vor den ethnisch anderen, um gegenseitige Vorurteile, um eine Tradition des Hasses, um kulturelle Mißverständnisse, um eine territoriale Abgrenzung gegenüber denjenigen, die der Stadt angehören dürfen, und denen, die ausgeschlossen werden sollen. Vor allem aber ging es um die Nostalgie eines New Yorks der Freiheit, des Luxus, der unbegrenzten Möglichkeiten, d.h. jeweils um Vorstellungen einer Großstadt, die es immer nur in der Form ästhetischer Repräsentationen gegeben hat.

Im medialen Spiel mit der zur Repräsentantin der Stadt gewordenen unbenannten Frau entstand auch die Frage, welche Geschichte über diese Stadt privilegiert werden soll. Damit verbunden war eine Sentimentalisierung der Stadt und eine Entstellung und Verflachung der Beteiligten in stereotype Figuren. Die Sentimentalisierung, deren Ursprung und Telos die Joggerin als Repräsentation der Stadt ausmachte, diente, so DIDIONs Analyse, einer Verschleierung der eigentlichen Konflikte und verdeckte eine Debatte darüber, wie die nostalgische Vorstellung von New York City als Ort der Freiheit und der unendlichen Aufstiegs- und Selbstentfaltungsmöglichkeiten immer schon durch die Marginalisierung der ethnisch und klassenspezifisch anderen bedingt war (DIDION, 1992, S. 280). Die über den Einsatz der Geschlechterdifferenz verhandelte Konfrontation zwischen der Joggerin als Vergewaltigungsopfer von sechs schwarzen und hispanischen Jugendlichen verschleierte alle anderen die Stadt konstituierenden Differenzen. Anders gesagt: Die realen und zu einem großen Teil nicht lösbaren Probleme wurden zusammen mit dem empirischen weiblichen Opfer durch die Sentimentalisierung aus der Debatte getilgt. Die privilegierte, von den Medien verbreitete Geschichte entwirft New York als Zentrum der westlichen Welt, als deren Motor, deren gefährliche, aber auch vitale Energiequelle, während die Joggerin als prominente Stellvertreterin New Yorks textuell neu geboren wird.

Zwei wesentliche rhetorische Entstellungen – im Sinne von FREUDs Diskussion der Traumarbeit, der Verschiebung und Verdichtung (FREUD, 1900) – finden also im Zuge dieser Repräsentation statt. Die ökonomisch alles andere als energievolle, tatsächlich wirtschaftlich nicht wettbewerbstüchtige Stadt New York wird übersetzt in eine sentimentale Geschichte von einer vitalen Frau, die in der Ausübung ihrer vollen Kräfte – als Bankerin und als Joggerin – durch ein schicksalhaftes Ereignis aufgehalten wird und sich dennoch durch schiere Willenskraft am Leben erhält. Gerade der diametrale Widerspruch dieses Mythos zu der urbanen Realität der Rezession führt dazu, daß diese sentimentale Geschichte auf die betroffenen New Yorker eine beruhigende und hoffnungversprechende Wirkung hat. Neben dieser Repräsentation einer

Wunscherfüllung – wie die Joggerin, so ist auch New York lebensbejahend – erhält jedoch auch das Unbehagen der New Yorker, ihr diffuses Gefühl, etwas sei falsch an ihrer Lebenswelt, eine auf den Signifikanten ›Verbrechen‹ verschobene Benennung (DIDION, 1992, S. 278). Ängste, die sich auf die Furcht beziehen, in New York ökonomisch nicht überleben zu können, werden im Zuge dieser Repräsentationsstrategie übersetzt in eine viel weniger konkrete Angst der weißen Mittelschicht vor Verbrechen und Gewalt.

Wie in der Kulturanthropologie bereits erkannt wurde, darf man laut Barbara BABCOCK die Macht symbolischer Inversion nicht verkennen:

Far from being a residual category of experience, it is its very opposite. What is socially peripheral is often symbolically central, and if we ignore or minimize inversion and other forms of cultural negation, we often fail to understand the dynamics of symbolic processes generally. (zit. nach STALLYBRASS/WHITE, 1986, S. 20)

Obwohl zwischen 1977 und 1989 eine stete Abnahme der an Weißen verübten Gewaltverbrechen registriert wurde, wurde die Bedrohung der weißen Mittelschicht New Yorks durch andere Schichten und ethnische Gruppen im Zuge der Medialisierung des Falls der Central-Park-Joggerin – seiner Übersetzung in eine sentimentale Geschichte – symbolisch zentral. Randständige Ängste konnten vor die eigentlichen Ängste nicht nur vorgeschoben werden, vielmehr konnte dem wachsenden, aber bislang nie eingestandenen Unbehagen der weißen Mittelschicht nur im Zuge einer solchen Übertragung Ausdruck verliehen werden.

Die Entstellung umfaßt zwei rhetorische Bewegungen: (1) Das Marginale, in diesem Fall die von der armen schwarzen Bevölkerung ausgehenden gewaltsamen Verbrechen, wird symbolisch zentral. (2) Die Sentimentalisierung idealisiert bzw. stereotypisiert die Ereignisse, so daß der empirisch konkrete Vorfall seinen Referenzpunkt verliert und der freischwebende Doppelsignifikant Frau und Stadt in der Rezeption privilegiert wird. Bezeichnenderweise verkündete demzufolge die *Daily News* während der ersten Gerichtsverhandlung, wenn auch ohne dies kritisch zu reflektieren, genau diese auf Entstellung basierende Übersetzungsstrategie, die so oft unseren westlichen Repräsentationen des Weiblichen innewohnt:

This trial is about more than the rape and brutalization of a single woman. It is about the rape and the brutalization of a city. The jogger is a symbol of all that's wrong here. And all that's right, because she is nothing less than an inspiration. (DIDION, 1992, S. 298)

Verhandelt wird demnach die Disjunktion zwischen dem tatsächlichen urbanen Leben und den bevorzugten Geschichten der Stadtbewohner, zwischen Phantasien der Ohnmacht, der Verschwörung und den Phantasien moralischen Durchhaltevermögens. Vor allem aber geht es um die Überzeugung, daß die Konflikte unausweichlich sind, daß sie nicht durch die Struktur einer Gesellschaft erzeugt sind, sondern das essentielle Wesen der Stadt New York ausmachen. Aus dieser sentimentalisierenden Entstellung, wie DIDION es nennt, konnten zwei sich gegenseitig ausschließende Narrationen entstehen und verbreitet werden, die sie am Schluß des Essays folgendermaßen zusammenfaßt:

One vision, shared by those who had seized upon the attack on the jogger as an exact representation of what was wrong with the city, was of a city systematically ruined, violated, raped by its underclass. The opposing vision, shared by those who had seized upon the arrest of the defendants as an exact representation of their own victimization, was of a city in which the powerless had been systematically ruined, violated, raped by the powerful. For as long as this case held the city's febrile attention, then, it offered a narrative for the city's distress, a frame in which the actual social and economic forces wrenching the city could be personalized and ultimately obscured. (1992, S. 300)

In vielen kulturellen Mythen – den Geschichten, die wir uns erzählen, um überleben zu können – ist die Reduktion der Frau zur ökonomischen und semiotischen Ware (wie Claude LÉVI-STRAUSS dies für die Verwandtschaftsstrukturen vieler Völker herausgearbeitet hat) Voraussetzung sowohl für die Erhaltung existierender kultureller Normen und Werte als auch für deren regenerative Modifikation. Denn während die Diskurse der westlichen Kultur das Selbst als männlich konstruieren, schreiben sie der Weiblichkeit eine Position der Andersheit zu (DE BEAUVOIR, 1949; CIXOUS/ CLÉMENT, 1975; IRIGARAY, 1974). Die Frau repräsentiert die Grenzen, Ränder oder Extreme der Norm – das extrem Gute, Reine und Hilflose oder das extrem Gefährliche, Chaotische und Verführerische. Die Heilige oder die Hure, Jungfrau Maria oder

Eva. Als Außenseiterin per se kann die Frau auch für eine komplette Negation der herrschenden Norm einstehen, für jenes Element, das die Bindungen normaler Konventionen sprengt, und für den Vorgang, durch den diese Gefährdung der Norm sich artikuliert. Die Konstruktion der Frau als ›das Andere‹ dient rhetorisch dazu, eine gesellschaftliche Ordnung zu dynamisieren, während ihre Opferung oder ihre Heirat das Ende dieser Phase der Veränderung bezeichnet. Über ihren medialen Tausch werden kulturelle Normen bestätigt oder gesichert, sei es, weil das Opfer der tugendhaften unschuldigen Frau zur Gesellschaftskritik und Läuterung dient (die Joggerin als Frau, die sich mutig das Recht nimmt, auf ihrer Bewegungsfreiheit in New York zu bestehen), oder sei es, weil eine Opferung der gefährlichen Frau (die Joggerin als Weiße, die schamlos ihre Privilegien gegen die schwarze Unterschicht New Yorks ausspielt) eine Gegenordnung ins diskursive Spiel bringt.

Sander GILMAN (1985) betont, daß Stereotypien grobe Repräsentationen der Differenz sind, die die Welt strukturieren und Ängste auf den Körper eines oder einer Anderen verlagern, d.h. am Ort der Andersheit lokalisieren, als Beweis dafür, daß das, was man fürchtet oder verherrlicht, nicht in einem selbst liegt. Die Produktion von Stereotypien geht einher mit Individuation und ermöglicht dem sich entwickelnden Selbst, sich von der Welt zu unterscheiden und das Gute vom Bösen in sich zu trennen, wie auch eine Aufteilung der Außenwelt vorzunehmen, die in Liebes- und Haßobjekte verwandelt wird. Diese Objekte fungieren als Spiegelungen oder Entstellungen des Selbst. Die Stereotypie des oder der Anderen – dasjenige bezeichnend, was sich der Ordnung des Selbst entzieht, weil es entweder mangelnd oder im Übermaß vorhanden ist – dient dazu, das Ambivalente zu kontrollieren und Grenzen zu ziehen. Stereotypien bieten eine Möglichkeit, mit der sich aus der Scheidung von Selbst und Nicht-Selbst ergebenden Instabilität umzugehen, indem sie eine Illusion von Herrschaft und Ordnung aufrechterhalten.

Auch wenn stereotype Vorstellungen von der oder dem Anderen als absolut erscheinen und ein Verlangen nach Rigidität bestätigen, sind sie als Reaktion auf Ängste vor Auflösung der Grenzen wesentlich proteisch. Einerseits fungiert der stereotypisierte Körper als ein Ort, auf den Differenz als Spannung zwischen der Sicherheit von Kontrolle und der Furcht vor deren Verlust projiziert werden kann (die Joggerin als Verkörperung der Bedrohung, die von einer anderen ethnischen Gruppe oder der Drohung einer gefürchteten ökonomischen Rezession ausgeht). Andererseits fungiert die stereotypisierte Figur aber immer auch als ein semiotisierter Körper, an dem Ängste, entstanden aus der Spannung zwischen Kontrolle und Ohnmacht, Gestalt annehmen. Am stereotypisierten Körper der Frau wird die Furcht vor äußerstem Kontrollverlust, vor Sprengung der Grenzen zwischen dem Selbst und der oder dem Anderen, vor der Auflösung einer geordneten und hierarchischen Welt verortet und verhandelt.

Roland BARTHES (1972) argumentiert, daß der Mythos insofern zur Begründung kollektiver Moral dient, als er der Kultur hilft, historische Ereignisse in essentielle Typen zu übersetzen (was DIDION »sentimental narratives« nennt), und dabei kulturelle Normen legitimiert, indem er diese als Fakten der Natur bezeichnet. Das Ziel des Mythos ist es, die unaufhörliche Veränderbarkeit der Welt zu verschleiern. Der mythische Signifikant versucht die Welt einzubalsamieren, damit sie besser besessen und beherrscht werden kann. Er dient dazu, einigende und reinigende Essenzen in die oft disparate und widersprüchliche Realität wie eine Injektion einzuführen, um deren Verwandlung anzuhalten. Auf ähnliche Weise funktioniert die Repräsentation der Frau, denn als mythischer Signifikant wirkt im Zuge dieser Darstellungen das Kulturelle natürlich und somit unabänderbar, unausweichlich und unwiderrufbar. Diese Tatsache wirft bei Repräsentationen der Frau immer die Fragen auf, welche historische Faktizität durch Hinwendung zu einer stereotypen Form zu überwinden versucht wird, d.h. welche Normen und Wertsetzungen durch diese Konstruktion eines essentiellen Typus des Weiblichen verhandelt werden. Welchem ideologischen Zweck dient die Auslöschung der empirischen Frau als Referenzpunkt des Zeichens im Zuge des Repräsentationsvorgangs?

DIDIONs Text erlaubt uns folgende Schlußfolgerungen: (1) Das Verhältnis von Weiblichkeit und Repräsentation folgt oft der rhetorischen Strategie der Stereotypie bzw. dessen, was BARTHES den mythischen Signifikanten nennt. Diese bewirkt durch die Abwesenheit des realen Körpers der Frau bzw. der empirischen Frau als Referenzpunkt eine fließende Grenze zwischen der zur Figur gewordenen Frau als Objekt und Voraussetzung von Repräsentation und der Frau als historischem Wesen, dem Subjekt realer Beziehungen. Diese Abwesenheit wird verdeckt durch die Vielzahl der

Texte über die Frau, Repräsentationen, die nicht ihrer konkreten Person gelten, sondern Ursprung, Voraussetzung und Telos jener sentimentalen Geschichten, jener mythopoetischen Narrationen sind, die eine bestimmte kulturelle Gruppe sich erzählt, um weiterleben zu können. (2) Über die Repräsentation der Frau, sozusagen an ihrem semiotisierten Körper, findet ein überdeterminierter Diskurs statt, so daß diese Repräsentation einer proteischen, vielschichtigen und teilweise auch widersprüchlichen Debatte dient – etwa dem Widerspruch zwischen der Herrschaft der weißen Mittelschicht und einer durch Armut und Marginalisierung bedingten Kriminalität schwarzer Jugendlicher, aber auch der viel diffuseren Drohung eines Zusammenbruches weißer Mittelschichtprivilegien durch die Korruption der Stadt New York. (3) Die Repräsentation der Frau ist in patriarchalen Diskursen bedingt durch eine ambivalente Vernetzung zwischen dem symbolischen und dem sozialen Bereich, so daß sich stets die Frage stellt: Wer, welche Normen und wessen Interessen werden durch diese Repräsentation vertreten, und welche(r) Signifikat(e) werden hier dargestellt? Aus der Nichtdeterminierbarkeit dieser Fragestellung, die Barbara JOHNSON die jeder Narration eigene »undecidability« nennt, speist sich die kulturelle Brisanz der Gleichsetzung von Frau und Repräsentation:

> If we could be sure of the difference between the determinable and the undeterminable, the undeterminable would be comprehended within the determinable. What is undecidable is whether a thing is decidable or not. (1980, S. 146)

3. Repräsentation als Nexus von Ästhetik, Semiotik, Politik und Psychoanalyse

Nachdem anhand des Beispiels aus DIDIONs Essay der Zusammenhang von Weiblichkeit und Repräsentation exemplarisch aufgezeigt wurde, soll im folgenden die in der Kunsttheorie, der Politik und der Psychoanalyse entwickelte Diskussion des Repräsentationsbegriffs genauer erläutert werden.

Weil seit der Antike die Kunst als Darstellung oder Wiedergabe des Lebens bzw. der Realität begriffen wird, versteht man Repräsentation als grundlegenden Begriff der Ästhetik und der Semiotik, der sich entweder auf ein externes oder ein mentales Bild bezieht. Seit PLATON muß die Repräsentation, die Imagination, die Dichtkunst verteidigt werden gegenüber dem Vorurteil, sie sei nichts als reine Substitution für die Dinge oder Ideen an sich, und zwar eine falsche und trügerische Substitution. Mit dem Aufkommen demokratischer Regierungsformen wurde Repräsentation zudem als konstitutiver Teil politischer Theorie begriffen. So wirft W. J. T. MITCHELL für zeitgenössische Theorien der Repräsentation die Frage nach der Beziehung zwischen ästhetischer oder semiotischer Repräsentation und politischer Repräsentation auf (1990, S. 11). Für die politische wie die ästhetische Repräsentation ist die Abwesenheit des Repräsentierten Voraussetzung für den Vertretungs- bzw. Darstellungsvorgang: Der politische Repräsentant spricht für eine schweigende Gruppe, der ästhetische Repräsentant stellt ein nicht präsentes Objekt oder eine abstrakte Vorstellung dar.

Die gemeinsame Struktur beinhaltet laut MITCHELL ein Dreieck: »Representation is always *of* something or someone, *by* something or someone, *to* someone.« (1990, S. 12) Das repräsentatorische Zeichen ist jedoch nicht nur immer auf einen Rezipienten gerichtet, es entsteht auch nie in Isolation, sondern als Teil eines ganzen semiotischen Netzwerkes, eines kulturell geregelten Kodes. Für eine Analyse der Repräsentation ist nun vor allem das Verhältnis zwischen dem repräsentatorischen Material (die Signifikanten-Ebene) und dem Repräsentierten (die Signifikaten-Ebene) ausschlaggebend. Dafür bietet MITCHELL die semiotischen Begriffe Ikone, Symbol und Index an. Während eine ikonische (oft als mimetische Darstellung verstandene) Repräsentation die Ähnlichkeit zwischen Signifikant und Signifikat betont, basiert die symbolische Repräsentation auf einer willkürlichen, aber kulturell tradierten Beziehung und die indexikalische Repräsentation auf dem Verhältnis von Ursprung und Wirkung. Für alle drei Formen jedoch betont MITCHELL die unauflösliche Vernetzung des semiotisch-ästhetischen mit dem politischen Akt des Vertretens:

Representation, even purely ›aesthetic‹ representation of fictional persons and events, can never be completely divorced from political and ideological questions; one might argue, in fact, that representation is precisely the point where these questions are most likely to enter the literary work. If literature is a ›representation of life‹, then representation is exactly the place where ›life‹, in all its social and subjective complexity, gets into the literary work. (1990, S. 15)

Gleichzeitig basiert jede Repräsentation immer auch auf einem notwendigen Ausschluß und verweist darauf, was jenseits des äs-

thetisch-politischen Systems liegt. Denn dadurch, daß etwas durch ein Zeichen vertreten wird, ensteht im Zuge dieser Substitution nicht nur ein Auslassen, eine Reduktion, sondern auch eine Entstellung. Der/die Repäsentant/in ist nie identisch mit dem/der Repräsentierten; die Rezeption durch den/die Addressaten/in bringt eine weitere Unsicherheit in das semiotische Spiel mit. So folgert MITCHELL:
> Representation is that by which we make our will known and, simultaneously, that which alienates our will from ourselves in both the aesthetic and political spheres. [...] Every representation exacts some cost, in the form of lost immediacy, presence, or truth, in the form of a gap between intention and realization, original and copy. [...] But representation does give us something in return for the tax it demands, the gap it opens. One of the things it gives us is literature. (1990, S. 21)

Moderne Kulturtheorien, vor allem im Rahmen der Dekonstruktion, haben ein kritisches Bewußtsein dafür geschärft, daß eine gerechte, stabile und direkte Repräsentation unmöglich ist und daß es keine direkte Bezeichnung (keine direkte Stellvertretung) geben kann. So stellt sich beispielsweise Paul DE MAN in bezug auf die Allegorie die Frage, warum die tiefgreifendsten Wahrheiten über den Menschen und die Welt auf eine so unausgewogene, referentiell indirekte Art zur Sprache gebracht werden müssen (1981, S. 2). Die Dekonstruktion hat demzufolge die Allegorie als privilegierte rhetorische Figur herausgegriffen, um die Unmöglichkeit bzw. das Scheitern der vollkommen transparenten Bezeichnung, die allen Versuchen der Repräsentation zugrunde liegt, theoretisch zu beleuchten. So erklärt auch Stephen GREENBLATT:
> Allegory may dream of presenting the thing itself but its deeper purpose and its actual effect is to acknowledge the darkness, the arbitrariness, and the void that underlie, and paradoxically make possible, all representation of realms of light, order, and presence. Insofar as the project of mimesis is the direct representation of a stable, objective reality, allegory, in attempting and always failing to present reality, inevitably reveals the impossibility of this project. This impossibility is precisely the foundation upon which all representation, indeed all discourse, is constructed. (1981, S. VIII)

Diese Vorstellung von Repräsentation spielt nicht nur mit der politischen, sondern auch mit der psychoanalytischen Implikation dieses Begriffs, denn das Ungenügen, das von dem unausweichlichen Scheitern der Repräsentation hervorgerufen wird, öffnet auch den Raum des Begehrens, des Aufschubs und der Wiederholung. Die Kluft, die die Repräsentation notwendig macht, löst auch ein nie gänzlich zu befriedigendes Begehren danach aus, diese Kluft zu schließen. Somit ist die Kluft zwischen Zeichen und Bezeichnetem sowohl Ursprung als auch Telos des Repräsentierens, eben die Leerstelle, die laut DE LAURETIS primär mit der kulturellen Konstruktion von Weiblichkeit besetzt wird. Weil jede Bezeichnung ihr Bezeichnetes verfehlt, verweist dieser Vorgang aber auch auf einen grundsätzlichen psychischen Zustand der menschlichen Existenz: das Verlangen nach einem verlorenen Ursprung, dessen Mangel die Bedingung für jegliche Form des Begehrens ist:

> [...] were there a perfect fit, there would no longer be that craving for reality that forever generates ironic submission and disguised revolt. (GREENBLATT, 1981, S. XIII)

So antwortet die Repräsentation listig auf ein nie erfüllbares Verlangen nach Realität und Wahrheit, obgleich eine ihrer Voraussetzungen darin besteht, daß diese begehrten Werte für immer jenseits eines repräsentatorischen Zugriffs liegen. Die Kluft zwischen Zeichen und Bezeichnetem ist sowohl Ursprung einer auf dem Wiederholungstrieb basierenden unerschöpflichen Innovation, einer Kreativität und Selbsterneuerung als auch Auslöser von Ängsten und Enttäuschungen einer unausweichlichen Negation und Leere.

Für die psychoanalytische Diskussion ist es wiederum wichtig, darauf hinzuweisen, daß der Begriff Repräsentanz nur in Beziehung zum Trieb zu verstehen ist, wobei FREUD den Trieb als einen Grenzbegriff zwischen dem Somatischen und dem Psychischen betrachtet. Zwar hat der Trieb seine Quelle in organischen Phänomenen, weil er sich jedoch an Objekte haftet, hat er ein in erster Linie psychisches Schicksal. Durch diese Grenzsituation, so Jean LAPLANCHE und Jean-Bertrand PONTALIS, kann man die Tatsache erklären,

> daß Freud auf den Begriff der Repräsentanz des Somatischen im Psychischen zurückgreift – worunter er eine Art Delegation versteht. [...] Bald ist es der Trieb selbst, der als psychischer Repräsentant der aus dem Körperinnern stammenden, in die Seele gelangenden Reize erscheint, bald wird der Trieb dem somatischen Erregungsvorgang gleichgesetzt und dieser durch Triebrepräsentanzen im Psychischen repräsentiert, die

zwei Elemente enthalten: die Vorstellungs-Repräsentanz und das Affektquantum (1982, S. 442).

Den Begriff Vorstellungs-Repräsentanz (im Unterschied zum Affekt) benutzt FREUD, um den Stellvertreter des Triebes innerhalb des psychischen Apparates zu bezeichnen, den Signifikanten, an »welchen sich der Trieb im Laufe der Geschichte des Subjekts fixiert und durch deren Vermittlung er in das Psychische niedergeschrieben wird« (LAPLANCHE/PONTALIS, 1982, S. 617). Anders gesagt: FREUD setzt seiner Diskussion über die psychische Arbeit ein Delegationsverhältnis zwischen dem Trieb und der Repräsentanz voraus. Jede Art der psychischen Darstellung ist stellvertretend für einen Trieb, denn im Unbewußten kann der Trieb, soweit er somatisch ist, keine direkte Artikulation finden. Die Arbeit des Unbewußten – die Verdrängung und die entstellte Artikulation von verdrängtem Material im Bewußten – kann sich nur an den psychischen Repräsentanzen des Triebes, den Vorstellungs-Repräsentanzen, vollziehen. Das unbewußte Begehren ist ganz wörtlich nicht bewußt, es wird erst durch eine Form der Repräsentation sichtbar, wahrnehmbar und vernehmbar. Die im Unbewußten zwar verorteten Ausprägungen barbarischer Triebe und Traumata brauchen stets wörtliche, bildliche oder somatische Darstellungen, um dort in Aktion treten zu können.

Demnach versteht FREUD das Verhältnis des Somatischen zum Psychischen analog dem Verhältnis des Triebes zu seinen Repräsentanzen, wobei die Fixierung des Triebes als dessen Niederschrift ins Unbewußte zu begreifen ist. Der somatische Trieb kann nur verdrängt und somit im Unbewußten eingeschrieben werden, insofern er an einer Repräsentation festgemacht wird. Daraus schließen LAPLANCHE und PONTALIS, die Vorstellungs-Repräsentanzen seien »nicht nur die ›Inhalte‹ des Unbewußten, sondern auch das, was dieses konstituiert. Tatsächlich wird der Trieb in ein und demselben Akt – der Urverdrängung – an eine Repräsentanz fixiert und dadurch das Unbewußte konstituiert« (1982, S. 618). FREUD hatte in seiner Arbeit über die Verdrängung festgestellt:

> Wir haben also Grund, eine Urverdrängung anzunehmen, eine erste Phase der Verdrängung, die darin besteht, daß der psychischen Vorstellungs-Repräsentanz des Triebes die Übernahme ins Bewußte versagt wird. Mit dieser ist eine Fixierung gegeben; die betreffende Repräsentanz bleibt von da an unver-

änderlich bestehen und der Trieb an sie gebunden. (1915, S. 250)

Verkehrt man die Kausalität in ihr Gegenteil und beginnt man mit dem Phänomen einer Niederschrift, um die sie konstituierenden Triebe zu erfassen, so erlaubt der Vergleich zwischen dem Verhältnis des Triebes zu seiner Repräsentanz und der Niederschrift eines Signifikanten jedoch auch, kulturelle Repräsentationen auf unbewußtes Material, das durch sie zum Ausdruck gebracht wird, zu hinterfragen. Zwar konzentriert sich die Psychoanalyse darauf, wie entstellte Repräsentationen latentes unbewußtes Material manifest machen; doch kann für die Literaturwissenschaft die Analogie brauchbar gemacht werden, daß eine Analyse kultureller Repräsentationen dazu dienen mag, die unbewußten Ängste und Begehren dieser symbolischen Ordnung zu analysieren. Kulturelle Repräsentationen können als kollektive Symptome behandelt werden, d.h. als Momente, in denen das unbewußte Material der symbolischen Ordnung eine Ausdrucksform findet, die strukturell mit dem einem individuellen psychischen Apparat entstammenden Traum, Witz oder einer Fehlleistung vergleichbar wäre.

Jacques LACAN (1973) übersetzt seinerseits den Begriff Vorstellungs-Repräsentanz in »représentant de la représentation«, denn für ihn ist die Repräsentanz nicht stellvertretend für einen Trieb, sondern für all das, was aus dem Gebiet der Repräsentation ausgeschlossen bleibt. Sie ist die ursprünglich verdrängte oder vergessene Repräsentanz des Realen. Slavoj ZIZEK (1992, S. 238f.) benutzt LACANs Termini, um zwei Modalitäten dafür zu entwerfen, wie dieses ursprünglich verdrängte Reale (was von gewissen Diskursen – so DE LAURETIS – als dem Bereich der Frau zugeordnet vorausgesetzt wird) in Repräsentanzen zurückkehrt, und zwar in der Gestalt eines herausragenden Überschusses (»surplus element«). Das LACANsche »objet a« definiert ZIZEK demzufolge als »a stain of the real, a detail which sticks out from the frame of symbolic reality«, während er den Phallus als »the master or surplus signifier« bezeichnet. Um diese beiden Modalitäten voneinander zu unterscheiden, versteht er ersteres als den Überschuß des Realen gegenüber dem Symbolischen, letzteres als Überschuß des Symbolischen gegenüber der Realität. Von diesem wiedergekehrten Verdrängten schreibt ZIZEK, daß das, was aus der Realität ausgeschlossen wird, als Spur des Bezeichnens wieder auf der Projek-

tionsfläche erscheint, auf der wir – wie auf einem Bildschirm – die Realität verfolgen. Für beide Modalitäten folgert er:
> Vorstellungs-Repräsentanz designates a signifier which fills out the void of the excluded representation, whereas a psychotic stain is a representation which fills out a hole in the Symbolic, giving body to the ›unspeakable‹. (1992, S. 239)

Die Sublimation zähmt das Reale, überführt den Mangel an Signifikanten in einen Signifikanten für Mangel. Weil sie als konstitutive Ausschließung funktioniert, wird die von der Sublimation getragene Repräsentation von ZIZEK im Sinne LACANs als eine ursprüngliche Metapher bezeichnet, welche einen nicht symbolisierten Fleck in einen leeren Signifikanten übersetzt. Gleichzeitig jedoch entzieht sich ein Überrest dieses ausgeschlossenen Realen dem Repräsentationsprozeß und verharrt als Störfaktor, der Momente der Desublimation hervorruft. Für die Weiblichkeit stellt sich demzufolge die Frage, ob sie gänzlich als Repräsentant der Repräsentation eingesetzt wird oder ob ihr gerade auch im Zuge der Bestimmung, Fluchtpunkt des repräsentatorischen Systems zu sein, die zersetzende Funktion der Desublimation als traumatische Beunruhigung der repräsentatorischen Kohärenz – sei dies ästhetischer oder politischer Natur – zugesprochen wird. Auf eben diese Ambivalenz soll noch genauer im zweiten Fallbeispiel eingegangen werden.

4. Feministische Intervention

Die Frage der Repräsentation betrifft den feministischen Diskurs, so Judith STILL, auf zwei unterschiedliche Weisen:
> On the one hand, the general process by which people are brought to make representations and the role of sexual difference in that process or, at least, in the theorization of that process; on the other hand, the content and structure of gendered representations. (1992, S. 378)

In beiden Fragestellungen wird vorausgesetzt, daß Repräsentationen die Realität nur wiedergeben, gleich ob damit eine historisch spezifische oder eine sogenannte natürliche, d.h. zeitlich und räumlich unbegrenzte, gemeint ist. Daraus ergeben sich für STILL drei Arten der feministischen Intervention: (1) Es sei weniger wichtig, Repräsentationen des Weiblichen daraufhin zu untersuchen, ob die Frau in ihnen positiv oder negativ bewertet wird, als die materiellen

Bedingungen zu beleuchten, die diesen Darstellungen zugrunde liegen, um dann anhand dieser Analyse konkrete weibliche Lebenssituationen verändern zu können. (2) Jede Art der Repräsentation sei eine Konstruktion, die, anstatt eine ihr zugrundeliegende Wirklichkeit wiederzugeben, unsere Erfahrung dieser Wirklichkeit mitgestaltet. Daraus folgt, daß es Aspekte weiblicher Lebenserfahrungen gibt, die verhältnismäßig unveränderlich sind (z.B. Mutterschaft, Menstruation), die aber bislang durch ihre negative Darstellung innerhalb patriarchaler Kulturpraktiken beeinträchtigt wurden. Eine Veränderung der Repräsentationen könnte eine adäquatere, d.h. positiver eingestufte Lebenserfahrung mit sich bringen. (3) Das Bestreiten einer der Repräsentation innewohnenden, wenngleich auch verborgenen realen Grundlage und, daran geknüpft, das Beharren, daß jegliche Realität, die man erfahren kann, immer schon durch die Repräsentationen von Realität, die man antrifft, gestaltet wird; ein Beharren darauf, daß die materiellen Bedingungen unserer sozialen Existenz und die Repräsentationen dieser Realität sich notwendigerweise gegenseitig bedingen.

Die feministische Auseinandersetzung mit der geschlechtsspezifischen Komponente von Repräsentationen hat sich vor allem im Zuge der Arbeiten aus dem Bereich der Filmwissenschaften (MULVEY, 1975; DE LAURETIS, 1987; DOANE, 1988; ROSE, 1986; HEATH, 1978) bevorzugt der Psychoanalyse bedient, um die Repräsentation der Frau als Objekt des männlichen Begehrens und den weiblichen Körper als Ort der Schönheit, als Stellvertreter für Sexualität und Auslöser visueller Lustbefriedigung zu analysieren. Wie in bezug auf DE LAURETIS und ihre Lektüre von CALVINOS *Città invisibile* bereits ausgeführt wurde, wird die Frau oft als Zeichen für männliches Begehren, männliche Kreativität oder für männliche Selbstentwürfe (was GREENBLATT »self-fashioning« nennt) in kulturellen Repräsentationen eingesetzt. Anders gesagt, obgleich die Frau das visuelle bzw. schriftliche Zeichen ausmacht, fungiert sie nicht als ein eindeutiger Signifikant. Sie dient dazu, mehr und anderes zu bezeichnen als lediglich einen empirischen weiblichen Körper oder die Stereotype Frau (COWIE, 1978). Obgleich empirisch das Objekt der Betrachtung nicht weiblich sein muß, ist die gegensätzliche Position, nämlich die des Betrachters, seit der Renaissance kulturell männlich semantisiert worden. John BERGER argumentiert:

Men act and women appear. Men look at women. Women watch themselves being looked at [...] the surveyor of woman in herself is male: the surveyed female. Thus she turns herself into an object – and most particularly an object of vision: a sight [...] the ›ideal‹ spectator is always assumed to be male and the image of woman is designed to flatter him. (1972, S. 47 und 64)

Feministische Kritikerinnen benutzen die Psychoanalyse, um die Notwendigkeit der Entstellung, Überdetermination, Verdichtung und Verschiebung (FREUD, 1900) zu theoretisieren, die mit dem eben nie eindeutigen Signifikant Frau (was BARTHES die Duplizität des mythischen Signifikanten nennt) und dem männlich kodierten Blick in Kraft tritt. Wie Griselda POLLOCK argumentiert, benutzen kulturelle Repräsentationen die Frau oft, um männliche Sexualität zu verhandeln. In solchen Repräsentationen ist die Frau ein Zeichen

not of woman but of the Other in whose mirror masculinity must define itself. The Other is not, however, simple, constant or fixed. It oscillates between signification of love/loss, and desire/death. The terrors can be negotiated by the cult of beauty imposed upon the sign of woman and the cult of art as a compensatory, self-sufficient, formalized realm of aesthetic beauty in which the beauty of the woman-object and the beauty of the painting-object become conflated, fetishized (1988, S. 153).

Diese überdeterminierte Kodierung des Signifikanten Frau – wodurch dieses Zeichen weibliche und männliche Sexualität, Begehren und Tod bezeichnen kann – verweist auf zwei Aspekte der weiblichen Position innerhalb der westlichen kulturellen Ordnung:

(1) Bei der kulturellen Konstruktion von Weiblichkeit geht es vor allem um die Differenz der Frau zum Mann, genauer, um die Frau als Inhaberin eines in bezug auf die Männlichkeit mangelhaften, supplementären Körpers. Diese Geschlechterdifferenz basiert auf dem Drohen eines Verlusts, das durch den Blick erfahren und erkannt wird: der Anblick des sogenannten kastrierten weiblichen Körpers. Hinzu kommt, daß die Repräsentation des weiblichen Körpers, der als Stellvertreter des mütterlichen Körpers und als Erinnerung an ihn konzipiert wird, die Position des verlorenen Objekts übernimmt, gleichzeitig aber auch als Ursache und Surrogatobjekt des Begehrens fungiert. Als Ort, auf den Mangel proji-

ziert wird, jedoch auch wieder verneint werden kann, weil der weibliche Körper vorgibt, ein Gefühl von Unversehrtheit zu versprechen, fungiert die Frau als Symptom für den Mann, als konstitutives Objekt seiner Phantasie (LACAN, 1966; ZIZEK, 1993). So kann für die Duplizität dieses Signifikanten gesagt werden: Die Repräsentation der Frau als Differenz, Mangel, Verlust wirkt beunruhigend und bedrohlich, während die Repräsentation der Frau als Objekt der Befriedigung oder als entstelltes Selbstporträt des Mannes, als Kristallisationspunkt seiner Phantasien beruhigend und bestätigend erlebt wird.

In dieser zweideutigen Funktion von Bedrohung einerseits und Heilung und Freude versprechender Bestätigung andererseits nimmt die kulturelle Konstruktion des Weiblichen eine ähnliche Position ein wie die, die der ästhetischen Repräsentation zugeschrieben wird. Wegen der Verschiebung und Entstellung, d.h. der Disjunktion zwischen Modell (oder empirischem Körper als Referenzpunkt) und darstellendem semiotischen Zeichen, können Repräsentationen dem Betrachter einen bedrohlichen Anblick bieten, eine Vorstellung, die in der Furcht, das Abbilden würde dem oder der Abgebildeten die Seele stehlen, am eindrücklichsten zutage tritt. Verschönerung und Ästhetisierung können gleichsam diese Furcht abschwächen, indem sie die Repräsentanz aus ihrem Kontext oder Bezug lösen, wie im Medusa-Mythos, wo ein direkter Blick auf das Haupt der Frau den Betrachter versteinert, während das Haupt, im Spiegel betrachtet, straflos gesehen werden kann.

(2) Bei der kulturellen Konstruktion von Weiblichkeit ist auch die Repräsentation der Frau als Verweis auf entweder den phallischen oder den kastrierten mütterlichen Körper bzw. in seiner doppelten Semantisierung von Fülle und Mangel maßgebend. Als Sinnbild für imaginäre Ganzheit oder Unversehrtheit heilt der Anblick des phallischen mütterlichen Körpers imaginär einerseits den fragmentierten Körper, mit dem ein jeder Mensch durch die Abnabelung vom Mutterleib geboren wird (BRONFEN, 1992). Denn, wie LACAN dies mit dem Begriff des Neugeborenen als »corps morcelé« auszudrücken sucht, ist das menschliche Subjekt von Anfang an durch die Abkoppelung von einer unversehrten Ganzheit gekennzeichnet. Als Hebamme der Individuation impliziert die kastrierende und kastrierte Mutter andererseits Verzicht, Trennung, d.h. daß der Mensch durch die Verbote der Kultur, deren Gesetze er sich unterwerfen muß, zu einem gespaltenen Subjekt wird. So

ist der mütterliche Körper – der implizit allen Repräsentationen des Weiblichen als Folie dient – in dreierlei Hinsicht als Ort der Bedrohung semantisiert: 1.) als Stellvertreter des durch die Geburt bewirkten Einschnittes, der mit der Abnabelung stattfindet; 2.) als Stellvertreter des Einschnittes im gesellschaftlichen Sinne, der den durch das universale Inzesttabu vorgeschriebenen Verzicht auf den Körper der Mutter diktiert und im Gesetz des Vaters, der paternalen Metapher, sein Kennzeichen findet; und 3.) als Stellvertreter des Einschnittes im sexuellen Sinne, durch den der Begriff der Kastration ins Spiel gebracht wird.

Die Repräsentation des weiblichen Körpers erinnert stets an den ersten Fetisch im Leben des Subjekts, an den phallischen/ kastrierten mütterlichen Körper; d.h. sie fungiert sowohl als Garant von Ganzheit wie auch als Erinnerung an den ursprünglichen Mangel. Laura MULVEY hat in ihrem bahnbrechenden Artikel über Narration und visuelle Lust diese widersprüchlichen Reaktionen folgendermaßen formuliert: Einerseits befriedigt die Repräsentation der Frau die Schaulust, weil sie es ermöglicht, diesen anderen Körper als Objekt sexueller Stimulation durch den Blick zu benutzen. Dem narzißtischen Verlangen bietet dieser Anblick insofern eine lustvolle Befriedigung, als die Konstitution des Ichs aus der Identifikation mit einem gesehenen Bild entsteht. Anders gesagt: Weil der weibliche Körper, als Erinnerung an die Kastration, immer auch Angst auslösen kann, findet die herkömmlich patriarchale Ökonomie des ästhetischen Blicks folgende Lösungen: Entweder werden sadistische Narrationen hervorgebracht, in denen die Frau als Objekt einer vom männlichen Betrachter ausgehenden Untersuchung ausgesetzt ist, im Zuge deren sie entweder für schuldig erklärt und bestraft wird oder ihre Unschuld bewiesen und sie gerettet werden kann. Oder die Frau wird im Zuge eines fetischisierenden Kultes um ihren Körper in ein starres, lebloses Bild, in eine Ikone verklärt, so daß sie als Inbegriff des Beschwichtigenden statt des Gefährlichen wahrgenommen werden kann.

Die Duplizität des Signifikanten Frau beinhaltet jedoch noch eine letzte Komponente. In der an ihrem semiotisierten Körper verhandelten Dialektik von Sicherheit und Destabilisierung fungiert die Frau kulturell nicht nur als Objekt des Begehrens und der Furcht, als Garantin und als Sanktion des Bildes. Vielmehr bringt die Koppelung von Weiblichkeit und Repräsentation immer auch den

Punkt der Unmöglichkeit ins Spiel: den blinden Fleck, dem sich das Repräsentationssystem zu widersetzen oder zu entziehen sucht, auch wenn es ihn dauernd anspricht; den Fluchtpunkt seines Bemühens, sich als System zu konstruieren; Kennzeichen der Grenze, auf die das Netz der Repräsentation zurück verweist. Dazu Jacqueline ROSE:

> In so far as the system closes over that moment of difference or impossibility what gets set up in its place is essentially an image of the woman. [...] the system is constituted as a system or whole only as a function of what it is attempting to evade and it is within this process that the woman finds herself symbolically placed. Set up as the guarantee of the system she comes to represent two things – what the man is not, that is difference, and what he has to give up, that is, excess (1986, S. 219).

Sowohl Differenz als auch Exzeß sind Werte, die die Repräsentation als ästhetisch kohärente Darstellung auszuschließen sucht, und dies vermag sie paradoxerweise über den Signifikanten Frau. Gleichzeitig geschieht der Ausschluß der an der Repräsentation der Frau stellvertretend dargestellten Differenz oder des Exzesses gerade über die Wiedergabe des weiblichen Körpers. Daraus läßt sich folgern, daß die Repräsentation des Weiblichen eine gänzlich unheimliche Position mit einschließt (FREUD, 1919). Als Ort von Sicherheit und gleichzeitiger Bedrohung inszeniert sie gleichsam Herrschaft und deren Unmöglichkeit. Sie provoziert ein intellektuelles Zögern zwischen Angst und Begehren, zwischen Selbstentwurf und Entfremdung im Wechsel zwischen Überwindung von Mangel und dessen unwiderruflicher Erfüllung.

5. Fallbeispiel II: Cindy SHERMANs *Untitled Film Stills*

Als Antwort auf die paradoxe Niederschrift der Frau in westlichen kulturellen Diskursen schlägt DE LAURETIS eine kritische feministische Lektüre vor, welche ein Bewußtsein für diesen Widerspruch weckt:

> For women to enact the contradiction is to demonstrate the non-coincidence of woman and women. To perform the terms of the production of woman as text, as image, is to resist identification with that image. (1984, S. 36)

ÄSTHETIK, SEMIOTIK UND PSYCHOANALYSE 433

Cindy SHERMAN: Untitled Film Still # 48, Photographie, 1979

Mein zweites Fallbeispiel, die Photographien der amerikanischen Performancekünstlerin Cindy SHERMAN und die theoretische Debatte, die ihre Arbeiten hervorgerufen haben, soll die Möglichkeiten solch einer *performance* genauer erläutern.

In ihren ersten Photoarbeiten, den *Untitled Film Stills*, steht ganz bewußt die Reflexion auf das Medium im Vordergrund. In diesen Nachahmungen von Standphotos aus Filmen der 50er und 60er Jahre – *film noir, melo, nouvelle vague* – nimmt SHERMAN die Posen der stereotypen Heldin des Hollywoodkinos der Nachkriegszeit an, d.h. sie verwandelt ihren Körper bewußt in den für diese Art des Kinos prototypischen Signifikanten Frau. Weil SHERMAN mit dem Verfahren des detailgetreuen Zitats arbeitet, wirken diese Photos auf den Betrachter oder die Betrachterin bekannt. Sie rufen auf eine unheimliche Weise Erinnerungen an Filme hervor, jedoch an Filme, die es nie gegeben hat. Denn SHERMAN gestaltet diese Photos ganz bewußt als reine Simulacra – als authentische Kopien ohne Original. So ist das repräsentierte Subjekt – die zum Text transformierte Frau – mit dem repräsentierenden Bild scheinbar identisch; die Nichtkoinzidenz zwischen der empirischen Frau und der Frau als Repräsentation erhält hier insofern eine ganz eigene, feministisch-kritische Variante, als die Modelle für die Photographien andere cineastische Photographien sind. Die repräsentierte Frau erweist sich als Knotenpunkt verschiedener kultureller Repräsentationen, gerade weil sie weder als Nachahmung einer ihr vorhergehenden Darstellung zu verstehen ist noch in bezug auf SHERMAN als empirisches Modell fungiert, sondern ausschließlich die Funktion des Aktes der Selbst-Repräsentation ist. Dadurch entmystifiziert SHERMAN jene Tradition der westlichen Repräsentation, die die Weiblichkeit mit dem Bild gleichsetzt, denn sie macht bewußt, wie sehr die Realität von dem sie darstellenden Medium produziert ist, wie sehr die repräsentierte Frau nur durch die Verkettung von Signifikanten existiert; in Rosalind KRAUSS' Worten, wie sie (die Frau und die Realität) »durch die herausbildende Funktion der Signifikanten freigesetzt – erdacht, verkörpert, etabliert – wird, ›sie‹ also zu einer reinen Funktion von Bildausschnitt, Beleuchtung, Entfernung und Kamerawinkel« wird (1993, S. 32).

Nun hat SHERMAN wiederholt darauf hingewiesen, daß man hinter der von ihr inszenierten Frau vergeblich nach ihrer eigenen wahren Identität sucht, daß diese Bilder nicht als auf der Suche nach einem intakten, authentischen Selbst zu betrachten sind:
> Ich versuche immer, in den Bildern soweit wie möglich von mir selbst wegzugehen. Es könnte aber sein, daß ich mich gerade dadurch selbst porträtiere, daß ich diese ganzen verrückten Sachen mit diesen Charakteren mache [...] daß ich tatsächlich irgendeine verrückte Person unterhalb von mir auf diese Weise rauslasse (1984, S. 49).

Ihre Identität erscheint nun, um mit Judith BUTLER (1990) zu sprechen, als gebündelte »performance« ihrer vielen Maskeraden. Dennoch erlauben die Photographien Cindy SHERMANs ein konsumierendes Betrachten, das durch einen distanzierenden Blick diese beunruhigende Inszenierung des widersprüchlichen Signifikanten Frau im Zuge der Deutung in stereotype Sinnbilder überträgt und somit in einer ästhetischen Kohärenz erneut stabilisiert. Die zersetzende Entmythifizierung, die Dekonstruktion der Austauschbarkeit von Frau und Repräsentation kann, gegen die ausdrücklichen Intentionen der Künstlerin, als neuer Mythos gelesen, wieder aufgefangen werden. So entschärft z.B. der Kritiker Arthur DANTO SHERMANs kritische Hinterfragung solch stabilisierender Kategorien wie die des authentischen Originals oder der intakten Erinne-

Cindy SHERMAN: Untitled Film Still # 6, Photographie, 1978

rung dadurch, daß er die dargestellte Frau als mythischen Signifikanten deutet. Im Zuge seiner Deutung liest er die repräsentierte Frau nicht nur als Stereotype des ewig Weiblichen, sondern als entstelltes Zeichen für essentielle, universelle Eigenschaften der männlichen Psyche:

> Das Mädchen ist eine Allegorie für etwas Tieferes und Dunkleres im mythischen Unbewußten eines jeden, gleich welchen Geschlechts [...] Jedes der *Stills* handelt von dem Mädchen in Schwierigkeiten, aber in ihrer Gesamtheit rühren sie an jenen Mythos, den wir alle aus Kindheit, Gefahr, Liebe und Sicherheit zurückbehalten, und der dort, wo die wilden Dinge leben, die condition humaine bestimmt. (1990, S. 15)

In seiner Deutung entgeht DANTO jedoch gerade das kritische Moment in SHERMANs Arbeit, nämlich die Weise, wie sie, um mit DE LAURETIS zu sprechen, eine *performance* der Nichtkoinzidenz zwischen dem Bild der Frau und der empirischen Frau bzw. der Herstellung der Frau als Text explizit präsentiert.

Solch einer Remythifizierung, im Zuge deren die Frau als Referenz wieder aus dem repräsentatorischen Spiel verdrängt wird, sind die feministischen Lektüren von Cindy SHERMANs Photographien entgegengesetzt. Zwei kritische Positionen sollen im folgenden als eine Art abschließende Zusammenfassung der Problematik Weiblichkeit und Repräsentation aufgeführt werden. Laura MULVEY bietet den Versuch, SHERMANs *performance* von Weiblichkeit als *gender*-Maskerade auf einen der Künstlerin essentiellen Referenzpunkt hin zu lesen. Zu den repräsentierten Frauen der *Film Stills* meint sie, jede der Frauen sei SHERMAN selbst, Künstlerin und Modell zugleich, sich chamäleonartig in eine Fülle von Posen, Gesten und Gesichtsausdrücken verwandelnd (1991, S. 137). Für sie seziert SHERMAN den phantasmagorischen Raum, der an und über dem weiblichen Körper heraufbeschworen wird – zuerst in bezug auf den weiblichen Körper als privilegierter Ort von Schönheit, dann in bezug auf den Innenraum der Frau, der die Anatomisten seit dem 18. Jahrhundert beschäftigt hat (GILMAN, 1989; JORDANOVA, 1989; BRONFEN, 1993).

Für MULVEY inszeniert SHERMAN den kulturell mit der Zurschaustellung des weiblichen Körpers verknüpften Voyeurismus auf eine gänzlich destabilisierende Weise. Denn sie zwingt den Betrachter oder die Betrachterin stets, sich ihres fetischisierenden

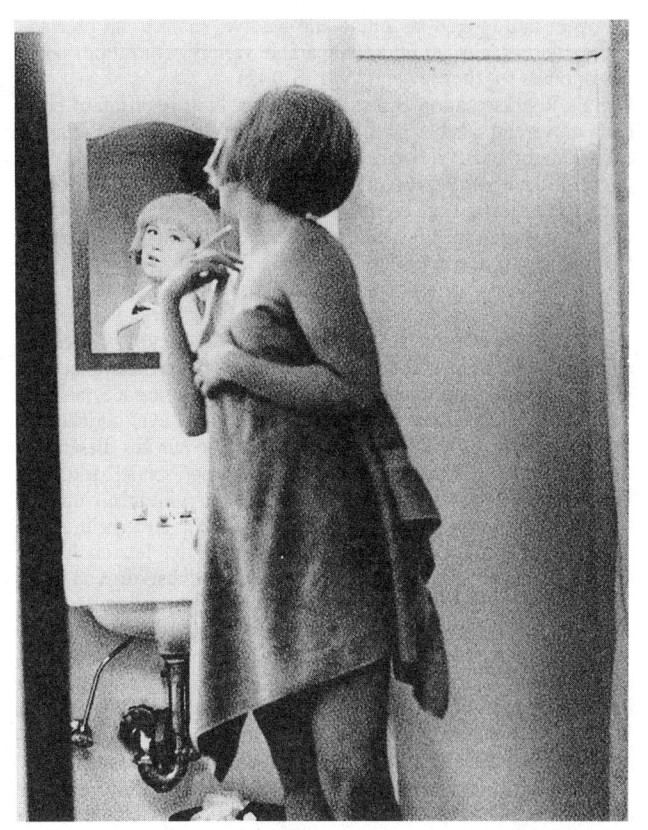

Cindy SHERMAN: Untitled Film Still # 2, Photographie, 1977

oder idealisierenden Begehrens, das an der Repräsentation der Frau befriedigt werden soll, bewußt zu werden. Zudem entlarvt sie die Textualität des Zeichens Frau durch die Buchstäblichkeit, mit der sie sich der Konvention weiblicher Schönheit entsprechend inszeniert:

> Because Sherman uses cosmetics literally as a mask she makes visible the feminine as masquerade [...]. Identity, she seems to say, lies in the looks. But just as she is artist and model,

voyeur and looked-at, active and passive, subject and object, the photographs set up a comparable variety of positions and responses for the viewer. (1991, S. 142)

Die als Repräsentation explizit inszenierte Frau ist insofern empirisch anwesend, als das Bild, das im ersten Moment ein Verlangen nach Homogenität zu befriedigen verspricht, in heterogene Subjektpositionen der repräsentierten Frau aufbricht. Die zur Repräsentation erstarrte Frau dient hier nicht länger einer Verschleierung der Voraussetzung dieses ästhetischen Verfahrens – nämlich der Disjunktion von empirischer Frau und Frau als Signifikant. Sie macht den Widerspruch regelrecht zur expliziten Aussage des Zeichens. Aus der inszenierten Thematisierung des leeren Raums zwischen den Zeichen (DE LAURETIS) kann, so MULVEY, SHERMAN eine weibliche Subjektivität zum Ausdruck bringen, die gegen die fetischisierende Topographie der weiblichen Maskerade, als eine der Grundverfahrensweisen westlicher Bildökonomie, gerichtet ist und gleichzeitig aber auch nie verbirgt, daß sie nur aus diesen kulturell tradierten Erwartungen bezüglich der Repräsentierbarkeit der Frau heraus entstehen kann. Denn Frauen können, um DE LAURETIS' Argument aufzugreifen, noch nicht außerhalb dieser diskursiven Formationen definiert werden. In der letzten Instanz entlarvt SHERMAN, laut MULVEY, die Austauschbarkeit von weiblicher Maskerade und Fetisch, indem sie aufzeigt, wie an dem zum Zeichen gestalteten weiblichen Körper nicht zu vereinbarende Verlangen verhandelt werden – das Begehren nach der Frau als Stellvertreterin für intakte, vollkommene, makellose Schönheit bzw. für Unsterblichkeit einerseits und die Angst vor der Frau als Stellvertreterin für jegliche Art der Kastration, d.h. des körperlichen Zerfalls, der Mutabilität, der Sterblichkeit andererseits.

Judith WILLIAMSON hingegen betont nicht den Rückbezug einer entstellten Selbstrepräsentanz auf die essentielle Identität der Künstlerin Cindy SHERMAN, sondern gerade die Auslassung, die sich immer in dem Verhältnis von Repräsentation und Identität auftut:

Within each image, far from deconstructing the elision of image and identity, she very smartly leads the viewer to construct it; [...] but by presenting a whole lexicon of feminine identities, all of them played by ›her‹, she undermines your little constructions as fast as you can build them up. (1993, S. 102)

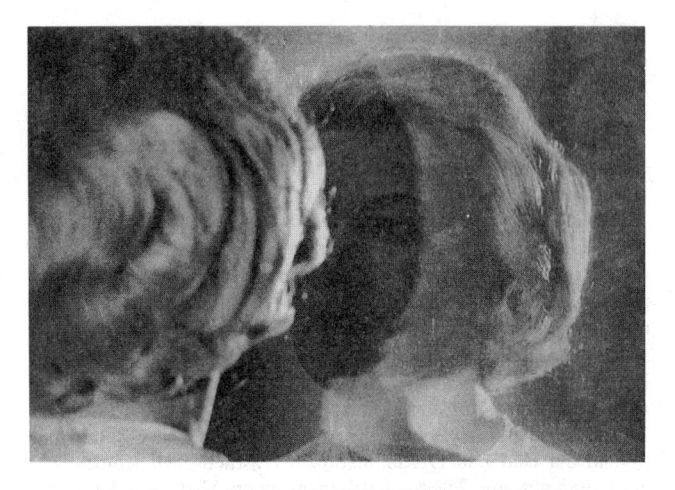

Cindy SHERMAN: Untitled Film Still # 56, Photographie, 1980

Der Betrachter oder die Betrachterin werden gezwungen, die unzertrennbare Vernetzung von Weiblichkeit als eine auf jedes Bild einer Frau projizierte Phantasie und der im Zeichen konkret gestalteten Repräsentation der Frau nachzuvollziehen. Indem ihre Photographien den oder die Betrachterin zu Komplizen machen, wird die dieser ästhetischen Erwartungshaltung innewohnende Ideologie entlarvt. Ihre Photographien arbeiten mit einer Oberfläche, die nur auf sich selbst verweist, uns gleichzeitig jedoch daran hindert, nur diese Oberfläche wahrzunehmen – »a surface which suggests nothing but itself, and yet in so far as it suggests there is something behind it, prevents us from considering it as a surface« (WILLIAMSON, 1993, S. 102).

SHERMANs Selbstdarstellungen versuchen die Erkenntnis von Weiblichkeit als Lese-Effekt zu vermitteln, d.h. als Produkt der Phantasien und Erwartung bezüglich der Stereotypisierung der Frau, die auf jedes Bild übertragen werden. Die Weiblichkeit, die SHERMAN repräsentiert, ist jedoch – betrachtet man die Serialität ihrer Arbeiten – immer auch vielfältig und brüchig. Gleichzeitig gibt jede der unendlichen Oberflächen eine Illusion von Tiefe und Einheitlichkeit, von ästhetischer Kohärenz. In dem Sinne dekonstruiert sie den Gegensatz zwischen künstlich und wirklich. So sind für WILLIAMSON diese Photographien weder ausschließlich eine Parodie der Medienbilder der Frau noch eine Serie von Selbstportraits auf der Suche nach Identität:

> [...] the two are completely mixed up, as are the image and the experience of femininity for all of us [...] femininity is trapped in the image – but the viewer is snared too (WILLIAMSON, 1993, S. 102).

Anders gesagt: Diese Photos inszenieren die Tatsache, das Subjekt einer Repräsentation zu sein, die weder eine Verfälschung des repräsentierten Selbst (Signifikant ohne Signifikat) bedeuten muß noch eine Identität zwischen Bild und Selbst (Transparenz zwischen Signifikant und Signifikat) herstellt. Die Bilder führen das Entstehen einer weiblichen Subjektposition vor, die sowohl ihre Repräsentiertheit mitreflektiert als auch deren interne Auflösung. Dieses Oszillieren zwischen Integration und Auflösung – Sublimation in ein Bild und Desublimation der ästhetischen Kohärenz – wird nicht nur zum Thema, sondern auch zum Verfahren der späteren Photoarbeiten SHERMANs. Hier schwindet das Subjekt fast gänzlich im Bild und reduziert sich auf einen Blick ohne Referenzpunkt. In der Repräsentation erscheint der Körper als verwundeter, fragmentierter und sich verflüssigender. Oft ist er abwesend, ersetzt durch Prothesen oder Körperflüssigkeiten. Es zeigt sich, in MULVEYs Worten, ›ein monströses Anderssein hinter der kosmetischen Fassade‹ (1993, S. 144). Weil diese Desintegration des weiblichen Körpers mit der Aufhebung einer homogenen Kohäsionskraft auf der Ebene der formalen Organisation dieser Repräsentationen zusammenkommt, fällt es dem Betrachter oder der Betrachterin nun immer schwerer, eine Distanz zu wahren und das dargestellte Häßliche in eine ästhetische Kohärenz des Bildes zu sublimieren. Der dargestellte Körper mitsamt seiner Darstellungsweise scheint sich in einer Bewegung der Desublimation aufzulösen, zu verstreuen und zu zersetzen. Norman BRYSON umschreibt diese Bewegung mit der Frage:

> Worin liegt das Wesen dieses Übergangs im postmodernen Binduniversum, der in einer einzigen Bewegung vom Alles-ist-Darstellung zum Körper-als-Horror zu führen scheint? Von der Aussage, daß das Simulacrum das Wirkliche ist, zum Zusammenbruch des Simulacrums in einem Desaster? (1993, S. 217)

Auf das Dilemma der weiblichen Subjektposition innerhalb einer westlichen Blickökonomie, die die Frau mit der Repräsentation gleichsetzt, scheint SHERMAN folgende Antwort zu bieten: In ihren ersten *Untitled Film Stills* fungiert die aus erfundenen Filmrepräsentationen zusammengesetzte Heldin als eine ›Verkörperung‹ der Stereotypisierung der Frau. Bewußt wird die Abwesenheit des empirischen Körpers der Frau, ihre reine Textualität bis in seine letzte Konsequenz hinein inszeniert. In den späteren Arbeiten zielt sie darauf ab, gerade das Ausgegrenzte explizit zu machen und damit den Fluchtpunkt, der die kulturell konstruierte Weiblichkeit mit dem Realen kreuzt, in das Zentrum des Blickfelds zu rücken.

Indem SHERMAN das widersprüchliche Verhältnis von Frau und Repräsentation bloßstellt, sich einer Identifikation mit dem Bild widersetzt, verwandelt sie die Repräsentation in eine *performance*, die die zwei Optionen weiblicher Repräsentation innerhalb der diskursiven Formationen westlicher Kulturpraktiken selbstreflexiv nachzeichnet.

6. Literatur

[A] Repräsentation als allgemein ästhetischer oder philosophischer Begriff
[B] Repräsentation als semiotischer Begriff in Literatur, Kunst und Film
[C] Repräsentation als politischer Begriff
[D] Repräsentation als psychoanalytischer Begriff
[E] Repräsentation und Weiblichkeit

ABEL, Elizabeth (Hg.): Writing and Sexual Difference, Chicago 1982. [B, E]
ADAMS, Parveen (Hg.): Rendering the Real: A Special Issue, October, 58, 1991. [D]
ADAMS, Parveen / Elizabeth COWIE: The Woman in Question, Cambridge, Mass. 1990. [D, E]
BAL, Mike: Death & Dissymmetry. The Politics of Coherence in the Book of Judges, Chicago 1988. [B]
BAL, Mike: Force and Meaning: The Interdisciplinary Struggle of Psychoanalysis, Semiotics, and Aesthetics, in: Semiotica 63, 1987, S. 317–344. [B]
BAL, Mike: Reading ›Rembrandt‹: Beyond the Word-Image Opposition, Cambridge 1991. [B, E]
BARTHES, Roland: Mythologies, Paris 1972. [B]
BARTHES, Roland: S/Z, Paris 1974. [B]
Roland BARTHES par lui même, Paris 1977. [B]
BEAUVOIR, Simone de: Le deuxième sexe, Paris 1949. [B, E]
BERGER, Harry Jr.: Bodies and Texts, in: Representations 17, 1987, S. 144–166. [B]
BERGER, John: Ways of Seeing, Harmondsworth 1972 (dt. Sehen: Das Bild der Welt in der Bilderwelt, Reinbek b. Hamburg 1988). [C, E]
BERNHEIMER, Charles: Figures of Ill Repute. Representing Prostitution in Nineteenth-Century France, Cambridge, Mass. 1989. [C]
BERNHEIMER, Charles / Claire KAHANE (Hg.): In Dora's Case, New York 1985. [D, E]
BOWLBY, Rachel: Still Crazy after all these Years. Women, Writing & Psychoanalysis, London 1992. [D, E]
BRAUN, Christina von: Ceci n'est pas une femme. Betrachten, Begehren, Berühren – von der Macht des Blicks, in: Lettre International, Sommer, 1994, S. 80–84. [B, E]
BRENNAN, Teresa (Hg.): Between Feminism & Psychoanalysis, London 1989. [D, E]
BRONFEN, Elisabeth: From Phallus to Omphalos, in: Women. A Cultural Review 3, 1992, S. 145–158. [D, E]
BRONFEN, Elisabeth: Nur über ihre Leiche. Tod, Weiblichkeit und Ästhetik, München 1994. [B, E]
BRONFEN, Elisabeth: Tod. Der Nabel des Bildes, in: Kritische Berichte 4, 1993, S. 74–90. [D]
BUTLER, Judith: Bodies that Matter. On the Discursive Limits of ›Sex‹, London 1993. [A, E]

BUTLER, Judith: Gender Trouble. Feminism and the Subversion of Identity, London 1990. [A, E]
CALVINO, Italo: Le Città invisibili, Rom 1972.
CIXOUS, Hélène/Catherine CLÉMENT: La jeune née, Paris 1975. [D, E]
CLOVER, Carol J.: Men, Women and Chainsaws. Gender in the Modern Horror Film, Princeton 1992. [B, E]
COWARD, Rosalind: Female Desire. Women's Sexuality Today, London 1984. [C, E]
COWIE, Elizabeth: Woman as Sign, in: M/F 1, 1978, S. 49–63. [B, E]
DANTO, Arthur C.: Untitled Film Stills. Cindy Sherman, München 1990.
DELPHI, Christine: Close to Home. A Materialist Analysis of Women's Oppression, London 1984. [C, E]
DERRIDA, Jacques: L'écriture et la différence, Paris 1967. [A]
DIDION, Joan: After Henry, New York 1992. [C]
DIDION, Joan: The White Album, New York 1979.
DIJKSTRA, Bram: Idols of Perversity. Fantasies of Feminine Evil in Fin de Siècle Culture, Oxford 1986. [B, E]
DOANE, Mary Ann: The Desire to Desire: The Woman's Film of the 1940s, London 1988. [B, E]
DOUGLAS, Mary: Purity and Danger. An Analysis of the Concepts of Pollution and Taboo, London 1966. [C]
FELMAN, Shoshana: Rereading Femininity, in: Yale French Studies 62, 1981, S. 19–44. [D, E]
FELMAN, Shoshana: What does a Woman Want? Reading and Sexual Difference, Baltimore 1993. [D, E]
FOUCAULT, Michel: Les mots et les choses, Paris 1966. [C]
FREUD, Sigmund: Drei Abhandlungen zur Sexualtheorie, in: ders.: Gesammelte Werke, Bd. V, Frankfurt a.M. 1905, S. 29–145. [D]
FREUD, Sigmund: Fetischismus, in: ders.: Gesammelte Werke, Bd. XIV, Frankfurt a.M. 1927, S. 311–317. [D]
FREUD, Sigmund: Die Traumdeutung, in: ders.: Gesammelte Werke, Bd. II, Frankfurt a.M. 1900. [D]
FREUD, Sigmund: Das Unheimliche, in: ders.: Gesammelte Werke, Bd. XII, Frankfurt a.M. 1919, S. 229–268. [D]
FREUD, Sigmund: Die Verdrängung, in: ders.: Gesammelte Werke, Bd. X, Frankfurt a.M. 1915, S. 248–261. [D]
GALLAGHER, Catherine/Thomas LAQUEUR (Hg.): The Making of the Modern Body. Sexuality and Society in the Nineteenth Century, Berkeley 1987. [C, E]
GALLOP, Jane: The Daughter's Seduction: Feminism and Psychoanalysis, Ithaca 1982. [D, E]
GILMAN, Sander L.: Difference and Pathology. Stereotypes of Sexuality, Race and Madness, Ithaca 1985. [D, E]
GILMAN, Sander L.: Sexuality. An Illustrated History, Representing the Sexual in Medicine and Culture from the Middle Ages to the Age of AIDS, New York 1989. [D]

GREENBLATT, Stephen J. (Hg.): Allegory and Representation, Baltimore 1981. [B]
GREENBLATT, Stephen J.: Renaissance Self-Fashioning. From More to Shakespeare, Chicago 1980. [B]
HEATH, Stephen: Difference, in: Screen 19, 1978, S. 51–112. [B]
IRIGARAY, Luce: Speculum de l'autre femme, Paris 1974. [D, E]
JACOBUS, Mary: Reading Woman. Essays in Feminist Criticism, New York 1986. [B, E]
JORDANOVA, Ludmilla: Sexual Visions. Images of Gender in Science and Medicine between the Eighteenth and Twentieth Centuries, New York/London 1989. [C, E]
JOHNSON, Barbara: The Critical Difference, Baltimore 1980. [B]
KAPPELER, Susanne: The Pornography of Representation, London 1986. [C, E]
KOFMAN, Sarah: L'énigme de la femme. La femme dans les textes de Freud, Paris 1980. [D, E]
KOFMAN, Sarah: Mélancholie de l'art, Paris 1985. [B]
KRAUSS, Rosalind E. / Norman BRYSON: Cindy Sherman. Arbeiten von 1975 bis 1993, München 1993. [B, E]
KRISTEVA, Julia: Histoires d'amour, Paris 1983. [D]
KRISTEVA, Julia: La révolution du langage poétique, Paris 1974. [D]
KRISTEVA, Julia: Women's Time, in: Signs 7, 1981, S. 13–35. [D, E]
KUHN, Annette: Women's Pictures, London 1982. [B, E]
LACAN, Jacques: Écrits, Paris 1966. [D]
LACAN, Jacques: Le Séminaire XI. Les quatre concepts fondamentaux de la Psychoanalyse, Paris 1973. [D]
LACAN, Jacques: Le Séminaire XX. Encore, Paris 1975. [D, E]
LAPLANCHE, Jean / Jean-Bertrand PONTALIS: Das Vokabular der Psychoanalyse, 5. Aufl., Frankfurt a.M. 1982. [D]
LAQUEUR, Thomas: Making Sex. Body and Gender from the Greeks to Freud, Cambridge 1990. [C, E]
LAURETIS, Teresa DE: Alice Doesn't. Feminism, Semiotics, Cinema, Bloomington 1984. [B, E]
LAURETIS, Teresa DE: Technologies of Gender. Essays on Theory, Film and Fiction, Bloomington 1987. [B, E]
LEMOINRE-LUCCIONI, Eugénie: Partages des femmes, Paris 1976. [D, E]
LÉVI-STRAUSS, Claude: Les structures élémentaires de la parenté, Paris 1949. [C]
LINKER, Kate: Representation and Sexuality, in: Brian WALLIS (Hg.): Art after Modernism: Rethinking Representation, Cambridge, Mass. 1984, S. 391–415. [B, E]
MAN, Paul de: Pascals's Allegory of Persuasion. Allegory and Representation, hg. von Stephen J. GREENBLATT, Baltimore 1981. [B]
MELTZER, Françoise: Salome and the Dance of Writing, Chicago 1987. [B]
MICHIE, Helena: The Flesh Made Word. Female Figures and Women's Bodies, Oxford 1986. [B]
MITCHELL, Juliet: Psychoanalysis and Feminism: Freud, Reich, Laing and Woman, New York 1975. [D, E]

MITCHELL, Juliet / Jacqueline ROSE (Hg.): Feminine Sexuality: Jacques Lacan and the École freudienne, New York 1985. [D, E]

MITCHELL, W. J. T.: Representation, in: Frank LENTRICCHIA / Thomas MCLAUGHLIN (Hg.): Critical Terms for Literary Study, Chicago 1990. [B]

MODLESKI, Tania: The Women Who Knew too Much. Hitchcock and Feminist Theory, London 1988. [B, E]

MULVEY, Laura: A Phantasmagoria of the Female Body: The Work of Cindy Sherman, New Left Review 188, 1991, S. 137–150. [B, E]

MULVEY, Laura: Visual Pleasure and Narrative Cinema, in: Screen 16, 1975, S. 6–18. [B, E]

NEAD, Lynda: The Female Nude. Art, Obscenity and Sexuality, London 1992. [B, E]

NEAD, Lynda: Myths of Sexuality. Representations of Women in Victorian Britain, Oxford 1988. [B, E]

NOCHLIN, Linda: Women, Art, and Power and Other Essays, London 1989. [B, E]

POLLOCK, Griselda: Vision and Difference, London 1988. [B, E]

ROSE, Jacqueline: Sexuality in the Field of Vision, London 1986. [D, E]

SEDGWICK, Eve K.: Tendencies, London 1994. [B, E]

SHERMAN, Cindy: Ich mache keine Selbstportraits. Interview mit Andreas Kallfelz, in: Wolkenkratzer Art Journal 4, 1984, S. 45–49. [B]

SILVERMAN, Kaja: The Acoustic Mirror. The Female Voice in Psychoanalysis and Cinema, Bloomington 1988. [B, E]

SPIVAK, Gayatri C.: Can the Subaltern Speak? Speculations on Widow Sacrifice, in: Cary NELSON / Lawrence GROSSBERG (Hg.): Marxism and the Interpretation of Culture, London 1988, S. 271–331. [C, E]

STALLYBRASS, Peter / Allon WHITE: The Politics & Poetics of Transgression, Ithaca 1986. [B]

STILL, Judith: Representation, in: Elizabeth WRIGHT (Hg.): Feminism and Psychoanalysis. A Critical Dictionary, Oxford 1992, S. 377–382. [D, E]

SULEIMAN, Susan R. (Hg.): The Female Body in Western Culture, Cambridge, Mass. 1986. [B, E]

WARNER, Marina: Monuments & Maidens. The Allegory of the Female Form, London 1985. [B, E]

WEIGEL, Sigrid: Topographien der Geschlechter. Kulturgeschichtliche Studien zur Literatur, Hamburg 1990. [B, E]

WILLIAMS, Linda: Hardcore. Power, Pleasure, and the ›Frenzy of the Visible‹, Berkeley 1989. [B, E]

WILLIAMSON, Judith: Images of ›Woman‹ – the Photographs of Cindy Sherman, in: Screen 24, 1993, S. 102–116. [B, E]

ZIZEK, Slavoj: Everything You Always Wanted to Know About Lacan But Were Afraid to Ask Hitchcock, London 1992. [D]

ZIZEK, Slavoj: Grimassen des Realen. Jacques Lacan oder die Monstrosität des Aktes, Köln 1993. [D]

ZIZEK, Slavoj: Looking Awry. An Introduction to Jacques Lacan through Popular Culture, Cambridge, Mass. 1991. [D]

Die Autorinnen des Bandes

Elisabeth BRONFEN, Dr. phil., Professorin für Englische Literaturwissenschaft am Englischen Seminar der Universität Zürich. Veröffentlichungen im Bereich moderner Literatur, Film, Psychoanalyse und Kulturtheorie.

Hadumod BUSSMANN, Dr. phil., Sprachwissenschaftlerin am Institut für Deutsche Philologie und Frauenbeauftragte der Universität München. Veröffentlichungen zur sprachwissenschaftlichen Terminologie und zur Geschichte des Frauenstudiums.

Sabine FRÖHLICH, M.A., wissenschaftliche Mitarbeiterin am Orff-Zentrum München, arbeitet an einer Dissertation im Fach Musikwissenschaft.

Renate VON HEYDEBRAND, Dr. phil., Professorin für Neuere Deutsche Literaturgeschichte an der Universität München. Veröffentlichungen zur Wertungs- und Kanonforschung, zur Theorie und Geschichte von Gattungen, zur regionalen Literaturgeschichte (Theorie und Praxis) und zur Wissenschaftsgeschichte.

Renate HOF, Dr. phil., Professorin für Literatur und Kultur Nordamerikas an der Humboldt-Universität zu Berlin. Veröffentlichungen zu feministischer Literaturkritik und *Gender*-Theorien.

Cornelia KLINGER, Dr. phil., Privatdozentin für Philosophie an der Universität Tübingen, ständiges Mitglied des Instituts für die Wissenschaften vom Menschen in Wien. Veröffentlichungen zu feministischer Theorie, zu Ästhetik und politischer Philosophie.

Elisabeth KUPPLER, M.A., arbeitet an einer Dissertation (Freie Universität Berlin, John F. Kennedy-Institut) über Zivilisationstheorien amerikanischer Frauen im späten 19. Jahrhundert.

Sigrid NIEBERLE, M.A., arbeitet an einer Dissertation (Universität München) über Musikästhetik in Texten von Frauen des 19. Jahrhunderts.

Ina SCHABERT, Dr. phil., Professorin für Englische Philologie an der Universität München. Veröffentlichungen zur Shakespeare-Forschung, zur Lyrik der englischen Renaissance, zum historischen Roman und zur Biographik, zur Rezeptionsästhetik und zu den literaturwissenschaftlichen *Gender Studies*.

Sigrid SCHADE, Dr. phil., Professorin für Kunstwissenschaft/ Ästhetische Theorie an der Universität Bremen. Veröffentlichungen u.a. zur Geschlechterdifferenz in der Kunst und Kunstgeschichte.

Leonore SIEGELE-WENSCHKEWITZ, Dr. theol. habil., Privatdozentin für Historische Theologie an der Universität Frankfurt a.M., Pfarrerin und Studienleiterin an der Evangelischen Akademie Arnoldshain. Veröffentlichungen zur kirchlichen Zeitgeschichte des 20. Jahrhunderts, zum Antijudaismus und zur feministischen Theologie.

Silke WENK, Dr. phil., Professorin für feministische Kunstwissenschaft an der Carl von Ossietzky Universität Oldenburg. Veröffentlichungen u.a. zur Geschlechterdifferenz in Kunst und Kunstgeschichte.

Simone WINKO, Dr. phil., Wissenschaftliche Assistentin am Literaturwissenschaftlichen Seminar der Universität Hamburg. Veröffentlichungen u.a. zur Wertungstheorie und Kanonforschung.

Verzeichnis feministischer Zeitschriften
in Auswahl

Ariadne-Forum: Bausteine für eine feministische Kultur 1, Hamburg 1991ff.

AWC News Forum 1: Washington, D.C. 1977ff.

Beiträge zur feministischen Theorie und Praxis 1, München 1978ff. (später Köln).

Camera Obscura: A Journal of Feminism and Film Theory 1, Berkley, Ca. 1976ff.

Differences: Journal of Feminist Cultural Studies 1, Bloomington 1989ff.

Die Eule: Diskussionsforum für feministische Theorie 0–11, Münster 1978–1984.

The European Journal of Women's Studies 1, London u.a. 1994ff.

Feminism & Psychology: An International Journal 1, London u.a. 1991ff.

Feminismus und Wissenschaft 1, Kiel 1984ff.

The Feminist Art Journal 1, Brooklyn, N.Y. 1972ff.

Feminist Art News: FAN 1, Leeds 1988ff.

Feministische Studien 1, Weinheim 1982ff.

Feminist Issues: A Journal of Feminist Social and Political Theory 1, Berkeley, Ca. 1981ff.

Feminist Library Newsletter 1, London 1986ff.

Feminist Review 1, London 1979ff.

Focus on Gender 1, Oxford 1993ff.

Frontiers: A Journal of Women Studies 1, Boulder, Colo. 1976ff.

FS: Feminist Studies: An Independent Interdisciplinary Journal 1, College Park, Md. 1972ff.

Gender and Education 1, Abingdon 1989ff.

Gender and History 1, Oxford 1989ff.

Gender and Society: Official Publication of Sociologists for Women in Society 1, Newberry Park, Ca. 1987ff.

Gender, Work, and Organization 1, Oxford 1994f.

L'Homme: Zeitschrift für feministische Geschichtswissenschaft 1, Wien/Köln 1990ff.

Hypatia: A Journal of Feminist Philosophy 1, Edwardsville, Ill. 1986ff. (1983–1985 erschienen als: Special Annual Issues zu Women's Studies International Forum).

Issues in Reproductive and Genetic Engeneering: Journal of International Feminist Analysis 3, New York/Frankfurt a.M. 1990ff. (Jg. 2 und 3, 1988/89 u.d.T.: Reproductive and Genetic Engeneering: Journal of International Feminist Analysis).

Journal of Feminist Studies in Religion 1, Chico, Ca. 1985ff.

Journal of Women's History 1, Bloomington 1989/90ff.

Kassandra: Feministische Zeitschrift für die visuellen Künste 1, Berlin u.a. 1977ff.

metis: Zeitschrift für historische Frauenforschung und feministische Praxis 1, Pfaffenweiler 1992ff.

Nora: Nordic Journal of Women's Studies 1, Oslo 1993ff.

NWSA Journal: A Publication of the National Women's Studies Association 1, Norwood, N.J. 1988/89ff.

Die Philosophin: Forum für feministische Theorie und Philosophie 1, Tübingen 1990ff.

Recherches Feministe: Revue interdisciplinaire francophone d'etudes feministes 1, Chemin Ste-Foy, Quebec 1988ff.

RFR – Resources for Feminist Research / DRF – Documentation sur la Recherche Feministe 8, Toronto 1979/80ff. (bis 7, 1978 u.d.T.: Canadian Newsletter of Research on Women).

A Scholarly Journal on Black Women 1, Atlanta 1984ff.

Signs: Journal of Women in Culture and Society 1, Chicago 1975/76ff.

Social Politics: International Studies in Gender, State, and Society 1, Champaign, Ill. 1994f.

Tulsa Studies in Women's Literature 1, Tulsa, Ok. 1982ff.

Women: A Cultural Review 1, Oxford 1990ff.

Women and Literature: A Journal of Women, Writers and Literary Treatment of Women 1, 1974ff.

Women and Politics 1, Birmingham, N.Y. 1981ff.

Women and Work: An Annual Review 1–12, Beverly Hills 1985–1993.

Women's History Review 1, Wallingford, Oxfordshire 1992ff.

Women's Music Plus: Directory of Resources in Women's Music and Culture, Chicago, Ill. 1977ff.

Women's Review of Books 1, Wellesley, Ma. 1983ff.

Women's Studies: An Interdisciplinary Journal 1, London u.a. 1972/73ff.

Women's Studies Abstracts 1, Rush, N.Y. 1972ff.

Women's Studies Index (Annual) 1, New York 1990ff.

Women's Studies International Forum: A Multidisciplinary Journal for the Rapid Publication of Research Communications and Review Articles in Women's Studies 5, Oxford 1982ff. (1–4, 1978–81 u.d.T.: Women's Studies International Quarterly).

Women's Studies Quarterly 1, New York 1972ff.

Women's Studies Review 1, Columbus, Oh. 1979ff.

Women's Writing: The Early Modern Period 1, Wallingford, Oxon. 1994ff.

Writing about Women: Feminist Literary Studies 1, New York (irregulär).

Yearbook of Women's Studies 1, Lewiston, N.Y. (irregulär).

Zeitschrift für Frauenforschung 11, Bielefeld 1993ff. (bis 10, 1992 u.d.T.: Frauenforschung. Informationsdienst des Forschungsinstituts Frau und Gesellschaft, Hannover).

Personenregister

Die kursiven Zahlen verweisen auf Literaturangaben,
die geraden Zahlen auf Textstellen.

Abaelard, Pierre (Petrus Abaelardus) 194
Abbate, Carolyn 323f., *330*
Abel, Elizabeth *26, 442*
Abel, Emily K. *26*
Abert, Anna Amalie 295
Abert, Hermann 295
Achilleus Tatios 301
Adams, Parveen *442*
Addelson, Kathryn Pyne *56*
Adelung, Johann Christoph 125, *151*
Adler, Guido 295, 308, *330*
Adler, Kathleen *394*
Adorno, Theodor W. 374, *399*
Aebischer, Verena *151*
Agnesi Pinottini, Maria Teresa 326
Aiken, Susan H. *26*
Alaya, Flavia *197*
Albrecht, Ruth 102, *105*
Alcoff, Linda *26*
Al-Hibri, Azizah Y. *56*
Allen, Jeffner *26, 56*
Althoff, Gabriele 346, *394*
Ammer, Christine *330*
Anderson, James 127
Anderson, Karen *26*
Andresen, Helga *151*
Angerer, Marie-Luise *394*
Anne I., Königin von England 182
Anne, Gemahlin von James I. von England 182
Annerl, Charlotte *197*
Anscombe, Isabelle *394*
Antony, Louise M. *56*
Anzaldua, Gloria *31*
Archer, John *26*
Aristoteles 42, 127, 169, 308
Aristoxenos von Tarent 308
Armstrong, Nancy 178, 188, 192f., *197*

Arp, Hans 360
Artusi, Giovanni Maria 293, 303f.
Asher, R. E. 130, *151*
Astell, Mary 179
Austen, Jane 181, 183, 187
Austern, Linda Phyllis 304f., *330*
Bachmann, Werner 298, *330*
Bachtin, Michail *394*
Badinter, Elisabeth *394*
Bagnall Yardley, Anne *330*
Bal, Mike *394, 442*
Baldauf-Berdes, Jane L. 326, *330*
Bales, Robert F. 17, *32*
Ballaster, Ros 195f., *197*
Balzac, Honoré de 240
Bam, Brigalia 76, 81
Banta, Martha *26*
Barash, Carol 196, *197*
Barnett, Victoria *105*
Baron, Dennis 123, 127, 138, 147f., *151*
Barot, Madeleine 79f.
Barrett, Michèle *26, 56*
Barta Fliedl, Ilsebill 365, 370f., *394, 395*
Barth, Karl 63, 66
Barthes, Roland *251*, 344f., 365, *394*, 415, 420, 429, *442*
Bashkirtseff, Marie 358
Batliner, Anton *151*
Bätschmann, Oskar *394*
Baumann, Ursula 70, 72, 86, 102, *105*
Baumgart, Silvia *394*
Baxandall, Michael *394*
Baym, Nina 241f., *251*
Beaumarchais, Pierre Augustin Caron de 322
Beauvoir, Simone de *26*, 73, 97, 215, *251*, 327, 418, *442*

PERSONENREGISTER

Becher, Ursula A. J. 26, *288*
Bechtel, Beatrix *288*
Becker-Cantarino, Barbara 185, *197*
Bedford, Lucy Countess of 182
Beer, Ursula 26, *288*
Beethoven, Ludwig van 138, 310, 329
Behn, Aphra 181
Behr, Sulamith *394*
Beilin, Elaine V. 187, *197*
Beinert, Wolfgang *105*
Beit-Hallahmi, Benjamin *151*
Bell, Susan Groag 189, *197*
Belsey, Catherine 171, *197*
Belting, Hans 342, *395*
Bem, Sandra Lipsitz 219, *251*
Bender, Robert M. *197*
Benhabib, Seyla 26, 56
Benn, Gottfried 49, 56
Bennent, Heidemarie 26, 56
Benson, Pamela J. *197*
Benstock, Shari 26, 188, *197*
Berg, Christina 188, *197*
Berger, Harry Jr. *442*
Berger, John *395*, 428, *442*
Berger, Peter L. 21, *26*
Berger, Renate 349, 358, 360, 366, 373, *395*
Berger, Teresa 104, *105*
Berghahn, Klaus 234, *251*
Bergstein, Mary *395*
Bernhardt, Karl-Fritz *330*
Bernheimer, Charles *442*
Berry, Philippa 188, *197*
Bessières, Yves *330*
Betten, Anne *151*
Bienenfeld, Elsa 295
Bilden, Helga 212, 219, *251*
Birkle, Gotlind *394*
Bischoff, Cordula 370, 373, *395*
Blair, Karen J. *288*
Bleier, Ruth 26
Bliss, Kathleen 80, *105*
Bloch, Ernst 301, *330*
Bloom, Allan *251*
Bloom, Harold 190, *197*, *251*
Blühm, Andreas *395*

Bock, Gisela 12, *26*, 181, *197*, *288*
Bodek, Evelyn Gordon 179, *197*
Bodine, Ann *151*
Boetcher Joeres, Ruth-Ellen *201*, *252*, *288*
Bogin, Meg 325, *330*
Bogin, Ruth *290*
Böhler, Michael 229, *251*
Bohrer, Karl Heinz *252*
Bonheur, Rosa 358
Boralevi, Lea Campos 173, *198*
Borchard, Beatrix *330f.*
Bordo, Susan 56, *198*
Borker, Ruth *156*
Borneman, Ernest 135, *151*
Bornstein, Diane *151*
Børresen, Kari 98
Borries, Bodo von *288*
Boulanger, Lili (Marie-Juliette) 324
Bovenschen, Silvia 8, *26*, 185, *198*, *252*
Bowers, Jane 310, 325f., *331*
Bowlby, Rachel *442*
Braidotti, Rosi 56
Braun, Christina von 27, 361, *395*, *442*
Braun, Friederike 135, *151*
Brawer, Catherine C. *401*
Breindl, Eva *159*
Breitling, Gisela 350, *395*
Brennan, Teresa 27, *442*
Brett, Philip 323, *331*
Breu, Zita *394*
Bright, William 130, *152*
Brinker-Gabler, Gisela 185, *198*, 243, *252*
Brinkmann, Henning *152*
Briscoe, James R. *331*
Britten, Benjamin 299, 323
Bronfen, Elisabeth 27, 229, *252*, *395*, 430, 436, *442*
Brontë, Anne 181
Brontë, Charlotte 178, 181, 183, 187
Brontë, Emily 181, 187
Brooten, Bernadette J. 74, 90, 94f., *105*
Brosman, Paul W. *152*
Broude, Norma 358f., *396*

Broverman, Donald M. *152*
Broverman, Inge K. *152*
Brown, Penelope *152*
Browning Cole, Eve 56
Browning, Elizabeth Barrett 166
Brugmann, Karl 124, *152*
Brunner, Otto 12, 27
Bryson, Norman 394, 396, 440, *444*
Buck, Günther *252*
Budds, Michael J. *331*
Buechler, Steven M. 288
Buell, Lawrence *252*
Buhle, Mari Jo 288
Bürger, Christa 186, *198*
Burkhard, Marianne *252*
Bush, Douglas 167, *198*
Busoni, Ferruccio Benvenuto 306f., *331*
Bussemer, Herrad-Ulrike 288
Bußmann, Hadumod *152*
Butler, Judith 23f., *26f.*, 56, 176, *198*, *252*, 307, 328f., *331*, 377, 396, 434, *442f.*
Butting, Klara *105*
Byron, George Gordon Noël Lord 181
Caccini, Francesca 324, 326
Cady Stanton, Elizabeth 89
Callas, Maria 319
Calvino, Italo 410, 412, 428, *443*
Cameron, Deborah 129, 147, 150, *152*
Campe, Joachim Heinrich 115, *152*
Canning, Kathleen 264, 288
Carby, Hazel V. 288
Carroll, Berenice A. 192, *198*
Cary, Elizabeth 167
Cash, Alice H. *331*
Caughie, Pamela L. 220, *252*
Cavarero, Adriana 97
Cerasano, S. P. 188, *204*
Chadwick, Whitney 194, *198*, 360, *396*
Chaffin, Roger 211, 219, *252*
Chakko, Sarah 80
Chicago, Judy 350, *396*
Childs, Elizabeth C. *396*
Chodorow, Nancy J. 27, 174, 190, *198*, 219, *252*
Christ, Carol 74
Christian, Barbara 27
Citron, Marcia J. 297, 309f., 325–327, *331*
Cixous, Hélène 418, *443*
Clark, Kenneth 372, *396*
Clarkson, Frank E. *152*
Claudel, Camille 360
Claudi, Ulrike *152*
Clément, Catherine 320, *331*, 418, *443*
Cleveland, Grover 263
Clover, Carol J. *443*
Coates, Jennifer *152*
Cocalis, Susan 231, *252*
Cocks, Joan 27
Code, Lorraine 27, 56
Cohen, Aaron I. *331f.*
Collingwood, Robin G. 163
Colonna, Francesco 384
Comberiati, Carmelo P. *332*
Connell, Robert W. 18, 27
Conway, Jill K. 27
Conze, Werner 12, 27
Cook, Susan C. *332*
Corbett, Greville 118, 120, 140, *152*
Corbin, Alain 15, 27, 191, 193, *198*
Cornell, Drucilla *26*, 56
Cornillon, Susan Koppelmann 27
Cott, Nancy F. 177, *198*, 266, 288
Cotton, Nancy 188, *198*
Courtivron, Isabelle de *31*, 194, *198*, 396
Coward, Rosalind *443*
Cowie, Elizabeth 428, *442f.*
Craig, Colette *152*
Cranach, Lucas, d.Ä. 384
Crawford, Mary 211, 219, *252*
Crawford, Patricia 189, *198*
Culler, Jonathan 215, *252*
Cusick, Suzanne G. 293, 303, 328, *332*
Dalhoff, Jutta 288
Daly, Mary 72–77, 90, 97–99, *105*, *152*
Dame, Joke *332*
Danahay, Martin A. 192, *198*

PERSONENREGISTER

Daniels, Karlheinz *152*
Danto, Arthur C. 163, 434, 436, *443*
Darwin, Charles Robert 173
Davis, Angela 27
Davis, Natalie Z. 196, *198*
Deaux, Kay 27
Defoe, Daniel 179
Degler, Carl N. 266, *288*
Deicher, Susanne *396*
DeJean, Joan 194, *198*, *252*
Delaney, Carol 44, *56*
Delaunay, Robert 359f.
Delaunay, Sonia 359f.
Delphi, Christine *443*
Derrida, Jacques 27, 247, *253*, *443*
Descartes, René 171
Devereux, Georges 27
Dewey, John 46
Diamond, Arlyn 27
Diamond, Irene 27
Dickens, Charles 183
Dickinson, Emily 187
Didi-Hubermann, Georges 383, *396*
Didion, Joan 413–418, 420f., *443*
Diestel, Gudrun 76
Dijk, Fokkelien van 86
Dijkstra, Bram *443*
Dilly, Heinrich 342, 344, *395f.*
Dinger, Brigitte *395*
Dinnerstein, Dorothy 28, *253*
Dinnerstein, Myra *26*
Diotima (Autorinnengruppe) 42, *56*
Doane, Janice 28, *198*
Doane, Mary Ann 428, *443*
Doleschal, Ursula *159*
Dollimore, Jonathan *193*, *198*
Donovan, Josephine 28
Douglas, Mary 28, *443*
Drape-Müller, Christiane 70, 85, 102, *105*
Drechsler, Nanny 297, 300f., *332*
Drinker, Sophie 315, 318, *332*
Droste-Hülshoff, Annette von 207, 222, 224, 314
Dryden, John 305
Dublin, Thomas *291*
DuBois, Ellen Carol *289*
Duby, Georges *289*

Duchen, Claire 28
Duden, Barbara 231, *253*, 377, 390, *396*
Dugaw, Diane 170, *198*
DuPlessis, Rachel Blau 187, *198*
Dürer, Albrecht 383f.
Dürr, Rudolf *153*
Duyfhuizen, Bernard 28
Eagleton, Mary 28
Ebel, Otto 325, *332*
Eble, Connie C. *153*
Echols, Alice *289*
Echols, Anne *153*
Ecker, Gisela 215, 246, *253*
Eco, Umberto *396*
Eder, Anna Maria *253*
Edgeworth, Maria 183
Edward, Lee R. 27
Edwards, J. Michele *332*
Eggebrecht, Hans Heinrich 307, *332*
Eiblmayr, Silvia 393, *396f.*
Eisenberg, Peter *153*
Eisenstein, Hester 28
Eisenstein, Zillah R. 28
Elam, Diane 28
Elias, Norbert 374, *397*
Eliot, George (Mary Ann Evans) 181, 183, 187, 190
Elizabeth I., Königin von England 168, 170, 182
Ellis, Havelock 293f., *332*
Ellis, Sarah Stickney 178, *199*
Ellman, Mary 28
D'Emilio, John *289*
Elshtain, Jean Bethke 28
Enders-Dragässer, Uta 148, *153*
Engelmann, Angelika 62, *106*
Erhart, Hannelore 62, 64, 84f., 102, *106*
Erickson, Peter 192, *199*
Erikson, Erik Homburger 174
Ernst, Max 300
Eromäki, Aulikki 349, *397*
Eschstruth, Hans Adolf von 315
Evans, Mary 28
Evans, Sarah *289*
Evers, Ulrike *397*
Ewinkel, Irene *395*

Eyck, Jan van 382
Ezell, Margaret J. M. 168, 179, 187, 192, *199*
Faderman, Lilian 193, *199*
Falkenhausen, Susanne von *397*
Fantin-Latour, Henri *347*
Farmer, John *304*
Fausto-Sterling, Anne 28, 174, *199*
Fehr, Burkhard *397*
Feistritzer, Gert *159*
Feldhaus, Reinhild 350, *397*
Feldman, Jessica R. 175, *199*
Felman, Shoshana 216, 246f., *253*, *443*
Fendt, Mechthild *394*
Fétis, François-Joseph *325*
Fetterley, Judith 163, *199*, 215, 217, 219, 246, *253*
Fichte, Johann Gottlieb 43f., 47f., 56, 173, 177
Fieseler, Beate *289*
Finn, Geraldine *57*
Firestone, Shulamith *75*
Fischer, Karin 245, *253*
Fleenor, Juliann E. 187, *199*
Flinn, Caryl 328, *332*
Flynn, Elizabeth A. 246, *253*
Fodor, István *153*
Fontane, Theodor *217*
Forer, Rosa Barbara 127, 147, *153*
Foucault, Michel 23, 28, 172, 175, 279, *289*, 321, 353, 365, 371, 375, 386, 388, 391f., *397*, *443*
Fox-Genovese, Elizabeth *28*
Fraisse, Geneviève 6, *28*
Francis, Nelson 140, *153*
Franco-Lao, Meri 301, 315, 319, *332*
Frank, Erich 237, *253*
Frank, Francine W. *153*
Frank, Karsta 128, 133, 147, 149, *153*
Frank, Manfred 47, *57*
Fraser, Nancy 26, 28, *56*
Frasier, Jane *332*
Frazer, James G. *153*
Frederiksen, Elke *253*
Freedman, Estelle *289*

Freemann, Judi *405*
Freier, Anna-Elisabeth *289*
Freud, Sigmund 5, *28*, 48, 135, 174, 190, 322, 357, 375, 416, 424f., 429, 432, *443*
Freudenberg, Adolf 79, *106*
Frevert, Ute 177, *199*, 214, *253*, *289*
Friedan, Betty 18, *28*, 75, 267
Friedell, Egon *397*
Friedman, Ellen G. 187, *199*
Friedrichs, Annegret 346, 392, *397*
Frische, Birgit *332*
Fuchs, Claudia *153*
Fuchs, Cornelia *157*
Fuchs, Miriam 187, 199
Fuller, Sophie *333*
Furman, Nelly *156*
Gaiser, Gottlieb 229, *253*
Galen (lat. Claudius Galenus) *379*
Gallagher, Catherine 28, 196, *199*, 377, *398*, *443*
Gallas, Helga 186, *199*, 365, *398*
Gallop, Jane *28*, *443*
Garb, Tamar *398*
Garber, Marjorie 193, *199*
Garrard, Mary D. 358, *396*
Garry, Ann *58*
Garvey Jackson, Barbara 315, *333*
Gaskell, Elizabeth 178, 181, 183
Gatens, Moira 38f., *57*
Geissmar, Christoph *395*
Gelfand, Elissa D. *28*
Georgen, Theresa *398*
Gerber, Uwe *106*
Gerhard, Ute 71, *106*, *289*
Gerstenberger, Erhard 93, *106*
Giddings, Paula 286, *289*
Gilbert, Sandra M. 168, 187, 189f., *199*, 215, *253f.*
Gildemeister, Regina 377, *398*
Gilder, Rosamond 188, *199*
Gilligan, Carol 28, 174, *199*, 219, *254*
Gilman, Sander L. *289*, 419, 436, *443*
Ginzburg, Carlo 384, *398*
Giotto di Bondone *354*
Gissing, George *183*

Globig, Christine 85, 102, 106
Gnüg, Hiltrud 185, *199*, 243, *254*
Goethe, Johann Wolfgang von 232, 240, 368
Goffmann, Erving 15, *29*
Gogh, Vincent (Willem) van 357
Goldenberg, Naomi 74
Goodman, Kay 231, *252*
Gorak, Jan *254*
Gordon, Linda *289*
Görres, Joseph 5, *29*
Gorsen, Peter *401*
Gössmann, Elisabeth 6, *29*, 74f., 84, 95, 98, 102, *106f.*
Gottlieb, Jane *339*
Gottschall, Rudolph 207, 221–224, *254*
Gould, Carol C. *29*, *57*
Gouma-Peterson, Thalia *398*
Grabrucker, Marianne *153*
Graddol, David 131, *153*
Gradenwitz, Peter 306, 314, 316f., *333*
Graham, Alma 140, *153*
Gräßel, Ulrike *153*
Greenberg, Joseph H. *153*
Greenblatt, Stephen J. 170f., 196, *199*, 423f., 428, *444*
Greinacher, Norbert 95, *105*
Grenz, Dagmar 232, *254*
Greschat, Martin 102, *107*
Greven-Aschoff, Barbara *289*
Grice, H. P. 144
Griffiths, Morwenna *57*
Grimm, Jakob 122, 124–126, 147, *153*
Gronemeyer, Gisela 325, *333*
Grosz, Elizabeth 32, *57*
Gruber, Clemens M. *333*
Grundy, Isobel *200*
Gubar, Susan 168, 187, 189f., *199*, 215, *253f.*
Guentherodt, Ingrid *154*
Gumbrecht, Hans Ulrich *254*
Gunew, Sneja *29*
Günthner, Susanne 148, *154*
Haas, Gerlinde 301f., 316, 322, *333*
Häberlin, Susanna *154*

Habermas, Jürgen 49–51, *57*, 147, *154*
Hagstrum, Jean H. 194, *200*, 305, *333*
Hahn, Barbara *29*, 194, *200*, *254*
Halkes, Catharina J. M. 74, 86, *107*
Hammar, Anna Karin 70, 82, *107*
Hammer-Tugendhat, Daniela 376, 382, 384, *394*, *398*
Hampson, Daphne *107*
Händel, Georg Friedrich 299, 305
Hanen, Marsha *57*
Hannay, Margaret P. 188, *200*
Hansen, Egon 214, *254*
Häntzschel, Günter *154*, *254*
Haraway, Donna 12, *29*
Harding, Sandra 7, *29*, *57*, 67, *107*
Hardy, Thomas 169
Hare-Mustin, Rachel T. 219, *254*
Harich-Schneider, Eta 295
Harrison, Beverley 74
Hartsock, Nancy 9, *29*
Harvey, Elizabeth D. *57*
Hassauer, Friederike 196, *200*, *254*
Hattenhauer, Hans *154*
Hausen, Karin *29*, 176f., 182, *200*, 213, 231, *254*, 264, *289*, *333*, 358, 376, *398*
Hausenstein, Wilhelm 372, *398*
Hauser, Arnold *398*
Hausherr-Mälzer, Michael *154*
Haustein, Marianne *333*
Havers, Wilhelm *154*
Hawkesworth, Mary E. *29*
Haydn, Joseph 299, 305
Heath, Stephen *29*, 175, *200*, 428, *444*
Hegel, Georg Wilhelm Friedrich 177, 355
Heilbrun, Carolyn 193, *200*
Heine, Susanne 90, *107*
Heinrich VIII., König von England 190
Heinrich, Nathalie 357, *398*
Heintz, Bettina *290*
Heinzelmann, Gertrud 73, *107*
Held, Jutta *398*
Held, Virginia *57*

Hellinger, Marlis 123, 129, *154*
Helly, Dorothy O. *290*
Henck, Herbert *333*
Henley, Nancy 128f., *159*
Hennessee, Don A. *334*
Hennig, Beate *154*
Henriques, Julian *29*
Hentschel, Frank 310, *333*
Herder, Johann Gottfried 124f., 147, *154*, 389, *398f.*
Herndon, Marcia 313, 328, *334*
Herrlitz, Hans Georg 232, 238, *254*
Herrnstein Smith, Barbara 228, *255*
Hersh, Blanch Glassman 274–276, 279, *290*
Herter, Renate *397*
Hertz, Deborah *200*
Herzel, Susannah 70, 74, *107*
Hesse, Eva 175, *200*
Heuser, Magdalena 186, *199*
Heusinger von Waldegg, Joachim *399*
Hewitt, Nancy A. *290*
Heydebrand, Renate von 180, 221, 226, 228, 246f., 249, *255*
Heyden-Rynsch, Verena von der 180, *200*
Heyward, Carter 74, 94
Hierdeis, Irmgard *200*
Hildegard von Bingen 313
Hintikka, Merrill *57*
Hinz, Berthold *399*
Hippel, Theodor Gottlieb von 172
Hirsch, E. D. Jr. *255*
Hirschauer, Stefan *29*
Hixon, Don L. *334*
Hobby, Elaine 187, *200*
Hockett, Charles Francis 118, *154*
Hodge, Joanna *57*
Hodges, Devon 28, *198*
Hof, Renate 29, *154*, *255*
Hoffmann, Ernst Theodor Amadeus 302
Hoffmann, Freia 294, 297, 314–316, *334*
Hoffmann, Konrad 374, 384, *399*
Hoffmann, Ulrich *154*
Hoffmann, Volker 214, *255*

Hoffmann-Curtius, Kathrin 369, 393, *399*
Hofstadter, Douglas R. 140, *154*
Hofstätter, Peter *155*
Hoke, S. Kay 328, 334
Holcoms, Adele M. *403*
Homans, Margaret 189, *200*
Honegger, Claudia 13, *30*, 126, *155*, 172–174, *200*, *290*, 377, *399*
Honolka, Kurt 319
Hooks, Bell *30*
Hooper-Greenhill, Eilean *399*
Horkheimer, Max 374, *399*
Howard, Jean E. 193, *200*
Howard, Patricia *334*
Hubbard, Ruth *31*
Huizinga, Johan *399*
Hules, Virginia T. *28*
Hull, Gloria *30*
Humboldt, Wilhelm von 124
Hunt, Lynn *399*
Hüschen, Heinrich 298, *334*
Hyde, Derek *334*
Ibrahim, Muhammad Hassan *155*
Illich, Ivan 18, *30*, *155*
Irigaray, Luce *30*, *155*, 418, *444*
Isabella von Spanien 190
Jacobus, Mary 220, *255*, *444*
Jacques, André *107*
Jacquet de La Guerre, Elisabeth-Claude 324
Jäger, Georg *255*
Jaggar, Alison M. *30*
James I., König von England 182
Janota, Johannes *407*
Janowski, J. Christine 85, *107*
Janssen, Horst 294
Janssen-Jurreit, Marielouise *30*, 127, 147, *155*
Janz, Brigitte 388, *399*
Jardine, Alice 28, *30*, 194, *200*
Jarrard, Mary E. W. *155*
Jauch, Ursula Pia *30*, *200*
Jay, Nancy 41, 45, 46, 47, *57*
Jean Paul (Johann Paul Friedrich Richter) 305
Jehlen, Myra 215, *255*
Jensen, Anne 102, *107*

Jespersen, Otto 123, 131, 148, *155*
Jochimsen, Margarete 349, *399*
Joeres, Ruth-Ellen Boetcher →
  Boetcher Joeres, Ruth-Ellen
Johnson, Barbara 220, 229, 246–248, *255f.*, *421*, *444*
Johnson, Mark 156, *256*
Jones, Charles *155*
Jones, Jaqueline *290*
Jordanova, Ludmilla *30*, 175, *201*, 346, 391, *399*, 436, *444*
Jost, Renate 102, 104, *107*, *110*
Joyce, James 184
Junker, Carl Ludwig 315
Junod, Philippe *399*
Jurgensen, Manfred *256*
Kaes, Anton *256*
Kahane, Claire *442*
Kaiser, Nancy *290*
Kalinak, Kathryn 328, *334*
Kalverkämper, Hartwig 129, *155*
Kambas, Chryssoula *400*
Kammer, Jean 189
Kämpf-Jansen, Helga 358, *399*
Kandinsky, Wassilij 360
Kant, Immanuel 36f., 177
Kaplan, Carey 249
Kaplan, E. Ann *256*
Kaplan, Gisela T. 175, *201*
Kaplan, Marion 86, *108*
Kappeler, Susanne *444*
Kassel, Maria *108*
Kauffman, Linda S. *30*, 194, *201*
Kaufmann, Doris 72, 86, 102, *108*, *290*
Kazzazi, Kerstin 148, *155*
Keller, Evelyn F. *30*
Kelly-Gadol, Joan 7, *30*, 192, *201*
Kerber, Linda 7, *30*, *290*
Kerkhoff, Ingrid *30*
Kessler, Suzanne J. *30*
Key, Mary R. *155*
Key, Ritchie 128
Kielian-Gilbert, Marianne *334*
Kienecker, Michael 226, *256*
King, Ursula 71, *108*
Kinkel, Johanna 312, 326
Kintsch, Walter *256*

Kittler, Friedrich A. 232, *256*
Klann-Delius, Gisela 141, *155*
Klassen, Janina *334*
Klein, Gabriele *334*
Klein, Josef 140, *155*
Klein, Melanie 375
Kleinspehn, Thomas 347, 384, *400*
Klinger, Cornelia *57f.*
Knapp, Gudrun-Axeli *30*
Knapp, Marianne *256*
Koch, Elisabeth *155*
Kochskämper, Birgit 135, 148, *155*
Kofman, Sarah 356, *400*, *444*
Köhler, Hanne 104, *109*, 159
Kohn-Roelin, Johanna 92, *108*
Kohn-Waechter, Gudrun 369, *400*
Kohz, Armin *151*
Kolkenbrock-Netz, Jutta 384, *400*
Kolodny, Annette 190, *201*, 215, 218–220, 241, 246, *256*
Kolter, Kerstin 359f., *400*
König, Dominik von 233, *256*
Köpcke, Klaus-Michael 121f., *155f.*, *160*
Kopsch, Cordelia 159
Korenhof, Mieke 104, *110*
Koschorke, Albrecht 233f., *256*
Koselleck, Reinhart 12, *27*
Koskoff, Ellen 313, 328, *334f.*
Kotthoff, Helga 148, *154*, *156*
Kramarae, Cheris 129, *156*, *159*
Kramer, Lawrence 310, *335*
Krasner, Lee 360
Krattiger, Ursa 83, *108*
Krauss, Rosalind E. *400*, 434, *444*
Krille, Annemarie *335*
Krininger, Doris *400*
Kris, Ernst 356, 366, *400*
Kristeva, Julia *400*, *444*
Krockow, Christian Graf von *108*
Krull, Edith *400*
Krumwiede, Hans-Walter 61, *108*
Kubera, Ursula 102, *107*
Kubisch, Christina 324, *335*
Kučera, Henry 140, *153*
Kuhn, Annette 18, *30*, *201*, *256*, 288–290, *444*
Kultermann, Udo 384, *400*

Kürschner, Wilfried 130, *156*
Kurz, Otto 366, *400*
Kuthy, Sandor *396*, *404*
Labroisse, Gerd 256
Lacan, Jacques 42, 52, 174, 375, *400*, 426f., 430, *444*
LaCapra, Dominick 163
Ladd, George Trumbull 324
Lakoff, George *156*, 256
Lakoff, Robin 128, *156*
La Mara (Marie Lipsius) 335
Lamphere, Louise 14, *32*
Landweer, Hilge *31*
Lang, Hans-Joachim 256
Lang, Josephine Caroline 326
Laplanche, Jean 424f., *444*
Laqueur, Thomas 28, 170, 175, *201*, 213, *256*, *290*, 307, 319, *335*, 377f., 390, *398*, *400*, *443f.*
Lauretis, Teresa de *31*, *53*, *57*, *256*, *393*, *400*, *409f.*, *412*, *415*, *424*, *426*, *428*, *432*, *436*, *438*, *444*
Lauter, Estella *400*
Lauter, Paul 238, 240–242, 249, *257*
Lawrence, D. H. 8
Lawrence, Karen R. 229, 238, *248f.*, *257*
Le Doeuff, Michèle *57*
LeFanu, Nicola *333*
Lehmann, Christian *158*
Leisch-Kiesl, Monika 95, *108*
Leiss, Elisabeth *156*
Lemoinre-Luccioni, Eugénie *444*
Leopold, Silke *335*
LePage, Jane W. *335*
Lerner, Gerda 181, 191, *201*, *269f.*, 276, 279, *290*
Levinson, Stephen C. 148, *152*, *156*
Lévi-Strauss, Claude 135, 365, 418, *444*
Lichtblau, Klaus *58*
Lichtenthal, Peter 316f.
Lieb, Hans-Heinrich 129, *156*
Limbach, Jutta *156*
Lindemann, Gesa *33*
Lindenberger, Herbert 227f., *257*
Lindner, Ines 341, 356, *370f.*, *398*, *401*

Linker, Kate *444*
Link-Heer, Ursula 353f., 356, *401*
Lipking, Lawrence 194, *201*
Lipp, Carola *401*
Lipperheide, Franz Freiherr von *156*
List, Elisabeth *31*, *57*
Liszt, Franz 299, 310
Lloyd, Barbara *26*
Lloyd, Geneviève *31*, *58*
Locke, Ralph P. *332*
Loesser, Arthur 316, *335*
Loewenberg, Bert James *290*
Lohmann, Johannes 117, *156*
Lombroso, Cesare 356
Loomba, Ania 193, *201*
Lorde, Audrey 9, *31*
Lougée, Carolyn C. 180, *201*
Louis, Eleonoara 389, *401*
Lowe, Marian *31*
Lubkoll, Christine *335*
Luckmann, Thomas 21, *26*
Ludwig, Otto *156*
Luhmann, Niklas 40f., *58*, 231, *257*
Lummis, Max *257*
Maaßen, Monika 85, *109*
MacCormack, Carol P. *31*
MacCorquodale, Patricia *26*
Mack, Phyllis 188, *201*
Mackensen, Stefanie von 64
Mackenzie, Henry 183
MacLean, Ian 169, *201*
Mahowald, Mary B. *31*
Mailer, Norman 8
Malibran-Garcia, Maria Felicità 319
Man, Paul de 247f., *257*, 423, *444*
Mangan, James A. *201*
Mansbridge, Jane J. *290*
Mansell, Alice 362f.
Mare, Heidi de *401*
Marecek, Jeanne 219, 254
Maria von Magdala 94
Marks, Elaine *31*
Märten, Lu *401*
Martens, Wolfgang 213, *257*
Martin, Biddy 52, *58*, *257*
Martyn, David 247, *257*
Martyna, Wendy *157*
Massa, Ann 282, *290*

Mathews, Patricia *398*
Matthei, Renate *338*
Maus, Fred Everett *335*
Mayor, A. Hyatt *401*
McClary, Susan 296f., 303, 320f., 325, 327–329, *335*
McConnel-Ginet, Sally *156*
McKay, Donald G. *156*
McKenna, Wendy *30*
McLaughlin, Eleanor C. *201*
Mechthild von Magdeburg 313
Meese, Elizabeth A. *31*
Mehlhausen, Joachim 88, *108*
Meinhof, Carl *157*
Meise, Helga *201*
Meiss, Millard 384, *401*
Melba, Nellie 319
Melosh, Barbara 290
Meltzer, Françoise *444*
Menke, Bettine *257*
Menke, Christoph *257*
Meredith, George 183
Merle, Ulla *395*
Meseberg-Haubold, Ilse 102, *108*
Meyer, Ursula *58*
Meyer-Renschhausen, Elisabeth 290
Meyer-Wilmes, Hedwig 69, 73, 95, 103, *108*
Michaelis, Alfred *335*
Michelangelo (M. Michelagniolo Buonarroti) 353–355
Michelini, Ann N. 315, *335*
Michie, Helena *444*
Middleton, Peter 192, *202*
Migiel, Marilyn *401*
Mill, John Stuart 188
Miller, Casey *157*
Miller, Henry 8
Miller, Nancy K. *31*
Millett, Kate 8, *31*, 75, 215, 220, 246, *257*
Mills, Anne A. *157*
Milton, John 305
Mitchell, Juliet 174, *202*, *444f.*
Mitchell, W. J. T. 422f., *445*
Möbius, Helga *401*
Modleski, Tania 187, *202*, *445*
Moers, Ellen *257*

Möhrmann, Renate 185, *199*, *202*, 243, *254*
Moi, Toril *31*, 175, *202*, *257*
Moller Okin, Susan *31*
Moltmann-Wendel, Elisabeth 83, 86, *107–109*
Monson, Craig *335*
Monteverdi, Claudio 293, 303
Monteverdi, Giulio Cesare 293, 303
Moore, Mary Carr 312
Moosmüller, Sylvia *159*
Moraga, Cherrie *31*
Moravcsik, Edith A. *157*
More, Hannah 179, *202*
Morell, Renate *401*
Mörike, Eduard 302
Morley, Thomas 304
Morris, Charles 221, *257*
Morris, Mitchell 323, *335*
Morsch, Anna *336*
Morstein, Petra von *58*
Morton, Nelle 74, 77
Mozart, Wolfgang Amadeus 293, 302, 305, 322
Mühlen Achs, Gitta *157*
Mukarovsky, Jan 228, *258*
Mulack, Christa 83, *109*
Müller, Adam 177
Müller, Sigrid *157*
Müller-Blattau, Joseph 309
Müller-Michaels, Harro *258*
Müller-Seidel, Walter *258*
Mullett, Sheila *56*
Mulvey, Laura 428, 431, 436, 438, 440, *445*
Munich, Adrienne 215, 246f., *258*
Münster, Robert *336*
Münter, Gabriele 360
Muraro, Luisa 44, *58*
Muth, Ludwig *258*
Myers, Mitzi 188, *202*
Nabakowski, Gislind *401*
Nadelhaft, Jerome 179, *202*
Nagl-Docekal, Herta *31*, *58*
Naumann, Bernd 125, *157*
Nead, Lynda 375, 384, *401*, *445*
Nelson, Lynn Hankinson *58*
Neuls-Bates, Carol 315, 325, *336*

Neumann, Eckhard 356, *401*
Neumer-Pfau, Wiltrud *401*
Newton, Judith L. *31*, 178, 188, 192f., 196, *202*
Nicholson, Linda *24*, *31*
Niedzwiecki, Patricia *330*
Nietzsche, Friedrich Wilhelm 306
Nobs-Greter, Ruth *401*
Nochlin, Linda 341, 350, *401*, *407*, *445*
Noell-Rumpeltes, Doris *398*
Nolte Lensink, Judy *26*
Norton, Mary Beth 7, *32*
Nowotny, Helga *29*
Nye, Andrea *58*
O'Doherty, Brian *402*
Oakley, Ann *32*, *258*
Offen, Karen *32*
Öhrström, Eva *336*
Okrulik, Kathleen *57*
Oksaar, Els *157*
Oldfield, Sybil *202*
Oliphant, Margaret 183
Olivier, Antje *336*
Ortner, Sherry B. 14, *32*
Oster, Martina *337*
Ostleitner, Elena 312, 317f., *336*
Ostner, Elena *58*
Overall, Christine *56*
Overhauser, Catherine *339*
Ovid (Publius Ovidius Naso) 194, 301, 366
Owens, Craig *32*, *402*
Pagels, Elaine 74
Palestrina, Giovanni Pierluigi da 299
Panofsky, Erwin 346, 356, 374, *402*
Paoli, Betty 207, 221–224
Paradis, Maria Theresia von 326
Parker, Patricia 187, *202*
Parker, Robert Dale 229, 249f., *258*
Parker, Roszika 341, 350–352, 357–359, *402*
Parsons, Talcott 17, *32*
Parvey, Constance F. 81, *109*
Pasero, Ursula 15, *32*
Pateman, Carol *32*
Patterson, Annie Wilson 295

Pätzold, Alexandra *398*, *402*
Pauer-Studer, Herlinde *31*, *57f.*
Paul, Jean → Jean Paul
Paulirinus, Paulus 316
Pauser, Wolfgang 356, *402*
Pearsall, Marilyn *58*
Pearson, David P. *258*
Pearson, Jacqueline 188, *202*
Peitgen, Heinz Otto *402*
Pellikaan-Engel, Maja *58*
Pembroke, Mary Countess of 182
Pendle, Karin *336*
Perrot, Michelle 191, 193, *198*, *289*
Perry, Ruth 179, *202*
Petrides, Frederique 312
Petschauer, Peter 231, *258*
Petzinger, Renate 349, *402*
Pfau, Dieter 231, *258*
Philips, Susan U. 148, *157*
Phillips, Anne *56*
Pieiller, Évelyn *336*
Pieper, Ursula 141f., *157*
Pissarek-Hudelist, Herlinde 97, 104, *107*, *109*
Pithan, Annebelle 104, *109*
Placksin, Sally 328, *336*
Plaskow, Judith 74
Platon 308, 355
Pohl, Frances *398*
Pointon, Marcia 391, *394*, *402*
Polenz, Peter von 138, *157*
Pollig, Andrea *402*
Pollock, Griselda 341, 343, 350–352, 357f., *402*, *429*, *445*
Pollock, Jackson 360
Pontalis, Jean-Bertrand 424f., *444*
Poovey, Mary *32*
Post, Jennifer C. 313, *336*
Postl, Gertrude 133, 143, 147f., *157*
Poullain de la Barre, François 171
Prätorius, Ina 96f., *107*, *109*
Priscian 125
Protagoras 124
Pusch, Luise F. 129, *157*
Putnam, Hilary *157*
Quasthoff, Uta *157*
Quier, Charles L. *197*
Quinby, Lee *27*

Radenhausen, Silke *398*
Raev, Ada *402*
Raffael (Raffaello Santi) 299, 354
Rahner, Karl 97, *109*
Raming, Ida 73, *109*
Randall, Phyllis R. *155*
Rang, Britta 202, 376, *402*
Ranke-Graves, Robert von *403*
Ravenscroft, Thomas 304
Ray, Man 294
Reddy, Maureen T. 187, *202*
Reich, Nancy B. 327, *336*
Reichardt, Juliane 326
Reichle, Erika 85, *109*
Reid, Elizabeth 190
Reis, Elizabeth *290*
Reiter, Rayna R. 14, *32*
Rentmeister, Cäcilia 298, *336*, 370, *403*
Reverby, Susan M. *290*
Rich, Adrienne *32*, 190, *202*
Richard, Deborah *333*
Richards, Donald R. 243, *258*
Richardson, Dorothy 183
Richardson, Samuel 169, 194
Richebächer, Sabine *291*
Richter, Helmut *156*
Richter, P. H. *402*
Richter-Sherman, Claire *403*
Rieger, Eva 295, 297, 311, 317, 324f., 328, *334*, *336f.*
Riehl, Wilhelm Heinrich 317
Riepel, Joseph 309
Riley, Denise *291*
Rilke, Rainer Maria 115, *157*
Ritter, Joachim 12, *32*
Robertson, Carol E. 328, *337*
Robinson, Lillian S. 241, 245, *258*
Rodin, Auguste 360
Roeder, Peter Martin 232, 238, *258*
Rogers, Katharine M. 187, *202*
Rogers, Lesley J. 175, *201*
Rogoff, Irit 341, 360, *403*
Röhrich, Lutz *157*
Rokseth, Yvonne 326, *337*
Römer, Ruth *157*
Ropohl, Günter 225, *258*

Rosaldo, Michelle 14, *32*
Rosand, Ellen *337*
Rose, Jacqueline 428, 432, *445*
Rosebrock, Cornelia *258*
Rosen, Randy *401*
Rosenberg, Rainer *258*
Rosenberg, Rosalind *291*
Rosenfelt, Deborah *31*, 193, *202*
Rosenkranz, Paul S. *152*
Rosenstock, Heidi 104, *109*
Rossetti, Christina 165f.
Rosthorn, Edle von 312
Rothman, Sheila *291*
Rousseau, Jean-Jacques 5, 169, 172f., 194, *203*, 309
Roy Jeffrey, Julie 266, *291*
Royen, Gerlach 118, 125, *158*
Rubin, Gayle 13, *32*, 210, *259*
Ruether, Rosemary R. 74f., 91, 97, 99f., 104, *109*
Ruiz, Vicki L. *289*
Rürup, Reinhard 21, *32*
Rüsen, Jörn 26, *201*, *288*
Russ, Joanna 229f., 237, *259*
Russell, Letty 74
Russett, Cynthia E. *291*
Ryan, Mary 266, *291*
Sadie, Julie Anne *337*
Sakai, Naoki 50, *58*
Salomon, Nanette 341f., 353, *403*
Samuel, Rhian *337*
Sand, George (Aurore Dupin, verh. Baronin Dudevant) 181
Sanday, Peggy R. *32*
Sander, Helke *401*
Sappho 194f., 240
Saslow, James M. 358
Saussure, Ferdinand de 139, *158*
Sayers, Janet *32*
Scarlatti, (Pietro) Alessandro (Gaspare) 299
Schabert, Ina 172, *203*
Schade, Sigrid 346, 351, 356, 373f., 383, 388, 391–393, *394*, *401*, *403*
Schaeffer-Hegel, Barbara *32*
Schalz-Laurenze, Ute 317, *337*
Schaumburger, Christine 85, 91, 95, *109f.*

Schelling, Friedrich Wilhelm Joseph 47f.
Scheman, Naomi 7, *32*
Scher, Steven Paul *337*
Scherzberg, Lucia 70, 72, 86, 102, *110*
Schiebinger, Londa 390, *404*
Schiesari, Juliana *401*
Schieth, Lydia *203*
Schiller, Friedrich von 138
Schlaffer, Hannelore *203*
Schlegel, Friedrich 169, 177, *259*
Schleiner, Winfried 170, *203*
Schlesier, Renate *33*
Schmid, Rachel *154*
Schmid-Bortenschlager, Sigrid 186, *203*, 236, *259*
Schmidt, Claudia 148, *158*
Schmidt, Eva Renate 104, *110*
Schmidt, Jochen *404*
Schmidt, Siegfried J. 211, 231, *259*
Schmidt, Siegrun *337*
Schmidt, Wilhelm *158*
Schmidt-Linsenhoff, Viktoria 360, *404*
Schmitt, Luitgard *338*
Schneider, Mechthild *404*
Schnitzler, Norbert 388, *404*
Schoenthal, Gisela *158*
Scholes, Robert 217, *259*
Schön, Erich 233, *234*, *259*
Schönert, Jörg 231, *258*
Schöpp-Schilling, Hanna Beate 68, *110*
Schor, Naomi 215f., *259*
Schottroff, Luise 84, 86, 94f., 102, *107*, *110f.*
Schräpel, Beate *158*
Schreiner, Klaus 388, *404*
Schroer, Silvia 75, 93, 101, *109f.*
Schubart, Christian Friedrich Daniel 309
Schubert, Klaus *151*
Schücking, Levin Ludwig 228, *259*
Schultz, Bernard 379, *404*
Schultze, Birgit 289
Schulz-Buschhaus, Ulrich 232, 235, *259*

Schulze-Fielitz, Helmut *158*
Schumann, Clara (geb. Wieck) 324
Schumann, Sabine 213, *259*
Schüngel-Straumann, Helen 84, 93, 95, *107*, *110*
Schurman, Anna Maria van 170
Schüssler Fiorenza, Elisabeth 74, 90f., 94, *110*, *158*
Schweickart, Patrocinio P. 217, 219, 242, 246, *253*, *260*
Schwenger, Peter 192, *203*
Scott, Joan Wallach 7, *33*, 192, *203*, *260*, 278–280, *291*
Scott, Sarah Robinson 183
Scurie, Helga *404*
Searle, John R. 147, *158*
Sedgwick, Eve K. 193, *203*, *445*
See, Wolfgang *110*
Seeber, Hans Ulrich *203*
Segler, Helmut *338*
Seiler, Hansjakob *158*
Seitter, Walter *404*
Sennett, Richard *404*
Shakespeare, William 168
Shelley, Mary 183
Shelley, Percy Bysshe 183
Shepherd, John 311, 325, *338*
Shepherd, Simon 170, *203*
Sherman, Cindy 432–434, 436–441, *445*
Shorter, Edward *33*
Showalter, Elaine *33*, 186f., 190, *203*, 215, *260*, 321, 325
Siebe, Michaele *404*
Siegele-Wenschkewitz, Leonore 62, 64, 72, 86, 92, 102, *106*, *111*
Silverman, Deborah L. *404*
Silverman, Kaja 328, *338*, *445*
Simek, Ursula 312, 317f., *336*
Simm, Hans-Joachim *260*
Simons, Margaret A. 56
Simpfendörfer, Werner *111*
Simpson, J. M. Y *151*
Simrock, Carl Joseph *158*
Sippell-Amon, Birgit 239, *260*
Sixtus V. 321
Sklar, Kathryn K. *291*
Smith, Hilda L. 179, 187, *203*

Smith, Paul *30*
Smith, Philip M. *158*
Smith-Rosenberg, Carroll *203*, 271–274, 276f., *279*, *291*
Smyth, (Dame) Ethel Mary *324*, *326*
Solie, Ruth A. *325*, *327*, *329*, *338*
Sölle, Dorothee *84*
Sonntag, Brunhilde *338*
Sophia (Pseudonym) *182*
Sorge, Elga *83*, *111*
Spacks, Patricia M. *186*, *203*
Spelman, Elizabeth V. *33*, *58*
Spencer, Jane *187*, *203*
Spender, Dale *187*, *192*, *203*
Spickernagel, Ellen *404f.*
Spivak, Gayatri C. *33*, *193*, *204*, *409*, *445*
Staël, Anne Louise Germaine de *181*, *194*
Stallybrass, Peter *417*, *445*
Stanitzek, Georg *231*, *234*, *260*
Stanley, Julia Penelope *148*, *160*
Steel, Susan *157*
Steinbrügge, Lieselotte *33*, *173*, *204*
Stephan, Inge *246*, *260*, *366*, *395*
Sterling, Dorothy *291*
Stern, Susan *338*
Stevenson, Harold W. *257*
Stickel, Gerhard *129*, *158*
Still, Judith *427*, *445*
Strafford, Barbara Maria *405*
Strahm, Doris *111*
Strahm-Bernet, Silvia *109*
Strathern, Marilyn *31*
Strauss, Richard *310*, *322*
Strobel, Regula *111*
Strozzi, Barbara *324*
Strunk, Klaus *158*
Stuchlik, Gerda *102*, *111*
Suleiman, Susan R. *33*, *445*
Susman, Margarete *54f.*, *58*
Sutherland Harris, Ann *407*
Swann, Joan *131*, *153*, *158*
Swift, Kate *157*
Taeuber, Sophie *360*
Tailleferre, Germaine *326*
Tannen, Deborah *158f.*
Tanz, Christine *157*

Taylor, Harriet *188*
Tennyson, Lord Alfred *166*
Thalmann, Rita *159*
Theilacker, Jörg *320*, *338*
Théry, Chantal *204*
Theweleit, Klaus *33*, *247*, *260*, *369*, *405*
Thiele, Johannes *102*, *110*
Thomas von Aquin *99*, *378*
Thomas, Gary *331*
Thorne, Barrie *128f.*, *159*
Thurmair, Maria *159*
Thürmer-Rohr, Christina *102*, *111*
Tick, Judith *331*
Tickner, Lisa *405*
Tierney, Helen *58*, *338*
Todd, Janet *187*, *204*
Tomlinson, Gary *338*
Tompkins, Jane P. *242f.*, *260*
Toorn, Pieter van den *329*, *338*
Treichler, Paula A. *153*, *156*
Treitler, Leo *326*, *338*
Trible, Phyllis *74*, *111*
Trollope, Anthony *183*
Trömel-Plötz, Senta *129*, *148*, *159*
Trudgill, Peter *131*, *159*
Tsou, Judy S. *332*
Tuana, Nancy *58f.*
Tuchmann, Maurice *405*
Tuft, Eleanor *350*, *405*
Turan, Suzan *328*, *338*
Twain, Mark (Samuel Langhorne Clemens *120*
Ty, Eleanor *187*, *204*
Tyrell, Hartmann *33*
Uecker, Gerd *322*, *338*
Ullmann, Stephen *159*
Ulrich, Laurel T. *291*
Urban I. *299*
Urbaniak, Gudrun *402*
Valtink, Eveline *338*
Varro, Marcus Terentius *298*
Vasari, Giorgio *341*, *352*–*355*, *405*
Vasey, Craig R. *59*
Venske, Regula *260*
Vergil (Publius Vergilius Maro) *195*
Vergine, Lea *350*, *405*
Vernant, Jean-Pierre *405*

Vesalius, Andreas 378
Vickery, Amanda 178, *204*
Victoria, Königin von Großbritannien 183
Viehoff, Reinhold 211, *260*
Vinken, Barbara 24, *33*, 210, 216, *260*
Visser't Hooft, Henriette 63, 66, 82
Visser't Hooft, Willem 82
Vives, Juan Luis 190
Vogel, Susan R. *152*
Wacker, Marie-Theres 93, 97, *109*, *111f.*
Wagner, Anne M. 360
Wagner, Monika *403, 405*
Wagner, Richard 306
Wagner-Kantuser, Ingrid *397, 405*
Wagner-Rau, Ulrike *112*
Walser, Robert 328, *339*
Walter, Karin 102, *112*
Walters, Margaret 373, 383, *405*
Walwin, James *201*
Warner, Marina *405, 409, 445*
Warnicke, Retha M. 179, *204*
Warnke, Martin *405*
Wartenberg, Bärbel von 81
Wartmann, Brigitte *33, 405*
Washington, Mary Helen *291*
Watson-Franke, Barbara *32*
Waugh, Patricia 187, *204*
Webb, Pauline 76
Weckerling, Rudolf *110*
Wegener, Hildburg *159*
Weiermair, Peter *405*
Weigel, Sigrid 185f., *204*, 215, 240f., 243, 246, *260f., 403, 405, 445*
Weiler, Gerda 83, *112*
Weingartz-Perschel, Karin *336*
Weininger, Otto 47, *59*
Weinrich, Harald *159*
Weissweiler, Eva 301, 315, *339*
Welch, Sharon 74
Wellek, René 234, *261*
Welter, Barbara 267–269, 275f., *291*
Wenk, Silke 346, 350, 352, 358, 360f., 364, 369f., 384, 390, 392, *401, 406*

Wenkel, Johann Friedrich 316
Wenzel, Horst 386, *407*
Werner, Fritjof *159*
Werner, Gabriele *401*
Werner, Otmar *159*
Wetterer, Angelika 377, *398*
Wheelock, Gretchen A. 308, *339*
White, Allon 417, *445*
White, Deborah G. *291*
White, Hayden 163
Whitehead, Harriet *32*
Whitford, Margaret 57
Wienold, Götz *159*
Wiethhaus, Ulrike *109*
Williams, Linda *445*
Williams, Marty *153*
Williams, Raymond *33*
Williamson, Judith 438–440, *445*
Williamson, Marylin L. *204*
Willkop, Eva-Maria *159*
Winders, James A. 229, *261*
Winko, Simone 180, 221f., 225, 228, 246f., 249, 255, *261*
Wiseman, Susan 188, *200, 204*
Witt, Charlotte 56
Wittemöller, Regina *159*
Wittgenstein, Ludwig 143
Wittkower, Margot *407*
Wittkower, Rudolf *407*
Wobbe, Theresa *33*
Wodak, Ruth 145f., 148, *159*
Woesler, Winfried 228, *261*
Wolfe, Susan 148, *160*
Wolff, Hanna 83, *112*
Wöller, Hildegunde 83, *112*
Wollstonecraft, Mary 172, 183
Wood, Elizabeth *331, 339*
Woolf, Virginia 5, *33*, 169, 172, 184, 187, 190, 192, *204*, 240
Wordsworth, Dorothy 188
Wordsworth, William 188
Wuckelt, Agnes 104, *112*
Wunder, Heide *289*
Wunderlich, Dieter 147, *160*
Wynne-Davies, Marion 188, *204*
Wyss, Eva Lia *154*
Wyss, Ulrich 115, 122, *160*
Yaeger, Patricia S. 187f., *204*

Yaguello, Marina *160*
Young, Edward 183
Young, Iris Marion *26, 56, 59*
Zagarell, Sandra A. *204*
Zaimont, Judith L. *339*

Zeuxis 374
Ziegler, Susanne 313, 328, *334*
Zilsel, Edgar *407*
Zizek, Slavoj 409, 426f., 430, *445*
Zubin, David A. 121, 122, *156, 160*

Sachregister

Zentrale Begriffe wie *gender*/Genus, Geschlechterdifferenz, Feminismus, Kultur/-wissenschaft oder Weiblichkeit wurden nicht aufgenommen.

Adam 63
Akademie für Frauen 172
Aktbild 342, 357, 373, 375f., 382f., 386
Allegorie 55, 297–300, 370, 390, 394, 423, 436
Altes Testament 92, 170
Anatomie 172, 348, 378f., 388, 391
Androgynität 175, 177, 193, 319, 322f., 364
Androzentrismus 62, 66f., 69, 89–93, 96, 101, 123, 127, 145, 147, 150, 180, 215, 220, 303, 305, 310
Anstandsliteratur 142, 272
Anthropologie 14, 63, 78f., 85, 93, 95–97, 99, 135, 213, 215, 226, 228, 410
Anthropomorphismus 98
Antijudaismus 75, 92, 94, 101
Antike 115, 124, 231f., 301, 311, 315, 319, 322, 355, 372, 382, 389, 421
Antisemitismus 93, 100
Apartheid 83
Arbeitsteilung 67, 96
Arbitrarität des Zeichens 120–124, 139
Archetypenlehre 70
Aschera 93
Ästhetik 144, 231, 233, 236, 240f., 408–445
Aufklärung 6, 172, 182f., 187, 213, 233
Autobiographik 187

Autorschaft 165, 180–182, 185f., 188, 190–192, 195, 230, 233, 346, 352, 391
Avantgarde 350, 359f., 373
Barmer Theologische Erklärung 61–63, 65f.
Begehren 48, 166, 172, 194, 302, 410f., 424–426, 428f., 431f., 437f.
Bibel 63f., 74, 85, 89–93, 98
Bildhauerei 357
Biologismus 4f., 14, 17, 23f., 99, 209, 264, 285f., 295, 319
Blaustrumpf 179
Brief 182, 272
Bühne 320f.
Bürgerkrieg 179
Cäcilia, heilige 298–300, 304
Chauvinismus 79, 82
Christentum 62, 73, 77, 82, 90, 92–94, 98, 100f.
Christlicher Studentenweltbund 63, 82
Christologie 99–101
CIMADE (comité inter mouvements auprés des évacués) 79
class 9f., 178, 193, 238, 262–291, 325, 327, 329
close reading 241
concetto 354
consciousness-raising 82, 128
cross-dressing 361
cult of true womanhood 262–291
cultural materialism 178, 193
Dandy 175, 361

Dekonstruktion/Dekonstruktivismus 21, 95, 100, 127, 149, 171, 175, 184, 193, 196, 209, 215f., 246–250, 393, 423, 434
Dialekt 131f.
Dichotomie/Dichotomisierung 38, 43f., 49, 52, 55, 67, 127, 133, 135, 138, 149, 307, 309
Dilettantismus 314, 357
Dirigentin 312, 318
domesticity 268, 276
Ein-Geschlecht-Modell 170, 173, 194, 378
Ekklesiologie 81, 85, 103
Empfindsamkeit 194, 305
Erfahrung 4, 7–10, 21, 273
Erotik 175, 194, 273, 300, 323
Erzählung 166, 188f.
Essentialismus 10, 128, 134, 168, 325, 329
Ethik 95f.
Euodia 94
Eurozentrismus 50, 303, 327f.
Eva 63, 95
Evangelium 62, 77, 94f., 101
Exegese 89, 92, 95
Exhibitionismus 364, 386
female bonding 166
female gothic 189
Fetisch 412, 431, 438
Film 212, 328, 343, 360, 410, 428, 433, 441f.
Flöte 300–302, 315, 320
Form, musikalische 309, 326, 327
Fotografie 345, 357, 360, 393, 433f., 436, 438–440
Französische Revolution 343, 369
Frau Musica 297f., 300
Frauenbewegung 4–6, 8, 21, 23, 35, 54f., 68f., 71f., 74–76, 78, 82, 85f., 103, 127, 172, 192, 227, 229, 237, 274, 277, 288, 329
Frauenbild 8, 19, 66, 95f., 164, 170, 179f., 300, 305
Frauenforschung → auch Women's Studies 3–6, 8, 19–22, 67–69, 86–88, 180, 184, 242
Frauenfreundschaft 272f.

Frauengeschichte 90–93, 102, 181, 264–267, 271f., 276–278
Fraueninstrument 314–316
Frauenkirche 91, 103
Frauenliteratur 169, 185f., 218, 230, 233, 236, 243, 245
Frauenordination 73f., 81, 85, 100
Frauensatire 170
Frauensprache 123, 130, 148, 273
Gattung, literarische 211f., 230, 236f., 239
Gedicht 165f., 182f., 188
Gender Studies 2–33, 163, 166, 180, 296
gender typing 212, 233, 246
gendered discourse 297, 300, 303, 311
Genieästhetik 183, 231–233, 238, 312, 320, 324, 352, 355f., 361
Genus, grammatisches 114–160
Gesang 318
Geschichtsschreibung 7, 61, 102, 262–291
Geschlechterdualismus 38f., 43f., 47, 52, 306
Geschlechterideologie 265–267, 272, 275–277, 280, 285f.
Geschlechterordnung 136, 141, 309–311, 320
Geschlechterrolle 4f., 17f., 79, 123, 128, 133, 141f., 171, 192, 212–214, 234, 236, 244, 246, 264, 268f., 276, 293, 297, 300, 305, 317, 349, 366
Geschlechterstereotyp 19, 123f., 127, 133f., 141, 146, 164, 175, 212, 265, 267, 353, 358, 360, 419, 428, 436, 439
Geschlechterverhältnis/-beziehung 4, 11, 13, 15, 21, 35, 37, 41, 49, 66, 128, 150, 167, 191, 193f., 246
Geschlechtsabstraktion 146
Geschlechtsidentität 17, 24, 67, 303, 318–320, 322
Ghostwriter 188
gothic story 189
Gottebenbildlichkeit 63, 93, 95, 98
Gotteslehre 97

Göttin 93, 98
Grammatik 114–160, 298
Gynozentrismus/gynocritics 70, 215f., 243–245
Harmonik 308, 316
Haustafel 95
Hermaphrodismus 323
Hermeneutik 89f., 92, 219f., 243, 248
Hetäre 301, 315
Hexenmord 95
Homosexualität 175, 190, 193, 323, 361
Hosenrolle 168, 321–323
Ikonographie 372, 382, 422
Individuation 419, 430
Instrumentalistin 315, 317f., 326
Instrumentalmusik 312, 314, 317
Internalisierung 270–272
Intonation 132
Inzesttabu 431
Jesus Christus 63, 76, 94, 98–101
Jim Crow Laws 283
Junia 90, 94
Junias 90
Kammermusik 304, 326f.
Kanon, biblischer 90, 93
Kanon, literarischer 187, 194, 206–261
Kanon, musikalischer 296, 310, 324, 327f.
Kastrat 319, 321, 323
Kastration 431, 438
Kirche 61–66, 69, 72–74, 76, 85, 101–103
Kirchenmusik 299, 313, 321
Klassik 232, 239
Klavier 314–316
Kleiderregel 273
Kognitionspsychologie 116, 139, 141, 149, 211
Komponistin 324–327
Kongruenz, grammatische 118, 124
Konkordanz, grammatische 118
Konservatorium 314
Kontextualität 78, 272, 274, 276
Konversation 144, 182

Körper 20, 23–25, 39, 43, 55, 166, 169–175, 181, 283–286, 294, 301f., 311, 314, 318f., 346, 370, 372–379, 382–386, 388–393, 409, 412, 414f., 419–421, 424, 428–434, 436, 438, 440f.
Körpersprache 389f.
Ku-Klux-Klan 73, 283
Kunstakademie 356, 382
Kunstgeschichtsschreibung 360, 373
Künstlerin 341, 348–351, 358–360, 366, 386, 393
Künstlermythos 361, 368–370, 393
Kunstmarkt 343
Kunstmuseum 343, 345, 350, 383
Kunstwissenschaft 342–407
Lesen 163, 190, 196, 208–220, 224, 226, 230, 233f., 239, 243f., 246f.
Liebe 267, 273, 304, 305
Lied 300, 326
Literatur 8, 162–204, 206–261, 301, 320, 422f., 442
Literaturgeschichte 207, 229f., 239f., 242, 245
Literaturgeschichtsschreibung 162–204, 225, 239, 241
Literaturkritik 211, 225f., 229f., 234f., 237, 247f.
Literaturwissenschaft 8, 149, 163, 165, 167, 180, 186, 191, 195, 220, 223, 226f., 250, 426
Liturgie 299, 319, 382
Logik 41f., 47, 51, 55
Lydia 94
Lyrik 165, 182, 187, 194, 207, 214, 223, 236
Macht 7f., 11, 15, 18–21, 23, 43, 48f., 63, 77, 91, 94, 104, 130–133, 146, 168, 192f., 247, 268, 272, 277–279, 281, 285f., 311f., 411f.
Mädchenerziehung 176, 190
Madrigal 304
Malerei 344f., 357, 379
maniera 353–355
Manierismus 355f.
Markiertheitstheorie 138
Maskerade 193, 361, 434, 436, 438
Matriarchat 64, 93, 101

SACHREGISTER

Medizin 175, 348, 391
Medusa-Mythos 430
Menschenrechtsdebatte 172f.
Menstruation 319, 428
Mentalitätsgeschichte 148, 168f., 175f., 180, 195, 250, 305, 309
Metamorphose 300
Metapher/Metaphorik 38, 51–53, 55, 67, 98, 193, 212, 293f., 297, 304f., 409f., 427, 431
Metaphysik 55
Militärmusik 310, 314
Mimesis 354f.
Misogynie 143, 166, 170, 177, 190, 293, 305, 312
Mittelalter 50, 125, 170, 188, 304, 313, 315, 353f., 358, 372f., 386, 388
Moderne 174f., 183, 188, 194, 358–361, 364, 368ff., 371, 373, 393
Muse 298, 300–302
Musik 292–339
Musikästhetik 293–296, 303–306, 325–327
Musikethnologie 296, 313, 326, 328
Musikgeschichte 293f., 296f., 300, 303, 307f., 312f., 326f.
Musikkritik 296, 317, 327
Musiktheorie 293f., 304, 307f.
Musikwissenschaft 292–339
Mythos 300–302, 311, 319, 364f., 368f., 371f., 376, 416, 420, 434, 436
Nationalliteratur 239, 242
Nationalsozialismus 61, 64–66, 71, 79
Natur 6, 10, 14f., 24f., 39, 45, 55, 125f., 128, 168, 174, 184, 223, 231, 265, 267, 283, 304, 307, 327, 345, 354f., 366, 371f., 376, 378f., 382, 386, 389–392, 412, 420
Neoplatonismus 304
Neue Wilde 348
Neues Testament 90, 92–95, 101
Neutralisation 139, 146
new criticism 241, 248
new historicism 196

new woman 175, 183
Nonnenkloster 313, 315
Nostalgie 415f.
novel 181, 184
Nympha 94
Ökumenische Bewegung 76, 81–83
Okzident 50f.
Oper 305f., 314, 319–323, 326, 331
Orchester 312, 317, 326
Orient 50f.
Partikularismus 48, 51, 69
Patriarchat 46, 52, 54, 63f., 66f., 71f., 77, 81, 91f., 101, 123, 128, 143f., 147f., 167, 179, 192, 220, 269–271, 276, 281, 298, 304, 310, 326, 409, 421, 428, 431
performance 328, 360f., 433f., 436, 441
Personenbezeichnung 120, 123f., 134, 136–138, 146
Personifikation 115, 298, 306, 390
Philosophie 34–59, 138, 149, 171, 229, 247, 275, 409, 442
Phoebe 94
Photographie → Fotografie
piety 268, 275f.
PorNo 373, 386
Pornographie 384, 391, 393
Postmoderne 175, 184, 191
Poststrukturalismus 150, 175, 210, 249f.
Priesteramt 74, 97, 99, 100
Priska 94
Protestantismus 61f., 69, 76, 82f., 85, 96, 100, 103
Psychiatrie 348, 391
Psychoanalyse 9, 17, 48, 70f., 135, 168, 174, 190, 216, 247, 356, 375, 391, 408–445
Psycholinguistik 122, 129, 139–141, 147
purity 268, 275f., 285
Pygmalion 364, 366, 368
race 9f., 178, 193, 238, 262–291, 325–327, 329
Rassismus 62, 67, 77, 79, 82f., 100, 281, 283, 286, 415
Rationalismus 49–51, 171, 307f.

Redevorschrift 142
Reisebericht 189
Re-Lektüre 91, 147, 187, 223, 300, 320, 365f., 368
Renaissance 7, 166f., 170, 172, 179, 187f., 191, 303f., 313, 315, 347, 355, 372f., 389, 428
Repräsentation 9, 16, 52f., 128, 142f., 175, 185, 192, 212, 219, 238, 249f., 298, 300, 408–445
Reproduktion 6, 14, 44, 265, 294, 311
Restauration 179, 188
Rezeption von Literatur 206–261
Rhetorik 182, 189, 193, 210, 216, 303, 415–417, 420
Rhythmus 308
Rollenklischee → Geschlechterrolle
Rollentausch 193, 361
Rollentheorie 17f., 149
Roman 178f., 181, 183, 186f., 189, 191f., 214, 217f., 233f., 236, 239f.
Romantik 183, 186, 232, 235f., 239, 302, 306f.
Salonkultur 180, 314
Sängerin 315, 318–323, 326
Schönheit 36, 39, 412, 428, 436–438
Schöpfung 63, 77f., 93, 97, 101
Schreiben, weibliches 150, 172, 181f., 186, 192, 194, 229f., 233, 239, 243
Schule 217, 229f., 238–241, 248
Schweigegebot 95
Semiotik 70, 129, 344, 408–445
Sentimentalisierung 416–418, 421
sex-gender system 5, 13, 16, 23, 210, 244–246
Sexismus 8f., 11, 69, 73, 76–79, 81–83, 90, 95, 100f., 124, 127, 134f., 140, 143f., 146, 149, 267, 269f., 272, 286
Sexualität 4, 11, 14, 23–25, 38, 44f., 128, 131, 134, 136, 175, 181, 194, 265, 268, 273, 283f., 286, 305, 320, 428f.
Sexus 117, 119f., 123f., 127, 130, 142, 153, 156

Signifikant 410f., 417, 420, 422, 425–434, 436, 438, 440
Signifikat 410, 412, 421f., 440
Skulptur 345, 373, 379, 389f.
Sonatenform 309f.
Sozialgeschichte 4, 70, 94, 168, 176, 178f., 185, 236, 250, 309, 316
Sozialisation 39, 89, 104, 141f., 184, 211, 214, 219f., 225, 233, 239f., 244, 270, 307, 325
Soziolinguistik 116, 129, 131, 147f.
Sprache 13, 55, 93, 98f., 104, 174f., 212, 216, 223, 273, 276, 309
Spracherwerb 116, 134, 141
Sprachphilosophie 116, 123
Sprachsystem 116, 129, 134, 142f., 147
Sprachwandel 124, 130, 142, 145f.
Sprachwissenschaft 114–160
Sprichwort 135f.
Stadt 409–417
Standardsprache 131f.
Stilleben 357
Stimme 318, 322
Strukturalismus 70, 122, 129, 139, 145, 147
Sublimation/Desublimation 427, 440
Surrealismus 357
Symbol 45, 55, 135, 306, 320f., 412, 422, 426f.
Symbolisierung 38, 51, 101, 115, 128, 150, 212, 218, 302, 305, 307, 314, 318, 360, 412
Symbolsystem 73, 77, 98
Symphonie 310, 336
Synode 61, 64f., 80, 83, 85, 104
Syntyche 94
Syrinx 300–302
Tagebuch 272
Textverstehen 212, 218–222, 240, 242, 247
Textwahrnehmung 211f., 217–219, 221f., 228, 237, 240, 242
Theologie 44, 55, 60–112, 128, 138, 144
Tod 45, 302, 320, 413, 429
Tonart 303, 308
Tongeschlecht 308

Transvestismus 193, 323, 361
Tridentiner Konzil 299
Trieb 424–426
Trivialliteratur 186f.
Universalismus 35f., 44, 48f., 51, 69, 210, 216, 228f., 239f., 245
Universität 3, 62, 69, 74, 84f., 87, 217, 229f., 241, 245, 248, 250, 264, 270, 285, 295f., 327
UNO 76
Unterhaltungsliteratur 214, 230, 234, 243
Utilitarismus 173, 183
Vatikanisches Konzil 69, 72, 76
Vergewaltigung 300f., 413f., 416
Videokunst 360
Viktorianismus 178, 183, 190, 273, 358
Violine 302, 312, 315, 320
Virtuosin 314, 317
Vokalmusik 312, 314, 318
Voyeurismus 383f., 391f., 436
Wahnsinn 320f.,
Wanderprophetin 94
Weibliche Endung 296, 309
Weiblichkeitsmythos 262–291
Weltrat der Kirchen 69, 76, 80, 82, 103
Wertung von Literatur 206–261
Woman's Bible 89
women's language 133
Women's Studies 3–5, 10, 19, 21, 296
Zensur 344
Zwei-Geschlechter-Modell 179, 378, 382